计 算 机 科 学 丛 书

Python程序设计与算法思维

斯图尔特·里杰斯（Stuart Reges）

[美] 马蒂·斯特普（Marty Stepp） 著

艾利森·奥伯恩（Allison Obourn）

苏小红 袁永峰 叶麟 等译

U0290096

Building Python Programs

BUILDING
PYTHON
PROGRAMS

STUART REGES
MARTY STEPP
ALLISON OBOURN

机械工业出版社

China Machine Press

图书在版编目（CIP）数据

Python 程序设计与算法思维 /（美）斯图尔特·里杰斯（Stuart Reges），（美）马蒂·斯特普（Marty Stepp），（美）艾利森·奥伯恩（Allison Obourn）著；苏小红等译 . —北京：机械工业出版社，2020.5（2021.11 重印）

（计算机科学丛书）

书名原文：Building Python Programs

ISBN 978-7-111-65514-5

I. P… II. ①斯… ②马… ③艾… ④苏… III. 软件工具–程序设计 IV. TP311.561

中国版本图书馆 CIP 数据核字（2020）第 076299 号

本书详尽地解释了 Python 语言的每个新概念和每个语法细节，具有良好的、规范的代码示例，注重问题求解，强调算法实践。案例教学由简单到复杂递进展开，以便于读者清晰地理解和掌握整个编程和求解的思路。本书还增加了函数式编程内容，使初学者可以应对未来高并发实时多核处理的程序设计。本书对 Python 语言深入浅出、细致的讲解，以及课后大量的习题和编程实践，可以使初学者轻松掌握 Python 语言的精髓，并学以致用，解决科学研究、工程实践中的实际问题，以及切身体会程序设计之美。

出版发行：机械工业出版社（北京市西城区百万庄大街 22 号 邮政编码：100037）

责任编辑：游　静		责任校对：李秋荣	
印　　刷：北京捷迅佳彩印刷有限公司		版　　次：2021 年 11 月第 1 版第 2 次印刷	
开　　本：185mm×260mm　1/16		印　　张：39.5	
书　　号：ISBN 978-7-111-65514-5		定　　价：139.00 元	

客服电话：（010）88361066　88379833　68326294　　投稿热线：（010）88379604

华章网站：www.hzbook.com　　　　　　　　　　　　读者信箱：hzjsj@hzbook.com

纵观现代计算机从诞生之初发展到万物互联的当下,计算机编程语言在不同计算时代的交织变化中,或顺应时代大放异彩,或故步自封销声匿迹。比如,C 语言之于 Unix,HTML 之于 WWW,Java 之于 Android。计算如此多彩,引无数语言竞"挥毫"。正如历史画卷中的主角一样,计算时代造就了编程语言,编程语言代表了计算时代。而本书的 Python 语言恰恰是当下"数据为王,智能未来"时代的不二之选。来看看这些耳熟能详的名字,NumPy、Pandas、Matplotlib、SciPy、Scikit-Learn、TensorFlow、Keras,等等,Python 的出现让你与顶尖技术前沿不再相隔十万八千里。这也就是每每学生产生为什么要学习 Python 语言的疑问时,我们最想让大家有所体会、有所领略的精妙所在。

本书的译者在教授"高级语言程序设计(Python)"课程的过程中深感一本好教材的重要性。一本好教材不仅关注知识的传递,更注重对学生编程思维、解决问题能力的培养。本书作为面向零基础初学者的教科书,详尽地解释了 Python 语言的每个新概念和每个语法细节,具有良好的、规范的代码示例,注重问题求解,强调算法实践。案例教学由简单到复杂递进展开,以便于读者清晰地理解和掌握整个编程和求解的思路。本书还根据 ACM 与 IEEE 的计算学科本科课程指南(CS2013)的最新要求,增加了函数式编程的内容,使初学者可以应对未来高并发实时多核处理的程序设计。本书对 Python 语言深入浅出、细致的讲解,以及课后大量的习题和编程实践,可以使初学者轻松掌握 Python 语言的精髓,并学以致用,解决科学研究、工程实践中的实际问题,以及切身体会程序设计之美。

我们要感谢对本书翻译工作提供帮助的老师们。本书由苏小红、袁永峰、叶麟、张羽、孙承杰五位老师主译,他们都是从事程序设计语言课程教学的一线老师,具体分工如下:第 1、9、10 章由叶麟负责,第 2、3 章由孙承杰负责,第 4、11、12 章由袁永峰负责,第 5、8 章由苏小红负责,第 6、7 章由张羽负责。机械工业出版社华章公司的编辑张梦玲在本书的整个翻译过程中提供了许多帮助,在此予以衷心感谢。

译文虽经多次修改和校对,但由于译者的水平有限,加之时间仓促,疏漏及错误在所难免,我们真诚地希望读者不吝赐教,感激之至。

译　者
于哈尔滨工业大学
2020 年 3 月

Python 编程语言近年来已经变得非常受欢迎。能够快速学习 Python 简单直观的语法让人印象深刻，也让许多用户创建了流行的程序库。Python 由 Guido van Rossum 设计，Python 社区称他为"仁慈的独裁者"（BDFL）。他说选择 Python 这个名字"略带随意性"，同时也因为他是"《Monty Python 飞行马戏团》（一部英国喜剧片）的忠实粉丝"。谁不想学习以一个喜剧演员团体名称命名的编程语言呢？

本书旨在用于计算机科学的第一门课程。我们对亚利桑那大学的数百名本科生进行了课堂测试，其中大多数不是计算机科学专业的学生。本教材采用了与我们之前编写的《Java 程序设计教程（第 4 版）》相同的风格。Java 教材在我们的课堂测试中被证明是有效的，该测试覆盖自 2007 年以来在华盛顿大学学习的数千名学生。

计算机科学导论课程在许多大学有着悠久的历史，都是通过率很低的"杀手"课程。但正如道格拉斯·亚当斯在《银河系漫游指南》中所说的那样："不要惊慌失措。"学生如果递进式学习，就可以掌握这门课程。

Python 拥有很多特性，这使其成为用于第一门计算机科学课程的有吸引力的语言。它具有简单、简洁但功能强大的语法，使得学习轻松愉快，并且非常适用于编写许多常用的程序。学生可以只用一行代码来编写自己的第一个 Python 程序，而不像 Java 或 C++ 这样的大多数语言需要编写若干行。Python 包含内置的解释器和"读取 – 求值 – 输出"循环（REPL，交互式解释器），用于快速运行和测试代码，鼓励学生测试和探索语言。Python 还提供了丰富的库，学生可以将它们用于图形、动画、数学、科学计算、游戏等。本书基于撰写时最新的语言版本 Python 3，覆盖了该语言版本的现代特性和习惯用法。

本书基于"回归基础"的方法，侧重于过程式编程和程序分解。这也被称为"对象在后"方法，而不是某些学校采用的"对象先行"方法。根据我们多年的经验，许多科学家、工程师等都可以学习过程式编程。一旦我们建立了面向过程的坚实技术基础，就转向面向对象的编程。在本书的最后，学生将学习这两种编程风格。

以下是我们的方法和材料的主要特点：

- **专注于解决问题**。许多教科书在介绍新构造时都会关注语言细节，我们则专注于解决问题。每个构造可以解决哪些新问题？新手可能遇到哪些陷阱？使用新构造的常见方法是什么？

- **强调算法思维**。过程式方法允许我们强调算法问题的解决：将大问题分解为更小的问题，使用伪代码来细化算法，并解决用算法表示大型程序的困难。

- **彻底讨论主题**。我们发现许多介绍性教材快速涵盖了新的语法和概念，然后就迅速进入下一个主题。我们觉得打开教科书的学生正是那种想要更彻底、更细致地解释和讨论棘手问题的学生。在本教材中，我们倾向于使用更长的解释，其中包含比其他教材更多的说明、图表和代码示例。

- **分层方法**。编程涉及许多难以一次学到的概念。教新手编写代码就像试图建造一个纸牌屋：每张新牌都必须小心放置。如果太匆忙而试图同时放置太多纸牌，整个结构就会崩溃。我们逐层教授新概念，让学生逐步加深对概念的理解。

- **强调良好的编码风格**。我们展示了使用正确和一致的编程风格，以及设计的代码。书中显示的所有完整程序都已经过全面注释和正确分解。在整本书中，我们讨论了习惯用法，好的和坏的编程风格，以及如何选择优雅和适当的方法来分解和解决问题。

- **精心挑选的语言子集。**我们不是试图向学生展示每一种语言结构和特性，而是解释和使用我们认为最适合解决入门级问题的 Python 语言的核心子集。
- **案例研究。**我们通过一个典型的案例研究结束大多数章节，向学生展示如何分阶段开发复杂程序以及如何在开发过程中对其进行测试。这种结构允许我们在丰富的上下文中演示每个新的编程结构，这是无法通过短代码示例来实现的。

层次和依赖关系

许多介绍性的计算机科学教材都是面向语言的，但本书前几章的方法是分层的。例如，Python 有许多控制结构（包括循环和 if/else 语句），许多教材在一章中包含所有控制结构。虽然这对于已经知道如何编程的人来说可能有意义，但对于正在学习如何编程的新手而言，这可能带来压力。我们发现将这些控制结构分散到不同的章节来讲解更加有效，这样，学生可以一次学习一个结构，而不是一次性学习全部结构。

下表显示了前七章中的分层方法：

第 1 ～ 7 章的分层

章节	控制流	数据	技术	输入 / 输出
1	函数	字符串字面量	分解	print
2	确定循环（for 循环）	表达式 / 变量，整数，实数	局部变量，全局常量，伪代码	
3	参数，返回	使用对象	使用参数 / 返回值进行分解	控制台输入，图形
4	条件（if/else）	字符串	前置 / 后置条件，抛出异常	
5	不确定循环（while 循环）	布尔逻辑	断言，健壮的程序	
6		文件对象	基于行的处理，基于标记的处理	文件 I/O
7		列表	遍历	文件作为列表

第 1 ～ 5 章是按顺序进行设计的，然后从第 6 章开始具有更大的学习灵活性。尽管第 7 章（列表）中的案例研究涉及从文件中读取，而第 6 章介绍了该主题，但仍旧可以跳过第 6 章。

下图显示了各章的依赖关系。强依赖关系绘制为实箭头。我们建议学习时不要覆盖强依赖顺序之外的章节。弱依赖关系绘制为虚箭头。弱依赖关系表示后一章简要提到了前一章中的主题，但是如果必要的话，仍然可以阅读和探索这一章而不必考虑前面的章节。

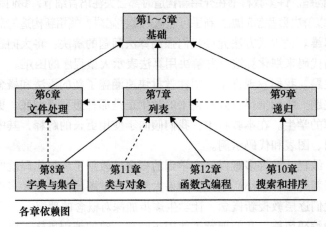

各章依赖图

以下是各章之间弱依赖关系的更详细解释：

- 第 7 章中的一些示例，以及第 8 章中关于字典和集合的一些示例，会从文件中读取数据。文件输入 / 输出在第 6 章中介绍。但是，为了讨论列表或其他数据集合，不需要进行整体文件读取，因此如果需要，可以跳过第 6 章。
- 第 11 章中关于类和对象的一些示例提到了引用语义的概念，它在第 7 章中介绍。但是在第 11 章中重新解释了引用的概念，因此如果需要，可以在学习列表之前先学习类。
- 第 9 章中的一些递归函数会处理列表，并且一个递归函数会以递归方式反转文件的所有行。因此第 9 章在一定程度上依赖于第 7 章。但是，第 9 章中的几乎所有递归函数都可以只使用第 1 ～ 5 章的核心内容来编写和理解。

从图中可以看出，第 7 章可能是前五章之后最重要的章节，其内容被许多其他章节使用。常见的章节交换顺序是先学习第 1 ～ 5 章，然后学习第 7 章，再返回第 6 章学习关于文件的额外知识。

补充材料⊖

所有自测题的答案都在本书配套网站 http://www.buildingpythonprograms.com/ 中提供。

此外，配套网站还为学生提供了以下额外资源：

- 在线的补充内容。
- 所有案例研究的源代码和数据文件以及其他完整的程序示例。
- 第 3 章中使用的 DrawingPanel 类。
- 链接到基于 Web 的编程练习工具。

教师可以访问以下资源⊖：

- 适用于讲课的 PowerPoint 幻灯片。
- 习题和编程项目的解决方案，以及许多项目的家庭作业规范文档。
- 考试题和解决方案的关键点。

要访问教师资源，请发送电子邮件至 authors@buildingpythonprograms.com 与我们联系。有关资源的其他问题，请联系作者或 Pearson 代表。

致谢

感谢 Pearson 的工作人员，他们帮助制作了这本书。Rose Kernan 管理该项目，是我们在图书制作过程中的主要联系人。Rose 做了非凡的工作，她在这个过程中始终勤奋、积极、乐于助人。Amanda Brands 是内容制作人，她在此过程中提供了出色的支持。感谢 Martha McMaster 对本教材进行校对，感谢 Shelly Gerger-Knechtl 进行文案编辑和索引编制。感谢营销经理 Yvonne Vannatta 和编辑助理 Meghan Jacoby。还要感谢 Pearson 的艺术和合成团队，他们对本书进行了排版。

感谢 Pearson 的主编 Matt Goldstein。十多年前，Matt 就认可了我们的工作，并与我们

⊖ 关于配套网站资源，大部分需要访问码，访问码只有原英文版提供，中文版无法使用。——编辑注
⊖ 关于本书教辅资源，只有使用本书作为教材的教师才可以申请，需要的教师请联系机械工业出版社华章公司，电话 010-88378991，邮箱 wangguang@hzbook.com。——编辑注

VIII

合作出版了《Java 程序设计教程》第 1 版。Matt 一直是一个坚定的支持者，我们总是很乐意与他合作。

最后但同样重要的是，我们要感谢亚利桑那大学的 CSC 110 学生，他们对本书的草稿进行了课堂测试，提供了有用的建议，并改正了草稿中的错误。

Stuart Reges，华盛顿大学
Marty Stepp，斯坦福大学
Allison Obourn，亚利桑那大学

Python 编程简介

本章首先回顾一些关于计算机和计算机编程的基本术语。其中，许多概念将在后面的章节中出现，所以我们在开始深入研究如何使用 Python 编程的细节之前，先来复习一下这些概念。

我们将通过阅读将文本输出到控制台窗口的简单程序来开始 Python 的探索之旅。我们将探索所有 Python 程序都会出现的许多元素，同时使用的程序在结构上又相当简单。

在回顾了 Python 程序的基本元素之后，接下来我们将学习如何将 Python 程序分解为多个函数，以探索程序分解技术。使用这种技术，可以将复杂的任务分解为更易于管理的较小子任务，并且可以避免程序中的冗余。

1.1 计算的基本概念

如今，在我们的日常生活中计算机的使用已非常普遍，并且互联网使我们能够访问几乎无穷无尽的信息。其中一些信息是重要新闻，如 cnn.com 的新闻头条。计算机可以让我们与家人分享照片，并将路线导航到最近的比萨店去吃晚餐。

许多实际问题正在通过计算机得到解决，其中一些问题与台式机或笔记本电脑中的问题不太一样。计算机允许我们对人类基因组进行排序并在其中搜索 DNA 模式。最近制造的车载计算机可以监控每辆车的状态和运动。数字设备，例如 Apple 的 iPhone，实际上在其小巧的外壳内同样安装有计算机。即使是 Roomba 真空清洁机器人也有执行复杂指令的计算机，用来控制机器人在清洁地板时如何躲避家具。

但是，什么使计算机成为计算机？计算器是计算机吗？用纸和笔的人是计算机吗？接下来的若干小节将试图解决这个问题，同时介绍一些有助于你学习编程的基本术语。

1.1.1 为何编程

在大多数大学里，计算机科学的第一门课程是编程。许多计算机科学家对此感到困扰，因为它给人留下一种计算机科学就是编程的印象。虽然许多训练有素的计算机科学家确实花大量时间进行编程，但计算机学科还有很多其他内容。那么，我们为什么要先学习编程呢？

一位名叫 Don Knuth 的斯坦福大学计算机科学家回答了这个问题，他说大多数计算机科学家的共同点是我们都在某种程度上使用**算法**。

> **算法**
> 如何完成一项任务的逐步描述。

Knuth 是算法方面的专家，所以他自然会偏向于将算法视为计算机科学的中心。不过，他声称最重要的不是算法本身，而是计算机科学家用来开发它们的思维过程。Knuth 的说法是：

经常有人说，一个人在将事物教给别人之后才会真正理解它。实际上，一个人在将事物教给计算机之后才会真正理解它，即将其表达为算法。[⊖]

Knuth 描述的是大多数计算机科学中常见的思维过程，他将其称为算法思维。我们研究编程不是因为它是计算机科学最重要的方面，而是因为它是解释计算机科学家解决问题的方法的最佳方式。

算法的概念有助于理解计算机是什么以及计算机科学是什么。Merriam-Webster 字典将"计算机"一词定义为"可以进行计算的东西"。使用该定义，各种设备都可以作为计算机，从计算器到 GPS 导航系统再到儿童玩具。在发明电子计算机之前，通常将人称为计算机。例如，19 世纪的数学家查尔斯·皮尔斯最初被聘为美国政府的"助理计算机"，因为他的工作涉及数学计算。

从广义上讲，"计算机"一词可以应用于许多设备。但是当计算机科学家提到计算机时，他们通常会想到一种可以编程执行任何算法的通用计算设备。因此，计算机科学是计算设备的研究和计算本身的研究，包括算法。

算法可以表示为计算机程序，这就是本书的全部内容。但在我们研究如何编程之前，有必要回顾一些有关计算机的基本概念。

1.1.2 硬件和软件

计算机是一种操纵数据并执行一系列指令（**程序**）的机器。

> **程序**
> 计算机可以执行的指令列表。

将计算机与计算器等简单机器区分开来的一个关键特性是其多功能性。同一台计算机可以执行许多不同的任务（玩游戏，计算所得税，连接到世界各地的其他计算机），具体取决于它在特定时刻运行的程序。计算机不仅可以运行当前存在的程序，还可以运行尚未编写完成的新程序。

组成计算机的物理组件统称为**硬件**。最重要的硬件之一是中央处理单元（CPU）。CPU 是计算机的"大脑"：执行指令的就是它。同样重要的是计算机的**内存**（通常称为随机存取存储器（RAM），因为计算机可以随时访问内存的任何部分）。计算机使用内存来存储正在执行的程序及其数据。RAM 的大小有限，并且在计算机关闭时不保留其内容。因此，计算机通常还使用**硬盘**作为更大的永久存储区域。

计算机程序统称为**软件**。在计算机上运行的主要软件是操作系统。**操作系统**提供了一个许多程序可以同时运行的环境，它也提供了程序、硬件和用户（使用计算机的人）之间的桥梁。在操作系统内运行的程序通常称为**应用程序（app）**。

当用户选择要运行操作系统中的一个程序时（例如，通过双击桌面上的程序图标），会发生以下情形：该程序的指令从硬盘加载到计算机的内存中，操作系统为该程序分配内存，运行程序的指令从内存送到 CPU 并按顺序执行。

⊖ Knuth, Don. *Selected Papers on Computer Science*. Stanford. CA: Center for the Study of Language and Information, 1996.

1.1.3　数字领域

在上一节中，我们看到计算机是可以编程的通用设备。正是由于其运行方式，你经常会听到人们将现代计算机称为**数字**计算机。

> **数字**
>
> 基于以离散增量增加的数字，例如整数 0，1，2，3 等。

因为计算机是数字的，所以存储在计算机上的所有内容都存储为整数序列。这包括每个程序和每一份数据。例如，MP3 文件只是存储音频信息的一长串整数。今天我们已经习惯了数字音乐、数字图片和数字电影，但是在 20 世纪 40 年代，当构建第一台计算机时，以整数形式存储复杂数据的想法是相当不寻常的。

计算机不仅是数字的，将所有信息存储为整数，而且它也是**二进制的**，这意味着它将整数存储为**二进制数**。

> **二进制数**
>
> 仅由 0 和 1 组成的数字，也称为基数为 2 的数字。

人类通常使用**十进制**或基数为 10 的数字，这符合我们的生理学（10 个手指和 10 个脚趾）。但是，当设计第一台计算机时，我们希望系统易于创建并且非常可靠。事实证明，将系统建立在二元现象（例如，电路打开或关闭）之上，要比建立在必须彼此区分的 10 种不同状态（例如，10 种不同的电压水平）之上要简单得多。

从数学的角度来看，你可以使用二进制数轻松存储内容，就像使用十进制数一样。同时，构建使用二进制数的物理设备更容易，这就是计算机使用二进制数的原因。

然而，这确实意味着不熟悉计算机的人就不熟悉其原理。因此，值得花一点时间来回顾二进制数是如何工作的。要使用二进制数进行计数，与十进制数一样，从 0 开始计数，但是用完数字的速度要快很多。

所以，以二进制计数，你说：

```
0
1
```

然后就已经没有数字了。这就像以十进制计数达到 9 时一样。用完这些数字后，转到下一个数位。所以，接下来的两个二进制数是：

```
10
11
```

然后，你又没有数字了。这就像以十进制计数达到 99 时一样。接着，你继续到下一个数位形成三位数字 100。在二进制中，每当你看到一串数字，如 111111，你知道只要再加个 1 就可以使原先所有数位都变为 0 并且前面加个 1，就像十进制一样，当你看到一个像 999999 这样的数字时，你知道只要再加个 1，原先所有数位都变为 0 并且前面加个 1。表 1-1 显示了如何使用二进制数来对十进制中的数字 0 ～ 8 进行计数。

表 1-1　十进制和二进制

十进制	二进制	十进制	二进制
0	0	5	101
1	1	6	110
2	10	7	111
3	11	8	1000
4	100		

我们可以对二进制数进行一些有用的观察。注意表中二进制数 1，10，100 和 1000 都是 2 的完全幂（2^0，2^1，2^2，2^3）。在十进制中我们谈论个位数、十位数、百位数等，同样，我们可以将二进制想象成一位数、两位数、四位数、八位数、十六位数等来进行思考。

计算机科学家很快发现自己需要参考不同二进制数量的大小，因此他们发明了术语**位**来指代单个二进制数字，**字节**来指代 8 位。（较少使用的术语**"半字节"**是指 4 位或半个字节。）为了讨论数量大的内存，他们发明了术语千字节（KB）、兆字节（MB）、千兆字节（GB）等等。很多人认为这些对应于公制系统，其中"千"是指 1000，但是这仅仅是大致正确。2^{10} 大约等于 1000（实际上等于 1024）。表 1-2 显示了一些常见的内存存储单位。

表 1-2　内存存储单元

度量值	2 的幂次	实际值	示例
千字节（KB）	2^{10}	1 024	500 字的文档（3 KB）
兆字节（MB）	2^{20}	1 048 576	典型的书（1 MB）或歌曲（5 MB）
千兆字节（GB）	2^{30}	1 073 741 824	典型的电影（4.7 GB）
太字节（TB）	2^{40}	1 099 511 627 776	美国国会图书馆中的 2000 万本图书（20 TB）
拍字节（PB）	2^{50}	1 125 899 906 842 624	Facebook 上的 100 亿张照片（1.5 PB）

1.1.4　编程的过程

代码表示程序片段（"这四行代码"），**编码**表示编程的行为（"让我们将其编码为 Python"）。一旦编写了一个程序，就可以**执行**它。

程序执行

执行程序中包含的指令的动作。

执行过程通常称为**运行**。这个术语也可以用作动词（"当我的程序运行时，它表现异常"）或作为名词（"我的程序的最后一次运行产生了这些结果"）。

计算机程序在内部存储为一系列二进制数，称为计算机的**机器语言**。在早期，程序员将这些数字直接输入计算机。显然，这是一种烦琐且难以理解的编程方式，而现在我们已经发明了各种机制来简化这一过程。

现代程序员使用所谓的高级编程语言进行编写，例如 Python。这些程序不能直接在计算机上运行：首先必须将它们翻译成可以执行的形式。将程序从 Python 等语言翻译成可执行的二进制指令可以通过两种方式来完成：一次编译（称为**编译程序**）或增量编译（称为**解释程序**）。Python 是一种**解释型语言**，这意味着在你键入并保存程序后，无须任何其他步骤即可直接执行它。程序中编写的每个命令都由一个称为**解释器**的特殊程序按照顺序执行。当你在计算机上下载并安装 Python 时，Python 解释器将被安装，以便你可以运行 Python 程序。

> **解释器**
>
> 可动态读取、翻译和执行计算机程序中指令的一种程序。

许多其他语言（如 Java 和 C）都是**编译型语言**。编译型语言要求使用称为**编译器**的特殊程序，以便在运行程序之前显式地翻译整个程序。编译器通常将程序直接转换为机器语言，并创建可直接在计算机上执行的程序文件，称为**可执行文件**。像 Python 这样的解释型语言通常不会生成单独的可执行程序文件。

> **编译器**
>
> 一种程序，用于将用一种语言编写的整个计算机程序翻译成另一种语言的等效程序（通常（但不总是）从高级语言翻译成机器语言）。

你可以通过两种方式编写 Python 代码。第一种方式称为**交互模式**，也称为 Python Shell，你可以在其中键入单独的 Python 命令，并立即观察它们的执行情况并查看其结果。交互模式可用于快速试验命令并了解有关它们的更多信息。但是，你在交互模式下键入的命令不会保存在任何位置，并且在你退出 Python 编辑器或关闭计算机时就会消失。第二种方式是**普通模式**，你可以键入一个程序，该程序可以包含许多 Python 命令，将其保存到文件中，然后执行程序并按照顺序运行所有命令。普通模式是将完整程序保存在你的计算机上的编写方式，因此可以多次执行它们。

1.1.5 为何选择 Python

Python 是由荷兰程序员 Guido van Rossum 创建的一个业余项目。Python 的第一个公开版本于 1989 年发布。在撰写本书时，该语言的当前主要版本是 Python 3，这也是本书采用的版本。该语言以经典喜剧电视节目《Monty Python 飞行马戏团》命名，van Rossum 是这个节目的粉丝。Python 目前在 TIOBE 编程语言流行度指数中排名第五。

该语言的官方网站 python.org 指出 "Python 是一种编程语言，可以让你快速工作并更有效地集成系统"，并且 "易于学习和使用"。Python 具有简单易用的结构，这使得你可以比使用其他流行语言更快速地编写基本程序，并且学习开销较小。

Python 还包括大量预先编写的软件，程序员可以使用它们来增强程序。这种现成的软件组件通常称为**库**。例如，如果你希望编写连接到 Internet 上站点的程序，Python 包含一个库可以简化你的连接。Python 包含用于绘制图形用户界面（GUI）、从数据库检索数据、创建游戏以及执行复杂的科学和数学计算等各类库。Python 库的丰富性是 Python 成为一种流行语言的重要因素。

> **库**
>
> 一组预先存在的代码,为常见的编程问题提供解决方案。

使用 Python 的另一个原因是它拥有一个充满活力的程序员社区,提供广泛的在线文档和教程,以帮助程序员学习新技能。Python 官方网站包含该语言功能的详细描述,许多其他网站都有该语言的文档和教程。

Python 与平台无关。与用其他语言编写的程序不同,相同的 Python 程序可以在许多不同的操作系统上执行,例如 Windows、Mac OS X 和 Linux。

Python 广泛用于科研和商业应用程序,这意味着对熟练的 Python 程序员而言,当今市场上存在大量编程职位。许多公司和组织(如 Google、Facebook、Yahoo、IBM、Quora 和 NASA)都使用 Python 作为其代码库的一部分。在撰写本书时,用 Google 搜索短语 "Python jobs"返回了大约 2 000 000 个结果。

1.1.6　Python 编程环境

在开始编程之前,你必须熟悉计算机设置。每台计算机都为程序开发提供了不同的环境,但有一些共同点值得一提。无论你使用何种环境,你都将遵循三个相同的基本步骤:

1)在编辑器中键入 Python 程序。

2)将程序保存为以 .py 结尾的文件。

3)使用 Python 解释器运行程序。

尝试在 Python 编辑器中输入以下单行程序:

```
print("Hello, world!")
```

现在不要担心这个程序的细节。我们将在下一节中探讨这些内容。

一旦创建了程序文件后,请转到步骤 2 并保存。大多数计算机上的基本存储单元是**文件**。每个文件都有一个名字。文件名以**扩展名**结尾,扩展名是文件名中句点后面的部分。文件的扩展名表示文件中包含的数据类型。例如,扩展名为 .txt 的文件是文本文件,扩展名为 .mp3 的文件是 MP3 音频文件。

按照惯例,本书中编写的 Python 程序文件将使用 .py 扩展名。Python 程序可以使用其他扩展名,但 .py 是推荐使用并且是最常用的。

大多数 Python 程序员使用所谓的集成开发环境(IDE),其提供了一个用于创建、编辑、编译和执行程序文件的一体化环境。在撰写本书时,一些比较流行的计算机科学导论课程选择的是 IDLE、Eclipse、IntelliJ IDEA、PyDev、Sublime Text 和 Komodo。你的老师将告诉你应该使用哪种环境。

一旦你成功将程序保存到文件后,即可转到步骤 3——运行程序。运行程序的命令在每个开发环境中都会有所不同,但过程是相同的(通常是单击"运行"按钮,上面有"播放"图标或正在运行的人员的图标)。如果你输错了程序,则运行时可能会显示错误。如果是这样,请返回编辑器,仔细检查代码,确保输入的代码与显示的完全一致,修复任何错误,保存并尝试再次运行程序。某些 IDE(例如 PyDev 或 Eclipse)会自动检查代码是否存在错误,并在键入时对潜在错误用下划线标记。(我们将在本章后面更详细地讨论错误。)

图 1-1 中的流程图总结了在创建名为 hello.py 的程序时要遵循的步骤。

当执行程序时，它通常会以某种方式与用户交互。hello.py 程序使用被称为**控制台**的屏幕窗口。

控制台窗口

Python 程序与用户交互的一个特殊的纯文本窗口。

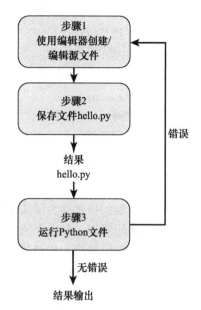

图 1-1　Python 程序的创建和执行

控制台窗口是经典的交互机制，其中计算机在屏幕上显示文本并且有时等待用户键入响应。这称为**控制台交互**或**终端交互**。计算机打印到控制台窗口的文本称为程序的**输出**。程序运行时用户键入的任何信息称为**控制台输入**。

为简单起见，本书中的大多数示例程序都使用控制台交互。保持交互简单将使你能够将注意力集中在编程的其他方面。一旦掌握了编程的基础知识，你就可以学习如何使用更现代的图形用户界面来编写程序。

1.2 一个完整的 Python 程序

现在是时候看一个完整的 Python 程序了。计算机科学的一个传统是，当你描述一种新的编程语言时，从一个产生单行输出的程序开始，输出中包含"Hello, world!"。这个"Hello, world!"传统不是在每种语言中都很实用，但在 Python 中编写一个"Hello, world!"程序相对简单，所以我们将继续这一传统。

下面是"Hello, world!"程序，我们已将其保存到名为 hello.py 的文件中：

```
print("Hello, world!")
```

如果保存此程序并在编辑器中运行，则应出现一个控制台窗口，显示以下内容的输出，如图 1-2 所示。每个操作系统的控制台窗口看起来都不同，因此你的窗口可能与我们图中的外观不完全一致。

图 1-2　显示程序输出的控制台窗口

Python 程序的每一行都指定计算机在执行时应完成的操作。我们将这些称为程序的**语句**。就像通过编写一系列完整的句子撰写一篇文章一样，可以通过编写一系列语句来组成一个程序。你可以用 Python 编写许多不同类型的语句，但是现在，我们将专注于 print 语句。

语句

代表单个完整命令的可执行代码单元。

示例"Hello, world!"程序只有一个语句,即 print 语句:每个语句在程序文件中占用一行。该行的结尾也意味着该行语句的结尾。一般来说,print 语句按以下格式编写:

```
print("message to display")
```
语法模板: *print*语句

整个程序可以包含许多按顺序编写的 print 语句,例如:

```
print("message 1")
print("message 2")
print("message 3")
...
print("message N")
```
语法模板: *print*语句序列

这种类型的描述称为**语法模板**,因为它描述了 Python 构造的基本形式。Python 有确定其合法**语法**的规则。每次介绍 Python 的新元素时,我们会首先看一下它的语法模板。按照惯例,我们在语法模板中使用斜体字体来指示需要填写的项目(在这里是要打印的消息)。当我们在元素的列表中写"..."时,意味着可以包含任意数量的元素。

在基本的"Hello, world!"程序中,只有一个命令生成一行输出,但是以下变体(保存为 hello2.py)有四个要执行的语句:

```
1  print("Hello, world!")
2  print()
3  print("This program produces four")
4  print("lines of output.")
```

代码左侧显示的数字不是程序代码的一部分,它们只是包含的行号,以便在我们讨论本书中的程序时更容易定位到每一行。语句按它们出现的顺序执行,从第 1 行开始,直到最后一行。所以 hello2 程序产生以下输出:

```
Hello, world!

This program produces
four lines of output.
```

(通常,当我们在本书中显示程序的输出时,不会显示整个控制台窗口的标题和边框等。我们将只显示输出的文本。)

现在,你已经看到了整个程序的结构,让我们再来看看 Python 程序的一些细节。

你知道吗?

Hello, world!

"Hello, world!"传统是由 Brian Kernighan 和 Dennis Ritchie 开创的。Ritchie 在 20 世纪 70 年代发明了一种名为 C 的编程语言,并与 Kernighan 共同撰写了第一本描述 C 的书(1978 年出版)。他们书中的第一个完整程序是"Hello, world!"程序。Kernighan 和 Ritchie,以及他们的著作 *The C Programming Language*⊖,从此被人们称为"K & R"。

⊖ 中文书名为《C 程序设计语言》(书号为 978-7-111-61794-5),已由机械工业出版社引进出版。——编辑注

许多主要的编程语言都借用了 C 语言的基本语法，以此来利用 C 的影响力并鼓励程序员切换到它。C++、C# 和 Java 等语言从 C 语言中借用了大量的核心语法。Python 也受到 C 及其相关语言系列的严重影响，因此我们在本书中延续了"Hello, world!"传统。

1.2.1　打印输出

如你所见，Python 程序包含一系列计算机要执行的语句。它们按顺序执行，从第一个语句开始，然后是第二个语句，然后是第三个语句，依此类推，直到最后一个语句被执行。最简单和最常见的语句之一是 print，它用于生成发送到控制台窗口的一行输出。

最简单的 print 语句在括号内没有任何内容，并产生一个空行输出。即使不输出任何内容，也需要包含括号。

```
print()
```

但是，更常见的是，使用 print 输出一行文本：

```
print("This line is a print statement.")
```

上述语句命令计算机生成以下输出：

```
This line is a print statement.
```

每个 print 语句都会产生不同的输出行。例如，考虑以下三个语句：

```
print("This is the first line of output.")
print()
print("This is the third, below a blank line.")
```

执行这些语句会产生以下三行输出（第二行是空白行）：

```
This is the first line of output.

This is the third, below a blank line.
```

1.2.2　字符串文字（字符串）

当你编写 Python 程序（例如前面的"Hello, world!"程序）时，通常希望包含一些文字文本作为输出发送到控制台窗口。程序员传统上将这样的文本称为**字符串**，因为它由串在一起的一系列字符组成。Python 语言规范使用术语**字符串文字**。

在 Python 中，可以通过用引号将文本引起来从而指定字符串文字，如下所示：

```
"This is a string of text surrounded by quotation marks."
```

Python 允许你使用双引号 (") 或单引号 (')。以下也是有效的字符串文字：

```
'This string of text is surrounded by single-quote marks.'
```

任何一种引号都不比另一种更好或更差。包含在一种引号中的字符串可以在其中包含其他类型的引号作为输出的一部分。例如，以下都是有效的字符串文字：

```
"This is a string even with 'these' quotes inside."
'This is also a string even with "these quotes" in it.'
```

一个字符串文字必须将引号作为其开头和结尾，而且必须是相同类型的引号。以下是无效的字符串文字：

```
"Wrong type of ending quote in this string.'
'Wrong type of ending quote in this string, too."
'I forgot my ending quote entirely.
And I forgot my beginning quote!"
```

字符串文字不得跨越程序的多行。以下是无效的字符串文字：

```
"This is really bad stuff
right here."
```

如果你确实要打印多行消息，则可以在字符串的开头和结尾处使用三个连续的单引号 '''。例如，下面的单个 print 语句将产生三行输出：

```
print('''An old silent pond
A frog jumps into the pond
Splash! Silence again''')
```

然而，作者发现多行字符串样式难以读写，所以我们不会在本书中进一步使用它。我们更喜欢每行写使用单行字符串的单独 print 语句。

```
print("An old silent pond")
print("A frog jumps into the pond")
print("Splash! Silence again")
```

1.2.3 转义序列

任何涉及引用文本的系统都会使你遇到某些困难。例如，字符串文字包含在引号内，那么如何在同一个字符串文字中既包含单引号又包含双引号？

解决方案是在字符串文字中嵌入所谓的**转义序列**。转义序列是用于表示特殊字符的双字符序列。它们都以反斜杠字符（\）开头。表 1-3 列出了一些常见的转义序列。

表 1-3　常见转义序列

序列	含义
\t	制表符
\n	换行符
\"	双引号（在双引号字符串中）
\'	单引号（在单引号字符串中）
\\	反斜杠字符

请记住，上述的每个双字符序列实际上只代表了一个字符。例如，请看以下语句：

```
print("What \"characters\" does \\ this \\\\\\ print?")
```

如果你执行这个语句，会得到下面的输出：

```
What "characters" does \ this \\\ print?
```

这个字符串文字中有几个转义序列，每个都是两个字符，并产生一个单字符的输出。

虽然大多数字符串文字不跨越多行，但可以使用 \n 转义序列在字符串中嵌入换行符。这会出现奇怪的情况，即单个 print 语句可以生成多行输出。例如，请看以下语句：

```
print("This\nproduces 3 lines\nof output.")
```

如果执行它，你将获得以下输出：

```
This
produces 3 lines
of output.
```

print 本身会生成一行输出，但字符串文字包含两个换行符，这些字符会将其分解为总共三行输出。要生成不带换行符的相同输出，必须使用三个单独的打印语句。

这是另一种编程习惯，往往根据个人喜好而发生变化。有些人（包括作者）发现包含 \n 转义序列的字符串文字难以阅读，但有些人更喜欢编写更少的代码行。所以，你应该自己决定何时使用换行转义序列。

1.2.4 打印复杂图形

print 语句可用于绘制文本图形作为输出。考虑以下更复杂的程序示例（注意它使用两个空的 print 语句来产生空行）：

```
 1   # This program draws several text figures, including
 2   # a diamond, an X, and a rocket ship.
 3
 4   print("    /\\")
 5   print("   /  \\")
 6   print("  /    \\")
 7   print("  \\    /")
 8   print("   \\  /")
 9   print("    \\/")
10   print()
11   print("  \\    /")
12   print("   \\  /")
13   print("    \\/")
14   print("    /\\")
15   print("   /  \\")
16   print("  /    \\")
17   print()
18   print("    /\\")
19   print("   /  \\")
20   print("  /    \\")
21   print("+------+")
22   print("|      |")
23   print("|      |")
24   print("+------+")
```

```
25  print("|United|")
26  print("|States|")
27  print("+------+")
28  print("|      |")
29  print("|      |")
30  print("+------+")
31  print("   /\\")
32  print("  /  \\")
33  print(" /    \\")
```

以下是程序生成的输出。请注意，该程序包含双反斜杠字符（\\），但输出只有一个反斜杠字符。如前所述，这是转义序列的示例。

```
        /\
       /  \
      /    \
      \    /
       \  /
        \/

      \      /
       \    /
        \  /
         \/
         /\
        /  \
       /    \

        /\
       /  \
      /    \
     +------+
     |      |
     |      |
     +------+
     |United|
     |States|
     +------+
     |      |
     |      |
     +------+
        /\
       /  \
      /    \
```

1.2.5 注释、空白和可读性

程序中出现的空白符如空格、制表符和换行符称为**空白**。Python 使用空白作为其语法的一部分，例如，按 Enter 键转到新行标记当前语句的结束。Python 还为行开头的空白缩进赋予了特殊的含义，我们将在下一节中讨论。

除此之外，该语言允许你在整个程序中输入任意数量的空格和空行。然而，你应该知道程序布局会加强（或减弱）其可读性。下面的程序是合法的但很难读：

```
print (
"Look at this beautiful program!"
    )

print(
"Isn't it great?"  )

print("I do believe it is")
print ( "The best program in the world." )
```

以下是一些简单的规则，可以使你的程序更具可读性：
- 将每个语句单独放在一行上。
- 在 print 语句、括号和其他语法周围使用一致的间距。
- 使用空行分隔语句组或程序的相关部分。
- （如下一节所述）通过一致数量的空格或制表符来缩进。（一个常见的选择是每个缩进级别有四个空格。）

使用这些规则重写以上程序会产生以下代码：

```
1  print("Look at this beautiful program!")
2  print("Isn't it great?")
3
4  print("I do believe it is")
5  print("The best program in the world.")
```

前面的规则和示例可能会让你相信目标是生成更短的程序。但有时程序太紧凑会变得难以阅读。例如，以下版本的程序只需要两行，但我们更喜欢先前的版本，它的语句和输出有更好的垂直分割。

```
1  print("Look at this beautiful program!\nIsn't it great?")
2  print("I do believe it is\nThe best program in the world.")
```

编写良好的 Python 程序可以很容易阅读，但通常你想要包含一些不属于程序本身的注释。你可以通过**注释**在程序中添加说明。

注释

程序员在程序中添加的解释代码的文本。解释器会忽略注释。

Python 中有两种形式的注释。在第一种也是最常见的形式中，编写一个哈希符号（#）来指示当前行的其余部分（哈希符号右侧的所有内容）是注释。注释的一般形式如下：

```
# text of the comment
```
语法模板：单行注释

一种常见的用法是把一个简短的注释行放在一组语句开始之前来描述这些语句的功能：

```
# give an introduction to the user
print("Welcome to the game of blackjack.")
print()
print("Let me explain the rules.")
...
```

也可以在一行语句的末尾放置注释，这通常用于向程序员说明该特定语句：

```
print("You win!")    # Good job!
```

可以在注释中添加任何你喜欢的文字。如果要编写多行注释，可以在每行以 # 开头。一个常见的模式是在程序的顶部写一个**注释标题**，说明作者、课程 / 讲师以及该程序的整体描述。

```
# Thaddeus Martin
# Assignment #1
# Instructor: Professor Walingford
# Grader: Bianca Montgomery
#
# Program Description: This program displays a complex figure
# that draws patterns of repeating text characters.
```

Python 还提供了第二种形式的注释，以允许更长的多行注释。可以使用三个单引号（'）或三个双引号（"）开始一个多行注释，直到出现另外三个单引号或双引号注释才结束。例如，以下是与之前显示的相同的注释标题：

```
'''
Thaddeus Martin
Assignment #1
Instructor: Professor Walingford
Grader: Bianca Montgomery

Program Description: This program displays a complex figure
that draws patterns of repeating text characters.
'''
```

技术上讲，多行注释实际上是一个多行字符串，但如果你不使用 print 语句将字符串打印到控制台，它不会在控制台上产生任何输出，因此相当于一个注释。

有些人更喜欢使用多行注释的形式来编写跨越多行的长注释，但是相比而言，使用单行注释更安全，因为你不必记得结束注释。同时，注释更加突出。作者倾向于选择单行注释形式，并将在本书的大多数示例中使用它。如果没有人强制你使用特定的注释风格，你可以自己决定更喜欢哪种风格并始终如一地使用它。

不要将注释与 print 语句的文本混淆。程序执行时，你的注释文本不会显示为输出。注释只是为了帮助读者检查和理解程序。

在更大、更复杂的程序以及由多个程序员查看或修改的程序中，注释会更有用。清晰的注释非常有助于向其他人或你自己解释你的程序正在做什么以及为什么要这样做。

1.3　程序错误

在学习编程时，你必须面对的现实是：你会犯错误，就像历史上的其他程序员一样，你将需要采取策略来消除这些错误。幸运的是，计算机本身可以帮助你完成一些工作。

编写程序时会遇到三种错误：

- 错误使用 Python 时出现的**语法错误**。这是编程语法的错误，可以被 Python 解释器发现。
- 编写的代码没有按照预想的设计执行时出现的**逻辑错误**。
- 使得 Python 必须终止执行的**运行时错误**。

1.3.1　语法错误

人类对口语中的小错误相当宽容。例如，我们通常会理解尤达大师所说的（尽管这是一种奇怪的措辞）："Unfortunate that you rushed to face him ... that incomplete was your training. Not ready for the burden were you."

Python 解释器却不那么宽容。如果你的程序破坏了 Python 的任何语法规则，解释器会在将你的程序从 Python 转换为可执行指令时尝试报告语法错误。例如，如果你在程序中忘记了字符串结束时的右引号或程序中的右括号，你会将混乱的代码发送到解释器中。解释器可能会报告几个错误消息，具体取决于它怎么理解你的程序错误。

当程序运行到包含语法错误的语句时，程序将停止运行。如果你试图运行程序并且解释器报错了，你必须修复错误并重新运行程序。即使包含语法错误的程序在错误发生之前执行了一些有用的操作，它也被认为是不正确的，所以应养成修复程序中看到的任何错误的习惯。

一些开发环境，如 PyDev 或 Eclipse，可以帮助你在编写程序时以下划线的形式标出语法错误。这使得在运行程序进行测试之前很容易发现错误并修复错误。

如果你的程序报错但你无法弄清楚原因，请尝试查看错误的行号，并将该行的内容与其他程序中的类似行进行比较。你还可以请求其他人（例如老师或实验室助理）来检查你的程序。

常见编程错误

拼写错误

Python（与大多数编程语言一样）对拼写非常挑剔。你需要正确拼写每个单词，包括适当的大写。例如，假设你要使用以下内容替换"Hello, world!"程序中的 print 语句：

```
# a print statement with a spelling error
prunt("Hello, world!")
```

当你尝试运行此程序时，它将生成类似于以下内容的错误消息：

```
Traceback (most recent call last):
  File "<hello.py>", line 1, in <module>
NameError: name 'prunt' is not defined
```

如果你是新程序员，则读懂这个错误输出会有点困难。解释器显示了一个"traceback"，它列出了错误发生时程序执行的状态。此输出的下一行指出了错误发生在 hello.py 文件的第 1 行中。第 3 行指出该类错误是 NameError，这意味着 Python 不理解代码中写入的名称。同一行提供了更多细节，说它不理解的名称是 prunt。这是因为没有这样的函数或命令，这个函数应该是 print。

你看到的错误消息会有不同的形式，具体取决于拼写错误的内容，但它始终包含行号和错误描述。语法错误并不总是非常清晰，但是如果你注意错误的行号并学会理解错误信息，你就会非常清楚错误发生的位置并开始修复错误。

常见编程错误

没有关闭字符串文字或注释

每个字符串文字必须有一个开头引号和一个结束引号，但很容易忘记结束引号，如下面的代码所示：

```
# a print statement with a missing closing quote mark
print("Hello, world!)
```

这会产生以下错误消息：

```
File "<hello.py>", line 1
  print("Hello, world!)
                      ^
SyntaxError: EOL while scanning string literal
```

在这种情况下，这个错误很难理解。"EOL while scanning string literal" 是什么意思呢？在这种情况下，"EOL" 代表"行尾"，表示 Python 解释器很混乱，因为它看到了行 / 语句的结尾而没有看到字符串的右引号。如果你忘记一个多行字符串的右引号，你会看到类似的错误信息，但它会给出代表"文件结束"的"EOF"。由于这样的行话和缩略词，学习编程似乎令人抓狂，但是你学习和练习得越多，就会变得越来越熟练。你可以随时使用搜索引擎来查找以前没有见过的术语定义。

当你忘记写 print 语句末尾的右括号时也会出现类似的问题。以下是一个带有两个 print 语句的程序，每个语句都有一个错误：

```
print("Hello, world!"
print("How are you?)"
```

第一个 print 语句缺少右括号。第二个 print 语句的右引号和右括号顺序不对。当你尝试运行它时，程序会生成以下错误消息：

```
File "bug3.py", line 2
  print("How are you?)"
        ^
SyntaxError: invalid syntax
```

这种错误消息并没有什么用处。首先，对于初学者来说，它将错误简单地列为"无效语法"，这使我们对错误不明所以。其次，解释器将第 2 行列为问题的原因，而不是第 1 行，其中右括号实际上被遗忘了。这是因为解释器一直期待一个右括号，直到它发现找不到括号时（即它到达第 2 行的单词 print 时）才会变得混乱。不幸的是，正如本案例所示，错误消息并不总是指引你到正确的代码行进行修复。

幸运的是，许多 Python 编辑器为程序的各个部分使用了不同的颜色，以帮助你直观地区别它们。如果你忘记了关闭字符串文字或注释，通常程序的其余部分将变为错误的颜色，这可以帮助你发现错误。

1.3.2 逻辑错误

逻辑错误也称为 bug。计算机程序员使用诸如"bugridden"和"buggy"之类的词来描述编写得不好的程序，并且将从程序中查找和消除 bug 的过程称为调试。

"bug"这个词是一个早于计算机出现的旧工程术语，早期计算错误有时发生在硬件和软件中。早期的计算机先驱 Admiral Grace Hopper 在很大程度上因在计算机编程环境中推广使用该术语而受到称赞。她经常讲述 20 世纪 40 年代中期哈佛大学一群程序员的真实故事，他们无法弄清楚他们的程序出了什么问题，直到他们打开电脑并发现一只被困在里面的真正的蛾子。

错误的形式可能有所不同。有时你的程序仅仅是表现得不正常。例如，它可能会产生错误的输出。其他时候它会要求计算机执行一些明显错误的任务，在这种情况下，你的程序将有一个运行时错误，使其无法执行。在本章中，由于你对 Python 的了解有限，通常见到的一类逻辑错误是由于错误的 print 语句或函数调用导致的程序输出错误。

1.4 程序分解

The C Programming Language 的作者 Brian Kernighan 说："控制复杂性是计算机编程的关键。"人类对细节的掌控能力有限。我们无法一次解决复杂问题。相反，我们通过将问题分解为可管理的部分并单独解决每个部分来构建问题的解决方案。我们经常使用术语**分解**来描述应用于编程的这个原理。

> **分解**
>
> 分成可辨别的部分，每个部分都比整体简单。

使用像 Python 这样的面向过程编程语言，分解过程涉及将复杂任务分解为一组子任务。这是一种非常面向动词或动作的方法，涉及将整个行动划分为一系列较小的动作。这种技术称为**程序分解**。还有其他类型的分解，例如面向对象的分解，我们将在后面讨论。

作为一名计算机科学家，你应该熟悉许多类型的问题解决方案。本书用了很多章来讲述面向过程方法的各个方面。在彻底练习了面向过程编程之后，我们将转向其他类型的分解。

作为程序分解的一个例子，考虑烘烤蛋糕的问题。你可以将此问题划分为以下子问题：

- 制作面糊。
- 烘烤。
- 制作糖霜。
- 撒糖霜。

这四个任务中的每一个都有与之相关的细节。例如，要制作面糊，请按照以下步骤操作：

- 混合干料。
- 把黄油和糖搅成奶油状。

- 打入鸡蛋。
- 一边加入干料一边搅拌。

因此，需要将整个任务分成若干子任务，并进一步划分成更小的子任务。最终，你将获得最简单的描述，它们无须进一步解释。

该分解的部分如图 1-3 所示。"制作蛋糕"是最高级别的操作。它由四个较低级别的操作定义，称为"制作面糊""烘烤""制作糖霜"和"撒糖霜"。"制作面糊"操作由更低级别的操作定义，对其他三个操作也可以这样做。此图称为结构图，旨在显示如何将问题分解为子问题。在此图中，你还可以通过从左到右的顺序来判断操作的执行顺序。大多数结构图并不是这样。要确定子程序执行的实际顺序，通常需要参考程序本身。

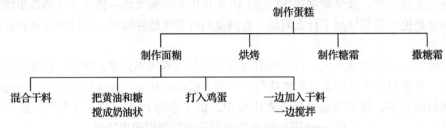

图 1-3　制作蛋糕任务的分解

最后一个问题解决术语与编程过程有关。专业程序员分阶段开发程序。他们不是试图一次性制定一个完整的工作计划，而是先选择一部分问题来实施。然后他们再添加了另一部分、另一部分、另一部分。整个计划是逐步建立起来的。该过程称为**迭代增强**或**逐步细化**。

迭代增强

分阶段编写程序并且每个阶段增加新功能的过程。每个迭代步骤的重要优势是你可以测试它，以确保该部件在继续开发之前能够正确工作。

1.4.1　函数

在本节中，我们将看到一种构造——函数，它允许你迭代地增强 Python 程序，以改进程序的结构并减少冗余。其他 Python 教材通常不会如此早地讨论函数，而是展示分解问题的其他技术。但即使函数需要一些工作来创建，它也是用于改进基本 Python 程序的强大而有用的工具。

考虑以下程序，它在控制台上绘制两个文本框：

```
1   # This program draws two text boxes. (version 1)
2   print("+------+")
3   print("|      |")
4   print("|      |")
5   print("+------+")
6   print()
7   print("+------+")
8   print("|      |")
9   print("|      |")
10  print("+------+")
```

这个程序可以正常工作，但用于绘制框的四行语句出现了两次。出于某些原因，是不希望出现这种冗余的。例如，你可能希望更改框的外观，在这种情况下，必须进行两次所有的编辑。此外，你可能希望绘制其他框，这要求你键入冗余代码行的其他副本（或复制和粘贴）。

更好的程序是包括一个 Python 命令，它指定如何绘制框，然后执行该命令两次。Python 没有"绘制框"命令，但你可以创建一个。这样命名的命令称为**函数**。

函数

一个 Python 语句块，它具有一个名称，可以作为一个语句组执行。

函数是程序分解的单元。我们通常将程序分成几个函数，每个函数都解决整个问题的一部分。一个简单的函数就像一个动词：它命令计算机执行某些操作。在 Python 程序中，可以根据需要定义任意数量的函数。

使用函数涉及两个主要步骤：

1）**定义**函数，即编写函数的名称和它包含的语句集合。

2）**调用**函数，即要执行函数中包含的语句。

我们按顺序看看这两个步骤。函数的定义具有以下通用语法：

```
def name():
    statement
    statement
    ...
    statement
```

语法模板：定义一个函数

例如，以下是名为 draw_box 的函数定义，它绘制一个文本框：

```
def draw_box():
    print("+------+")
    print("|      |")
    print("|      |")
    print("+------+")
```

第一行称为函数头。这里的"def"是"define"的缩写，因为我们定义了一个新的 Python 函数来执行。你需要先写 def，然后要为函数指定名称，后跟一组括号和冒号。（由于我们将在第 3 章中学习一个称为参数的 Python 特性，因此需要使用括号。）

Python 中，这里的冒号字符表示语句序列的开头。与整个程序一样，函数的语句按从头到尾的顺序执行。在示例函数中的函数头之后，一系列 print 语句构成了 draw_box 函数的主体。

属于该函数的每个语句都必须缩进。通常按键盘上的 Tab 键来增加代码的缩进级别，这会在行的开头添加一定数量的空格（通常为 4）。在 Python 中，增加的缩进用于将相关语句组合在一起，例如函数中的语句。所有语句的缩进必须完全相同，否则，程序将包含语法错误。大多数 Python 代码编辑程序在第一行之后通过每行自动缩进到正确的级别来保持缩进的一致性。

定义函数就像向 Python 语言添加一个新命令，并给出一个命名别名来执行一系列命令一样。定义函数 draw_box，你实际上是在向 Python 解释器说："每当我告诉你 draw_box 时，我的意思是你应该执行 draw_box 函数中的所有四个 print 语句。"

但命令不会实际执行，除非我们的程序明确表示它想要这样做。执行函数的动作称为**函数调用**。定义和调用函数的概念有点像烹饪的食谱。定义函数就像写下如何烤蛋糕的食谱。调用函数就像按照食谱实际烤蛋糕一样。如果你定义一个函数但不调用它，就不会得到任何蛋糕。

函数调用

执行函数的命令，使得该函数内的所有语句都被执行。

调用函数的语法是写下其名称后跟两个括号。你不需要包括冒号或函数的其余部分，只包括其名称和括号。

function_name()

语法模板：调用一个函数

例如，要调用 draw_box 函数并执行其中的语句，请在程序中 draw_box 定义之后包含此行，但不缩进：

draw_box()

请记住我们的原始程序应该绘制两个盒子。可以通过执行 draw_box 两次来实现。以下程序生成与原始程序相同的输出，但使用 draw_box 函数执行此操作：

```
1   # This program draws two text boxes using a function. (v2)
2   def draw_box():
3       print("+------+")
4       print("|      |")
5       print("|      |")
6       print("+------+")
7
8   draw_box()
9   print()
10  draw_box()
```

draw_box 函数定义下面的三行无缩进的代码行包括了对 draw_box 的两次调用（导致函数执行两次），它们之间有一个空行。在具有函数的程序中，未缩进的程序部分包含如下内容：指定要执行的函数，按什么顺序执行多少次。我们有时称之为**主程序**。

主程序

Python 程序中未缩进的部分，用于指定整个程序应执行的语句和函数。

这个程序比前一个程序更好，但是一旦你开始使用函数，通常认为使用函数之外的任何代码都是不好的风格。为此，在本书中我们也将按照惯例创建一个名为 main 的函数，在其中我们将编写全部的程序代码来执行。有些语言需要 main 函数。Python 不需要，但我们将在本书的所有程序中遵循这个惯例。

> **main 函数**
>
> 包含主程序代码的函数，指定整个程序应执行的语句和函数。

以下程序包含了一个 main 函数。注意到程序的最后一行只是 main()，它告诉 Python 执行 main 函数。你可以将程序视为包含三个部分：draw_box 函数的定义，main 函数的定义，执行 main 函数的调用。我们今后编写的程序将遵循这种格式。

```
1  # This program draws two text boxes using a function. (v3)
2  # It also contains a main function to represent the program.
3  def draw_box():
4      print("+------+")
5      print("|      |")
6      print("|      |")
7      print("+------+")
8
9  def main():
10     draw_box()
11     print()
12     draw_box()
13
14  main()
```

1.4.2　控制流

关于函数最令人困惑的事情是，具有函数的程序似乎并不是从上到下依次执行的。相反，每次程序遇到函数调用时，程序的执行"跳转"到该函数，按顺序执行该函数中的每个语句，然后"跳转"回调用处继续执行。执行程序语句的顺序称为程序的**控制流**。

> **控制流**
>
> 执行程序语句的顺序。

我们看一下前面显示的程序控制流。它的 main 函数包含以下语句：

```
draw_box()
print()
draw_box()
```

在某种意义上，该程序的执行是顺序的：main 函数中列出的每个语句依次执行。但是这段代码包含了两个对 draw_box 函数的调用。该程序将执行三个不同的操作：执行 draw_box，执行 print，然后再执行 draw_box。图 1-4 显示了该程序的控制流。

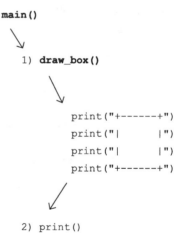

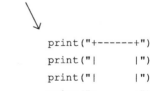

图 1-4　函数调用的控制流

从图中可以看到九个 print 语句得到执行。首先，程序将控制转移到 draw_box 函数并执行其中的四个语句。最后它返回 main 函数并执行中间的 print 语句。最后它将控制再次转移到 draw_box 并再次执行其中的四个语句。进行这些函数调用几乎就像将函数代码复制并粘贴到 main 函数中一样。因此，该程序具有与原始程序的九行主程序代码完全相同的行为，其代码为：

```
# This program draws two text boxes. (version 1)
print("+------+")
print("|      |")
print("|      |")
print("+------+")
print()
print("+------+")
print("|      |")
print("|      |")
print("+------+")
```

我们编写的第一个版本在控制流方面更简单，但带函数的版本避免了同样的 print 语句在多行出现时的冗余。它还可以更好地让人理解解决方案的结构。在带函数的版本中，很明显有一个绘制文本框的子任务，并且执行了两次。考虑要在输出中添加第三个框会发生什么。你可能不得不再次添加五个 print 语句，而在使用 draw_box 函数的程序中，你只需添加一个 print 语句并第三次调用该函数。

一个程序可以包含多个函数，Python 允许以任何顺序定义和调用函数。一个常见的惯例是将 main 函数放在程序的末尾。我们将在本书中遵循该约定。以下程序包含除 main 函数之外的两个函数，并且多次调用它们：

```
 1  # This program draws faces and text boxes using functions.
 2  def draw_wide_box():
 3      print("+-----------+")
 4      print("|           |")
 5      print("+-----------+")
 6
 7  def draw_face():
 8      print("  _____  ")
 9      print(" /     \\")
10      print(" |o   o|")
11      print(" |  .  |")
12      print("  | \_/ |")
13      print("   \\_____/")
14
15  def main():
16      draw_face()
17      draw_wide_box()
18      draw_wide_box()
19      draw_face()
20      draw_wide_box()
21
22  main()
```

这个程序将产生以下输出。请注意，图形出现的顺序与 main 函数调用函数的顺序相一致。main 函数永远是我们程序执行的起点，从起点就可以确定其他函数的调用顺序。

```
      /        \
    |o      o|
    |   .    |
    | \_/  |
    \        /
  +------------+
  |            |
  +------------+
  +------------+
  |            |
  +------------+

      /        \
    |o      o|
    |   .    |
    | \_/  |
    \        /
  +------------+
  |            |
  +------------+
```

1.4.3　标识符和关键字

前面我们编写了带有函数的程序并为这些函数命名，下面来看看 Python 关于命名的规则。用于命名 Python 程序部分的单词称为**标识符**。

> **标识符**
>
> 赋予程序中实体的名称，例如函数。

标识符必须以字母开头，后跟任意数量的字母或数字。以下都是合法标识符：

```
first            hiThere         numStudents     TwoBy4
```

Python 语言规范允许标识符包含下划线字符（_），这意味着以下也是合法标识符：

```
two_plus_two     _count          _2__donuts      MAX_COUNT
```

以下是非法标识符：

```
two+two          hi there        hi-There        2by4          $money
```

Python 遵循程序员一致认可的大小写约定。函数名称应为小写。当将几个单词放在一起形成一个函数名时，在每个单词之后放置一个下划线，例如 batten_down_the_hatches。在后面的章节中，我们将讨论常数，它采用另一种大小写的方式，即所有字母都是大写。遵循严格的命名方案似乎是一个烦琐的约束，但在代码中使用一致的大小写可以让读者快速识别各种代码元素。

Python 区分大小写，因此标识符 hello、Hello、HELLO 和 hElLo 被认为是不同的。在理解解释器的错误消息时请牢记这一点。人类善于理解你所写的内容，即使你拼错单词或犯了一些错误，比如改变单词的大小写。但是，像这样的错误会导致 Python 解释器变得彻底无法理解。

不要怕使用长标识符。你的名称越具有描述性，人们（包括你自己）就越容易读懂你的程序。描述性标识符值得花时间键入。诸如 search_for_account_late_fees 之类的函数名称有很多字符要键入，但它比像 find_late 这样简洁的名称更容易让人理解。

Python 有一组预定义的标识符，称为**关键字**，用于特定用途。在阅读本书时，你将学习许多关键字及其用法。表 1-4 显示了保留关键字的完整列表。只能将关键字用于其设定的用途，而不应该使用关键字作为程序中的函数名称。例如，如果将函数命名为 def 或 in，则会引发问题，因为它们是保留关键字。

表 1-4　Python 关键字列表（参考：Python.org）

and	as	assert	break	class
continue	def	del	elif	else
except	False	finally	for	from
global	if	import	in	is
lambda	None	nonlocal	not	or
pass	raise	return	True	try
while	with	yield		

1.4.4　调用其他函数的函数

main 函数不是调用函数的唯一地方。实际上，任何函数都可以调用任何其他函数。因此，控制流可能变得非常复杂。例如，请看以下相当奇怪的程序。因为该程序没有意义，我们故意使用诸如"foo""bar"和"mumble"之类的无意义词语。

```
1   # This program demonstrates functions that call other functions.
2   def foo():
3       print("foo")
4
5   def quux():
6       print("quux")
7
8   def bar():
9       print("bar 1")
10      quux()
11      print("bar 2")
12
13  def main():
14      foo()
15      bar()
16      print("mumble")
```

```
17
18  main()
```

很难轻易判断这个程序将产生什么输出，所以我们详细探讨一下程序正在做什么。请记住，程序执行始终以 main 函数的内容开头。在这个程序中，main 调用 foo 函数和 bar 函数，然后执行 print 语句，如图 1-5 所示。

这有助于我们更完整地考察控制流，但请注意 bar 调用 quux 函数，因此也必须展开它，如图 1-6 所示。

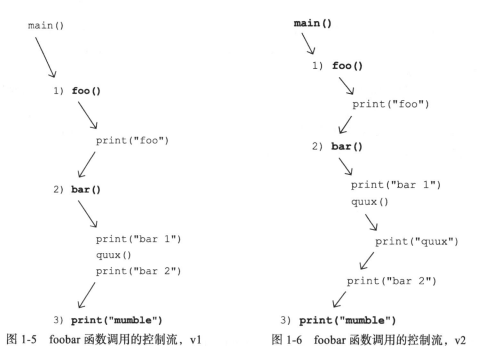

图 1-5　foobar 函数调用的控制流，v1　　　　图 1-6　foobar 函数调用的控制流，v2

最后，我们完成了对该程序控制流的描述。那么，程序产生以下输出：

```
foo
bar 1
quux
bar 2
mumble
```

在本章后面的案例研究中，我们将看到一个更有用的函数调用函数的例子。

你知道吗？

The New Hacker's Dictionary

计算机科学家和计算机程序员使用了大量可能对新手而言有些困惑的术语。以 Eric Raymond 为代表的一群软件专业人士在一本名为 *The New Hacker's Dictionary* 的书中收集了许多行话术语。你可以买这本书，或者可以在 Eric 的网站上浏览它：http://catb.org/esr/jargon/html/frames.html。

例如，查找 foo，你会发现这个定义："非常普遍地用作任何东西的示例名称，尤其是程序和文件。"换句话说，当我们发现自己在寻找一个无意义的词时，可以使用"foo"。

The New Hacker's Dictionary 包含大量关于行话术语的起源。"foo"的条目包括对"foobar"这个术语的长篇讨论，以及它如何在工程师中普遍使用。

如果你想了解那里的内容，请查看 bug、hacker、bogosity 和 bogo-sort 的条目。

1.4.5　运行时错误的例子

当错误导致程序无法继续执行时，就出现了运行时错误。什么可能导致这样的事情发生呢？例如，你要求计算机计算一个无效值，例如 1 除以 0。另一个例子是程序尝试从不存在的文件中读取数据。

我们还没有讨论如何计算值或读取文件，但有一种方法可以"意外"导致运行时错误。这样的方法是编写一个调用自身的函数。如果这样做，程序将不会停止运行，因为该函数将一直调用自身，直到计算机内存不足。当发生这种情况时，程序会打印大量输出行，然后最终停止在一个名为 RecursionError 的错误消息处。下面是一个例子：

```
1  # This program contains a runtime error.
2  def oops():
3      print("Make it stop!")
4      oops()
5
6  def main():
7      oops()
8
9  main()
```

这个错误的程序会产生以下输出（大量相同的行用"..."表示）：

```
Make it stop!
Make it stop!
Make it stop!
...
Make it stop!

Traceback (most recent call last):
  File "infinite.py", line 6, in <module>
    oops()
  File "infinite.py", line 4, in oops
    oops()
  File "infinite.py", line 4, in oops
    oops()
  File "infinite.py", line 3, in oops
    print("Make it stop!")
RecursionError: maximum recursion depth exceeded while calling a Python
object
```

注意运行时错误和语法错误之间的区别。语法错误是指程序员没有正确遵循 Python 语言的语法规则。运行时错误是指程序合法但无法成功运行。我们的无限程序遵循 Python 的合法语法，但由于程序员的错误而无法正常运行。这体现了编程的喜忧参半，即计算机将完全按照你的要求去做，即使你告诉它做的是错误的。

遗憾的是，在你学习时，你将不得不面对运行时错误。你必须仔细确保你的程序不仅具有正确的语法，以便它们可以成功运行，而且不包含任何会导致运行时错误的 bug。捕获和修复运行时错误的最常见方法是多次运行程序以测试其行为。

1.5 案例研究：绘图

在本章的前面，你看到了一个产生以下输出的程序：

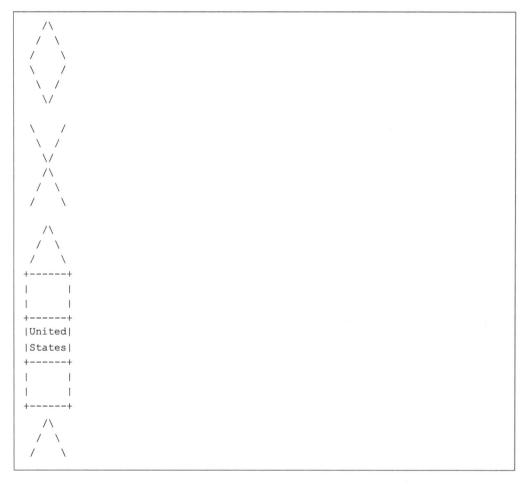

它使用了一长串的 print 语句，而没有使用函数。在本节中，我们将以程序分解的方式使用函数来设计结构并消除冗余从而改进程序。冗余可能更明显，但我们还是从改进整个任务结构的方式开始。

1.5.1 结构化版本

如果仔细观察输出，你将看到它具有可能会在程序结构中捕捉到的结构。输出分为三个子图：钻石、X 和火箭。

可以通过将程序划分为函数来更好地展示程序的结构。由于有三个子图，可以创建三个函数，每个子图一个。还应该创建一个 main 函数调用其他三个函数。以下程序产生与先前版本相同的输出：

```
 1  # This program draws several text figures, including
 2  # a diamond, an X, and a rocket ship.
 3  # (Version 2 with functions for structure.)
 4
 5  def draw_diamond():
 6      print("   /\\")
 7      print("  /  \\")
 8      print(" /    \\")
 9      print(" \\    /")
10      print("  \\  /")
11      print("   \\/")
12      print()
13
14  def draw_x():
15      print(" \\    /")
16      print("  \\  /")
17      print("   \\/")
18      print("   /\\")
19      print("  /  \\")
20      print(" /    \\")
21      print()
22
23  def draw_rocket():
24      print("   /\\")
25      print("  /  \\")
26      print(" /    \\")
27      print("+------+")
28      print("|      |")
29      print("|      |")
30      print("+------+")
31      print("|United|")
32      print("|States|")
33      print("+------+")
34      print("|      |")
35      print("|      |")
36      print("+------+")
37      print("   /\\")
38      print("  /  \\")
39      print(" /    \\")
40
41  def main():
42      draw_diamond()
```

```
43        draw_x()
44        draw_rocket()
45
46  main()
```

这个程序定义了四个函数。前三个函数分别代表了三个要绘制的图形：钻石、X 和火箭。main 函数显示在最后，按照顺序调用其他三个函数。

该程序的第二个版本比第一个版本好，但它仍然可以改进，我们将在下一节中探讨。

1.5.2　没有冗余的最终版本

添加函数到图形绘制程序改进了它的结构，但程序仍然存在冗余。程序中的三个子图都有单独的元素，其中一些元素出现在不止一个子图中。例如，程序多次打印以下的线：

重复的部分是菱形的上半部分和下半部分以及火箭中使用的框。程序的更好版本为每个重复输出部分添加了一个额外的函数，这是改进的程序：

```
 1  # This program draws several text figures, including
 2  # a diamond, an X, and a rocket ship.
 3  # (Version 3 with functions for structure and redundancy.)
 4
 5  def draw_cone():
 6      print("   /\\")
 7      print("  /  \\")
 8      print(" /    \\")
 9
10  def draw_v():
11      print(" \\    /")
12      print("  \\  /")
13      print("   \\/")
14
15  def draw_box():
16      print("+------+")
17      print("|      |")
18      print("|      |")
19      print("+------+")
20
21  def draw_diamond():
22      draw_cone()
23      draw_v()
24      print()
25
26  def draw_x():
27      draw_v()
28      draw_cone()
```

```
29      print()
30
31  def draw_rocket():
32      draw_cone()
33      draw_box()
34      print("|United|")
35      print("|States|")
36      draw_box()
37      draw_cone()
38
39  def main():
40      draw_diamond()
41      draw_x()
42      draw_rocket()
43
44  main()
```

该程序在其中定义了七个函数。main 函数调用其中的三个函数。这三个函数又调用了其他三个函数。

1.5.3 执行流分析

图 1-7 中的结构图显示了 main 函数调用的函数以及每个函数又调用的函数。如你所见，该程序有三个层次的结构和两个级别的分解。整个任务分为三个子任务，每个子任务又分为两个子任务。

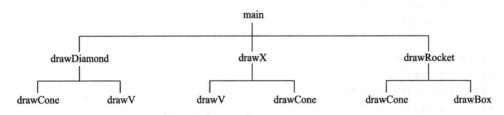

图 1-7　画图程序第三个版本的分解

具有函数的程序比没有函数的程序具有更复杂的控制流，但规则仍然相当简单。请记住，当调用函数时，计算机将执行函数体中的语句。然后计算机在函数调用完成后继续执行调用前的下一个语句。还要记住，程序以 main 函数开始，从头到尾执行语句。

因此，要执行程序，计算机首先执行 main 函数。接着，它首先执行 draw_diamond 函数的函数体，draw_diamond 执行 draw_cone 和 draw_v 函数（按照顺序）。当 draw_diamond 执行完成后，控制转移到 main 函数体中的下一个语句：对 draw_x 函数的调用。从函数到函数的控制流的完整细分如图 1-8 所示。

回想一下，定义函数的顺序不必与它们的执行顺序相一致。执行顺序由 main 函数和它调用的函数来确定。函数定义类似于字典条目：定义一个单词，但没有指定单词的使用方式。这个程序的 main 函数体说先执行 draw_diamond，再执行 draw_x，然后执行 draw_rocket。无论函数的定义顺序如何，这都是执行的顺序。但是，一致性非常重要，因为你可以在以后的大型程序中轻松找到某个函数。

　　更重要的是，要注意该程序的三个版本产生完全相同的输出到控制台。虽然第一个版本可能是新手阅读的最简单程序，但第二个版本尤其是第三个版本有着许多的优点。首先，结构良好的解决方案更容易理解，而函数本身也成为解释程序的手段之一。另外，使用函数的程序更加灵活，并且可以更容易地应用到类似但不同的任务中。你可以定义六个函数并编写一个新程序以生成更大、更复杂的输出。构建函数来创建新命令可以提高灵活性，而不会增加不必要的复杂性。例如，可以使用按以下新顺序调用其他函数的版本替换 main 函数代码。它会产生什么输出？

```python
def main():
    draw_cone()
    draw_cone()
    draw_rocket()
    draw_x()
    draw_rocket()
    draw_diamond()
    draw_box()
    draw_diamond()
    draw_x()
    draw_rocket()
```

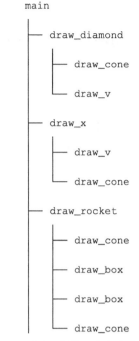

图 1-8　画图程序第三个版本的控制流

本章小结

- 计算机执行称为程序的指令集。计算机在内部将信息存储为 0 和 1（二进制数）的序列。
- 编程和计算机科学研究算法，算法是解决问题的逐步描述。
- Python 是一种现代编程语言，语法简单，拥有大量库来构建复杂程序。
- 程序由另一个称为解释器的程序从文本转换为计算机指令。Python 的解释器读取并执行程序的每个语句来运行它。Python 程序员通常使用称为集成开发环境（IDE）的编辑器来完成工作。命令可能因环境而异，但始终包括相同的三个过程：

  1）在编辑器中键入 Python 程序。
  2）将程序保存到以 .py 结尾的文件中。
  3）使用解释器运行程序。

- Python 使用名为 print 的命令在控制台屏幕上显示文本。
- 程序中的单词可以有不同的含义。关键字是作为语言一部分的特殊保留字。标识符是由程序员在程序中定义的名字。单词可以放入字符串中，并作为文本的一部分打印到控制台中。
- 使用适当间距和布局的 Python 程序对程序员来说更具可读性。也可以通过在程序中编写注释来提高可读性。
- Python 语言具有可以使用的语法或一组合法的命令。不遵循正确语法的 Python 程序将无法运行。语法正确但编写不正确的 Python 程序在运行时会出现错误。另一种错误是在程序运行时出现的逻辑错误或意图错误，它是指程序没有按照程序员所设想的进行工作。

- 程序中的命令称为语句。程序可以将多个语句组合成为更大的命令，即函数。函数帮助程序员将代码分组成可以重用的片段。
- 迭代增强是逐渐构建程序并在进行下一步之前测试程序的一种开发过程。
- 复杂程序应当分解为计算机必须执行的主要任务。这个过程称为程序分解。函数的正确使用有助于程序分解。

自测题

1.1 节：计算的基本概念

1. 为什么计算机使用二进制数？

2. 将下面的十进制数转换为对应的二进制数：

   a. 6

   b. 44

   c. 72

   d. 131

3. 下列每个二进制数对应的十进制数是什么？

   a. 100

   b. 1011

   c. 101010

   d. 1001110

4. 使用自己的语言描述制作曲奇的算法。假设你有很多肚子饿了的朋友，所以你需要制作多份曲奇。

1.2 节：一个完整的 Python 程序

5. 下列哪些可以在 Python 程序中作为标识符使用？

   a. `printed`

   b. `first-name`

   c. `annual_salary`

   d. `"hello"`

   e. `abc`

   f. `42isTheAnswer`

   g. `sum_of_data`

   h. `>average`

   i. `b4`

6. 下列哪些是输出消息的正确语法？

   a. `print(Hello, world!)`

   b. `print("Hello, world!')`

   c. `print("Hello, world!")`

   d. `print "Hello, world!"`

   e. `print"(Hello, world!)"`

7. 下面的语句产生什么输出？

```
print("\"Quotes\"")
print("Slashes \\//")
print("How '\"confounding' \"\\\" it is!")
```

8. 下面的语句产生什么输出？

```
print("name\tage\theight")
print("Archie\t17\t5'9\"")
print("Betty\t17\t5'6\"")
print("Jughead\t16\t6'")
```

9. 下面的语句产生什么输出？

```
print("Shaq is 7'1")
print("The string \"\" is an empty message.")
print("\\'\"\"")
```

10. 下面的语句产生什么输出？（注意这个问题中的字符串有单引号。）

```
print('\ta\tb\tc"')
print('\\\\')
print('"')
print('\'\'\'')
print('C:\nin\the downward spiral')
```

11. 下面的语句产生什么输出？

```
print("Dear \"DoubleSlash\" magazine,")
print()
print("\tYour publication confuses me. Is it")
print("a \\\\ slash or a //// slash?")
print("\nSincerely,")
print("Susan \"Suzy\" Smith")
```

12. 使用一组什么样的 print 语句可以产生下面的输出？

```
"Several slashes are sometimes seen,"
said Sally. "I've said so." See?
\ / \\ // \\\ ///
```

13. 使用一组什么样的 print 语句可以产生下面的输出？

```
This is a test of your
knowledge of "quotes" used
in 'string literals.'

You're bound to "get it right"
if you read the section on
''quotes.''
```

14. 编写一个 print 语句产生下列输出：

```
/ \ // \\ /// \\\
```

1.3 节：程序错误

15. 指出下面程序中的三处错误：

```
my_program:
    print("This is a test of the"
    print(emergency broadcast system.)
```

16. 指出下面程序中的三处错误：

```
def main:
print("Speak friend")
print("and enter)
```

1.4 节：程序分解

17. 下面哪个函数头的语法是正确的？

    a. `def example():`

    b. `def example() {`

    c. `def example()`

    d. `example def():`

    e. `def example[]:`

18. 下面程序的输出是什么？（你或许可以先画一下结构图。）

```
def main():
    message1()
    message2()
    print("Done with main.")

def message1():
    print("This is message1.")

def message2():
    print("This is message2.")
    message1()
    print("Done with message2.")

main()
```

19. 下面程序的输出是什么？（你或许可以先画一下结构图。）

```
def first():
    print("Inside first function")

def second():
    print("Inside second function")
    first()

def third():
    print("Inside third function")
    first()
    second()

def main():
```

```
    first()
    third()
    second()
    third()

main()
```

20. 如果 third 函数包含的是下面的语句，上题中的程序输出会是什么？

```
def third():
    first()
    second()
    print("Inside third function")
```

21. 如果 main 函数包含的是下面的语句，上一个完整程序的输出会是什么？（使用 third 函数的原始版本，而不是 20 题对应的修改版本。）

```
def main():
    second()
    first()
    second()
    third()
```

22. 下面的程序至少包含了 8 处错误，指出分别是什么。

```
def main():
        print(Hello, world!)
    essage()

def message
    print('This program surely cannot ')
    print("have any "errors" in it");
```

习题

1. 编写一个完整的 Python 程序来产生如下输出：

```
///////////////////////
|| Victory is mine! ||
\\\\\\\\\\\\\\\\\\\\\\\
```

2. 编写一个完整的 Python 程序来产生如下输出：

```
  \/
 \\//
\\\///
///\\\
 //\\
  /\
```

3. 编写一个完整的 Python 程序来产生如下输出：

```
A well-formed Python program has a main
function with : at the end of the line.

A print statement has ( and ) and usually
a string that starts and ends with a
" or ' character.
(But we type \" or \' instead!)
```

4. 编写一个完整的 Python 程序来产生如下输出：

```
What is the difference between
a ' and a \'? Or between a " and a \"?
' and " can be used to define strings
\' and \" are used to print quotes
```

5. 编写一个完整的 Python 程序来产生如下输出，除 main 函数以外，至少使用一个函数。

```
There's one thing every coder must understand:
showing output with the print command.

There's one thing every coder must understand:
showing output with the print command.
```

6. 编写一个完整的 Python 程序来产生如下输出，除 main 函数以外，至少使用一个函数。

```
/////////////////////
|| Victory is mine! ||
\\\\\\\\\\\\\\\\\\\\\
|| Victory is mine! ||
\\\\\\\\\\\\\\\\\\\\\
|| Victory is mine! ||
\\\\\\\\\\\\\\\\\\\\\
|| Victory is mine! ||
\\\\\\\\\\\\\\\\\\\\\
|| Victory is mine! ||
\\\\\\\\\\\\\\\\\\\\\
```

7. 编写一个 Python 程序显示如下输出：

```
    / ‾‾‾‾‾‾ \
   /          \
  _"_'_"_'_"_
   \          /
    _____/
```

8. 修改上一习题中的程序，使其显示以下输出。适当使用函数。

9. 编写一个 Python 程序生成以下输出。在解决方案中使用函数来显示结构并消除冗余。请注意，有两个火箭彼此相邻。使用函数，你可以消除什么冗余？什么冗余无法消除？

```
    /\       /\
   /  \     /  \
  /    \   /    \
 +------+ +------+
 |      | |      |
 |      | |      |
 +------+ +------+
 |United| |United|
 |States| |States|
 +------+ +------+
 |      | |      |
 |      | |      |
 +------+ +------+
   /\       /\
  /  \     /  \
 /    \   /    \
```

10. 编写一个 Python 程序产生如下输出。在解决方案中至少使用两个函数来显示结构并消除冗余。

```
Go, team, go!
You can do it.

Go, team, go!
You can do it.
You're the best,
In the West.
Go, team, go!
You can do it.
```

```
Go, team, go!
You can do it.
You're the best,
in the West.
Go, team, go!
You can do it.

Go, team, go!
You can do it.
```

11. 编写一个 Python 程序产生如下输出。在解决方案中使用函数来显示结构并消除冗余。

```
*****
*****
 * *
  *
 * *

*****
*****
 * *
  *
 * *
*****
*****

  *
  *
  *
*****
*****
 * *
  *
 * *
```

12. 编写一个 Python 程序产生如下输出。在解决方案中使用函数来显示结构并消除冗余。

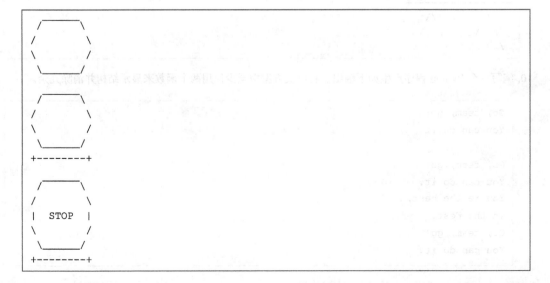

编程项目

1. 编写一个程序，用以下字母块拼写出 MISSISSIPPI（每行一个）：

```
M      M     IIIII      SSSSS      PPPPP
MM    MM       I       S     S     P     P
M M  M M       I       S           P     P
M   M   M      I        SSSSS      PPPPP
M       M      I             S     P
M       M      I       S     S     P
M       M    IIIII      SSSSS      P
```

2. 有时我们会给不同的人写相似的信件。例如，可以写信给你的父母，告诉他们关于你的课程和朋友，并要钱；可以写信给你的朋友，谈谈你的爱情生活、课程和爱好；可以写信给你的兄弟，谈谈你的爱好、朋友，并要钱。写一个程序，打印类似的信件，给你所选择的三个人。每封信件应至少有一个段落与其他每封信件的相同。你的主程序应该有三个函数调用，每个函数对应你要写信的人。尝试将重复的任务封装到函数中。

3. 编写一个程序，输出你最喜欢的英文歌曲的歌词。（使用函数简化这个任务。）

数据和确定循环

现在你已经了解了 Python 程序的基本结构，为学习如何解决更复杂的问题做好了准备。目前，我们仍将专注于产生输出的程序，但我们将开始探索编程中需要解决问题技能的方面。

本章的前半部分主要关注两个重要领域。首先，讲述了表达式，这些表达式在 Python 中用于执行简单的计算，特别是涉及数值数据的计算。其次，讨论了编程元素——变量。变量值在程序执行过程中可以被改变。

本章的后半部分介绍了第一个控制结构：for 循环。你可以使用 for 循环在程序中执行重复的动作。这在诸如创建复杂图形之类的任务中发现模式时非常有用，因为你可以使用 for 循环重复创建特定模式的动作。这么做的挑战在于找到每一种模式并想出什么样的重复动作可以产生这些模式。

for 循环是一个很有弹性的控制结构，可以被用到很多任务中。本章我们把它用到确定循环中，在确定循环中，你确切地知道要执行特定任务的次数。在第 5 章中，我们将讨论如何编写不定循环，在使用不定循环时，你事先不知道要执行一个任务的次数。

2.1 基本数据概念

程序操纵信息，信息可以以多种形式呈现。例如，一个追踪图书馆图书租借情况的程序需要存储每本图书的书名、作者、ISBN 号、图书的借出日期、借书人姓名等等。这些数据中的每一个都是不同类型的数据：标题和作者是文本，ISBN 是整数，借出时间是日期，等等。不同的数据块以不同的形式出现并具有不同的值集，这种思想与数据类型的概念有关，我们将在本节中对此进行探讨。

2.1.1 数据类型

Python 程序可以操纵数据，比如执行类似于计算器的数值计算（1 + 1 = 2），或者在文本中搜索给定的关键字（显示所有以字母 "k" 开头的字典单词）。在 Python 程序中操作的每一个数据都有其对应的**数据类型**。数据类型描述了一组相关值，以及可以对这些值执行的一组操作。数据类型的一个例子是整数，它包括 0、1、2、-4、65536 等值，以及加法、减法、乘法等运算。在编写代码时，你经常会发现自己需要考虑要使用哪种类型的数据。

> **数据类型**
>
> 一类相关数据值的名称，如 Python 中表示整数值的 int 类型。

有些编程语言的语法要求程序员在代码中显式地定义数据类型。Python 的语法更短更简单，不需要显示定义每个数据的数据类型。Python 可以从数据值本身自动推断出来你在程序中用到的每个数据的数据类型。例如，如果你编写一个要求计算 1 + 1 的结果的 Python 程序，Python 解释器可以推断出你正在对整数执行计算。

Python 包含各种各样的内置类型。我们将不在本章也不在本书中把它们作为一个整体来探讨，因为很多数据类型在简单程序中不会用到。表 2-1 列出了 Python 的一些内置数据类型。

表 2-1　Python 中常用的数据类型

类型	描述	示例
int	整数	42, 3, 18, 20493, 0
float	实数	7.35, 14.9, 19.83423, 6.022e23
str	文本字符序列（字符串）	"hello", 'X', "abc 1 2 3!", ""
bool	逻辑值	True, False

让我们从数字计算开始探索数据和类型。我们将关注 Python 中的两种数字数据类型：int，它表示整数，比如 42；float，它表示包含小数点的实数，比如 3.14。类型名 int 和 float 是 Python 关键字，我们将在本章后面探讨这些关键字的用法。

用一种类型表示整数，用另一种类型表示实数，这似乎有些奇怪。难道不是每个整数都是实数吗？答案是肯定的，但这些数字本质上是不同类型的。这种区别是如此之大，以至于在英语中也有体现。我们不会使用"How much"问"你有多少姐妹？"或者使用"How many"问"你有多重？"我们意识到姐妹是离散整数（0 个姐妹，1 个姐妹，2 个姐妹，3 个姐妹，等等），我们用"many"表示整数（"How many sisters do you have?"）。类似地，我们认识到体重可以有微小的变化（175 磅，175.5 磅，175.25 磅，等等），我们使用"much"来表示这些实数（"How much do you weigh?"）。

在编程中，这种区别甚至更为重要，因为整数和实数在计算机内存中以不同的方式表示：整数被精确地存储，而实数被按照限定数目的有效数字近似存储。你将看到，当你使用实数值时，将值存储为近似值会产生舍入误差。

实值的名称 float 不是很直观。这是历史上的一个意外，就像我们今天还在谈论"拨打"电话号码一样，即使现代电话没有拨号转盘。根据计算机的中央处理单元（CPU）表示和处理实数的方式，计算中的实数通常被称为**浮点数**。1972 年，C 语言引入了一种名为 float 的数据类型，用于存储实数，这个名字流行起来，后来的语言也使用了这个名字。一个更直观的名称可能是 real，在一些语言中这是它们的名称。但是 C 语言使用的 float 已被大众所熟知，所以 Python 和许多其他语言还是使用 float 来表示实数的数据类型。因此，程序员将继续使用 float 这个词来表示实数，而人们仍然会使用"拨号"来表示打电话，即使他们从未碰过电话拨号转盘。

2.1.2　表达式

当你写程序时，经常需要同时使用值和运算。**表达式**是用来描述这些元素的技术术语。

> **表达式**
>
> 表达式可以是一个值，也可以是产生一个值的运算组合。

最简单的表达式是一个特定的值，比如 42 或 28.9。我们称这些为"字面量的值"，或简称字面量。更复杂的表达式包含简单值的组合。例如，假设你想知道你有多少瓶水：如果你有两个 6 瓶装，四个 4 瓶装，和两个单瓶装。你可以用下面的表达式计算瓶子的总数：

```
(2 * 6) + (4 * 4) + 2
```

注意，我们使用星号表示乘法，并使用括号对表达式的各个部分进行分组。计算机通过**求值**来确定表达式的值。

> **求值**
> 获取表达式值的过程。

表达式求值时得到的值称为**结果**。复杂表达式由**运算符**构成。

> **运算符**
> 一种特殊符号（如 + 或 *），用于指示要对一个或多个值执行的操作。

表达式中使用的值称为**操作数**。例如，考虑以下简单的表达式：

```
3 + 29
4 * 5
```

这里的运算符是 + 和 *，操作数是简单的数字。

当你形成复杂的表达式时，这些简单的表达式可以转而成为其他运算符的操作数。例如，考虑下面的表达式：

```
(3 + 29) - (4 * 5)
```

这个表达式有两层算术运算符：

加法运算符有简单的操作数 3 和 29，乘法运算符有简单的操作数 4 和 5，但是减法运算符的操作数比较复杂，它的每个操作数都是带括号的表达式，有各自的运算符。因此，复杂的表达式可以由较小的表达式构建。在最低层次上，只有简单的数字。它们被用作操作数来生成复杂的表达式，而这些表达式又可以用作更复杂表达式中的操作数。

使用表达式可以做很多事情。你可以做的最简单的事情之一是在 Python Shell 中键入表达式，这将导致解释器对表达式求值并显示结果。这是一个学习表达式和运算符的好方法：

```
>>> 1 + 1
2
>>> (3 + 29) - (4 * 5)
12
```

如果正在编写要保存在文件中的程序，你可以使用 print 语句打印表达式的结果。例如，以下三个 print 语句产生以下三行输出：

```
print(75)
print(2 + 2)
print((3 + 29) - (4 * 5))
```

```
75
4
12
```

注意，对于第二行的 print 语句，计算机计算表达式（2 + 2）并打印结果（4）。对于第三行的 print 语句，计算机对所有算术运算符求值并打印结果。在阅读本书的过程中，你将看到许多不同的运算符，所有这些运算符都可以用来形成表达式。表达式可以是任意复杂度的，可以有任意多的运算符。因此，当我们告诉你"这里可以使用表达式"时，我们的意思是你可以使用包含复杂表达式或简单值的任意表达式。

表达式中的空格是可选的，你可以写 3+4 或 3 + 4 得到相同的结果。我们喜欢在运算符和它的操作数之间加上空格，这是我们在本书中遵循的风格。Python 的设计人员编写了 Python 官方风格指南"PEP"，其中也建议在操作符的每一侧加一个空格。

2.1.3　字面量

最简单的表达式直接使用称为字面量的值。整型字面量（int 型）是一串带或不带前导 + 或 – 号的数字：

```
3     482     -29434     0     92348     +9812
```

实数字面量（float 型）是任何包含小数点的数字：

```
298.4    0.284    207.    .2843    42.0    -17.452    -.98
```

请注意 207. 和 42.0 被认为是 float 类型，因为它们都含有小数点。float 类型的字面量也可以用科学计数法表示（数字后面跟着 e，e 后面跟着一个整数）：

```
2.3e4    1e-5    3.84e92    2.458e12
```

第一个数代表 2.3 乘以 10 的 4 次方，等于 23000。即使这个值恰好与一个整数相一致，它也被认为是 float 类型的，因为它是用科学计数法表示的。第二个数代表 1 乘以 10 的 –5 次方，等于 0.00001。第三个数代表 3.84 乘以 10 的 92 次方。第四个数字代表 2.458 乘以 10 的 12 次方。

我们已经看到，文本信息可以表示为包含字符序列的字符串。引号中的字符串被认为是 str 类型的字面量。在后面的章节中，我们将更详细地研究字符串，包括如何查看和操作字符串的字符。正如我们前面看到的，字符串字面量由零个或多个字符组成，用单引号或双引号括起来：

```
'abc'   "hello"   "I'm happy!"   'Michael "Air" Jordan'   "X"   ""
```

最后，bool 类型存储逻辑信息。在我们读到第 4 章并了解如何将逻辑测试引入程序之前，我们不会探讨 bool 类型的使用，但是为了完整起见，我们在这里包含了 bool 字面量值。逻辑只处理两种可能性：True 和 False。这两个 Python 关键字是 bool 类型的两个字面量值：

```
True    False
```

2.1.4　算术运算符

基本算术运算符如表 2-2 所示。当然，你已经很熟悉加法和减法运算符了。星号是乘法运算符，斜杠是除法运算符，这些对你来说也不陌生。

表 2-2　Python 中的算术运算符

运算符	含义	示例	结果
+	加法	2 + 2	4
-	减法	53 - 18	35
*	乘法	3 * 8	24
/	除法	9 / 2	4.5
//	整数除法	9 // 2	4
%	模运算	19 % 5	4
**	幂运算	3 ** 4	81

用于幂运算的 ** 符号可能看起来不太常见，但其行为符合你的期望。像 3 ** 5 这样的表达式表示 3^5，或者 3 的 5 次方，也就是 3 * 3 * 3 * 3 * 3，结果是 243。

除法是最复杂的基本算术运算，值得进一步探讨。使用 / 运算符的除法会产生一个实数结果，该结果表示为浮点值。即使两个操作数都是整数，结果也是 float 类型的。下面在 Python Shell 中的交互展示了一些例子：

```
>>> 11.0 / 4.0
2.75
>>> 1 / 2
0.5
>>> 12 / 2
6.0
>>> 119 / 5
23.8
```

但是，正如我们将在本书中看到的，经常有这样的情况，我们想要执行整数除法并得到整数（int）商数。正如你在学校做长除法中学到的，整数除法的结果可以表示为两个整数——一个商和一个余数：

```
119 ÷ 5 = 23（商）…… 4（余数）
```

你可以分别使用 // 和 % 运算符计算整数商和余数。下面是 Python Shell 中的一些例子，

展示了这些算术运算符:

```
>>> 119 // 5
23
>>> 119 % 5
4
```

如果你还记得长除法运算是如何执行的,那么这两个除法运算符应该很熟悉。考虑一下用 1079 除以 34 得到的结果:

```
      31
34 )1079
     102
     ――
      59
      34
      ――
      25
```

这里,1079 除以 34 得到 31,余数为 25。使用算术运算符,问题描述如下:

```
1079 // 34 得到 31
1079 % 34 得到 25
```

习惯 Python 中的整数除法需要一段时间。当你使用整数除法运算符(//)时,要记住的关键是它截断(丢弃)小数点后的任何内容。因此,如果你想在计算器上计算答案,只需忽略小数点后的任何内容,如下面的 Python Shell 示例所示。注意,这个数字没有四舍五入,即使小数部分大于 0.5,整数除法的结果也总是舍去小数点后的部分。

```
>>> 19 // 5       # 19 / 5 is  3.8 on a calculator
3
>>> 207 // 10     # 207 / 10 is 20.7 on a calculator
20
>>> 7 // 8        # 7 / 8 is 0.875 on a calculator
0
```

运算符 % 计算整数除法剩下的余数。它通常被称为"模"或"mod"运算符。mod 运算符让你知道截断 // 除法运算符留下了多少未包括的部分。例如,对于前面的示例,你将得到如表 2-3 所示的 mod 结果。

表 2-3 mod 运算符示例

问题	先做除法	除法说明了什么?	还余多少?	答案
19 % 5	19 // 5 是 3	3 * 5 是 15	19 − 15 是 4	4
207 % 10	207 // 10 是 20	20 * 10 是 200	207 − 200 是 7	7
7 % 8	7 // 8 是 0	0 * 8 是 0	7 − 0 是 7	7

在每种情况下,你都可以计算出被除法运算符截断的数量。mod 操作符会给出任何剩余部分。当你用公式来表示这个过程,你可以认为 mod 运算符的行为如下:

```
x % y = x - (x // y) * y
```

对于 mod 运算符，可能得到 0 的结果。当一个数被另一个数整除时就会发生这种情况。例如，下面每个表达式的值都为 0，因为第二个数可以整除第一个数：

```
>>> 28 % 7
0
>>> 95 % 5
0
>>> 44 % 2
0
```

一些特殊的情况是值得注意的，因为它们对于新手程序员来说并不总是显而易见的：

- **分子比分母小**：在这种情况下，整数除法得到 0，mod 得到原数。
- **分子为 0**：在这种情况下，整数除法和 mod 的结果都是 0。
- **分母为 0**：在这种情况下，整数除法和 mod 都是未定义的，并产生运行时错误。例如，一个程序试图计算 7 / 0，7 // 0 和 7 % 0 中的任意一个表达式都会产生错误。

Python Shell 中的以下交互演示了这些特殊情况：

```
>>> 7 // 10      # numerator smaller than denominator
0
>>> 7 % 10
7
>>> 0 // 10      # numerator of 0
0
>>> 0 % 10
0
>>> 7 // 0       # denominator of 0
Traceback (most recent call last):
  File "<stdin>", line 1, in <module>
ZeroDivisionError: integer division or modulo by zero
```

mod 操作符在计算机程序中有许多有用的应用。例如：

- 测试一个数字是偶数还是奇数（偶数 % 2 为 0，奇数 % 2 为 1）。
- 列出一个数包含的每个数字（例如，数 % 10 可以得到该数的个位数字）。
- 查找社会保险号的最后四位（社会保险号 % 10000）。

mod 运算符既可以用于浮点数，也可以用于整数，它的工作原理类似：当取走尽可能多的"整"值时还剩下多少。例如，表达式 10.1 % 2.4 的计算值为 0.5，因为你可以从 10.1 中去掉四个 2.4，剩下 0.5。但是在整数中使用 % 要比浮点值常见得多。

整数除法运算符 // 也可以与浮点数一起使用。它执行精确的除法，然后截断小数部分，用 .0 替换它。例如，表达式 7.0 // 2.0 的计算结果是 3.0。

2.1.5　运算优先级

Python 表达式就像英语中的复数名词短语，因为它们容易产生歧义。例如，考虑这句话："the man on the hill by the river with the telescope."这条河是在山旁边还是在人旁边？是那个拿着望远镜的人，还是山上的望远镜，还是河里的望远镜？我们不知道如何把不同的部分组合在一起。

如果不使用括号对 Python 表达式的各个部分进行分组，也会产生同样的歧义。例如，表达式 2 + 3 * 4 有两个运算符。先执行哪个操作？你可以把它解释为 (2 + 3) * 4，等于 5 * 4 或 20；也可以解释为 2 + (3 * 4) 也就是 2 + 12 或 14。

为了处理这种歧义，Python 有一组称为**优先级**的规则，用于确定将表达式的各个部分分组并求值的顺序。

运算优先级

运算符的绑定能力，它决定如何对表达式的各个部分进行分组和求值。

当表达式中的运算符分组有歧义时，计算机应用优先级规则。首先计算优先级高的运算符，然后计算优先级低的运算符。在给定的优先级内，运算符按一个方向求值，通常是从左到右。

对于我们已经看到的表达式，圆括号具有最高的优先级。之后，幂运算符 ** 具有最高的优先级。接下来是乘法类运算符 *、/、//、%，然后是加法类运算符 + 和 −。

表 2-4 按降序列出了这些优先级。（将 + 号或 − 号放在数字前面被认为是"一元"运算符，它只修改一个操作数，为了完整起见，这些一元运算符也被列在表中。）运算优先顺序与许多学生在学校里学到的"PEMDAS"的首字母组合顺序相同，"PEMDAS"是"括号、指数、乘法 / 除法、加法 / 减法"的缩写。

表 2-4　Python 运算符优先级

描述	运算符	描述	运算符
幂运算符	**	乘法类运算符	*, /, //, %
一元运算符	+, −	加法类运算符	+, −

因此，表达式 2 + 3 * 4 的结果为 14，求值过程如下：

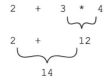

在相同的优先级内，算术运算符从左到右求值。这通常不会对最终结果产生影响，但偶尔也会有影响。例如，考虑表达式 40 − 25 − 9，其计算结果为 6，求值过程如下：

```
40   −   25   −   9

     15        −   9

          6
```

如果先计算第二个减法，表达式将产生不同的结果。

你总是可以用括号改变运算优先级。例如，如果你真的想先求第二个减法的值，你可以通过引入括号并写上 40 − (25 − 9) 来强制执行。这个表达式的求值过程如下：

```
40  -  (25  -  9)
              └──┬──┘
40  -       16
└────┬────────┘
     24
```

算术中的另一个概念是**一元加减法**，它只接受一个操作数，与我们目前所见的有两个操作数的二元运算符（例如 *、/ 以及二元 + 和 –）不同。例如，我们可以用 –8 来求 8 的负数。这些一元运算符具有比乘法类运算符更高的优先级。因此，我们可以写 12 * –8 这样的表达式，它的值是 –96。

在接下来的几章中，我们将看到许多其他类型的运算符。随着我们引入更多的运算符，我们将更新表 2-4 中的优先级列表以包括它们。

在结束这个主题之前，让我们看一个复杂的表达式是如何一步一步地求值的。考虑下面的表达式：

```
13 * 2 + 239 // 10 % 5 - 2 * 2
```

它总共有六个运算符：两个乘法，一个整数除法，一个 mod 运算，一个减法和一个加法。乘法、除法和 mod 运算将首先被执行，因为它们具有更高的优先级，而且它们将从左到右执行，因为它们具有相同的优先级。然后我们从左到右计算加法类运算符。这个长表达式的最终结果是 25。

```
13  *  2  +  239  //  10  %  5  -  2  *  2
└──┬──┘
   26   +  239  //  10  %  5  -  2  *  2
              └────┬────┘
   26   +       23       %  5  -  2  *  2
                        └──┬──┘
   26   +              3      -  2  *  2
                                 └──┬──┘
   26   +              3      -     4
└────────┬──────────────┘
         29              -         4
        └──────────┬──────────────┘
                  25
```

2.1.6   混合和转换类型

你经常会发现自己混合了不同类型的值，并希望从一种类型转换到另一种类型。Python 有简单的规则来避免混淆，并提供了一种机制来请求将值从一种类型转换为另一种类型。

经常混合使用的两种类型是 int 和 float。例如，你可能要求 Python 计算 2 * 3.6。这个表达式包括 int 型字面量 2 和 float 型字面量 3.6。在本例中，Python 将 int 转换为 float，并完全使用浮点值执行计算。当 Python 遇到一个 int 型值而它期望这是一个 float 型值时，Python 总会把这个 int 型值转换为 float 型。即使有一个等价的 int 型值可以用来表示结果，这个规则也是成立的。例如，2 * 3.0 的求值结果为 float 型值 6.0，而不是 int 型值 6。

这种类型转换称为类型之间的**隐式转换**。但是有时你想要在类型之间执行**显式转换**，例如将 float 型值转换为 int 型。你可以通过先写出所需的类型名称后面跟着放在括号里的要转换的值或表达式来请求 Python 进行这种转换。将一种类型转换为另一种类型的通用语法模板为：

type(expression)
语法模板：类型转换

例如，表达式 int(4.75) 将把 float 值 4.75 转换为 int 值 4。当你将 float 值转换为 int 值时，它不会四舍五入到最近的整数，只会简单地截断小数点后的任何数。Python 还有 float 转换，将整数值转换为实数。

```
>>> int(4.75)      # convert to int
4
>>> int(17.3)
17
>>> int(3.14159)
3
>>> float(42)      # convert to float
42.0
```

你也许不清楚为什么要显式地将 4.75 转换为 4。为什么不直接在代码中写 4 呢？更有可能使用类型转换的情况是在计算更复杂表达式的结果时。

如果要转换表达式的结果，必须小心使用括号。例如，假设你有一些书，每本书都是 0.15 英尺（1 英尺 = 0.3048 米）宽，你想知道有多少本书可以放进一个 2.5 英尺宽的书架里。你可以直接用 2.5/0.15，但结果是 16 到 17 之间的浮点数。美国人用"16 多点"（"16 and change"）这个短语来表达一个大于 16 但小于 17 的值。即使使用整数除法 // 运算符写成 2.5 // 0.15，结果也是浮点数 16.0。在这种情况下，我们不关心"多出的部分"（"change"），只想要计算 16 这部分。你可能会使用下面的表达式：

```
>>> int(2.5) / 0.15
13.333333333333334
```

不幸的是，这个表达式的计算结果是错误的，因为类型转换应用于括号中的任何内容（这里是值 2.5）。这个转换将 2.5 转换成整数 2，除以 0.15，然后求值为"13 多点"，这不是整数，也不是正确的答案。你应该使用下面的表达式：

```
>>> int(2.5 / 0.15)
16
```

该表达式首先执行除法得到"16 多点"，然后通过截断该值将其转换为 int。因此，它的求值结果为 int 值 16，这就是你要寻找的答案。

有些语言将类型之间的转换称为类型转换（cast），如"从另一个角度对一个值进行类型转换（casting a value in a different light）"。

2.2 变量

当你使用数据和表达式编写更大的程序时，你将发现你最终得到的计算结果需要在程序中多次使用。例如，你可以编写以下代码来计算一些购买物品的税前和税后成本：

```
# cost of items before/after 10% tax
print("Subtotal:")
print(30 + 22 + 17 + 46)
print("Taxes:")
print((30 + 22 + 17 + 46) * 0.1)
print("Total:")
print((30 + 22 + 17 + 46) * 1.10)
```

```
Subtotal:
115
Taxes:
11.5
Total:
125.5
```

注意，代码中使用了三次小计金额（30 + 22 + 17 + 46），这是有冗余的。我们希望只计算一次小计金额，然后在整个代码中引用小计金额的结果值来消除冗余。Python 有一个称为变量的特性，就是针对这种情况而设计的。**变量**是计算机内存中给定名称和值的空间。程序可以存储一个值并检索它以供以后使用。

> **变量**
>
> 能够存储值并且具有名称的一个内存空间。

把计算机的内存想象成一个巨大的电子表格，其中有许多单元格可以存储数据。当你在 Python 中创建一个变量时，你要求它为这个新变量留出一个单元格。当你定义变量时，你将在这个单元格中存储一个初始值。与电子表格一样，稍后你可以选择更改单元格中的值。

当你创建一个变量时，你必须决定使用一个名称来引用这个内存空间。Python 标识符的一般规则适用于变量名（名称必须以字母或下划线开头，后面可以跟着字母、下划线和数字的任意组合）。Python 中的标准约定是变量名由小写字母组成，如 number 或 digits。如果你想要一个多单词的变量名，请在后面的每个单词前加上下划线，如 number_of_students 或 average_age。

要在 Python 程序中使用变量，必须声明变量的名称和要存储在其中的值。创建变量并为其赋值的代码行称为**变量定义**。

> **变量定义**
>
> 为具有给定名称和值的新变量预留内存的请求。

变量定义使用下面的语法：

name = expression

当 Python 解释器执行到变量定义时，它首先计算 = 号右侧表达式的结果。然后，它将该值存储到计算机的内存中，并将其与 = 号左侧的名字关联起来。

一旦定义了变量，就可以在代码中使用该变量。如果将变量的名称写入表达式中，则相当于写入存储在该变量中的值。例如，下面的代码与前面的代码输出相同，但是使用了一个名为 subtotal 的变量来存储小计金额，而不是重写和重新计算同一个表达式三次：

```
# cost of items before/after 10% tax (using a variable)
subtotal = 30 + 22 + 17 + 46
print("Subtotal:")
print(subtotal)
print("Taxes:")
print(subtotal * 0.1)
print("Total:")
print(subtotal * 1.10)
```

你还可以尝试在 Python Shell 中使用变量。如果你定义了一个变量，然后在后面输入它的名字，Python Shell 会向你报告它的值：

```
>>> x = 1 + 1
>>> x
2
>>> y = x + 3
>>> y
5
>>> x * 3 + y
11
```

引用未定义的变量是错误的。如果没有名为 x 的变量，下面的代码将导致错误：

```
# bug: try to print a variable
# that has not been defined
print("The value of x is:")
print(x)
```

```
The value of x is:
Traceback (most recent call last):
  File "undefined.py", line 7, in <module>
    main()
  File "undefined.py", line 5, in main
    print(x)
NameError: name 'x' is not defined
```

一个非常常见的变量定义语句能够指出代数关系和程序语句之间的区别：

```
x = x + 1
```

记住不要把它想成方程"x = x + 1"。没有任何数字能满足这个数学方程。我们将其理解为，"x 的值应该被更新为 x + 1 的值"。这似乎是一个相当奇怪的说法，但是根据前面概述的规则，你应该能够理解它。假设 x 的当前值是 19。该语句执行时，首先计算表达式以获得结果 20。计算机将这个值存储在左边名为 x 的变量中。因此，该语句将变量的值加 1。我们把这称为 x 的**自增**。这是一个基本的编程操作，因为它相当于数数（1，2，3，4，依此类推）。下面的语句是一个倒数的变量，我们称之为变量**自减**：

```
x = x - 1      # decrement a variable (decrease its value)
```

在下一节，我们将更详细地讨论自增和自减。

你还可以在一个语句中定义多个变量。语法是把它们的名字用逗号隔开，后面跟着一个等号，再后面跟着它们的值，顺序要与变量名字顺序一致，也用逗号隔开：

name, name, ..., name = expression, expression, ..., expression
语法模板：在一个语句中定义多个变量

下面的示例定义了三个变量，分别是 height，weight 和 age。它将 height 设置为 70，weight 设置为 195，age 设置为 40。

```
# define several variables and set their values
height, weight, age = 70, 195, 40
```

作者发现前面的语法难以阅读，更喜欢在每一行只定义一个变量。

2.2.1 使用变量的程序

为了探索变量的更多用途，让我们研究一个更大的程序，它计算一个名为**基础代谢率**（BMR）的值，它是指一个人的身体完全处于休息状态时在 24 小时内燃烧的卡路里数。当然，一个人并不是 24 小时都处于完全的休息状态，一个活跃的人一天燃烧的卡路里比他们的 BMR 要多。但是，BMR 仍然是一个有趣的估计，即一个人维持重要器官一天所需的最低卡路里摄入量的下限。

给定一个人的身高、体重、年龄和性别，我们可以用下面的公式计算这个人的 BMR：
- 男性：BMR = 10 *（体重（千克））+ 6.25 *（身高（厘米））– 5 *（年龄）+ 5
- 女性：BMR = 10 *（体重（千克））+ 6.25 *（身高（厘米））– 5 *（年龄）– 161

如果你使用美国的度量单位（1 磅 = 0.453 592 37 千克，1 英寸 = 2.54 厘米），就像我们在本节的其余部分将要做的那样，公式如下：
- 男性：BMR = 4.54545 *（体重（磅））+ 15.875 *（身高（英寸））– 5 *（年龄）+ 5
- 女性：BMR = 4.54545 *（体重（磅））+ 15.875 *（身高（英寸））– 5 *（年龄）– 161

身高、体重和年龄是 BMR 公式的重要组成部分。那么，一个计算 BMR 的程序自然会有三个变量来表示这三个信息。尽管我们需要讨论关于变量的一些细节，但是先看完整的程序以了解全局是很有帮助的。以下程序计算并打印身高 5 英尺 10 英寸（70 英寸）、体重 195 磅的 40 岁男性和女性的 BMR：

```
1  # This program calculates a person's Basal Metabolic Rate (BMR),
2  # which is the number of calories burned when at rest for 24 hours.
3
4  def main():
5      # define variables
6      height = 70
7      weight = 195
8      age = 40
9
10     # compute BMR for male and female
```

```
11      bmr_m = 4.54545 * weight + 15.875 * height - 5 * age + 5
12      bmr_f = 4.54545 * weight + 15.875 * height - 5 * age - 161
13
14      # print results
15      print("Your Basal Metabolic Rate (BMR) is the number")
16      print("of calories that your body burns when you are")
17      print("at rest for 24 hours.")
18      print()
19      print("Current BMR (male):")
20      print(bmr_m)
21      print("Current BMR (female):")
22      print(bmr_f)
23
24  main()
```

请注意，程序包含空白行来分隔节和注释，以指示程序的不同部分在做什么。它产生以下输出：

```
Your Basal Metabolic Rate (BMR) is the number
of calories that your body burns when you are
at rest for 24 hours.

Current BMR (male):
1802.61275
Current BMR (female):
1636.61275
```

现在让我们来研究一下这个程序的细节，以了解它的变量是如何工作的。例如，在下面的代码中，第一行定义了一个名为 height 的变量，并将其值设置为 70。第二行定义了一个名为 weight 的变量，并将其值设置为 195。第三行定义了一个名为 age 的变量，并将其值设置为 40。

```
height = 70
weight = 195
age = 40
```

一旦定义了一个变量，Python 就会留出一个内存空间来存储它的值。我们的变量定义将值 70 存储在变量 height 的内存空间，表示这个人的身高是 70 英寸（5 英尺 10 英寸）。

我们有时把变量画成方框来表示用于它们的内存，方框中包含变量的值。Python 解释器执行了上面的三条语句后，内存看起来是这样的：

height [70]　　weight [195]　　age [40]

可以将变量看作给定值的别名。通过将 height 设置为 70，你现在可以在以后的程序中引用 height，程序将用 70 代替它。

变量定义可以出现在允许语句出现的任何地方。每个变量都存储特定类型的值。我们的变量 height 存储的值为 70，类型为 int。我们不需要在代码中显示地列出变量的类型，

Python 解释器能够根据代码的上下文来确定它。有一些编程语言要求程序员显式地指定变量将包含什么类型的数据，但 Python 没有这个要求。

变量中存储的值不一定非要是简单的字面量值。你可以写一个更复杂的表达式，该表达式将被求值，其结果将被存储到变量中。例如，下面定义了 height 变量，其值为 77：

```
height = 44 + 3 * 11
```

当语句执行时，计算机首先计算 = 号右侧的表达式，然后，它将结果存储在给定变量的内存空间。我们程序接下来的两行包含了另外两个变量的定义，分别是 bmr_m 和 bmr_f。这些定义都使用一个公式（待计算的表达式）：

```
bmr_m = 4.54545 * weight + 15.875 * height - 5 * age + 5
bmr_f = 4.54545 * weight + 15.875 * height - 5 * age - 161
```

Python 解释器计算每个表达式的值，并将结果存储到每个变量中。当表达式引用诸如 weight、height 或 age 等变量时，解释器将把它们替换为前面定义的变量的值。当在表达式中使用变量时，相同的运算符行为和优先级仍然适用。下图分解了 bmr_m 变量值的求值过程：

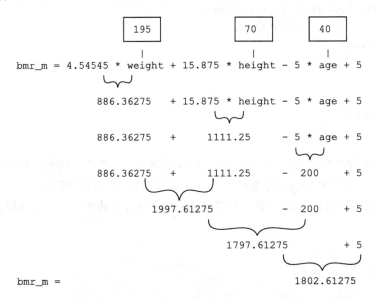

因此，在计算机执行了 bmr_m 变量定义之后，内存是这样的：

height | 70   weight | 195   age | 40   bmr_m | 1802.61275

bmr_f 变量的计算方法与此类似。程序的最后几行使用 print 语句报告 BMR 结果：

```
print("Current BMR (male):")
print(bmr_m)
print("Current BMR (female):")
print(bmr_f)
```

注意，我们可以在 print 语句中包含一个变量，就像我们包含要打印的字面量值和其他表达式一样。

顾名思义，变量可以在不同的时间取不同的值。第一次定义变量称为**初始化**，而对变量值的更改称为**赋值**。

初始化

变量在程序中首次被定义。

赋值

将新值存储到已存在的变量中，替换以前的值。

例如，考虑以下 BMR 程序的变体，它为男性用户计算一个新的 BMR，假设这个人瘦了 15 磅（从 195 磅减到 180 磅）。

```
1    # This program calculates a male user's Basal Metabolic Rate
2    # (BMR) both before and after losing 15 pounds.
3
4    def main():
5        # define variables
6        height = 70
7        weight = 195
8        age = 40
9
10       # compute and print BMR for male user before weight loss
11       bmr_m = 4.54545 * weight + 15.875 * height - 5 * age + 5
12       print("Previous BMR (male):")
13       print(bmr_m)
14
15       # compute and print BMR for male user after weight loss
16       weight = 180
17       bmr_m = 4.54545 * weight + 15.875 * height - 5 * age + 5
18       print("Current BMR (male):")
19       print(bmr_m)
20
21   main()
```

程序以同样的方式开始，将变量设置为以下值，并报告男性 BMR 的初始值：

| height | 70 | weight | 195 | age | 40 | bmr_m | 1802.61275 |

但是这个新程序包含了以下定义：

```
weight = 180
```

这将改变 weight 变量的值：

| height | 70 | weight | **180** | age | 40 | bmr_m | 1802.61275 |

你可能认为这也会改变 bmr_m 变量的值。毕竟，在前面我们说过以下代码是正确的：

```
bmr_m = 4.54545 * weight + 15.875 * height - 5 * age + 5
```

在这里，电子表格的类比并不那么准确。电子表格可以在单元格中存储公式，当你更新一个单元格时，它可以导致其他单元格中的值更新。在 Python 中不是这样的。

在赋值时使用等号也可能会误导你。不要把赋值语句和等式混淆了。赋值语句不表示代数关系。在代数中，你可能会说：

```
x = y + 2
```

在数学中，你明确地说 x 等于 y 加 2，这个事实现在成立并永远成立。如果 x 改变，y 也会随之改变，反之亦然。Python 的变量定义语句非常不同。

定义语句是在特定时间点执行操作的命令。它并不代表变量之间的持久关系。这就是为什么当我们读变量定义语句时，我们通常说"存为"或"变为"而不是说"等于"。

回到程序，重置名为 weight 的变量不会重置名为 bmr_m 的变量。为了基于 weight 变量的新值重新计算 bmr_m，我们必须包含第二个赋值语句：

```
weight = 180
bmr_m = 4.54545 * weight + 15.875 * height - 5 * age + 5
```

否则，变量 bmr_m 将存储与以前相同的值。向刚减掉 15 磅的人报告这个结果是不正确的。通过包含这两个赋值语句，我们重置了 weight 和 bmr_m 变量，现在内存看起来像这样：

height | 70   weight | 180   age | 40   bmr_m | **1734.431**

新版本程序的输出为：

```
Previous BMR (male):
1802.61275
Current BMR (male):
1734.431
```

2.2.2 自增 / 自减运算符

除了使用 = 号进行标准赋值外，Python 还有几个特殊的操作符，它们对于编程中常见的特定操作非常有用。正如我们前面提到的，你经常会发现自己需要将变量的值增加特定的数量，这是一个称为**自增**的操作。你还经常发现自己需要将变量的值减少特定的数量，这是一种称为**自减**的操作。要做到这一点，可以编写下列语句：

```
x = x + 1
y = y - 1
z = z + 2
```

同样，你经常会发现自己想要将变量的值变为原来的两倍或三倍，或者将其值减少为原来的二分之一，在不同情况下，你可能会编写如下代码：

```
x = x * 2
y = y * 3
z = z // 2
```

Python 对这些情况有一个简写。你将运算符（+、-、* 等）与等号合在一起，得到一个特殊的**赋值运算符**（+=、-=、*= 等）。你可以用这个变体符号重写前面提到的赋值语句，如下所示：

```
x += 1
y -= 1
z += 2

x *= 2
y *= 3
z //= 2
```

这个约定是学习 Python 的另一个细节，它可以使代码更容易阅读。想象一个像 x += 2 这样的语句，"将 2 加到 x 上"，这比 x = x + 2 更简洁。

其他一些语言有特殊的运算符 ++ 和 -- 用于将变量自增或自减 1。（C++ 语言之所以得名，是因为它是 C 语言的"增量"。）Python 不包含 ++ 或 -- 运算符，因为 Python 语言的设计者认为现有的 += 和 -= 运算符更加清晰。

2.2.3　打印多个值

你在第 1 章中看到，可以使用 print 输出字符串值。你还可以使用 print 输出数值表达式和变量的值。下面代码中的语句使解释器首先计算表达式，得到值 14，然后将该值写入控制台窗口。

```
print(12 + 3 - 1)
```

还可以在 print 语句中包含变量的值。以下代码显示了一个给定年龄的人距离退休年龄 65 岁的年数：

```
age = 40
years_until_retirement = 65 - age
print("You will retire in this many years:")
print(years_until_retirement)
```

```
You will retire in this many years:
25
```

你经常希望在一行中输出多个值，例如前面带文本的变量或表达式的值。在我们前面的例子中，将退休信息打印在一行是一种更好的方式，就像这样：

```
You will retire in 25 years.
```

为此，Python 允许在 print 语句中提供多个值，以逗号分隔。你提供的所有值或表达式都将被打印出来，打印出的各个值之间用一个空格分隔。打印语句的一般语法如下：

```
print(expression, expression, ..., expression)
```

语法模板：打印多个值

例如，要一行打印出所需的退休信息，我们可以这样写：

```
age = 40
years_until_retirement = 65 - age
print("You will retire in", years_until_retirement, "years.")
```

```
You will retire in 25 years.
```

你需要密切注意这样的打印行中的引号和逗号，以跟踪哪些部分位于字符串文本的"内部"，哪些部分位于字符串文本的外部。这一行输出以文本"You will retire in"开始，然后是一个空格，然后是变量 years_until_retirement 的值，然后是另一个空格，最后是文本"years"。相反，下面的这行代码是不正确的，它没有正确插入变量的值，因为变量名在字符串的引号内：

```
print("You will retire in, years_until_retirement, years.")
```

在 print 语句中提供多个值与函数参数的概念有关，我们将在下一章详细讨论。你会经常将多值打印语法与变量一起使用。例如，考虑下面的程序，它计算标准年中的小时、分钟和秒数。注意，最后的三个打印命令都有一个字符串文字，后跟逗号和变量名。

```
1   def main():
2       hours = 365 * 24
3       minutes = hours * 60
4       seconds = minutes * 60
5
6       print("Hours   in a year =", hours)
7       print("Minutes in a year =", minutes)
8       print("Seconds in a year =", seconds)
9
10  main()
```

```
Hours   in a year = 8760
Minutes in a year = 525600
Seconds in a year = 31536000
```

你可以打印任意复杂的表达式。例如，如果你有名为 x、y 和 z 的变量，你可能希望以坐标格式显示它们的值，并使用括号和逗号，如下面的代码所示。注意引号和逗号的位置。如果 x、y 和 z 分别为 8、19 和 23，则该语句将产生以下输出：

```
print("(", x, ",", y, ",", z, ")")
```

```
( 8 , 19 , 23 )
```

默认情况下，print 语句中的多个值由单个空格分隔。如果希望更改值之间的分隔符，可以使用特殊的语法。在 print 语句中，在结束括号之前写 sep=，后面跟希望在多个值之间打印的字符串。一般语法如下：

```
print(expression, expression, ..., expression, sep="text")
```
语法模板：在变量值之间打印自定义的分隔符

例如，要打印年 / 月 / 日格式的日期，可以编写以下代码：

```
year = 2021
```

```
month = 1
day = 20
print("Today is", year, month, day, sep="/")
```

```
Today is 2021/1/20
```

在本文中，我们不会过多地使用 sep= 语法，但是在需要精确控制输出格式的情况下，它非常有用。打印多个值的另一种语法是使用 str 函数，该函数将任何值转换为字符串，然后使用 + 运算符将这些字符串连接在一起。下面的代码等价于前面的例子，但使用 str：

```
year = 2021
month = 1
day = 20
print("Today is " + str(year) + "/" + str(month) + "/" + str(day))
```

```
Today is 2021/1/20
```

在大多数情况下，作者倾向于避免使用 str，并且在合理的情况下倾向于使用逗号分隔的风格。但是你可能从网上和其他书中看到大量使用 str 的代码示例，部分原因是 str 风格更类似于用其他语言（如 Java 和 C++）打印多个值的方式。

2.3 for 循环

编程通常涉及指定重复任务。for 循环通过在特定的值范围内重复执行一系列语句，帮助避免这种重复。

假设你想编写一个程序，该程序可以多次重复打印一条消息，就像大学体育迷重复的口号一样。如果你的学校是野猫队，你可以这样写一个程序：

```
1  # This program prints a repeating chant.
2  def main():
3      print("Go, Cats, Go!")
4      print("Go, Cats, Go!")
5      print("Go, Cats, Go!")
6      print("Go, Cats, Go!")
7      print("BEAR DOWN!")
8
9  main()
```

程序将会产生下列输出：

```
Go, Cats, Go!
Go, Cats, Go!
Go, Cats, Go!
Go, Cats, Go!
BEAR DOWN!
```

这段代码很冗长，因为程序有四个完全相同的 print 语句。你可以将 print 语句放入一个函数并调用该函数四次，但是现在函数调用本身也是冗余的。重复的口号越多，这种冗余就会变得越严重。

Python 的 for 循环就是针对这种情况而设计的。for 循环是一条语句，它指示解释器执行一行或多行代码给定的次数。for 循环的一般语法如下：

```
for name in range(max):
    statements
```

语法模板：*for循环*

例如，要使用 for 循环打印与前一个程序相同的输出，可以编写以下代码：

```
1   # This program prints a repeating chant using a for loop.
2   def main():
3       for i in range(4):
4           print("Go, Cats, Go!")
5       print("BEAR DOWN!")
6
7   main()
```

for 循环的一个简化的心智模型是，在 range 后面的括号中所写的数字是循环中的语句重复的次数。如果将前面的程序更改为 range(10)，则消息将被打印 10 次。注意，最后一行打印"BEAR DOWN!"的代码没有缩进，它不是 for 循环的一部分，只会打印一次。

你可以在 Python Shell 中尝试 for 循环。如果你键入循环的头部并按回车，shell 将显示第二行，并带有"…"在它的前面，你可以在该行上键入缩进的循环体。之后再输入一个空行，shell 将运行循环并显示输出：

```
>>> for i in range(3):
...     print("Hello, Python Shell")
...
Hello, Python Shell
Hello, Python Shell
Hello, Python Shell
```

for 循环是我们将要学习的**控制结构**的第一个例子。控件结构是控制其他语句的语言元素。

控制结构

控制其他语句的语法结构。

包含单词 for 的初始行称为**循环头**或**标题**，而缩进的语句或被重复执行的语句称为**循环体**。for 循环可以重复执行一个或多个语句。例如，下面的程序有一个包含两个语句的 for 循环：

```
1   # This program prints part of a song.
2   # It demonstrates a for loop with two lines in its body.
3
4   def main():
5       print("My Coding Song:")
6       for i in range(3):
7           print("'C' is for 'Coding'")
8           print("That's good enough for me!")
```

```
9          print("Oh!")
10         print("Coding, Coding, Coding starts with 'C'!")
11  main()
```

在 for 循环之前的 print 语句和 for 循环之后的两个 print 语句将不会被重复执行。这些语句没有缩进，也不包含在循环体中。程序产生如下输出：

```
My Coding Song:
'C' is for 'Coding'
That's good enough for me!
'C' is for 'Coding'
That's good enough for me!
'C' is for 'Coding'
That's good enough for me!
Oh!
Coding, Coding, Coding starts with 'C'!
```

注意输出中行的顺序。for 循环中的两个缩进行被重复执行三次。重复的行成对出现，它打印第一行，然后是第二行，然后是第一行，然后是第二行，依此类推。

注意使用一致的缩进来表示受控语句。循环头之后的所有连续缩进行都被认为是循环体的一部分。

一个程序可以包含多个 for 循环。下面是我们的歌曲程序的新版本，它的输出与原始版本类似，但是重复了两遍歌曲的最后一行：

```
1   # This program prints part of a song.
2   # It demonstrates a for loop with two lines in its body.
3
4   def main():
5       print("My Coding Song:")
6       for i in range(3):
7           print("'C' is for 'Coding'")
8           print("That's good enough for me!")
9       print("Oh!")
10      for i in range(2):
11          print("Coding, Coding, Coding starts with 'C'!")
12
13  main()
```

常见编程错误

忘记缩进

你应该使用缩进来指示 for 循环的循环体。如果你想要一个包含两个语句的循环，那么会很容易忘记将循环体中第一个语句之后的另外一个语句缩进。例如，假设你想打印 20 个字符串 "Hi!" 和 "Ho!"，你可能会错写成以下不正确的代码：

```
for i in range(20):
    print("Hi!")
print("Ho!")
```

缩进向解释器表明哪些语句是循环体的一部分。因为我们没有缩进第二个 print 语句，所以它不被包含在循环体中，因此不会被重复执行。这段代码将生成 20 行输出，所有输出都说"Hi!"，然后是一行输出"Ho!"。要在循环体中包含两个 print 语句，并重复执行这两个语句，这两行代码都需要缩进：

```
for i in range(20):
    print("Hi!")
    print("Ho!")
```

2.3.1 使用循环变量

for 循环可以帮助你编写代码来处理一系列数字。我们将在下一个程序中利用这一点。假设你想写出整数 0 到 5 的平方值。你可以这样写一个冗余的程序：

```
1  def main():
2      print(0, "squared =", 0 * 0)
3      print(1, "squared =", 1 * 1)
4      print(2, "squared =", 2 * 2)
5      print(3, "squared =", 3 * 3)
6      print(4, "squared =", 4 * 4)
7      print(5, "squared =", 5 * 5)
8
9  main()
```

```
0 squared = 0
1 squared = 1
2 squared = 4
3 squared = 9
4 squared = 16
5 squared = 25
```

但是这种方法很冗长，因为程序有六个非常相似的语句。它们都是这样的形式：

```
print(number, "squared =", number * number)
```

在本例中，数字是 0、1、2、3、4 或 5。我们在这里真正想说的是，"对 0 到 5 之间的每个值执行这个 print 语句。"for 循环可以帮助我们做到这一点。

for 循环实际上是为整数范围内的每个元素执行一段代码。表达式 range(max) 包含从 0 开始到 max 之前结束的整数范围。例如，表达式 range(4) 包括 0、1、2 和 3，但不包括 4 本身。注意 range(max) 是一个范围，其中恰好包含 max 个整数。

for 循环还包含一个我们在示例中称为 i 的名称。这里的 i 是一个**循环变量**（也称为**控制变量**）的例子，它是一个特殊的变量，存在于循环中，你可以在循环的代码中使用它。

循环变量

在 for 循环的循环头中定义的变量，它可以在循环的代码中使用，并在循环的每次重复时进行更改。

当我们说以下语句时，循环对范围内的每个整数执行 statement 一次，临时将该整数存储在一个名为 i 的变量中：

```
for i in range(max):
    statement
```

- 定义一个名为 i 的变量，该变量存储值为 0，然后运行 statement。
- 现在将 i 赋值为 1，然后再次运行 statement。
- 现在将 i 赋值为 2，然后再次运行 statement。
- ……
- 现在将 i 赋值为 max − 2，然后再次运行 statement。
- 现在将 i 赋值为 max − 1，然后再次运行 statement。

关于循环变量的关键理解是，你可以在循环内的语句中使用它。例如，考虑以下代码：

```
for i in range(5):
    print(i)
```

```
0
1
2
3
4
```

for 循环为 0 到 4 范围内的每个数字运行一次代码，每次将该数字引用为 i。图 2-1 显示了 for 循环在执行时展开成什么样子。

循环的受控语句的每次执行都称为循环的一次**迭代**，如"循环在四次迭代之后完成执行"。迭代通常也指循环，如"我使用迭代解决了问题"。

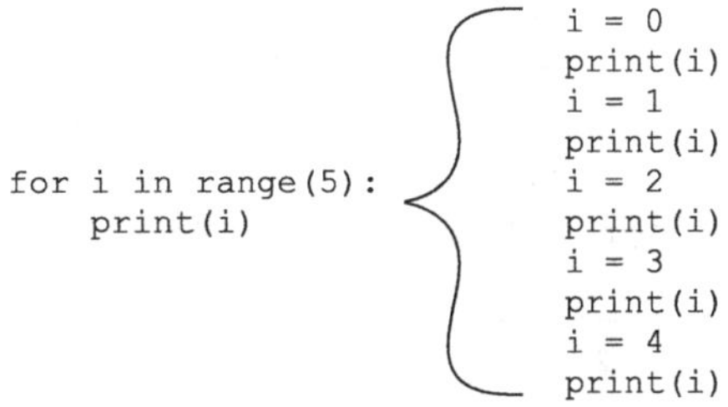

考虑到这一切，这里是我们的平方数程序的新版本，它使用 for 循环来消除冗余语句：

```
for i in range(5):
    print(i)
```
```
i = 0
print(i)
i = 1
print(i)
i = 2
print(i)
i = 3
print(i)
i = 4
print(i)
```

图 2-1　使用循环变量 i 的 for 循环展开图

```
1  def main():
2      for i in range(6):
3          print(i, "squared =", i * i)
4
5  main()
```

我们所有的示例都使用了一个名为 i 的循环变量，但是循环变量的名称可以是任何合法的标识符。按照惯例，我们经常使用 i、j 和 k 等名称来表示循环变量，因为这些名称很短，而且没有意义。但是，如果你打印的数字表示一些重要的内容，你可以给循环变量指定一个更具描述性的名称，例如 z_coordinate 或 student_id。下面是一个 for 循环的例子，循环变量名为 num：

```
# loop with 'num' as variable name instead of 'i'
for num in range(10):
    print(num)
```

2.3.2　关于循环范围的细节

我们编写的 for 循环与名为 range 的命令生成的数字范围进行交互。range 命令实际上是你的代码调用的一个函数，它为程序创建一个要处理的数字范围。到目前为止，我们看到的形式是在括号中提供一个最大整数值，它将产生一个范围，从 0（包括）到最大值（不包括）。但是有些情况下，你不希望从 0 开始，或者不希望处理范围内的每个整数。在这种情况下，你可以向 range 函数提供附加信息来定制生成的数字范围。表 2-5 显示了 range 函数的各种形式。

表 2-5　创建范围的方式

range 形式	描述	示例	数字范围
range(max)	从 0（包括）到 max（不包括）	range(5)	0, 1, 2, 3, 4
range(min, max)	从 min（包括）到 max（不包括）	range(3, 7)	3, 4, 5, 6
range(min, max, step)	从 min（包括）到 max（不包括），每次增加 step	range(4, 22, 3)	4, 7, 10, 13, 16, 19

例如，如果你想打印整数 1 ～ 10（包括 10），你可以编写以下代码。注意，最大值是不被包括的，所以如果我们想让 10 成为范围内的最后一个数字，我们的最大值就写 11。

```
# print the integers 1-10
for i in range(1, 11):
    print(i)
```

还有一种形式的 range，你可以提供一个最小值、一个最大值和一个步长值，以指示循环变量在每次迭代中应该增加多少。例如，如果步长是 2，循环将处理数字 min, min+2, min+4, …下面的代码打印歌曲中的数字序列：

```
# range with a step of 2
for i in range(2, 9, 2):
    print(i)
print("Who do we appreciate?")
```

```
2
4
6
8
Who do we appreciate?
```

for 循环对范围 2（包括）到 9（不包括，意味着范围在 8 处停止）中的每个数字运行一次代码，每次数字向上增加 2。代码将每个数字称为 i。在前一节中，我们展示了基本 for 循环的展开，图 2-2 显示了这个循环的类似展开。

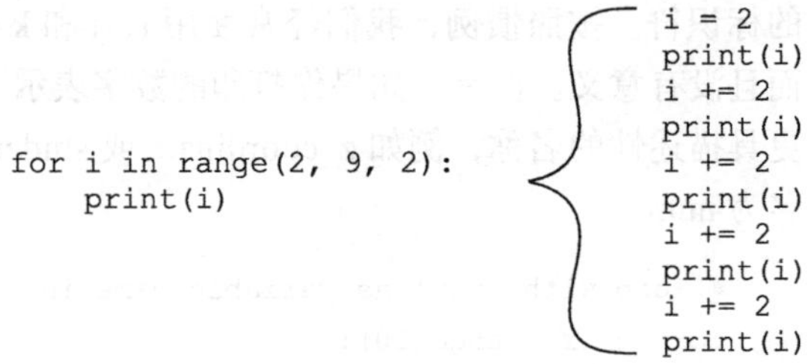

有时，我们希望以相反的顺序处理一系列数字，向下而不是向上计数。你可以通过提供一个负数作为范围的步长

```
for i in range(2, 9, 2):
    print(i)
```

```
i = 2
print(i)
i += 2
print(i)
i += 2
print(i)
i += 2
print(i)
```

图 2-2　带步长的 for 循环展开

来实现这一点。你可以通过递减而不是递增来实现这一点，所以有时我们将其称为**递减循环**。例如，下面的代码从 5 倒数到 1。注意，第二个值被写成 0 而不是 1，以确保范围中包含 1。

```
# range with a negative step (count down)
for i in range(5, 0, -1):
    print(i)
print("Kaboom!")
```

```
5
4
3
2
1
Kaboom!
```

range 中使用的值不一定是整数字面量。你可以使用任意的整数表达式：

```
# range using variables and expressions
a = 17
b = 2
c = 3
for i in range(c, a + 1, b * 2):
    print(i)
```

```
3
7
11
15
```

这个循环使用的最小值为 3、最大值为 18 和步长为 4，生成整数 3，7，11，15。

还可以提供只迭代一次或根本不迭代的整数组合。下面的范围只包含一个整数，即数字 42，因此循环只打印输出一行：

```
# range containing a single value
for i in range(42, 43):
    print(i)
```

```
42
```

下面的范围根本不包含任何整数，因此不会产生任何输出。这个循环根本不执行任何迭代。它不会引起错误，只是不会执行循环体中的 print 语句。

```
# empty range (prints no output)
for i in range(7, 7):
    print(i)
```

在创建范围时，我们在圆括号内写入的整数称为**参数**。参数是提供给修改或自定义其行为的函数的值。在本例中，我们在括号中编写的数字定制了函数创建的数字范围。我们将在下一章更详细地探讨参数。

常见编程错误

范围边界上的差一错误（Off-By-One Bug，OBOB）

Python 的 range 函数有一个包含的最小值和一个不包含的最大值，这对于新程序员来说是很难记住的。这可能导致频繁的错误，你的代码会在与正确范围相差 1 的范围内循环。我们发现，学生在使用同时提供最小值和最大值的 range 形式时，特别容易犯这种错误。例如，如果你想打印从 1 到 4 的整数，你可能会这样写：

```
# print integers from 1-4 inclusive (incorrect!)
for i in range(1, 4):
    print(i)
```

```
1
2
3
```

在编写这类循环时，请记住，如果你想在输出中包含一个 max 值，那么你的循环必须将其最大值指定为 max + 1。

```
# print integers from 1-4 inclusive (correct)
for i in range(1, 5):
    print(i)
```

常见编程错误

浮点数作为范围边界

许多初学 for 循环的学生会不小心尝试在非整数范围内循环。如果你用实数作为范围边界，range 函数会产生一个错误：

```
>>> range(3.14159)
Traceback (most recent call last):
  File "<stdin>", line 1, in <module>
TypeError: 'float' object cannot be interpreted as an integer
```

更微妙和常见的情况是，学生使用带变量的表达式计算循环边界，很容易忘记整数上的 / 运算符产生的结果是浮点数，而不是整数。下面的代码崩溃是因为变量 class_size 是一个值为 5.4 的浮点数，这不是一个有效的范围边界：

```
1  # This buggy program contains a for loop that uses
2  # a float value as its loop range boundary.
3  def main():
4      courses = 5
```

```
 5        students = 27
 6        class_size = students / courses
 7
 8        for i in range(class_size):
 9            print(i)
10
11    main()

Traceback (most recent call last):
  File "float_loop.py", line 11, in <module>
    main()
  File "float_loop.py", line 8, in main
    for i in range(class_size):
TypeError: 'float' object cannot be interpreted as an integer
```

如果显式地将 class_size 转换为 int，或者在做除法时使用 // 运算符，程序将正常工作。

2.3.3 字符串乘法与打印部分行

我们已经讨论了对整数和实数进行乘法运算的 * 运算符。有趣的是，Python 还允许你对字符串使用 *，它会以给定的次数复制字符串：

"text" * *int*
语法模板：字符串乘法

这个操作称为**字符串乘法**。例如，表达式 "hello" * 3 复制字符串 "hello" 三次，结果为 "hellohellohello"。Python Shell 中的以下交互展示了更多的例子：

```
>>> "Go Cats " * 4
"Go Cats Go Cats Go Cats Go Cats "
>>> "x" * 10
"xxxxxxxxxx"
>>> "Python" * 1
"Python"
>>> "times zero!" * 0
""
```

你可以打印一个相乘的字符串，以查看程序输出中的重复文本模式。例如：

```
print("hello" * 3)
```

```
hellohellohello
```

如果你希望重复一行输出的一部分，可以使用本章所示的语法，其中 print 语句中提供了多个逗号分隔的值。例如，在接下来的歌曲代码中，需要重复单词"la"，但是第一个词"Fa"不需要重复。因此，我们在打印这一行输出的语句中用逗号分隔它们：

```
print("Deck the halls with boughs of holly")
print("Fa", "la " * 8)
```

```
Deck the halls with boughs of holly
Fa la la la la la la la la
```

你可以使用 for 循环和字符串乘法的组合来生成有趣的字符模式。例如，下面的代码打印了 5 行输出，每一行包含 10 个 # 字符。注意，这里我们将循环变量命名为 line，因为每次循环输出图形的一行：

```
for line in range(5):
    print("#" * 10)
```

```
##########
##########
##########
##########
##########
```

你可以使用循环变量来更改打印的字符数。在前面的代码中，for 循环总是做完全相同的事情：它在一行输出中打印 10 个字符。但是，如果我们更改代码来使用循环的控制变量 i，那么输出将非常不同。下面的代码在第 1 行打印 1 个字符，在第 2 行打印 2 个字符，以此类推，生成一个三角形图形作为输出。

```
for line in range(1, 6):
    print("#" * line)
```

```
#
##
###
####
#####
```

假设我们想打印一个更复杂的模式，输出如下的图形：

```
#++#
##++++##
###++++++###
####++++++++####
#####++++++++++#####
```

这种模式很难在单个语句中打印出来，因为每一行都包含一个复杂的模式。为了帮助我们分解任务，我们将使用 print 语句的一个新变体，它打印输出行的一部分。这个新变体打印你提供的文本，且不会把输出位置挪到下一行。其结果是，你可以按顺序放置几个 print 语句，它们的所有输出都将出现在控制台的同一行上。

打印部分输出行的一般语法是在 print 语句的括号内放置一个逗号，后跟 end=""：

```
print(expression, end="")
```

语法模板： 打印部分输出行

end="" 语法看起来有点奇怪，我们来看一下它到底做了什么。print 语句有一个结束标记，它将在 print 语句括号中编写的所有文本之后打印。默认情况下，结束标记是"\n"，这是一个换行符。这意味着在打印你提供的文本之后，将打印一个"\n"，从而使控制台移动到下一行。通过写入 end=""，我们将结束标记更改为空字符串，因为我们不希望在打印文本或值之后打印任何换行符或其他字符。这将导致控制台在打印后保持在同一行。你可以设置结束标记为任意字符串，但这不是一种常见的风格，我们不会在本书中使用它。

如果我们使用前面的代码作为起点，它包含一个循环，其中有一个范围（1，6）和一个名为 i 的循环变量，用于在每一行上精确地打印 i 个"#"字符。对于这个新图形，我们需要相同数量的"#"字符，然后是两倍数量的"+"符号，然后再打印原始数量的"#"字符。要在同一行中打印所有这三个字符序列，我们将在 for 循环中使用三个 print 语句，如下所示：

```
# printing a complex pattern using string multiplication
# and partial lines of output
for line in range(1, 6):
    print("#" * line, end="")
    print("+" * (2 * line), end="")
    print("#" * line)
```

```
#++#
##++++##
###++++++###
####++++++++####
#####++++++++++#####
```

注意，最后一个 print 语句不包含 end=""，因为我们确实希望在打印完最后的 # 字符序列之后结束输出行。如果我们不小心在最后的 print 语句中包含了 end=""，那么输出将会是以下混乱的没有换行符的情况：

```
#++###+++#####++++###########++++++###############++++++#####
```

在本章的前面，我们看到可以打印使用逗号分隔的多个值。我们还看到了 sep="text" 可用于控制这些值之间应该出现什么字符。打印上一幅图形的另一种方式是将每行输出的三个字符序列（初始的 # 符号，+ 符号和最后的 # 符号）写在一个打印语句中。我们希望这些字符序列之间没有分隔符，这可以用 sep="" 实现。在这种形式中，不再需要 end=""，因为单个 print 语句已经包含了要打印的输出行的全部内容。

```
# printing multiple sequences of repeated characters
# in a single print statement
for line in range(1, 6):
    print("#" * line, "+" * (2 * line), "#" * line, sep="")
```

虽然后一种形式更简短，需要更少的代码行，但作者发现很难阅读，并认为它的编程风格较差。我们赞成对每个重复的字符序列使用单独的 print 语句，我们推荐你在程序中也这样做。

2.3.4 嵌套 for 循环

假设你想打印一个如下所示的乘法表：

1	2	3	4	5	6	7	8	9
2	4	6	8	10	12	14	16	18
3	6	9	12	15	18	21	24	27
4	8	12	16	20	24	28	32	36
5	10	15	20	25	30	35	40	45

你可以使用标准 for 循环打印这样的表，但代码很长，而且冗余：

```
1   # This redundant program prints a multiplication table using loops.
2   def main():
3       for x in range(1, 10):
4           print(1 * x, end="\t")
5       print()
6
7       for x in range(1, 10):
8           print(2 * x, end="\t")
9       print()
10
11      for x in range(1, 10):
12          print(3 * x, end="\t")
13      print()
14
15      for x in range(1, 10):
16          print(4 * x, end="\t")
17      print()
18
19      for x in range(1, 10):
20          print(5 * x, end="\t")
21      print()
22
23  main()
```

在前面，我们讨论了字符串乘法，但是这个特性不能帮助我们打印这个特定的输出。当我们重复完全相同的字符时，字符串乘法可以帮助我们。但是在数字在不断变化的情况下，字符串乘法无能为力。

注意前述冗余代码行中的模式。有三行包含一个 for 循环头、循环体和一个 print 语句来结束输出行。这三行代码在程序中重复出现了 5 次，唯一的区别是每次乘以 x 的整数。这个整数，我们可以称之为 y，在我们的代码中取值为 1、2、3、4 和 5。

幸运的是，我们可以通过将重复的三行嵌入第二个循环中来消除冗余。这样的循环称为**嵌套循环**。for 循环控制一个语句，而 for 循环本身就是一个语句，这意味着一个 for 循环可以控制另一个 for 循环。

下面的程序使用嵌套 for 循环打印相同的乘法表。我们利用 print 语句中的结束标记，将它设置为 "\t"，以制表符分隔每个数字，以便它们在控制台上很好地对齐。

```
1  # This program prints a multiplication table using nested loops.
2  def main():
3      for y in range(1, 6):
4          for x in range(1, 10):
5              print(y * x, end="\t")
6          print()
7
8  main()
```

此代码的行为与标准 for 循环的行为一致。对于指定数值范围内的每个值，外部循环都执行一次。外部循环的范围指定为 range(1, 6)，外部循环变量的名称为 y，这意味着内层代码应该执行 y = 1，然后执行 y = 2，以此类推，直到 y = 5。图 2-3 显示了嵌套循环的展开结果，以及外部循环的每次执行所产生的控制台输出。

```
for y in range(1, 6):
    for x in range(1, 10):
        print(y * x, end="\t")
    print()
```

代码（展开的）   输出

```
y = 1
for x in range(1, 10):
    print(y * x, end="\t") ⟶  1   2   3   4   5   6   7   8   9
print()

y = 2
for x in range(1, 10):
    print(y * x, end="\t") ⟶  2   4   6   8   10  12  14  16  18
print()

y = 3
for x in range(1, 10):
    print(y * x, end="\t") ⟶  3   6   9   12  15  18  21  24  27
print()

y = 4
for x in range(1, 10):
    print(y * x, end="\t") ⟶  4   8   12  16  20  24  28  32  36
print()

y = 5
for x in range(1, 10):
    print(y * x, end="\t") ⟶  5   10  15  20  25  30  35  40  45
print()
```

图 2-3　嵌套循环展开

外部循环是这两个循环中寿命较长的一个，它的每次迭代完成所需的时间较长。外部循环将 y 定义为 1，然后执行整个内部循环。然后外部循环将 y 赋值为 2，然后再次执行整个内部循环，以此类推。

嵌套循环和字符串乘法都涉及重复，但是嵌套循环更加通用和强大。许多编程语言不支持字符串乘法，但是你可以使用嵌套循环实现类似的效果。例如，我们之前看到的打印三角形图形的程序如下：

```python
# print triangular figure w/ string multiplication
for i in range(1, 6):
    print("#" * i)
```

字符串乘法的目的是将给定的字符打印给定的次数。如果 Python 不支持字符串乘法，你仍然可以使用嵌套循环打印相同的图形，如下所示，其中内部循环的每次迭代打印一个字符：

```python
# print triangular figure w/out string multiplication
for i in range(1, 6):
    for j in range(i):
        print("#")
```

```
#
##
###
####
#####
```

当然，代码的字符串乘法版本更干净、更简单，所以当可行时，我们更喜欢这种方法而不是嵌套循环。

2.4 管理复杂性

在本章中，你已经了解了几个新的编程结构，现在是时候把它们组合在一起来解决一些复杂的任务了。正如 *The C Programming Language* 的共同作者之一 Brian Kernighan 曾经说过的，"控制复杂性是计算机编程的本质"。在本节中，我们将研究计算机科学家用来解决复杂问题而不会被复杂性所压倒的几种技术。

2.4.1 作用域

随着程序变长，程序的不同部分互相干扰的可能性越来越大。Python 通过实施**作用域**规则帮助我们管理这个潜在的问题。

作用域
程序中特定定义有效的部分。

你已经看到，当涉及函数定义时，你可以将它们按照任意顺序排列。函数的作用域是它出现的整个程序文件。变量的作用域与函数不同。一个简单的规则是，变量定义的作用域从定义它的地方开始，到包含它的函数的末尾结束。

这个作用域规则有几个含义。首先考虑它对于不同的函数意味着什么。每个函数都有自己的语句集，在该函数被调用时执行。在函数语句集中定义的任何变量在函数外部都不可用。我们把这些变量称为**局部变量**。

局部变量
函数中定义的变量，只能在该函数中被访问。

让我们看一个包含两个函数的简单示例。在本例中，main 函数定义了局部变量 x 和 y，并给出了它们的初值。然后调用 compute_sum 函数，该函数试图使用 x 和 y 的值来计算它们的和。但是，由于变量 x 和 y 是 main 函数的局部变量，它们在 compute_sum 函数中不可见，所以解释器显示一个名为 NameError 的运行时错误。

```
1   # This program produces an error because
2   # a variable is used out of scope.
3
4   def compute_sum():
5       sum = x + y          # error!
6       print("sum =", sum)
7
8   def main():
9       x = 3
10      y = 7
11      compute_sum()
12
13  main()
```

```
Traceback (most recent call last):
  File "scope1.py", line 13, in <module>
    main()
  File "scope1.py", line 11, in main
    compute_sum()
  File "scope1.py", line 5, in compute_sum
    sum = x + y
NameError: name 'x' is not defined
```

在 for 循环的头中定义的循环变量可以在循环之后访问。它在循环之后的值将等于循环最后一次迭代时所持有的值。例如，在下面的代码中，循环变量 i 在退出循环时的值为 3：

```
# access a loop variable after the loop
for i in range(4):
    print("inside loop:", i)
print("after loop:", i)
```

```
inside loop: 0
inside loop: 1
inside loop: 2
inside loop: 3
after loop: 3
```

一般来说，你希望在函数中定义变量。不过，还可以在函数之外定义变量。这些变量称为**全局变量**，对整个程序都是可见的。乍一看，这似乎是一个非常有用的功能。你可能想知道，为什么不将每个变量都定义为全局变量呢？

全局变量

定义在函数之外的变量，可以被整个程序访问。全局变量通常被认为是不好的编程风格，不鼓励使用。

使用全局变量听起来当然更简单、更强大。但是请记住，如果你编写大型程序，你将不可避免地花费大量时间来查找和修复 bug。一种非常常见的软件 bug 是意外地将变量设置为错误的值。如何找到并修复这样的 bug？你需要检查程序中可能改变变量值的所有部分。如果变量是局部变量，要找到 bug，只需要检查定义变量的函数。但是如果变量是全局的，那么程序的任何部分都可能是引起这个 bug 的原因。变量局部化为代码提供了更多的安全性，因为它最小化了程序修改给定变量值的范围。

下面以学生宿舍中冰箱的使用作为类比。宿舍楼可能有一个大的公用冰箱，任何人都可以使用。上次我们在宿舍的时候，我们注意到大多数房间里都有各自的冰箱。这似乎是冗余的，因为每个人都可以使用共享的冰箱存储所有的食物，但是使用私有冰箱的原因是显而易见的。拥有自己的冰箱可以保护你的重要食物不被室友拿走或修改（吃掉）。如果你把一个三明治放在宿舍共用的冰箱里却不见了，罪魁祸首可能是任何人，很难找出是谁拿走了它。

Python 程序使用变量存储值，就像学生使用冰箱存储冰激凌、饮料和其他贵重物品一样。如果你想保证某个物品的安全性，你可以把它放在其他人无法访问的地方。你将以几乎相同的方式在程序中使用局部变量。如果每个单独的函数都有自己的局部变量可用，那么你就不必考虑来自程序其他部分的可能干扰。

（不要担心全局变量的能力会丢失。在下一章中，我们将学习一种名为参数的技术，它允许我们在两个函数间选择性地共享数据。）

2.4.2　伪代码

当你编写更复杂的算法时，你会发现你不能一次性正确地编写整个算法。如果所需的行为或输出非常复杂，那么在开始编写代码之前，你需要对正确的代码进行推理。正如 Brian Kernighan 曾经说过的，"控制复杂性是计算机编程的本质"。经验丰富的程序员会使用几种技术来分解和解决复杂的问题，而不会被它们的复杂性所压倒。在本节中，我们将探索一种称为**伪代码**的技术，它是用纯文本而不是实际的 Python 代码编写程序的粗略描述。

伪代码

类似自然语言（可以是英语或任何一种你所熟悉的语言，本书中使用英语）的算法描述。使用伪代码编程涉及不断地精炼非正式描述，直到能轻松地将其翻译成 Python 语言。

例如，你可以这样描述画一个框的问题：

Print a box with 50 lines and 30 columns of asterisks.

虽然这个语句描述了这个图形，但是它没有给出如何绘制图形的具体说明（即使用什么算法）。你是逐行画还是逐列画？在 Python 中，像这样的图形必须逐行生成，因为一旦在输出行上执行了 print 语句，就不能再更改该行。没有返回到输出的前一行的命令。因此，你必须完整地输出第一行，然后完整地输出第二行，依此类推。因此，画这些图形的任务分解在顶层是基于行的。这样，一个更接近 Python 语言的伪代码应该是：

```
for each of 50 lines:
    Print a line of 30 asterisks.
```

使用伪代码，你可以逐步将英语描述转换为易于翻译成 Python 程序的内容。到目前为止，我们看过的简单例子几乎不值得使用伪代码，所以现在我们将研究一个生成更复杂的图形的问题：

```
* * * * * * * * *
 * * * * * * *
  * * * * *
   * * *
    *
```

这个图形也必须逐行生成：

```
for each of 5 lines:
    Print one line of the triangle.
```

不幸的是，每一行都是不同的。因此，你必须提出一个适用于所有行的通用规则。图的第一行有一系列星号，没有前导空格。后面的每一行都有一系列空格，后面跟着一系列星号。稍微运用一下你的想象力，你可以说第一行有 0 个空格，后面跟着一系列星号。这允许你写一个画这个图形的通用规则：

```
for each of 5 lines:
    Print some spaces (possibly 0) on the output line.
    Print some asterisks on the output line.
    End the output line.
```

为了继续，你必须确定空格数量的规则和星号数量的规则。假设这些行编号为 1 到 5，看着图，你可以在表 2-6 中填充每行上每种字符的数量。

表 2-6　三角形输出图形分析

行号	空格数	星号数	输出
1	0	9	* * * * * * * * *
2	1	7	* * * * * * *
3	2	5	* * * * *
4	3	3	* * *
5	4	1	*

你希望找到行号与其他两列之间的关系。这是一个简单的代数关系，因为这些列是线性

相关的。第二列很容易从行号中得到。它等于（line – 1）。第三列有点难，因为它每次下降2，第一列每次上升1，你需要一个 –2 的乘数。然后你需要一个合适的常数。数字11似乎正合适，所以可以使第三列等于（11 – 2 * line）。现在你可以改进你的伪代码，如下所示：

```
for each line from 1 through 5:
    Print (line - 1) spaces on the output line.
    Print (11 - 2 * line) asterisks on the output line.
    End the output line.
```

这段伪代码很容易变成一段程序：

```
1  # This program draws a downward
2  # triangular figure using loops.
3  def main():
4      for line in range(1, 6):
5          print(" " * (line - 1), end="")
6          print("*" * (11 - 2 * line))
7
8  main()
```

```
*********
 *******
  *****
   ***
    *
```

有时候，我们利用已经完成的工作来管理复杂性。例如，如何生成指向上方的类似三角形图形？

```
    *
   ***
  *****
 *******
*********
```

你可以遵循与以前相同的过程，找到生成恰当数量空格和星号的新表达式。然而，还有一个更简单的方法。这幅图与前一幅图相同，只是行出现的顺序相反。这是使用递减循环向后运行 for 循环的好地方。不是从1开始向上直到5，而是从5开始使用 –1 作为步长向下直到1。那么，生成向上三角形的简单方法是使用以下代码：

```
1  # This program draws an upward
2  # triangular figure using loops.
3  def main():
4      for line in range(5, 0, -1):
5          print(" " * (line - 1), end="")
6          print("*" * (11 - 2 * line))
7
8  main()
```

```
    *
   ***
  *****
 *******
*********
```

假设你想在一个程序中同时绘制这两个图形。尝试使用一个 for 循环来绘制两个图形，这是很诱人的，但是没有简单的方法来创建一个既包含递增又包含递减的数字序列的范围。你可以将每个图形转换为一个函数，并从 main 函数中调用它们，在两次调用之间输出一个空行：

```
1   # This program draws two triangular
2   # figures using loops.
3
4   # Draws a 5-line downward-facing triangle of stars.
5   def downward_triangle():
6       for line in range(1, 6):
7           print(" " * (line - 1), end="")
8           print("*" * (11 - 2 * line))
9
10  # Draws a 5-line upward-facing triangle of stars.
11  def upward_triangle():
12      for line in range(5, 0, -1):
13          print(" " * (line - 1), end="")
14          print("*" * (11 - 2 * line))
15
16  def main():
17      downward_triangle()
18      print()
19      upward_triangle()
20
21  main()
```

```
*********
 *******
  *****
   ***
    *

    *
   ***
  *****
 *******
*********
```

一旦你开始练习编写伪代码，你就会发现将编写良好的伪代码转换为正确的 Python 代码通常很简单。这在一定程度上是因为 Python 简洁而简单的语法。有些程序员甚至开玩笑地称 Python 为"可执行的伪代码",因为它的语法非常类似于用英语的伪代码格式编写算法的方式。

2.4.3 常量

上一节中的三角形绘制程序绘制了一个图形,其中每个区域有五行。如何修改代码以生成类似的三角形图形,但每个部分只有三行?你的第一个想法可能是将代码中出现的 5 改为 3。但是,对程序的最新版本进行更改将产生以下错误的输出:

```
*********
 *******
  *****


  *****
 *******
*********
```

如果你研究图形的几何形状,你会发现问题在于在计算要打印的星号数量的表达式中使用了数字 11。数字 11 实际上来自这个公式:

*2 * 行数 + 1*

所以当行数是 5 时,合适的值是 11,但当行数是 3 时,合适的值是 7。程序员把这样的数字称作**幻数**。它们的神奇之处在于,它们似乎能让程序正常工作,但它们的定义并不总是显而易见的。看一眼 draw_triangle 程序,人们可能会问:"为什么是 5?为什么是 11?为什么是 3?为什么是 7?为什么是我?"

为了使程序更具可读性和适应性,你应该尽可能避免使用幻数。你可以通过将这些幻数存储为变量来实现这一点。你可以使用局部变量来存储这些值,但是这种方法有两个问题。第一个问题是,由于作用域的关系,在一个函数中定义的任何变量,例如 downward_triangle 中定义的变量,在另一个函数中都不可见。第二个问题是,程序员期望变量的值可以随着时间的推移而变化,但是我们不希望这个值在定义之后被修改。

在这种情况下,我们定义了称为**常量**的特殊变量,这些常量在定义之后不会被修改。我们通常定义**全局常量**,它具有很大的作用域,因此可以在整个程序中访问它们。

常量

一个变量,定义了一次以后再也不会被更改。全局常量可以在程序的任何地方被访问(即,其作用域是整个程序文件)。

你可以为常量选择描述性名称以解释其代表的内容。然后,你可以使用这个名称,而不是引用特定的值,以使你的程序更具可读性和适应性。例如,在 draw_triangle 程序中,你可能想要引入一个名为 LINES 的常量,它表示行数。(我们遵循所有常量名称都使用大写字母的惯例。)你可以使用这个常量来代替幻数 5,并作为表达式的一部分来计算一个值。这种方法允许你用其派生的公式(2 * LINES + 1)替换幻数 11。

Python 没有任何用于定义常量的特殊语法，它们和其他变量一样。不同的是你定义常量的地方，它不是在函数内部定义的，而是在所有函数之前的程序顶部附近定义的。例如：

```
LINES = 5
```

你可以在任何可以定义变量的地方定义常量，但是由于常量经常被几个不同的函数使用，所以我们通常在函数外部定义它们。我们可以通过引用行数常量来避免在 draw_triangle 程序中使用幻数。我们可以用这个常量替换外循环中的 5，并用表达式 2 * LINES + 1 替换第二个内循环中的 11。结果如下：

```
 1   # This program draws two triangular
 2   # figures using loops.
 3   LINES = 3
 4
 5   # Draws a downward-facing triangle of stars.
 6   def downward_triangle():
 7       for line in range(1, LINES + 1):
 8           print(" " * (line - 1), end="")
 9           print("*" * (2 * LINES + 1 - 2 * line))
10
11   # Draws an upward-facing triangle of stars.
12   def upward_triangle():
13       for line in range(LINES, 0, -1):
14           print(" " * (line - 1), end="")
15           print("*" * (2 * LINES + 1 - 2 * line))
16
17   def main():
18       downward_triangle()
19       print()
20       upward_triangle()
21
22   main()
```

```
*****
 ***
  *

  *
 ***
*****
```

这个新程序适应性更强，只需一个简单修改就可以生成不同大小的图形。如果将 LINES 常量更改为 7，程序输出如下：

```
*************
 ***********
  *********
```

```
      *******
       *****
        ***
         *

         *
        ***
       *****
      *******
     *********
    ***********
   *************
```

一些编程语言允许程序员指定给定的变量为常量，如果代码在定义了常量的值之后试图修改它，那么就会产生错误。不幸的是，Python 没有包含这个特性。通过在全局范围内定义常量，Python 确实为我们提供了一些保护，防止代码试图更改常量的值。例如，如果你试图从函数内部修改常量的值，解释器会产生一个错误：

```
# Bad code; tries to modify a global constant.
def upward_triangle():
    LINES += 3    # error!
    for line in range(LINES, 0, -1):
        ...
```

```
+--------+
Traceback (most recent call last):
  File "hourglass2_error.py", line 43, in <module>
    main()
  File "hourglass2_error.py", line 39, in main
    draw_top()
  File "hourglass2_error.py", line 14, in draw_top
    LINES += 3
UnboundLocalError: local variable 'LINES'
                   referenced before assignment
```

但不幸的是，这种保护并不完善。如果我们改为 LINES = 7，代码将成功运行，并将绘制一个 LINES 值为 7 而不是 4 的 upward_triangle。因此，Python 常量在技术上只是全局变量，只有通过约定和程序员编写代码的良好行为才能保持不变。修改全局常量的值被认为是非常不好的编程风格，强烈不鼓励这样做。Python 程序员所期望的是，如果一个变量的名称是大写的，那么它将被视为一个常量，并且它的值在定义之后不会被修改。Python 语言不能强迫我们遵守这种约定，但是我们在编写代码时应该注意这一点。

2.5 案例研究：沙漏图

现在我们考虑一个更复杂的例子。这个程序将用重复字符的模式绘制一个"沙漏"图形。期望的输出如下所示：

```
+---------+
|\12345678/|
| \123456/ |
|  \1234/  |
|   \12/   |
|    \/    |
|    /\    |
|   /21\   |
|  /4321\  |
| /654321\ |
|/87654321\|
+---------+
```

为此，我们将采取三个基本步骤：

1）将任务分解为子任务，每个子任务将成为一个函数。

2）对于每个子任务，为图创建一个表，并根据行号为表的每一列创建计算公式。

3）将表转换为实际的 for 循环，编写每个函数的代码。

2.5.1　问题分解和伪代码

要生成此图，你必须首先将其分解为子图。在分解时，你应该寻找以某种方式相似的行。第一行和最后一行完全一样。第一行之后的"上半"五行都符合一种模式，而接下来的"下半"五行又符合另一种模式。图 2-4 显示了字符的模式。

因此，你可以将整个问题分解为以下伪代码：

Draw a solid line.
Draw the top half of the hourglass.
Draw the bottom half of the hourglass.
Draw a solid line.

你应该独立地解决每个子问题。最终，你将希望引入一个常量，以使程序更加灵活，但是让我们先解决这个问题，而不用担心常量的使用。

"画实线"任务可进一步具体化为：

Draw a solid line:
　　Print a plus on the output line.
　　Print 10 dashes on the output line.
　　Print a plus on the output line.
　　End the line of output.

这组指令可以很容易地转换成一个函数：

```
# Prints a solid line of dashes.
def draw_line():
print("+", end="")
print("-" * 10, end="")
print("+")
```

```
+---------+      线

|\12345678/|
| \123456/ |      上半部分
|  \1234/  |
|   \12/   |
|    \/    |

|    /\    |
|   /21\   |
|  /4321\  |      下半部分
| /654321\ |
|/87654321\|

+---------+      线
```

图 2-4　沙漏图中的字符模式

沙漏的上半部分更为复杂。下面是其中典型的一行：

```
|   \1234/  |
```

有四个单独的字符，由空格和数字分隔。

```
|               \        1234        /               |
竖杠    空格    反斜杠    数字    斜杠    空格    竖杠
```

因此，第一个版本的伪代码可能是这样的：

```
for each of 5 lines:
    Print a bar.
    Print some spaces.
    Print a backslash.
    Print some numbers.
    Print a slash.
    Print some spaces.
    Print a bar.
    End the line of output.
```

同样，你可以创建一个表来计算所需的表达式。输出单个字符将非常容易转换成 Python，但是你需要更具体地描述空格和数字。该组中的每一行包含两组空格和一组数字。表 2-7 显示了使用的数量。我们不在表中列出 |、\ 和 / 字符，因为它们总是在每一行中出现一次。

当行号从 1 到 5 时，这两组空格数从 0 到 4。这可以表示为（line – 1），每一行的数字范围更复杂。

表 2-7 沙漏图分析

行号	空格数	数字	空格数	输出
1	0	1～8	0	|\12345678/|
2	1	1～6	1	| \123456/ |
3	2	1～4	2	| \1234/ |
4	3	1～2	3	| \12/ |
5	4	空	4	| \/ |

随着行号从 1 增加到 2 再到 3，以此类推，输出中出现的最大值每次减少 2，从 8 减少到 6 再到 4，以此类推。一种计算模式的方法是把它看作是行号和最大值之间的代数方程。你也可以思考，如果有一个行号为 0，最大值是多少。根据我们看到的模式，最大值应该是 10。因此，范围的最大值的一般公式是（10 – 2 * line）。但是我们必须使用 Python 的 range 来编写循环，而 range 不包含你所指定的最大值，所以我们需要将公式 +1 来解决这一问题。这意味着我们实际上需要一个范围（1, 11 – 2 * line）。

```
for each line from 1 through 5:
    Print a bar.
    Print (line - 1) spaces.
    Print a backslash.
    Print the range of integers from 1 to (11 - 2 * line).
    Print a slash.
    Print (line - 1) spaces.
    Print a bar.
    End the line of output.
```

2.5.2　初始结构化版本

沙漏上半部分的伪代码很容易转换为一个名为 draw_top 的函数。沙漏的下半部分也有类似的解决方案，我们称之为 draw_bottom。main 函数调用函数来绘制上下两半部分，并在上下两半周围画线。

我们的代码对它的许多 print 语句使用 end="" 修饰符，这样我们就可以使用一个单独的 print 语句打印一行复杂字符序列中的一段。

我们可以使用 * 运算符的字符串乘法生成大多数重复的字符序列。一个例外是每行中间的整数序列，这要求我们使用嵌套的 for 循环。

根据上述内容得到的程序看起来像这样：

```python
1  # This program draws an hourglass figure
2  # of characters and numbers using nested loops.
3
4  # Prints a solid line of dashes.
5  def draw_line():
6      print("+", end="")
7      print("-" * 10, end="")
8      print("+")
9
10 # Produces the top half of the hourglass figure.
11 def draw_top():
12     for line in range(1, 6):
13         print("|", end="")
14         print(" " * (line - 1), end="")
15         print("\\", end="")
16         for i in range(1, 11 - 2 * line):
17             print(i, end="")
18         print("/", end="")
19         print(" " * (line - 1), end="")
20         print("|")
21
22 # Produces the bottom half of the hourglass figure.
23 def draw_bottom():
24     for line in range(1, 6):
25         print("|", end="")
26         print(" " * (5 - line), end="")
27         print("/", end="")
28         for i in range(2 * line - 2, 0, -1):
29             print(i, end="")
30         print("\\", end="")
31         print(" " * (5 - line), end="")
32         print("|")
33
```

```
34   def main():
35       draw_line()
36       draw_top()
37       draw_bottom()
38       draw_line()
39
40   main()
```

2.5.3 增加一个常量

沙漏程序生成所需的输出，但它不是很灵活。如果我们想要得到一个大小不同的相似的图形呢？最初的问题涉及一个沙漏图形，它的上半部分有 5 行，下半部分有 5 行。如果我们想要下面的输出，上半部分有 3 行，下半部分有 3 行，该怎么办？

```
+------+
|\1234/|
| \12/ |
|  \/  |
|  /\  |
| /21\ |
|/4321\|
+------+
```

显然，如果我们能使程序足够灵活，产生任意一种输出，它将更有用。我们通过引入一个常量来消除幻数。你可能认为我们需要引入两个常量，一个用于表示高度，一个用于表示宽度，但是由于这个图的规律性，高度由宽度决定，反之亦然。因此，我们只需要引入一个常数。让我们使用沙漏的一半高度：

```
SUB_HEIGHT = 5
```

我们称它为常数 SUB_HEIGHT 而不是 HEIGHT，因为它指的是一半的高度，而不是图形的整体高度。注意，我们如何使用下划线字符分隔常量名称中的不同单词。

那么，我们如何修改原始程序来引入这个常量呢？我们遍历程序查找所有幻数，在适当的地方插入常量或包含常量的表达式。例如，draw_top 和 draw_bottom 函数都有一个 for 循环，该循环执行 5 次，生成 5 行输出。我们将其更改为 3 来生成 3 行输出，更一般地，我们将其更改为 SUB_HEIGHT 来生成 SUB_HEIGHT 行输出。

在程序的其他部分，我们必须更新连接号、空格和点的数量的公式。有时，我们可以使用有根据的猜测来找出如何调整这样的公式来使用常量。如果你猜不出一个合适的公式，你可以使用表格技术来找到合适的公式。使用子高度为 3 的新输出，可以更新程序中的各种公式。我们还展示了子高度为 4 时的公式。表 2-8 给出了各种公式。

表 2-8   不同高度的沙漏图分析

子高度	连接号	上半部分空格	上半部分数字	下半部分空格	下半部分数字
3	6	line-1	range(1, 7-2*line)	3-line	range(2*line-2, 0, -1)
4	8	line-1	range(1, 9-2*line)	4-line	range(2*line-2, 0, -1)
5	10	line-1	range(1, 11-2*line)	5-line	range(2*line-2, 0, -1)

然后，我们遍历每个公式（表中的每一列），找出如何用包含常数的新公式替换它：

- 当子高度增加 1 时，连接号的数量增加 2，因此一般表达式是子图高度的两倍，或 2 * SUB_HEIGHT。
- 当子高度改变时，draw_top 中的空格数不会改变，因此表达式不需要改变。
- draw_top 中的数字范围包括子高度为 3 时的数字 7、子高度为 4 时的数字 9 和子高度为 5 时的数字 11。它的一般表达式是 2 * SUB_HEIGHT + 1，将其代入原始的 range 公式将得到整个范围 range(1, 2 * SUB_HEIGHT + 1 – 2 * line)。
- draw_bottom 中的空格数包括子高度为 3 时的值 3，子高度为 4 时的值 4，子高度为 5 时的值 5。这显然是子图的高度，将它代入表达式将得到 SUB_HEIGHT – line。
- 当子高度发生变化时，draw_bottom 中的数字范围不会发生变化，因此表达式不需要更改。

下面是程序的新版本，子高度为常量。它使用的 SUB_HEIGHT 值为 4，但是我们可以将其更改为其他值，以生成其他大小的图形。

```
1   # This program draws an hourglass figure
2   # of characters and numbers using nested loops.
3   # This version uses a global constant for the figure size.
4   SUB_HEIGHT = 4
5
6   # Prints a solid line of dashes.
7   def draw_line():
8       print("+", end="")
9       print("-" * (2 * SUB_HEIGHT), end="")
10      print("+")
11
12  # Produces the top half of the hourglass figure.
13  def draw_top():
14      for line in range(1, SUB_HEIGHT + 1):
15          print("|", end="")
16          print(" " * (line - 1), end="")
17          print("\\", end="")
18          for i in range(1, 2 * SUB_HEIGHT + 1 - 2 * line):
19              print(i, end="")
20          print("/", end="")
21          print(" " * (line - 1), end="")
22          print("|")
23
24  # Produces the bottom half of the hourglass figure.
25  def draw_bottom():
26      for line in range(1, SUB_HEIGHT + 1):
27          print("|", end="")
28          print(" " * (SUB_HEIGHT - line), end="")
29          print("/", end="")
30          for i in range(2 * line - 2, 0, -1):
31              print(i, end="")
32          print("\\", end="")
33          print(" " * (SUB_HEIGHT - line), end="")
```

```
34        print("|")
35
36 def main():
37     draw_line()
38     draw_top()
39     draw_bottom()
40     draw_line()
41
42 main()
```

注意 SUB_HEIGHT 常量是在程序的顶部定义的,它提供了程序范围内的作用域,而不是在单个函数内的局部作用域。虽然变量局部化是一个好主意,但是对于常量就不一样了。变量局部化可以避免潜在的干扰,但是这个理由不适用于常量,因为它们保证不会被改变。使用局部变量的另一个理由是,它使函数更加独立。当应用于常量时,这个理由有一定的价值,但还不够。常量确实会在函数之间引入依赖关系,但这通常是你想要的。例如,当涉及图形的大小时,程序中的三个函数不应该彼此独立。每个子图必须使用相同的大小常量。想象一下,如果每个函数都有自己的 SUB_HEIGHT,每个 SUB_HEIGHT 都有不同的值,那么可能会发生什么灾难,没有一块能拼在一起。

本章小结

- Python 将数据分组为类型。Python 的一些内置类型包括整数类型 int、实数类型 float、文本字符序列类型 str 和逻辑类型 bool。

- 值和计算称为表达式。最简单的表达式是单独的值,也称为字面量。下面是一些字面量的示例:42、3.14、"Q" 和 False。表达式可以包含运算符,如 (3 + 29) − 4 * 5。除法运算分为精确除法 (/)、整数除法 (//) 和余数 (%) 运算符。你可以在 Python Shell 中测试表达式和运算符。

- 优先级规则决定多个运算符在复杂表达式中求值的顺序。乘法和除法是在加法和减法之前进行的。括号可用于强制执行特定的求值顺序。

- 变量是可以存储值的内存空间。变量由一个名称和一个初始值定义。变量的值可以在程序中使用或修改。

- 可以使用 print 函数在控制台打印数据,就像文本字符串一样。可以打印多个逗号分隔的值来生成更复杂的输出行,也可以使用 str 函数将值转换为字符串进行打印。

- 循环用于多次执行一组语句。for 循环是一种循环,可用于将相同的语句应用于一定范围内的数值上,或将语句重复指定的次数。循环可以包含另一个循环,称为嵌套循环。

- 变量的有效范围从定义它的行开始到包含它的函数的末尾结束。这个范围,也称为变量的作用域,构成程序中变量可以合法使用的部分。程序还可以包含常量,这些常量是在全局作用域内定义的变量,在定义之后不应该修改它们。

- 如果你先用英文(自然语言)描述一个算法,它会更容易转换成代码。这种描述也称为伪代码。

自测题

2.1 节:基本数据概念

1. 跟踪以下表达式的求值过程,并给出它们的结果值:

a. 2 + 3 * 4 − 6

b. 14 // 7 * 2 + 30 // 5 + 1

c. `(12 + 3) // 4 * 2`

d. `(238 % 10 + 3) % 7`

e. `(18 - 7) * (43 % 10)`

f. `2 + 19 % 5 - (11 * (5 // 2))`

g. `813 % 100 // 3 + 2.4`

h. `26 % 10 % 4 * 3`

i. `22 + 4 ** 1 * 2`

j. `23 % 8 % 3`

k. `12 - 2 ** 2 - 3 ** 2`

l. `6/2 + 7//3`

m. `6 * 7 % 4`

n. `3 * 4 + 2 * 3`

o. `177 % 100 % 10 // 2`

p. `89 % (5 + 5) % 5`

q. `392 // 10 % 10 // 2`

r. `8 * 2 - 7 // 4`

s. `37 % 20 % 3 * 4`

t. `17 % 10 // 4`

2. 跟踪以下表达式的求值过程，并给出它们的结果值：

a. `4.0 / 2 * 9 / 2`

b. `2.5 * 2 + 8 / 5.0 + 10 // 3`

c. `12 // 7 * 4.4 * 2 // 4`

d. `4 * 3 // 8 + 2.5 * 2`

e. `(5 * 7.0 / 2 - 2.5) / 5 * 2`

f. `41 % 7 * 3 // 5 + 5 // 2 * 2.5`

g. `10.0 / 2 / 4`

h. `8 // 5 + 13 // 2 / 3.0`

i. `(2.5 + 3.5) / 2`

j. `9 // 4 * 2.0 - 5 // 4`

k. `9 / 2.0 + 7 // 3 - 3.0 / 2`

l. `813 % 100 // 3 + 2.4`

m. `27 // 2 / 2.0 * (4.3 + 1.7) - 8 // 3`

n. `53 // 5 / (0.6 + 1.4) / 2 ** 1 + 13 // 2`

o. `2.5 * 2 + 8 / 5.0 + 10 // 3`

p. `2 * 3 // 4 * 2 / 4.0 + 4.5 - 1`

q. `89 % 10 // 4 * 2.0 / 5 + (1.5 + 1.0 / 2) * 2`

r. `1 ** 5 + 7 ** 2 / 2.0`

2.2 节：变量

3. 下列哪个选项是定义实数变量 grade 并将其值初始化为 4.0 的正确语法？

a. `int grade = 4.0`

b. `grade = float 4.0`

c. `float grade = 4.0`

d. `grade = 4`

e. `grade = 4.0`

4. 假设你有一个名为 number 的变量，它存储一个整数。什么 Python 表达式生成 number 的最后一位（个位）数字？

5. 以下程序包含 4 个错误！请指出它们。

```
def main():
    x = 2
    print("x is" x)
    x = 15.2   # set x to 15.2
    print("x is now , x")
    y = 0           # set y to 1 more than x
    y = int x + 1
    print("x and y are " , x , and , y)
main()
```

6. 假设你有一个名为 number 的变量，它存储一个整数。什么 Python 表达式生成 number 的倒数第二位数（十位）？什么表达式生成 number 的倒数第三位数（百位）？

7. 执行下列语句之后，a、b 和 c 的值是多少？

```
a = 5
b = 10
c = b

a = a + 1
b = b - 1
c = c + a
```

8. 下面代码末尾的 first 和 second 值是多少？你将如何描述本练习中代码语句的总体效果？

```
first = 8
second = 19
first = first + second
second = first - second
first = first - second
```

9. 通过定义变量，并根据需要使用特殊的赋值操作符（例如，+=、-=、*= 和 /=），将前面练习中的代码重写得更短。

10. 执行下列语句之后，i、j 和 k 的值是多少？

```
i = 2
j = 3
k = 4
x = i + j + k

i = x - i - j
j = x - j - k
k = x - i - k
```

11. 下列代码的输出是什么？

```
max = 0
```

```
min = 10
max = 17 -  4 // 10
max = max + 6
min = max -  min
print(max * 2)
print(max + min)
print(max)
print(min)
```

12. 下面的程序多次重复使用相同的表达式。使用变量修改程序，删除所有冗余表达式。

```
def main():
    # Calculate pay at work based on hours worked each day
    print("My total hours worked:")
    print(4 + 5 + 8 + 4)

    print("My hourly salary:")
    print("8.75")

    print("My total pay:")
    print((4 + 5 + 8 + 4) * 8.75)

    print("My taxes owed:")  # 20% tax
    print((4 + 5 + 8 + 4) * 8.75 * 0.20)

main()
```

2.3 节：for 循环

13. 用你自己的代码替换"FINISH ME"部分，补全下列代码：

```
def main():
    for i in range("FINISH ME"):
        print("FINISH ME")
main()
```

使得代码产生以下输出：

```
2 times 1 = 2
2 times 2 = 4
2 times 3 = 6
2 times 4 = 8
```

14. 假设你有一个名为 count 的变量，它将接受值 1、2、3、4，依此类推。你要基于 count 形成不同的表达式来产生不同的数值序列。例如，要得到序列 2、4、6、8、10、12、…，你将使用表达式（2 * count）。请将生成每个序列的表达式填入下表。

序列	表达式
2, 4, 6, 8, 10, 12, ...	
4, 19, 34, 49, 64, 79, ...	
30, 20, 10, 0, 210, 220, ...	
-7, -3, 1, 5, 9, 13, ...	
97, 94, 91, 88, 85, 82, ...	

15. 请根据输出完成下面 for 循环的代码（循环需要打印下列数值，每个值一行）:

```
for i in range(1, 7):
    # your code here
```

```
-4
14
32
50
68
86
```

16. 下面的函数 odd_stuff 的输出是什么?

```
def odd_stuff():
    number = 4
    for count in range(1, number + 1):
        print(number)
        number = number // 2
```

17. 下面循环的输出是什么?

```
total = 10
for number in range(1, total // 2):
    total = total -  number
    print(total, number)
```

18. 下面循环的输出是什么?

```
print("+---+")
for i in range(1, 4):
    print("\\    /")
    print("/    \\")
print("+---+")
```

19. 下面循环的输出是什么?

```
print("T-minus ", end="")
for i in range(5, 0, -1):
    print(i, end=", ")
print("Blastoff!")
```

20. 下面代码的输出是什么?

```
for i in range(1, 6):
    for j in range(1, 11):
        print(i * j, end=" ")
    print()
```

21. 下面代码的输出是什么?

```
for i in range(1, 3):
    for j in range(1, 4):
        for k in range(1, 5):
```

```
            print("*", end="")
        print("!", end="")
    print()
```

2.4 节：管理复杂性

22. 假设你有一个名为 line 的变量（它将接受值 1、2、3、4 等）以及一个名为 SIZE 的常量（它接受两个值中的一个）。你将根据 line 和 SIZE 来构造表达式，这些表达式将产生不同的字符数序列。请将生成每个序列的表达式填入下表。

变量 line 的值	常量 SIZE 的值	字符数	表达式
a. 1, 2, 3, 4, 5, 6, ...	1	4, 6, 8, 10, 12, 14, ...	
1, 2, 3, 4, 5, 6, ...	2	6, 8, 10, 12, 14, 16, ...	
b. 1, 2, 3, 4, 5, 6, ...	3	13, 17, 21, 25, 29, 33, ...	
1, 2, 3, 4, 5, 6, ...	5	19, 23, 27, 31, 35, 39, ...	
c. 1, 2, 3, 4, 5, 6, ...	4	10, 9, 8, 7, 6, 5, ...	
1, 2, 3, 4, 5, 6, ...	9	20, 19, 18, 17, 16, 15, ...	

23. 编写一个表，确定下面输出的 6 行中每一行上每种类型的字符数量的表达式。

```
!!!!!!!!!!!!!!!!!!!!
\\!!!!!!!!!!!!!!!!!//
\\\\!!!!!!!!!!!!!!////
\\\\\\!!!!!!!!!!!//////
\\\\\\\\!!!!!!!!////////
\\\\\\\\\\!!!!!//////////
```

24. 假设已经编写了一个程序，生成了上一个问题中显示的输出。现在，作者希望该程序可以使用一个名为 SIZE 的常量进行伸缩。之前的输出高度为 6，因为有 6 行。下面是高度为 4 时的输出。请创建一个新表，其中显示高度为 4 时的字符计数的表达式，并将这些表进行比较，找到使用常量 SIZE 计算任意大小的表达式。

```
!!!!!!!!!!!!!!
\\!!!!!!!!!!!//
\\\\!!!!!!!!////
\\\\\\!!!!!//////
```

习题

1. 编写产生下列输出的 for 循环：

```
1 4 9 16 25 36 49 64 81 100
```

为了增加难度，尝试修改你的代码，使它不需要使用 * 乘法运算符。（提示：查看相邻数字之间的区别。）

2. 斐波那契数列是一个整数序列，其中前两个元素是 1，后面的每个元素是其前两个元素的和。斐波那契数列中第 k 个数值的数学定义如下：

$$F(k) = \begin{cases} F(k-1) + F(k-2), k > 2 \\ 1, \qquad\qquad\quad k \le 2 \end{cases}$$

斐波那契数列中前 12 个数值是:

```
1 1 2 3 5 8 13 21 34 55 89 144
```

请写一个 for 循环计算并打印这些数值(前 12 个)。

3. 用 for 循环产生下列输出:

```
*****
*****
*****
*****
```

4. 用 for 循环产生下列输出:

```
*
**
***
****
*****
```

5. 用 for 循环产生下列输出:

```
1
22
333
4444
55555
666666
7777777
```

6. 通常,在程序输出的开始部分打印一个周期性的、递增的个位数列表,作为对要输出的列进行编号的可视化指南。请编写嵌套 for 循环产生以下输出,每行宽 60 个字符:

```
|         |         |         |         |         |         |
123456789012345678901234567890123456789012345678901234567890
```

7. 修改前面练习中的代码,以便可以轻松地修改它,以显示不同范围的数字(而不是 1234567890)和这些数字的不同重复次数(而不是总共 60 个字符),并且竖线仍然正确匹配。使用常量而不是"幻数"。下面是一些可以通过改变你代码中的常量生成的示例输出:

```
|    |    |    |    |    |    |    |    |    |    |
12340123401234012340123401234012340123401234012340
|     |     |     |     |     |     |     |     |
123456701234567012345670123456701234567012345670123456701234567012345670
```

8. 编写一个名为 print_design 的函数,生成以下输出。使用 for 循环捕获图形的结构。

```
-----1-----
----333----
---55555---
--7777777--
-999999999-
```

9. 编写一个 Python 程序，生成以下输出。使用 for 循环和字符串乘法来捕获图形的结构。

```
!!!!!!!!!!!!!!!!!!!!!
\\!!!!!!!!!!!!!!!!!!//
\\\\!!!!!!!!!!!!!!////
\\\\\\!!!!!!!!!!//////
\\\\\\\\!!!!!!////////
\\\\\\\\\\!!//////////
```

10. 修改前面练习中的程序，使用一个常量表示图形的高度。（你可能想先创建循环表。）之前的输出高度为 6。以下是高度为 4 和 8 时的输出：

```
Height 4            Height 8
!!!!!!!!!!!!!!        !!!!!!!!!!!!!!!!!!!!!!!!!!!!!!
\\!!!!!!!!!!//        \\!!!!!!!!!!!!!!!!!!!!!!!!!!!!//
\\\\!!!!!!////        \\\\!!!!!!!!!!!!!!!!!!!!!!!!////
\\\\\\!!//////        \\\\\\!!!!!!!!!!!!!!!!!!!!//////
                      \\\\\\\\!!!!!!!!!!!!!!!!////////
                      \\\\\\\\\\!!!!!!!!!!!!//////////
                      \\\\\\\\\\\\!!!!!!!!////////////
                      \\\\\\\\\\\\\\!!!!//////////////
```

11. 编写一个 Python 程序，生成以下输出。使用 for 循环和字符串乘法来捕获图形的结构。一旦代码能够正常工作，就添加一个常量，这样只需更改常量的值就可以更改图形的大小。

```
+===+===+
|   |   |
|   |   |
|   |   |
+===+===+
|   |   |
|   |   |
|   |   |
+===+===+
```

12. 编写一个 Python 程序，生成以下输出。使用 for 循环捕获图形的结构。

```
//////////////////\\\\\\\\\\\\\\\\\\
///////////*********\\\\\\\\\\\\\\
////////*****************\\\\\\
////****************************\\\
********************************
```

13. 修改前面练习中的程序，使用一个常量表示图形的高度。（你可能想先创建循环表。）之前的输出高度为5。以下是高度为3和6时的输出：

```
Height 3                Height 6
///////\\\\\\\          ///////////////\\\\\\\\\\\\\\\
///*********\\\          ///////////////*********\\\\\\\\\\\\\\\
***************          ///////////////****************\\\\\\\\\\\\
                         ///////*****************************\\\\\\\
                         ////*****************************************\\\
                         *************************************************
```

编程项目

1. 编写一个程序，使用嵌套 for 循环和字符串乘法生成以下输出：

```
******  ////////////  ******
*****   ////////////\\  *****
****    //////////\\\\   ****
***     //////\\\\\\   ***
**      ////\\\\\\\\   **
*       //\\\\\\\\\\   *
        \\\\\\\\\\\\
```

2. 编写一个程序，使用嵌套 for 循环生成以下输出：

```
+---------+
|    *    |
|   /*\   |
|  //*\\  |
| ///*\\\ |
| \\\*/// |
|  \\*//  |
|   \*/   |
|    *    |
+---------+
| \\\*/// |
|  \\*//  |
|   \*/   |
|    *    |
|    *    |
|   /*\   |
|  //*\\  |
| ///*\\\ |
+---------+
```

3. 编写一个程序，使用嵌套 for 循环和字符串乘法生成如下沙漏图形作为输出：

```
|""""""""|
 \::::::::/
  \::::::/
   \::::/
    \::/
     ||
    /::\
   /::::\
  /::::::\
 /::::::::\
|_____|
```

4. 编写一个程序，使用嵌套 for 循环和字符串乘法生成如下火箭图作为输出。使用常量可以更改火箭的大小（下面的输出使用的大小为 3）。

```
        /**\
       //**\\
      ///**\\\
     ////**\\\\
    /////**\\\\\
  +=*=*=*=*=*=*+
  |../\..../\..|
  |./\/\../\/\.|
  |/\/\/\/\/\/\|
  |\/\/\/\/\/\/|
  |.\/\/..\/\/.|
  |..\/....\/..|
  +=*=*=*=*=*=*+
  |\/\/\/\/\/\/|
  |.\/\/..\/\/.|
  |..\/....\/..|
  |../\..../\..|
  |./\/\../\/\.|
  |/\/\/\/\/\/\|
  +=*=*=*=*=*=*+
        /**\
       //**\\
      ///**\\\
     ////**\\\\
    /////**\\\\\
```

5. 编写一个程序，使用嵌套 for 循环和字符串乘法生成如下图（有点像西雅图太空针）所示的输出。使用常量可以更改图形的大小（下面的输出使用的大小为 4）。

```
                 | |
                 | |
                 | |
                 | |
               __/| |\__
            __/:::| |:::\__
         __/:::::::| |:::::::\__
      __/:::::::::::| |:::::::::::\__
     |"""""""""""""""""""""""""""""""|
     \_/\/\/\/\/\/\/\/\/\/\/\/\/\/\_/
      \_/\/\/\/\/\/\/\/\/\/\/\/\_/
       \_/\/\/\/\/\/\/\/\/\/\_/
        \_/\/\/\/\/\/\/\_/
                 | |
                 | |
                 | |
                 | |
              |%%| |%%|
              |%%| |%%|
              |%%| |%%|
              |%%| |%%|
              |%%| |%%|
              |%%| |%%|
              |%%| |%%|
              |%%| |%%|
              |%%| |%%|
              |%%| |%%|
              |%%| |%%|
              |%%| |%%|
              |%%| |%%|
              |%%| |%%|
              |%%| |%%|
              |%%| |%%|
               __/| |\__
            __/:::| |:::\__
         __/:::::::| |:::::::\__
      __/:::::::::::| |:::::::::::\__
     |"""""""""""""""""""""""""""""""|
```

6. 编写一个程序，使用嵌套 for 循环和字符串乘法生成如下图（有点像教科书）所示的输出。设计一个常量可以更改图形的大小（下面的输出使用的大小为 10）。

```
            +---------------------------+
           /                       ___/
          /                    ___/__//
         /                 ___/__/__///
        /              ___/__/__/__////
       /           ___/__/__/__/__/////
      /        ___/__/__/__/__/__//////
     /     ___/__/__/__/__/__/__///////
    /   ___/__/__/__/__/__/__/__////////
   /  __/__/__/__/__/__/__/__/_/////////
  /___/__/__/__/__/__/__/__/__//////////
 +---------------------------+//////////
 |   Building Python Programs |//////////
 |   Building Python Programs |////////
 |   Building Python Programs |//////
 |   Building Python Programs |////
 |   Building Python Programs |//
 +---------------------------+
```

7. 编写一个程序，使用嵌套 for 循环和字符串乘法生成如下图（有点像树形仙人掌）所示的输出。设计一个常量可以更改图形的大小（下面的输出使用的大小为 3）。

```
 XXX     XXXXXX
X---X   X/-----X
X---X   X//----X
X---X   X///---X
X---X   X////--X
X---X   X/////-X
 XXXXXXXX~~~~~~X    XXX
        X-----\X  X---X
        X----\\X  X---X
        X---\\\X  X---X
        X--\\\\X  X---X
        X-\\\\\X  X---X
        X~~~~~~XXXXXXX
        X~~~~~~X
        X~~~~~~X
        X~~~~~~X
        X~~~~~~X
        X~~~~~~X
        X~~~~~~X
```

参数与图形

第 2 章介绍了几种管理复杂性的技术，包括使用常量，这使程序更加灵活。本章探索了一种更强大的技术来获得这种灵活性。在这里，你将学习如何使用参数来创建函数，这些函数不仅可以解决单个任务，还可以解决整个系列的任务。创建这样的函数需要你进行概括，或者超越特定的任务来寻找它所代表的更一般的任务类别。泛化能力是优秀软件工程师最重要的素质之一，你将在本章学习的泛化技术是程序员使用的最强大的技术之一。

在探索完参数之后，我们将讨论一些与函数相关的其他问题，比如函数"返回"值的能力。返回值将使我们了解一些用于数学计算和随机数生成的有用的 Python 库。

本章还将探讨如何创建从用户获取值的交互式程序。这个特性允许你编写程序来提示用户输入和生成输出。

本章最后将介绍如何使用带学习指导的名为 DrawingPanel 的库绘制图形。

3.1　参数

人类非常擅长学习新任务。当我们学习时，我们经常为一系列相关的任务开发一个通用的解决方案。例如，有人可能会让你向前走 10 步或 20 步。这些都是不同的任务，但它们都涉及向前迈出一定的步数。我们认为这类行动是向前迈步的单一任务，而且我们理解步数将因任务而异。在编程术语中，我们将步数作为一个**参数**，该参数允许我们泛化任务。

参数（参数化）

参数是指特征集合中的任何一个元素，可以用来区分一系列任务中的不同成员。将任务参数化就是确定该任务的参数集合。

我们将通过一个特定的例子来探索参数如何改进 Python 程序。假设你想编写一个画框的程序。每个框都是一个正方形，宽和高一样，有相同的字符数，边界上有星号，内部有点。下面的函数绘制一个大小为 6×6 的框：

```python
# Prints a 6x6 box filled with dots.
def draw_box():
    print("*" * 6)
    for line in range(4):
        print("*", "." * 4, "*", sep="")
    print("*" * 6)
```

```
******
*....*
*....*
*....*
```

```
*....*
******
```

现在假设我们要画三个不同大小的框。下面的程序使用三个名为 draw_box1、draw_box2 和 draw_box3 的函数来实现这一功能：

```
1   # This program draws square box figures.
2   # This initial version is redundant.
3
4   # Prints a 6x6 box filled with dots.
5   def draw_box1():
6       print("*" * 6)
7       for line in range(4):
8           print("*", "." * 4, "*", sep="")
9       print("*" * 6)
10
11  # Prints a 9x9 box filled with dots.
12  def draw_box2():
13      print("*" * 9)
14      for line in range(7):
15          print("*", "." * 7, "*", sep="")
16      print("*" * 9)
17
18  # Prints a 4x4 box filled with dots.
19  def draw_box3():
20      print("*" * 4)
21      for line in range(2):
22          print("*", "." * 2, "*", sep="")
23      print("*" * 4)
24
25  def main():
26      print("This program draws three boxes.")
27      draw_box1()
28      print()
29      draw_box2()
30      print()
31      draw_box3()
32
33  main()
```

```
This program draws three boxes.
******
*....*
*....*
*....*
*....*
```

```
******
********
*......*
*......*
*......*
*......*
*......*
*......*
*......*
********

****
*..*
*..*
****
```

正如你所看到的，这三个画框函数的代码几乎完全相同，所以这是一个次优解。注意画框代码中不同整数之间的关系。每一行要画的字符数与框的大小有关。假设我们想要重写画框代码，使其适用于任何大小的正方形框。要得到重复字符模式的循环表达式，你可以使用类似于在第 2 章的表和等式中使用的推理方法。

6×6 的框以 print("*" * 6) 开始，9×9 的框以 print("*" * 9) 开始，因此在一般情况下，代码打印的星星数量与框大小相等。6×6 的框中间有一个循环，该循环重复绘制一个星星、四个点和一个星星四次。9×9 的框中间有一个循环，它重复绘制一个星星、七个点和一个星星七次。泛化的公式是，中间应该有一个循环，其循环次数比框的大小少 2。基于上述分析，我们可以编写一个 draw_box 函数，它定义一个 size 变量，然后绘制各种字符：

```python
# Prints a 6×6 box filled with dots.
def draw_box():
    size = 6
    print("*" * size)
    for line in range(size - 2):
        print("*", "." * (size - 2), "*", sep="")
    print("*" * size)
```

这段新代码的问题是，我们运行 draw_box 时需要赋给 size 三个不同的值：6、9 和 4。一种可能的方法是在调用 draw_box 函数之前将 size 变量设置为一个特定的值：

```python
# attempt to use a variable to control the
# number of spaces (this does not work)
def main():
    size = 6
    draw_box()
    ...
```

不幸的是，这种方法行不通。使用这种方式构造的代码，作用域限制阻止了在 main 函数中更改 size 变量的值。main 函数中定义的任何变量都是其中的一个局部变量，在 draw_ box 中是看不到的。设置一个全局常量似乎是更好的选择，但是请记住，我们希望在程序中的不同位置运行大小不同的 draw_box。常量本质上具有不变的值，所以在这种情况下不适合使用常量。

我们想要 draw_box 代码依赖于 size 变量的值。但是我们还希望该变量的值由调用draw_box 的代码提供，在我们的例子中是由 main 函数完成调用的。这正是参数所提供的功能。

参数是在函数头中定义的变量。参数与其他变量的不同之处在于，它们的值是在调用函数时由函数外部的代码设置的。定义带有参数的函数的一般语法是：

```
def name(parameter_name):
    ...
```
语法模板：带有参数的函数定义

参数出现在函数头中，在函数名称后面的圆括号内，到目前为止，我们使用的函数参数一直为空。注意，你写的是参数的名称，而不是它的值。这是有意设计的：参数没有一个固定的值，参数值是由 main 函数在调用该函数时提供的。下面是 draw_box 的定义，其中包含了一个表示框大小的参数：

```
# Prints a box filled with dots using a size parameter.
def draw_box(size):
    print("*" * size)
    for line in range(size - 2):
        print("*", "." * (size - 2), "*", sep="")
    print("*" * size)
```

其思想是，与其编写只执行一个任务版本的函数，还不如编写一个更灵活的函数来完成一系列相关的任务，这些任务只有一个或多个参数不同。对于 draw_box 函数，参数是框的大小。

现在 draw_box 函数使用了一个参数，你必须修改调用函数的语法。不能只使用函数的名字调用带参数的函数：

```
draw_box()
```

main 函数必须提供一个值，该值将在函数运行时赋给 size 参数。调用函数的语法是，在函数调用的括号内写入要赋给参数的值：

```
name(expression)
```
语法模板：带有参数的函数调用

例如，要画一个大小为 6 的框，你可以这样写：

```
draw_box(6)
```

当这样调用时，值 6 用于定义 size 参数。你可以将其视为从调用流向函数的信息，如图 3-1 所示。

参数 size 是一个局部变量，但它从调用中获取初始值。调用 draw_box(6) 与说"运行将size 设置为 6 的 draw_box 函数"是一样的。

size 参数的灵活性意味着我们可以用不同的 size 值调用 draw_box 函数来绘制不同大小的框,例如调用 draw_box(14) 来绘制 14 × 14 的框。

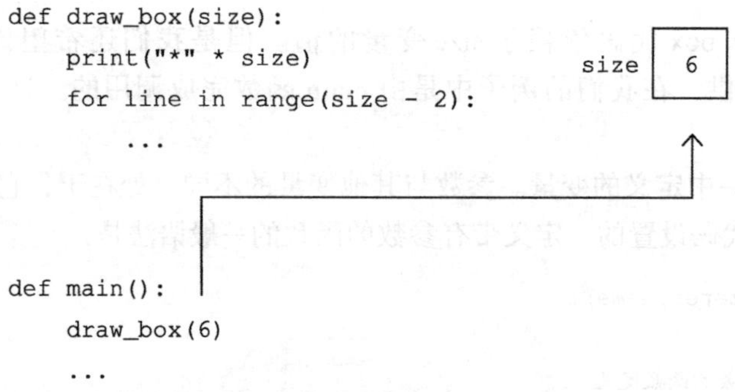

```
def draw_box(size):                      size    6
    print("*" * size)
    for line in range(size - 2):
        ...


def main():
    draw_box(6)
    ...
```

图 3-1   带参数函数调用的信息流

下面是一个完整版本的画框程序,它使用参数绘制三个方形框:

```
1   # This program draws square box figures.
2   # This second version uses a parameter.
3
4   # Prints a box of the given height filled with dots.
5   def draw_box(height):
6       print("*" * (height * 2))
7       for line in range(height - 2):
8           print("*", "." * (height * 2 - 2), "*", sep="")
9       print("*" * (height * 2))
10
11  def main():
12      print("This program draws three boxes.")
13      draw_box(5)
14      print()
15      draw_box(7)
16      print()
17      draw_box(3)
18
19  main()
```

Python 还允许在调用函数时可选地提供参数名和 = 号。这称为**命名参数**(named parameter)或**关键字参数**(keyword argument)。带有命名参数的函数调用的一般语法如下:

name(*parameter_name = expression*)
语法模板:*带有命名参数的函数调用*

提供参数的名称不会改变函数调用的行为,但是程序员可以更好地理解这种语法,因为值 6 的意义变得更加明确。例如,绘制大小为 6 的框的调用可以写成:

```
# call draw_box using named parameter
draw_box(size = 6)
```

在本书中，我们通常不使用命名参数语法。因为它更啰唆，编写时间更长，而且大多数其他编程语言不支持这种语法。

（在第 2 章中，当我们讨论使用 end= 和 sep= 的 print 语句的变体时，你实际上已经看到了命名参数，这些是 print 函数的命名参数示例。）

传递给参数的值不用非得是简单的字面值。你可以使用整数表达式，如：

```
draw_box(3 * 5 - 6)
```

在本例中，Python 首先计算表达式以获得值 9，然后调用 draw_box(9)。

函数头括号内的变量定义称为**形式参数**（formal parameter），而在给定函数调用中提供的值称为**实际参数**（actual parameter）。计算机科学家有时用"参数"这个词来宽泛地表示形式参数和实际参数。

> **形式参数**
> 函数头中括号内的变量，用于泛化函数的行为。

> **实际参数**
> 函数调用中括号内的特定值或表达式。

术语"形式参数"并没有描述它的用途。更好的名称可能是"通用参数"。在 draw_box 函数中，size 是函数头中出现的通用参数。它是某个未指定值的占位符。函数调用中出现的值是实际参数，因为每个调用都表明要执行的特定任务。换句话说，每个调用都提供一个实际值来填充占位符。

在英文书籍中，"argument"这个词通常用作"parameter"的同义词，比如"这些是我传递给这个函数的 arguments"。有些人喜欢用"argument"表示实际参数，用"parameter"表示形式参数。

3.1.1 参数的机制

当 Python 对函数执行调用时，它定义函数的参数。对于每个参数，它首先对作为实际参数传递的表达式求值，然后使用求值结果定义由形式参数给出名称的局部变量。假设之前的画框程序的 main 函数是：

```
def main():
    box_size_1 = 5
    box_size_2 = 3

    draw_box(box_size_1)
    print()
    draw_box(box_size_2)
    print()
    draw_box(box_size_1 * box_size_2 - 9)
```

在 main 函数的前两行中，解释器找到分配和定义两个变量的指令：

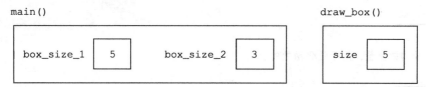

接下来的代码行调用 draw_box 函数并将 box_size_1 作为参数值传递给 draw_box 函数：

```
draw_box(box_size_1)
```

当 Python 对 draw_box 执行调用时，它必须设置它的参数。要设置参数，Python 首先计算作为实际参数传递的表达式。表达式只是变量 box_size_1，它的值是 5。因此，Python 将值 5 发送给 draw_box 函数，并使用该值定义 draw_box 函数的局部参数变量 size。

下图显示了第一次调用 draw_box 函数时计算机内存的样子。因为涉及两个函数（main 和 draw_box），图中指出哪些变量是 main 的局部变量（box_size_1 和 box_size_2），哪些变量是 draw_box 的局部变量（参数 size）：

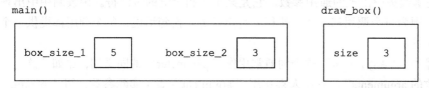

这个过程的最终效果是，draw_box 函数有一个存储 main 函数中的变量 box_size_1 的值的本地副本。

然后 main 函数再次调用 draw_box，这次使用变量 box_size_2 作为实际参数。计算机对这个表达式求值，得到结果 3。这个值用于在 draw_box 函数中定义 size：

因为 size 这次有不同的值（是 3 而不是 5），所以函数会生成一个大小不同的框。最后，main 函数的最后一个调用是：

```
draw_box(box_size_1 * box_size_2 - 9)
```

这次的实际参数是一个表达式，而不仅仅是一个变量或字面值。因此，在调用之前，计算机先要计算表达式以确定其值：

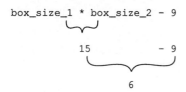

解释器使用这个结果来定义 size 参数：

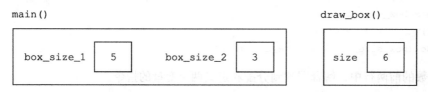

我们应该提到 print 也是一个函数，当你调用它并在括号中写入值时，你是在向 print 函数传递参数。当你在引号中编写要打印的消息时，实际上传递的是一个字符串参数（str 类型的值）。我们将在下一章学习更多关于字符串的知识。

3.1.2　参数的限制

我们已经看到可以使用参数为函数提供输入。但是，虽然可以使用参数将值发送到函数中，却不能使用参数从函数中获取值。

在参数被建立时，将创建一个局部变量，并将其定义为实际参数传递的值。最终的效果是，局部变量是来自外部的值的副本。因为它是一个局部变量，所以它不能影响函数外部的任何变量。考虑以下示例程序：

```
 1  # This buggy program shows the limitations of parameters.
 2
 3  # Prints a number before and after doubling its value.
 4  def double_number(num):
 5      print("in double_number, initial value =", num)
 6      num *= 2
 7      print("in double_number, final value =", num)
 8
 9  def main():
10      x = 17
11      double_number(x)
12      print("in main, x =", x)
13      print()
14
15      num = 42
16      double_number(num)
17      print("in main, num =", num)
18
19  main()
```

这个程序首先定义一个名为 x 的整型变量，其值为 17：

main()

然后调用函数 double_number，将 x 作为参数传递。x 的值用来定义参数 num，参数 num 是函数 double_number 的局部变量：

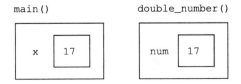

然后，程序执行 double_number 中的语句。首先，double_number 打印 num 的初值，即 17。然后它将 num 的值加倍：

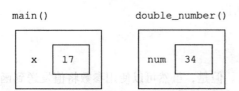

注意，这对 main 函数中的 x 变量没有影响。名为 num 的参数是 x 的一个副本，因此即使它们一开始是相同的，更改 num 的值也不会影响 x。接下来，double_number 报告 num 的新值，即 34。此时，double_number 执行完毕，返回 main：

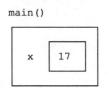

main 函数中的下一个语句输出 x 的值，仍然是 17。然后它定义一个名为 num 的变量，其值为 42：

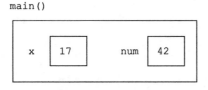

下面的语句再次调用 double_number，这次传递给它的是 num 的值。这是一种奇怪的情况，因为 double_number 函数的参数的名称与 main 中的变量名称相同，但是 Python 并不关心这些。它总是为 double_number 函数创建一个新的局部变量：

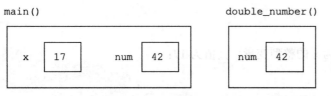

因此，在这一时刻有两个不同的变量称为 num，每个函数中有一个。现在再次执行 double_number 函数中的语句。它首先报告 num 的值，即 42，然后将其加倍：

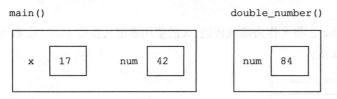

再次注意，double_number 中的 num 加倍对 main 中的原始变量 num 没有影响。它们是独立的变量，尽管它们有相同的名字。这是允许的，因为它们存在于不同的作用域中。然后该函数报告 num 的新值，即 84，并返回到 main 函数：

main()

然后程序报告 num 的值并终止。因此，程序的全部输出如下：

```
in double_number, initial value = 17
in double_number, final value = 34
in main, x = 17

in double_number, initial value = 42
in double_number, final value = 84
in main, num = 42
```

对参数的局部操作不会改变函数外部的变量。变量被复制是参数的一个重要方面。它有好的一面：变量不受参数变化的影响，因为参数是原始变量的副本。也有不好的一面：尽管参数允许我们将值发送到函数中，但它们不允许我们从函数中获取值。

3.1.3　多个参数

函数可以接受多个参数。对应的语法是将所有参数名字写在函数头的括号内，并把参数名字用逗号隔开：

```
def name(parameter_name, parameter_name, ..., parameter_name):
    ...
```

语法模板：带有多个参数的函数定义

不管你是否知道，你之前已经向函数传递了多个参数。当你用逗号分隔的 print 语句打印多个值时，你实际上是在传递多个参数给 print 函数。

作为编写接受多个参数的函数的示例，让我们考虑本章前面的 draw_box 函数的一个变体。该函数绘制给定大小的方形框。如果我们想要画出宽度和高度不同的框呢？通过定义具有两个参数的函数来表示每个维度的大小，我们可以进一步泛化画框任务。（当我们讨论带有参数的函数时，我们通常说函数“接收”或“接受”调用者的这些参数。）

这是 draw_box 的原始版本，后面是一个接受两个参数的新版本：

```
# Prints a square box filled with dots.
def draw_box(size):
    print("*" * size)
    for line in range(size - 2):
        print("*", "." * (size - 2), "*", sep="")
    print("*" * size)


# Prints a rectangular box filled with dots.
```

```
def draw_box(width, height):
    print("*" * width)
    for line in range(height - 2):
        print("*", "." * (width - 2), "*", sep="")
    print("*" * width)
```

要调用接受多个参数的函数，请先写函数名，后跟一对圆括号，圆括号中是用逗号分隔的每个参数的值。你必须按照函数头中定义的相同顺序提供相同数量的数值。一般语法如下：

name(expression, expression, ..., expression)

例如，要调用新的矩形 draw_box 函数来创建一个 10 × 5 的框，你可以这样写：

```
def main():
    draw_box(10, 5)
```

```
**********
*........*
*........*
*........*
**********
```

前面的代码在执行 draw_box 时把参数 width 设置为 10，参数 height 设置为 5。Python 按顺序排列参数，第一个实际参数赋给第一个形式参数，第二个实际参数赋给第二个形式参数，如图 3-2 所示。

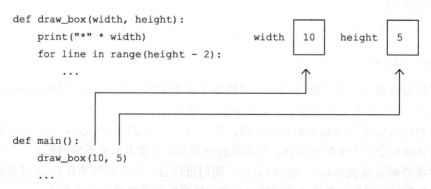

图 3-2　多参数函数调用的信息流

在定义函数时，可以包含任意多个参数。每个函数调用必须以相同的顺序提供相同数量的参数。在 draw_box 的例子中，如果调用没有提供恰好两个参数，程序执行时将产生一个错误：

```
# this bad code passes the
# wrong number of parameters
def main():
    draw_box(10)
    draw_box(5, 8, 19)
```

```
Traceback (most recent call last):
  File "boxes3.py", line 15, in <module>
    main()
  File "boxes3.py", line 12, in main
    draw_box(10)
TypeError: draw_box() missing 1 required
            positional argument: 'height'
```

有趣的是，解释器将其称为类型错误（TypeError）。Python 认为函数具有与它们所需的参数相关的"类型"。当你调用一个函数并传递错误数量的参数时，你将其视为错误类型的函数。基于参数数量的函数类型也称为**函数签名**。

函数签名

函数的名称及其包含的参数数目。

我们已经看到函数可以调用其他函数。对于接受参数的函数也是如此。例如，假设你想绘制一个"小屋"图形，它类似于我们之前绘制的矩形框，但是顶部有一个三角形的"屋顶"。你可以编写一个 draw_hut 函数，该函数调用 draw_box 并将适当的参数传递给它来绘制小屋图形的底部：

```
# Prints a "hut" figure with a triangular roof
# and rectangular base of the given size.
def draw_hut(size):
    for line in range(1, size):
        print(" " * (size - line), end="")
        print("*" * (line * 2 - 1))
    draw_box(size * 2 - 1, size)
```

注意，draw_hut 接受一个名为 size 的参数，该参数用于形成表达式，这些表达式作为值传递给 draw_box 的两个参数。在 main 函数中，调用 draw_hut(6) 将生成如下所示的输出。

```
     *
    ***
   *****
  *******
 *********
***********
*.........*
*.........*
*.........*
*.........*
***********
```

当你调用接受多个参数的函数时，代码行可能会变得非常长。Python 允许你分拆长行（长度超过 80 个字符的行）代码，方法是插入反斜杠，然后换行并增加缩进：

```
# wrap a long line onto a second and third line
my_function_call(a + 7, b * c - 19, \
    d + e + f + g, \
    h, i, j, k)
```

3.1.4　参数与常量

在第 2 章中，你看到常量是一种有用的机制，可以提高程序的灵活性。通过使用这些常量，你可以很容易地修改程序，使其具有不同的行为。参数提供了几乎相同的灵活性，甚至更多。考虑 draw_box 函数。假设你使用一个常量：

```
BOX_SIZE = 10
```

这种方法可以使你灵活地生成一定大小的框，但是它有一个主要的限制：只有在程序运行之间由程序员修改时常量才能更改。你必须打开 Python 程序文件，更改常量的值，保存文件，然后再次运行程序。在程序的单个执行过程中不可能更改常量的值。

参数更加灵活。因为每次调用函数时都指定要使用的值，所以可以在单个程序执行中使用几个不同的值。正如你所看到的，你可以在单个程序执行中多次调用一个函数，并使它每次的行为都有所不同。然而，对于程序员来说，使用参数比使用常量涉及更多的工作。它使函数头和函数调用更加冗长，更不用说使执行（以及调试）更加复杂了。

因此，你可能会找到使用每种技术的机会。基本规则是，当你只想在两次执行之间改变值的时候，使用常量。如果你希望在单个执行中使用不同的值，请使用参数。

3.1.5　可选参数

Python 允许你编写一个接受可选参数的函数。**可选参数**是调用者可以传递显式值或省略参数以接收默认值的参数。通过允许以多种方式调用函数，可选参数可以使函数更加灵活。可选参数的语法是在函数头中定义它，定义时需提供一个名称和一个值，并用 = 号连接起来。

```
def name(parameter_name = value):
    ...
```

语法模板：带有可选参数的函数定义

例如，在上一节中，我们编写了一个 draw_hut 函数，它接受 size 参数。下面的代码使 size 参数可选，并将其默认值设置为 6：

```
# Draws a hut of the given size, with a
# default size of 6 if none is provided.
def draw_hut(size = 6):
    ...
```

这允许调用者以两种不同的方式执行 draw_hut。如果调用者在括号中提供一个参数值，该值将用作图形的大小；如果没有，则使用默认值 6：

```
def main():
    draw_hut(11)    # pass a size of 11
    draw_hut()      # default size of 6
```

一个函数可以有多个可选参数。例如，我们可以修改之前的 **draw_box** 函数，使用 10 和

5 分别作为参数 width 和 height 的默认值：

```
# Draws a box of the given size.
# If no width and/or height are provided, uses a default of 10 x 5.
def draw_box(width = 10, height = 5):
    ...
```

由于这两个参数都是可选的，调用者现在可以用三种不同的方式调用 draw_box。如果传递了两个参数，则使用它们作为 width 和 height。如果只传递一个参数，则使用它作为框的 width，并使用 height 的默认值。如果没有传递参数，则 width 和 height 都使用默认值。

```
def main():
    draw_box(7, 3)     #  7 x 3 (pass both width and height)
    print()
    draw_box(8)        #  8 x 5 (pass width of 8; default height)
    print()
    draw_box()         # 10 x 5 (default width and height)
```

你其至可以编写一个使用必需参数和可选参数组合的函数。下面是 draw_box 的另一个版本，它有一个必需的 width 参数和一个可选的 height 参数。这个版本可以用括号中的一个或两个参数来调用。如果不提供参数，解释器将生成一个类型错误。

```
# Draws a box of the given size.
# Width must be passed, height is optional (default 5).
def draw_box(width, height = 5):
    ...
```

参数的默认值必须是常数，如 10 或 5。如果编写一个 draw_box 版本，其中 width 参数是必需的，并且如果省略了 height 参数，那么 height 将与 width 值相同，形成一个方形框，这可能会很有用。你可以尝试通过编写 draw_box 函数头来实现这一点，其中 height 参数的默认值被设置为 width，但是 Python 不允许这样做，因为 width 不是常数。代码在运行时生成一个 NameError。

```
# Draws a box of the given size.
# If no height is provided, makes a square box.
# (This does not work.)
def draw_box(width, height = width):
    ...
```

我们目前还没有一个很好的解除这个限制的方法，但是本章的后面会介绍一个方法。

Python 的可选参数语法是一个有用的特性。许多编程语言不支持可选参数，而是要求你为希望允许的每个参数组合编写单独的完整函数。函数的每个单独版本都使用相同的名称，但是在其头中列出了不同的参数。这称为**重载**函数。Python 不允许在同一个程序的作用域中编写两个同名函数，但是可选参数语法从一开始就不要求这样做。

3.2　返回值

我们讨论的最后几个功能是执行特定任务的面向操作的功能。你可以把它们想象成你可能给某人的命令，比如"画一个框"或"画一个三角形"。参数允许这些命令更加灵活，比如"画一个大小为 10×5 的框"。

你还希望能够编写计算值的函数。这些函数更像是问题，比如"6.5 的平方根是多少？"或者，"2.3 的 4 次方等于多少？"

Python 有一个名为 round 的内置函数，它接受一个数字作为参数，并将该数字舍入到最近的整数。例如，round(3.2) 的结果是 3，round(4.8) 的结果是 5。这个函数结果可以被打印到控制台作为输出。但是，你可能希望使用舍入后的整数作为更大的表达式或计算的一部分。

更好的解决方案是舍入函数允许程序使用舍入结果作为表达式或值。如果四舍五入的结果是表达式的一部分，则可以将其存储在变量中，或者将其打印到控制台。这样的命令是一种新类型的函数，它**返回**一个值。

返回

将值作为函数的结果发送出去，该值可用于程序的表达式中。

通过编写如下 Python Shell 交互代码，你可以使用 round 函数存储最接近 3.647 的整数：

```
>>> x = 3.647
>>> y = round(x)
>>> y
4
```

round 函数有一个参数（你想要对其进行舍入操作的数字），它还返回一个值（四舍五入后的数字）。实际参数 3.647 进入函数，四舍五入后的整数从函数出来。在前面的代码中，返回的结果存储在一个名为 y 的变量中。函数可以返回任何类型的数据：int、float 或任何其他类型。

如果希望四舍五入到给定的小数位而不是最接近的整数，可以传递一个可选的第二个参数给 round，该参数指示小数点后要保留的最大位数。例如，round(value, 2) 调用将值四舍五入到小数点后两位，即最接近百分位。

不像在前面的代码中所做的那样将结果存储到变量中，你还可以直接打印 round 调用的返回结果，如下面的代码所示。注意，对 x 进行的 round 调用并不会修改 x 的值：

```
x = 3.647
print("nearest integer is", round(x))
print("nearest tenth is", round(x, 1))
print("nearest hundredth is", round(x, 2))
print("x is", x)
```

```
nearest integer is 4
nearest tenth is 3.6
nearest hundredth is 3.65
x is 3.647
```

对于返回值的函数的一个关键理解是，函数调用本身变成了一个表达式，它可以在代码中任何需要表达式的地方使用，包括可以作为较大表达式或计算的一部分。例如，下图显示了一个表达式的求值过程，内含一个 round 调用：

```
5 + round(8.7) - 2 * 4
                 \___/

5 + round(8.7) -   8
        |
5 +     9      -   8
  \_____/

     14        -   8
  _____/

         6
```

Python 还包括其他几个有用的返回值的内置函数。表 3-1 列出了其中一些。你可以通过 https://docs.python.org/3/library/functions.html 阅读这些函数的完整列表。

表 3-1　内置的全局函数

函数名	描述	示例	结果
abs	绝对值	abs(-308)	308
max	两个或多个值中的最大值	max(11, 8)	11
min	两个或多个值中的最小值	min(7, 2, 4, 3)	2
pow	求幂（同 **）	pow(3, 4)	81
round	四舍五入到给定的小数位	round(3.647)	4
		round(3.647, 1)	3.7

3.2.1　math 模块

Python 包含许多表示数学运算的有用函数。这些函数是 math 库的一部分。在本节中，我们将探索 math 库以及如何将库引入程序中。

在第 1 章中，我们提到了很多预定义的代码，统称为 Python 库，都是为 Python 编写的。每个可用的库称为一个**模块**。最有用的模块之一是 math。它包括预定义的数学常量和大量常见的数学函数。在安装 Python 的任何机器上都可以使用 math 模块。

> **模块**
> 具有名称的 Python 库功能的独立单元。

要在程序中使用库，必须在程序顶部放置一种名为 import **语句**的新语句。import 语句指示 Python 解释器加载给定的库并在程序中使用它的功能。到目前为止，我们还不需要 import 语句，因为 Python 的某些特性和函数（比如 print 和 round）对每个程序都是全局可用的。

> **import 语句**
> 代码中访问特定 Python 库的请求。

import 语句的语法是在关键字 import 后面跟着库的名字：

```
import module
```
语法模板：*import 语句*

例如，为了在程序中使用数学函数，你必须在你代码的顶部放置以下语句：

```
import math
```

math 模块有一个名为 sqrt 的函数，它计算一个数字的平方根。当你想要调用模块中的函数时，语法与调用你自己定义的函数是不同的。模块的名字后面必须跟着一个点，然后是函数的名字：

module.function_name(parameters)

语法模板：调用库中的函数

在计算平方根的例子中，调用 math.sqrt(value) 将计算并返回给定值 value 的平方根。下面是 Python Shell 中的一些调用示例。注意，必须在 shell 中输入 import math，数学函数才能被识别：

```
>>> import math
>>> math.sqrt(4.0)
2.0
>>> math.sqrt(22)
4.69041575982343
```

下面是使用该模块的完整程序。注意，代码还使用了上一节中的 round 函数来显示包含小数点后两位数字的根。还请注意，这段代码使用反斜杠（\）语法将长行代码分割为两行：

```
1  # This program uses the math module to compute
2  # the square roots of the integers 1-20.
3
4  import math
5
6  def main():
7      for i in range(1, 11):
8          root = math.sqrt(i)
9          print("square root of", i, \
10              "is", round(root, 2))
11
12  main()
```

```
square root of 1 is 1.0
square root of 2 is 1.41
square root of 3 is 1.73
square root of 4 is 2.0
square root of 5 is 2.24
square root of 6 is 2.45
square root of 7 is 2.65
square root of 8 is 2.83
square root of 9 is 3.0
square root of 10 is 3.16
```

注意，我们向 math.sqrt 传递了一个 int 类型的值，但是该函数期望得到 float 类型的值。请记住，如果 Python 期望得到一个 float 型值但实际得到一个 int 型值，那么它将把这个整型数转换成相应的浮点数。

表 3-2 列出了 math 模块中一些最有用的函数。该表是数学函数的部分列表，但是你可以通过查看 Python 对应版本的标准库文档来查看 math 模块中定义的完整函数列表：https://docs.python.org/3/library/math.html。

表 3-2　math 模块中有用的函数

函数名	描述	示例	结果
ceil	向上取整	math.ceil(2.13)	3.0
cos	cos 函数（弧度）	math.cos(math.pi)	-1.0
degrees	弧度转换成度	math.degrees(math.pi)	180.0
exp	以 e 为底的指数	math.exp(1)	2.7182818284590455
factorial	阶乘	math.factorial(5)	120
floor	向下取整	math.floor(2.93)	2.0
gcd	最大公约数	math.gcd(24, 36)	12
log	对数（默认以 e 为底），把底作为可选的第二个参数	math.log(math.e)	1.0
		math.log(8, 2)	3.0
log10	以 10 为底的对数	math.log10(1000)	3.0
pow	幂运算	math.pow(3, 4)	81.0
radians	度转换成弧度	math.radians(270.0)	4.71238898038469
sin	sin 函数（弧度）	math.sin(3 * math.pi / 2)	-1.0
sqrt	平方根	math.sqrt(2)	1.4142135623730951

库文档描述了如何使用提供给 Python 程序员的标准库。阅读库文档可能有点让人不知所措，因为 Python 库非常庞大。如果你愿意，可以多看看，但是不要因为 Python 中有这么多函数和库可供选择而感到沮丧。即使是经验丰富的程序员也不会把它们都记住。正确的策略是学习一个有用的子集并保留对文档的引用，以记住重要的库函数名和参数。

math 模块还为常用的数学值定义了一些常量，如 pi（π）和 e。你可以分别用 math.pi 和 math.e 引用这些值。表 3-3 列出了几个最有用的常量。

表 3-3　数学常量

常量名	描述	值
e	用于自然对数的底	2.718281828459045
inf	表示无穷大的特殊浮点值	∞
nan	"不是一个数值"，表示无效数学操作的结果	nan
pi	π，圆周长与直径的比值	3.141592653589793
tau	τ，pi 的两倍	6.283185307179586

导入库还有另一种语法。你可以说：

```
from module import *
```

例如，在 math 库的例子中，你可以这样写：

```
# import math library into global namespace
# (this is bad style)
from math import *
```

第二种导入样式很有趣，因为它使数学函数对我们的程序来说是全局的。这意味着，你可以通过写下它们的名字来调用它们，而不需要"math."前缀，例如是 sqrt(2.5) 而不是 math.sqrt(2.5)。虽然这看起来更方便，更容易写，但这本书的作者认为它是一种坏的编程风格。问题在于这些数学函数名会与你给自己函数起的名称冲突。例如，使用前面的导入样式，你仍然可以在自己的程序中编写一个名为 abs 或 pow 或 sqrt 的函数，但是使用第二种样式，你的名称将与数学函数名称发生冲突，从而使调用数学函数变得更加困难。因此，我们不会在程序中对数学函数使用第二种导入样式。（像这样的名称之间的冲突有时被称为**命名空间污染**。）

3.2.2　random 模块

Python 的标准库包括一个名为 random 的模块，其中包含许多与生成随机数和值相关的有用函数。随机数可以很有趣，因为它们导致程序具有不可预测或变化的行为。从技术上讲，random 库生成的数字是**伪随机数**，因为它们实际上是以数学函数和系统时钟为基础的。但这些数字是不可预测的，而且变化很大，对于我们的应用来说足以被认为是随机的。

要在代码中使用 random 库模块，需要像使用 math 库一样使用 import 语句：

```
import random
```

表 3-4 列出了 random 库模块中的几个有用的函数。该表是随机函数的部分列表，但是你可以通过查看 Python 对应版本的标准库文档来查看 random 模块中定义的完整函数列表：https://docs.python.org/3/library/random.html。

表 3-4　random 模块的函数

函数名	描述	示例
choice,	从列表和序列中选择随机元素	（参见后面）
choices,		
shuffle		
randrange	范围内的整数（开始、结束、步长）	random.randrange(1, 100, 3)
randint	[min, max] 中的整数	random.randint(1, 10)
random	[0.0, 1.0) 中的实数	random.random()
seed	设置影响生成的数字序列的值	random.seed(42)
uniform	[min, max] 中的实数	random.uniform(2.5, 10.75)

randint 将是使用得最多的随机函数，它接受两个表示整数范围的参数，并在该范围内返回一个随机选择的整数。例如，调用 random.randint(1, 10) 返回一个 1 到 10（含 10）之间的随机整数。让人有点困惑的是，randint 在它的取值范围中包含结束值 10，而 range 函数在它的范围中不包含结束值。很不幸 Python 的设计者选择了不一致的模型，你只需要意识到这一点，并小心避免错误。下面是一些在 Python Shell 中调用 random.randint 的例子。注意，每个调用都会产生一个新的随机值：

```
>>> import random
>>> random.randint(1, 5)
5
>>> random.randint(1, 5)
2
>>> random.randint(1, 5)
1
>>> random.randint(1, 5)
2
```

下面的简单程序生成并打印从 1 到 10（包括 10）之间的 4 个随机数。程序的输出也被给出，但是请记住，如果再次运行，程序将选择新的随机数。

```
1   # This program prints random numbers.
2
3   import random
4
5   def main():
6       r1 = random.randint(1, 10)
7       r2 = random.randint(1, 10)
8       r3 = random.randint(1, 10)
9       r4 = random.randint(1, 10)
10      print("Four random numbers:", r1, r2, r3, r4)
11
12  main()
```

```
Four random numbers: 6 3 10 6
```

注意，在这个特定的运行中，数字 6 碰巧出现了两次，这是预期的行为。随机生成器试图让数字均匀分布，但它没有任何用来限制特定值出现的频率的逻辑。你甚至可能连续多次得到相同的数字，尽管这种可能性很低。

即使不直接打印生成的随机数，也可以使用随机数影响程序的输出。下面的程序包含一个循环，该循环生成随机数并使用它们来绘制字符线。程序的输出也被给出，但是请记住，如果再次运行，程序将选择新的随机数。

```
1   # This program prints lines of characters
2   # of randomly chosen lengths between 1-20.
3
4   import random
5
6   def main():
7       for i in range(10):
8           r = random.randint(1, 20)
9           print("#" * r)
10
11  main()
```

```
######
############
##################
#############
####
###
######
#########
#################
######
```

随机数的另一个常见用法是，在一组固定的可用选项中进行选择。例如，假设你想编写一个程序来绘制一个字符，该字符的位置在打印出每一行时随机向左或向右移动。这有时被称为**随机游走**。你可以通过随机选择 -1 或 +1 并将其加到字符的当前位置来产生这个随机移动。但如果你利用 random.randint(-1, 1) 将包含值 0，这是你不想包含的。调用 random.randrange(-1, 2, 2) 将产生从 -1 到 2 且步长为 2 的范围，最终只包含数字 -1 和 1。

如果你在每一行之间插入一个延时来产生一个简单的动画效果，这个程序会更有趣。为了做到这一点，我们将非常简要地介绍另一个名为 time 的 Python 标准库，它包含一些与计时相关的函数。要使用 time 库，你必须导入它：

```
import time
```

一旦导入了 time 库，就可以通过调用它的 sleep 函数并传递给定的秒数来暂停程序。如果传递的浮点数小于 1，则可以休眠零点几秒。例如，传递 0.1 会休眠 100 毫秒。

```
time.sleep(seconds)
```

综上，下面是我们的程序，它打印随机游走过程，以及程序的一次随机运行的输出。当然，你不能在打印文本中看到暂停和延迟，因此我们将显示程序的完整输出。试着编写这个程序，增加步骤的数量，然后运行它，你可以看到字符在随着屏幕输出左右移动。

```
1   # This program prints a "random walk" of a
2   # character that randomly moves left or right.
3
4   import random
5   import time
6
7   def main():
8       # initial position and number of steps to move
9       STEPS = 20
10      position = 10
11
12      for i in range(STEPS):
13          # pause for 200ms
14          time.sleep(0.2)
```

```
15
16          # randomly adjust position by -1 or +1
17          rnd = random.randrange(-1, 2, 2)
18          position += rnd
19
20          # print character at its current position
21          print(" " * position, "*")
22
23   main()
```

```
                    *
                   *
                  *
                   *
                    *
                     *
                      *
                     *
                      *
                     *
                      *
                       *
                      *
                       *
                      *
                     *
                    *
                     *
                      *
                     *
                    *
                     *
```

3.2.3 定义返回值的函数

我们可以编写自己的函数，通过使用称为 **return 语句**的特殊语句返回值。例如，我们经常使用返回值的函数来表示等式或计算。

有一个关于数学家卡尔·弗里德里希·高斯（Carl Friedrich Gauss）的著名故事，说明了这种函数的用法。在高斯小时候，老师让全班同学把 1 到 100 的整数加起来，并认为学生们要花一段时间才能完成这项任务。高斯立刻找到了一个公式，并把他的答案告诉了老师。他使用了一个简单的技巧，将两个数列的副本加在一起，一个按前向顺序，一个按后向顺序。这个函数允许他将两个副本中的值配对，使它们的和相同（见表 3-5）。

表 3-5　整数序列求和

第 1 个数列	第 2 个数列	和	第 1 个数列	第 2 个数列	和
1	100	101	4	97	101
2	99	101	...	...	...
3	98	101	100	1	101

该表右列中的每一项都等于 101，该表有 100 行，所以总和是 100 * 101 = 10 100。当

然，这是两个序列的和，所以实际的答案是其一半。使用这种方法，高斯确定前 100 个整数的和是 5050。当级数从 1 到 *n* 时，和是 $(n + 1) * n / 2$。

我们可以用高斯公式来写一个计算前 *n* 个整数的和的函数。函数可以使用 return **语句**向调用者返回值。return 语句的语法是：

```
return expression
```
语法模板：返回语句

例如，下面是返回前 *n* 个整数和的函数的定义：

```
# Returns the sum of the integers 1--n.
def sum_of(n):
    return (n + 1) * n // 2
```

main 函数可以使用 sum_of 函数，其方式与我们在本章中看到的函数（如 round 或 math. sqrt）非常相似。下面的代码调用 sum_of 并存储和打印它的结果：

```
def main():
    answer = sum_of(100)
    print("sum of 1-100 is", answer)
```

```
sum of 1-100 is 5050
```

下面是执行此代码的过程示意。调用该函数时，参数 n 被定义为 100。将这个值代入公式，可得到一个 5050 的值，将其返回并存储在变量 answer 中：

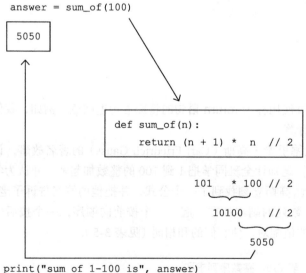

当 Python 遇到 return 语句时，它计算给定的表达式并立即终止函数，返回从表达式中获得的值。因此，函数中 return 语句之后的其他语句是没有用的，因为它们不会被执行。

稍后你将看到前面的规则也有例外。例如，一个函数可能有多个返回语句，这将在下一章讨论使用 if 和 if/else 语句进行条件执行时出现。

让我们看另一个返回值的示例函数。在《绿野仙踪》中，稻草人被授予学位后，通过说"等腰三角形任意两条边的平方根之和等于剩余边的平方根。哦，喜悦，哦，狂喜。我有大脑！"来展示他的智慧。也许他是在试图陈述毕达哥拉斯定理（勾股定理），尽管目前还不清楚作者们是数学不好，还是在评论文凭的价值。在《辛普森一家》(The Simpsons)的某集中，荷马戴上了在斯普林菲尔德核电站卫生间里找到的亨利·基辛格的眼镜，重复了稻草人的错误公式。

正确的毕达哥拉斯定理只适用于直角三角形，说的是，直角三角形斜边的长度等于其余两条边的平方和的平方根。如果你知道一个直角三角形的两条直角边 a 和 b 的长度，并且想求出第三条边 c 的长度，你可以这样计算：

$$c = \sqrt{a^2 + b^2}$$

假设你想打印出两个直角三角形的斜边的长度，一个直角边长为 5 和 12，另一个直角边长为 3 和 4。你可以编写如下代码：

```
# compute and print two hypotenuse lengths
c1 = math.sqrt(5 ** 2 + 12 ** 2)
print("hypotenuse 1 =", c1)
c2 = math.sqrt(3 ** 2 + 4 ** 2)
print("hypotenuse 2 =", c2)
```

上面的代码是正确的，但是有点难读，如果你想包含第三个三角形，就必须第三次重复相同的复杂数学计算。更好的解决方案是创建一个函数，当给定两条直角边的长度作为参数时，该函数计算并返回斜边长度。你需要的函数看起来是这样的：

```
def hypotenuse(a, b):
    c = math.sqrt(a ** 2 + b ** 2)
    return c
```

这个函数可以用来构造一个更简洁、更可读的 main 函数，如下所示。

```
 1  # Compute and prints two hypotenuse lengths
 2  # using a function with return values.
 3
 4  import math
 5
 6  # Returns the length of the hypotenuse c of a
 7  # right triangle with given side lengths a and b.
 8  def hypotenuse(a, b):
 9      c = math.sqrt(a ** 2 + b ** 2)
10      return c
11
12  def main():
13      print("hypotenuse 1 =", hypotenuse(5, 12))
14      print("hypotenuse 2 =", hypotenuse(3, 4))
15
16  main()
```

```
hypotenuse 1 = 13.0
hypotenuse 2 = 5.0
```

对这个程序做一些改变是可能的。首先，没有必要将斜边函数的返回值存储到变量 c 中。如果你愿意，可以简单地在一行中完成计算并返回值。在这种情况下，hypotenuse 函数的主体将变为：

```
return math.sqrt(a ** 2 + b ** 2)
```

此外，一些程序员避免使用 ** 运算符来处理 2 这样的低幂运算，而只是手动做乘法运算。用这种方法，hypotenuse 函数的主体会是这样的：

```
return math.sqrt(a * a + b * b)
```

常见编程错误

忽略返回值

当你调用返回值的函数时，预期你将对返回的值进行处理。你可以打印它，将它存储在变量中，或者将它用作较大表达式的一部分。简单地调用函数并忽略函数返回值是合法的（但不明智）：

```
sum_of(1000)    # doesn't do anything
```

前面的调用不会打印结果或有任何明显的效果。如果你想打印值，代码必须包含一行打印语句：

```
answer = sum_of(1000)    # better
print("sum of 1-1000 is", answer)
```

修改后代码的较短形式如下：

```
print("sum of 1-1000 is", sum_of(1000))
```

在解释器中调用一个函数而不使用它的返回值是有帮助的。如果在解释器中键入对函数的调用，它将显示返回的值。这是测试函数的一种有用方法。

```
>>> sum_of(1000)
5050
```

常见编程错误

返回语句之后的语句

在 return 语句之后立即放置其他语句是一个错误，因为这些语句永远无法到达或被执行。新程序员在做完返回操作后试图打印变量的值时，常常会不小心这样做。假设你写了 hypotenuse 函数但不小心把 math.pow 的参数顺序弄错了，那么这个函数没有得到正确的答案。你可以尝试通过打印返回的 c 值来调试它。错误代码如下：

```
# trying to find the bug in this buggy version of hypotenuse
def hypotenuse(a, b):
```

```
    c = math.sqrt(2 ** a + 2 ** b)
    return c
    print(c)   # this doesn't work
```

上面的错误代码不会产生错误，但是永远不会打印消息。修改方法是，将 print 语句移到 return 语句之前：

```
# trying to find the bug in this buggy version of hypotenuse
def hypotenuse(a, b):
    c = math.sqrt(2 ** a + 2 ** b)
    print(c)   # this doesn't work
    return c
```

3.2.4　返回多个值

正如一个函数可以接受多个参数一样，它也可以返回多个值。这是 Python 的一个不寻常的特性，大多数编程语言只允许程序员返回一个值。

返回多个值的语法是写一个返回语句，其中列出用逗号分隔的所有要返回的值：

```
return expression, expression, ..., expression
```
语法模板：返回多个值

例如，假设你想编写一个名为 quadratic 的函数，它解二次方程并返回它们的根。回忆一下，二次方程是用变量 x 表示的下列形式之一，其中 a、b 和 c 是整数系数：

$$ax^2 + bx + c = 0$$

求解二次方程找到它的根，也就是满足方程的 x 的值。可以利用二次方程的求根公式求出二次方程的根：

$$x = \frac{-b \pm \sqrt{b^2 - 4ac}}{2a}$$

写求解二次方程的函数时，参数应为用来区分方程的系数：a, b, c：

```
# Computes the roots of the given quadratic equation.
def quadratic(a, b, c):
    ...
```

根据 a、b 和 c 的值，一个给定的二次方程可能有 0、1 或 2 个实数根。根的个数与判别式的符号有关，它是二次公式的平方根部分。为了简化讨论，假设我们处理的是一个有两个实根的方程。我们的函数应该计算这些根并返回它们。因为有两个根，所以我们必须返回多个值。

```
1  # This program solves for roots of quadratic equations
2  # (ones of the form ax^2 + bx + c = 0).
3  # It is a demonstration of returning multiple values.
4
5  import math
6
7  # Computes/returns the roots of the quadratic equation
8  # with the given integer coefficients a, b, and c.
```

```
 9  def quadratic(a, b, c):
10      disc = math.sqrt(b * b - 4 * a * c)
11      root1 = (-b + disc) / (2 * a)
12      root2 = (-b - disc) / (2 * a)
13      return root1, root2
14
15  def main():
16      r1, r2 = quadratic(1, -5, 6)
17      print("The roots are", r1, "and", r2)
18
19      r1, r2 = quadratic(2, 6, 4)
20      print("The roots are", r1, "and", r2)
21
22  main()
```

```
The roots are 3.0 and 2.0
The roots are -1.0 and -2.0
```

当函数返回多个值时，对该函数的调用应该在 = 号前列出相同数量的变量。因为 quadratic 函数返回两个值，所以我们在每次调用时都要写出两个变量的名称。如果列出的变量数量与函数返回的值的数量不匹配，解释器将引发错误。

3.3　交互式程序

正如你所看到的，你可以通过调用 print 函数轻松地在控制台窗口中生成输出。你还可以编写程序来暂停并等待用户输入响应。这样的程序称为**交互式程序**，用户输入的响应称为**控制台输入**。

控制台输入（用户输入）

当交互式程序暂停等待输入时，用户键入的响应。

使用控制台输入允许程序不仅仅是简单地计算程序中的几个特定表达式。使用控制台输入的程序可以与其用户交互，并根据用户的响应做出不同的行为。在不修改代码的情况下，程序可以在每次运行时得到不同的结果。

控制台输入可使用名为 input 的内置函数来实现。input 函数接受一个字符串参数，该参数指示要向用户显示的消息，以指示他们应该输入什么。此消息称为**提示**。当解释器到达 input 调用时，解释器将提示消息显示为输出，然后暂停并等待用户输入一个值，接着按 Enter 键。一旦用户这样做了，这个值将从 input 函数中返回，程序将继续运行。通常，你将使用一个变量来跟踪这些函数返回的值。调用 input 函数读取字符串的一般语法如下：

variable_name = input("*message* ")

语法模板：将用户输入读取为字符串

input 函数将输入读取为文本字符串（str），我们将在下一章详细讨论这种类型。使用

input 的最简单的方法是将用户的输入存储为字符串值。在输出日志中，我们用**粗体**显示用户输入。

```
name = input("What is your name? ")
print("Hello", name)
```

```
What is your name? Evelyn
Hello Evelyn
```

让用户键入字符串可能非常有用，我们将在下一章更详细地探讨字符串。但是也存在很多情况，你想让用户键入不同类型的值，比如整数或实数。例如，假设你正在编写一个程序来管理大学生的个人信息。学生的姓名、年龄和学校平均学分绩点（GPA）值分别为 str、int 和 float 类型。如果你希望将用户的输入视为整数、实数或其他类型，你必须使用第 2 章中介绍的转换函数显式地将输入结果转换为该类型。读取和转换用户输入的一般语法如下：

```
variable_name = type(input("message "))
```
语法模板：读取给定类型的用户输入

例如，如果你想让用户输入他的年龄和学校 GPA，你可以这样写：

```
# read two values as input
age = int(input("How many years old are you? "))
gpa = float(input("What is your GPA? "))
print("Your age is", age, "and GPA is", gpa)
```

```
How many years old are you? 19
What is your GPA? 3.25
Your age is 19 and your GPA is 3.25
```

输入类型之间的转换可能会令人困惑，尤其是对于新程序员来说。上面读取和转换输入的行执行两个操作：将用户输入读入字符串，然后将其传递给 int 或 float 转换函数。这两个操作可以分成两个语句：

```
>>> age_string = input("How old are you? ")
How old are you? 45
>>> age_string
'45'
>>> age = int(age_string)
>>> age
45
```

乍一看，可能很难区分前面代码中的变量 age_string 和 age 之间的差异。它们似乎都存储了 45 的值。但是如果仔细观察，你会看到围绕 age_string 值的引号，它实际上是 '45'。这表明它的值实际上是一个字符串而不是整数。它是一个字符串，其字符恰好是数字，但是字符串 '45' 和整数 45 之间有区别。

数字字符串和整数之间的主要区别是它们支持的运算集。正如我们在第 2 章中看到的，Python 允许你使用 + 之类的运算符对整数值执行数学计算，但不允许对字符串进行数学计算，即使这些字符串由数字字符组成：

```
>>> 11 + 22
33
>>> 11 + "22"
Traceback (most recent call last):
  File "<stdin>", line 1, in <module>
TypeError: unsupported operand type(s) for +: 'int' and 'str'
```

但是，如果你将一个数字字符串传递给 int 或 float 转换函数，它们将返回一个与数字字符串等价的 int 或 float 值，允许你使用它进行计算：

```
>>> 11 + int("22")
33
```

如果你不确定代码中变量或表达式的类型，可以要求 Python Shell 显示它。Python 有一个名为 type 的内置函数，它接受表达式作为参数并返回关于该表达式类型的信息。你提供的表达式可以是变量、值或复杂表达式。

```
>>> type(42)
<class 'int'>
>>> type(3.14)
<class 'float'>
>>> type("hello")
<class 'str'>
>>> type(age_string)
<class 'str'>
>>> type(age)
<class 'int'>
```

如果用户键入了一些不能转换为所要求类型的内容，例如当你要求输入 int 时输入了"xyzzy"，代码将生成一个 ValueError，程序将停止运行。

```
How many years old are you? Timmy

Traceback (most recent call last):
  File "userinput1.py", line 9, in <module>
    main()
  File "userinput1.py", line 5, in main
    age = int(input("How many years old are you? "))
ValueError: invalid literal for int() with base 10: 'Timmy'
```

在下一章中，你将看到如何使用名为 try/except 语句的新语法测试类型错误。同时，我们假设用户提供了恰当的输入。

交互式程序示例

使用 input 函数，我们可以编写一个完整的交互式程序，为用户执行有用的计算。如果你要买一套房子，你会想知道月供是多少。每月按揭还款的计算公式涉及以美元计算的贷款金额、贷款的月数（我们称之为 n）及每月利率（我们称之为 c）。还款公式如下：

$$\text{payment} = \text{loan} \, \frac{c \, (1+c)^n}{(1+c)^n - 1}$$

下面是一个完整的程序，它询问有关贷款的信息，并使用这个公式打印每月还款额：

```
1   # This program prompts for information about a
2   # loan and computes the monthly mortgage payment.
3
4   def main():
5       # obtain values
6       print("Monthly Mortgage Payment Calculator")
7       loan = float(input("Loan amount? "))
8       years = int(input("Number of years? "))
9       rate = float(input("Interest rate? "))
10
11      # compute payment result
12      n = 12 * years
13      c = rate / 12.0 / 100.0
14      payment = loan * c * (1 + c) ** n / ((1 + c) ** n - 1)
15
16      # report result to user
17      print()
18      print("Monthly payment is: $", round(payment, 2))
19
20  main()
```

```
Monthly Mortgage Payment Calculator
Loan amount? 275000
Number of years? 30
Interest rate? 6.75


Monthly payment is: $ 1783.64
```

程序的第一部分打印程序将要做什么的说明。这对于交互式程序来说是必不可少的。在向用户解释将要发生的事情之前，你不希望程序为用户输入而暂停。接下来，程序调用 input 函数三次，以获得关于贷款的详细信息。这些值以字符串的形式读入，但是通过对 float 和 int 的调用将其转换为数值。结果存储在名为 loan、years 和 rate 的变量中。在提示输入这三个值之后，程序执行必要的计算。注意，在程序中，我们使用 ** 运算符求幂，从而将这个公式转换成 Python 表达式。

程序的最后一行打印出每月的还款额。由于每月还款额存储在 float 类型的变量中，小数点后可能有许多数字，所以我们使用 round 函数将其打印到小数点后最多两位。如果没有四舍五入，代码可能会打印出一个带很多数字的值，比如 1783.6447655625927，对于习惯了美元和美分的人来说，这看起来相当奇怪。

与前几章一样，将较大的问题分解为函数以便更好地指示程序的结构是很重要的。下面是使用函数分解的按揭还款计算器的第二个版本。注意，第一个函数 read_input 输出提示并返回用户输入的多个值。第二个函数 compute_payment 接受这些值作为参数，并计算和返回每月的按揭还款额。main 函数调用这两个函数，然后打印按揭还款额作为最终输出。

```python
1   # This program prompts for information about a
2   # loan and computes the monthly mortgage payment.
3   # This version is decomposed into functions.
4
5   # Obtains and returns needed values from the user.
6   def read_input():
7       print("Monthly Mortgage Payment Calculator")
8       loan = float(input("Loan amount? "))
9       years = int(input("Number of years? "))
10      rate = float(input("Interest rate? "))
11      print()
12      return loan, years, rate
13
14  # Computes and returns the monthly payment for a
15  # loan with the given values.
16  def compute_payment(loan, years, rate):
17      # compute payment result
18      n = 12 * years
19      c = rate / 12.0 / 100.0
20      payment = loan * c * (1 + c) ** n / ((1 + c) ** n - 1)
21      return payment
22
23  def main():
24      # compute payment and report result to user
25      loan, years, rate = read_input()
26      payment = compute_payment(loan, years, rate)
27      print("Monthly payment is: $", round(payment, 2))
28
29  main()
```

3.4 图形

学习参数最令人信服的原因之一是它允许我们用 Python 绘制图形。图形可用于游戏、计算机动画和现代图形用户界面（GUI）及呈现复杂的图像。在本节中，我们将使用一个基于 Python 内置图形框架的带指导的库在屏幕上绘制图形和文本的二维图形。

在大多数二维图形系统中，屏幕上的所有坐标都指定为整数。每个 (x, y) 的位置对应于计算机屏幕上的不同像素。**像素**这个词是"图片元素"的缩写，表示计算机屏幕上的一个点。

> **像素**
> 计算机屏幕上的一个小点。

坐标系统将面板的左上角指定为位置（0,0）。当你移动到该位置的右侧时，*x*值会增加。当你从这个位置向下移动时，*y*值会增加。例如，假设你创建一个宽度为 200 像素、高度为 100 像素的 DrawingPanel。左上角的坐标是（0,0），右下角的坐标是（199, 99），如图 3-3所示。

这一开始可能会让人感到困惑，因为你可能习惯了*y*值随着向下移动而减小的坐标系。不过，你很快就会掌握它的窍门。

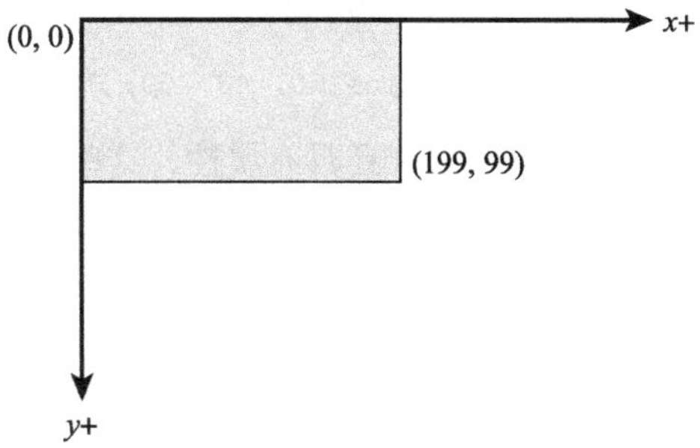

图 3-3   x/y 坐标空间

3.4.1   DrawingPanel 简介

有许多不同的图形库可以用于用 Python 绘制图形。Python 标准库包含一个名为 Tkinter的图形系统，我们将在本节中使用它。为了简单化，我们引入了一个名为 DrawingPanel 的自定义库，编写这个库是为了简化 Python 图形的一些细节。**绘图面板**是一个屏幕上的窗口，它跟踪整个图像，你可以在上面绘制各种线条和形状。

你将需要从我们的网站下载文件 DrawingPanel.py，并将其放在与你的程序相同的文件夹中。你还需要使用以下语句导入库：

```
from DrawingPanel import *
```

注意，这是本章前面讲的第二种导入样式。我们没有对数学函数使用第二种导入样式，因为那样 math 库会用许多全局数学函数打乱全局命名空间。但是我们对 DrawingPanel 使用第二种导入样式，因为这个库中不包含任何会干扰我们将要编写的程序的命名空间的函数。使用第一种导入样式将无法正确处理本节其余部分所示的代码。

（如果看到"ImportError: No module named 'DrawingPanel'"之类的错误，请再次检查是否已将 .py 文件保存到与程序相同的目录中，并且文件名和拼写是否完全正确。）

你可以通过定义 DrawingPanel 变量在屏幕上创建图形化窗口。你必须指定绘图区域的宽度和高度。下面的通用语法创建了一个绘图面板窗口：

```
name = DrawingPanel(width, height)
```
语法模板：创建一个*DrawingPanel*

当这行代码被执行时，屏幕上立即出现一个窗口。例如，要创建一个名为 panel 大小为 400 × 300 的绘图面板，你可以这样写：

```
# create a DrawingPanel of size 400 x 300
panel = DrawingPanel(400, 300)
```

上一行是变量定义，你将在屏幕上创建一个新窗口，并将其存储为一个名为 panel 的变量。我们可以使用变量 panel 在面板的图形画布上绘制形状和线条。

每个 DrawingPanel 都有函数，可以调用这些函数来执行绘图任务，但是这些函数包含在 DrawingPanel 中。存在于对象内部的函数称为**方法**。因此，我们必须使用与调用库中的函数相同的点记法。就像我们使用 math.sqrt 引用 math 库中的 sqrt 函数，我们将用如 panel.draw_line 的指令调用 DrawingPanel 中的画线方法。在绘图面板上调用方法的一般语法如下：

panel.method_name(parameters)

例如，要从（20,40）到（50,75）画一条线，你可以这样写：

```
panel.draw_line(20, 40, 50, 75)
```

DrawingPanel 还具有属性，这些属性类似于面板中的变量，你可以设置它们来影响其行为。在绘图面板上设置属性的通用语法如下：

panel.property_name = value

例如，要将面板的背景颜色设置为绿色，可以这样写：

```
panel.background = "green"
```

采用这些特殊语法的原因是 DrawingPanel 是一种称为对象的 Python 实体。我们将在本书后面详细讨论对象。但是现在，你只需要知道你需要在绘图函数调用和属性访问之前添加"panel."。

DrawingPanel 有许多有用的公共方法和属性，如表 3-6 和表 3-7 所示。我们将在接下来的部分中探讨其中的许多方法和属性。你可以在以下 Web 页面上查看作者提供的 DrawingPanel 库文档，从而查看可用方法和属性的完整列表：http://www.buildingpythonprograms.com/drawingpanel/。

表 3-6　有用的 DrawingPanel 方法（函数）

方法	描述
panel = DrawingPanel(width, height)	创建并返回一个给定大小的新窗口
panel.clear()	擦除所有绘制的形状并将画布重置为初始状态
panel.close()	隐藏并关闭窗口
panel.draw_arc(x, y, w, h, angle, extent)	在给定的角度范围内画出弧线（部分椭圆形）
panel.draw_image("filename", x, y)	在左上角 (x, y) 处绘制来自文件的图像
panel.draw_line(x1, y1, x2, y2)	绘制从 $(x1, y1)$ 到 $(x2, y2)$ 的线段
panel.draw_oval(x, y, w, h)	绘制边界框从左上角 (x, y) 开始的给定宽度和高度的椭圆
panel.draw_polyline(x1, y1, x2, y2, ...)	画出给定端点之间的多个线段
panel.draw_polygon(x1, y1, x2, y2, ...)	画出给定端点的多边形
panel.draw_rect(x, y, w, h)	从左上角 (x, y) 开始按照给定的宽度和高度绘制矩形
panel.draw_string("text", x, y)	从左上角 (x, y) 开始输出给定的文本
panel.fill_arc(x, y, w, h, angle, extent)	填充给定角度范围内的弧（部分椭圆形）
panel.fill_oval(x, y, w, h)	填充边界框从左上角 (x, y) 开始的给定宽度和高度的椭圆
panel.fill_polygon(x1, y1, x2, y2, ...)	填充给定端点的多边形
panel.fill_rect(x, y, w, h)	填充从左上角 (x, y) 开始的给定宽度和高度的矩形
panel.get_pixel_color(x, y)	以十六进制字符串的形式返回位置 (x, y) 处的像素颜色值
panel.get_pixel_color_rgb(x, y)	将位置 (x, y) 处的像素颜色作为三个整数值返回
panel.sleep(ms)	按照给定的毫秒数暂停程序

表 3-7　有用的 DrawingPanel 属性

属性	描述
panel.background	面板绘制画布的背景颜色
panel.color	用于未来形状的轮廓颜色
panel.fill_color	用于未来形状的填充颜色

（续）

属性	描述
panel.font	用于未来文本的字体
panel.height	面板画布的高度（以像素为单位）
panel.location	面板窗口在屏幕上的位置坐标
panel.size	面板画布的宽度和高度（以像素为单位）
panel.stroke	形状轮廓的粗细（以像素为单位）
panel.title	字符串形式的窗口标题
panel.width	面板画布的宽度（以像素为单位）
panel.x	绘图面板窗口在屏幕上的 x 坐标
panel.y	绘图面板窗口在屏幕上的 y 坐标

3.4.2　画线和形状

一个最简单的绘图命令是 draw_line，它接受四个整数参数。例如，下面的调用从点 $(x1, y1)$ 到点 $(x2, y2)$ 绘制一条直线。

```
panel.draw_line(x1, y1, x2, y2)
```

下面是一个示例程序，演示了如何随着图形输出绘制两条线。虽然程序的行为以图形方式显示，而不是像前几章那样显示在控制台，但我们仍然将其称为程序的"输出"。

```
1   # Draws two lines onto a DrawingPanel.
2
3   from DrawingPanel import *
4
5   def main():
6       # create the drawing panel
7       panel = DrawingPanel(300, 200)
8
9       # draw two lines on the panel
10      panel.draw_line(25, 75, 175, 25)
11      panel.draw_line(10, 170, 150, 80)
12
13  main()
```

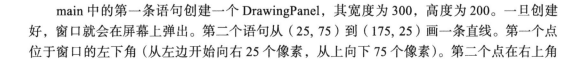

main 中的第一条语句创建一个 DrawingPanel，其宽度为 300，高度为 200。一旦创建好，窗口就会在屏幕上弹出。第二个语句从（25, 75）到（175, 25）画一条直线。第一个点位于窗口的左下角（从左边开始向右 25 个像素，从上向下 75 个像素）。第二个点在右上角

（从左向右 175 个像素，从上向下 25 个像素）。第三条语句从（10, 170）到（150, 80）画了一条直线。

让我们看一个更复杂的例子。这个程序画了三条不同的线形成一个三角形。这些线是在三个不同的点之间画的。在左下角有一个点（25, 75），在顶部中间有一个点（100, 25），在右下角有一个点（175, 75）。draw_line 上的各种调用简单地画出了连接这三个点的线。

```
1   # Draws three lines to make a triangle.
2
3   from DrawingPanel import *
4
5   def main():
6       panel = DrawingPanel(200, 100)
7       panel.draw_line(25, 75, 100, 25)
8       panel.draw_line(100, 25, 175, 75)
9       panel.draw_line(25, 75, 175, 75)
10
11  main()
```

DrawingPanel 还具有绘制几种形状的方法。例如，你可以用 draw_rect 方法绘制矩形和正方形：

panel.draw_rect(*x, y, width, height*)

这将绘制一个左上角坐标为 (x, y) 和给定高度和宽度的矩形。另一个你经常想画的图形是圆形，或者更一般地说，是椭圆形。但是如何指定它出现的位置和大小呢？你实际指定的是圆或椭圆的"包围矩形"。Python 会画出一个最大的椭圆，这个椭圆可以放在那个矩形里面。因此，下面的调用绘制了与左上角坐标为 (x, y) 和给定高度、宽度的矩形相匹配的最大椭圆。

panel.draw_oval(*x, y, width, height*)

注意，传递给 draw_rect 和 draw_oval 的前两个值是坐标，而接下来的两个值是宽度和高度。例如，这里有一个短程序，它绘制两个矩形和两个椭圆：

```
1   # Draws several shapes.
2
3   from DrawingPanel import *
4
5   def main():
6       panel = DrawingPanel(200, 100)
7       panel.draw_rect(25, 50, 20, 20)
8       panel.draw_rect(150, 10, 40, 20)
9       panel.draw_oval(50, 25, 20, 20)
10      panel.draw_oval(150, 50, 40, 20)
11
```

```
12  main()
```

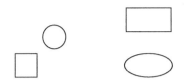

第一个矩形的左上角位于坐标（25，50）处。它的宽度和高度都是 20，所以这是一个正方形。其右下角的坐标为（45，70），比左上角的（x，y）坐标大 20。该程序还绘制了一个左上角为（150，10）的矩形，其宽度为 40，高度为 20（宽度大于高度）。第一个椭圆的边界矩形具有左上角坐标（50，25），宽度和高度为 20。换句话说，它是一个圆。第二个椭圆的边界矩形左上角坐标为（150，50）、宽度为 40、高度为 20（它是一个宽度大于高度的椭圆）。

有时候你不只是想画一个形状的轮廓，你想用一种特殊的颜色来画整个区域。draw_rect 和 draw_oval 函数的变体 fill_rect 和 fill_oval 就是实现这个功能的，它们绘制一个矩形或椭圆形，并用当前的颜色填充（默认为黑色）。让我们将之前程序中的两个调用改为 "fill" 操作，而不是 "draw" 操作：

```
1   # Draws several filled shapes.
2
3   from DrawingPanel import *
4
5   def main():
6       panel = DrawingPanel(200, 100)
7       panel.fill_rect(25, 50, 20, 20)
8       panel.draw_rect(150, 10, 40, 20)
9       panel.draw_oval(50, 25, 20, 20)
10      panel.fill_oval(150, 50, 40, 20)
11
12  main()
```

3.4.3　颜色

前面程序绘制的所有形状和线条都是黑色的，所有面板都是白色背景。这些是默认颜色，但是你可以更改面板的背景颜色，还可以更改面板用来绘制每个形状的颜色。

颜色可以通过几种方式指定到 DrawingPanel：

- 作为颜色名称字符串，如 "red" 或 "light sky blue"。
- 作为颜色常数，如 Color.RED 或 Color.LIGHT_SKY_BLUE。
- 作为一个颜色的十六进制字符串，表示从 0 到 255 的十六进制的红色、绿色和蓝色部分，例如 "#ff00b6"。
- 作为圆括号中的三个整数，表示从 0 到 255 的红色、绿色和蓝色部分，如（255，0，182）。

有许多预定义的颜色可以直接引用为带引号的字符串。表 3-8 显示了常用颜色名称的一个有用子集。可用颜色名称的完整列表可在 http://wiki.tcl.tk/16166 找到。

表 3-8   常用的颜色名字

azure	beige	blue	brown	cyan
dark blue	dark green	gold	gray	green
hot pink	lavender	light blue	light gray	light green
magenta	maroon	orange	pink	purple
red	royal blue	salmon	sienna	slate gray
tan	turquoise	violet	white	yellow

DrawingPanel 有一个 background 属性，可以用来改变覆盖整个面板的背景颜色：

```
panel.background = color
```

例如，要将面板的背景颜色设置为黄色，可以这样写：

```
panel.background = "yellow"
```

你还可以设置用于绘制形状和线条的颜色。有两种方法可以做到这一点。如果要指定单个形状的颜色，请将其作为额外参数传递给绘图函数以绘制该形状。例如，下面的调用绘制了一个填充为红色的矩形：

```
# draw a filled red rectangle
panel.fill_rect(25, 50, 20, 20, "red")
```

指定形状颜色的第二种方法是使用面板的 color 属性设置用于所有后续形状的默认颜色。如果你打算绘制许多相同颜色的形状，这将省去反复传递相同颜色的麻烦。例如，下面的调用绘制了两个填充为蓝色的椭圆形：

```
# draw two filled blue ovals
panel.color = "blue"
panel.fill_oval(25, 50, 20, 20)
panel.fill_oval(80, 73, 100, 50)
```

修改面板的颜色就像用画笔蘸上不同颜色的颜料。从那时起，所有的绘图和填充都将用指定的颜色完成。下面是之前的程序的另一个版本，它使用黄色作为背景颜色，并为每个形状使用一种颜色。（本书中显示的图是黑白印刷，所以与你在屏幕上看到的颜色不匹配。）

```
 1  # Draws several colored shapes.
 2
 3  from DrawingPanel import *
 4
 5  def main():
 6      panel = DrawingPanel(200, 100)
 7      panel.background = "yellow"
 8      panel.fill_rect(25, 50, 20, 20, "red")
 9      panel.fill_rect(150, 10, 40, 20, "blue")
10      panel.color = "green"
11      panel.fill_oval(50, 25, 20, 20)
```

```
12          panel.fill_oval(150, 50, 40, 20)
13
14  main()
```

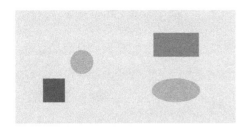

也可以创建你自己自定义的颜色，而不是使用系统提供的颜色名称常量。计算机显示器使用红色、绿色和蓝色（RGB）作为它们的原色，因此你可以将颜色指定为从 0 到 255 的三个整数，这些整数表示颜色的红色、绿色和蓝色。

(*red*, *green*, *blue*)

红色 / 绿色 / 蓝色部分应该是 0 到 255 之间的整数值，包括 255。值越高，混合的该颜色就越多。全是 0 生成黑色，全是 255 生成白色。值（0, 255, 0）生成纯绿色，值（128, 0, 128）生成深紫色（因为混合了红色和蓝色）。在你喜欢的搜索引擎中搜索"RGB 表"，可以找到许多常见颜色的表。

在本章的前面，我们学习了如何使用 random 库生成随机数。你可以使用随机数来生成一个随机颜色，方法是要求得到 0 到 255 之间的三个随机数（包括 0 和 255）。下面的程序生成从 0 到 255 的随机 RGB 值，并使用它们在屏幕上随机选择 *x/y* 位置绘制几个矩形：

```
1   # Draws many rectangles at random x/y positions
2   # filled in with randomly chosen colors.
3
4   import random
5   from DrawingPanel import *
6
7   # constants
8   WIDTH = 300
9   HEIGHT = 200
10  SIZE = 30
11  NUM_RECTS = 20
12
13  def main():
14      panel = DrawingPanel(WIDTH, HEIGHT)
15      for i in range(NUM_RECTS):
16          # choose random rectangle location
17          x = random.randint(0, WIDTH - SIZE)
18          y = random.randint(0, HEIGHT - SIZE)
19
20          # create a random RGB color for the rectangle
21          red = random.randint(0, 255)
22          green = random.randint(0, 255)
```

```
23              blue = random.randint(0, 255)
24
25              panel.fill_rect(x, y, SIZE, SIZE, (red, green, blue))
26
27   main()
```

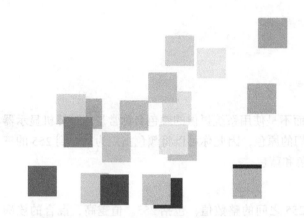

还有一种指定颜色的方法。你可以编写一个字符串,该字符串由一个"#"号和六个十六进制字符组成。十六进制字符包括从 0 到 9 的数字和从 a 到 f 的字母。

```
"#ff0088" ==> RGB 颜色
 ^ ^ ^
 r g b
```

其思想是用字符表示十六进制的数,这样 0 是最小的数,f 是最大的数(15)。每对字符代表从左到右的三个颜色部分之一:红色、绿色和蓝色。例如,颜色"#ff0088"有很多红色、没有绿色和中等数量的蓝色,使其成为略带紫色的红色。DrawingPanel 支持这种十六进制格式,部分原因是这种格式在 Web 编程中经常使用,而且它比前面描述的三个十进制整数的形式更紧凑。我们不会在这里讨论十六进制表示法或者在我们的例子中经常用到它,但是如果你喜欢的话,你可以在网上搜索来了解更多。

下面的程序演示了几种格式的颜色使用:

```
1    # Draws colored shapes using various color syntax.
2
3    from DrawingPanel import *
4
5    def main():
6        panel = DrawingPanel(230, 120)
7        panel.background = "#ffff88"    # light yellow
8        panel.color = "red"
9        panel.fill_rect(25, 50, 20, 20)
10       panel.fill_rect(150, 10, 40, 20)
11
12       # use a custom color
13       panel.color = (255, 128, 0)     # orange
14       panel.fill_oval(50, 25, 20, 20)
15       panel.fill_oval(100, 50, 40, 20)
```

```
16
17        # pass custom color as a parameter (sky bluish)
18        panel.fill_oval(150, 80, 30, 30, (64, 128, 196))
19
20  main()
```

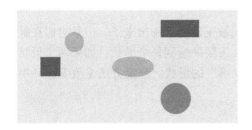

3.4.4　使用循环画图

在前面的每个示例中，对于绘制和填充命令，我们都使用了简单的整数值，但是使用表达式也是可以的。例如，假设我们坚持使用 200×100 像素大小的面板，并且我们想要生成一个对角线序列，由四个矩形组成，从左上角延伸到右下角，每个矩形内部都有一个黄色椭圆。换句话说，我们希望生成如下图所示的输出。

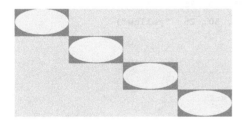

200 的总宽度和 100 的总高度被均匀地划分为四个矩形，这意味着它们都必须是 50 像素宽，25 像素高。因此，四个矩形的宽度和高度值是相同的，但是它们的左上角位置不同。第一个矩形的左上角坐标是（0, 0），第二个是（50, 25），第三个是（100, 50），第四个是（150, 75）。我们需要编写代码来生成这些不同的坐标。

这是一个使用 for 循环的好地方。利用第 2 章介绍的技术，我们可以制作一个表格，并推导出坐标的公式。下面是一个程序，可以很好地尝试生成所需的输出：

```
1   # Draws boxed ovals using a for loop.
2   # (This version does not work properly.)
3
4   from DrawingPanel import *
5
6   def main():
7       panel = DrawingPanel(200, 100)
8       panel.background = "cyan"
9       for i in range(4):
10          panel.fill_oval(i * 50, i * 25, 50, 25, "yellow")
11          panel.fill_rect(i * 50, i * 25, 50, 25, "red")
12
13  main()
```

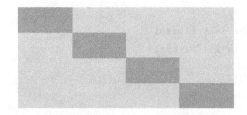

坐标和大小是正确的，但是椭圆在哪里？椭圆被正确地绘制出来了，但是它们在屏幕上不可见，因为矩形是在它们上面绘制的。绘图面板按顺序绘制每个形状，如果两个形状占用相同的像素，那么后面绘制的形状就是出现"在顶部"的形状。修复方法是改变循环中绘图语句的顺序：

```
1   # Draws boxed ovals using a for loop.
2
3   from DrawingPanel import *
4
5   def main():
6       panel = DrawingPanel(200, 100)
7       panel.background = "cyan"
8       for i in range(4):
9           panel.fill_rect(i * 50, i * 25, 50, 25, "red")
10          panel.fill_oval(i * 50, i * 25, 50, 25, "yellow")
11
12  main()
```

下面的程序演示了自定义颜色的使用。它使用一个常量来表示要绘制的矩形的数量，并产生从黑色到白色的混合颜色：

```
1   # Draws a smooth color gradient from black to white.
2
3   from DrawingPanel import *
4
5   RECTS = 32    # constant for number of rectangles
6
7   def main():
8       panel = DrawingPanel(256, 256)
9       panel.background = (255, 128, 0)    # orange
10
11      # from black to white, top left to bottom right
12      for i in range(RECTS):
13          c = i * 256 // RECTS
```

```
14          panel.fill_rect(c, c, 20, 20, (c, c, c))
15
16  main()
```

3.4.5　文本与字体

另一个值得一提的绘图命令可用来在绘图中包含文本。DrawingPanel 的 draw_string 函数以坐标 (x, y) 处为左下角绘制给定的字符串：

```
panel.draw_string("message", x, y)
```

这与我们在 draw_rect 中使用的约定略有不同。使用 draw_rect，我们指定了左上角的坐标。这里我们指定了左下角的坐标。默认情况下，文本的绘制高度大约为 10 像素。下面是一个示例程序，它使用一个循环来绘制一个特定的字符串 10 次，每次向右缩进 5 个像素，并从顶部向下移动 10 个像素。注意，我们在第 9 行使用反斜杠表示法，以允许它在第 10 行继续，这样代码行就不会变得太长。

```
1  # Draws a message several times.
2
3  from DrawingPanel import *
4
5  def main():
6      panel = DrawingPanel(240, 120)
7      panel.background = "yellow"
8      for i in range(10):
9          panel.draw_string("There is no place like home", \
10             i * 5, i * 10)
11
12  main()
```

There is no place like home
There is no place like home
There is no place like home
There is no place like home
There is no place like home
There is no place like home
There is no place like home
There is no place like home
There is no place like home
There is no place like home

字体用于描述在屏幕上书写字符的不同样式。设置字体类似于设置颜色，有两种方法。一种方法是在调用 draw_string 时将字体作为附加参数字符串传递。另一种方法是设置面板的 font 属性，这将影响所有后续文本。

字体

一组文本字符的总体设计，包括每个字符的样式、大小、粗细和外观。

此函数更改字符串绘制的文本大小和样式。字体用一个字符串表示，该字符串由三个空格分隔的部分组成：字体的名称、整数表示的大小和粗体或斜体等样式：

"name size style"

可用的字体因操作系统和计算机而异。你可以通过进入控制面板或系统设置了解系统上可用的字体。有一些字体名称称为通用**字体描述符**，在所有的系统上都可用。表 3-9 列出了三种最常见的字体描述符。表 3-10 列出了支持的各种字体样式。有些字体样式可以通过空格分隔来组合，比如 "bold italic underline"。

表 3-9　字体描述

字体名称	描述	示例
Courier	用于显示代码的等宽字符	This is Courier text.
Helvetica	字母边缘没有曲线的字体，如 Helvetica 或 Arial	This is Helvetica text.
Times	边缘弯曲的字体，如 Times New Roman	This is Times text.

表 3-10　字体风格

normal	bold	roman
italic	underline	overstrike

和颜色一样，设置字体只影响在设置字体之后绘制的字符串。下面的程序设置了几种字体并使用它们来绘制字符串：

```
1   # Draws several messages using different fonts.
2
3   from DrawingPanel import *
4
5   def main():
6       panel = DrawingPanel(250, 120)
7       panel.background = "pink"
8
9       panel.font = "Courier 36"
10      panel.draw_string("Too big", 20, 5)
11
12      panel.font = "Helvetica 10 italic"
13      panel.draw_string("Too small", 30, 60)
14
15      panel.font = "Times 18 bold italic"
16      panel.draw_string("Just right", 40, 90)
```

```
17
18  main()
```

3.4.6 图像

DrawingPanel 还能够以 PNG 和 GIF 等格式显示从文件中加载的图像。(不幸的是, Python 的内置库不支持 JPG 图像。)要显示图像, 首先必须在 Internet 或计算机上找到一个图像文件, 并将其保存到与程序相同的目录中。然后你可以使用面板的 **draw_image** 函数将它绘制到屏幕上:

```
panel.draw_image("filename", x, y)
```

绘制图像时传递的 *x* 和 *y* 坐标表示图像的左上角像素位置。例如, 下面的程序显示了两幅图像: 一幅看起来像彩虹的图画, 另一幅看起来像笑脸 (画了两次):

```
1   # Displays a rainbow from an image file.
2
3   from DrawingPanel import *
4
5   def main():
6       panel = DrawingPanel(300, 200)
7       panel.draw_image("rainbow.png", 5, 5)
8       panel.draw_image("smiley.png", 10, 10)
9       panel.draw_image("smiley.png", 160, 10)
10      panel.draw_string("Rainbow!", 10, 170)
11
12  main()
```

Rainbow!

3.4.7 画图过程分解

如果你编写复杂的绘图程序, 你将希望将它们分解为几个函数来构造代码并消除冗余。当你这样做时, 你必须将 DrawingPanel 作为参数传递给所引入的每个函数。

让我们通过编写一个稍微复杂一点的程序来探索这个问题：绘制适合于特定大小方框的最大菱形。可以装入 50 × 50 的方框中的最大菱形如图 3-4 所示。

绘制这种菱形的代码如下：

```
# draw a 50x50 diamond at (0, 0)
panel.draw_rect(0, 0, 50, 50)
panel.draw_line(0, 25, 25, 0)
panel.draw_line(25, 0, 50, 25)
panel.draw_line(50, 25, 25, 50)
panel.draw_line(25, 50, 0, 25)
```

现在假设我们希望在不同的位置绘制三个 50 × 50 的菱形。我们想要将这段画菱形的代码转换成一个 draw_diamond 函数，这个函数可以被调用三次。通过将代码放入函数中，我们可以通过一次编写来避免冗余。但这需要找出如何泛化代码，以便它可以绘制所有的三个菱形。图 3-5 显示了另一个 50 × 50 的菱形，其左上角位于坐标（78，22）处。

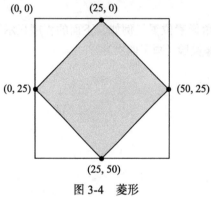

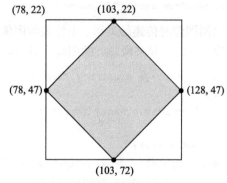

图 3-4   菱形   图 3-5   偏移到（78，22）的菱形

我们可以像以前一样为这个新图形编写代码，方法是填充适当的值来传递给 draw_rect 和 draw_line 函数的调用。在下面的代码中，我们将（0，0）处的原始菱形代码与（78，22）处的新菱形代码进行了比较。

```
# draw a 50x50 diamond at (0, 0)
panel.draw_rect(0, 0, 50, 50)
panel.draw_line(0, 25, 25, 0)
panel.draw_line(25, 0, 50, 25)
panel.draw_line(50, 25, 25, 50)
panel.draw_line(25, 50, 0, 25)

# draw a 50x50 diamond at (78, 22)
panel.draw_rect(78, 22, 50, 50)
panel.draw_line(78, 47, 103, 22)
panel.draw_line(103, 22, 128, 47)
panel.draw_line(128, 47, 103, 72)
panel.draw_line(103, 72, 78, 47)
```

我们的任务是将其泛化以编写一个可以用来绘制每个菱形的函数。当你发现自己试图以这种方式消除冗余时，你应该问问自己这两个代码片段之间有什么不同。在调用 draw_rect 时，传递给函数的前两个值是不同的，因为矩形将在不同的位置上绘制（第一个在（0, 0），第二个在（78, 22））。为了捕捉这种差异，我们应该计划将 x 和 y 坐标作为函数的参数。这个 (x, y) 位置称为**偏移量**。

假设我们还需要传递绘图面板作为一个参数，我们的函数头将像这样：

```
def draw_diamond(panel, x, y):
    ...
```

这允许我们写一个调用 draw_rect 的单一的版本，它可以适用于上述的两个菱形：

```
panel.draw_rect(x, y, 50, 50)
```

注意，传递给 draw_rect 的第三个和第四个值是相同的，因为打算绘制一个大小为 50×50 的矩形。在调用 draw_line 时，还有许多其他数字是不同的，但是这些数字可以从 (x, y) 坐标和矩形大小 50 计算出来。例如，我们把原菱形中从（0, 25）到（25, 0）的直线和新菱形中从（78, 47）到（103, 22）的直线进行泛化，我们说这是一条从 $(x, y + 25)$ 到 $(x + 25, y)$ 的直线。

使用这种技巧来计算传递给 draw_line 函数的值的表达式，我们得到了下面的程序，它使用 draw_diamond 函数来绘制三个菱形，避免了冗余的代码：

```
 1  # Draws several diamond figures of size 50×50.
 2
 3  from DrawingPanel import *
 4
 5  # Draws a diamond in a 50×50 box.
 6  def draw_diamond(panel, x, y):
 7      panel.draw_rect(x, y, 50, 50)
 8      panel.draw_line(x, y + 25, x + 25, y)
 9      panel.draw_line(x + 25, y, x + 50, y + 25)
10      panel.draw_line(x + 50, y + 25, x + 25, y + 50)
11      panel.draw_line(x + 25, y + 50, x, y + 25)
12
13  def main():
14      panel = DrawingPanel(250, 150)
15      draw_diamond(panel, 0, 0)
16      draw_diamond(panel, 78, 22)
17      draw_diamond(panel, 19, 81)
18
19  main()
```

可以在循环中绘制图形，并让一个绘图函数调用另一个绘图函数。例如，如果我们想要绘制 5 个菱形，从（12, 15）开始，以 60 像素为间隔，我们只需要一个 for 循环，它重复 5 次，每次将 *x* 坐标移动 60。下面是一个循环的例子：

```
for i in range(5):
    draw_diamond(panel, 12 + 60 * i, 15)
```

3.5 案例研究：抛射轨迹

现在是时候用一个更复杂的示例来整理本章的内容了，该示例将涉及参数、返回值的函数、数学计算和控制台输入。我们还将向程序的最终版本添加图形输出。

物理学专业的学生经常被要求计算出给定初始速度和相对于水平方向的初始角度的抛体运动轨迹。例如，抛体可能是某人踢过的足球。我们要计算它在地球引力下的路径。为了使计算合理，我们将忽略空气阻力。

关于这个题目，我们需要回答几个问题：

- 抛体何时到达最高点？
- 它能飞多高？
- 它回到地面需要多长时间？
- 落地时它离发射地点有多远？

有几种方法可以回答这些问题。一种简单的方法是提供一个表，该表一步一步地显示轨迹，指示 *x* 位置、*y* 位置和运行时间。

要制作这样一个表，我们需要从用户那里获得三个值：初始速度、相对于水平方向的角度以及要在表中包含的步数。我们可以要求速度单位是米 / 秒或者英尺 / 秒，但是考虑到这是一个物理问题，我们将使用米制，单位采用米 / 秒。

我们还需要考虑如何指定角度。不幸的是，大多数操作角度的 Python 函数都要求使用弧度而不是度。我们可以要求以弧度为单位的角度，但这对用户非常不方便，因为用户需要进行转换。相反，我们可以允许用户输入角度（以度为单位），然后使用内置函数 math. radians 将其转换为弧度。

所以，程序的交互部分看起来是这样的：

```
velocity = float(input("velocity (meters/second)? "))
angle = math.radians(float(input("angle (degrees)? ")))
steps = int(input("number of steps to display? "))
```

注意：我们将速度和角度的输入转换为浮点数，因为我们想让用户指定任意数量（包括一个小数点），但对于步数，我们将其转换为整数，因为我们的表中的行数是一个整数。

仔细看看这行代码：

```
angle = math.radians(float(input("angle (degrees)? ")))
```

一些初学者会把它写成两个独立的步骤：

```
angle_degrees = float(input("angle (degrees)? ")))
angle = math.radians(angle_degrees)
```

这两种方法都有效且合理，但是请记住，你不需要将此操作分为两个单独的步骤。你可以将其以更紧凑的形式编写为一行代码。

一旦我们从用户那里获得了这些值，我们就可以开始对轨迹表进行计算了。抛体在每个时间增量上的 *x/y* 位置由它在每个维度上的速度和重力作用在抛体上的加速度决定。图 3-6 显示了抛体发射时的初速度 v_0 和角度，以及落地时的最终速度 v_t。

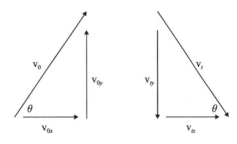

图 3-6　抛体的初始速度和最终速度

我们需要计算速度的 *x* 分量和 *y* 分量。你可能还记得物理学中的知识，这些可以用如下的三角余弦函数和正弦函数计算：

```
# compute the x and y components of velocity
x_velocity = velocity * math.cos(angle)
y_velocity = velocity * math.sin(angle)
```

因为我们忽略了空气阻力的可能性，*x* 轴速度不会改变。然而，*y* 轴的速度受地心引力的影响。物理学告诉我们，在地球表面，重力加速度约为 9.81 米 / 秒 ^{2}。这是一个适合定义为常量的值：

```
ACCELERATION = -9.81   # acceleration due to gravity
```

请注意，我们将重力加速度定义为一个负数，因为它降低了抛体的 *y* 轴速度（将其向下拉而不是将其推开）。

我们的目标是显示 *x*, *y*, 以及抛体上升和下降的时间。*y* 轴速度逐渐减小，直到为 0。从物理学上，我们知道抛体的轨迹图形是对称的。抛体会向上运动，直到它的 *y* 轴速度达到 0，然后它会沿着相似的路径向下运动，这需要相同的时间。因此，涉及的用秒表示的总时间可以计算如下：

```
total_time = -2.0 * y_velocity / ACCELERATION
```

现在，我们如何计算 *x*、*y* 的值，以及包含在表中的运行时间？计算其中两个相对简单。我们希望表格中每行的时间增量都是稳定的，所以我们可以用总时间除以我们想要包含在表格中的步数来计算时间增量：

```
time_increment = total_time / steps
```

如前所述，*x* 轴速度不变，所以对于每一个时间增量，我们在 *x* 方向上移动相同的距离：

```
x_increment = x_velocity * time_increment
```

这里要计算的棘手值是 *y* 坐标。由于重力加速度，*y* 轴速度随时间变化。但从物理上讲，我们有以下计算速度 *v*、时间 *t* 和加速度 *a* 下抛体位移的一般公式：

$$displacement = vt + {}^1\!/_2\, at^2$$

在我们的例子中，我们想要的速度是 *y* 轴速度，加速度来自地球重力常数。下面是如何创建表格的伪代码描述：

```
Set all of x, y, and t to 0.
for given number of steps:
    Report step #, x, y, t.
    Add time_increment to t.
    Add x_increment to x.
    Reset y to y_velocity * t + 0.5 * ACCELERATION * t * t.
```

我们已经非常接近于拥有真正的 Python 代码，但是我们必须考虑如何在表中报告 x、y 和 t 的值。它们的类型都是 float，这意味着它们可能在小数点后产生大量数字。但我们对看到所有这些数字并不感兴趣，因为它们并不是特别相关，而且我们的计算也不是那么精确。因此，我们将使用 round 函数来显示四舍五入到百分位的数字。

如果表中的值是对齐的就好了。为了使数字完全对齐，我们必须使用格式化输出，这将在后面的章节中讨论。现在，我们至少可以通过用制表符（\t）分隔这些数字，使它们在列中对齐。我们将传递 sep="\t" 来指示 print 语句在打印值之间使用这个分隔符。

如果我们要有一个包含列的表，那么表头是有意义的。我们可能想在表中包含一行来表示初始条件，其中 x，y 和 t 都等于 0。因此，我们可以将伪代码扩展为以下 Python 代码：

```
x = 0.0
y = 0.0
t = 0.0
print("step", "x", "y", "time", sep="\t")
for i in range(steps + 1):
    print(i, round(x, 2), round(y, 2), round(t, 2), sep="\t")
    t += time_increment
    x += x_increment
    y = y_velocity * t + 0.5 * ACCELERATION * t * t
```

注意：for 循环的边界是 steps + 1。这是因为我们需要 steps 步，以及所有值都为 0 的第 0 步。

3.5.1 非结构化解决方案

我们可以把所有这些部分放在一起形成一个完整的程序。让我们首先看一个非结构化版本，其中包含了 main 函数中的大部分代码。这个版本在开始还包括了一些新的 print 语句，以给用户一个简单的介绍：

```
1   # This program computes the trajectory of a projectile.
2   import math
3
4   # constant for Earth acceleration in meters/second^2
5   ACCELERATION = -9.81
6
7   def main():
8       # explain program
9       print("This program computes the")
10      print("trajectory of a projectile given")
11      print("its initial velocity and its")
12      print("angle relative to the")
13      print("horizontal.")
14      print()
```

```
15
16       # read input from user
17       velocity = float(input("velocity (meters/second)? "))
18       angle = math.radians(float(input("angle (degrees)? ")))
19       steps = int(input("number of steps to display? "))
20       print()
21
22       x_velocity = velocity * math.cos(angle)
23       y_velocity = velocity * math.sin(angle)
24       total_time = -2.0 * y_velocity / ACCELERATION
25       time_increment = total_time / steps
26       x_increment = x_velocity * time_increment
27
28       x = 0.0
29       y = 0.0
30       t = 0.0
31       print("step", "x", "y", "time", sep="\t")
32       for i in range(steps + 1):
33           print(i, round(x, 2), round(y, 2), round(t, 2), sep="\t")
34           t += time_increment
35           x += x_increment
36           y = y_velocity * t + 0.5 * ACCELERATION * t * t
37
38   main()
```

```
This program computes the
trajectory of a projectile given
its initial velocity and its
angle relative to the
horizontal.

velocity (meters/second)? 30
angle (degrees)? 50
number of steps to display? 10

step    x       y       time
0       0.0     0.0     0.0
1       9.03    9.69    0.47
2       18.07   17.23   0.94
3       27.1    22.61   1.41
4       36.14   25.84   1.87
5       45.17   26.92   2.34
6       54.21   25.84   2.81
7       63.24   22.61   3.28
8       72.28   17.23   3.75
9       81.31   9.69    4.22
10      90.35   0.0     4.69
```

从执行日志中可以看到，在 2.34 秒（第五步）之后，炮弹达到了最大高度 26.92 米，在 4.69 秒（第十步）之后，它的落地位置距离起始位置 90.35 米。

这个版本的程序可以运行，但是我们通常不希望在 main 函数中包含太多代码。下一节将探索如何将程序分解为更小的部分。

3.5.2 结构化解决方案

抛射程序的 main 函数中有三个主要的代码块：向用户介绍程序的一系列打印语句，提示用户输入用于产生表格的三个值的一系列语句，然后是产生表格本身的代码。

所以，在伪代码中，整体结构是这样的：

Give introduction.
Prompt for velocity, angle and number of steps.
Produce table.

这三个步骤应该被转化为函数。

我们可以做的另一个改进是把物理位移公式变成它自己的函数。把方程变成函数总是一个好主意。引入这些函数，我们得到了如下的程序的结构化版本：

```
1   # This program computes the trajectory of a projectile.
2   # This version is decomposed into functions.
3   import math
4
5   # constant for Earth acceleration in meters/second^2
6   ACCELERATION = -9.81
7
8   # Explains program to user with print statements.
9   def intro():
10      print("This program computes the")
11      print("trajectory of a projectile given")
12      print("its initial velocity and its")
13      print("angle relative to the")
14      print("horizontal.")
15      print()
16
17  # Reads input from user for velocity, angle, and steps.
18  # Returns those three values.
19  def read_input():
20      velocity = float(input("velocity (meters/second)? "))
21      angle = math.radians(float(input("angle (degrees)? ")))
22      steps = int(input("number of steps to display? "))
23      print()
24      return velocity, angle, steps
25
26  # Prints the table of x/y position of projectile over time.
27  def print_table(velocity, angle, steps):
```

```
28        x_velocity = velocity * math.cos(angle)
29        y_velocity = velocity * math.sin(angle)
30        total_time = -2.0 * y_velocity / ACCELERATION
31        time_increment = total_time / steps
32        x_increment = x_velocity * time_increment
33
34        x = 0.0
35        y = 0.0
36        t = 0.0
37        print("step", "x", "y", "time", sep="\t")
38        for i in range(steps + 1):
39            print(i, round(x, 2), round(y, 2), round(t, 2), sep="\t")
40            t += time_increment
41            x += x_increment
42            y = y_velocity * t + 0.5 * ACCELERATION * t * t
43
44   def main():
45        intro()
46        velocity, angle, steps = read_input()
47        print_table(velocity, angle, steps)
48
49   main()
```

此版本执行的方式与早期版本相同。

请注意我们分解这个程序的方式。每个函数执行一个明确的任务,然后将重要的计算结果返回给 main。由于函数是按顺序运行的,你可能想知道为什么我们不让每个函数调用下一个函数,如下面的代码所示:

```
def intro():
    print(...)
    read_input()
def read_input():
    ...
    print_table(velocity, angle, steps)


def print_table(velocity, angle, steps):
    ...


def main():
    intro()
```

让每个函数以这种方式调用下一个函数是对问题的不良分解。这通常被称为**链接**函数。认为链接不好有几个原因。一个问题是将不必要的函数链接在一起,如果一个函数不同时执行它后面的每个函数,那么它就不可能被调用。第二个问题是,在链式程序中,main 函数通常是一个只包含一条语句的微不足道的函数,该语句是对第一个函数的调用(在本例中是 intro)。图 3-7 显示了这种调用结构和函数之间参数的数据流。

我们原来的分解更好。main 函数控制整个程序，管理对其他各种功能的调用。main 函数还管理函数之间的数据流。图 3-8 显示了这种更好的结构。

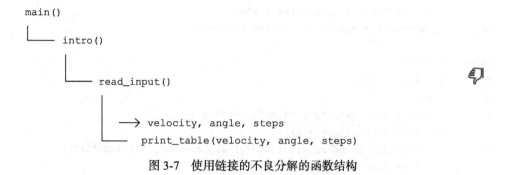

图 3-7 使用链接的不良分解的函数结构

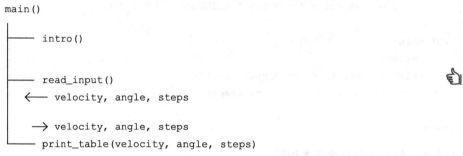

图 3-8 分解良好的函数结构

我们将在下一章详细讨论链接和将程序分解为函数。

3.5.3 图形版本

由于我们的程序是关于抛射体在空中的运动，所以向它添加图形输出是很自然的。我们将引入本章中看到的 DrawingPanel。你可以在代码中保留现有的打印输出。有一个可以同时产生两种输出的程序是很好的。

第一个需要的步骤是导入 DrawingPanel 库：

```
from DrawingPanel import *
```

现在，在 print_table 函数中，我们将编写一条语句来创建一个新的绘图窗口。我们将选择 300×120 像素的大小，因为这个大小非常适合测试数据。

```
panel = DrawingPanel(300, 120)
```

我们可以使用面板的 fill_oval 函数将抛体绘制为一个简单的黑色椭圆，它可能表示正在投掷的球或石头。程序已经生成了 *x/y* 坐标，我们可以直接将其传递给 fill_oval。让我们从 10×10 像素的椭圆大小开始。在执行每一步的 for 循环中，我们将写一个语句来将抛体绘制为一个填充的椭圆：

```
panel.fill_oval(x, y, 10, 10)
```

但这看起来不太对，抛体的路径是颠倒的。这是因为我们对 y 轴的概念和绘图面板及计算机看待 y 轴的方式是相反的。要使飞行路径看起来正确，你需要将 y 坐标翻转到面板的另一端。正确的公式是用绘图面板的高度减去程序现有的 y 坐标。我们还要减去另外的 10 个像素，这样 $y(0)$ 就把抛射椭圆的顶部放在了窗口可见的底部。下图为抛体期望的像素位置示意图：

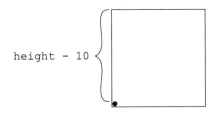

```
draw_y = panel.height - 10 - y
panel.fill_oval(x, draw_y, 10, 10)
```

使用前面的更改，程序将生成正确的输出。我们还将为抛体大小 10 添加一个常数：

```
# projectile size on screen
PROJECTILE_SIZE = 10
```

这个程序的最后一个有趣之处是结合 DrawingPanel 的 sleep 函数来生成一些动画。我们的程序中已经有了时间的概念，所以让我们告诉面板按存储在 time_increment 里的给定时间量休眠。time_increment 是以秒为单位存储的，而面板的 sleep 函数接受的参数是以毫秒为单位的，所以我们将它乘以 1000 再传递给 sleep 函数：

```
panel.sleep(time_increment * 1000)
```

以下是包括所有上述变化的最终程序，包含了文本和图形输出：

```
1   # This program computes the trajectory of a projectile.
2   # This version draws graphical output with a DrawingPanel.
3   import math
4   from DrawingPanel import *
5
6   # constant for Earth acceleration in meters/second^2
7   ACCELERATION = -9.81
8
9   # projectile size on screen
10  PROJECTILE_SIZE = 10
11
12  # Explains program to user with print statements.
13  def intro():
```

```
14      print("This program computes the")
15      print("trajectory of a projectile given")
16      print("its initial velocity and its")
17      print("angle relative to the")
18      print("horizontal.")
19      print()
20
21  # Reads input from user for velocity, angle, and steps.
22  # Returns those three values.
23  def read_input():
24      velocity = float(input("velocity (meters/second)? "))
25      angle = math.radians(float(input("angle (degrees)? ")))
26      steps = int(input("number of steps to display? "))
27      print()
28      return velocity, angle, steps
29
30  # Prints the table of x/y position of projectile over time.
31  def print_table(velocity, angle, steps):
32      x_velocity = velocity * math.cos(angle)
33      y_velocity = velocity * math.sin(angle)
34      total_time = -2.0 * y_velocity / ACCELERATION
35      time_increment = total_time / steps
36      x_increment = x_velocity * time_increment
37
38      # create a graphical window
39      panel = DrawingPanel(300, 120)
40
41      x = 0.0
42      y = 0.0
43      t = 0.0
44      print("step", "x", "y", "time", sep="\t")
45      for i in range(steps + 1):
46          print(i, round(x, 2), round(y, 2), round(t, 2), sep="\t")
47          draw_y = panel.height - PROJECTILE_SIZE - y   # flip y axis
48          panel.fill_oval(x, draw_y, PROJECTILE_SIZE, PROJECTILE_SIZE)
49          panel.sleep(time_increment * 1000)
50
51          t += time_increment
52          x += x_increment
53          y = y_velocity * t + 0.5 * ACCELERATION * t * t
54
55  def main():
56      intro()
57      velocity, angle, steps = read_input()
58      print_table(velocity, angle, steps)
59
60  main()
```

```
This program computes the
trajectory of a projectile given
its initial velocity and its
angle relative to the
horizontal.

velocity (meters/second)? 30
angle (degrees)? 50
number of steps to display? 10


step    x       y       time
0       0.0     0.0     0.0
1       9.03    9.69    0.47
2       18.07   17.23   0.94
3       27.1    22.61   1.41
4       36.14   25.84   1.87
5       45.17   26.92   2.34
6       54.21   25.84   2.81
7       63.24   22.61   3.28
8       72.28   17.23   3.75
9       81.31   9.69    4.22
10      90.35   0.0     4.69
```

本章小结

- 可以编写函数来接受参数，这些参数是一组特征集，用于区分任务家族中的不同成员。参数允许数据值流入函数，这可以改变函数执行的方式。用一组参数定义的函数可以执行一系列类似的任务，而不是只执行一个任务。

- 可以编写函数，将值返回给调用代码。该特性允许函数执行复杂的计算，然后将其结果返回给调用代码。

- Python 有一个名为 math 的库，其中包含一些有用的函数，这些函数可以在程序中使用，

比如求幂、平方根和对数。还有一个库叫作 random，它生成随机数。

- 有些程序是交互式的，可以响应用户的输入。这些程序应该向用户打印一条消息，也称为提示，请求输入。

- DrawingPanel 是作者提供的一个自定义库，可以方便地在屏幕上显示图形化窗口。Drawing-Panel 可以使用 draw_line 和 fill_rect 等方法在屏幕上以不同的颜色绘制线条、文本和形状。形状可以"绘制"（只绘制轮廓）或"填充"（给整个形状着色）。

自测题

3.1 节：参数

1. 下面的程序产生什么输出？

```python
def sentence(num1, num2):
    print(num1, num2)


def main():
    x = 15
    sentence(x, 42)
    y = x - 5
    sentence(y, x + y)


main()
```

2. 下面的程序产生什么输出?

```python
def print_odds(n):
    for i in range(1, n + 1):
        odd = 2 * i - 1
        print(odd, end=" ")
    print()


def main():
    print_odds(3)
    print_odds(17 // 2)
    x = 25
    print_odds(37 - x + 1)


main()
```

3. 下面的程序产生什么输出?

```python
def half_the_fun(number):
    number = number // 2
    for count in range(1, number + 1):
        print(count, end=" ")
    print()


def main():
    number = 8
    half_the_fun(11)
    half_the_fun(2 - 3 + 2 * 8)
    half_the_fun(number)
    print("number =", number)


main()
```

4. 下面的程序产生什么输出?

```python
def sentence(she, who, whom):
    print(who, "and", whom, "like", she)


def main():
    whom = "her"
```

```
    who = "him"
    it = "who"
    he = "it"
    she = "whom"

    sentence(he, she, it)
    sentence(she, he, who)
    sentence(who, she, who)
    sentence(it, "stu", "boo")
    sentence(it, whom, who)

main()
```

5. 下面的程序产生什么输出？

```
def touch(elbow, ear):
    print("touch your", elbow, "to your", ear)

def main():
    head = "shoulders"
    knees = "toes"
    elbow = "head"
    eye = "eyes and ears"
    ear = "eye"

    touch(ear, elbow)
    touch(elbow, ear)
    touch(head, "elbow")
    touch(eye, eye)
    touch(knees, "Toes")
    touch(head, "knees " + knees)

main()
```

6. 下面的程序产生什么输出？

```
def carbonated(coke, soda, pop):
    print("say", soda, "not", pop, "or", coke)

def main():
    soda = "coke"
    pop = "pepsi"
    coke = "pop"
    pepsi = "soda"
    say = pop

    carbonated(coke, soda, pop)
    carbonated(pop, pepsi, pepsi)
    carbonated("pop", pop, "koolaid")
```

```
    carbonated(say, "say", pop)

main()
```

7. 编写一个名为 print_strings 的函数，该函数接受一个字符串和重复次数作为参数，函数将按给定的重复次数打印给定的字符串，并且字符串之间用空格分隔。例如，调用

```
print_strings("abc", 5)
```

将打印以下输出：

abc abc abc abc abc

3.2 节：返回值

8. 下列程序中存在哪些错误？

```
# converts Fahrenheit temperatures to Celsius
def ftoc(tempf, tempc):
    tempc = (tempf - 32) * 5 // 9


def main():
    tempf = 98.6
    tempc = 0.0
    ftoc(tempf, tempc)
    print("Body temp in C is:", tempc)


main()
```

9. 求下列表达式的值：

a. math.abs(-1.6)

b. math.abs(2 + -4)

c. math.pow(6, 2)

d. math.pow(5 // 2, 6)

e. math.ceil(9.1)

f. math.ceil(115.8)

g. math.max(7, 4)

h. math.min(8, 3 + 2)

i. math.min(-2, -5)

j. math.sqrt(64)

k. math.sqrt(76 + 45)

l. 100 + math.log10(100)

m. 13 + math.abs(-7) - math.pow(2, 3) + 5

n. math.sqrt(16) * math.max(math.abs(-5), math.abs(-3))

o. 7 - 2 + math.log10(1000) + math.log(math.pow(math.e, 5))

p. math.max(18 - 5, math.ceil(4.6 * 3))

10. 下面程序的输出是什么？

```
    def mystery(z, x, y):
```

```
    z -= 1
    x = 2 * y + z
    y = x - 1
    print(y, z)
    return x

def main():
    x = 1
    y = 2
    z = 3
    z = mystery(x, z, y)
    print(x, y, z)
    x = mystery(z, z, x)
    print(x, y, z)
    y = mystery(y, y, z)
    print(x, y, z)

main()
```

11. 写出每个表达式的结果。注意，只有在使用 = 操作符重新赋值变量时，变量的值才会更改。

```
grade = 2.7
count = 25
math.round(grade)                      # grade = _____
grade = math.round(grade)              # grade = _____
min = math.min(grade, math.floor(2.9)) # min   = _____
x = math.pow(2, 4)                     # x     = _____
x = math.sqrt(64)                      # x     = _____
math.sqrt(count)                       # count = _____
count = math.sqrt(count)               # count = _____
a = math.abs(math.min(-1, -3))         # a     = _____
```

12. 编写一个名为 count_quarters 的函数，该函数接受一个表示美分数的整数作为参数，并返回由该美分数表示的两角五分（quarter）硬币数。不要把任何整数美元计算在内，因为这些钱会以纸币的形式分发。例如，count_quarters(64) 将返回 2，因为 64 美分等于 2 个 quarter 加剩下的 14 美分。调用 count_quarters(1278) 将返回 3，因为在去掉 12 美元之后，剩下的 78 美分中包含 3 个 quarter。

3.3 节：交互式程序

13. 编写一个程序，询问用户的年龄，然后输出用户距离退休年龄的年数。假设用户将在 65 岁退休。下面是程序的运行示例。

```
How old are you? 23
You have 42 years until retirement.
```

14. 编写 Python 代码从用户处读取一个数字，然后打印该数字乘以 2 的结果。你可以假设用户输入了一个合法的数字。

15. 编写 Python 代码，提示用户输入一个短语和重复该短语的次数，然后按要求的次数打印该短语。下面是一个与用户对话的例子：

```
What is your phrase? His name is Robert Paulson.
How many times should I repeat it? 3
His name is Robert Paulson.
His name is Robert Paulson.
His name is Robert Paulson.
```

3.4 节：图形

16. 下列哪个是绘制矩形的正确语法？假设 p 是一个 DrawingPanel。

　　a. `p.drawRect(10, 20, 50, 30)`

　　b. `p.draw_rectangle(10, 20, 50, 30)`

　　c. `p.draw.rect(10, 20, 50, 30)`

　　d. `DrawingPanel.draw_rect(10, 20, 50, 30)`

　　e. `p.draw_rect(10, 20, 50, 30)`

17. 下面的代码中有两处错误，它试图从坐标（50, 86）到（20, 35）绘制一条直线。错误是什么？

```
panel = DrawingPanel(200, 200)
draw_line(50, 20, 86, 35)
```

18. 下面的代码尝试绘制一个黑色填充的外部矩形和一个白色填充的内部圆：

```
panel = DrawingPanel(200, 100)
panel.set_color("white")
panel.fill_oval(10, 10, 50, 50)
panel.set_color("black")
panel.fill_rect(10, 10, 50, 50)
```

然而，图形化输出看起来像下图。为了让它看起来像预期的那样，需要怎样修改代码？

19. 下面的程序将绘制什么样的图形？你能先不运行程序，画一幅能大致匹配它的画吗？

```
def main():
    panel = DrawingPanel(200, 200)
    for i in range(20):
        panel.draw_oval(i * 10, i * 10, 200 - (i * 10), 200 - (i * 10))

main()
```

习题

1. 编写一个名为 print_numbers 的函数，该函数接受一个最大值作为参数，并打印从 1 到该最大值（包括最大值）的每个数字，并用方括号括起来。例如，考虑以下调用：

```
print_numbers(15)
print_numbers(5)
```

这些调用应该产生以下输出：

```
[ 1 ] [ 2 ] [ 3 ] [ 4 ] [ 5 ] [ 6 ] [ 7 ] [ 8 ] [ 9 ] [ 10 ] [ 11 ] [ 12 ] [ 13 ] [ 14 ] [ 15 ]
[ 1 ] [ 2 ] [ 3 ] [ 4 ] [ 5 ]
```

你可以假设传递给 print_numbers 的值大于或等于 1。

2. 编写一个名为 print_powers_of_2 的函数，该函数接受一个最大值作为参数，并打印从 2^0（1）到 2 的该最大值次幂（包括）。例如，考虑以下调用：

```
print_powers_of_2(3)
print_powers_of_2(10)
```

这些调用应该产生以下输出：

```
1 2 4 8
1 2 4 8 16 32 64 128 256 512 1024
```

你可以假设传递给 print_powers_of_2 的值大于或等于 0。（math 模块可以帮助你解决这个问题。如果你使用它，你可能需要将它的结果从 float 转换为 int，这样你就不会在输出的每个数字后面看到一个 .0。也请试着不用 math 模块来写这个程序。）

3. 编写一个名为 print_powers_of_n 的函数，该函数接受一个底数和一个指数作为参数，并输出底数的 n 次幂，n 为从 0 到输入的指数参数（包含该指数）。例如，考虑以下调用：

```
print_powers_of_n(4, 3)
print_powers_of_n(5, 6)
print_powers_of_n(-2, 8)
```

这些调用将产生以下输出：

```
1 4 16 64
1 5 25 125 625 3125 15625
1 -2 4 -8 16 -32 64 -128 256
```

你可以假设传递给 print_powers_of_n 的指数值大于或等于 0。（math 模块可以帮助你解决这个问题。如果你使用它，你可能需要将它的结果从 float 转换为 int，这样就不会在输出的每个数字后面看到一个 .0。也请试着不用 math 模块来写这个程序。）

4. 编写一个名为 print_square 的函数，该函数接受最小和最大整数作为参数，并打印递增数的行方块。第一行应该从最小值开始，后面的每一行都应该从下一个更高的数字开始。一行上的数字序列在达到最大值后回卷到最小值。例如，调用 print_square(3, 7) 应该产生以下输出：

```
34567
45673
56734
67345
73456
```

如果参数传递的最大值小于最小值，则函数不产生输出。

5. 编写一个名为 larger_abs_val 的函数，该函数接受两个整数作为参数，并返回两个绝对值中较大的那个。调用 larger_abs_val(11, 2) 将返回 11，调用 larger_abs_val(4, –5) 将返回 5。

6. 编写一个名为 quadratic 的函数，该函数可以解二次方程并打印它们的根。回忆一下，二次方程是一个关于变量 x 的形式为 $ax^2 + bx + c = 0$ 的多项式方程。二次方程的求解公式为：

$$x = \frac{-b \pm \sqrt{b^2 - 4ac}}{2a}$$

下面是一些例子方程和它们的根：

$$-x^2 - 7x + 12: x = -4, x = -3$$
$$-x^2 + 3x + 2: x = -2, x = -1$$

你的函数应该接受系数 a、b 和 c 作为参数，并输出方程的根。你可以假设这个方程有两个实根，尽管数学上并不总是这样。

7. 编写一个名为 last_digit 的函数，该函数返回整数的最后一位。例如，last_digit(3572) 应该返回 2。它也适用于负数。例如，last_digit(–947) 应该返回 7。

8. 编写一个名为 area 的函数，该函数接受圆的半径作为参数，并返回圆的面积。例如，调用 area(2.0) 应该返回大约 12.566370614359172。回想一下，面积可以用 pi 乘以半径的平方来计算，Python 有一个常量叫 math.pi。

9. 编写一个名为 pay 的函数，该函数接受两个参数：一个表示助教（TA）时薪的实数和一个表示 TA 本周工作时间的整数。函数应该返回给 TA 多少钱。例如，调用 pay(5.50, 6) 应该返回 33.0。对于超过 8 小时的工作，助教应获得正常工资 1.5 倍的"加班费"。例如，调用 pay(4.00, 11) 应该返回 (4.00 * 8) + (6.00 * 3) 或 50.0。

10. 编写一个名为 sphere_volume 的函数，该函数接受半径作为参数，并返回具有该半径的球体的体积。例如，调用 sphere_volume(2.0) 应该返回大约 33.510321638291124。半径为 r 的球体体积公式如下：

$$volume = \frac{4}{3} \pi r^3$$

11. 编写一个名为 pad_string 的函数，该函数接受两个参数：一个字符串和一个表示长度的整数。函数应该用空格填补参数字符串，直到它的长度达到给定的长度。例如，pad_string("hello", 8) 应该返回 "hello   "，单词后跟三个空格。（当试图打印水平排列的输出时，这种函数很有用。）如果字符串的长度大于或等于长度参数，那么函数应该返回原始字符串。例如，pad_string("congratulations", 10) 应该返回未经修改的 "congratulations"。

12. 编写一个名为 vertical 的函数，该函数接受字符串作为参数，并将字符串的每个字母打印在单独的行上。例如，调用 vertical("hey now") 应该产生以下输出：

```
h
e
y

n
o
w
```

13. 编写一个程序，使用 DrawingPanel 绘制下图。

窗口宽 220 像素，高 150 像素。背景是黄色的。有两个 40×40 像素的蓝色椭圆。它们之间相隔 80 像素，并且左侧椭圆的左上角位于坐标（50, 25）处。有一个红色方块，它的上两个角恰好与两个椭圆的圆心相交。最后，有一条黑色的水平线穿过正方形的中心。

14. 通过一个名为 draw_figure 的函数修改前面练习中的程序来绘制图形。函数应该接受三个参数：要在其上绘制的 DrawingPanel 和一对指定图形左上角位置的 *x/y* 坐标。你的函数可以使用如下的函数头：

```
def draw_figure(panel, x, y):
```

将 DrawingPanel 的大小设置为 450×150 像素，并使用 draw_figure 函数在其上放置两个图形，如下图所示。一个图形应该在位置（50, 25），另一个应该在位置（250, 45）。

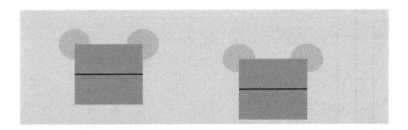

15. 假设你有以下现成的程序，它使用 DrawingPanel 来绘制人脸。修改程序以绘制如下图所示的输出。为此，需编写一个参数化函数，函数可在不同的位置绘制人脸。窗口大小应该更改为 320×180 像素，两个人脸的左上角分别在（10, 30）和（150, 50）的位置。

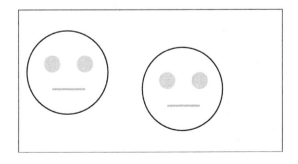

```
def main():
    panel = DrawingPanel(220, 150)
    panel.draw_oval(10, 30, 100, 100, "black")    # face outline
```

```
        panel.fill_oval(30, 60, 20, 20, "blue")        # eyes
        panel.fill_oval(70, 60, 20, 20, "blue")
        panel.draw_line(40, 100, 80, 100, "red")       # mouth

main()
```

16. 修改之前的程序以绘制以下新输出。窗口大小应该更改为 520 × 180 像素，并且人脸的左上角坐标分别是（10, 30），（110, 30），（210, 30），（310, 30）和（410, 30）。

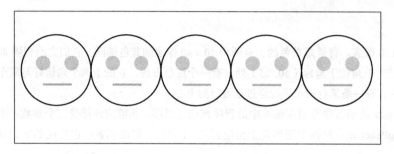

17. 编写一个带有 show_design 函数的程序，该函数使用 DrawingPanel 绘制下图。窗口宽 200 像素，高 200 像素。背景是白色的，前景是黑色的。每个矩形之间相隔 20 个像素，并且矩形是同心的（它们的中心在同一点上）。使用循环来绘制重复的矩形。

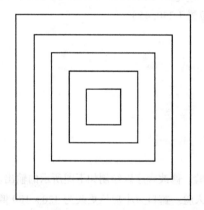

18. 修改前面练习中的 show_design 函数，使它接受窗口宽度和高度作为参数，并以适当的大小显示矩形。例如，如果使用 300 和 100 的值调用 show_design 函数，则窗口将如下图所示。

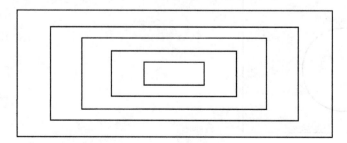

19. 编写一个程序，使用 DrawingPanel 绘制下图。第一级楼梯的左上角位于坐标（5, 5）。第一级楼梯的大小为 10 × 10 像素。每一级楼梯都比上一级宽 10 个像素。用前五级楼梯的 (x, y) 坐标和（宽 × 高）尺寸制作一个表格。注意哪些值会更改，哪些值保持不变。

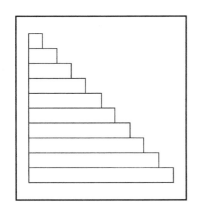

20. 修改之前的程序，以绘制以下每个输出。要求只修改循环体。(你可能想要创建一个新表来找到每个新输出的 x、y、宽度和高度的表达式。)

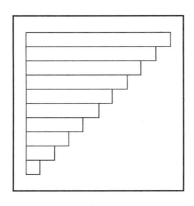

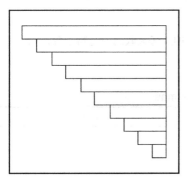

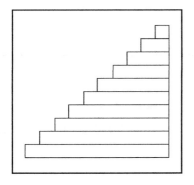

编程项目

1. 编写一个程序，生成圣诞树的图像作为输出。它应该具有一个包含两个参数的函数：一个用于表示树中的段数，另一个用于表示每段的高度。例如，下面左边的树有 3 段，每段高度为 4，右边的树有 2 段，每段高度为 5：

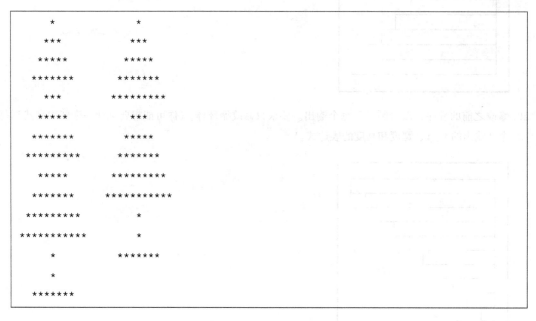

2. 某银行为储蓄账户提供 6.5% 的利息，年复利。创建一个表格，显示一个人在 25 年内将积累多少钱，假设这个人的初始投资是 1000 元，第一次投资后每年储蓄 100 元。你的表格应该显示每年的当前余额、利息、新存款和新余额。

3. 编写一个程序，显示歌曲" the Twelve Days of Christmas"中的人每天收到的礼物总数，如表 3-11 所示。

表 3-11   Twelve Days of Christmas

天	收到的礼物数	礼物总数
1	1	1
2	2	3
3	3	6
4	4	10
5	5	15
…	…	…

4. 编写一个程序，提示输入三角形的各个边长并报告该三角形的三个角度。

5. 编写一个程序，生成日历作为输出。你的程序应该有一个函数，它输出一个月的日历，如下所示，给定参数来指定一个月中有多少天，以及该月的第一个星期日是哪一天。在例子显示的月份中，这些值分别为 31 和 6。

```
   Sun     Mon     Tue     Wed     Thu     Fri     Sat
   +------+------+------+------+------+------+------+
   |      |      |    1 |    2 |    3 |    4 |    5 |
   |    6 |    7 |    8 |    9 |   10 |   11 |   12 |
   |   13 |   14 |   15 |   16 |   17 |   18 |   19 |
   |   20 |   21 |   22 |   23 |   24 |   25 |   26 |
   |   27 |   28 |   29 |   30 |   31 |      |      |
   +------+------+------+------+------+------+------+
```

该程序的一个棘手部分是使各列以适当的宽度正确对齐。在下一章中，我们将学习更好的格式化输出的方法。现在，你可以将下面的帮助函数复制到你的程序中，并调用它将一个数字转换为一个给定宽度的左填充字符串。例如，调用 print(padded(7, 5)) 将打印带有四个前导空格的数字 7。

```python
# Returns a string of the number n, left-padded
# with spaces until it is at least the given width.
def padded(n, width):
    s = str(n)
    for i in range(len(s), width):
        s = " " + s
    return s
```

条 件 执 行

在前面的章节中，我们学习了如何使用 for 循环重复执行某些任务来解决复杂的编程问题。还学习了如何使用常量以及读入用户输入并转换为相应数据类型的值。现在我们将学习一种更强大的技术来编写能够适应不同情况的代码。

在本章中，我们将学习称为 if/else 语句的控制结构来控制程序按条件执行。使用 if/else 语句，依据某些条件是否为真，可以命令计算机执行不同的代码段。if/else 语句像 for 循环一样是程序设计语言的最基本程序结构之一，功能非常强大。

本章还将扩展一些常见编程内容。包括对尚未学习的循环技术的探索、对文本处理问题的讨论。将条件执行添加到程序中，还需要复习函数、参数和返回值等内容，以便可以更好地理解一些语法细节。本章最后总结了几条经验法则，帮助读者设计出更好的过程式程序。

4.1 if/else 语句

在编写程序时，某些情况下不是一直顺序执行程序，而是要在某些时候分支执行。这里可以使用 if 语句来完成此任务。

if 语句的一般语法形式如下：

```
if test:
    statement
    statement
    ...
    statement
```
语法模板：if 语句

if 语句与 for 循环一样也是一种控制结构。Python 关键字（if）后跟一些其他信息和一个冒号，下面是一组缩进的控制语句。

例如，假设编写一个游戏程序，需要在每次用户获得新高分并存储该分数时打印一条消息。可以通过在 if 语句中添加两行代码来实现此目的：

```
if current_score > max_score:
    print("A new high score!")
    max_score = current_score
```

有时希望执行 if 语句中的两行代码，但有时不希望。if 关键字后面的语句是判定条件（判别式），决定是否执行 if 语句中的语句。换句话说，判别式描述了要执行缩进代码的必要条件。

图 4-1 显示了简单 if 语句的控制流。计算机执行判别式，如果计算结果为 True，

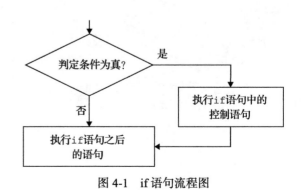

图 4-1 if 语句流程图

则计算机执行控制语句。如果判别式结果为 False，则计算机会跳过控制语句继续执行下面的语句。

简单的 if 语句允许判别式条件为 True 时执行控制语句，为 False 时跳过控制语句继续顺序执行。Python 还有一个称为 if/else 语句的变体，允许在两组控制语句之间进行选择。

if/else 语句的一般语法形式是：

```
if test:
    statement
    statement
    ...
    statement
else:
    statement
    statement
    ...
    statement
```

语法模板：*if/else语句*

例如，假设给一个名为 answer 的变量赋值为数值 number 的平方根：

```
answer = math.sqrt(number)
```

如果 number 为负数，则不能求其实数平方根。要避免这个问题，可使用简单的 if 语句：

```
if number >= 0:
    answer = math.sqrt(number)
```

此代码将避免计算负数的平方根。但如果 number 为负数，该给 answer 赋什么值呢？在这种情况下，最好使用 if/else 语句，它提供了两个备选方案并执行其中一个或另一个。在上面的情况中，无论条件是否为真，都会为 answer 分配一个值。

假设当 number 为负数时要将 answer 赋值为 –1。可以使用以下的 if/else 语句表示两个备选方案：

```
if number >= 0:
    answer = math.sqrt(number)
else:
    answer = -1
```

这种控制结构的不同之处在于它有两个不同的关键字（if 和 else）和两组控制语句。图 4-2 显示了控制流。计算机执行判别式并根据判别结果是 True 还是 False 决定执行一组或另一组语句。

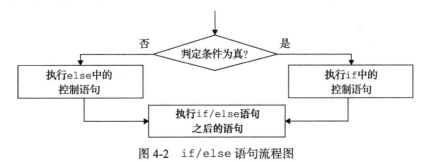

图 4-2　if/else 语句流程图

4.1.1 关系运算符

if/else 语句由判别式控制程序执行过程。简单判别式比较两个表达式，看它们是否以某种方式相关联。判别式本身是以下形式的表达式，它返回 True 或 False。

expression   relational operator   expression
语法模板：关系表达式

判别式的求值过程为，首先计算左右两侧两个表达式的值，然后判定两个值之间是否存在关系运算符表示的给定关系。如果关系成立，则判别结果为 True。如果不成立，则判别结果为 False。

True 和 False 是一种名为 bool 的新数据类型的值。实际上，它们也是 bool 类型中唯一的两个值。bool 是 boolean 的缩写，是以 19 世纪数学家 George Boole 的名字命名的。

关系运算符在表 4-1 中列出。需要强调的是等于运算符由两个等号（==）组成，以区别于给变量定义和赋值的 = 运算符。

表 4-1　关系运算符

运算符	含义	示例	值
==	等于	2 + 2 == 4	True
!=	不等于	3.2 != 4.1	True
<	小于	4 < 3	False
>	大于	4 > 3	True
<=	小于或等于	2 <= 0	False
>=	大于或等于	2.4 >= 1.6	True

可以在 Python Shell 中测试关系运算符：

```
>>> 2 + 2 == 4
True
>>> 4 < 3
False
```

因为表达式使用了新运算符，即关系运算符，所以必须重新考虑运算符优先级。表 4-2 是包含这些新运算符和第 2 章中的运算符的更新版本的优先级表。从表中可以看出，等价比较的优先级与其他关系运算符的优先级略有不同，但两组运算符的优先级都比算术运算符的优先级低。

表 4-2　Python 运算符优先级

描述	运算符
括号	(,)
幂运算符	**
一元运算符	+, -
乘法类运算符	*, /, %
加法类运算符	+, -
关系运算符	<, >, <=, >=
等于运算符	==, !=
赋值运算符	=, +=, -=, *=, /=, %=

来看一下包含关系运算符的运算符优先级示例。以下表达式由常数 3、2、9 以及加法、乘法和等于运算符组成:

```
3 + 2 * 2 == 9
```

首先执行哪些运算?因为关系运算符的优先级低于算术运算符,所以首先执行乘法,然后执行加法,最后执行相等性判别。换句话说,Python 将在判别任何关系之前首先执行所有"数学"运算。此优先级设计使你无须在使用关系运算符判别式的左侧和右侧放置括号。当遵循 Python 的优先规则时,示例表达式的计算过程如下:

```
3 + 2 * 2 == 9

3 +   4    == 9

   7       == 9

      False
```

只要类型兼容,可以在关系运算符的任意一侧放置任意表达式。下面是一个在两边都有复杂表达式的判别式:

```
(2 - 3 * 8) // (435 % (7 * 2)) <= 3.8 -  4.5 / (2.2 * 3.8)
```

到目前为止,只展示了包含一个关系运算符的示例。与其他编程语言不同,在 Python 中关系运算符可以像在数学中一样串联起来。例如,以下表达式的计算方式与数学计算方式相同:

```
>>> # test whether x is between 1 and 10
>>> x = 5
>>> 1 <= x <= 10
True
>>> 4 < 5 < 90 > 7
True
>>> 4 == 4 != 6 == 7
False
```

前面学习了关系运算符如何在相同数据类型的变量和字面量之间进行计算。混合数据类型的关系运算会发生什么? Python 可以轻松地混合整型和浮点型,因为它们有明确的顺序。它还可以比较布尔值和数值。但是,如果字符串和其他数据类型的值(如 int)使用 <, >, <= 或 >=,则会发生 TypeError。

```
>>> # comparison between int and float
>>> 2 < 2.5
True
>>> # convert string to integer and compare
>>> int("42") > 40
True
>>> # compare == between string and integer
>>> "42" == 42
```

```
False
>>> # compare > between string and integer
>>> "42" > 40
Traceback (most recent call last):
  File "<stdin>", line 1, in <module>
TypeError: '>' not supported between instances of 'str' and 'int'
```

等于运算符可以处理所有不同类型的值对。不同类型的值被认为是不相等的。

4.1.2 if/else 语句嵌套

许多初学者会编写如下所示的代码：

```
if test1:
    statement1
if test2:
    statement2
if test3:
    statement3
```

语法模板：*非嵌套的if语句*

如果判别式之间是独立的并且想要执行三个语句的任意组合，则此顺序结构是合适的。例如，程序中编写具有三个可选部分的问卷，此代码中的任何组合都可能适用于被调查者。

图 4-3 显示了顺序的 if 语句的流程。计算机可能不执行任何控制语句（如果所有判别式都为 False），也可能只执行其中一个（如果只有一个判别式恰好为 True），或者多个（如果多个判别式为 True）。

通常，程序只想执行一系列语句中的一个。在这种情况下，最好嵌套 if 语句，将它们嵌套在另一个语句中：

```
if test1:
    statement1
else:
    if test2:
        statement2
    else:
        if test3:
            statement3
```

语法模板：*嵌套的if语句*

使用此语法时，可以确保计算机最多只执行一个语句，第一个判别结果为 True 的判别式对应的语句。如果没有判别式结果为 True，则不执行任何语句。如果你的目的是最多执行一个语句，则此嵌套的 if 语句比顺序的 if 语句更合适。它降低了出错的可能性并简化了判别过程。

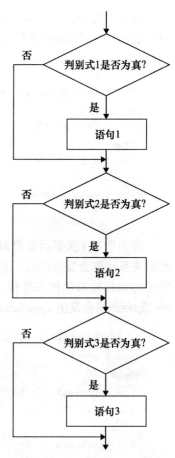

图 4-3　顺序的 if 语句流程图

嵌套的 if 语句会导致很多缩进。缩进不是很有用，因为这种结构实际上是选择多种替代方案中的一种。如果 else 后跟一个 if，把它们放在同一行并将 else 与 if 组合在一起，形成一个新关键字 elif。

遵循此约定时，各种语句都出现在相同的缩进级别。

```
if test1:
    statement1
elif test2:
    statement2
elif test3:
    statement3
```
语法模板：以*elif*结尾的嵌套的*if*语句

图 4-4 显示了嵌套的 if/else 代码的流程。可以执行其中一个控制语句（第一个判别结果为 True 的判别式对应的语句）或一个都不执行（如果没有判别式结果为 True）。

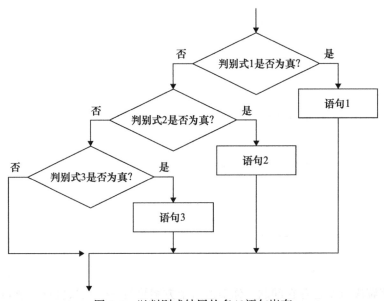

图 4-4　以判别式结尾的多 if 语句嵌套

在此结构的变体中，最终语句是由 else 而不是由判别式来控制：

```
if test1:
    statement1
elif test2:
    statement2
else:
    statement3
```
语法模板：以*else*结尾的嵌套的*if*语句

在此语法中，计算机在所有判别式失败时选择最终分支，因此该构造将始终执行三个语句中的一个。图 4-5 显示了修改过的嵌套的 if/else 代码的流程。

为了理解这些 if 语句的变体，假设有一个让计算机判别数值是正数、负数还是零的任务。可以将此任务构造为三个简单的 if 语句，如下所示：

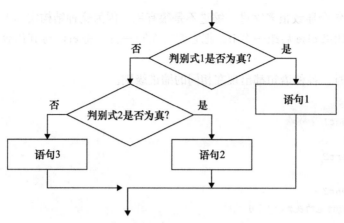

图 4-5   以 else 结尾的多 if 语句嵌套

```
# print a message about the sign of an integer (v1)
if number > 0:
    print("Number is positive.")
if number == 0:
    print("Number is zero.")
if number < 0:
    print("Number is negative.")
```

必须停下来思考正在执行的判别，以确定可能执行的打印次数。如果嵌套 if 语句，则不必花费太多精力去理解这段代码并且代码会更清晰：

```
# print a message about the sign of an integer (v2)
if number > 0:
    print("Number is positive.")
elif number == 0:
    print("Number is zero.")
elif number < 0:
    print("Number is negative.")
```

然而，该解决方案还存在问题。你知道这个方案执行一个且只执行一个 print 语句，但这种嵌套结构并不排除不执行语句的可能性（如果所有三个判别式都为假，则会发生这种情况）。当然这些特殊的判别结果永远不会发生，如果一个数值既不是正数也不是零，它必须是负数。因此，这时最终判别是不必要的。你必须考虑是否存在三个判别式都为假，三个分支都被跳过的可能性。

在这个任务中，最好的解决方案是带最终分支 else 的嵌套的 if/else 方法，如果前两个判别失败，则始终选择最终分支：

```
# print a message about the sign of an integer (v3)
if number > 0:
    print("Number is positive.")
elif number == 0:
    print("Number is zero.")
else:
    print("Number is negative.")
```

审视这个嵌套的 if/else 语法结构，立即可以看出会执行且只会执行一个打印语句。你不必为此而去查看正在执行的判别，这是该结构的一个特性。你也可以添加注释进行说明：

```
# print a message about the sign of an integer (v3)
if number > 0:
    print("Number is positive.")
elif number == 0:
    print("Number is zero.")
else:
    # number must be negative
    print("Number is negative.")
```

此方法的最后一个好处是效率。当代码包含三个简单的 if 语句时，计算机将始终执行所有三个判别。当使用嵌套的 if/else 语句时，计算机仅在找到匹配项之前执行判别，这样可以更好地节约资源。例如，在前面的代码中，只需要对正数进行一次判别，且最多进行两次判别。

当需要编写代码在多个选项间进行选择时，必须分析特定问题以确定可能要执行的分支数量。如果采用哪种分支组合无关紧要，可使用顺序的 if 语句。如果希望明确选择一个分支或不选择一个分支，请使用以判别结尾的嵌套的 if/else 语句。如果只想要选择一个分支，请使用以 else 结尾的嵌套的 if/else 语句，其中最后一个分支不进行判别控制。表 4-3 总结了这些选择。

表 4-3　if/else 选择

# 顺序 if：执行控制语句的 # 任意组合	# 嵌套的 if/else，以判别式结尾： # 执行零个或一个控制语句	# 嵌套的 if/else，以 else 结尾： # 只执行一个控制语句
if *test1*:	if *test1*:	if *test1*:
statement1	*statement1*	*statement1*
if *test2*:	elif *test2*:	elif *test2*:
statement2	*statement2*	*statement2*
if *test3*:	elif *test3*:	else:
statement3	*statement3*	*statement3*

常见编程错误

if/else 结构选择错误

假设教师告诉你成绩将按如下方式确定：

- A，当分数 ≥ 90；
- B，当分数 ≥ 80；
- C，当分数 ≥ 70；
- D，当分数 ≥ 60；
- F，当分数 < 60。

将此转换方法变成 if 语句，如下所示：

```
if score >= 90:
    grade = "A"
if score >= 80:
    grade = "B"
if score >= 70:
    grade = "C"
if score >= 60:
    grade = "D"
if score < 60:
    grade = "F"
```

此代码执行后，你会发现它只提供两个等级：D 和 F。任何分数不低于 60 的人都会得到一个 D，任何分数低于 60 的人最终得到 F。

这个问题在于当使用顺序 if 语句时，程序可以顺序执行多个赋值语句，而不是如你所想只执行一个赋值语句。例如，如果学生的分数为 95，该学生的成绩先被赋值为 "A"，再被重置为 "B"，然后被重置为 "C"，最后被重置为 "D"。可以使用嵌套的 if/else 语法来解决此问题：

```
if score >= 90:
    grade = "A"
elif score >= 80:
    grade = "B"
elif score >= 70:
    grade = "C"
elif score >= 60:
    grade = "D"
else:
    # score < 60
        grade = "F"
```

4.1.3 if/else 语句分解

假设要编写一个与用户进行博彩游戏的程序，并且需要根据用户现金余额提供不同的提示。嵌套的 if/else 语句结构划分了三种不同的情况：资金低于 500 美元被认为是过少，资金在 500 美元到 1000 美元之间被认为是正常，资金超过 1000 美元被认为是充足。根据每种现金余额情况向用户提供不同的建议：

```
# betting code (unfactored redundant version)
if money < 500:
    print("You have $", money, "left.")
    print("Cash is dangerously low. Bet carefully.")
    bet = int(input("How much do you want to bet?"))
elif money < 1000:
    print("You have $", money, "left.")
    print("Cash is somewhat low. Bet moderately.")
    bet = int(input("How much do you want to bet?"))
else:
```

```
print("You have $", money, "left.")
print("Cash is in good shape. Bet liberally.")
bet = int(input("How much do you want to bet?"))
```

这段代码有很多重复的语句，可以通过使用一种称为**分解**的技术来提高效率。分解是指重新组织这段代码，移除 if/else 语句中的重复片段以减少重复和冗余。

> **分解**
>
> 将公共的代码移出 if/else 语句以删除冗余。

采用分解的方法，从 if/else 语句的不同分支中提取出公共的代码片段。在前面的程序中，根据变量 money 的值可以执行三个不同的分支。首先记录下每个分支中现在执行的一系列操作并进行比较，如图 4-6 所示。

图 4-6　分解前的 if/else 分支

你可以在这种结构的顶部和底部进行分解。如果你注意到每个分支中的顶部语句是相同的，则将其从分支中分离出来并将其放在整个 if/else 语句之前。同理，如果每个分支中的底部语句相同，则将其从分支中分离出来并将其放在 if/else 语句之后。本例中可以将每个分支中的最前面一条语句和最后两个语句分离，如图 4-7 所示。

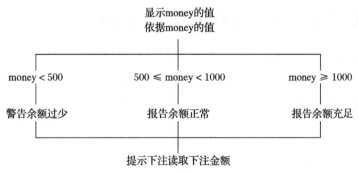

图 4-7　分解后的 if/else 分支

因此，前面的代码可以分解为以下更简洁的版本：

```
# betting code (factored improved version)
print("You have $", money, "left.")
if money < 500:
    print("Cash is dangerously low. Bet carefully.")
```

```
elif money < 1000:
    print("Cash is somewhat low. Bet moderately.")
else:
    print("Cash is in good shape. Bet liberally.")
bet = int(input("How much do you want to bet? "))
```

4.1.4 多个判别条件

在编写程序时，经常会发现自己想要有多个判别条件。例如，假设程序根据两个用户的年龄来采取特定的操作过程，如下所示：

```
# code to test two users' ages
if age1 >= 18:
    if age2 < 18:
        # user 1 is adult, user 2 is child
        do_something()
```

在上面代码行中，必须编写两个语句：一个判别第一个年龄是否大于或等于 18，另一个判别第二个年龄是否小于 18。

Python 提供了一种有效的替代方法：可以使用逻辑与（and）运算符组合这两个判别式。使用 and 运算符，前面的代码可以简写为：

```
# code to test two users' ages (with 'and')
if age1 >= 18 and age2 < 18:
    do_something()
```

显而易见，and 运算符是在左右两边判别结果均为 True 时结果才为 True。还有一个类似的运算符称为逻辑或（or）运算符，如果两个判别式中的任何一个结果为 True，则 or 运算结果为 True。例如，如果要判别变量 num 是否等于 1 或 2，可以说：

```
if num == 1 or num == 2:
    process_number(num)
```

我们将在下一章中更详细地探讨逻辑 and 和逻辑 or 运算符。

4.2 累积算法

随着我们学习的编程知识越来越多，你会发现某些模式经常出现。许多常见算法涉及逐步累积获得答案。在本节中，我们将学习一些最常见的**累积算法**。

> **累积算法**
> 通常使用循环以递增的方式计算总值的过程。

例如，对一组数值使用累积算法来计算平均值或查找最大值。

4.2.1 累积求和

经常会遇到一组数值的求和问题。一种方法是为每个值定义一个不同的变量，但这不是一个实际的解决方案。因为如果有一百个数一起累加，则需要定义一百个不同的变量。幸运的是，有一种更简单的方法。

诀窍是一次处理一个数值，并保存运行结果，后续继续累加。例如，定义一个名为 sum 的变量，编写以下代码行：

```
sum = sum + next
```

或者，可以使用复合赋值运算符：

```
sum += next
```

前面的语句在 sum 的现有值上加一个名为 next 的变量的值并将二者之和存储为 sum 的新值。对每个被求和的数值都执行该累加操作。请注意当第一次执行此语句时，sum 没有值。要解决此问题，请将 sum 初始化为不会影响答案的值：0。

下面是累积求和算法的伪代码描述：

```
sum = 0.
for each of the numbers to sum:
    obtain "next".
    sum += next.
```

要实现此算法，必须确定循环次数以及如何获取下一个值。下面是一个交互式程序，提示用户输入待求和数值的数量和每个数值：

```
 1  # Finds the sum of a sequence of numbers.
 2
 3  def main():
 4      print("This program adds a sequence of numbers.")
 5
 6      how_many = int(input("How many numbers do you have? "))
 7
 8      sum = 0.0
 9      for i in range(how_many):
10          next = float(input("Next number?"))
11          sum += next
12
13      print()
14      print("sum =", sum)
15
16  main()
```

程序的执行将看起来像这样（按惯例，粗体为用户输入）：

```
This program adds a sequence of numbers.
How many numbers do you have? 6
Next number? 3.2
Next number? 4.7
Next number? 5.1
Next number? 9.0
Next number? 2.4
Next number? 3.1
sum = 27.5
```

让我们详细跟踪执行过程。在进入 for 循环之前，将变量 sum 初始化为 0.0：

sum   `0.0`

在第一次执行 for 循环时，从用户读取的值为 3.2，将此值累加到 sum 中：

sum   `3.2`   next   `3.2`

第二次循环，读入值 4.7 并将其累加到 sum 中：

sum   `7.9`   next   `4.7`

总和现在已包括用户输入的两个数字，因为已将新值 4.7 和旧值 3.2 相加。第三次循环，将值 5.1 累加到 sum 中：

sum   `13.0`   next   `5.1`

变量 sum 现在包含前三个数字的总和（3.2 + 4.7 + 5.1）。现在读入 9.0 并将其累加到 sum 中：

sum   `22.0`   next   `9.0`

然后累加第五个值 2.4：

sum   `24.4`   next   `2.4`

累加第六个值 3.1：

sum   `27.5`   next   `3.1`

最后退出 for 循环并打印 sum 的值。

这个程序存在一个变量作用域的问题。变量 sum 在循环外定义，而变量 next 在循环内定义。只能在循环外定义 sum，因为它需要初始化并在循环之后使用。但是变量 next 仅在循环内部使用，因此可以在该内部范围内定义。尽可能在最内层范围定义变量。

累积求和算法及其变体在许多编程任务中都很有用。那么如何实现累积求积算法呢？下面是伪代码：

```
product = 1.
for each of the numbers to multiply:
    obtain "next".
    product *= next.
```

4.2.2 求最小 / 最大值循环

另一个常见的编程任务是查询序列中的最大值或最小值。例如，在月球上建造人类居住的生活区是否可行。一个阻碍是月球上的平均日表面温度是 –45 摄氏度。但更令人生畏的问题是月球表面温度的变化范围从最低 –151 摄氏度到最高 121 摄氏度，温差相当大。

要计算一组数值的最大值，可以跟踪到目前为止看到的最大值，如果遇到大于当前最大值的新值，则使用 if 语句更新最大值。这种方法可以用伪代码描述如下：

```
initialize max to 0.
for each of the numbers to examine:
    obtain "next".
    if next > max:
        max = next.
```

初始化最大值并不像听起来那么简单。例如，新手经常将 max 初始化为 0。但是如果正在检查的数字序列完全由负数组成呢？例如，要求找到下面这个序列的最大值：

$$-84, -7, -14, -39, -10, -17, -41, -9$$

此序列中的最大值为 –7，但如果已将 max 初始化为 0，则程序将错误地将 0 报告为最大值。

这个问题有两种经典的解决方案。首先，如果你知道正在检查的数值范围，你可以做出最合适的选择。在这种情况下，可以将 max 设置为范围中的最小值。这似乎违反直觉，因为通常我们认为最大值应是大的，但是实际上是将 max 设置为它最小可能值，以便任何更大的值都可以将 max 更新为该值。例如，前面的数值序列是以华氏度为单位的温度，就会知道它们永远不会小于绝对零度（大约 –273 摄氏度），因此可以将 max 初始化为该值。

第二种方法是将 max 初始化为序列中的第一个值。这意味着必须在循环外获得一个数值。将这两种方法结合起来时，伪代码变为：

```
initialize max either to lowest possible value or to first value.
for each of the numbers to examine:
    obtain "next".
    if next > max:
        max = next.
```

用于计算最小值的伪代码与此代码相比只略有变化：

```
initialize min either to highest possible value or to first value.
for each of the numbers to examine:
    obtain "next".
    if next < min:
        min = next.
```

为了更好地理解这一点，让我们将伪代码用于实际问题中。在数学中，存在一个**冰雹序列**（hailstone sequence）的开放问题。这些数字序列以不可预测的模式上升和下降，这有点类似于冰雹形成的过程。冰雹序列是一个数值序列，其中每个值 x 后接续的值为：

- （$3x + 1$），如果 x 为奇数；
- （$x/2$），如果 x 为偶数。

例如，如果从 7 开始构造长度为 10 的序列，则得到序列：

$$7, 22, 11, 34, 17, 52, 26, 13, 40, 20$$

在此序列中，最大值和最小值分别为 52 和 7。如果将此计算扩展到长度为 20 的序列，则会得到以下序列：

$$7, 22, 11, 34, 17, 52, 26, 13, 40, 20, 10, 5, 16, 8, 4, 2, 1, 4, 2, 1$$

在这种情况下，最大值和最小值分别为 52 和 1。注意到一旦序列中出现 1，2 或 4，序列就会一直重复下去。据推测所有整数最终都将达到 1，就像落在地上的冰雹一样。这是数学中尚未解决的问题。没有人能够反驳它，但也没有人能够证明它。

让我们来编写一个函数，接收一个起始值和一个序列长度作为参数，并打印该长度的冰雹序列中的每个值以及获得的最大值和最小值。函数头定义如下所示：

```
def print_hailstone_max_min(start, length):
    ...
```

使用起始值来初始化 max 和 min：

```
min = start
max = start
```

然后需要一个循环来生成序列的其他值。用户将输入一个参数 length 作为循环次数，但我们不希望执行循环体 length 次。因为起始值也是序列的一部分，所以循环迭代次数要比输入的序列长度少一。将该思想与求最大 / 最小值的伪代码相结合，循环将如下所示：

```
for i in range(length - 1):
    compute next value.
    print the value.
    if value > max:
        max = value.
    elif value < min:
        min = value.

print the max and min.
```

要替换 " compute next value（计算下一个值）" 的伪代码，需要将冰雹公式转换为代码。根据当前值是奇数还是偶数，这个公式有两种不同的计算方式。可以使用 if/else 语句来完成此任务。可以使用 " mod 2"（除以 2 时得到的余数）来判断奇偶性。偶数的余数为 0，奇数的余数为 1。因此判别式应如下所示：

```
if start % 2 == 0:
    do even computation.
else:
    do odd computation.
```

将冰雹数学公式转换为 Python 代码如下：

```
if value % 2 == 0:
    value = value // 2
else:
    value = 3 * value + 1
```

还没有填写的唯一一处伪代码是打印结果的部分。这个部分在循环之后，很容易完成。以下是完整的程序：

```
# Computes a hailstone sequence of 'length' steps,
# beginning with the given 'start' value,
# and prints the max and min integer seen in the sequence.
def print_hailstone_max_min(start, length):
    # initialize max/min and current value
    min = start
    max = start
    print(start, end=" ")
```

```
# perform the remaining steps of the sequence
value = start
for i in range(length - 1):
    if value % 2 == 0:
        value = value // 2
    else:
        value = 3 * value + 1
    print(value, end=" ")
    if value > max:
        max = value
    elif value < min:
        min = value

# display max/min values found
print()
print("max = ", max)
print("min = ", min)
```

4.2.3　使用 if 语句的累积求和

接下来让我们探讨如何在累积求和算法上使用 if/else 语句创建一些有趣的变体。假设要读取一组数值并计算它们的平均值。该任务看上去是累积求和代码的简单变体，即用总和除以序列中数值的个数来计算平均值：

```
average = sum / how_many
print("average =", average)
```

但是这个代码有一个小问题。假设当程序要求输入处理多少个数时，你输入的是 0。然后程序将不会进入累积求和的循环，并且这个代码将试图计算 0 除以 0 的值。Python 解释器将抛出 ZeroDivisionError 异常并且程序将终止退出。程序输出类似"没有任何数字可用来计算平均值"的消息要比程序异常终止好得多。为此可使用 if/else 语句来实现：

```
if how_many <= 0:
    print("No numbers to average")
else:
    average = sum / how_many
    print("average =", average)
```

使用 if 语句的另一个例子是统计用户输入的负数的个数。经常需要在程序中统计某事物的出现次数。使用 if 语句和称为**计数器**的整数变量很容易实现此任务。首先将计数器初始化为 0：

```
negatives = 0
```

可以使用任何名称作为变量名。在这里使用 negatives 作为计数变量，因为需要统计的是负数的个数。另一个重要步骤是如果通过了判别条件，则在循环内增加计数器值：

```
if next < 0:
    negatives += 1
```

当你将所有这些代码放在一起并修改注释和介绍时，你将得到累积求和程序的以下变体：

```
 1  # Finds the average of a sequence of numbers as well as
 2  # reporting how many of the user-specified numbers were negative.
 3
 4  def main():
 5      print("This program examines a sequence")
 6      print("of numbers to find the average")
 7      print("and count how many are negative.")
 8      print()
 9
10      how_many = int(input("How many numbers do you have? "))
11
12      negatives = 0
13      sum = 0.0
14      for i in range(how_many):
15          next = float(input("Next number?"))
16          sum += next
17          if next < 0:
18              negatives += 1
19
20      print()
21      if how_many <= 0:
22          print("No numbers to average")
23      else:
24          average = sum / how_many
25          print("average =", average);
26
27      print("# of negatives =", negatives)
28
29  main()
```

程序的执行将如下所示:

```
This program examines a sequence
of numbers to find the average
and count how many are negative.

How many numbers do you have? 8
Next number? 2.5
Next number? 9.2
Next number? -19.4
Next number? 208.2
Next number? 42.3
Next number? 92.7
Next number? -17.4
Next number? 8


average = 40.7625
# of negatives = 2
```

4.2.4   舍入误差

在实现累积算法时，需要注意实数的舍入问题。例如，执行上一个程序，用户输入以下数值：

```
This program examines a sequence
of numbers to find the average
and count how many are negative.

How many numbers do you have? 4
Next number? 2.1
Next number? -3.8
Next number? 5.4
Next number? 7.4


average = 2.7750000000000004
# of negatives = 1
```

如果使用计算器，会发现这四个数字加起来为 11.1。如果将此数除以 4，则得到 2.775。然而，Python 却将结果报告为 2.7750000000000004。那么数值后面的那些 0 和 4 都是哪来的？答案是浮点数可能导致舍入误差。由于计算机处理器对实数进行计算的方式不精确，舍入误差是由程序计算产生的微小偏差的浮点数。

舍入误差

因为浮点数存储为近似值而不是精确值发生的数值错误。

舍入误差通常较小，略高或略低于精确值。前例中舍入误差略高于精确值。

浮点数以类似于科学记数法的格式存储，由数值和指数两个部分构成。例如使用十进制在科学记数法中存储三分之一的值。这个数是 3.333 33（重复）乘以 10 的 -1 次幂。无法在计算机上存储无限个数字 3，必须在某个时候停止重复 3。假设可以存储 10 个数字。那么三分之一的值将被存储为 3.333333333 乘以 10 的 -1 次幂。如果将该数乘以 3，不会得到 1。只得到 9.999999999 乘以 10 的 -1 次幂（等于 0.9999999999）。

你可能想知道为什么在上一个示例中使用的数值在没有任何重复数字时也会导致问题。必须记住计算机将数值存储在二进制中。如 2.1 和 5.4 这样的数值可能看起来像十进制的简单数字，但是当它们以二进制存储时它们具有重复的数字。

舍入误差可能导致意想不到的结果。如运行下面的简短程序：

```
# loop that generates roundoff errors
n = 1.0
for i in range(10):
    n += 0.1
    print(n)
```

```
1.1
```

```
1.2000000000000002
1.3000000000000003
1.4000000000000004
1.5000000000000004
1.6000000000000005
1.7000000000000006
1.8000000000000007
1.9000000000000008
2.000000000000001
```

这是一个经典的循环累积求和的程序，每次循环执行时变量 n 增加 0.1。n 开始为 1.0，循环迭代 10 次，我们可能期望打印 1.1, 1.2, 1.3, ⋯，直到 2.0。但是，它产生了上面包含舍入误差的输出。

因为在二进制中 0.1 不能精确地存储（就像在十进制中的三分之一一样，它产生一组重复的数字）。每次循环时误差都会累积，因此舍入误差变得越来越大。

再看一个例子，将一美分、五美分、十美分和二十五美分累加的程序。如果不使用小数表示，无论累加数值的顺序如何，都会得到一个确切的答案：

```
cents1 = 1 + 5 + 10 + 25
cents2 = 25 + 10 + 5 + 1
print("cents =", cents1)
print("cents =", cents2)
```

```
cents = 41
cents = 41
```

无论累加顺序如何，这些数值的和总是 41 美分。但是假设不将这些值视为整数，而是将它们以小数形式存储：

```
dollars1 = 0.01 + 0.05 + 0.10 + 0.25
dollars2 = 0.25 + 0.10 + 0.05 + 0.01
print(dollars1)
print(dollars2)
```

```
0.41000000000000003
0.41
```

即使完全相同的数字相加，但以不同的顺序累加，实际上也会导致不同的舍入误差。从中可以得出几条经验：

- 浮点值存储的是近似值而不是精确值。如果需要存储精确值，请将其存储为整数。
- 浮点数的数值会略微偏离预期值。
- 不要直接比较小数变量的等价性。

对于第三条经验，执行下面的判别式看看代码会产生什么：

```
# testing whether two floats are exactly equal
```

```
dollars1 = 0.01 + 0.05 + 0.10 + 0.25
dollars2 = 0.25 + 0.10 + 0.05 + 0.01
if dollars1 == dollars2:    # will be false!
    ...
```

判别式结果为 False。虽然两个值非常接近，但不足以让 Python 认为它们相等。一般不直接判别两个浮点数是否完全相等。一般使用下面这样的判别式来查看两个数是否彼此接近：

```
# testing whether two floats are nearly equal
dollars1 = 0.01 + 0.05 + 0.10 + 0.25
dollars2 = 0.25 + 0.10 + 0.05 + 0.01
if abs(dollars1 -  dollars2) < 0.001:    # will be true
    ...
```

使用绝对值（abs）函数来找出差值的大小，然后判别它是否小于某个很小量（如 0.001）。实际上，这个问题非常普遍，Python 有一个名为 isclose 的内置数学函数来执行与上面代码示例相同的操作。isclose 函数的使用方法如下：

```
>>> a = 5.0
>>> b = 4.999999998
>>> math.isclose(a, b)
True
```

大多数时候浮点数的精确度无关紧要，但偶尔也会出现问题。Python 包含一个 Decimal 模块，用于精确地存储数值，而没有任何精度误差。由于 Decimal 类型使用起来有点笨拙，因此这里不会详细探讨它。感兴趣的读者可以在 Python 网站上自行学习：https://docs.python.org/3/library/decimal.html。

4.3 函数中的条件执行

在第 3 章中介绍了大量有关函数的信息，包括如何使用参数将值传递给函数以及如何使用 return 语句使函数返回值。在学习了条件执行后，我们需要重新讨论这些问题以便能够更深入地了解它们。

4.3.1 前置条件和后置条件

每次编写函数时，都应该考虑该函数需要完成的功能。**前置条件**在函数执行之前必须为真以及**后置条件**在函数执行之后将为真。

前置条件

在函数执行之前必须为真的条件，以保证函数可以执行其任务。

后置条件

只要在函数调用前前置条件为真，函数保证在完成执行后将为真的条件。

例如，如果描述汽车装配线上工人的任务，则可以使用后置条件，例如"将左前轮胎的

螺栓牢固地固定在车上"。但后置条件并不是全部。装配线上的员工工作彼此依赖。如果左轮胎不在或没有螺栓，装配线工人就不能添加螺栓并拧紧。因此，装配线工人需要有一些前置条件，例如"左轮胎正确安装在汽车上，供应箱中至少有 8 个螺栓并且有扳手。"换句话说，前置条件为真时装配线上员工开始工作，完成工作后可以使后置条件为真。

像装配线上的工人一样，函数也需要协同工作，每个函数都完成自己部分的任务，以便所有函数可以共同完成整体任务。前置条件和后置条件描述了函数之间的依赖关系。

4.3.2　抛出异常

前面已经看到了 Python 可能引发或**抛出**异常的几种情况。例如，如果将字符串与数值相加，则代码会引发 TypeError。现在，我们将了解一些可能发生异常的方式以及如何在自己的代码中抛出异常。

理想情况下，程序执行时不会产生任何错误，但实际上会出现各种问题。如果需要用户输入整数，但用户可能会意外地甚至恶意地键入不是整数的内容。或者代码可能有错误。

以下程序总是引发异常，因为它试图计算 1 除以 0，这在数学上是未定义的：

```
1  def main():
2      x = 1 / 0
3      print(x)
4
5  main()
```

```
Traceback (most recent call last):
  File "exception.py", line 5, in <module>
    main()
  File "exception.py", line 2, in main
    x = 1 / 0
ZeroDivisionError: division by zero
```

问题出在上面代码的第 2 行。当 Python 计算不存在的值时，它会引发一个异常，阻止程序执行，并警告在程序执行到特定代码行时发生了除零错误。

你可能希望在自己编写的代码中主动引发异常。特别是，如果前置条件失败，最好抛出异常。例如，假设编写一个函数来计算整数的阶乘。给定整数 n 的阶乘，记为" $n!$ "，是整数 1 到 n 的乘积，如下所示：

$$n! = 1 \times 2 \times 3 \times \cdots \times n$$

编写一个使用累积连乘计算整数阶乘的 Python 函数：

```
# Computes n!, or the product of the integers 1 through n.
def factorial(n):
    product = 1
    for i in range(2, n + 1):
        product *= i
    return product
```

然后，可以用循环来测试该函数在传入各种值时的输出：

```
for i in range(0, 11):
    print(str(i) + "! =", factorial(i))
```

循环产生以下输出：

```
0! = 1
1! = 1
2! = 2
3! = 6
4! = 24
5! = 120
6! = 720
7! = 5040
8! = 40320
9! = 362880
10! = 3628800
```

根据阶乘的数学定义，当要求计算 0! 时，阶乘函数应该返回 1。因为阶乘函数中的局部变量 product 初始化为 1，并且当参数 n 的值为 0 时，永远不会进入循环，所以这实际上是 0 的阶乘的值。

但是，如果请求计算负数的阶乘该怎么办？目前函数返回相同的值 1。阶乘的数学定义是，n 为负值时没有数学意义，因此当 n 为负时，函数不应该计算阶乘。在文档中记述函数的前置条件是函数仅接受正数或零：

```
# pre : n >= 0
```

添加有关此限制的注释很有帮助，但如果有人使用负值调用阶乘函数会怎么样？你可能认为程序应该打印错误消息，但这不是处理这种情况的最常用方法。如果传递负值，则通常表示调用阶乘函数的代码中存在错误，所以应立即停止程序的执行。这里最好的解决方案是抛出异常，这会导致发生错误从而停止执行程序。抛出异常的一般语法是：

```
raise ExceptionType
```
语法模板：抛出异常

还可以提供一个可选的字符串参数，表示在抛出异常时要包含的消息。当程序崩溃时该消息将打印输出在程序的控制台中，这有助于说明导致程序停止的原因。使用错误消息抛出异常的一般语法是：

```
raise ExceptionType("error message")
```
语法模板：抛出异常并显示错误消息

Python 提供几种类型的异常，可以在代码中抛出这些异常。表 4-4 列出了一些最常见的异常。有关完整列表，请参阅 Python 在线文档：https://docs.python.org/3/library/exceptions.html。

表 4-4　Python 的常见异常类型

异常类型	描述
ArithmeticError	无效的数学运算，例如除以零
AttributeError	尝试访问对象内的无效数据
ImportError	无法加载库或模块
IndexError	尝试访问序列（例如字符串）的非法索引

（续）

异常类型	描述
IOError	无法对文件执行输入或输出（I/O）操作
KeyError	在字典中查找无效键值
RecursionError	函数递归调用的次数太多
RuntimeError	运行时错误（不属于任何其他类别的一般错误）
SyntaxError	Python 代码中的无效语法
SystemError	操作系统或 Python 解释器中的问题
TypeError	操作应用于错误类型的值
ValueError	操作应用于不合适的值

当将不恰当的值作为参数传递时，就可使用 ValueError 异常类型。当然，只有在前置条件失败时才需要这样做，因此需要在 if 语句中包含可以使程序抛出 ValueError 异常的代码，如下所示：

```
if n < 0:
    raise ValueError
```

在抛出异常时，还可以包含一些文本以显示异常信息：

```
if n < 0:
    raise ValueError("n must be greater or equal to 0")
```

将关于前置条件和后置条件的注释以及抛出异常的代码合并到函数定义中，得到以下代码：

```
# Computes n!, or the product of the integers 1 through n.
# pre : n >= 0
def factorial(n):
    if n < 0:
        raise ValueError("n must be greater or equal to 0")
    product = 1
    for i in range(2, n + 1):
        product *= i
    return product
```

在抛出异常的 if 语句之后不需要 else 语句，因为当抛出异常时，它会暂停函数的执行。因此，如果使用负值 n 调用阶乘函数，Python 将永远不会执行 raise 语句后面的代码。

在 main 函数中调用阶乘函数，以测试此代码功能：

```
def main():
    print(factorial(-1))


main()
```

执行此程序时，它将停止执行并打印以下消息：

```
Traceback (most recent call last):
  File "factorial.py", line 13, in <module>
    main()
```

```
 File "factorial.py", line 11, in main
   print(factorial(-1))
 File "factorial.py", line 4, in factorial
   raise ValueError("n must be greater or equal to 0")
ValueError: n must be greater or equal to 0
```

该消息表明 factorial 程序已停止运行，因为抛出了一个输入为负值的 ValueError 异常。然后系统会显示追溯到程序哪儿出现异常。异常出现在 factorial 程序的 factorial 函数的第 4 行。因为在 factorial 程序的 main 函数的第 11 行调用了 factorial 函数。当调试程序中的错误时，此类信息非常有用。

抛出异常是**防御性编程**的一个例子。虽然我们不希望编写的程序中出现错误，但我们只是人类，所以我们希望建立一些机制，在我们犯错时给我们反馈。编写代码来判断传递给函数的值是否合适，并在出现不合适的值时抛出 ValueError，这是提供反馈的好方法。

4.3.3 回顾返回值

在第 3 章中，我们实现了一些简单的计算函数。例如：一个返回前 *n* 个整数的总和的函数。

```
# Returns the sum of the integers 1 through n.
def sum_of(n):
    return (n + 1) * n // 2
```

在学习了 if/else 语句以后，可以看一些涉及返回值的更有趣的例子。例如，在本书的前面实现了返回两个值中较大值的 max 函数。

让我们编写一个类似于 max 函数的名为 abs_max 的函数，该函数将两个数值作为参数并返回具有较大绝对值的那个数值。它的函数头将如下所示：

```
# Returns the integer that has the larger absolute
# value between x and y.
def abs_max(x, y):
    ...
```

我们想要返回 x 或 y，返回哪个取决于哪个的绝对值更大。这需要使用 if/else 结构：

```
def abs_max(x, y):
    if abs(x) > abs(y):
        return x
else:
    return y
```

此代码首先判断 x 的绝对值是否大于 y 的绝对值。如果是，则执行第一个分支返回 x。否则，执行 else 分支返回 y。但是如果 x 和 y 的绝对值相等呢？前面的代码在绝对值相等时执行 else 分支，但实际上当 x 和 y 的绝对值相等时执行哪个 return 语句并不重要。

当 Python 执行 return 语句时，该函数会停止执行。这就像是 Python 在命令："现在就离开这个函数。"这意味着这个函数也可以写成如下形式：

```
def abs_max(x, y):
    if abs(x) > abs(y):
        return x
    return y
```

此版本的代码在行为上是等效的，因为 if 语句中返回 x 的语句将导致 Python 立即退出函数，Python 将不执行 if 后面的 return 语句。另一方面，如果不进入 if 语句，则直接执行它后面的语句：return y。

在自己的程序中使用第一种形式还是第二种形式，这取决于个人喜好。第一种形式的 if/else 结构能够更清楚地表明函数在哪两个选项之间进行形式，但是有些人更喜欢第二种形式，因为它更简短。

再来看一个例子，编写一个名为 dice_game 的函数来模拟掷骰子游戏。该函数接收一个参数，该参数表示投掷单个六面骰子的次数。将按此次数投掷骰子，然后输出每次掷出的点数，并累计骰子点数的总和。该函数应返回所有点数的总和。如果骰子掷出 1，将失去所有累积值，游戏立即结束，返回 0。

例如，调用 dice_roll(5) 可能会得到 3，2，3，5，4 五个点数值。如果是这样，函数将返回 3 + 2 + 3 + 5 + 4 的值 17。在另一次调用中，可能会得到以下点数值：4，5，1。掷出 1 点的瞬间，函数将停止投掷并返回 0。此函数的累积算法的伪代码描述，如下所示：

```
def dice_roll(times):
    total = 0.
    repeat 'times' times:
        die = random value from 1 to 6.
        if die is 1: stop.
        otherwise: add die to total.

    if we rolled a 1: return 0.
    otherwise: return total.
```

如果掷出 1 点，可以不再投掷骰子并且立即停止函数。要编写此代码，必须了解 return 语句的详细工作原理。执行 return 语句时，Python 会立即退出该函数。这意味着如果在循环中有一个 return 语句，代码将跳出循环并立即返回值，而不再重复循环体的任何迭代。

在第 3 章中介绍了用 random 模块生成随机数。该模块中的 randint 函数在这里可用于模拟每次掷骰子。处理每次掷骰子的代码如下所示：

```
die = random.randint(1, 6)
print(die)
if die == 1:
    return 0    # stop immediately
```

如果不掷出 1 点，就不会立即返回。代码应该继续运行并投掷骰子多次。因此我们不希望在 else 语句中包含 return 语句。如果骰子点数不是 1 点，需要在 else 语句中将骰子点数累加到总点数上。重要的是要判断出代码何时应该提前停止或提前返回而不是算法何时应该继续运行。

以下程序包含该函数的完整实现，以及调用它的主函数：

```
1    # This program simulates rolling a 6-sided die repeatedly
2    # a given number of times, stopping if a 1 is seen.
3    import random
4
5    # Rolls a 6-sided die the given number of times, returning the
```

```
6   # sum of the rolls. If a 1 is seen, stops immediately and returns 0.
7   def dice_roll(times):
8       total = 0
9       for i in range(times):
10          die = random.randint(1, 6)
11          print(die)
12          if die == 1:
13              return 0    # stop immediately
14          else:
15              total += die
16
17      return total    # never rolled a 1
18
19  def main():
20      total = dice_roll(5)
21      print("total is:", total)
22
23  main()
```

以下是两次运行该程序的输出。如果遇到 1 点，则该函数立即停止并返回 0。

```
3
4
3
3
6
total is: 19
5
6
1
total is: 0
```

4.3.4　分支选择推理

if/else 和 return 的组合很强大。它允许以函数的形式接收一些输入并计算结果来解决许多复杂问题。但是，使用这种组合必须仔细考虑所编写的代码中存在的不同路径。这个过程可能看起来很令人烦恼，但当你真正掌握它时，会发现它可以让代码更简化。

假设要将学术能力倾向测试（SAT）的分数转换为大学录取的评级。SAT 由三个部分组成，每一个部分的分数在 200 到 800 之间，所以总分范围从 600 到 2400。假设有一个大学将该范围分成三个评级，总分低于 1200 的被认为是没有竞争力，总分至少为 1200 但是不到 1800 的被认为是具有竞争力，总分从 1800 到 2400 的被认为具有很强的竞争力。

编写一个名为 rating 的函数，它将 SAT 总分作为参数，并返回对应文本的字符串。

```
# Returns a string for a rating of an SAT score.
# Not an ideal model to follow.
def rating(total_sat):
    if 600 <= total_sat < 1200:
```

```
        return "not competitive"
    elif 1200 <= total_sat < 1800:
        return "competitive"
    elif 1800 <= total_sat <= 2400:
        return "highly competitive"
```

该函数以逻辑的方式编写，并对三种情况分别进行了特定的判别，但它并不理想。

编写的函数有四条分支。如果第一个判别成功，则该函数返回"not competitive"。否则，如果第二个判别成功，则该函数返回"competitive"。如果这两个判别都失败但第三个判别成功，则该函数返回"highly competitive"。但是如果所有三项判别都失败怎么办？那种情况将构成第四条分支。由于判别式涵盖了所有可能的情况，因此不会采用第四条分支。但是，将它包含在代码中并不是一种好的方式，因为它可能会让读者感到困惑。

如果从案例的角度考虑分支，通常可以消除不必要的代码。如果函数想要返回三个不同评级中的一个，那么不需要第三个判别式。可将嵌套的 if/else 的最后一个分支变成一个简单的 else 语句：

```
# Returns a string for a rating of an SAT score.
def rating(total_sat):
    if 600 <= total_sat < 1200:
        return "not competitive"
    elif 1200 <= total_sat < 1800:
        return "competitive"
    else:
        # total_sat >= 1800
        return "highly competitive"
```

此版本的函数运行并返回相应字符串。这里能够消除最后一个判别，因为我们知道该函数只需要三个分支。一旦指定了两个分支，那么其他所有结果都必须是第三个分支的一部分。

更进一步，考虑第一个判别式为什么要判别总分大于或等于 600？如果总分总是在 600 到 2400 的范围内，那么可以简单地判别总分是否小于 1200。同理，具有很强竞争力的评级判别可以简化为总分至少为 1800。在第一个和第三个判别子范围之外的所有其他分数都包含在中间范围内。在这里仅使用两个最简单的判别就可以实现三个范围的评级划分。

```
# Returns a string for a rating of an SAT score.
def rating(total_sat):
    if total_sat < 1200:
        return "not competitive"
    elif total_sat >= 1800:
        return "highly competitive"
    else:
        # 1200 <= total_sat < 1800
        return "competitive"
```

每次编写这样的函数时，你应该考虑不同的分支情况并找出最简单的判别式。避免用最复杂的情况编写判别式。如示例代码那样，最好在 else 语句分支上添加注释来描述该分支的特定范围。

在结束这个例子之前，思考当非法 SAT 总分被传递给函数时会发生什么。如果总分少于 600，那么它将被归类为没有竞争力，如果总分超过 2400，那么它将被归类为具有高度竞争力。对于该程序来说这些答案都不错，但事实上正确的做法是记录 SAT 总分的前置条件：在 600 到 2400 之间。因此，可以为非法 SAT 总分的情况添加异常判别并在违反前置条件时抛出异常。非法值判别是一种适用逻辑或的情况，即非法值低于 600 或高于 2400（而不是两者同时满足）：

```python
# Returns a string for a rating of an SAT score.
# pre: 600 <= total_sat <= 2400 (raises ValueError if not)
def rating(total_sat):
    if total_sat < 600 or total_sat > 2400:
        raise ValueError(total_sat)
    elif total_sat < 1200:
        return "not competitive"
    elif total_sat >= 1800:
        return "highly competitive"
    else:
        # 1200 <= total_sat < 1800
        return "competitive"
```

4.4 字符串

字符串是 Python 中最常见且最有用的对象类型之一。程序员经常需要创建、编辑、检查和格式化文本。我们将这些任务统称为**文本处理**。在本节中，我们将详细介绍字符串的使用。

文本处理
编辑和格式化文本中的字符串。

字符串的最大特点是使用文字来表示它的值。采用双引号或单引号括起来的字符序列就是字符串文字。从第 1 章开始，我们已经使用 print 语句输出过字符串文字。这些字符串文字是 str 类型的对象（也称为 str 类的实例，我们后续章节会学到）。我们已经熟悉了整数类型的变量定义。下面的代码定义了一个整数变量，并将字面量 8 赋值给该变量：

```
>>> x = 8
```

采用同样的方式，也可以定义一个字符串变量，即 str 类型的变量。下面的代码定义了一个字符串变量，并用字符串文字"hello"为其赋值：

```
>>> s = "hello"
```

还可以使用运算符编写字符串表达式。+ 运算符作用于两个字符串上，会将这两个字符串串联形成一个新字符串。* 运算符作用于字符串和整数上，会生成字符串的整数个重复副本。下面的代码定义了两个字符串，每个字符串代表一个单词，第三个字符串表示两个单词的串联（其间有空格），第四个字符串是另一个字符串的 3 次重复：

```
>>> # string expressions and operators
>>> s1 = "hello"
>>> s2 = "there"
>>> combined = s1 + " " + s2
>>> combined
'hello there'
>>> repeated = s1 * 3
>>> repeated
'hellohellohello'
```

你可能希望对一个字符序列执行各种操作。如希望知道字符串中包含多少个字符。len 全局函数就可以实现此任务，它接收一个字符串作为参数并返回此字符串的长度。字符串的长度包括其所有字符（包括空格和任何标点符号）。

```
>>> # ask for length of a string
>>> s = "hello there"
>>> len(s)
11
```

4.4.1   字符串方法

与第 3 章中的 DrawingPanel 一样，字符串也是对象。这意味着它包含数据和行为。字符串的数据是其字符序列。任何对象的行为都由存储在该对象中的函数表示，这些函数对其数据进行操作。正如在第 3 章中描述的那样，对象内部的函数通常称为方法。

通过字符串的变量名称，后跟点运算符，然后是方法名，来调用对象的方法。例如：

```
>>> s = "hello"
>>> s.upper()
'HELLO'
>>> s.count("l")
2
>>> s.endswith("lo")
True
```

表 4-5 列出了 Python 字符串常用的几个内置方法。你可以通过下面的链接浏览完整的方法列表：https://docs.python.org/3/library/stdtypes.html#string-methods。

表 4-5　字符串常用方法

方法	描述	示例
str.capitalize()	字符串首字母大写，其他小写	"hi".capitalize() 返回 "Hi"
str.count(text)	统计 text 文本在字符串中非交叠出现的次数	"banana".count("an") 返回 2
str.endswith(text)	字符串是否以 text 文本结束	"world".endswith("hi") 返回 False
str.find(text)	首次出现 text 文本的字符串索引位置（没有出现返回 –1）	"banana".find("n") 返回 2
str.format(args)	提供字符串格式化操作	"{0} is {1}".format("Bob", 42) 返回 "Bob is 42"

（续）

方法	描述	示例
str.join(list)	使用 str 为间隔符连接多个字符串	"-".join([1, 2, 3]) 返回 "1-2-3"
len(str)	字符串长度	len("Hi there!") 返回 9
str.lower()	字符串中所有字符都小写	"HeLLO".lower() 返回 "hello"
str.lstrip()	消除字符串的前导空格	" hello".lstrip() 返回 "hello"
str.replace(old, new)	每一个 old 字符串都用 new 字符串代替	"seen".replace("e", "o") 返回 "soon"
str.rfind(text)	字符串 str 中最后出现 text 的索引位置（没有出现返回 –1）	"banana".rfind("n") 返回 4
str.rstrip()	消除字符串的结尾空格	" hello ".rstrip() 返回 " hello"
str.split(sep)	字符串被 sep 分隔为列表	"1:2:3:4".split(":") 返回 ["1", "2", "3", "4"]
str.splitlines()	字符串被换行符分隔为列表	"1\na\nbcd".splitlines() 返回 ["1", "a", "bcd"]
str.startswith(text)	字符串是否以 text 文本开始	"hello".startswith("he") 返回 True
str.strip()	消除字符串首尾两端空格	" hello ".strip() 返回 "hello"
str.swapcase()	字符串小写变大写，大写变小写	"HellO".swapcase() 返回 "hELLo"
str.title()	字符串中每个单词都首字母大写，其他小写	"HellO world".title() 返回 "Hello World"
str.upper()	字符串中所有字符都大写	"hello".upper() 返回 "HELLO"

Python 中的字符串是**不可变的**，这意味着一旦创建了它们，它们的值就永远不会改变。

> **不可变对象**
> 无法更改其值的对象。

字符串是不可变的，并且列表中的所有函数并没有改变给定字符串的值，而是返回一个新字符串。如以下代码：

```
>>> # try (and fail) to convert a string to uppercase
>>> s = "Hello Maria"
>>> s.upper()
'HELLO MARIA'
>>> s
'Hello Maria'
```

你可能认为 s.upper() 会将字符串 s 转换为大写，但事实并非如此。前面 shell 示例中的第二个语句创建了一个新的字符串，其等价于 s 的大写值，但不对新字符串执行任何操作。为了将字符串转换为大写，关键是将这个新字符串要么存储在另一个变量中，要么赋值给变量 s 以指向新字符串：

```
>>> # successfully convert a string to uppercase
>>> s = "Hello Maria"
>>> s = s.upper()
```

```
>>> s
'HELLO MARIA'
```

一些字符串方法（如 startswith 和 endswith）可以作为 if/else 语句的判别式。例如，使用 startswith 仅对以特定字符串开头的字符串执行设定操作：

```
>>> # use a string method as a test
>>> name = "Professor Charles Xavier"
>>> if name.startswith("Prof"):
...     print("Welcome, Professor!")
...
Welcome, Professor!
```

当要执行字符串比较时，lower 和 upper 函数可以忽略字母的大小写，特别有用。例如：

```
>>> # compare strings, ignoring case
>>> s1 = "heLlo"
>>> s2 = "HEllO"
>>> s1.lower() == s2.lower()
True
>>> if s1.lower() == s2.lower():
...     print("They are equal!")
...
They are equal!
```

并非所有字符串操作都使用变量名接点运算符来完成。例如，正如前一节中提到的 len 函数，它返回字符串的长度。这是一个内置的全局 Python 函数，而不是字符串中的方法。因此通过 len (s) 来调用它，如下所示：

```
>>> # ask for length of a string
>>> s1 = "hello"
>>> s2 = "how are you?"
>>> len(s1)
5
>>> len(s2)
12
```

4.4.2　按索引访问字符

Python 允许直接访问字符串中的单个字符或某个字符串片段。每个字符都与称为**索引**的唯一整数相关联，可以通过索引引用字符和字符串片段。

索引

用于表示序列中值的位置的整数。Python 通常使用从零开始的索引（第一个索引值为 0，后面是 1、2、3 等）。它还允许负索引。

字符串对象的每个字符都被分配了一个索引值。从字符串首位开始以 0 开始索引并逐一增加。例如，引用字符串"hello"的变量 s1 的索引值如图 4-8 所示。

虽然将字母"h"视为位置 1 可能看起来很直观，但从索引 0 开始是有利的，索引可以被看作从字符串首字符到当前字符的偏移量。这是 C 语言的设计者所采用的惯例，C++、Java 和 Python 的设计者也遵循这个惯例，所以这是一个必须掌握的惯例。

再举一个例子，引用字符串"how are you?"的变量 s2 的索引值如图 4-9 所示。此字符串中的空格也占据位置（此处为 3 和 7）。给定字符串的索引范围始终从 0 到字符串长度减 1。

0	1	2	3	4
h	e	l	l	o

0	1	2	3	4	5	6	7	8	9	10	11
h	o	w		a	r	e		y	o	u	?

图 4-8　字符串"hello"的索引示意图　　图 4-9　字符串"how are you?"的索引示意图

使用方括号表示法可以获得索引对应位置上的特定字符。例如：

```
>>> # indexing individual characters of strings
>>> s1 = "hello"
>>> s2 = "how are you?"
>>> s1[1]
'e'
>>> s2[5]
'r'
```

对于任何字符串，如果请求字符索引为 0，将获得字符串的第一个字符。如果请求索引 len(str) – 1 处的字符，将获得字符串的最后一个字符。

使用 len(str) – 1 相当长而且笨拙。事实证明，如果使用 Python 的负索引，有一种更简单的方法来访问字符串的最后一个字符。每个字符串都有一组负索引以及一组正索引，它们可以互换使用。负索引总是从字符串的最后一个字符开始（为 –1），并向字符串开头方向逐一减少。图 4-10 显示了字符串 s2 的负索引和正索引。

负索引使得执行一些常见的字符串任务（如访问字符串的最后一个字符）变得更加简单。字符串最后一个字符的索引总是 –1。以下 Python Shell 交互演示了负索引用法：

```
>>> # negative indexing on strings
>>> s1 = "hello"
>>> s2 = "how are you?"
>>> s1[-1]
'o'
>>> s1[-5]
'h'
>>> s2[-4]
'y'
>>> s2[-8]
'a'
```

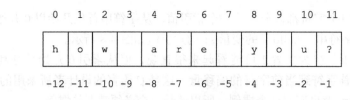

图 4-10   字符串的正负索引

当使用字符串时，使用 for 循环来处理字符串中的不同字符很有用。如以下代码打印输出 s1 的各个字符及其索引：

```
s1 = "hello"
for i in range(len(s1)):
    print("character", i, "is", s1[i])
```

```
character 0 is h
character 1 is e
character 2 is l
character 3 is l
character 4 is o
```

如果想一次性打印或处理字符串中的每个字符，那么在 Python 中有遍历字符串的更好的语法。可以直接遍历字符串的字符，而不是循环遍历一系列索引。如果这样做，循环变量将代表当前字符而不是数值。例如，下面的代码输出字符串的每个字母（每个字母占一行）：

```
s1 = "hello"
for c in s1:
    print(c)
```

```
h
e
l
l
o
```

另一个有用的字符串操作是**切片**。切片允许在较长字符串中提取子字符串。它使用包含冒号（:）分隔的两个整数参数的方括号表示法。第一个参数是你想要的第一个字符的索引，第二个参数是你想要的最后一个字符的索引。切片可以使用正索引或负索引来完成，如以下 shell 交互所示：

```
>>> # string slicing
>>> s2 = "how are you?"
>>> s2[0:3]
'how'
>>> s2[8:11]
'you'
>>> s2[-4:-1]
'you'
```

请记住，第二个参数应该是超出所求切片的子字符串末尾字符的索引值。如 s2[0:3]，即使原始字符串中的位置 3 处有空格，它也不会变成切片操作的一部分。而只获得位置 3 之前的所有字符。

遵循此规则意味着有时可以指定没有字符的位置。例如，s2 引用的字符串的最后一个字符（?）位于索引 11 处。如果想得到包括问号在内的子串"you?"，可以使用如下代码：

```
>>> # slicing at end of string
>>> s2[8:12]
'you?'
```

在 s2 中的位置 12 处没有字符，但是此调用要求从位置 8 开始到位置 12 之间的字符，这实际上是有意义的。

如果索引超过字符串长度，则返回空字符串。例如：

```
>>> # slicing out of bounds
>>> s2[16:20]
''
>>> s2[5:100]
're you?'
```

在上面的第二个示例中，获得了从索引 5 处开始的所有字符。指定一个非常大的索引可以获取从指定的起始点到结尾的字符串。但是，这是一种笨拙的语法选择，Python 有一个专门为此设计的特殊语法。如果想从给定索引切片到最后，可以简单地省略最终索引。同理，如果希望从字符串的开头开始，则可以不使用起始索引。

```
>>> # slicing with one index omitted
>>> s2[:5]
'how a'
>>> s2[5:]
're you?'
```

可以使用字符串作为函数的参数。以与传递整数和其他类型参数相同的语法传递字符串参数。例如，以下程序使用字符串为参数来消除儿童流行歌曲中的一些冗余：

```
1   # This program displays the children's song
2   # "The Wheels on the Bus."
3
4   # Displays one verse of the song.
5   def verse(item, verb, sound):
6       print("The", item, "on the bus", verb, sound)
7       print(sound)
8       print(sound)
9       print("The", item, "on the bus", verb, sound)
10      print("All through the town")
11      print()
12
13  def main():
```

```
14        verse("wheels", "go", "round and round")
15        verse("wipers", "go", "swish swish swish")
16        verse("horn", "goes", "beep beep beep")
17
18   main()
```

```
The wheels on the bus go round and round
round and round
round and round
The wheels on the bus go round and round
All through the town

The wipers on the bus go swish swish swish
swish swish swish
swish swish swish
The wipers on the bus go swish swish swish
All through the town

The horn on the bus goes beep beep beep
beep beep beep
beep beep beep
The horn on the bus goes beep beep beep
All through the town
```

4.4.3　字母和数值之间的转换

字符串中的各个字符以整数形式存储在计算机中。Unicode 标准编码方案确定每个字符由哪个整数值表示。由于字符实际上是整数，因此可以在单字母字符串和整数之间进行转换。这有时可能很有用。

ord 函数接收一个单字符的字符串作为参数，并返回该字符的数值表示。相反，chr 函数接收一个整数参数，并返回一个包含以该整数作为其数值表示的单字符字符串。如以下 shell 交互所示：

```
>>> # converting characters to/from integer values
>>> ord("a")
97
>>> chr(97)
'a'
```

加密是使用这种转换的一个典型示例。**加密**生成**密文**，即生成难以阅读的混乱版本的消息。解密密文会显示原始消息。一个简单加密字符串的方法是为每个字符的值添加一些数值。可以使用 ord 和 chr 函数来执行此操作：

```
# Shifts each character in s by the given number of letters.
# pre: s consists entirely of lowercase letters from a-z
def encode(s, amount):
```

```
    for letter in s:
        num = ord(letter) + amount
        print(chr(num), end="")
    print()
```

使用这个简单的编码函数，可以传入一个字符串消息并查看其编码形式：

```
>>> # encode some messages
>>> encode("hello", 1)
ifmmp
>>> encode("hello", 3)
khoor
```

如果想要得到原始的消息，可以通过传递原数值的负值来还原原始消息。

```
>>> # decode a message
>>> encode("khoor", -3)
hello
```

这个编码函数不是很健壮，因为它对字母表末尾附近的字母表现不佳。例如，如果消息包含 'z' 并且需要加 3，则会得到一个超出字母表范围的字符。幸运的是，可以使用关系运算符（如 < 或 >=）来比较字符（及其整数表示）。编码函数的以下改进版本更适用于字母表末尾的字母。它现在根据需要滚动字母表，即**旋转密码**。

```
# Prints a rotation cipher of s, shifting each letter in the string
# by the given number of positions in the alphabet.
# pre: s consists entirely of lowercase letters from a-z
# pre: -26 <= amount <= 26
def encode(s, amount):
    for letter in s:
        num = ord(letter) + amount   # shift letter
        if num > ord('z'):           # wrap around if needed
            num -= 26
        elif num < ord('a'):
            num += 26
        print(chr(num), end="")
    print()
```

现在该函数可以正确处理字母表中的所有字母：

```
>>> # encode/decode with proper wrap-around
>>> encode("zerglings", 1)
afshmjoht
>>> encode("afshmjoht", -1)
zerglings
```

当然，这不是一种非常强大的加密形式，因为任何了解通用算法的人都可以弄清楚如何解密消息。但是能够创建混乱的消息很有趣，而弱编码可能足以愚弄一个不那么精明的观察者。如果不知道原始消息或偏移量，则可能需要一段时间才能找出原始消息。例如，如果知道加密后的消息是"nzyrclefwletzyd",但不知道偏移量,能否找出使用的原始消息和偏移量?你能写一个程序来实现吗?

表 4-6 总结了本节中使用的函数。可以通过在 Web 上搜索 Unicode 表来了解有关字符到等价整数编码的更多信息。

表 4-6　字符和整数之间的转换函数

函数	描述
chr(n)	返回包含给定数值表示的字符的字符串
ord(str)	返回与给定字符等价的数值

4.4.4　累积文本算法

如本章前面所述,字符串通常用于累积算法。例如,可以遍历字符串搜索特定字符。以下函数接收一个字符串(text)和一个单字符字符串(c)并返回 c 出现在 text 中的次数:

```
# Returns the number of occurrences of c in the given string.
def count(text, c):
    found = 0
    for character in text:
        if character == c:
            found += 1
    return found
```

本章中已经学习了诸如累积求和的累积算法。累积算法的关键是在循环之前定义变量,然后在循环中逐步修改其值,直到它累积出有用的结果。累积算法也可用于创建字符串,通过一次增加一个字符来实现字符串的创建。

可以使用 + 运算符连接字符串,因此可以使用循环构建字符串。首先在循环之前定义一个空字符串变量,然后将单个字符与循环体中的该变量进行连接,这称为**累积连接**。以下 shell 交互演示了重复将相同的字符串连接到变量 s,实现类似于字符串 * 乘法运算符的效果:

```
>>> # cumulative concatenation
>>> s = ""
>>> for i in range(4):
...     s += "hello!"
...
>>> s
'hello!hello!hello!hello!'
```

累积连接经常与函数一起使用,函数结束时返回函数累积的结果字符串。例如,以下函数接收一个字符串并返回逆顺序的字符串。调用 reverse("Tin man") 将返回 "nam niT"。

```
# Returns a string that has the same characters as
# the given phrase but in the opposite order.
def reverse(phrase):
    result = ""
    for letter in phrase:
        result = letter + result
    return result
```

函数通常返回其结果而不是直接打印它。这使得函数调用者在如何使用结果方面具有更大的灵活性。以下 shell 交互调用了 reverse 函数。该函数返回结果，我们可以将其存储在变量中，直接打印或以任何方式进行操作。

```
>>> name = "Evelyn"
>>> reverse(name)
'nylevE'
>>> rev = reverse(name)
>>> print("Your name backwards is:", rev)
Your name backwards is nylevE
```

回顾上一节中的字符串加密问题，可以修改 encode 函数来累积并返回一个字符串，而不是直接打印它。这将允许 main 函数调用 encode 并以它想要的任何格式打印其结果。

以下是该程序的修改版本及其输出：

```
1   # This program performs a basic rotation cipher,
2   # shifting each character in a string by a given amount.
3
4   # Returns a rotation cipher of s, shifting each letter in the string
5   # by the given number of positions in the alphabet.
6   # pre: s consists entirely of lowercase letters from a-z
7   # pre: -26 <= amount <= 26
8   def encode(s, amount):
9       result = ""
10      for letter in s:
11          num = ord(letter) + amount   # shift letter
12          if num > ord('z'):           # wrap around if needed
13              num -= 26
14          elif num < ord('a'):
15              num += 26
16          result += chr(num)
17      return result
18
19  def main():
20      message = "hello"
21      secret  = encode("hello", 3)
22      print("Your secret message is:", secret)
23
24  main()
```

```
Your secret message is: khoor
```

4.5　案例研究：基础代谢率

基础代谢率（BMR）是身体在静息状态下 24 小时内燃烧的卡路里数。这是考虑到身高、体重、年龄和性别的一种有用的生物学测量方法。在第 2 章中首先介绍了 BMR，并展示了计算它的公式。给定个体的身高、体重、年龄和性别，可以使用以下公式计算该人的 BMR

（1磅 = 0.453 592 37 千克，1 英寸 = 2.54 厘米）：

- 男性：BMR = 4.54545 ×（磅重）+ 15.875 ×（身高（英寸））– 5 ×（年龄）+ 5
- 女性：BMR = 4.54545 ×（磅重）+ 15.875 ×（身高（英寸））– 5 ×（年龄）– 161

在本节中，将编写一个程序，提示用户输入两个人的身高、体重、年龄和性别，并报告两个人的 BMR 结果。以下是要编写的程序的执行示例：

```
This program reads data for two
people and computes their basal
metabolic rate and burn rate.

Enter person 1 information:
height (in inches)? 73.5
weight (in pounds)? 230
age (in years)? 35
sex (male or female)? male
Enter person 2 information:
height (in inches)? 71
weight (in pounds)? 220.5
age (in years)? 20
sex (male or female)? female

Person 1 basal metabolic rate = 2042.3
high resting burn rate
Person 2 basal metabolic rate = 1868.4
moderate resting burn rate
```

在第 1 章中，我们介绍了**迭代增强**的概念，可以分阶段开发复杂的程序。每个专业程序员都使用这种技术，因此在编写的程序中学会应用它是很重要的。

程序要向用户解释它的作用并计算两个不同人的 BMR 结果。我们还希望该程序结构合理。但不必一次完成所有事情。事实上，如果我们试图一次完成所有任务，我们可能会被细节所淹没。在编写此程序时，将经历三个不同的阶段：

1）编写一个程序，只为一个人计算 BMR 结果，没有介绍，不考虑程序结构。

2）编写一个完整的程序来计算两个人的结果，包含介绍，不考虑程序结构。

3）整理出一个结构合理、完整的程序。

4.5.1　单人非结构化 BMR 解决方案

要计算某个人的 BMR，需要知道他的身高、体重、年龄和性别。这是一个相当简单的"提示和读取"的任务。

首先确定存储身高、体重和年龄的变量的类型。人们经常用整数表示身高、体重和年龄，但人们是否会用半英寸和半磅来描述他们的身高和体重？答案是肯定的。人们是否会用半年来描述他们的年龄？这种情况不太常见，但是当我们可以很容易地接受部分年份时，就没有必要输入整数了。因此将用户输入转换为浮点值是有意义的：

```
# prompt for one person's information
print("Enter person 1 information:")
```

```
height1 = float(input("height (in inches)? "))
weight1 = float(input("weight (in pounds)? "))
age1 = float(input("age (in years)"))
sex1 = input("sex (male or female)? ")
```

一旦得到了这个人的身高、体重、年龄和性别，就可以计算出这个人的 BMR。以下是 BMR 的公式：

- 男性：$BMR = 4.54545 \times (磅重) + 15.875 \times (身高（英寸）) - 5 \times (年龄) + 5$
- 女性：$BMR = 4.54545 \times (磅重) + 15.875 \times (身高（英寸）) - 5 \times (年龄) - 161$

可以使用 if/else 很容易地组合这些公式并将其转换为 Python 表达式：

```
# calculate the person's BMR
bmr1 = 4.54545 * weight1 + 15.875 * height1 - 5 * age1
if sex1 == "male":
    bmr1 += 5
else:
    bmr1 -= 161
```

如果仔细查看执行示例，你将看到需要打印空行来分隔用户交互的不同部分。介绍以空行结束，然后在交互的"提示和读取"部分之后有一个空行。所以，当我们添加了一个空行打印并将所有这些部分放在一起，main 函数如下所示：

```
def main():
    # prompt for one person's information
    print("Enter person 1 information:")
    height1 = float(input("height (in inches)? "))
    weight1 = float(input("weight (in pounds)? ");))
    age1 = float(input("age (in years)? "))
    sex1 = float(input("sex (male or female)? "))
    print()

    # calculate the person's BMR
    bmr1 = 4.54545 * weight1 + 15.875 * height1 - 5 * age1
    if sex1 == "male":
        bmr1 += 5
    else:
        bmr1 -= 161

    ...
```

该程序提示用户输入值并计算 BMR。现在需要报告 BMR 结果。可以使用 print 语句输出 BMR，如下所示：

```
print("Person 1 basal metabolic rate =", bmr1)
```

上述代码可能产生如下的输出：

```
Person 1 basal metabolic rate = 2042.2659999999996
```

小数点后面的一长串数字会分散注意力，并且意味着计算结果根本没有达到的精确度。对于用户来说，只在小数点后面列出几个数字更合适也更有吸引力。可以使用 round 函数在小数点后舍入到一位小数：

```
print("Person 1 basal metabolic rate =", round(bmr1, 1))
```

在执行示例中，输出了一个人的静息燃烧率的相对速度。表 4-7 列出了各种静息燃烧率及其相应的 BMR 值范围。此表中有三项，因此需要三个不同的打印语句来输出三种可能性。本示例想要打印三种可能性中的一种，因此适合使用以 else 结尾的嵌套 if/else 结构。嵌套的 if/else 语句如下所示：

```
# print person's resting burn rate
if bmr1 < 1200:
    print("low resting burn rate");
elif bmr1 <= 2000:
    print("moderate resting burn rate")
else: # bmr1 > 2000
    print("high resting burn rate")
```

表 4-7　BMR 静息燃烧率状态

BMR	状态
低于 1200	低
1200 到 2000	中等
高于 2000	高

第一个程序的完整版本如下：

```
1   # This program computes a person's basal metabolic rate (BMR).
2   # Initial unstructured version that processes just one person.
3
4   def main():
5       # prompt for one person's information
6       print("Enter person 1 information:")
7       height1 = float(input("height (in inches)? "))
8       weight1 = float(input("weight (in pounds)? "))
9       age1 = float(input("age (in years)? "))
10      sex1 = input("sex (male or female)? ")
11      print()
12
13      # calculate the person's BMR
14      bmr1 = 4.54545 * weight1 + 15.875 * height1 - 5 * age1
15      if sex1.lower() == "male":
16          bmr1 += 5
17      else:
18          bmr1 -= 161
19      print("Person #1 basal metabolic rate =", round(bmr1, 1))
20
21      # print person's resting burn rate
22      if bmr1 < 1200:
23          print("low resting burn rate");
24      elif bmr1 <= 2000:
```

```
25            print("moderate resting burn rate")
26        else: # bmr1 > 2000
27            print("high resting burn rate")
28
29    main()
```

```
Enter person 1 information:
height (in inches)? 73.5
weight (in pounds)? 230
age (in years)? 35
sex (male or female)? male


Person 1 basal metabolic rate = 2042.3
high resting burn rate
```

4.5.2 双人非结构化 BMR 解决方案

现在有了一个计算单人的 BMR 的程序，可以扩展它来处理两个不同的人。经验丰富的程序员可能会在尝试使程序处理两组数据之前首先向程序中添加结构，但新手程序员会发现首先考虑非结构化解决方案更容易。

为了使这个程序能够处理两个人，可以复制并粘贴很多代码然后进行微调。例如，对于第二个人，使用变量 height2，weight2，age2，sex2 和 bmr2，而不是使用变量 height1，weight1，age1，sex1 和 bmr1。

我们还必须小心地按正确的顺序完成每一步。根据执行示例，程序首先提示输入两个人的数据，然后打印输出两人的 BMR 结果。所以不必复制整个程序，只需粘贴第二个副本。我们必须重新排列语句的顺序，以便所有提示输入都在前，所有打印输出都在后。

我们还要添加介绍代码。这段代码应该出现在程序的开头，并且应该适当添加空白行，将介绍与用户交互的其余部分分开。

现在将这些元素组合成一个完整的程序：

```
1   # This program finds the basal metabolic rate (BMR) for two
2   # individuals.  This version is unstructured and redundant.
3
4   def main():
5       print("This program reads data for two")
6       print("people and computes their body")
7       print("mass index and weight status.")
8       print()
9
10      # prompt for first person's information
11      print("Enter person 1 information:")
12      height1 = float(input("height (in inches)? "))
13      weight1 = float(input("weight (in pounds)? "))
14      age1 = float(input("age (in years)? "))
15      sex1 = input("sex (male or female)? ")
```

```
16      print()
17
18      # calculate first person's BMR
19      bmr1 = 4.54545 * weight1 + 15.875 * height1 - 5 * age1
20      if sex1.lower() == "male":
21          bmr1 += 5
22      else:
23          bmr1 -= 161
24
25      # prompt for second person's information
26      print("Enter person 2 information:")
27      height2 = float(input("height (in inches)? "))
28      weight2 = float(input("weight (in pounds)? "))
29      age2 = float(input("age (in years)? "))
30      sex2 = input("sex (male or female)? ")
31      print()
32
33      # calculate second person's BMR
34      bmr2 = 4.54545 * weight2 + 15.875 * height2 - 5 * age2
35      if sex2.lower() == "male":
36          bmr2 += 5
37      else:
38          bmr2 -= 161
39
40      # report results
41      print("Person 1 basal metabolic rate", round(bmr1, 1))
42      if bmr1 < 1200:
43          print("low resting burn rate");
44      elif bmr1 <= 2000:
45          print("moderate resting burn rate")
46      else: # bmr1 > 2000
47          print("high resting burn rate")
48
49      print("Person 2 basal metabolic rate", round(bmr2, 1))
50      if bmr2 < 1200:
51          print("low resting burn rate");
52      elif bmr2 <= 2000:
53          print("moderate resting burn rate")
54      else: # bmr2 > 2000
55          print("high resting burn rate")
56
57  main()
```

当执行这个程序时可以完全得到我们所希望的交互。然而，程序缺乏结构。因为是通过复制和粘贴创建的这个版本，所以所有代码都出现在 main 中，并且存在显著的冗余。这不是一个清新合理的程序结构。每当可以使用复制和粘贴时，你应该想到通常有更好的方法来解决问题。

4.5.3 双人结构化 BMR 解决方案

让我们来研究如何利用函数改进程序的结构。查看代码，你会发现大量的冗余。例如，有两个类似于下面这样的代码段：

```
# calculate first person's BMR
bmr1 = 4.54545 * weight1 + 15.875 * height1 - 5 * age1
if sex1.lower() == "male":
    bmr1 += 5
else:
    bmr1 -= 161
```

这两个代码段之间的唯一区别是第一个使用变量 height1，weight1，age1，sex1 和 bmr1，第二个使用变量 height2，weight2，age2，sex2 和 bmr2。当有一个像这样需要复杂公式来计算的值时，通常会编写一个接收必要参数并返回计算值的函数。这里编写一个名为 compute_bmr 的函数来执行此操作：

```
# This function contains the basal metabolic rate formula for
# converting the given height (in inches), weight
# (in pounds), age (in years) and sex (male or female) into a BMR
def compute_bmr(height, weight, age, sex):
    bmr = 4.54545 * weight + 15.875 * height - 5 * age
    if sex.lower() == "male":
        bmr += 5
    else:
        bmr -= 161
    return bmr
```

提示输入每个人的信息然后启动 BMR 计算的代码也重复了两次。有两个类似于下面这样的代码块：

```
# prompt for first person's information
print("Enter person 1 information:")
height1 = float(input("height (in inches)? "))
weight1 = float(input("weight (in pounds)? "))
age1 = float(input("age (in years)? "))
sex1 = input("sex (male or female)? ")
print()
bmr1 = compute_bmr(height1, weight1, age1, sex1)
```

与 compute_bmr 的代码一样，唯一的区别是人的编号和变量的名称。可以通过将代码移动到函数中，然后调用两次该函数来消除这种冗余。可以将此代码转换为更通用的形式，如下所示：

```
# Reads input and calculates BMR for one person.
def read_information(person):
    print("Enter person", person, "information:")
    height = float(input("height (in inches)? "))
    weight = float(input("weight (in pounds)? "))
    age = float(input("age (in years)? "))
```

```
sex = input("sex (male or female)? ")
print()
bmr = compute_bmr(height, weight, age, sex)
```

必须从 main 传递人员编号信息，这样函数就可以打印正确的输出标题。从 main 可以调用此函数两次：

```
read_information(1)
read_information(2)
```

不幸的是，这样更改会破坏其余代码。如果尝试运行该程序，你会发现在 main 中引用变量 bmr1 和 bmr2 的地方会引发错误消息。问题在于该函数计算了一个 BMR 值，稍后在程序中需要使用它。可以通过让函数返回它计算的 BMR 值来解决这个问题：

```
# Reads input and calculates BMR for one person.
# Returns the BMR.
def read_information(person):
    print("Enter person", person, "information:")
    height = float(input("height (in inches)? "))
    weight = float(input("weight (in pounds)? "))
    age = float(input("age (in years)? "))
    sex = input("sex (male or female)? ")
    print()
    bmr = compute_bmr(height, weight, age, sex)
    return bmr
```

还需要改变 main 函数。因为每次调用都会返回程序稍后需要使用的 BMR 结果，所以对于每次调用，必须将函数返回的结果存储在变量中：

```
bmr1 = read_information(1)
bmr2 = read_information(2)
```

仔细研究这一改变，因为这种编程技巧可能是新手需要掌握的最具挑战性的技术之一。当编写函数时，必须确保它返回 BMR 结果。当调用函数时，必须确保将结果存储在变量中，以便后续可以访问它。

修改完成后，程序将正常运行。但是在 main 函数中还有另一个明显的冗余：相同的嵌套 if/else 构造出现了两次。它们之间的唯一区别是：在一种情况下使用变量 bmr1，而在另一种情况下使用变量 bmr2。该结构很容易用带一个参数的函数形式来实现：

```
# Reports the burn rate for the given BMR value.
def report_status(bmr):
    if bmr < 1200:
        print("low resting burn rate");
    elif bmr <= 2000:
        print("moderate resting burn rate")
    else: # bmr > 2000
        print("high resting burn rate")
```

使用此函数，可以用两个函数调用替换 main 中的代码：

```
print("Person 1 basal metabolic rate =", round(bmr1, 1))
```

```
report_status(bmr1)
print("Person 2 basal metabolic rate =", round(bmr2, 1))
report_status(bmr2)
```

修改后的程序使用函数消除了程序中的冗余。不但实现了程序的主要任务，还使得
main 函数的结构简单易懂，使读者容易理解程序的整体功能和结构。该问题分为三个主要阶
段：介绍，BMR 的计算和结果的输出。我们已经有了计算 BMR 的函数，但我们还没有引入
介绍和输出结果的函数。添加这些函数相当简单。

最终的完整程序如下：

```
 1  # This program finds the basal metabolic rate (BMR) for two
 2  # individuals. This variation includes several functions
 3  # other than main.
 4
 5  # Introduces the program to the user.
 6  def give_intro():
 7      print("This program reads data for two")
 8      print("people and computes their basal")
 9      print("metabolic rate and burn rate.")
10      print()
11
12  # Reads input and calculates BMR for one person.
13  # Returns the BMR.
14  def read_information(person):
15      print("Enter person", person, "information:")
16      height = float(input("height (in inches)? "))
17      weight = float(input("weight (in pounds)? "))
18      age = float(input("age (in years)? "))
19      sex = input("sex (male or female)? ")
20      print()
21      bmr = compute_bmr(height, weight, age, sex)
22      return bmr
23
24  # This function contains the basal metabolic rate formula for
25  # converting the given height (in inches), weight
26  # (in pounds), age (in years) and sex (male or female) into a BMR
27  def compute_bmr(height, weight, age, sex):
28      bmr = 4.54545 * weight + 15.875 * height - 5 * age
29      if sex.lower() == "male":
30          bmr += 5
31      else:
32          bmr -= 161
33      return bmr
34
35  # Reports the overall BMR values and status for two people.
36  def report_results(bmr1, bmr2):
37      print("Person #1 basal metabolic rate =", round(bmr1, 1))
38      report_status(bmr1)
```

```
39        print("Person #2 basal metabolic rate =", round(bmr2, 1))
40        report_status(bmr2)
41
42   # Reports the burn rate for the given BMR value.
43   def report_status(bmr):
44        if bmr < 1200:
45            print("low resting burn rate");
46        elif bmr <= 2000:
47            print("moderate resting burn rate")
48        else: # bmr > 2000
49            print("high resting burn rate")
50
51   def main():
52        give_intro()
53        bmr1 = read_information(1)
54        bmr2 = read_information(2)
55        report_results(bmr1, bmr2)
56
57   main()
```

该解决方案以相同的方式与用户交互，并产生与非结构化解决方案相同的结果，但它具有更好的结构。非结构化程序在某种意义上更简单，但如果想要扩展程序或进行其他修改则很困难。结构化解决方案更容易维护。这些结构性好处在小程序中并不那么重要，但随着程序变得越来越长，越来越复杂，它们变得至关重要。

4.5.4   过程式设计启发式

通常有很多方法可以将问题分解为函数，但有些函数组合比其他函数组合更好。特别是对于具有复杂行为的大型程序，分解通常是模糊和具有挑战性的。但是值得这样做，因为精心设计的程序更易理解，更模块化。当程序员一起工作或重新访问之前编写的程序以添加新行为或修改现有代码时，这些特性非常重要。在本节中将讨论几种启发式（指导原则），以便将大型程序有效地分解为函数。

考虑以下结构不合理的单人 BMR 解决方案（bad_bmr）。我们将使用此程序作为反例，突出显示它违反我们的启发式的地方，并说明它比之前完整的 BMR 程序版本糟糕的原因。

```
1    # A poorly designed version of the BMR case study program.
2
3    def main():
4        print("This program reads data for one")
5        print("person and computes their basal")
6        print("metabolic rate and burn rate.")
7        print()
8        person()
9
10   # Reads the person's height and weight.
11   def person():
12        print("Enter person 1 information:")
```

```
13      height = float(input("height (in inches)? "))
14      weight = float(input("weight (in pounds)? "))
15      get_age_sex(height, weight)
16
17  # Reads the person's age and sex.
18  def get_age_sex(height, weight):
19      age = float(input("age (in years)? "))
20      sex = float(input("sex (male or female)? "))
21      report_status(height, weight, age, sex)
22
23  # Calculates person's BMR and reports their burn rate.
24  def report_status(height, weight, age, sex):
25      bmr = 4.54545 * weight + 15.875 * height - 5 * age
26      if sex.lower() == "male":
27          bmr += 5
28      else:
29          bmr -= 161
30      print("Person 1 basal metabolic rate", round(bmr, 1))
31      if bmr < 1200:
32          print("low resting burn rate");
33      elif bmr <= 2000:
34          print("moderate resting burn rate")
35      else: # bmr > 2000
36          print("high resting burn rate")
```

　　程序的函数就像公司的员工一样。一个程序员就像一个公司的董事长，决定要创建什么样的员工职位，如何将员工分组到工作团队中，每个团队负责什么任务，以及团队之间如何互动。图 4-11 显示了一个假想的公司，其中董事长将工作分为三个主要部门，其中两个部门由中层经理监督。

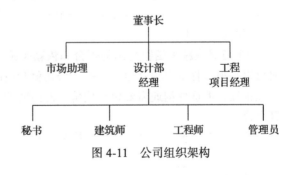

图 4-11　公司组织架构

　　良好的结构使每个团队都能完成明确的任务，同时避免给任何人或团队过多的工作，并在工人和管理层之间保持平衡。这些指导原则导致了第一个程序设计启发式。

　　1）每个函数都应明确负责一些连续的任务。 以公司为例，每个团队员工都必须清楚地了解要执行的工作。如果任何一个团队没有明确的职责，那么公司董事长将很难跟踪谁在从事什么工作。当一个新工作出现时，两个部门可能都试图认领它，或者某个工作可能没有被任何部门认领。

　　编程中的类似概念是每个函数都应该有明确的目标和一组职责。计算机程序的这种特性被称为**聚合**。

聚合

函数或过程的职责彼此密切相关的一种优良品质。

一个好的经验法则是，每个函数能够用一句话总结函数功能，例如"此函数的目的是……"，在函数头编写这样的句子作为注释是好的编程习惯。当用单个句子描述函数很困难或者句子很长并且多次使用"和"这个词时，这是一个不好的迹象。这些可能意味着函数太大、太小，或者没有执行一组紧密的任务。

bad_bmr 示例的函数具有较差的聚合力。person 函数的任务是模糊的，而 get_age_sex 可能太过于琐碎，无法成为函数。因为 BMR 公式很复杂，如果把 BMR 的计算作为独立的函数，则 report_status 函数将更具可读性。

第一个启发式的一个微妙应用是并非每个函数都必须产生输出。有时，如果函数只是计算复杂的结果并返回它而不是打印计算的结果，那么函数就更具有可重用性。此格式使调用者可以自由选择是打印结果还是使用它来执行进一步的计算。在 bad_bmr 程序中，report_status 函数既计算又打印用户的 BMR。如果程序具有简单计算并返回 BMR 值的函数，例如最后的结构化代码版本中的 compute_bmr，则该程序将更加灵活。这样的函数可能看似微不足道，因为它的主体很短，但它有一个明确的、有聚合性的目的：捕获在程序中多次使用的复杂表达式。

2）任何一个函数都不应该在整个任务中承担大部分任务。公司的一个部门不可能设计和构建整个产品线。这个系统会使这个部门过度工作，并且会让其他部门没有足够的工作要做。这也使得各个部门难以有效沟通，因为重要的信息和任务将集中在如此少的人身上。

同样，不应期望一个函数实现程序的大部分功能。这个原则自然地遵循了关于聚合性的第一个启发式，因为做太多的函数不具有聚合性。有时会将这些函数称为" do-everything（全能）"函数，因为它们几乎可以解决所有问题。如果一个函数比其他函数长很多，囤积了大部分变量和数据，或者包含大部分逻辑和循环，它可能已经是一个全能函数。

在 bad_bmr 程序中，person 函数是全能函数的一个例子。这个事实似乎令人惊讶，因为函数不是很长。但是，对 person 的一个调用会导致其他几个调用，这些调用最终共同完成了该程序的所有工作。

3）应尽量减少函数之间的耦合和依赖关系。如果公司的每个部门在完成小型工作任务时可以在很大程度上独立运作，那么公司就会更高效。公司的各个部门确实需要相互沟通和相互依赖，但这种沟通需要付出代价。部门间的互动往往要最小化，并在特定时间和地点召开会议。

当编程时，要试图避免具有紧**耦合**的函数。

耦合

两个函数或过程严格依赖于彼此的不良状态。

如果一个函数在没有另一个函数的情况下不能轻易地被调用，则称之为函数耦合。确定两个函数耦合程度的一种方法是查看一个函数传递给另一个函数的参数集。函数应只接收外部提供的且与完成该函数任务有关的数据作为参数。换句话说，如果可以在函数内部计算或收集数据，或者如果函数未使用该数据，则不应将其定义为函数的参数。

减少函数之间耦合的一个重要方法是使用 return 语句将信息发送回调用者。如果函数中的计算产生对程序的后续部分有用的内容，则函数应返回结果值。因为希望函数具有聚合性和自我独立性，所以程序返回函数执行结果通常比调用其他函数并将结果作为参数传递给它们更好。

bad_bmr 程序中的所有函数都将参数传递给下一个函数，都不返回值，它们之间是紧密耦合的。但有几个值（例如用户的身高、体重、年龄、性别或 BMR）作为返回值处理将会更好些。

4）main 函数应该是整个程序的简明概括。假设公司的每个主要部门的负责人向集团董事长汇报。如果查看与公司关系图顶层的主管直接相关的部门，可以看到公司整体工作的概括：设计、工程和市场营销。这种结构有助于董事长了解每个部门正在做什么。查看顶层结构还可以帮助员工快速了解公司的架构。

程序的 main 函数就像董事长一样，它开始整个任务并执行各种子任务。main 函数应该是整个程序行为的概括。程序员可以通过查看 main 来了解彼此的代码，并了解程序作为一个整体做了什么。

阻止 main 成为一个好的程序概括的常见错误是包含一个全能函数。当 main 函数调用它时，全能函数执行了大部分或全部实际工作。另一个错误是建立一个包含**链式调用**的程序。链式调用是指许多函数连续调用而没有正确返回程序控制流的情况。

> **链式调用**
>
> 一种几个函数的"链"相互调用而不将整个控制流返回给 main 的不合理设计。

如果每个函数的结尾只简单调用下一个函数，则程序会受到链式调用的严重影响。当新程序员不能完全理解返回值，并试图将越来越多的参数传递给程序的其余部分来避免使用返回值时，链式调用经常发生。图 4-12 显示了一个具有两种设计的假想程序。图中显示了一个糟糕的链式调用、它使程序看起来像一个调用流。bad_bmr 程序受到链式调用的严重影响。每个函数执行少量任务，然后调用下一个函数，在链式调用中传递越来越多的参数。main 函数调用 person，person 调用 get_age_sex，get_age_sex 调用 report_status。在计算过程中，执行流永远不会返回到 main。因此，当阅读 main 函数时，并不清楚计算进行到哪里。

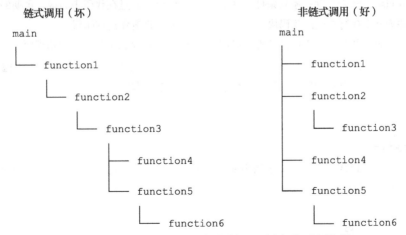

图 4-12　链式调用（左）和非链式调用（右）的示例代码

一个函数不应该将调用另一个函数作为继续下一个任务的方式。如结构化 BMR 程序和

图 4-12 右侧程序，更理想的控制流是让 main 管理程序中整体任务的执行。本条原则并不意味着一个函数调用另一个函数总是不好的。如果第二个函数是第一个函数的整体任务中的子任务时，一个函数可以调用另一个函数，例如在结构化的 BMR 程序中 report_results 函数调用了 report_status 函数。

5）在尽可能低的级别"拥有"数据。公司应该在组织层次结构中尽可能低的级别进行决策。例如，低级别管理员可以决定如何执行他们自己的工作，而无须经常咨询经理以获得批准。但是管理员没有足够的信息或专业知识来设计整个产品线，这个设计任务应转到更高层，如经理。关键原则是每个工作任务应该给予层次结构中能够正确处理它的最低层人员。

该原则在计算机程序中有两个应用。首先，main 函数应该尽可能避免执行低级别任务。例如，在交互式程序中，main 不应读取大部分用户输入或包含大量打印语句。

第二个应用是应该在尽可能窄的范围内定义和初始化变量。糟糕的设计是 main（或另一个高级别函数）读取所有输入，执行繁重的计算，然后将结果数据作为参数传递给各种低级别函数。更好的设计使用低级别函数来读取和处理数据，并且只有在程序中的后续子任务需要时才将数据返回到 main。

当相同的参数必须传递给几个函数调用时（如 bad_bmr 程序中的 height 变量），这是数据所有权不清楚的标志。如果将相同的参数传递给几个级别的调用，则由一个较低级别的函数读取并初始化该数据比较理想。

本章小结

- if 语句允许仅在满足判定条件时才会执行特定代码。if/else 语句允许在满足判别条件时执行一段代码，在不满足条件时则执行另一段代码。判别条件是布尔表达式（类型为 bool）并且可以使用关系运算符（如 <，>= 和 !=）。也可以使用 and 和 or 运算符来判别多个条件。

- 可以嵌套 if/else 语句来判别一系列条件，并根据哪个条件为真来执行相应的代码块。

- 出现在 if/else 语句的每个分支中的共性代码应该被提出，以便消除代码冗余。

- 字符串（str 类型）包含一个字符序列。每个字符位置对应一个索引，从第一个字符的索引 0 开始。

- 累积算法以增量方式计算值。累积求和的循环定义一个总和变量，在循环内逐渐增加该变量的值。

- 由于浮点类型不能精确存储所有值，因此当计算机对实数进行计算时，可能会发生小的舍入误差。通过在代码中为接近预期的值提供少量容差来避免这些错误。

- 当代码遇到不可恢复的错误时（如将无效参数值传递给函数），可以在代码中抛出异常，这种技术非常有用。

自测题

4.1 节：if/else 语句

1. 将以下每个语句翻译成可在 if/else 语句中使用的逻辑判别式。使用逻辑判别式编写适当的 if 语句。假设已声明了三个整数变量 x，y 和 z。

a. z 是奇数。

b. z 不大于 y 的平方根。

c. y 是正数。

d. x 和 y 其中一个是偶数，另一个是奇数。

e. y 是 z 的倍数。

f. z 不为零。

g. y 大于 z。

h. x 和 z 符号相反。

i. y 是非负的一位数。

j. z 是非负数。

k. x 是偶数。

l. x 的值比 z 更接近于 y。

2. 已定义以下变量:

```
x = 4
y = -3
z = 4
```

以下关系表达式的结果是什么?

a. `x == 4`

b. `x == y`

c. `x == z`

d. `y == z`

e. `x + y > 0`

f. `x - z != 0`

g. `y * y <= z`

h. `y // y == 1`

i. `x * (y + 2) > y - (y + z) * 2`

3. 指出以下程序中包含的三个错误:

```
def main():
    a = 7
    b = 42
    minimum(a, b)
    if smaller = a
        print("a is the smallest!")
def minimum(a, b):
    smaller = 0
    if a < b:
        smaller = a
    else a => b:
        smaller = b
    return smaller
```

4. 定义以下函数:

```
def if_else_mystery_1(x, y):
    z = 4
        z = x + 1
    else:
        z = z + 9
```

```
    if z <= y:
        y += 1
    print(z, y)
```

以下每个函数调用产生什么输出结果？

a. if_else_mystery_1(3, 20)

b. if_else_mystery_1(4, 5)

c. if_else_mystery_1(5, 5)

d. if_else_mystery_1(6, 10)

5. 定义以下函数：

```
def if_else_mystery_2(a, b):
    if a * 2 < b:
        a = a * 3
    elif a > b:
        b = b + 3
    if b < a:
        b += 1
    else:
        a -= 1
    print(a, b)
```

以下每个函数调用产生什么输出结果？

a. if_else_mystery_2(10, 2)

b. if_else_mystery_2(3, 8)

c. if_else_mystery_2(4, 4)

d. if_else_mystery_2(10, 30)

6. 编写 Python 代码从用户读取一个整数，如果该数值是偶数则打印 even，否则打印 odd。

7. 以下代码存在逻辑错误。请仔细阅读代码并说明在哪种情况下代码将输出与输入数值不相符的错误信息。解释原因，然后改正代码中的逻辑错误。

```
number = int(input("Type a number: "))
if number % 2 == 0:
    if number % 3 == 0:
        print("Divisible by 6.")
    else:
        print("Odd.")
```

8. 将以下示例中的冗余代码分解出来，并移出 if/else 语句，保证输出内容不变。

```
if x < 30:
    a = 2
    x += 1
    print("Python is awesome!", x)
else:
    a = 2
    print("Python is awesome!", x)
```

9. 以下代码结构不合理。改写它以使其具有更好的结构并消除冗余。为简化起见，可以假设用户始终键入 1 或 2。（如何修改代码以处理用户可能键入的任何数值？）

```
sum = 1000
times = int(input("Is your money multiplied 1 or 2 times? "))

if times == 1:
    donation = int(input("And how much are you contributing? "))
    sum = sum + donation
    count1 += 1
    total = total + donation

if times == 2:
    donation = int(input("And how much are you contributing? "))
    sum = sum + 2 * donation
    count2 += 1
    total = total + donation
```

10. 编写一段代码，读取一种颜色的速记字符并打印等价的完整颜色名称。可接收的颜色名称包括：B 表示蓝色，G 表示绿色，R 表示红色。如果用户键入 B、G 或 R 以外的内容，则打印错误消息。该程序不区分大小写，以便用户可以键入大写或小写字母。

以下是一些执行示例：

```
What color do you want? B
You have chosen Blue.


What color do you want? g
You have chosen Green.


What color do you want? Bork
Unknown color: Bork
```

4.2 节：累积算法

11. 以下代码试图将所有数值从 1 累加到给定的最大值，该程序有什么错误？如何修正代码？

```
def sum_to(n):
    for i in range(1, n + 1):
        sum = 0
        sum += i
    return sum
```

12. 以下代码试图返回给定整数 n 的因子数，该程序有什么错误？如何修正代码？

```
def count_factors(n):
    for i in range(1, n + 1):
        if n % i == 0:   # a factor
            return i
```

13. 下面的表达式结果应该等于 6.8，但在 Python 中却不等于 6.8。为什么？如何处理这样的问题？

```
0.2 + 1.2 + 2.2 + 3.2
```

14. 以下代码用于输出打印消息，但实际上没有产生任何输出。如何修改代码使其打印预期的消息？

```
gpa = 3.2
if gpa * 3 == 9.6:
    print("You earned enough credits.")
```

4.3 节：函数中的条件执行

15. 假设有一个 print_triangle_type 函数，它接收表示三角形边长的三个整数参数，并打印这些边形成的三角形类型（三种类型分别是等边、等腰和斜角）。等边三角形具有相同长度的三个边，等腰三角形具有相同长度的两个边，斜角三角形具有不同长度的三个边。但是，某些整数值（或值的组合）将是非法的，并且不能表示实际三角形的边。这些值是什么？如何定义 print_triangle_type 函数的前置条件？

16. 假设有一个 get_grade 函数，它接收一个表示学生在某门课程中的成绩百分比的整数，并返回该学生这门课程的数值成绩。成绩可以在 0.0（不及格）到 4.0（优秀）之间。这种函数有哪些前置条件？

17. 以下函数试图返回三个整数值的中位数（中间值），但包含逻辑错误。在什么情况下函数会返回错误的结果？如何修正代码？

```
def median_of_3(n1, n2, n3):
    if n1 < n2:
        if n2 < n3:
            return n2
        else:
            return n3
    else:
        if n1 < n3:
            return n1
        else:
            return n3
```

18. 考虑以下 Python 函数，该函数编写错误。在什么情况下，该函数会打印正确的答案，何时会打印错误的答案？应该如何修复代码？你能想到一种在不使用任何 if/else 语句的情况下正确编写代码的方法吗？

```
# This function should return how many of its three
# parameters are odd numbers.
def print_num_odd(n1, n2, n3):
    count = 0
    if n1 % 2 != 0:
        count += 1
    elif n2 % 2 != 0:
        count += 1
    elif n3 % 2 != 0:
        count += 1
    print(count, "of the 3 numbers are odd.")
```

4.4 节：字符串

19. 以下程序的输出是什么？

```
def print_range(start_letter, end_letter):
    for i in range(ord(end_letter) - ord(start_letter) + 1):
        letter = chr(ord(start_letter) + i)
```

```
            print(letter, end="")
        print()

    def main():
        print_range("e", "g")
        print_range("n", "s")
        print_range("z", "a")
        print_range("q", "r")
    main()
```

20. 编写一个 if 语句，判断字符串是否以大写字母开头。

21. 假设名为 name 的变量中存储人的名字和姓氏的字符串（例如，"Marla Singer"）。写一个表达式产生姓氏，后跟名字的首字母（例如，"Singer, M."）。

22. 编写代码来检索字符串中包含有多少个字母表后半部分的字母（即包含 "n" 或后续字母的值）。不区分大小写，例如 "N" 到 "Z" 的值也算。假设字符串中的每个字符都是字母。

习题

1. 编写一个名为 fraction_sum 的函数，它接收一个整数参数 n 并返回序列的前 n 项的总和：

$$\sum_{i=1}^{n} \frac{1}{i}$$

换句话说，该函数应生成以下序列。可以假设参数 n 是非负的。

$$1 + (1/2) + (1/3) + (1/4) + (1/5) + \cdots$$

2. 编写一个名为 repl 的函数，它接收一个字符串和一个重复次数作为参数，并返回多次连接的字符串。例如，调用 repl("hello", 3) 应该返回 "hellohellohello"。如果重复次数为零或更少，则该函数应返回空字符串。不要在解决方案中使用字符串 * 运算符，使用累积算法。

3. 编写一个名为 days_in_month 的函数，它接收一个月份（1 到 12 之间的整数）作为参数，并返回当年该月的天数。例如，调用 days_in_month(9) 将返回 30，因为 9 月有 30 天。假设代码不考虑闰年（2 月总是有 28 天）。以下是每个月的天数：

#	1	2	3	4	5	6	7	8	9	10	11	12
月份	1月	2月	3月	4月	5月	6月	7月	8月	9月	10月	11月	12月
天数	31	28	31	30	31	30	31	31	30	31	30	31

4. 编写一个名为 print_range 的函数，它接收两个整数作为参数，打印两个参数之间的数字序列并用方括号括起来。如果第一个参数小于第二个参数，则打印一个递增序列，否则，打印一个递减序列。如果两个数值相同，则应在方括号之间打印该数值。以下是对 print_range 的一些调用示例：

```
print_range(2, 7)
print_range(19, 11)
print_range(5, 5)
```

这些调用输出以下数字序列：

```
[2, 3, 4, 5, 6, 7]
[19, 18, 17, 16, 15, 14, 13, 12, 11]
[5]
```

5. 编写一个名为 xo 的函数，它接收一个整数 size 作为参数，并打印一个 size × size 的正方形，正方形的四角是 "x" 字符。在第一行，第一个和最后一个字符是 "x"，在第二行，第二个和倒数第二个字符是 "x"，依此类推。其他所有字符都是 "o"。例如，xo(5) 和 xo(6) 的调用应分别产生以下输出：

```
xooox
oxoxo
ooxoo
oxoxo
xooox

xooox
oxooxo
ooxxoo
ooxxoo
oxooxo
xooox
```

6. 编写一个名为 smallest_largest 的函数，要求用户输入一组数值，然后打印用户输入数值中的最小和最大数值。用户输入一个大于 0 的有效数值来表示要读取的数值个数。运行示例如下：

```
How many numbers do you want to enter? 4
Number 1: 5
Number 2: 11
Number 3: -2
Number 4: 3
Smallest = -2
Largest = 11
```

7. 编写一个名为 even_sum_max 的函数。该函数应提示用户输入整数个数，然后根据该数量多次提示输入整数。一旦用户输入了所有整数，函数应打印用户键入的所有偶数之和以及键入的最大偶数（假设用户将键入至少一个非负偶数）。运行示例如下：

```
how many integers? 4
next integer? 2
next integer? 9
next integer? 18
next integer? 4
even sum = 24
even max = 18
```

8. 编写一个名为 longest_name 的函数。该函数接收一个整数参数 n，表示要输入的名字个数。依次提示用户输入 n 个名字，然后以如下所示的格式打印最长的名字（包含字符最多的名字），下面是 longest_name(4) 的调用结果：

```
name #1? Roy
name #2? DANE
name #3? sTeFaNiE
name #4? Mariana
Stefanie's name is longest
```

9. 编写一个名为 average 的函数，该函数接收两个整数作为参数并返回两个整数的平均值。

10. 编写一个名为 print_palindrome 的函数，该函数提示用户输入一个或多个单词，并打印输入的字符串是否为回文（即向前读取与向后读取的内容相同，如"abba"或"racecar"）。程序不区分大小写，诸如"Abba"和"Madam"之类的词也视为回文。

11. 编写一个名为 swap_pairs 的函数，该函数接收字符串作为参数，并且将每对相邻字母交换位置，最后返回新字符串。如果字符串的字母数为奇数，则最后一个字母不变。例如，调用 swap_pairs ("example")，则应该返回 "xemalpe"，调用 swap_pairs（"hello there"）应该返回 "ehll ohtree"。

12. 编写一个名为 word_count 的函数，该函数接收字符串作为其参数并返回字符串中的单词数。单词是除 " " 字符以外的一个或多个非空格字符组成的字符序列。例如，调用 word_count("hello") 应该返回 1，调用 word_count("how are you?") 应该返回 3，调用 word_count("this string has wide spaces") 应该返回 5，调用 wordcount(" ") 应该返回 0。

编程项目

1. 编写一个提示输入阿拉伯数值并显示与之对应的罗马数值的程序。

2. 编写一个程序，提示输入日期（月，日，年）然后报告该日期是星期几。提示：1601 年 1 月 1 日是星期一。

3. 编写一个比较两个大学申请者的程序。该程序提示输入每个学生的 GPA、SAT 和 ACT 考试成绩，并根据这些成绩判断哪个候选人更合格。

4. 编写一个程序，提示输入两个人的生日（月份和日期）以及今天的月份和日期。该程序应计算出距离每个用户的生日还有几天，哪个生日更早。提示：将每个日期转换为一年中的"绝对天数"（从 1 到 365），则解决此问题要容易得多。

5. 编写一个程序来计算某门课程的最终成绩。课程得分包括三个部分：课后作业、期中考试和期末考试。该程序提示用户输入计算成绩所需的所有信息，例如课后作业的数量、每项作业的得分和占总成绩的比例、期中和期末考试成绩，以及每门考试成绩是否可以按比例上调（如果可以，上调比例是多少）。考虑编写这个程序的一个变体，告诉学生某一课程需要期末考试考多少分才能达到某个最终成绩。

6. 使用校验位是一种检测用户输入错误的有效技术。例如，假设学校为每个学生分配一个六位数的学号。使用以下公式从学号前六位数字中推导学号的第七位数字：

　　　　第 7 位数字 = $(1 \times ($ 第 1 位数字 $) + 2 \times ($ 第 2 位数字 $) + \cdots + 6 \times ($ 第 6 位数字 $)) \% 10$

当用户输入学号时，该用户将输入所有七位数字。如果数字输入错误，则校验数字在 90% 的情况下将不匹配。请使用前面的公式编写一个交互式程序，提示输入六位数的学号并计算该学号的校验位。

程序逻辑与不确定循环

本章从一个新的被称为 while 循环的控制结构开始介绍，该循环的循环次数是不确定的。当循环执行的次数无法事先确定时，你可以用 while 循环来解决这类编程问题。例如，游戏程序就要经常采用 while 循环，因为程序员是无法预先知道游戏玩家要玩多少次的。此外，我们还将研究另一种被称为栅栏（fencepost）的算法，该算法经常出现在循环编程任务中。

然后，本章将通过详细介绍第四种数据类型 bool 来讨论布尔逻辑（boolean logic）。bool 类型的变量用于存储逻辑（真 / 假）信息。一旦你掌握了 bool 类型的使用细节，你就可以编写出涉及多个逻辑测试的复杂循环。我们还将简要介绍如何处理用户输入错误这样一个重要的话题。

本章的最后将讨论断言（assertion）。利用断言，你可以推断出程序的形式化属性（在程序执行的不同时间点上什么是真）。

5.1　while 循环

我们在学完第 2 章后开始编写的 for 循环都是相当简单的循环程序，这些 for 循环的执行次数都是可预测的。我们称这类循环为**确定性**（definite）循环，因为在循环开始之前我们就能确定它要循环的次数。现在我们要开始学习循环次数未知的**不确定循环**（indefinite loop）。不确定循环经常出现在交互式程序中。例如，你事先无法知道一个游戏玩家玩游戏会玩多少次，你也无法在打开读取一个文件之前就知道该文件中存储了多少数据。

> **不确定循环**
>
> 循环次数未知的循环。

Python 语言中的 while 循环语句就是不确定循环。它的语法如下：

```
while test:
    statement
    statement
    ...
    statement
```
语法模板： *while循环*

图 5-1 展示了 while 循环的控制流。循环首先测试一个条件，若测试结果为真，则执行其控制的语句。如果测试结果为真，则重复执行循环条件测试并执行循环体内的语句。仅当测试结果为假时，才结束循环。

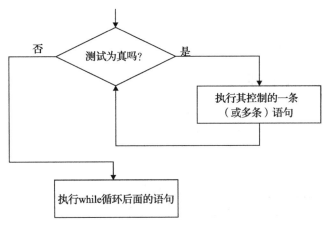

图 5-1　while 循环的控制流

如图 5-1 所示，while 循环在循环的顶部，即在循环体被执行之前，对循环条件进行测试。如果第一次测试的结果就为假，则 while 循环体内的语句将一次都不会被执行。

下面是一个 while 循环的例子：

```
# while loop to repeatedly double an integer
number = 1
while number <= 200:
    number *= 2
```

*= 运算符的功能是让一个变量的值增加到一个特定的倍数（在本例中是 2）。这个循环首先将名为 number 的整型变量初始化为 1，然后在该变量小于或等于 200 时不断地让它的值翻倍。从表面上看，这个操作类似于下面这条 if 语句：

```
# if statement that doubles an integer a single time
number = 1
if number <= 200:
    number *= 2
```

上述两种程序形式的不同之处在于，while 循环反复执行多次，直到测试结果为假，而 if 语句仅执行一次倍增语句，其结果就是 number 的值为 2。while 循环反复执行倍增语句，number 的值从 1 变为 2、4、8、16、32、64、128，最后是 256。直到测试结果为假时循环才停止执行。当 number 的值被置为 256（第一个大于 200 的 2 的幂数）时，循环结束，此时这条赋值语句已经被执行了八次。

下面是一个包含两条语句的 while 循环的例子：

```
# while loop with two controlled statements;
# prints "Hi there" max times
number = 0
while number < max:
    print("Hi there")
    number += 1
```

这个 while 循环等价于下面这个 for 循环：

```
# equivalent for loop
for number in range(max):
    print("Hi there")
```

5.1.1 寻找最小因数的循环

现在,假设你正想寻找一个整数的、除了 1 以外的最小因数。表 5-1 给出了一些你想要寻找的结果。由于你并不知道需要重复多少次才能找到答案,所以在这种情况下,while 循环比 for 循环更适合于求解此类问题。

表 5-1 因数的例子

数值	因数	最小因数	数值	因数	最小因数
10	2*5	2	31	31	31
15	3*5	3	77	7*11	7
25	5*5	5	105	3*5*7	3

下面是一段描述如何求解这个问题的伪代码。因为你要寻找的是第一个大于 1 的因数,所以因数 divisor 的初始值是 2 而不是 1。

Start divisor at 2.
While the current value of divisor does not work:
    Increase divisor.

为了细化这段伪代码,必须更详细地说明因数的工作原理。当一个数除以该数的因数时,其余数应为零。按此思路重写这段伪代码如下:

Start divisor at 2.
While the remainder of number/divisor is not 0:
    Increase divisor.

为了检查余数的计算结果,我们可以使用求余运算符。下面这个 while 循环可以完成计算最小因数的任务。

```
# find the first divisor other than 1
divisor = 2
while number % divisor != 0:
    divisor += 1
```

在使用 while 循环时,你肯定会遇到一个问题,那就是臭名昭著的**无限循环**(infinite loop)。请看下面这段代码:

```
# an infinite loop
number = 1
while number > 0:
    number += 1
```

由于 number 的初始值是一个正数,并且随着循环次数的增加,这个值会越来越大,所以这个循环将无休止地进行下去。在设计 while 循环时必须小心,以避免出现代码段的执行永远都无法停止的情况。每次编写 while 循环时,都要考虑好何时以及如何结束循环的执行。

常见编程错误

无限循环

一不留神可能就会编写出一个无法终止的 while 循环。导致这种错误的一个原因就是，while 循环不像 for 循环那样在它的循环头中隐含一个更新循环变量的操作。对程序员而言，加入一个正确的更新循环变量的步骤是至关重要的，因为这是使得最终循环测试的结果为假所必需的。

请看下面这段代码。它提示用户输入一个数，然后不断地打印出这个数被 2 整除的结果，直到它等于 0 为止。下面的第一次尝试是失败的。

```
while number > 0:
    number = int(input("Type a number: "))
    print(number // 2)
```

上面这段代码的问题在于，在循环测试时，需要让变量number处在它的作用域内，所以不能在循环内部定义它。一种不正确的修正这个错误的方法是，将初始化变量number的这一行语句剪切下来并将其粘贴到循环体外：

```
number = int(input("Type a number: "))     # moved out of loop
while number > 0:
    print(number // 2)
```

这段代码依然是无限循环，一旦进入循环，就永远都无法从循环中退出。出现这个问题的原因在于 while 循环体内部没有一个更新变量 number 数值的操作。如果 number 大于 0，则循环将不断地打印出它整除 2 的数值并进行循环测试，而每次测试的结果都是真。

下面这个版本的代码才真正解决了无限循环的问题。循环体中包含了将一个整数整除 2 并保存新值的步骤，这样每次循环都会更新循环变量。如果整数没到达 0，则循环继续执行。

```
# this code behaves correctly
number = int(input("Type a number: "))     # moved out of loop
while number > 0:
    number = number // 2     # update step: divide in half
    print(number)
```

解决问题的关键是每个 while 循环体都应该包含有更新循环测试对象的代码。如果 while 循环测试是检查某个变量的值，则循环体应该将一个有意义的新值重新赋值给该变量。

5.1.2　循环的启动

下面来看一个打印随机数的简单程序，该程序不断地打印 1 到 10 之间的随机数，直到某个特定的数出现为止。我们在第 3 章曾深入学习过用于产生伪随机数的 random 库。在这个程序中，我们将使用函数 random.randint 来产生随机数。

我们的程序看上去有点像下面这段伪代码（其中 number 是用户要求我们程序产生的那个值）：

```
number = ask user to type a number from 1 - 10.
while result != number:
```

```
result = random number from 1 - 10.
print result.
```

上面这段伪代码的思路是对的，但是如果直接将其转化成 Python 程序，解释器却不能接受它。这段代码会产生一个出错信息"变量 result 未定义"。这就是循环需要"**启动 (priming)**"的一个例子。

启动循环

在循环"启动"前，对变量进行初始化，确保程序能够进入循环里。

由于变量 result 是循环测试的一部分，所以必须在循环开始前对 result 进行定义。我们要将 result 置为某个能启动循环的值，但是这个值具体是多少并不重要，只要它能够让我们进入循环里。当然，我们还是需要倍加小心，不能将它设置成用户期待我们产生的那个值。由于在程序中我们处理的是 1 到 10 之间的数，所以我们就可以将 result 置为像 0 这样明显在值域范围之外的数值。由于这样的值是不会被处理的，所以我们有时称其为"哑 / 虚 (dummy)"值。下面的代码就正确地定义了变量和循环的首部。

```
# while loop with priming
result = 0
while result != number:
    ...
```

下面是完整的程序结果，其中我们增加了部分代码来提示用户输入他期待的数值，并对程序循环的次数进行计数，直到随机生成的数值等于用户期待的数值为止。

```
1   # Prompts the user for a number and then picks random numbers
2   # until the user's number is picked. Outputs the number of times
3   # it picked a number.
4
5   import random
6
7   def main():
8       print("This program picks numbers from 1 to 10")
9       print("until a particular number comes up.")
10      print()
11
12      number = int(input("Pick a number between 1 and 10? "))
13
14      result = 0   # priming; set to 0 to make sure we enter the loop
15      count = 0
16      while result != number:
17          result = random.randint(1, 10)
18          print("next number = ", result)
19          count += 1
20
21      print("Your number came up after", count, "times")
22
23  main()
```

依据函数 random.randint 返回的数列，程序很快就会挑选出那个给定的数值并结束运行。下面就是程序的一个运行实例。

```
This program picks numbers from 1 to 10
until a particular number comes up.

Pick a number between 1 and 10? 2
next number = 7
next number = 8
next number = 2
Your number came up after 3 times
```

当然，程序也可能需一段时间才能挑选出那个数值，就像下面的这个运行示例一样：

```
This program picks numbers from 1 to 10
until a particular number comes up.

Pick a number between 1 and 10? 10
next number = 9
next number = 7
next number = 7
next number = 5
next number = 8
next number = 8
next number = 1
next number = 5
next number = 1
next number = 9
next number = 7
next number = 10
Your number came up after 12 times
```

你也许会问，为什么 Python 的循环需要启动？如果未定义变量 result，那么它肯定不等于 number。那么，为什么 Python 不接受未将 result 置为 0 的代码呢？这是因为这很可能会引起更复杂的超出其解决能力范围的问题。在程序中很容易出现拼写错误、打字排版错误或者写错变量名。这样的错误会导致程序测试在程序缓慢前进的过程中悄无声息地给出测试失败的结果，这将使得发现和修复此类错误变得非常困难。

再看一个例子，假设我们不断地模拟投掷两个骰子，直到得到的点数之和为 7 为止。我们还是用函数 random.randint 来模拟骰子，调用一次该函数算是投两个骰子中的一个。我们希望程序不断地循环，直到点数之和为 7 为止，我们可以把每次模拟投掷骰子时得到的不同结果打印出来。下面是程序实现的第一个版本，它大部分是正确的，但运行时会出现一个错误。

```python
while total != 7:
    # roll the dice once
    roll1 = random.randint(1, 6)
    roll2 = random.randint(1, 6)
```

```
        total = roll1 + roll2
        print(roll1, "+", roll2, "=", total)
```

```
Traceback (most recent call last):
  File "dice.py", line 3, in <module>
    while total != 7:
NameError: name 'total' is not defined
```

这个程序的问题是，while 循环测试访问的变量是 total，而这个变量是在循环体中定义的。这与上一段我们遇到的是同一个问题：循环需要启动。由于循环测试需要访问变量 total，所以我们必须在循环之前定义它。下面这个版本的程序运行起来就没问题了。

```
total = 0    # priming; set to 0 to make sure we enter the loop
while total != 7:
    # roll the dice once
    ...
```

```
1 + 4 = 5
5 + 6 = 11
1 + 3 = 4
4 + 3 = 7
```

上面的程序可以认为是一个基础的模拟。传统科学与工程常常需要科学家去做一个实验来验证一个假设，需要工程师构建一个原型系统来测试他们的设计。今天，在进行实际实验或构建实际原型系统之前，越来越多的科学家和工程师都是先用计算机来模拟运行一下，看看可行性有多大，这已成为他们提高工作效率的一个有效方法。著名的计算机科学家 Jeanette Wing 评论说，科学家和工程师对计算机的使用越来越多，这导致计算思维被视为基本思维，就像今天阅读、写作和算术被视为基本思维一样。

从程序设计的角度看，模拟的两个关键要素是伪随机数和循环。有些模拟可以用 for 循环来实现，但多数情况下还是需要用 while 循环。因为在满足某个特定的条件之前，模拟需要运行的次数是不确定的。

5.2　栅栏算法

程序设计中还常常会遇到一类特殊的循环就是**栅栏循环**（fencepost loop）。请看这么一个问题：你计划在 100 码长（码是英美制中丈量长度的单位，1 码 = 0.9144 米）的距离内竖立一个围栏，且每隔 10 码安装一个栏桩。那么总共需要竖立多少个栏桩呢？如果是想当然地在心里做一个除法的话，你可能得出的结论是需要立 10 个栏桩，但是实际上你需要立 11 个，这是因为一个围栏的两端都需要一个栏桩。换句话说，一个围栏看上去是像图 5-2 那样的。

由于在围栏的最左边和最右边都需要立桩，所以你就不能采用下面这个简

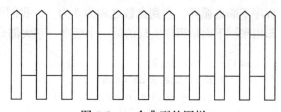

图 5-2　一个典型的围栏

单的循环（缺最后那个桩）：

```
For the length of the fence:
    Plant a post.
    Attach some wire.
```

如果采用上面这个循环，你得到的是像图 5-3 那样的围栏。即使交换循环体内两个操作的顺序也无济于事，因为那样就会缺第一个栏桩。这个循环的问题在于它竖立的栏桩数目等于铁丝网段的数目，但是我们都知道还需要一个额外的栏桩。这就是为什么该问题有时也称为"循环再加一半（loop and a half）"问题——即再增加一次只做一半（立一个桩）的循环。

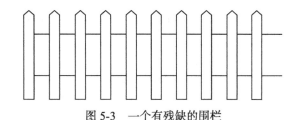

图 5-3　一个有残缺的围栏

具体实现是在循环的前面或后面加上一个立桩操作。通常是像下面这样在循环开始前立桩：

```
Plant a post.
For the length of the fence:
    Attach some wire.
    Plant a post.
```

注意，由于在进入循环之前就立好了第一个桩，所以循环体内两个操作的顺序就要调换一下。

作为一个简单的栅栏循环的编程示例，考虑这样一个问题：打印出从 1 到 10 的整数，并用逗号隔开。换句话说，我们要得到下面这样一个输出结果：

```
1, 2, 3, 4, 5, 6, 7, 8, 9, 10
```

当接到这样一个任务时，很多刚入门的新手程序员都会写出下面这样的代码。但其实这段代码是错误的，因为它在最后一个数 10 的后边添加了一个逗号：

```
# incorrect fencepost loop solution
for i in range(1, 11):
    print(i, ", ", sep="", end="")
print()
```

```
1, 2, 3, 4, 5, 6, 7, 8, 9, 10,
```

这是一个典型的栅栏问题，因为我们需要打印出 10 个数，却只能加 9 个逗号。解决这个问题的一个常用方法是在循环中插入一个 if 语句，以避免打印出最后一个逗号：

```
# awkward fencepost loop solution
for i in range(1, 11):
    if i < 10:
        print(i, ", ", sep="", end="")
    else:
```

```
        # don't print a comma after 10
        print(i, sep="", end="")
print()
```

上面这个方法执行了正确的操作，但是它的代码风格并不好，而且这个方法还是低效的，因为每次循环都要进行一个 if 测试。现在我们回过头来再看看我们之前给出的伪代码。用构建围栏来比喻，打印一个数就是"立桩"，打印一个逗号就是"缠绕上铁丝网"。用这个模型来实现上述方法，就需要将一个"立桩"操作移到循环体之外，即我们要在循环开始前打印第一个数。下面这个栅栏程序就清晰简洁多了，并且代码风格也改善了：

```
# fencepost loop with outer post first
print(1, end="")
for i in range(2, 11):
    print(", ", i, sep="", end="")
print()
```

当然，还有另一种解决方法是把最后一个立桩操作移到循环体外：

```
# fencepost loop with outer post last
for i in range(1, 10):
    print(i, ", ", sep="", end="")
print(10)
```

注意，采用第二种方法时，由于打印最后一个数时会带有一个回车操作，所以程序的最后不再需要一个空的 print()。这两种方法都是正确的，都比带多余 if 测试的方法要好。

5.2.1 带 if 语句的栅栏循环

大多数的栅栏循环都要求条件执行。实际上，栅栏问题本身可以用一个 if 语句来解决。请看如下所示的把第一次立桩放在循环开始前的经典解法：

```
Plant a post.
For the length of the fence:
    Attach some wire.
    Plant a post.
```

这个方法是能够解决问题的，但是它容易出错，因为循环中的两个操作需要颠倒顺序。若要不改变顺序的话，你可以像下面这样使用一个 if 语句：

```
For the length of the fence:
    Plant a post.
    If this isn't the last post:
        attach some wire.
```

在经典的解法中，这种变体并不常用，因为它同时涉及一个循环测试和一个循环内测试。通常这些测试几乎都是相同的，每次循环时都要对同一个对象测试两次，所以程序的执行效率很低。当然它也不是没有用武之地。例如，在经典解法中，对应立桩的代码行要写两遍。如果在你实际编写的程序中，完成这个操作需要很多行代码，那么在循环体中放置一个 if 语句就是一个很好的方法，尽管这样会导致一些额外的测试。

通过一个例子来检验我们的学习效果，请编写一个名为 multiprint 的函数，该函数将按照指定的次数重复打印一个字符串。这些字符串将被打印在同一行上的一对圆括号内，并用分号分隔。下面是两个应用实例及其期望的输出结果：

```
multiprint("please", 4)
multiprint("beetlejuice", 3)
```

```
(please; please; please; please)
(beetlejuice; beetlejuice; beetlejuice)
```

编写这个函数时，你可能首先想到的是一个打印字符串和分号的简单循环，而一对圆括号是在循环体外边打印的。不幸的是，这样的代码将会在最后那个字符串后边添加上一个多余的分号：

```
# Initial incorrect attempt
def multiprint(s, times):
    print("(", end="")
    for i in range(times):
        print(s + "; ", end="")
    print(")")
```

```
(please; please; please, please; )
(beetlejuice; beetlejuice; beetlejuice; )
```

因为分号属于分隔符，所以你需要打印的字符串个数要比分号的个数多一个（比如输出3 个"beetlejuice"需要打印 2 个分号）。你可以像下面这样用解决栅栏问题的经典方法来实现你的意图，即先在循环外打印一个字符串，并把循环体内打印操作的顺序颠倒一下。

```
# Second attempt with fencepost loop; nearly correct
def multiprint(s, times):
    print("(" + s, end="")
    for i in range(times - 1):
        print("; " + s, end="")
    print(")")
```

需要注意的是，在循环开始之前已经打印了一个字符串，所以你就必须修改循环实现的代码使其打印字符串的个数与原先的不同。也就是说，因为在循环之前已经打印了一个字符串，所以循环变量 i 的取值范围改为字符串出现的次数减一。

不幸的是，这个解决方案也会有出错的时候。请思考一下，当你像下面这样，要求函数打印一个字符串 0 次时会发生什么。这个函数调用产生了下面这样的错误结果：

```
multiprint("please don't", 0)
```

```
(please don't)
```

如果你允许用户请求字符串出现 0 次这种事情发生的话，那么函数就不能因此而产生错误的输出结果。发生错误的原因是栅栏问题的经典解法在循环之前已经打印了一个字符串。若要让函数在参数是 0 的情况下依然正确工作，你可以添加一条 if/else 语句来单独处理这种特殊情况。

```
# Correct solution with if/else
def multiprint(s, times):
    if times == 0:
        print("()")
    else:
        print("(" + s, end="")
        for i in range(times - 1):
            print("; " + s, end="")
        print(")")
```

当然，你也可以像下面这样用回老办法（双测试法），即把所有的情况都放在一起，做同样的处理，只是在循环体内加一条 if 语句。

```
# Correct solution with if inside loop
def multiprint(s, times):
    print("(", end="")
    for i in range(times):
        print(s, end="")
        if i < times - 1:
            print("; ", end="")
    print(")")
```

尽管上面这个版本的程序在每次迭代中都会对类似的测试执行两次，但是它比栅栏问题的经典解法及其支持特例的版本都简单。没有哪一个解法绝对比其他解法更优，因为都要进行折中。如果你认为代码将经常执行并且循环会迭代很多次，那么你就应选用效率更高的解法。否则，你应选择更简洁的代码。

5.2.2　哨兵循环

假设你想从用户那里读到一系列数据，然后计算它们的总和。你很可能就会像上一章介绍的那样，事先询问用户要读多少个数据，但并不是总能方便地知道这个数值。如果用户手头有一长串的数据要输入，却没有时间去统计它们的个数，你会怎么办呢？不同于询问用户数据的个数，你还可以选定一个特殊的输入值来表示输入结束。这个值就称为**哨兵值**（sentinel value）。

> **哨兵**
>
> 一个用来表示输入结束的特殊数值。

例如，你可以告诉用户用输入数据 –1 来表示输入结束。但是如何用这个值来构建你的程序呢？通常，你可以使用如下方法：

```
total = 0.
While we haven't seen the sentinel:
    Prompt and read input.
    Add it to the total.
```

但是直接使用 Python 语言来实现这段伪代码却常常得到错误的结果。下面这段代码看上去是正确的，但却不能正确地执行。

```python
# incorrect sentinel loop solution
total = 0
num = 0
while num != -1:
    num = int(input("next integer (-1 to quit)? "))
    total += num
print("total =", total)
```

假设，用户输入的数据是 10、20、30 和 –1。如果我们直接用 Python 语句来对应实现上面那段伪代码，我们就会像下面这样得到一个错误的执行结果：

```
next integer (-1 to quit)? 10
next integer (-1 to quit)? 20
next integer (-1 to quit)? 30
next integer (-1 to quit)? -1
sum = 59
```

错在什么地方了呢？如伪代码所示，我们提示用户输入并依次读入四个数，同时将它们累加到变量 total 中，直到遇到了哨兵值 –1。程序计算的是 (10 + 20 + 30 + –1)，其结果是59。但是正确答案是 60，即前三个数之和。这个哨兵值 –1 是不应该统计到 total 中的。

这段代码揭示了 while 循环的一个重要性质：每次循环都会将整个循环体完整地执行一遍。即便是在某次循环迭代的过程中间（例如本例中，用户输入 –1 的最后那次循环），循环测试结果已经为真了，循环还是要在再次进行循环测试之前将整个循环体执行完毕后才退出。

这是一个典型的栅栏问题或者"循环再加一半（loop-and-a-half）"问题：你希望提示用户输入并读入一系列包括哨兵值的数据，然后把除哨兵值以外的绝大多数的数据累加到变量total 中。这个问题中的"立桩"操作就是从用户的输入中读取一个整数，"缠绕上铁丝网"操作就是将这个整数累加求和。通常的栅栏解法是像下面这样工作的：在循环开始之前插入一个提示输入并读取数据的指令，然后颠倒循环体内两个操作步骤的顺序。

total = 0.
Prompt and read a value into num.
while num is not the sentinel:
    Add num to the total.
    Prompt and read a value into num.

这段伪代码直接翻译成 Python 代码就是：

```python
# sentinel loop solution
total = 0
num = int(input("next integer (-1 to quit)? "))
while num != -1:
    total += num
    num = int(input("next integer (-1 to quit)? "))
print("total =", total)
```

在执行上面这段代码时，人机交互执行就会产生正确的求和结果：

```
next integer (-1 to quit)? 10
next integer (-1 to quit)? 20
next integer (-1 to quit)? 30
next integer (-1 to quit)? -1
sum = 60
```

当面对上面这样一个问题时，有些学生可能还会问：为什么不能将变量 total 初始化为 1 而不是 0 呢？这样，我们不是就不用担心问题中的栅栏麻烦了吗？因为即使把 –1 加到 total 中，也会让 1 和 –1 这两个数相互抵消掉。对于这个特定的问题，这样处理是没问题的，但是它存在不足之处。一方面，这是一个有点笨拙的解决办法，因为它的代码很难读懂。另一方面，问题本身必须有一个能够消除将哨兵值 –1 加入这一错误的对应值 1，而很多其他问题是难以找到这样一个哨兵值的补充值的。在下一节中，我们将关注第二个哨兵示例，这个例子中将演示 1/–1 这个问题。

5.2.3 带最小 / 最大值的哨兵循环

哨兵循环通常会和第 4 章介绍的带最小值 / 最大值的循环联合使用。假设我们要做的不是整数求和，而是要在用户输入的一组短语中找出最短的那一个。我们的程序将提示用户输入若干字符串直到用户输入换行为止。一旦用户输入结束，我们将报告用户输入的最短的字符串是哪一个。

由于我们要找的是长度最短的字符串，所以这是一个最小 / 最大值问题。同时，它又是一个哨兵问题，因为程序将不断地循环，直到用户输入一个特定的哨兵值 ""（换行）为止。我们可以从之前整数求和问题的解决方案中复用很多元素。下面就是解决这个问题的初始伪代码。

```
While we haven't seen a blank line:
    Prompt and read a phrase.
    If this phrase is the shortest input we have seen:
        shortest = phrase.
Report shortest phrase.
```

若要用 Python 语言来实现这段伪代码，还要处理一些棘手的细节问题。例如，我们需要用一个变量来记录当前我们找到的最短的字符串，而这个变量又必须在 while 循环之外定义。那么，我们用什么值来初始化这个变量呢？如果我们用一个空字符串 "" 来初始化它，则它就会比我们找到的任何一个字符串都要短，这将导致程序错误。我们可以用一个很长的字符串作为"哑值（dummy value）"来初始化这个变量，但这样的方案又显得有点笨拙。

下面这个初始化方法，既不优雅，也不完全管用。我们用笨办法将变量 shortest 初始化为一个长字符串 "very long very long…"，前提是用户至少会输入一个比这个初始值短的字符串。另外，为了保证循环能够启动，所以变量 phrase 必须是一个非空的字符串，因此我们将其初始化为一个哑值 "?"。遗憾的是，即便我们容忍了程序这么多不优雅的地方，这个程序还是会出错。在测试中，程序本应打印出用户输入的最短字符串 "hello"，但是它显示的却是一个空字符串。

```
# incorrect sentinel loop to find shortest string
shortest = "very long very long very long very long very long"
phrase = "?"
while phrase != "":
    phrase = input("type a phrase (Enter to quit)? ")
    if len(phrase) < len(shortest):
        shortest = phrase
print("shortest phrase was:", shortest)
```

```
type a phrase (Enter to quit)? how are you?
type a phrase (Enter to quit)? hello
type a phrase (Enter to quit)? I am fine
type a phrase (Enter to quit)?
shortest phrase was:
```

正如我们对前一节的整数求和问题最初给出的错误解决方案一样，上面的程序错误是最后输入的那个字符串 "" 导致的。由于 "" 是一个长度为 0 的空字符串，所以它肯定是用户输入的最短字符串。因此在循环结束时，变量 shortest 总是存储 ""，而不是用户实际输入的最短字符串。

在这种情况下，解决栅栏问题就不那么容易了。不像整数求和程序，我们不能通过简单地加 1 来抵消在结果中包含 −1 的错误。我们必须避免空字符串总是作为最短字符串留到最后。为此，我们实现这个栅栏循环时，要把第一个"立桩"操作移到循环体之外，在循环开始之前读取用户的第一个输入。在每次循环中，先检查它是不是最短的短语，然后读取下一个新的输入。下面的代码就是解决这个问题的正确代码。

```
# correct sentinel loop to find shortest string
phrase = input("type a phrase (Enter to quit)? ")
shortest = phrase
while phrase != "":
    if len(phrase) < len(shortest):
        shortest = phrase
    phrase = input("type a phrase (Enter to quit)? ")
print("shortest phrase was:", shortest)
```

```
type a phrase (Enter to quit)? how are you?
type a phrase (Enter to quit)? hello
type a phrase (Enter to quit)? I am fine
type a phrase (Enter to quit)?
shortest phrase was: hello
```

这个解决方案摆脱了原先代码中两个蹩脚的变量初始化语句。首先，既然把用户的第一个输入存储到变量 phrase 中，那就不再需要事先指定变量 phrase 的值了。其次，我们把用户的第一个输入假定为当前程序找到的最短字符串，所以我们也就不再需要随便去找一个长字符串来初始化变量 shortest 了。这个版本的解决方案还颠倒了循环体内两个操作的顺序：先是用于检查是否是最短字符串的 if 语句，然后是读取下一个输入字符串的语句。

5.3　布尔逻辑

乔治·布尔（George Boole）是 19 世纪的一位英国数学家，他奠定了今天计算机系统所用逻辑的基础。他提出的计算法则被统一称为**布尔逻辑**（Boolean logic）或布尔代数。计算机科学家之所以热衷于研究逻辑是因为逻辑是计算的基本理论，就像物理是工科的基本理论一样。工程师要学习物理是因为他们要建造受物理定律支配的真实世界的人工制品。如果不明白物理知识，你建造的桥梁就很可能会坍塌。计算机科学家的作品也是这样，只不过这些作品存在于遵循逻辑定律的虚拟世界中。如果不明白逻辑知识，你开发的计算机程序很可能会崩溃。

布尔表达式（Boolean expression）是一种表示逻辑测试的表达式，而逻辑测试的结果要么是真，要么是假。其实在此之前，你已经不知不觉地在你的程序中使用了布尔逻辑。我们学习过的所有控制结构，包括 if/else 语句、for 循环和 while 循环，都是由指定了测试内容的表达来控制的。

例如，下面这个 shell 交互就包含了一个布尔表达式，该表达式测试一个整数是否能被 2 整除。请注意：shell 显示的那个"True（真）"就是测试的结果。

```
>>> # a logical expression
>>> number = 18
>>> number % 2 == 0
True
```

为了存储逻辑表达式的结果，大多数程序设计语言都包含一个以"George Boole（乔治·布尔）"命名的数据类型。在 Python 语言中，这个数据类型称为 bool。bool 类型只有两种取值：True 或者 False。所有布尔表达式的求值结果只能是这两个值中的一个。

你可以把逻辑测试的结果保存在一个变量里。在编写一个进行数值计算的程序时，常常会计算出一个结果，并将这个结果保存在一个变量里。我们引入 bool 类型也是为了同样的目的：计算一个逻辑测试的结果，并把该结果保存在一个变量里，以便后续操作中使用。

下面这个 shell 交互先是定义了一个名为 even 的 bool 类型变量来存储上一个例子中逻辑测试的结果，然后用第 3 章中首次引入的 type 函数来求证这个变量的类型。最后，函数报告该变量的类型是 bool。

```
>>> # defining a bool variable
>>> number = 18
>>> even = (number % 2 == 0)
>>> even
True
>>> type(even)
<class 'bool'>
```

上面这个交互中的赋值语句实际想表达的意思是"将这个 bool 型变量的值置为后边这个测试返回的真值"。由于测试结果为真（因为 number 是偶数），所以变量 even 的值被置为 True。

刚开始接触布尔变量时，可能用起来不习惯，但是它们的作用与存储数据或字符串的变量没什么不同。如果你定义了一个 int 型变量 n = 2 + 2，则意味着按变量名引用 n 等价于引用它的数值 4。同样地，如果你定义了一个 bool 型变量 b = n > 10，则意味着按名引用 b 等价于引用它的值 False（因为 4 不大于 10）。这也就意味着你可以按照如下形式来编写语句：

```
>>> # storing tests in bool variables
>>> test1 = (2 + 2 == 4)
>>> test2 = (3 * 100 < 250)
>>> test1
True
>>> test2
False
```

这两条赋值语句实际想表达的意思都是"将这个 bool 型变量的值置为后边这个测试返回的真值"。由于第 1 个测试的结果为真，则第 1 条语句将变量 test1 置为 True。由于第 2 个测试的结果为假，则第 2 条语句将变量 test2 置为 False。当然，上述语句中的圆括号可以不加，但加上可以增加语句的可读性。

你可以用字面量 True 或 False 直接将布尔变量赋值为真或假，还可以像操作其他类型的变量一样，编写一个语句来将一个 bool 型变量的值复制给另一个 bool 型变量。

```
>>> # bool variables of True/False
>>> test1 = True
>>> test2 = False
>>> test3 = test1
>>> test3
True
```

在 Python 语言中，单词 True 和 False 都是保留字。它们是 bool 类型的字面量取值。要注意的是，不要将这两个特殊的值与字符串 "True" 和 "False" 搞混了。千万不能用引号去访问布尔字面量。

布尔变量可以用作较长布尔表达式的一部分，也可以用作 if 语句或 while 循环中的测试条件。下面这个 shell 交互演示了两个 bool 型变量在表达式和测试中的应用。

```
>>> # more complex bool tests
>>> number = 18
>>> even = (number % 2 == 0)
>>> even and number > 20
False
>>> div3 = (number % 3 == 0)
>>> if even and div3:
...     print("Both tests are true!")
...
Both tests are true!
```

5.3.1 逻辑运算符

在 Python 语言中，你可以使用如表 5-2 所示的**逻辑运算符**（logical operator）来构造复杂的布尔表达式。

表 5-2　逻辑运算符

运算符	含义	示例	值
and	与	(2 == 2) and (3 < 4)	True
or	或	(1 < 2) or (2 == 3)	True
not	非	not (2 == 2)	False

运算符 not 的功能是将其操作数的真值翻转。若一个表达式的值为 True，则其翻转后的值为 False，反之亦然。你可以用一个**真值表**来表示逻辑运算关系。表 5-3 就是运算符 not 的真值表。该表有两栏：一栏是布尔变量 p，另一栏是它的翻转值。对于变量的每一个取值，该表给出了其相应的翻转值。

表 5-3　not 的真值表

p	not p
True	False
False	True

除了逻辑非运算符外，还有两个逻辑连接符可能会用到，它们是：and 和 or。你可以用这些连接符将两个布尔表达式连接在一起，创建一个新的布尔表达式。表 5-4 显示：仅当两个操作数都为 True 时，and 运算才会给出 True 的结果；除两个操作数都为 False 以外，or 运算给出的结果都是 True。

表 5-4　and 和 or 的真值表

p	q	p and q	p or q
True	True	True	True
True	False	False	True
False	True	False	True
False	False	False	False

Python 语言中 or 运算符的含义与英语中单词“or”的含义略有不同。“I'll study tonight or I'll go to a movie.（今晚上，我可能学习，也可能去看电影。）”两个选项中有一个为真，但是不可能都为真。or 运算符更像英语中的“and/or”：若两个操作数中有一个为真或二者均为真，则整个命题就为真。

通常只有在你想表达的条件不能简化为一个单一的逻辑测试时，才会使用逻辑运算符。在上一章，我们就遇到过如下所示的情况：只有在某个数的值为 1 或更大，而另一个数的值为 10 或更小的情况下，你才去实施一个特殊的操作。

```
if number1 >= 1:
    if number2 <= 10:
        do_something()
```

但是用了逻辑 and 运算符后，代码就会变得十分简洁：

```
if number1 >= 1 and number2 <= 10:
    do_something()
```

在英语中，单词“and”和“or”的使用很频繁。但是在 Python 语言中，它们的使用必须符合严格的逻辑意义，千万不能像下面这样编写程序代码：

```
# incorrect code to see if x is between 1 and 3
if x == 1 or 2 or 3:
    do_something()
```

从英语的角度，这句话可以理解为"x 等于 1 或 2 或 3"，但是对于 Python 而言却是无意义的。虽然上面这条语句不会产生语法错误，但是它不能正确地执行我们期望的测试。

逻辑运算符 and 和 or 只能用于连接布尔表达式，否则计算机将无法理解你的意图。在第 7 章中，我们还要深入研究表达此类条件的其他更为巧妙的方法。但是目前，我们只能用两个逻辑 or 运算符将三个布尔表达式连接在一起，来表示"1 或 2 或 3"的意思。

```
# correct code to see if x is between 1 and 3
if x == 1 or x == 2 or x == 3:
    do_something()
```

此外，测试变量 x 的值是否是给定的一组数值中的一个，还有另一种表达方式。你可以把一组数值写在一对方括号里构成一个列表，然后用一个称为 in 的运算符来判断 x 的值是否在这个列表中。我们目前暂不深入研究列表，关于列表的知识将在第 7 章学习。

```
# correct code to see if x is between 1 and 3
# (using a list; seen in Chapter 7)
if x in [1, 2, 3]:
    do_something()
```

至此，我们已经介绍了 and、or 和 not 这三个逻辑运算符。现在需要重新审视运算符优先级表。逻辑运算符的优先级是较低的，低于算术运算符和关系运算符，但高于赋值运算符。其中，运算符 not 的优先级略高于运算符 and，而运算符 and 的优先级又略高于运算符 or。表 5-5 补充了这些新介绍的运算符的优先级。

表 5-5　Python 运算符优先级

描述	运算符	描述	运算符
求幂	**	等于运算符	==, !=
一元运算符	+, -	逻辑非	not
乘法类运算符	*, /, //, %	逻辑与	and
加法类运算符	+, -	逻辑或	or
关系运算符	<, >, <=, >=	赋值运算符	=, +=, -=, *=, /=, %=

按照优先级规则，当 Python 对下面这样一个表达式进行求值的时候，计算机先计算 not，然后计算 and，最后计算 or。图 5-4 显示了下面这段程序代码的求值顺序。

```
# show precedence of logical operators
test1 = False
test2 = False
test3 = True
if test1 or not test2 and test3:
    do_something()
```

5.3.2　布尔变量与标志

所有的 if/else 语句都是由布尔测试来控制的。这些测试的对象可以是 bool 变量，也可以是布尔表达式。例如，请看下面这段代码：

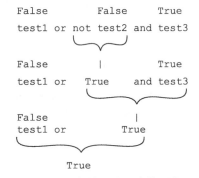

图 5-4　逻辑表达式的求值顺序

```
# code with a Boolean test
if number > 0:
    print("number is positive")
else:
    print("number is not positive")
```

这段代码还可以写成下面这样：

```
# code with a bool variable
positive = (number > 0)
if positive:
    print("number is positive")
else:
    print("number is not positive")
```

使用 bool 变量可以增加程序的可读性，因为你可以给测试命名。例如，在编写交友程序这类代码时，你可以定义一些变量来表述一个人的属性：颜值，IQ（智商），收入，是否单身，等等。给定这些变量来指定一个人的属性，你就可以开发各种适用性测试。通过使用 bool 变量来为这些测试命名，可以显著地增加程序的可读性。下面这个完整的程序例子就展示了这些设计理念：

```
1   # This program decides whether to date someone
2   # based on their various attributes.
3
4   def main():
5       # prompt for information about the person
6       print("Tell me about the person you may want to date.")
7       looks  = int(input("How good looking are they (1-10)? "))
8       IQ     = int(input("What is their IQ? "))
9       income = float(input("How much $ do they make per year? "))
10      single = input("Are they single (y/n)? ")
11
12      # use bool variables to perform tests about them
13      cute = (looks >= 9)
14      smart = (IQ > 125)
15      rich = (income > 100000.00)
16      available = (single.lower().startswith("y"))
17
18      if cute and smart and rich and available:
19          print("Let's go out!")
20      else:
21          print("It's not you, it's me...")
22
23  main()
```

```
Tell me about the person you may want to date.
How good looking are they (1-10)? 9
What is their IQ? 140
How much $ do they make per year? 120000.00
Are they single (y/n)? y
Let's go out!
```

还有一种场合，你可能会用到一种称为**标志**（flag）的特殊类型的 bool 变量。通常，我们会在循环中使用标志来记录出错的条件或发出结束信号。不同的标志测试不同的条件。就像体育比赛那样，一个裁判员就只观察一种特定的犯规动作。一旦发现有此类犯规动作发生，该裁判员就举旗示意。有时你会听到广播里说："比赛中有人犯规了。"

下面，让我们在上一章的累加求和程序中引入一个标志：

```python
# Finds the sum of a sequence of numbers.
how_many = int(input("How many numbers do you have? "))
sum = 0.0

for i in range(how_many):
    next = float(input("Next number? "))
    sum += next
print("sum =", sum)
```

假设在累加的过程中，我们希望知道总和是否会在某个时刻为负数。注意，这个情况不同于在累加结束后判断总和是否为负数的情况。就像一个银行账户的余额，它的数值会在正数与负数之间来回变动一样。在你不断地存款或取款的过程中，银行要知道你是否发生过透支的情况。通过引入一个 bool 标志，我们把上述程序中的循环修改成具有判断总和是否为负并在循环结束后报告判断结果的功能。

```python
# Finds the sum of a sequence of numbers.
# Boolean flag remembers whether sum was ever negative.
how_many = int(input("How many numbers do you have? "))
sum = 0.0
negative = False
for i in range(how_many):
    next = float(input("Next number? "))
    sum += next
    if sum < 0:
        negative = True
print("sum =", sum)

if negative:
    print("Sum went negative")
else:
    print("Sum never went negative")
```

请注意：在将标志 negative 置为 True 的 if 语句中，没有将其置为 False 的 else 从句。这是非常关键的。如果有这样的 else 从句的话，即使某次总和为负数，但只要后续累加的总和又变回正数，那么程序就会忘记掉总和曾经为负数的事实。

5.3.3 谓词函数

在第 3 章中，你已经看到了如何编写一个带返回值的函数。到目前为止，我们已经基本上掌握了使用 return 来编写计算一些有用的数值并将其返回给主调函数的函数。例如，我们编写的函数 sum_of 就是返回某个取值范围内一系列整数的总和。

你还可以编写返回 bool 值的函数。这样的函数也称为**谓词函数**（predicate function）。对谓词函数的调用，可以用作诸如 if 语句或 while 循环头中的逻辑测试。

谓词函数

返回 True 或 False 这样一个布尔逻辑值的函数，可用作逻辑测试。

Python 提供的很多数据类型都有谓词函数。例如，字符串有两个谓词函数 startswith 和 endswith，它们都返回 bool 值，指示字符串是否以给定的字符序列开头或者结尾。你可以在程序中调用其中任意一个函数来作为一个逻辑测试：

```
>>> # calling string predicate functions
>>> name = "Evelyn"
>>> name.endswith("n")
True
>>> if name.startswith("Eve"):
...     print("What a cute lion cub!")
...
What a cute lion cub!
```

你也可以编写自己的返回 bool 值的谓词函数。例如，假设我们想要测试一个给定的整数 *n* 是否是一个素数，即只能被 1 和它本身整除的整数。于是，你就可以编写一个谓词函数来实现这个功能，该谓词函数判断从 2 到 *n* – 1 的每个整数是否能整除 *n*：

```
# Returns True if n is prime and False if not.
def is_prime(n):
    for i in range(2, n):
        if n % i == 0:
            return False
    return True
```

对这个谓词函数的调用可以当作一个逻辑测试来使用。这就使得你的程序代码非常优雅，因为其中的 if/else 语句看上去就像英语对话。下面这段交互中的 if 语句就可以理解为"如果 *n* 是素数，则打印出随后的输出"。

```
>>> is_prime(17)
True
>>> is_prime(42)
False
>>> n = 53
>>> if is_prime(n):
...     print("Your number is prime!")
...
Your number is prime!
```

is_prime 函数没有把语句 return True 放在循环内的 else 从句中，这点非常重要。下面这个版本的程序就是错误的，因为它将在找到第一个不能整除的整数后就结束循环并返回 True。

```
# Returns True if n is prime. Flawed version.
def is_prime(n):
    for i in range(2, n):
        if n % i == 0:
            return False
        else:
            return True
```

正如我们在第4章中的骰子游戏示例中所看到的，重要的是要识别代码何时应该提前停止或提前返回，而不是算法何时应该继续运行。在上面这个例子中，一旦我们找到了 n 的一个因数（即满足 n % i == 0 的整数 i），我们就可以确定 n 不是素数，于是就可以通过返回 False 来提前结束。但是如果给定的整数 i 不是 n 的因数，我们就不能提前结束。我们必须逐个检查 2 到 n − 1 之间的每个整数，以确保它们都不是 n 的因数。这就是语句 return True 必须放在循环体外而且是在函数最后的原因。

5.3.4　布尔 Zen

1974 年，通过出版 *Zen and the Art of Motorcycle Maintenance: An Inquiry into Values*（《禅与摩托车维修的艺术：人类寻找自我的奇妙心灵之旅》）一书，Robert Pirsig 开启了一个文化的潮流。随后，市场上充斥着书名为 *Zen and the Art of X*（《禅与 X 的艺术》）的各种书籍，曾出现过的 X 有扑克、编织、写作、桌上足球、吉他、公办学校教育、谋生、恋爱、布艺、单口相声、SAT 应试、插花、苍蝇绑、系统分析、为人父、剧本创作、糖尿病患者养生、两性、帮忙、街头斗殴、谋杀等等。甚至有一本书称为 *Zen and the Art of Anything*（《禅与任意一种事物的艺术》）。

现在，我们也要通过讨论"禅与布尔逻辑的艺术（简称布尔 Zen）"来加入这一潮流中。许多初学者似乎需要花上一段时间才能习惯于布尔表达式。当你"领悟"了 bool 型数据的工作原理后，你可能会惊叹于它的简洁性。在初学者掌握其中要领之前，他们编写的包含有 bool 值的表达式通常是很复杂的。

刚接触 bool 型数据的学生常常会将布尔值与 True 或 False 进行比较。在上一节中，我们像下面这样对字符串方法 startswith 进行了调用：

```
>>> # calling string predicate functions
>>> name = "Evelyn"
>>> if name.startswith("Eve"):
...     print("What a cute lion cub!")
...
What a cute lion cub!
```

很多新接触布尔逻辑的学生却不是这么写的。他们编写的语句常常是下面这个样子：

```
>>> # redundant bool test
>>> name = "Evelyn"
>>> if name.startswith("Eve") == True:
...     print("What a cute lion cub!")
...
What a cute lion cub!
```

从某种意义上说，上面这段不优雅的代码也是合情合理的。先调用 startswith 方法，然后想测试它返回的值是否为 True。因此，你编写了一条语句来求证它的返回值是否等于 True。但事实上，这个比较操作是多余的。一条 if 语句期望你给它提供一个测试，该测试结果是 bool 型数值。startswith 方法本身就返回一个 bool 型数值，所以我们就不必再测试它是否等于 True 了，无论它是 True 或不是（此时是 False）。对该方法的调用本身就足够作为一个逻辑测试了。对于一个理解布尔 Zen 的人而言，前面那个测试看上去完全是多余的。

```
# redundant bool test, even worse
if (name.startswith("Eve") == True) == True:
    ...
```

在检查是否是布尔值 False 时，初学者常常会编写出下面这样的测试语句：

```
>>> # redundant negative bool test
>>> name = "Larry"
>>> if name.startswith("Eve") == False:
...
```

对于初学者而言，这样的代码在某种程度上也是讲得通的。这个与 False 的比较意味着反转 bool 值（若变量为 False，则结果为 True；若变量为 True，则结果为 False）。但是，Python 提供了更加优雅的解决办法。运算符 not 就是设计用来实现 bool 值的这种切换的。所以，这个测试写成下面这样会更好：

```
>>> # improved negative bool test
>>> name = "Larry"
>>> if not name.startswith("Eve"):
...
```

另一种常见的不优雅的布尔逻辑表达方式是，在谓词函数中包含不必要的 if/else 语句。为了探究这个问题，让我们假设你正在编写一个游戏程序，该游戏的处理对象是一个由两个数位组成的数据，出现在这两个数位上的数字必须是不同的。换句话说就是，这个程序处理像 42 这样由两个不同的数字组成的数据，而不是像 6（仅有一个数字）、394（超过两个数字）或 22（两个相同的数字）那样的数据。

负责核查给定整数是否由两个不同数字组成的代码肯定含有复杂的逻辑测试，谓词函数正好有了用武之地。因为当你编写好一个返回 bool 值的谓词函数后，你就可以在任何需要核查整数的地方调用该函数，可以调用多次，而无须每次都复制这段复杂的核查代码。同时，你还可以给这个核查代码起一个名字，以提高程序的可读性。我们可以命名我们的函数为 is_two_unique_digits。该函数接收一个 int 型数据作为参数，当该数据由两个不同的数字组成时返回 True，否则返回 False。它的函数头如下：

```
# Returns True if n is a two-digit integer
# with two unique digit values.
def is_two_unique_digits(n):
    ...
```

函数体包括两段测试。首先，你需要确认 n 是一个两个数位的数据，这一点可以通过检查它是否在 10 到 99 的这个闭区间内来完成。其次，你需要确认其两个数位上的数字是否是

相同的，可以通过表达式 n // 10 和 n % 10 来获得两个数位上的数字。由于数据 n 必须同时
满足这些条件，所以我们就用 and 运算符来将这两段测试连接在一起。函数在数据 n 满足要
求时返回 True，否则返回 False。

实现此函数的一个初始的冗余版本如下：

```
# initial inelegant implementation
def is_two_unique_digits(n):
    if (10 <= n <= 99) and (n // 10 != n % 10):
        return True
    else:
        return False
```

这个函数是可用的，但是它太啰唆了，其实没必要。上面这段代码执行了我们研究过的测
试，其中的表达式本身就是 bool 类型。这就意味着它的求值结果要么是 True，要么是 False。
那条 if/else 语句告诉计算机：如果表达式的求值结果为 True，则返回 True；如果求值结果为
False，则返回 False。但是为什么要使用这种结构呢？如果函数在表达式的求值结果为 True 时
返回 True，而在其求值结果为 False 时返回 False，那么其实可以直接返回表达式的值：

```
# improved, "zen" implementation
def is_two_unique_digits(n):
    return (10 >= n <= 99) and (n % 10 != n / 10)
```

如果改进后的代码不易理解，我们就用一个整数表达式来类比一下。对于一个理解了布
尔 Zen 的读者而言，原先使用 if/else 语句的函数看上去就像下面这段代码一样怪兮兮的。

```
# Redundant code to return an int variable's value
if x == 1:
    return 1
elif x == 2:
    return 2
elif x == 3:
    return 3
elif x == 4:
    return 4
elif x == 5:
    return 5
```

如果你想返回 x 的值，你就直接表示为 return x。同样地，如果你希望在某个测试的结
果是 True 时返回 True、是 False 时返回 False，则可以直接返回这个测试的结果。表 5-6 总
结了本节中出现过的各种冗余的布尔逻辑以及与它们等价的优雅的"禅"的形式。

表 5-6　布尔 Zen 模式

描述	常见的不良模式	改进后的模式
多余的 True 比较	`test == True`	*test*
多余的 False 比较	`test == False`	not *test*
多余的带 return 语句的	`if test:`	return *test*
if/else 语句	`    return True`	
	`else:`	
	`    return False`	

5.3.5 短路求值

本节中，我们将深入探讨如何用逻辑运算符来解决复杂的程序设计问题，并介绍逻辑运算符的一个重要特性。我们将编写一个名为 first_word 的函数，该函数接收一个字符串作为函数参数，然后返回字符串中的第一个单词。我们可以用 Python 内置的字符串处理函数来实现函数 first_word 的功能。但是在这里，为了演示对字符串的人工查找，我们就不采用那些 Python 内置的字符串处理函数了。简单起见，我们约定字符串中的单词是用空格分隔的。如果字符串中根本就没有单词，函数 first_word 将返回一个空字符串。表 5-7 给出了调用该函数的一些实例。

表 5-7   first_word 的结果

函数调用	返回值
first_word("four score and seven years")	"four"
first_word("all-one-word-here")	"all-one-word-here"
first_word(" lots of space here")	"lots"
first_word(" ")	""

请记住：我们可以用方括号标记出要提取的字符串的部分字串。我们的任务基本上可以简化为如下步骤：

```
start = first index of the word.
stop  = index just beyond the word.
Return the slice [start:stop].
```

作为第一次细化，我们假设起始索引为 0。对于以空格开头的字符串，这个起始索引是没有意义的，但是它可以让我们专注于伪代码中的第二步。请看这个以" four score"开头的字符串，若检查这个字符串中的单个字符及其索引，我们就会得到下面这个结果：

0	1	2	3	4	5	6	7	8	9
f	o	u	r		s	c	o	r	e	...

我们将 start 置为 0，并希望将变量 stop 设置为第一个单词末尾之后的那个索引。本例中，我们要得到的单词是" four"，它的索引范围是 0 到 3。因此，如果我们希望变量 stop 是紧挨着目标子串后边的那个索引，我们就会把它置为 4，而 4 是字符串中第一个空格的索引。

那么，我们怎么才能找到字符串中的第一个空格呢？这就要用到 while 循环了。我们可以简单地从字符串的前边开始，不断地循环，直到遇到一个空格为止：

```
Set stop to 0.
While the character at index stop is not a space:
    Increase stop by 1.
```

这段伪代码很容易转化成 Python 代码。结合我们" start 为 0"的假设，就可以得到：

```python
# initial incomplete version
def first_word(s):
    start = 0
    stop = 0
```

```
    while s[stop] != " ":
        stop += 1
    return s[start:stop]
```

在多数情况（包括我们的样例字符串）下，这个版本的函数是有效的，但是它并非对所有的字符串都有效。该函数有两个主要的问题。首先，我们假设字符串不能以空格开头，这是我们需要解决的第一个局限性。

第二个问题是函数 first_word 尚不能处理仅有一个单词的字符串。例如，我们用诸如"four"这样的字符串来执行函数时，它会产生一个错误并显示"4 不是一个合法的索引"。导致出错的原因是函数代码假定我们最终能够找到一个空格，但是字符串"four"中却没有空格。所以 stop 的值不断地增长直到等于 4 为止。这时就出现一个错误，因为在索引 4 的位置上是没有字符的。这样的错误有时也称为"超越字符串末尾"。

为了解决这个问题，我们需要增加一个对字符串长度的测试。很多初学者是用 while 循环和 if 语句的某种组合来完成函数功能的，就像下面这样：

```
# incorrect code to account for one-word strings
stop = 0
while stop < len(s):
    if s[stop] != " ":
        stop += 1
```

这段代码处理像"four"这样的单个单词的字符串是有效的。因为一旦变量 stop 的值等于字符串长度，循环也就结束了。但是，它却无法处理像"four score"这样的多单词字符串。处理"four score"时，函数会进入一个无限循环中，因为一旦 stop 的值变为 4，我们就无法让其值继续增长了。而只要 stop 的值小于字符串长度，测试就会继续，函数就会陷于一个死循环之中。这种把一条 if 语句放在一个 while 循环中的做法曾导致 2008 年 12 月 31 日发生了一个震惊世界的软件错误，当时全球所有的 Zune 音乐播放器都停止了工作。

从这里得到的经验是：我们需要用两个不同的条件来控制循环，即只有在还没有遇到空格，而且没有达到字符串末尾时，我们才继续对变量 stop 增值。我们用逻辑运算符 and 来表达我们的思路：

```
# incorrect code to account for one-word strings (second attempt)
stop = 0
while s[stop] != " " and stop < len(s):
    stop += 1
```

不幸的是，即使是这样的测试也不能正常工作。如果我们还没有遇到空格，而且也没有到达字符串末尾，它的确是正确地表达了这两个条件。但请仔细想想，当我们到达字符串末尾时会发生什么。假设此时字符串变量 s 是"four"而变量 stop 等于 3。我们将看到位于索引 3 上的字符不是一个空格，而且 stop 小于字符串长度，所以我们还要再增加一次 stop 的值，使其变为 4。再次循环，函数测试 s[4] 是否是空格。这个测试将导致一个 IndexError 异常。尽管我们可以测试 stop 是否小于 4，但事实上此时 stop 已经不小于 4，说明这个测试来得太迟了，无法避免异常的发生。

Python 提供了解决这类问题的一种办法。逻辑运算符 and 和 or 都具有一种特性，称为**短路求值**（short-circuited evaluation）。这意味着，在一个包含有 and 或 or 的多段测试中，如果第 1 个操作数求值后使得整个测试的结果就可以确定下来了，则 Python 将不再对第 2 个操作数进行求值计算。在 and 的情况下，如果第 1 个操作数的求值结果是 False，则 Python 就不再对第 2 个操作数进行求值计算了，因为只要有一段测试的结果为假，则整个表达式的结果必为假；在 or 的情况下，如果第 1 个操作数的求值结果是 True，则 Python 就不再对第 2 个操作数进行求值计算了，因为只要有一段测试的结果为真，则整个表达式的结果必为真。

短路求值

这是逻辑运算符 and 和 or 的一种特性，即如果整个逻辑表达式的结果可以由它的第 1 个操作数的值完全确定的话，则第 2 个操作数的求值计算将被取消。

在我们的例子中，我们执行了两个不同的测试，并计算它们逻辑 and 的结果。因为只要有一个测试为假，则整个结果必为假，所以当第 1 个测试为假后，第 2 个测试就没必要进行了。换句话说就是，第 2 个测试的执行与求值被第 1 个测试为假这个事实给屏蔽了（短路了）。这也启发我们要调整一下代码中两个测试的先后顺序：

```
# correct code to account for one-word strings
stop = 0
while stop < len(s) and s[stop] != " ":
    stop += 1
```

如果用 stop 等于 3 这个场景再运行一次，我们将顺利通过这两个测试，成功地将 stop 增值到 4。接着，我们又开始新一轮循环。首先，测试 stop 是否小于 len(s)。肯定不小于，则测试的结果是 False。因此，Python 就可以判断出整个表达式将求值为 False，而无须对第 2 个测试进行求值。由于不再测试 s[4] 是否是一个空格，则这个处理顺序成功地防止了异常的发生。

根据上面的讨论，我们得出函数的第二个版本：

```
# version that handles one-word strings
def first_word(s):
    start = 0
    stop = 0
    while stop < len(s) and s[stop] != " ":
        stop += 1
    return s[start:stop]
```

请注意，我们假设第 1 个单词的起始位置是 0。但现实中往往不是这样。例如，我们提交的字符串的开头可能会有若干个前导空格，这时函数将返回一个空串。所以我们应该修改程序，使其能够忽略掉任意个前导空格。要完成这项任务就需要引入另外一个循环。作为第一次细化，我们可能编写出如下代码：

```
# initial attempt to handle strings that start with spaces
start = 0
while s[start] == " ":
    start += 1
```

这段代码能够处理绝大多数字符串，但是它还是无法处理两种重要的情况。上面那个循环中的测试是要找到一个非空格的字符。如果整个字符串全是空格会怎样？这时，我们就会处理到字符串的末尾之外，产生一个异常。如果处理的字符串是一个空串又会怎样？当程序读取 s[0]，我们将会得到一个错误，因为在索引 0 的位置上没有字符。

我们可以确定这些情况都是会导致错误的。毕竟，如果字符串中根本就没有单词，我们又如何返回第 1 个单词呢？所以我们可以事先提示用户，要求他输入的字符串至少包含有一个非空格的字符。当发现不满足要求时，程序将发出一个异常信息。遇到这些情况的另一种解决办法是返回一个空字符串。

为了应对处理空字符串的可能性，我们要给循环增加一个字符串长度的测试。因为还要使用之前与 stop 有关的代码，所以需要认真地考虑循环测试的顺序。为了利用短路求值的优势，我们必须首先检查索引 start 是否尚未超出字符串的长度：

```
# handle strings that start with spaces
start = 0
while start < len(s) and s[start] == " ":
    start += 1
```

若要将这几行代码与之前的代码合并在一起，我们还得修改 stop 的初始化。我们不再要求搜索必须从字符串的起始位置开始，而是将 stop 的值初始化为与 start 相等。将上述几段代码合并在一起，我们就得到下面这个版本的函数：

```
# correct version that handles all cases
def first_word(s):
    start = 0
    while start < len(s) and s[start] == " ":
        start += 1
    stop = start
    while stop < len(s) and s[stop] != " ":
        stop += 1
    return s[start:stop]
```

现在这个版本的函数就能够应对所有的情况了，既可以忽略掉任意多个前导空格，又可以在没有单词可返回时返回一个空字符串。

5.4 健壮的程序

通过学习前面的章节，你可以领会到，考虑函数的前提条件并在函数的注释中说明这些条件是良好的编程实践。同时你也看到了，如果这些前提条件得不到满足，程序甚至可能会在某些情况下崩溃。例如，对于你编写的一个请求用户输入整数的程序，若用户输入的是非数值信息，那么程序将在发出错误 ValueError 后崩溃。

```
# read user input as an integer
age = int(input("How old are you? "))
retire = 65 - age
print("Retire in", retire, "years.")
```

```
How old are you? young
Traceback (most recent call last):
  File "<stdin>", line 1, in <module>
ValueError: invalid literal for int() with base 10: 'young'
```

一个包含有错误逻辑的 Python 程序会导致 Python 解释器崩溃。这时，我们就说程序出现了一个错误。在正在运行的程序中出现的错误也称为**异常**（exception）。这个名字来源于这样一种观点，即这样的错误很少发生，或者仅在异常情况下发生。在第 4 章中，我们讨论过可能发生的异常，并列举出常见的异常类型。

> **错误（异常）**
> 正在运行的程序中存在的错误逻辑，将导致解释器停止运行。

在你编写人机交互程序时，最简单的方法就是假设用户的输入总是合乎要求的。你可以把这些假定用户遵守的要求写在注释文档中。尽管如此，一般情况下，最好还是不要在编写程序时对用户的输入进行任何假设。最好还是编写能够处理用户输入错误的程序。这样的程序就称为是**健壮的**（robust）。在本节中，我们将深入探讨如何编写出健壮的人机交互程序。

> **健壮性**
> 即使在接收到非法数据时程序仍能正常执行的能力。

5.4.1　try/except 语句

如果 Python 语言包含有能够判定一个给定的字符串是否能安全地转换成一个数值的函数，你也许能够通过一条 if/else 语句来避免用户输入错误的影响。但是在这里，Python 并没有包含这样的函数。（字符串有一个 isnumeric 函数，但是它不能处理负数或小数点，所以它对我们的任务目标不适用。）除了尝试转换字符串并查看代码是否崩溃之外，你基本上没有其他方法。但是我们希望程序在遇到一个坏的输入时不要停止，所以我们选择打印一个出错信息，然后去处理下一个输入。

对于这类可能存在无法避免的错误的情况，正确的解决方案是允许错误出现，然后**处理**（handle）或**捕获**（catch）异常。处理异常意味着，编写代码使其在异常发生时通知解释器应该做怎样的处理。如果你编写了处理异常的代码，程序就可以在某个错误发生时继续执行下去，而不是终止程序。这使得我们可以编写更加健壮的程序，这样的程序在遇到错误输入时不会停止工作。

> **处理（或捕获）一个异常**
> 在程序中编写代码，指定发生异常时要执行的操作。处理异常能够让解释器在发生异常时不会终止执行。

Python 提供了一个称为 try/except 语句的控制结构来帮助你处理异常。try/except 语句允许你指定两个缩进的语句块：一个是你希望正常执行的代码，这段代码有可能会引发一个错误；另一个是当错误发生时你想要执行的处理操作。其标准的语法结构如下：

```
try:
    # statements that might raise an error
    statement
    statement
```

```
    ...
    statement
except ExceptionType:
    # statements to handle error if it occurs
    statement
    statement
    ...
    statement
```

语法模板：*try/except 语句*

当解释器遇到一个 try/except 语句时，它将进入 try 语句块中，开始逐条执行其中的语句。如果这些语句中的某一条引发了 ExceptionType 给定类型的错误，解释器将停止 try 语句块的执行，而跳转到 except 语句块的起始位置，并执行完该语句块中的全部语句。

语句 except 所在行中的 ExceptionType 表示你想处理的错误类型。Python 有很多种异常类型，其中大多数在第 4 章中列举过。一个常规的经验法则是，如果你的代码导致解释器停止运行，则它通常会把错误类型在输出中显示出来。这样在修改程序时，你就知道需要处理哪种类型的错误了。

except 语句块中的代码仅在发生了指定类型的错误时才会执行。更确切地说，出错后如何处理是你说了算，是由你来编写其中的具体处理细节。在某些情况下，你可能只想打印出错信息。在另外一些情况下，你可能希望将失败的操作（例如连接一个网络）再试一遍。还有一些情况，你可能什么都不想做，只要保证程序不会崩溃就行，不希望显示任何输出信息。

例如，下面的代码是将一个字符串变量转换成一个 int 型数值。如果操作失败，代码只打印出错信息。

```
# try to convert string to int and catch an exception
s = "hello"
try:
    n = int(s)
    print("I converted it successfully!", n)
except ValueError:
    print("s is a non-integer value.")
```

在某些情况下，你希望程序悄悄地处理错误，保证解释器不终止执行就行，不希望显示任何输出信息。你可能认为在 except 下面保留空白就表示这个意思，但是如果你真的这么做的话，解释器会抱怨说它需要一个缩进的语句块。在这种情况下，你可以像下面这样，用一条 pass 语句来满足解释器的要求，pass 语句是一条什么都不做的空语句。

```
# silently catch an exception
s = "hello"
try:
    n = int(s)
except ValueError:
    pass    # do nothing!
```

在使用 pass 语句来处理异常时，应该非常谨慎。让错误悄悄地消失可能是你的程序所需要的行为，但是如果你的代码中存在一个真正的 bug，这将使你得不到任何有助于诊断缺陷的输出信息。悄悄地处理异常有点像把你家中烟雾报警器的电池拿掉：这么做也许有这么做的道理，但是它放弃了一个报警并提供信息的来源。我们的建议是，仅当你确定程序的操作都是正确的时候，才可以用 pass 语句来处理异常。

检验一个给定的字符串能否成功地转换成一个 int 型或 float 型数值的能力非常有用，这些能力足以让你编写出一个好的谓词函数。这些函数可以命名为 is_integer 和 is_float。它们都是接收一个字符串参数，然后在字符串可以成功地转换成数值时返回 bool 值 True，否则返回 bool 值 False。下面就是其代码实现：

```python
# Returns True if s can be converted to int
def is_integer(s):
    try:
        s = int(s)
        return True
    except ValueError:
        return False

# Returns True if s can be converted to float
def is_float(s):
    try:
        s = float(s)
        return True
    except ValueError:
        return False
```

```python
>>> is_integer("hello")
False
>>> is_integer("42")
True
>>> is_float("3.14")
True
>>> is_float("banana")
False
```

乍一看，这些函数的代码可能不太直观。其思想就是，将一个给定的字符串转换成一个 int 型或 float 型数值。如果转换成功，则代码返回 True。但是若转换失败，解释器因无法到达语句 return True，而跳到异常处理语句块，即语句 return False。

如果你的程序中已经设计好了这些谓词函数，那么在代码的 main 部分就可以用更简单的 if/else 语句来取代 try/except 语句：

```python
# use function to check before converting
if is_integer(s):
    sum += int(s)
else:
    print("Invalid number:", s)
```

try/except 的语法结构有很多变种。例如，你可以编写多个 except 语句块来处理不同类型的异常，还可以使用其他关键字来增加错误处理以外的控制能力。但是这里我们只介绍该语句最基本的用法。我们将在下一节中使用这些谓词函数。

5.4.2 处理用户错误

让我们来重新回顾一下之前我们曾介绍过的一个程序，请用户输入年龄，然后打印出距离他们退休还有多少年。考虑下面的程序语句：

```
# read user input as an integer
age = int(input("How old are you? "))
```

如果用户输入的不是一个整数会怎么样？这种情况一旦发生，代码就会在将输入转换为int型数据的过程中产生一个异常。如果用户输入的不是一个整数，那么我们希望将输入丢弃并显示某种错误提示信息，然后提示用户再重新输入。这样，我们就需要将代码放在一个循环中执行，以便能够不断地丢弃输入并产生出错信息，直到用户输入合法的内容为止。

只要用户的输入是非法的，我们就不断地提示、丢弃并产生出错信息，直到有一个合法的整数输入，我们就读入这个整数。当然，在最后这种情况下，我们不会丢弃输入，也不产生出错信息。换句话说，在最后那次循环中，我们只做三部曲中的第一步（提示，但不丢弃，也不显示出错信息）。这是栅栏问题的另外一种典型的表现形式，我们可以用常规的方法来解决这个问题，即像下面这样把第一次提示放在循环体的前面，然后改变循环体内操作的顺序：

Prompt.
While the user input is not an integer:
　　Print an error message.
　　Prompt again.
Convert the input into an integer.

这段伪代码可以很容易地直接转换成实际的 Python 代码。其中，我们可以使用上一节编写的谓词函数 is_integer：

```
# re-prompt until an integer is typed
line = input(prompt)
while not is_integer(line):
    print("Not an integer; try again.")
    line = input(prompt)
age = int(line)
```

提示用户输入指定类型的数据是一个很常见的操作，值得将其封装为一个函数。该函数接收一个提示文本作为参数，然后反复地提示，直到一个数字串被输入为止，最后返回数字串对应的整数值。

```
1  # Returns True if s can be converted to type int.
2  def is_integer(s):
3      try:
4          s = int(s)
5          return True
6      except ValueError:
7          return False
8
9  # Repeatedly prompts for input until a numeric string is typed.
10 # Returns the int value that was typed by the user.
11 def get_int(prompt):
```

```
12        line = input(prompt)
13        while not is_integer(line):
14            print("Not an integer; try again.")
15            line = input(prompt)
16        return int(line)
17
18    # prompts for a user's age and prints out
19    # the number of years until the user can retire
20    def main():
21        age = get_int("How old are you? ")
22        retire = 65 - age
23        print("Retire in", retire, "years.")
24
25    main()
```

```
How old are you? what?
Not an integer; try again.
How old are you? 18.4
Not an integer; try again.
How old are you? ten
Not an integer; try again.
How old are you? darn!
Not an integer; try again.
How old are you? help
Not an integer; try again.
How old are you? 19
Retire in 46 years.
```

5.5 断言与程序逻辑

逻辑学家关注的陈述性语句，称为**断言** (assertion)。

断言

要么为真、要么为假的陈述性语句。

下列语句都是断言：
- $2+2$ 等于 4。
- 太阳比地球大。
- $x < 45$。
- 天下雨了。
- 西班牙的雨主要下在平原地区。

下面的语句则不是断言（第 1 个是一个问题，第 2 个是一个命令）：
- 你有多重？
- 带我回家。

有些断言为真还是为假，取决于它们的上下文：

- $x < 45$。(这条语句的正确性取决于 x 的值。)
- 天下雨了。(这条语句的正确性取决于时间和地点。)

你可以通过提供上下文来确定它们是真是假：

- 当 x 为 13 时，$x < 45$。
- 1776 年 7 月 4 日，美国费城下雨了。

为了编写出正确且高效的程序，你必须学会在程序中设置断言，并了解能够让这些断言为真的上下文。例如，如果你希望从用户那里得到一个非负的数，你就需要让断言"数据是非负的"为真。你可以采用如下进行简单的提示并读入数据的语句：

```
number = int(input("Please give me a nonnegative number? "))
# is number nonnegative?
```

但是，用户可以不顾你的要求而输入一个负数。实际上，用户经常因为困惑而输入你不期望的数据。考虑到用户输入的这种不确定性，上面这个断言可能时而为真、时而为假。但是后续程序的执行可能是建立在该断言为真的基础上。例如，你想求一个数的平方根，你就必须确保这个数是非负的，否则你的程序就会以一个糟糕的结果来结束。

借助下面这样一个循环结构，你就可以确保你得到的数是非负的：

```
number = int(input("Please give me a nonnegative number? "))
while number < 0.0:
    print("That is a negative number. Try again.")
    number = int(input("Please give me a nonnegative number? "))
# is number nonnegative?
```

你知道 number 在循环结束后将会是非负的，否则，程序就不可能从 while 循环中退出。只要用户给出的是一个负数，你的程序就会停留在 while 循环中继续提示用户输入。

但是，这并不意味着循环结束后 number **肯定**是非负的。它只意味着 number **将会**是非负的。通过分析这个程序的逻辑，你可以看到这是确定的，这是一个你可以确定成立的断言。如果需要的话，你甚至可以证明它。这样的断言称为**可验证的断言**（provable assertion）。

> **可验证的断言**
>
> 可以证明在程序执行的某个特定点上为真的断言。

可验证的断言可用于识别出代码中不必要的内容。请看下面这些语句：

```
x = 0
if x == 0:
    print("This is what I expect.")
else:
    print("How can that be?")
```

这个 if/else 就是多余的。你知道赋值语句的功能，所以你知道它将 x 设置为了 0。测试 x 是否为 0 是不必要的，因为它就像是在说："在我继续往下执行之前，我要检查下 2 + 2 是否等于 4。"由于这个 if/else 语句的 if 部分总是要执行的，你就可以证明下面两行代码跟前面五行代码做的事情是一样的。

```
x = 0
print("This is what I expect.")
```

这个代码更简单，因此也更好。程序已经够复杂的了，就不要再增加不必要的代码了。在软件专业人士中，断言的概念已经非常流行，所以很多程序设计语言都支持对断言的测试。

5.5.1　针对断言的推理

对断言的关注逐渐发展成计算机科学的一个重要研究领域——**程序验证**（program verification）。

程序验证

这是计算机科学的一个重要研究领域，它的研究内容是为了证明程序的正确性而对程序的形式化属性进行推理。

例如，下面就是一个简单的 if 语句的属性：

```
if test:
    # test is always True here
    ...
```

仅当 if 的测试为真时，程序才进入 if 分支的语句体。这就是为什么当程序执行了某条特定语句时，你就知道测试结果肯定为真。你可以类推出 if/else 语句中何时测试为真的结论。

```
if test:
    # test is always true here
    ...
else:
    # test is never true here
    ...
```

你还可以类推出 while 循环体开始时测试为真的结论。

```
while test:
    # test is always true here
    ...
```

但是对于 while 循环，你可能得到一个更有力的结论。众所周知，只要测试求值为真，你就要返回并重新开始循环。因此，你可以认定在循环结束执行后，测试就不再为真了。

```
while test:
    # test is always true here
    ...
# test is never true here
```

因为测试为真的话，程序将再次执行循环体，所以在循环体下方，测试是不可能为真的。

观察 if 语句、if/else 语句和 while 循环的属性就是证明程序中特定断言的一个良好的开端。但是在大多数情况下，要想证明断言还需要对程序代码的行为做更深入的分析。例如，假设有一个 int 型变量 x，你要执行如下的 if 语句：

```
if x < 0:
    # x < 0 is always true here
    x = -x
# but what about x < 0 here?
```

通常我们不会得出在 if 语句之后 x 小于 0 的结论。但是如果考虑到不同的情况，我们可以得出以下结论。如果在 if 语句之前，x 是大于或等于 0 的，则在 if 语句之后，x 仍然是大于或等于 0；如果在 if 语句之前，x 是小于 0 的，则在 if 语句之后，x 将等于 –x。既然 x 是小于 0 的，则 –x 一定是大于 0。所以无论哪种情况，你都能确定在执行 if 语句之后，x 将大于或等于 0。

在编写程序时，程序员本能地会进行这类推理。程序验证的研究者就是要努力用形式化、可验证的方式来刻画出这类推理的过程。

5.5.2　一个详细的断言示例

为了更深入地研究断言，让我们具体来看一段代码以及我们针对这段代码所给出的一组断言。请看下面这个函数：

```python
def print_common_prefix(x, y):
    z = 0
    # Point A

    while x != y:
        # Point B
        z += 1

        # Point C
        if x > y:
            # Point D
            x = x // 10

        else:
            # Point E
            y = y // 10

        # Point F

    # Point G
    print("common prefix =", x)
    print("digits discarded =", z)
```

这个函数的功能是寻找两个数字中的最长公共前导数字序列。例如，数字 32845 和 328929343 都是以 328 为前缀。除了报告前缀外，该函数还报告公共前缀后边被丢弃的数字总位数。

我们将分析这段程序来判断在程序执行过程中，各个断言在不同位置上是总是为真、绝不会为真，或者有时为真有时为假。程序中的注释表明了我们关注的位置。我们考虑的断言是：

- $x > y$
- $x == y$
- $z == 0$

通常，计算机科学家用诸如 $z = 0$ 这样的数学表示法来编写断言。但是，我们必须用 Python 语言的表示方法来区分相等断言和给一个变量赋值的操作。

我们将在一个表格中，用"总是为真""绝不会为真"或"有时为真"来记录我们的答案。表 5-8 就是我们用来填写答案的通用表格。

表 5-8　断言表（初始状态）

	x > y	x == y	z == 0
Point A	…	…	…
Point B	…	…	…

让我们从函数执行开始后最先遇到的"点 A（Point A）"开始：

```
def print_common_prefix(x, y):
    z = 0
    # Point A
```

变量 x 和 y 是形参，它们的值将在调用该函数时给出。函数调用有各种各样的可能性，所以我们事先并不知道 x 和 y 会取什么值。因此，断言 x > y 可能为真但是不一定为真。点 A 上的断言是有时为真、有时为假。同样地，断言 x == y 为真是取决于传递给函数的实参值，但是它也不一定为真。然而，我们就在点 A 的上方，将局部变量 z 初始化为 0。所以断言 z == 0 在程序执行到这点时，总是为真的。这样我们就可以把答案填到表格中的第一行里，如表 5-9 所示。

表 5-9　断言表（Point A）

	x > y	x == y	z == 0
Point A	有时为真	有时为真	总是为真

点 B 出现在 while 循环体内：

```
while x != y:
    # Point B
    z += 1
    ...
```

只有进入循环内，才能到达点 B，这意味着循环测试的结果必定为真。换句话说就是，在点 B，"x 不等于 y"总是为真，所以断言 x == y 就绝对不会为真。但是我们并不确定它们哪个大。因此，断言 x > y 是有时为真、有时为假。

你也许认为在点 B，断言 z == 0 总是为真，因为点 A 是这样的，而点 A 就在点 B 的前面。但是这个结论不一定是正确的。请记住，点 B 是在一个 while 循环体内。循环开始第一次迭代时，我们是从点 A 直接到达点 B。但是在后续的迭代中，我们是从循环内部到达点 B。如果留意点 B 下面那行代码，你就会看到它是对 z 进行增值。在循环体内部不再有其他语句对变量 z 的值进行修改。因此，每次执行循环体，z 的值都会增加 1。所以，从点 A 第 1 次进入循环时，z 仍然是 0，但是在第 2 次迭代时就变为 1，在第 3 次迭代时就变为 2，以此类推。因此在点 B，断言 z==0 的答案是有时为真、有时为假。点 B 的答案如表 5-10 所示。

表 5-10　断言表（Point B）

	x > y	x == y	z == 0
Point B	有时为真	绝不会为真	有时为真

点 C 位于给变量 z 增值的语句下方。在点 B 和点 C 之间，x 和 y 的值没有变化。所以，对于断言 x > y 和 x == y，可以沿用之前的答案。而在 z 增值后，断言 z == 0 就绝不会为真了，尽管在循环开始时 z 是等于 0 的，而且在循环体内部没有其他的对变量 z 的值进行操作的语句，一旦它被增值，它就不再可能为 0 了。因此，我们填写的点 C 的答案如表 5-11 所示。

表 5-11　断言表（Point C）

	x > y	x == y	z == 0
Point C	有时为真	绝不会为真	绝不会为真

点 D 和点 E 是 while 循环体内的 if/else 语句的组成部分，所以我们可以结对评价它们。这个 if/else 语句就位于点 C 的正下方。

```
# Point C
if x > y:
    # Point D
    x = x // 10

else:
    # Point E
    y = y // 10
```

在点 C 与点 D 和点 E 之间，所有变量保持不变。Python 执行一个测试，然后转移到两个可选分支中的一个去执行。这个 if/else 语句的测试是判断 x 是否大于 y。如果测试为真，则转移到点 D，否则转移到点 E。所以，对于断言 x > y，我们知道在点 D 总是为真，而在点 E 则绝不会为真。要得出断言 x == y 的答案稍微有点难。我们知道在点 D，它绝不会为真。那么在点 E，它有可能为真吗？仅考虑 if/else 语句的测试结果，答案是肯定的。但是请记住在点 C，它是绝不会为真。因为在点 C 与点 E 之间，变量 x 和 y 的值没有改变，所以它仍然是绝不会为真。

再看断言 z == 0，变量 z 在点 C 与点 D 和点 E 之间没有发生变化，而且测试也没有涉及 z，所以无论之前 z 的情况怎样，它都保持不变。因此，针对点 D 和点 E 的正确答案如表 5-12 所示。

表 5-12　断言表（Point D 与 Point E）

	x > y	x == y	z == 0
Point D	总是为真	绝不会为真	绝不会为真
Point E	绝不会为真	绝不会为真	绝不会为真

点 F 出现在 if/else 语句的正下方。要判断在点 F 处变量 x 和 y 的关系，我们就需要观察变量的值是如何变化的。if/else 语句要么将 x 除以 10（如果 x 较大），要么将 y 除以 10（如果 y 较大）。所以我们的问题就转变为在点 F，断言 x > y 是否有可能为真。答案是肯定的。例如，在执行 if/else 语句之前，x 假定为 218，y 假定为 6。执行结束后，x 变为 21，仍然比 y 大。但是 x 一定是总比 y 大吗？也不一定。如果它们的初值互换一下，y 就要比 x 大。所以在点 F，断言是有时为真、有时为假。

断言 x == y 的答案是什么？我们知道它不总是为真，因为我们已经看到很多 x 大于 y 或者 y 大于 x 的情况了。但是它有可能为真吗？ x 和 y 是否存在某种取值能得到这个结论呢？假设 x 为 218、y 为 21 的情况，然后我们将 x 除以 10 得到 21，与 y 值相等。所以，这个断言也是有时为真、有时为假。

在点 D 和点 E 与点 F 之间，变量 z 的值没有发生变化，所以我们可以将前面的答案复制下来。我们针对点 F 填写的答案如表 5-13 所示。

表 5-13　断言表（Point F）

	x > y	x == y	z == 0
Point F	有时为真	有时为真	绝不会为真

点 G 位于 while 循环的正下方：

```
while x != y:
    ...

# Point G
```

仅当 x 变成与 y 相等时，我们才能跳过 while 循环。所以在点 G，断言 x == y 总是为真。这就意味着，断言 x > y 绝不会为真。断言 z == 0 有点复杂。在点 F，它是绝不会为真。所以你可以想当然地认为在点 G，它也是绝不会为真。但是我们不一定是经过点 F 之后，才到达点 G 的。我们可能根本不会进入 while 循环中，而是从点 A 直接到达点 G 的。在点 A，变量 z 等于 0。因此在点 G，该断言的正确答案是有时为真、有时为假。针对点 G 填写的最后一行答案如表 5-14 所示。

表 5-14　断言表（Point G）

	x > y	x == y	z == 0
Point G	绝不会为真	总是为真	有时为真

综合以上信息，我们就可以把所有答案汇总成表 5-15 了。

表 5-15　print_common_prefix 断言表

	x > y	x == y	z == 0
Point A	有时为真	有时为真	总是为真
Point B	有时为真	绝不会为真	有时为真
Point C	有时为真	绝不会为真	绝不会为真
Point D	总是为真	绝不会为真	绝不会为真
Point E	绝不会为真	绝不会为真	绝不会为真
Point F	有时为真	有时为真	绝不会为真
Point G	绝不会为真	总是为真	有时为真

5.6　案例研究：数字猜谜游戏

如果我们把无限循环、检查用户错误的能力以及产生随机数的方法结合起来，我们就可以开发出一个猜数游戏，在这个游戏中，计算机想出若干随机数，然后用户努力去猜出这些随机数。让我们来实现一个遵循下列规则的猜数游戏。计算机先想出一个两位数字的随机数，并对玩家保密。我们仅允许程序接收正数，所以可接收数据的范围就是 00 到 99。玩家努力去猜出计算机选定的数。如果玩家猜对了，程序将报告玩家共猜了多少次。

为了增加游戏的趣味性，计算机会在玩家输入错误的数据后，给玩家一个提示。特别地，计算机会告诉玩家，他猜的数据中有多少位是包含在正确答案里。不过，数字的位置并不影响匹配的数字的个数。例如，假设正确的数据是 57，而玩家猜 73，则计算机报告有一个匹配的数字，因为正确答案中有一个 7。如果玩家接着猜 75，则计算机报告有两个匹配的数字。这时，玩家就知道计算机内定的数肯定是 57，因为 57 是唯一一个与 75 有两个匹配数字的数据。

由于玩家是在控制台上反复输入数据，很可能会因为失误而输入不正确的数据或非数值的字符，所以我们希望我们的猜数游戏程序，在应对用户的输入错误时是健壮的。

5.6.1　不带提示的初始版本

在前面的章节中，我们强调过加强人机交互的重要性。由于这是一个具有挑战性的程序，所以我们将分阶段来处理它。程序中最难的部分之一就是向玩家给出正确的提示。现在，我们编写的程序仅告诉玩家每次猜得对还是不对。一旦游戏结束，程序就报告玩家共猜了多少次。程序对玩家的输入错误暂时还不是健壮的，这将在后续版本中增加。为了进一步简化程序，我们就先不让计算机去选择一个随机数，而是在程序中设定一个值为 42 的数据，这样就能很容易地完成代码的测试了。

由于我们事先并不知道玩家需要猜多少次才能猜对，所以游戏中最核心的循环就只能是 while 循环了。编写代码以匹配下面的伪代码可能对你很有诱惑力：

```
# flawed number guess pseudocode
Think of a number.
While user has not guessed the number:
    Prompt and read a guess.
    Report whether the guess was correct or incorrect.
```

但是这段伪代码存在的问题是，如果你还没有得到玩家猜的第一个数的话，while 循环就无法启动。所以，下面的代码是无法运行的，因为在循环开始时变量 guess 并不存在。

```
# this code doesn't run
num_guesses = 0
number = 42     # computer always picks same number
while guess != number:
    guess = int(input("Your guess? "))
    num_guesses += 1
    print("Incorrect.")
print("You got it right in", num_guesses, "tries.")
```

因为每次猜错后，程序都必须打印"Incorrect（错了）"的信息（后面是一个提示），所以游戏中核心的猜数循环是一个栅栏循环，即对于第 n 次猜数，有 $n-1$ 个提示。再看一看如下所示的栅栏循环的标准伪代码：

```
Plant a post.
For the length of the fence:
    Attach some wire.
    Plant a post.
```

现在的问题是一个使用 while 循环的不确定栅栏。让我们再进一步将伪代码具体化。

"立桩"就是提示用户猜数,"缠绕上铁丝网"就是打印"Incorrect (错了)"。

```
# specific number guess pseudocode
Think of a number.
Ask for the player's initial guess.
While the guess is not the correct number:
    Inform the player that the guess was incorrect.
    Ask for another guess.
Report the number of guesses needed.
```

根据上边的伪代码,我们可以编写出如下 Python 程序。注意:在这个版本的程序中,计算机总是选定 42 这个数值。

```
1   # A guessing game where the computer thinks of a
2   # 2-digit number and the user tries to guess it.
3   # This initial version uses the same number every time.
4   def main():
5       number = 42  # always picks the same number
6       guess = int(input("Your guess? "))
7       num_guesses = 1
8       while guess != number:
9           print("Incorrect.")
10          guess = int(input("Your guess? "))
11          num_guesses += 1
12      print("You got it right in", num_guesses, "tries.")
13
14  main()
```

我们可以测试一下这个第一版程序以验证我们目前编完的代码。下面是一个测试对话的示例:

```
Your guess? 65
Incorrect.
Your guess? 12
Incorrect.
Your guess? 34
Incorrect.
Your guess? 42
You got it right in 4 tries.
```

5.6.2 带提示的随机化版本

目前,我们已经完成了验证游戏核心循环的代码测试。现在我们要通过让程序在 00 到 99 之间选择一个随机数,使其能够随机化。为了实现这个目的,我们将指定取值范围的最小值和最大值,并调用函数 random.randint。

```
# pick a random number between 00 and 99 inclusive
number = random.randint(0, 99)
```

游戏的下一个要实现的重要功能是在用户猜错后,给出一个提示。这是程序中最复杂的部分，它要求指出在用户所猜的数据中有多少数字与目标数据中的数字相匹配。既然这段代码是很难编写的，就先抽象出一个名为 matches（匹配）的函数来帮助我们完成这个任务。为了找出有多少数字是匹配的，matches 函数就要以用户所猜的数据（guess）和目标数据（number）作为参数，然后返回匹配的数字的个数。因此，它的函数头应该像下面这个样子：

```
def matches(number, guess):
    ...
```

我们的算法要能够统计出匹配的数字的个数，所以用户所猜的数据的每一位都要与目标数据的每一位进行比较。不同数位上的数字是彼此无关的，即用户所猜数据个位上的数字是否匹配与十位上的数字是否匹配是无关的。因此，我们只能采用一系列 if 语句，而不是一个 if/else 语句，来表示这些匹配条件。

数字匹配算法还面临一个特殊情况。如果玩家猜的数是像 33 这样包含两个相同数字的数据，而这个数字又同时存在于目标数据中（比如目标数据是 37），算法就可能被误导而报告有两个数字匹配。而事实上，程序应该报告有一个数字匹配。为了处理这种情况，我们的算法必须检查玩家猜的数是否包含了两个相同的数字，并且仅当猜测的个位数字与十位数字不同时，个位数字的匹配才算作是一次匹配。

下面是算法的伪代码：

```
num_matches = 0.
If the first digit of the guess matches
either digit of the correct number:
    We have found one match.

If the second digit of the guess is different from the first digit,
and it matches either digit of the correct number:
    We have found another match.
```

我们需要将目标数据和用户所猜的数分别拆分成两个数字，以便对它们进行比较。还记得吗？我们曾在"布尔 Zen"那节中使用整数除法和求余运算符来将任意一个两位数据 n 的十位与个位分别表示成 n // 10 和 n % 10。

下面，让我们先编写一条语句，用来比较用户所猜数十位上的数字与代表正确答案的目标数据。由于用户所猜数的十位上的数字要分别与目标数据的两个数字进行比较，所以我们用一个 or（或）运算符：

```
num_matches = 0
# check the first digit for a match
if guess // 10 == number // 10 or guess // 10 == number % 10:
    num_matches += 1
```

编写将用户所猜数个位上的数字与目标数据进行比较的语句有点复杂。因为我们必须考虑刚才介绍过的那种特殊情况（即所猜数拥有两个相同的数字）。我们的处理方法是仅当用户所猜数个位上的数字与十位上的数字不同，且与目标数据中的某个数字相匹配时，我们才记录这个数字有一次匹配。

```
# check the second digit for a match
if guess // 10 != guess % 10 and \
        (guess % 10 == number // 10 or guess % 10 == number % 10):
    num_matches += 1
```

下面这个版本的程序采用了我们刚刚编写过的提示代码，还增加了随机选择目标数据的功能和一个简单的程序介绍。

```python
1   # A guessing game where the computer thinks of a
2   # 2-digit number and the user tries to guess it.
3   # Two-digit number-guessing game with hinting.
4
5   import random
6
7   # Reports a hint about how many digits from the given
8   # guess match digits from the given correct number.
9   def matches(number, guess):
10      num_matches = 0
11      if guess // 10 == number // 10 or guess // 10 == number % 10:
12          num_matches += 1
13      if guess // 10 != guess % 10 and (guess % 10 == number // 10 or
14              guess % 10 == number % 10):
15          num_matches += 1
16      return num_matches
17
18  def main():
19      print("Try to guess my two-digit number, and I'll tell you")
20      print("how many digits from your guess appear in my number.")
21      print()
22
23      # pick a random number from 0 to 99 inclusive
24      number = random.randint(0, 99)
25
26      # get first guess
27      guess = int(input("Your guess? "))
28      num_guesses = 1
29
30      # give hints until correct guess is reached
31      while guess != number:
32          num_matches = matches(number, guess)
33          print("Incorrect (hint:", num_matches, "digits match)")
34          guess = int(input("Your guess? "))
35          num_guesses += 1
36
37      print("You got it right in", num_guesses, "tries.")
38
39  main()
```

```
Try to guess my two-digit number, and I'll tell you
how many digits from your guess appear in my number.

Your guess? 13
```

```
Incorrect (hint: 0 digits match)
Your guess? 26
Incorrect (hint: 0 digits match)
Your guess? 78
Incorrect (hint: 1 digits match)
Your guess? 79
Incorrect (hint: 1 digits match)
Your guess? 70
Incorrect (hint: 2 digits match)
Your guess? 7
You got it right in 6 tries.
```

5.6.3 健壮的最终版本

我们对程序最后做的主要改进是提高它在面对用户无效输入时的健壮性。我们可能面对的错误输入有两种：

1）非数值的字符。

2）在 00 ～ 99 这个范围之外的数据。

让我们逐个解决这些问题。还记得在本章前面介绍过的 get_int 函数吧。该函数不断地提示用户输入，直到得到一个整数为止。下面是它的函数头：

```
def get_int(prompt):
    ...
```

我们可以用 get_int 函数来得到一个在 00 ～ 99 这个范围内的整数。我们将反复调用 get_int 函数，直到它返回的整数是在可接收的范围内为止。停止提示用户猜测数据之前所需的后置条件为：

```
0 <= guess <= 99
```

为了确保这个后置条件得到满足，我们用一个 while 循环来测试与其相反的条件。与上面的测试相反的条件如下：

```
guess < 0 or guess > 99
```

更新的 get_guess 函数引入了这个相反的测试，以确保得到的 guess 是在 0 到 99 之间的有效数据。无论何时，只要我们想在主程序中读取用户的输入，我们就调用 get_guess 函数。这样既有助于将输入提示与其他处理分开，又可以确保不会无意中把一个无效的输入当作 guess。

代码的最终版本如下：

```
1  # A guessing game where the computer thinks of a
2  # 2-digit number and the user tries to guess it.
3  # Robust two-digit number-guessing game with hinting.
4
5  import random
6
7  # Prints an explanation of how to play the game.
8  def give_intro():
```

```
 9       print("Try to guess my two-digit number, and I'll tell you")
10       print("how many digits from your guess appear in my number.")
11       print()
12
13   # Returns number of matching digits between the two given numbers.
14   # pre: number and guess are unique two-digit numbers
15   def matches(number, guess):
16       num_matches = 0
17       if guess // 10 == number // 10 or guess // 10 == number % 10:
18           num_matches += 1
19       if guess // 10 != guess % 10 and (guess % 10 == number // 10 or
20               guess % 10 == number % 10):
21           num_matches += 1
22       return num_matches
23
24   # Prompts until a number in proper range is entered.
25   # post: guess is between 0 and 99
26   def get_guess():
27       guess = get_int("Your guess? ")
28       while guess < 0 or guess > 99:
29           print("Out of range; try again.")
30           guess = get_int("Your guess? ")
31       return guess
32
33   # Returns True if s can be converted to type int.
34   def is_integer(s):
35       try:
36           s = int(s)
37           return True
38       except ValueError:
39           return False
40
41   # Repeatedly prompts for input until a numeric string is typed.
42   # Returns the int value that was typed by the user.
43   def get_int(prompt):
44       line = input(prompt)
45       while not is_integer(line):
46           print("Not an integer; try again.")
47           line = input(prompt)
48       return int(line)
49
50   def main():
51       give_intro()
52
53       # pick a random number from 0 to 99 inclusive
54       number = random.randint(0, 99)
55
```

```
56        # get first guess
57        guess = get_guess()
58        num_guesses = 1
59
60        # give hints until correct guess is reached
61        while guess != number:
62            num_matches = matches(number, guess)
63            print("Incorrect (hint:", num_matches, "digits match)")
64            guess = get_guess()
65            num_guesses += 1
66
67        print("You got it right in", num_guesses, "tries.")
68
69  main()
```

```
Try to guess my two-digit
number, and I'll tell you how
many digits from your guess
appear in my number.


Your guess? 12
Incorrect (hint: 0 digits match)
Your guess? okay
Not an integer; try again.
Your guess? 34
Incorrect (hint: 1 digits match)
Your guess? 35
Incorrect (hint: 1 digits match)
Your guess? 67
Incorrect (hint: 0 digits match)
Your guess? 89
Incorrect (hint: 0 digits match)
Your guess? 3
Incorrect (hint: 2 digits match)
Your guess? 300
Out of range; try again.
Your guess? 30
You got it right in 7 tries.
```

　　请注意，我们对代码进行了精心的注释。通过注释，我们就保存并说明了与函数相关的前置条件和后置条件。函数 matches 的前置条件是它的两个参数是不同的两位整数。新版函数 get_guess 的后置条件是返回一个范围在 0 到 99 之间的所猜数 guess。此外，请注意：函数不会把无效的输入（比如上面执行记录中的 okay 和 300）当作 guess。

本章小结

- 除了 for 循环外，Python 还有 while 循环。while 循环可用来编写希望反复执行、直到某个条件不再满足才退出的不确定循环。

- 启动循环就是给循环测试涉及的变量设定一个值，使得测试为真，从而开始循环的第一次执行。

- 通过在循环开始前先执行循环体的一部分，来实现栅栏循环的"循环再加一半"。

- 哨兵循环是一种栅栏循环。它反复地处理输入数据，直到接收到一个特殊的值，但是它并不处理这个特殊值。

- bool 型数据用来表达"要么为 True，要么为 False"的逻辑值。布尔表达式在 if 语句和循环中被用来当作测试条件。布尔表达式可以使用像 < 或 != 这样的关系运算符以及像 and 或

not 这样的逻辑运算符。

- 采用像 and 或 or 这样的逻辑运算符的复杂布尔表达式在求值时可以偷点懒：如果表达式的第一部分求值后，整个表达式的值已经确定了，那么后边的部分就不需要再求值了。这称为短路求值。

- bool 型变量（有时也称为"标志"）可以保存布尔值，还可以用作循环测试。

- 一个健壮的程序可以检查出用户输入中的错误。当用户输入错误时，可以通过循环和重新提示用户输入来提高程序的健壮性。

- 断言是针对程序中特定点的逻辑语句。断言可用来证明有关程序执行的属性。两种常用的断言是前置条件和后置条件，它们分别声明一个函数执行前后应满足的条件。

自测题

5.1 节：while 循环

1. 请说明下面每一个 while 循环将会循环的次数。可用"0""无穷""不确定"作为答案。另外，请问这些代码的输出是什么？

a.
```
x = 1
while x < 100:
    print(x, end=" ")
    x += 10
```

b.
```
max = 10
while max < 10:
    print("count down:", max)
    max -= 1
```

c.
```
x = 250
while x % 3 != 0:
    print(x)
```

d.
```
x = 2
while x < 200:
    print(x, end=" ")
    x *= x
```

e.
```
word = "a"
while len(word) < 10:
    word = "b" + word + "b"
print(word)
```

f.
```
x = 100
while x > 0:
    print(x // 10)
    x = x // 2
```

2. 请把下面的 for 循环分别转换成等价的 while 循环：

    a. for n in range(1, max + 1):

```
    print(n)
```

    b. total = 25

```
  for number in range(1, total // 5 + 1):
      total = total - number
      print(total, number)
```

    c. for i in range(1, 3):

```
    for j in range(1, 4):
        for k in range(1, 5):
            print("*", end="")
        print("!", end="")
    print()
```

3. 请看下面这个函数：

```
def mystery(x):
    y = 1
    z = 0
    while 2 * y <= x:
        y = y * 2
        z += 1
    print(y, z)
```

对于下面每个函数调用，请说明该函数的输出：

```
mystery(1)
mystery(6)
mystery(19)
mystery(39)
mystery(74)
```

4. 请看下面这个函数：

```
def mystery(x):
    y = 0
    while x % 2 == 0:
        y += 1
    x = x // 2
print(x, y)
```

对于下面每个函数调用，请说明该函数的输出：

```
mystery(19)
mystery(42)
mystery(48)
mystery(40)
mystery(64)
```

5. 请编写代码来产生 0 到 10 之间（含 0 和 10）的一个随机整数。

6. 请编写代码来产生 50 到 99 之间（含 50 和 99）的一个随机奇数（不能被 2 整除）。

5.2 节：栅栏算法

7. 请看下面这个有缺陷的函数 print_letters。该函数将接收一个字符串作为参数，然后把组成字符串的字符逐个打印出来，字符之间用短横线隔开。例如，函数调用 print_letters("Rabbit") 将打印出 R-a-b-b-i-t。但是下面的函数代码是有错误的。

```python
def print_letters(text):
    for i in range(0, len(text)):
        print(text[i] + "-", end=" ")
    print() # to end the line of output
```

这段代码错在哪儿呢？如何修改才能使它产生期望的结果？

8. 请编写一个哨兵循环来反复提示用户输入一个数据。一旦用户输入的是 -1，则显示用户输入数据中的最大值和最小值。下面是一个人机对话示例：

```
Type a number (or -1 to stop): 5
Type a number (or -1 to stop): 2
Type a number (or -1 to stop): 17
Type a number (or -1 to stop): 8
Type a number (or -1 to stop): -1
Maximum was 17
Minimum was 2
```

如果用户输入的第一个数就是 -1，则不会打印最大值和最小值。在这种情况下，人机对话可能就是下面这样：

```
Type a number (or -1 to stop): -1
```

5.3 节：布尔逻辑

9. 已知下面的变量定义语句：

```
x = 27
y = -1
z = 32
b = False
```

请问下面每个表达式的值是什么？

a. not b

b. b or True

c. (x > y) and (y > z)

d. (x == y) or (x <= z)

e. not (x % 2 == 0)

f. (x % 2 != 0) and b

g. b and not b

h. b or not b

i. (x < y) == b

j. not (x / 2 == 13) or b or (z * 3 == 96)

k. (z < x) == False

l. not ((x > 0) and (y < 0))

10. 请编写一个名为 is_vowel 的函数。该函数接收用户输入的一个字符，然后判断该字符是否是一个元音（即 a、e、i、o 或 u）。若是则返回 True。为了增加挑战性，请让你的程序能够区分字母的大小写。

11. 下面的代码将检查一个数是否是素数（即只能被 1 和自身整除的数）并返回检查结果。它采用了一个名为 prime（素数）的标志。但是，代码中的布尔逻辑有错误，所以函数并不能总是返回正确的结果。请问：在何种情况下，程序返回的结果是错误的？如何修改程序才能使其总是返回正确的结果？

```
# incorrect code to determine whether an int is prime
def is_prime(n):
    prime = True
    for i in range(2, n):
        if n % i == 0:
            prime = False
        else:
            prime = True
    return prime
```

12. 下面这个函数的功能是检查一个给定字符串的首尾字母是否是相同。请依据布尔 Zen 来改进它的代码。

```
def start_end_same(string):
    if string[0] == string[-1]:
        return True
    else:
        return False
```

13. 下面这个函数的功能是判断在支付给定数目的美分（cent）价格时，是否需要用到便士（penny，一美分的硬币）。当这个价格正好能用五美分的硬币支付时，返回结果是 False，即不需要。请依据布尔 Zen 来改进它的代码。

```
def has_pennies(cents):
    nickels_only = cents % 5 == 0
    if nickels_only == True:
        return False
    else:
        return True
```

14. 请看下面这个函数：

```
def mystery(x, y):
    while x != 0 and y != 0:
        if x < y:
            y -= x
        else:
            x -= y
    return x + y
```

对于下面每个函数调用，请说明它们的返回值：

```
mystery(3, 3)
mystery(5, 3)
mystery(2, 6)
mystery(12, 18)
mystery(30, 75)
```

15. 下面是 2008 年微软 Zune 音乐播放器的真实代码的少许改动版。它的功能是根据从 1980 年算起已
经过去了多少年和多少天，来计算今天的日期。假设已经存在能够获得从 1980 年算起已经过去了
多少天的函数 get_total_days_since_1980 和能够判断一个给定年份是否是闰年的函数 is_leap_year。

```
days = get_total_days_since_1980()
year = 1980
while days > 365:    # subtract out years
    if is_leap_year(year):
        if days > 366:
            days -= 366
            year += 1
    else:
        days -= 365
        year += 1
```

2009 年 1 月 1 日，即 Zune 音乐播放器发布后第一个闰年结束后的第一天，成千上万的 Zune 音乐
播放器被锁住了。(微软迅速发布了修正这个错误的补丁。) 请问上述代码存在什么问题? 在什么情
况下会发生错误? 如何修正?

16. 已知下面的变量定义语句:

```
x = 27
y = -1
z = 32
b = False
```

请分别编写下面表达式的否定表达式。请使用德·摩根律 (De Morgan's laws) 而不是简单地在
表达式前面加个 not。

a. b

b. (x > y) and (y > z)

c. (x == y) or (x <= z)

d. (x % 2 != 0) and b

e. (x / 2 == 13) or b or (z * 3 == 96)

f. (z < x) and (z > y or x >= y)

5.4 节: 健壮的程序

17. 下面的代码在遇到用户的错误输入时不是健壮的。请说明该如何修改程序才能使它一直等到用户输
入正确的年龄和平均学分绩点 (Grade Point Average, GPA) 后才会继续向下执行。假设任意整数都
可认为是合法的年龄，任意实数都可认为是合法的 GPA。

```
age = int(input("Type your age: "))
gpa = float(input("Type your GPA: "))
```

再增加一点挑战性，请修改代码使其能够拒绝无效的年龄 (比如，小于 0 的数) 和无效的 GPA (即
小于 0.0 或大于 4.0 的数)。

18. 请编写代码来提示用户输入三个整数，然后计算它们的平均值，最后打印出平均值。请让你的程序在遇到用户的错误输入时是健壮的。

5.5 节：断言与程序逻辑

19. 请分析判断在程序执行的过程中，下面代码中的断言在不同的位置点上，是总是为真，还是绝不会为真，或者是有时为真有时为假。程序中的注释标出了我们关注的位置点。

```python
def mystery(x):
    y = int(input("Type a number: "))
    count = 0

    # Point A
    while y < x:
        # Point B
        if y == 0:
            count += 1
            # Point C
        y = int(input("Type a number: "))
        # Point D
    # Point E
    return count
```

请对每个位置点，用 ALWAYS（总是为真）、NEVER（绝不会为真）以及 SOMETIMES（有时为真）来表示每个断言的类型。

	y < x	y == 0	count > 0
Point A			
Point B			
Point C			
Point D			
Point E			

20. 请分析判断在程序执行的过程中，下面代码中的断言在不同的位置点上，是总是为真，还是绝不会为真，或者是有时为真有时为假。程序中的注释标出了我们关注的位置点。

```python
def mystery(n):
    a = random.randint(1, 3)
    b = 2
    # Point A
    while n > b:
        # Point B
        b = b + a
        if a > 1:
            n -= 1
            # Point C
            a = random.randint(1, b)
        else:
            a = b + 1
```

```
        # Point D
# Point E
return n
```

请对每个位置点，用 ALWAYS（总是为真）、NEVER（绝不会为真）以及 SOMETIMES（有时为真）来表示每个断言的类型。

	n > b	a > 1	b > a
Point A			
Point B			
Point C			
Point D			
Point E			

21. 请分析判断在程序执行的过程中，下面代码中的断言在不同的位置点上，是总是为真，还是绝不会为真，或者是有时为真有时为假。程序中的注释标出了我们关注的位置点。

```
def mystery():
    prev = 0
    count = 0
    next = int(input("Type a number: "))
    # Point A
    while next != 0:
        # Point B
        if next == prev:
            # Point C
            count += 1
        prev = next
        next = int(input("Type a number: "))
        # Point D
    # Point E
    return count
```

请对每个位置点，用 ALWAYS（总是为真）、NEVER（绝不会为真）以及 SOMETIMES（有时为真）来表示每个断言的类型。

	next == 0	prev == 0	next == prev
Point A			
Point B			
Point C			
Point D			
Point E			

习题

1. 请编写一个名为 show_twos 的函数，该函数将计算并显示一个给定整数中 2 的因子。例如，下面就是调用该函数的一些例子：

```
show_twos(7)
show_twos(18)
show_twos(68)
show_twos(120)
```

这些函数调用输出的结果如下：

```
7 = 7
18 = 2 * 9
68 = 2 * 2 * 17
120 = 2 * 2 * 2 * 15
```

2. 请编写一个名为 gcd 的函数，该函数接收两个整数作为参数，返回它们的最大公约数（GCD，greatest common divisor）。整数 a 和 b 的 GCD 是指同时为 a 和 b 的因子中最大那个。计算两个整数的 GCD 的一个有效方法是使用欧几里得算法（Euclid's algorithm），该算法的计算规则如下：

$$GCD(a, b) = GCD(b, a \% b)$$
$$GCD(a, 0) = \text{Absolute value of } a$$

3. 请编写一个名为 to_binary 的函数，该函数接收一个整数作为参数，然后返回代表该整数二进制表示的一个字符串。例如，该函数的一次调用 to_binary(44) 将返回 "101100"。

4. 请编写一个名为 random_x 的函数。该函数不断地按行打印随机数目（在 5 到 20 之间，包含 5 和 20）的字符 "x"，直到打印出包含 16 个或更多字符那一行后才结束。例如，调用该函数的输出可能是下面这个样子。

```
xxxxxxx
xxxxxxxxxxxxxx
xxxxxxxxxxxx
xxxxxxxxxxxxxx
xxxxxx
xxxxxxxxxx
xxxxxxxxxxxxxxxx
```

5. 请编写一个名为 dice_sum 的函数，该函数提示用户输入一个目标合数，然后反复模拟投掷两个六面的骰子，直到投出来的点数加起来等于目标合数为止。下面是运行该函数时，一个人机对话的例子：

```
Desired dice sum: 9
4 and 3 = 7
3 and 5 = 8
5 and 6 = 11
5 and 6 = 11
1 and 5 = 6
6 and 3 = 9
```

6. 请编写一个名为 random_walk 的函数，该函数做一维的随机游走。随机游走的起点在位置 0。每走一步，位置将增 1 或者减 1（增减的概率相同）。函数将不断地游走，直到到达位置 3 或 −3 为止，然后报告游走过程中达到的最大位置。下面是一次函数调用的输出结果：

```
position = 1
position = 0
```

```
position = -1
position = -2
position = -1
position = -2
position = -3
max position = 1
```

7. 请编写一个名为 print_factors 的函数，该函数接收一个整数作为参数，然后使用栅栏循环来打印出它的各个因子，因子之间用单词 "and" 隔开。下面就是用 24 来调用该函数的结果：

```
1 and 2 and 3 and 4 and 6 and 8 and 12 and 24
```

你可以假设参数必须是大于 0 的，或者在用户输入 0 或负数时发出一个出错信息。若接收到一个空串（""），函数将什么都不打印。

8. 请编写一个名为 three_heads 的函数，该函数反复模拟投掷一枚硬币，直到连续出现三个正面为止。你可以使用函数 random.randint 的结果来等价地对应硬币的正面或背面。每次投掷硬币时，若出现正面（head）则打印 H，若出现背面（tail）则打印 T。当连续投出三个正面时，函数将打印出一行祝贺信息。下面是调用该函数可能得到的一个结果。

```
T T H T T T H T H T H H H
Three heads in a row!
```

9. 请编写一个名为 print_average 的函数，该函数使用哨兵循环来反复提示用户输入数据，直到用户输入一个负数为止，然后计算并显示输入的所有非负数据的平均值。下面是调用该函数时一个人机对话的例子：

```
Type a number: 7
Type a number: 4
Type a number: 16
Type a number: -4
Average was 9.0
```

如果用户输入的第一个数就是负数，那就不用打印平均值。

```
Type a number: -2
```

10. 请编写一个名为 has_midpoint 的谓词函数，该函数接收三个整数作为参数，然后判断是否其中有一个整数是另外两个整数的中点，即一个整数正好位于另外两个整数之间的一半位置。若是，则函数返回 True（真），否则返回 False（假）。例如，函数调用 has_midpoint(7, 4, 10) 将返回 True，因为 7 正好位于 4 和 10 之间的一半位置。相反，函数调用 has_midpoint(9, 15, 8) 将返回 False，因为没有一个整数正好位于另外两个整数之间的一半位置。三个整数可以以任意顺序输入，即作为中点的那个数可以是第一个输入，也可以是第二个或第三个输入，函数必须检查所有的情况。如果函数接收到三个相同的数值，也是返回 True。

11. 请编写一个名为 month_apart 的谓词函数，该函数接收表示两个日期的四个整数 m1、d1、m2 和 d2 作为参数。每个日期由月（1 ~ 12）和日（1 到不同月的最大天数 [28 ~ 31]）组成。假设所有的参数都是有效的。如果这两个日期的时间间隔超过一个月，则返回 True（真），否则返回 False（假）。例如，函数调用 month_apart(4, 15, 5, 22) 将返回 True，而 month_apart(9, 19, 10, 17) 将返回 False。假设本题中出现的所有日期都在同一年内。注意：第一个日期既可以在第二个日期之前，也可以在第二个日期之后。

12. 请编写一个名为 digit_sum 的函数，该函数接收一个整数作为参数，然后计算并返回该整数不同数位上的数字之和。例如，函数调用 digit_sum(29107) 将返回 2 + 9 + 1 + 0 + 7 也就是 19。对于负数，函数将忽略其符号，进行同样的处理。例如，digit_sum(-456) 将返回 4 + 5 + 6 也就是 15。函数调用 digit_sum(0) 将返回 0。

13. 请编写一个名为 first_digit 的函数，该函数返回一个整数首位（最高位）上的数字。例如，first_digit(3572) 将返回 3。对于负数，函数还是同样处理。例如，first_digit(-947) 将返回 9。

14. 请编写一个名为 swap_digit_pairs 的函数，该函数接收一个整数 n 作为参数，然后将该整数不同数位上的数字结对交换后作为一个新的整数返回。例如，函数调用 swap_digit_pairs(482596) 将返回 845269。其中，9 和 6、2 和 5、4 和 8 分别互换了位置。如果参数包含奇数个数字，则最左边那个数字保持不动。例如，函数调用 swap_digit_pairs(1234567) 将返回 1325476。解决这个问题时，请不要使用字符串。

15. 请编写一个名为 is_all_vowels 的函数，该函数判断字符串是否全部由元音字母（a、e、i、o 或 u，大小写都是）组成。当且仅当字符串的每一个字母都是元音字母时，函数返回 True（真）。例如，函数调用 is_all_vowels("eIEiO") 就返回 True，而 is_all_vowels("oink") 返回 False（假）。如果接收到一个空串，函数也返回 True，因为它不包含任何非元音字母。

编程项目

1. 请编写一个人机交互程序。该程序读入用户输入的若干行语句，然后把它们转换成"儿童密语（Pig Latin）"输出。儿童密语是把英文单词词首的声母字母移至词尾并加 ay 而得。对于以元音字母开头的单词，则直接在词尾加 ay。例如下面这个短语：

```
The deepest shade of mushroom blue
```

转换成儿童密语后则是：

```
e-Thay eepest-day ade-shay of-ay ushroom-may ue-blay
```

当用户输入空行时，程序停止接收输入。

2. 请编写一个让用户猜数的游戏程序。该程序将产生一个在 1 到某个最大值（比如 100）之间的随机数，然后提示用户反复猜这个数。当用户猜错时，程序将提示用户，正确答案比他所猜的数大或者小。一旦用户猜对，程序则打印用户猜测的次数。请进一步扩展程序的功能，让用户反复玩猜数游戏，直到他选择退出为止。这时，程序将统计并打印用户总共猜了多少次以及平均每次游戏猜测的次数。要想增加挑战性的话，可以让用户建议计算机在更大或更小的范围内猜数，计算机则根据用户的建议调整产生随机数的区间。

3. 请编写一个绘图程序，该程序使用 DrawingPanel 来模拟 2D（二维平面）的随机游走。游走图形从画板的中间出发，每一步可以选择向上、向下、向左或向右走一个像素点，然后重新绘制游走图形。（你可以画一个大小为 1×1 的矩形作为游走图形。）

4. 请编写一个让用户玩"Pig"游戏的程序。"Pig"游戏是一个双人游戏，两个玩家轮流反复投掷一个六面骰子。一个玩家反复投掷一个骰子直到出现下面两个事件中的一个：玩家决定不再投骰子，这时计算他本轮投出的点数之和并累加到他的总点数上；玩家投出"1"，则他本轮投出的点数清零，本轮投掷结束。首先获得至少 100 点的玩家获胜。

文件处理

在第 3 章我们介绍了如何用 input 函数从控制台读取输入数据。在本章中我们将介绍如何从文件读取输入数据。许多有趣的问题可以通过分解成文件处理任务来完成。这个想法听起来很简单直接，但从输入文件中读取数据所要面临的实际情况却可能要复杂很多。

处理文件的方式有很多。首先，我们探讨将文件拆分为多行，然后我们再来重点查看输入的每一行中的独立单词和标记。

在本章的最后，我们将学习如何将输出写入文件以及如何从其他来源（如互联网）读取数据。

6.1 文件读取基础知识

在本节中，我们将介绍文件处理相关的最基本的一些问题。什么是文件，为什么我们关心它们？在 Python 程序中读取文件的最基本技术是什么？一旦掌握了这些基础知识，我们就可以更详细地讨论可用于处理文件的不同技术。

6.1.1 数据和文件

人们对数据很着迷。统计领域在 19 世纪开始崭露头角，人们对收集和解释大量数据产生了浓厚的兴趣。英国政治家本杰明·迪斯雷利曾向马克·吐温抱怨说："谎言有三种：谎言、糟透了的谎言和统计数据。"

互联网的出现不亚于火上浇油。今天，每个连接到互联网的人都可以访问含有大量信息的数据库，其中包含有关我们生活各个方面的信息。请看以下几个例子：

- 如果你访问 landmark-project.com 并单击" Raw Data（原始数据）"链接，将找到有关地震、空气污染、棒球、劳工、犯罪、金融市场、美国历史、地理、天气、国家公园、"世界价值观调查"等方面的数据文件。
- 在 gutenberg.org 上你能够找到成千上万部在线书籍，包括莎士比亚的全集和亚瑟·柯南·道尔爵士、简·奥斯汀、马克·吐温、赫伯特·乔治·威尔斯、詹姆斯·乔伊斯、阿尔伯特·爱因斯坦、刘易斯·卡罗尔、托马斯·斯特恩斯·艾略特、埃德加·爱伦·坡等许多名人的作品。
- Nate Silver 的 FiveThirtyEight（fivethirtyeight.com）上拥有关于政治、体育、经济、健康和文化方面的广泛数据。
- 丰富的基因组数据可从 ncbi.nlm.nih.gov/guide 等网站获得。生物学家已经决定，应该公开大量的描述人类基因组和其他生物基因组的数据供大家研究学习。
- 由美国政府负责维护的 data.gov 网站被称为"美国政府开放数据之家"。许多州和地方政府都维护着类似的网站（例如 data.seattle.gov、data.wa.gov 和 openbooks.az.gov）。
- 许多的热门网站，如 Internet Movie Database，开放了其数据供人们下载（请参见 imdb.com/interfaces 网站）。

- 美国政府提供了大量统计数据。在 usa.gov/statistics 网站上列出了一份超长的可下载列表，包括地图以及有关就业、气候、制造业、人口统计、健康、犯罪等方面的统计数据。

你知道吗?

数据处理的起源

数据处理领域先于计算机半个世纪出现。人们常说，需求是发明之母，数据处理的出现就是遵循这一原则的一个很好的例子。催生该行业的关键源于美国宪法第 1 条第 2 款的要求，该条款表明每个州的人口将决定州议会中有多少代表。为了计算出正确的数值，需要知道人口数量，因此宪法规定，"实际的计数应在美国国会第一次会议后的三年内进行，并在随后的十年内有效，这种方式是受法律指导和保护的。"

第一次人口普查在 1790 年相对较快地完成了。从那以后，每 10 年美国政府就不得不对人口进行另一次完整的普查。随着该国人口的增长，统计的过程变得越来越困难。到 1880 年政府发现使用一直被延续至今的老式手工计数技术几乎在 10 年内难以完成人口普查的任务。因此，政府发起了公开的挑战赛，选拔出可以发明一台机器用于加速人口统计这一任务的发明者。

Herman Hollerith 以一套用穿孔卡的系统赢得了这场比赛。职员们打了超过 6200 万张卡片，然后用 100 台计数机器统计人数。即使人口增加了 25%，该系统也可以用不到之前一半的时间完成 1890 年的制表统计工作。

Hollerith 多年来一直在努力将他的发明转化成商业应用并获得了成功。他最初的最大问题是他只有一个客户：美国政府。最终，他找到了其他客户，他创立的公司与竞争对手合并重组，成长为我们现在称为国际商业机器（IBM）的公司。

我们现在把 IBM 看作一家计算机公司，但这家公司早在计算机开始流行之前很久就销售了包括 Hollerith 卡在内的各种数据处理设备。后来，涉足计算机领域时，IBM 就是使用 Hollerith 卡来存储程序和数据的。当本书的作者之一在 1978 年刚开始学习计算机编程课程时，这些卡片还一直在被使用。

当你在计算机上存储数据时，实际上是把数据存储在**文件**上。

文件

存储在计算机上的并被指定特定名字的信息集合。

如上面提到的，每一个文件都有一个名字。比如，你想从 Gutenberg 网站下载一个名为 *Hamlet* 的文本，可以把它存在你的计算机上的一个叫作 *hamlet.txt* 的文件中。文件的名字经常是以一个特定的后缀结尾，它说明了所包含的数据类型或者数据被存储的格式。该后缀被称为文件的**扩展名**，表 6-1 列出了一些常用的文件扩展名。

表 6-1　常用的文件扩展名

扩展名	描述
.doc	Microsoft Word 文档
.exe	可执行文件（Windows 系统）
.html	网页文件
.java	Java 源代码文件
.jpg	JPEG 图像文件
.mp3	音频文件
.pdf	Adobe 便携式文档文件
.py	Python 源代码文件
.txt	文本文件
.xls	Microsoft Excel 电子表格
.zip	ZIP 压缩存档

文件可以根据应用格式被分为**文本文件**和**二进制文件**。可以使用简单的文本编辑器编辑文本文件。二进制文件使用需要特殊软件处理的内部格式进行存储。文本文件通常使用 *.txt* 扩展名，但其他文件格式也可以是文本格式，包括 *.py* 和 *.html* 文件。本章中的示例将处理纯文本文件。

文件被整理到**目录**中，也称为**文件夹**。目录按层次结构进行组织，从顶部的根目录开始。例如，大多数 Windows 计算机都有一个称为 *C:* 的磁盘驱动器。这个驱动器的顶层是根目录，我们可以将其描述为 *C:*。而大多数 Linux 和 Mac 机器不使用像 *C:* 这样的磁盘驱动器字母，而是使用斜杠" / "来引用其文件系统的根目录。文件系统的根目录将包含各种顶层目录。每个顶层目录都可以有子目录，每个子目录也可以有下级目录，依此类推。所有文件都存储在其中一个目录中。从顶级目录到存储文件的特定目录的描述称为**文件路径**。

> **文件路径**
>
> 对文件在计算机上的位置的描述，从驱动器开始，包括从根目录一直到文件所在目录的路径。

路径信息是从左至右阅读的。例如，如果文件的路径为 */home/kjones12/school/hamlet. txt*，那么可以知道文件系统的根目录包含一个名为 *home* 的目录，这个名为 *home* 的目录包含一个名为 *kjones12* 的子目录，该子目录又包含一个名为 *school* 的子目录，*school* 下包含文件 *hamlet.txt*。

如果要在 Python 程序中从文件读取数据，则需要在代码中将文件名指定为一个字符串。如果你的代码仅包含文件名，如" hamlet.txt"，则 Python 解释器将在**当前目录**（也称为**工作目录**）下查找该文件。在大多数环境中，当前目录是包含 Python 程序文件的目录。像这样的简单文件路径称为**相对路径**。

你可以指定包含目录的相对路径。例如，相对路径" data/numbers.dat"表示名为 *numbers.dat* 的文件存储在名为 *data* 的工作目录的子目录中。

> **当前目录（也称为工作目录）**
>
> 当程序使用相对文件路径时，Python 默认使用的目录。

你还可以将文件路径指定为包含文件完整路径的字符串，包括它所在的目录，例如" /home/kjones12/school/hamlet.txt "（Linux/Mac） 或" C:\\Users\\jsmith\\numbers.dat "（Windows）。这种路径叫作**绝对路径**。绝对路径和相对路径之间的主要区别在于，绝对路径以文件系统根目录开头，例如 / 或 C:。

我们不鼓励你在程序中使用绝对路径。只有当你确切知道文件将存储在系统中的哪个位置时，绝对路径才能正常工作。如果将输入文件移动到另一个目录中，或者将程序发送给将其保存到其他目录的朋友，则会导致程序无法正常运行。

6.1.2　在 Python 中读取文件

要从 Python 程序中访问文件，使用名为 open 的函数。open 函数接收表示文件路径的字符串作为参数，并打开该文件以供程序读取。它会返回一个表示文件的对象，你可以将其存储到变量中。一般语法形式如下：

```
name = open("filename")
```
语法模板：打开一个文件用于读取

例如，假设你有一个名为 *poem.txt* 的输入文件，该文件包含以下文本行，并与 Python 代码文件存储在相同的目录中。你可以使用 Windows 计算机上的 Notepad ++ 或 Mac 上的 Sublime Text 等编辑器来创建此类文件。

```
Roses are red,
Violets are blue.
All my base
Are belong to you.
```

试用下面这行代码来打开 *poem.txt* 文件：

```
# read data from poem.txt file
file = open("poem.txt")
```

当执行此行代码时，Python 构造了一个特殊的**文件对象**并使其链接到文件 *poem.txt*。此文件对象具有多种方法和属性，可以帮助你查看和操作文件中的数据。处理文件的最简单方法是使用其 read 方法，该方法读取文件的全部内容并将其作为一个长字符串返回。我们通常认为字符串不包含多行文本，但可以在字符串中嵌入换行符（"\n"）以指示换行。即使文件长达数千行，这一命令也会读入文件中的所有文本行。以下程序演示了如何使用此方法：

```
 1   # This program prints the entire
 2   # text contents of a file.
 3
 4   def main():
 5       file = open("poem.txt")
 6       filetext = file.read()
 7       print("Here are the file contents:")
 8       print("===========================")
 9       print(filetext)
10       print("===========================")
11       print("length:", len(filetext), "characters")
12       file.close()
13
14   main()
```

```
Here are the file contents:
===========================
Roses are red,
Violets are blue.
All my base
Are belong to you.
===========================
length: 63 characters
```

在这里需要注意，main 的最后一行是在文件对象上调用 close 方法。close 方法告诉 Python 你的程序是使用该文件完成的。如果不调用 close，程序仍将运行。在程序中主动关闭不再使用的文件是一种良好的编程习惯。在把数据写入文件时，如果忘记关闭文件也可能会导致程序错误或数据丢失，这个我们将在本章后面部分介绍。

在代码末尾关闭文件非常容易被忘记。为了解决这个问题，Python 有一个名为 with 的语句，可以用来打开资源（如文件），然后自动关闭它。with 语句包含一个标题和一个缩进的语句块。缩进的语句可以对已打开的文件进行操作。当缩进的内容完成，Python 就会自动关闭在 with 语句标题中打开的资源。其一般语法如下：

```
with open("filename") as name:
    statement
    statement
    ...
    statement
```

语法模板: 使用 with 语句打开一个文件

with 语句的特殊之处在于变量的名字在最后（as 的后面），但是它本质上跟一般的变量定义是一样的。下面是用 with 语句实现跟之前的 print_file 程序一样功能的另一个代码版本。注意这里不再用 file.close() 来进行文件关闭的操作。这是因为用了 with 语句，文件会自动进行关闭。

```
1  # This program prints the entire contents of a file.
2  # This version uses a 'with' statement, which will
3  # close the file automatically when finished.
4
5  def main():
6      with open("poem.txt") as file:
7          filetext = file.read()
8          print("Here are the file contents:")
9          print("============================")
10         print(filetext)
11         print("============================")
12         print("length:", len(filetext), "characters")
13
14 main()
```

with 语句是在 Python 中读取和写入文件的最为推荐的方法，我们将把它用于本书中的所有示例。

read 方法只是你可以在 Python 文件对象上调用的众多方法之一。表 6-2 列出了几种最有用的方法。我们将在本章中解释其中的一些方法。你可以阅读在线 Python 库文档中的所有方法：https://docs.python.org/3/library/io.html。

表 6-2　文件对象的各种方法

方法名	描述
file.close()	表示完成了文件的读或写
file.flush()	把缓存中的数据写入一个打开的输出文件中
file.read()	把整个文件作为一个字符串来读取和返回
file.readable()	若该文件可读，则返回 True
file.readline()	把文件的一行作为一个字符串来读取和返回
file.readlines()	把整个文件作为一个行字符串列表来读取和返回
file.seek(position)	设置文件当前的输入光标位置

（续）

方法名	描述
file.tell()	返回文件当前的输入光标位置
file.writable()	若该文件可写，则返回 True
file.write("text")	把引号内的文本内容写到输出文件中
file.writelines(lines)	把行的列表写到输出文件中

可以在 Python Shell 中尝试使用文件对象提供的各种函数。例如，以下交互是打开一个文件并从中读取两行（一行文字，一行空行）的操作：

```
>>> # test file-reading methods
>>> file = open("poem.txt")
>>> file.read()
'Roses are red,\nViolets are blue.\nAll my base\nAre belong to you.'
>>> file = open("poem.txt")    # re-open the file
>>> file.readline()
'Roses are red,\n'
>>> file.readline()
'Violets are blue.\n'
>>> file.readline()
'All my base\n'
>>> file.readline()
'Are belong to you.'
>>> file.readline()
''
```

6.1.3　基于行的文件处理

打印整个文件虽然很有用，但通常希望对文件的每一行进行逐行处理。例如，你可能希望打印带有特殊格式的行，或者可能希望按照特定的模式进行搜索。以这种方式处理文件称为**基于行的处理**。

> **基于行的处理**
> 逐行地处理输入文件（一次读入整行输入）

在 Python 中，你可以通过多种方式对输入文件执行基于行的处理。例如，readline 方法可以读取并返回文件的一行内容。读取文件中每一行内容的最简单方法是使用 for 循环。类似于用 for 循环来遍历字符串中的每一个字符，如果在循环头中 in 之后加上将被处理的文件对象，则循环将遍历文件中的每一行。这个语句的一般语法如下：

```
for line in file:
    statement
    statement
    ...
    statement
```
语法模板: 逐行读取文件

例如，以下程序打开文件 *poem.txt*，读取和打印所有行到控制台，并对行数进行计数：

```
1   # This program counts and prints all
2   # of the lines in an input file.
3
4   def main():
5       with open("poem.txt") as file:
6           line_count = 0
7           for line in file:
8               print("next line:", line)
9               line_count += 1
10          print("Line count:", line_count)
11
12  main()
```

```
next line: Roses are red,

next line: Violets are blue.

next line: All my base

next line: Are belong to you.

Line count: 4
```

如果你仔细观察输出，会发现每个打印行之间都有空行。这是因为从文件中读取的每一行都以换行符（"\n"）结束的字符串形式返回，该换行符表示换行或行的结尾。有些语言在读取文件时会自动从每行的末尾删除这些字符，但 Python 不会。如果要打印文件且没有空行，请调用行字符串的 rstrip 方法来删除字符串末尾的任何空白字符。可以使用以下内容替换循环中的 print 语句：

```
print("next line:", line.rstrip())
```

在本章中我们也会在其他一些例子中使用 rstrip 或者 strip 方法。

6.1.4　文件结构与消耗式输入

我们认为文本是二维的，就像一张纸片，但是从计算机的角度来看，每个文件就是一个一维的字符序列。例如，我们在上一节用到的 *poem.txt* 文件：

```
Roses are red,
Violets are blue.
All my base
Are belong to you.
```

我们把这个文件看成一个 4 行的文本文件。然而，计算机却不这样认为。当你在文件里输入文本时，按下 Enter 键去开始新的一行，这个键将特别的"新行"字符插入在文件中。你可以使用 \n 字符来注释文件以表明每行的结尾：

```
Roses are red,\n
Violets are blue.\n
All my base\n
Are belong to you.\n
```

虽然我们可能更容易将这些数据视为二维数据，但计算机不这样看待这个文件。\n 只是另一个字符的值，整个数据依然可以被认为是一维字符序列：

```
Roses are red,\nViolets are blue.\nAll my base\nAre belong to you.
```

此序列是计算机查看文件的方式：作为一维字符序列，包括表示"新行"的特殊字符的一个序列。在一些 Windows 系统上，"新行"标记是 \r\n 这两个字符的序列，但我们在这里只使用最常见的 \n 作为标记。Python 的文件对象将为我们处理这些问题，因此通常可以忽略它们。

当处理文件时，文件对象跟踪文件的当前位置。你可以将其视为**输入光标**或文件中的指针。

> **输入光标**
> 在一个输入文件中指示当前位置的指针。

首次创建文件对象时，光标指向文件的开头。但是当你执行各种读取操作时，光标会向前移动。上一节中的 print_lines 程序使用 for 循环来逐行读取文件。让我们花点时间详细研究一下它是如何工作的。同样，当首次打开文件时，输入光标将位于文件的开头（用指向第一个字符的向上箭头表示）：

```
Roses are red,\nViolets are blue.\nAll my base\nAre belong to you.
```

输入光标

for 循环的每次迭代都会使光标向前移动。例如，在循环的第一次迭代之后，光标将位于第二行的开头：

```
Roses are red,\nViolets are blue.\nAll my base\nAre belong to you.
```

输入光标

我们将此过程称为**消耗式输入**。请注意，已消耗整个第一行，包括行尾的换行符。回想在之前的代码中，返回的字符串包含换行符 "\n"。

> **消耗式输入**
> 将输入光标向前移动，跳过文件中的某些输入。

这个消耗输入的过程并不会真正改变文件，而仅仅是改变文件对象，以便将其定位在文件中的不同位置。在第二次循环迭代结束后，光标移向了另一行的开头位置。

```
Roses are red,\nViolets are blue.\nAll my base\nAre belong to you.
```

输入光标

程序以这种方式继续读取输入，直到到达文件的末尾。读取最后一行后，输入光标定位在文件的末尾：

```
Roses are red,\nViolets are blue.\nAll my base\nAre belong to you.
```

输入光标

当输入光标指向了文件的末尾时，for 循环结束。

Python 文件对象通常以前向方式处理文件。它们为输入文件的前向观察提供了很大的灵活性，但为后向或无序读取输入的方式提供的便利却较少。

读取文件并使输入光标向前移动并不会以任何方式修改计算机上的文件。输入光标完全是 Python 语言及其文件库的构造。如果你打开文件进行读取，无须担心程序会损坏该文件或删除其内容。

常见编程错误

使用循环遍历文件两次

有时我们想要多次处理文件的每一行。但是如果你试图在同一个文件对象上使用两个 for 循环，会发现第二个循环什么都不做。例如，以下错误代码尝试打印文件 poem.txt 的行两次：

```python
with open("poem.txt") as file:
    # print file a first time
    print("First time:")
    for line in file:
        print(line.rstrip())
    print()

    # print file a second time?
    print("Second time:")
    for line in file:
        print(line.rstrip())
```

```
First time:
next line: Roses are red,
next line: Violets are blue.
next line: All my base
next line: Are belong to you.

Second time:
```

我们看到，第二次没有任何东西打印输出。原因在于，正如本章所讨论的，文件对象在读取输入时会有一个内部位置或光标。无论何时在文件上运行 for 循环，光标都会在文件中向前移动。循环完成后，光标位于文件的末尾。如果你尝试用另一个 for 循环遍历同一个文件对象，则不会出现任何行，因为光标已经跳过所有行。

要想成功打印文件两次，这里有两种方法可以来解决这个问题。一种是使用两个单独的 with 语句重新打开文件。每次使用新的 with 语句重新打开文件时，光标将被设置回文件的开头，因此所有行都能正确打印出来。

```python
# print file a first time
with open("poem.txt") as file:
    print("First time:")
    for line in file:
        print(line.rstrip())
```

```
    print()

# print file a second time
with open("poem.txt") as file:
    print("Second time:")
    for line in file:
        print(line.rstrip())
```

```
First time:
next line: Roses are red,
next line: Violets are blue.
next line: All my base
next line: Are belong to you.

Second time:
next line: Roses are red,
next line: Violets are blue.
next line: All my base
next line: Are belong to you.
```

成功读取文件两次的另一种方法是调用文件对象的 seek 方法。seek 方法接收整型的位置参数，并将文件对象的光标移动到该位置。位置 0 表示文件的开头，较高的数字表示文件中稍后的位置。因此，调用 seek(0) 会将光标倒回到开头，这样就可以再次读取该文件了：

```
with open("poem.txt") as file:
    # print file a first time
    print("First time:")
    for line in file:
        print(line.rstrip())
    print()

    # print file a second time
    file.seek(0)    # rewind cursor to start
    print("Second time:")
    for line in file:
        print(line.rstrip())
```

```
First time:
next line: Roses are red,
next line: Violets are blue.
next line: All my base
next line: Are belong to you.

Second time:
next line: Roses are red,
next line: Violets are blue.
next line: All my base
next line: Are belong to you.
```

6.1.5 提示输入文件

有时，你不会自己在代码中编写文件路径，而是要求用户输入文件名。这可以使程序更灵活。

提示输入文件名涉及使用 input 函数来读取字符串：

```
filename = input("File to open: ")
```

但是，如果用户键入不存在的文件名称，那么程序将崩溃：

```
File to open: oops.txt

Traceback (most recent call last):
  File "prompt_file.py", line 10, in <module>
    main()
  File "prompt_file.py", line 6, in main
    with open(filename) as file:
FileNotFoundError: [Errno 2] No such file or directory: 'oops.txt'
```

你可以想象，避免此错误的方法是使用 if 语句来检查我们知道存在的特定文件名，例如"poem.txt"。但这不够灵活，并且假设了特定文件的存在。如果我们更改了磁盘上的可用文件集，这将导致失败或需要更新。这里的输出错误表明程序抛出了一个 FileNotFoundError 类型的异常。我们可以将打开文件的代码放在一个 try/except 语句块中，该语句块在第 5 章中已经讲述，它是用来处理这类错误的。

避免此类错误的更好方法是在尝试打开之前询问给定的文件是否存在。为此，我们需要导入一个名为 os.path 的 Python 库并调用其中的 isfile 函数，如果给定文件存在则返回 True，否则返回 False：

```
import os.path
...
if os.path.isfile(filename):
    ...
```

由于在程序中提示输入文件是一项非常有用的工作，我们将把它变成一个名为 prompt_for_file 的函数，它接收一个提示消息作为参数，并使用 while 循环重复提示用户输入文件名，直到他们输入一个正确的真正存在的名字为止。（该函数使用一个栅栏循环，正如我们在前一章中所学的一样。）然后函数返回保证存在的文件名，这样 main 就可以打开该文件了。

综合以上因素，下面是一个完整的程序，提示用户输入文件名，然后打印该文件的全部内容：

```
1  # Prompts the user for a file name and
2  # prints the entire contents of that file.
3
4  import os.path
5
6  # Prompts the user to type a file name
7  # using the given prompt message;
8  # repeatedly re-prompts if file is not found.
```

```
 9  # Returns the file name, which must exist.
10  def prompt_for_file(message):
11      filename = input(message)
12      while not os.path.isfile(filename):
13          print("File not found. Try again.")
14          filename = input(message)
15      return filename
16
17  def main():
18      filename = prompt_for_file("File to open? ")
19      with open(filename) as file:
20          filetext = file.read()
21          print(filetext)
22
23  main()
```

```
File to open? oops.txt
File not found. Try again.
File to open? notfound.dat
File not found. Try again.
File to open? poem.txt
Roses are red,

Violets are blue.
All my base
Are belong to you.
```

用户也可以选择使用一个绝对路径：

```
File to open? /home/ksmith12/data/poem.txt
...
```

prompt_for_file 函数是非常标准的，可以在许多程序中使用而无须修改。我们将这样的可重用代码称为**样板代码**。

样板代码
从一个程序到另一个程序往往相同的代码。

os.path 库还有其他一些有用的函数，表 6-3 列出了其中一些最常见的函数。我们可以在 Python 库文档中查看 os.path 的完整文档：https://docs.python.org/3/library/os.path.html。

表 6-3　os.path 库函数

函数	描述
os.path.abspath("path")	返回给定文件的绝对路径字符串
os.path.basename("path")	返回给定文件的文件名（不含目录）
os.path.dirname("path")	返回给定文件的目录

（续）

函数	描述
os.path.exists("path")	如果给定文件或目录存在，则返回 True
os.path.getmtime("path")	返回给定文件最后一次修订的时间
os.path.getsize("path")	返回给定文件的文件大小（以字节为单位）
os.path.isfile("path")	如果给定文件存在，则返回 True
os.path.isdir("path")	如果给定目录存在，则返回 True

以下程序演示了 **os.path** 库中的几个函数。程序要想得到如下的输出，必须存在目录 */home/ksmith12/data* 下，并且该文件夹中必须存在一个名为 *poem.txt* 的文件。

```
1   # This program prints information about a file.
2   import os.path
3
4   def main():
5       filename = "poem.txt"
6       absfilepath = os.path.abspath(filename)
7       dirname = os.path.dirname(absfilepath)
8       print("abs path :", absfilepath)
9       print("directory:", dirname)
10      print("base name:", os.path.basename(absfilepath))
11      print("file size:", os.path.getsize(filename))
12      print("is file? :", os.path.isfile(filename))
13      print("is dir?  :", os.path.isdir(filename))
14
15  main()
```

```
abs path : /home/ksmith12/data/poem.txt
directory: /home/ksmith12/data
base name: poem.txt
file size: 63
is file? : True
is dir?  : False
```

6.2　基于标记的处理

逐行读取输入文件很有用，但到目前为止，我们将每一行都视为最小的输入单位。通常，每行中的数据包含由空格或其他分隔符分隔的多段有用的数据，例如名称或数值的集合。在本节中，我们将探讨如何从文件中访问单个单词或输入标记。以这种方式处理文件称为**基于标记的处理**。

基于标记的处理

逐个标记地处理输入文件（一次读取一个单词或者一个数值）

例如，考虑以下文本文件 *wish.txt*：

```
I want to fly higher and farther,
I want to get away from your shoulders,
I want to find a place where freedom and happiness go together.
```

假设我们希望程序给出给定单词在文件中出现的次数。我们更愿意选择循环遍历每个单词的方式去统计，而不是循环遍历文件的行。

我们已经看到字符串对象有许多可以调用的有用方法。每个字符串都有一个名为 split 的方法，它将字符串分解成一些标记。字符串使用所谓的**分隔符**进行拆分。我们可以使用字符串自行指定分隔符，该字符串作为 split 的参数传递。但是出于我们的目的，我们希望默认行为是用空白字符（空格、制表符、换行符等的序列）来划分字符串。

如果首先在文件对象上调用 read 方法，然后对返回的字符串调用 split，则输出结果是文件中所有以空白字符分隔的标记的列表。一般语法如下：

```
for name in file.read().split():
    statement
    statement
    ...
    statement
```
语法模板: 以标记的形式来读取整个文件

以下代码读取并打印文件中的每个单词。这不是我们举这个例子的最终目标，但是却可以看到字符串以每个单词的形式被读取出来，这种方法非常有效。请注意，每个标记仍然包含逗号和句点等标点符号，如果你想去除它，必须手动删除。

```
with open("wish.txt") as file:
    for word in file.read().split():
        print(word)
```

```
I
want
to
fly
higher
and
farther,
I
want
to
...
```

现在我们重新审视统计单词出现次数的原始任务。以下程序提示用户输入单词并计算该单词的出现次数。我们使用标准的累积求和来计算出现次数。请注意，我们通过调用 lower 把每个单词变成小写形式，以进行不区分大小写的匹配。

```
1  # This program counts the number of occurrences
2  # of a particular word in a file.
3
4  def main():
```

```
5      target = input("Target word? ")
6      count = 0
7      with open("wish.txt") as file:
8         for word in file.read().split():
9            if word.lower() == target.lower():
10               count += 1
11     print("The word", target, "occurs", count, "times.")
12
13 main()
```

```
Target word? to
The word to occurs 3 times.
```

（此代码不能正确处理单词末尾的标点符号，例如"farther,"或"together."后面的符号。如何修改它来去掉这些标点符号呢？）

6.2.1   数值输入

我们之前的示例处理了把输入的字符串变成单词标记的情况，但许多程序都要处理有一些数值混杂其中的数据。例如，你可能希望使用以下内容创建名为 *numbers.dat* 的文件：

```
308.2 14.9 7.4
2.8 81

5.0
3.9 4.7 67.0 -15.4
```

然后，你可能希望编写一个处理此输入文件并生成某种统计信息的程序。例如，假设你要将文件中的所有数值相加并输出总和。这是我们第 4 章中讲到的累积求和的示例。

首先调用 read 然后再调用 split 把字符串进行分割，这种基于标记的方法是一个不错的开始。但是接下来你是不能直接将每个标记相加求和的，因为标记是字符串而不是数值。以下代码会产生错误：

```
sum = 0.0
with open("numbers.dat") as file:
    for n in line.read().split():
        sum += n
```

```
Traceback (most recent call last):
  File "compute_sum.py", line 13, in <module>
    main()
  File "compute_sum.py", line 10, in main
    sum += n
TypeError: unsupported operand type(s) for +=:
          'float' and 'str'
```

我们可以看下第 3 章，input 函数始终将控制台的输入作为字符串返回，如果我们要将输入视为数值或其他类型，则需要将其传递给类型转换函数，如 int 或 float 函数。该方法同样适用于此，因为拆分字符串得到的每个标记也是字符串。以下就是将每个标记转换为浮点数并成功打印总和的程序：

```
1   # This program adds numbers from a file
2   # and reports the sum of all the numbers.
3
4   def main():
5       sum = 0.0
6       with open("numbers.dat") as file:
7           for n in file.read().split():
8               sum += float(n)
9       print("Sum is:", round(sum, 1))
10
11  main()
```

```
Sum is: 479.5
```

6.2.2 处理非法输入

在上一节中，我们编写了一个程序来读取一个全是数值的文件并打印这些数值的总和。但是假设我们想要读取一个名为 *numbers2.dat* 的新版本的文件，其中一些标记是数值的，而另一些则不是，那该怎么做呢？

```
308.2 hello 14.9 7.4
2.8 81 how are you?

5.0 :-) oops
badbad 3.9 4.7 67.0 yipes -15.4
```

假设我们希望程序能处理这种文件：它应该仅对文件中的数值标记求和，而跳过非数值标记。如果我们尝试使用之前编写的代码，它会在到达非数值标记字符串时崩溃。解释器抛出 ValueError 以指示此字符串无法转换为 float 值。

```
Traceback (most recent call last):
  File "compute_sum2.py", line 11, in <module>
    main()
  File "compute_sum2.py", line 8, in main
    sum += float(n)
ValueError: could not convert string to float: 'hello'
```

在第 5 章中，我们讨论了当希望用户输入数值而用户输入却是一个非数值时，如何使用 try/except 语句来避免发生崩溃。处理文件时也会用到该语句来避免崩溃。我们可以尝试将文件中的每个标记转换为浮点数。如果成功了，我们会将这个数值加到总和上。如果失败了，我们将打印一条错误消息，指出输入的标记无效。

以下是 *compute_sum* 程序的一个版本，它使用 try/except 语句在看到非数值标记时打印错误消息。此版本可以正确处理文件而不会崩溃，并打印正确的总和：

```
1   # This program adds numbers from a file
2   # and reports the sum of all the numbers.
3   # This version skips non-numeric tokens.
4
5   def main():
6       sum = 0.0
7       with open("numbers2.dat") as file:
8           for n in file.read().split():
9               # try to convert n to a float, but if it
10              # is not a valid float, print error message
11              try:
12                  sum += float(n)
13              except ValueError:
14                  print("Invalid number:", n)
15      print("Sum is:", round(sum, 1))
16
17  main()
```

```
Invalid number: hello
Invalid number: how
Invalid number: are
Invalid number: you?
Invalid number: :-)
Invalid number: oops
Invalid number: badbad
Invalid number: yipes
Sum is: 479.5
```

请注意，我们不会将整个 main 函数体都包含在 try/except 语句中，仅仅让它包括我们想要处理错误的单个操作，即字符串到数值的转换。养成良好的编程习惯应避免在 try/except 语句块中加入冗长的代码，否则你的程序可能会过度处理一些你意想不到并且无法正确处理的错误。

在第 5 章中，我们编写了一个名为 is_float 的谓词函数，它接收一个字符串参数，如果字符串可以成功地被视为浮点值，则返回布尔值 True，否则返回 False。如果我们将该函数复制到本程序中，则可以避免在代码的 main 部分中使用 try/except 语句，而是使用以下 if/else 语句来实现：

```
# use the Ch. 5 is_float function to check before converting
if is_float(s):
    sum += float(n)
else:
    print("Invalid number:", n)
```

6.2.3　行与标记的混合使用

某些情况下需要将基于行的方法与基于标记的方法混合使用。例如，考虑一个关于演员姓名的文件。你已经获得了一个文件，其中每行包含一个全名，即以空格分隔的名字、中间名和姓氏。

```
Evan Rachel Wood
James Tiberius Kirk
Philip Seymour Hoffman
Sarah Jessica Parker
Tommy Lee Jones
```

假设你要以"姓氏，名字"的格式打印演员的姓名。你需要读取每行中表示名字、中间名以及姓氏的每一个单词。

前面几节中的读取和拆分方法在这里不起作用，因为没有一种简单的方法可以以三个一组的方式来请求标记。但是我们可以做到的是先用 for 循环逐行读取文件，然后在每一行上使用 split 方法将该行拆分为三个单词标记。

如果你确切地知道要拆分的每一行中有多少个单词，则可以使用以下语法将它们分配给变量：

```
for line in file:
    name, name, ..., name = line.split()
    ...
```

语法模板：以空白为分隔把行拆分成标记

以下程序是拆分前面的 *actors.txt* 文件，然后按姓氏显示每个演员：

```
1   # This program reads names from a file
2   # in "first middle last" format.
3
4   def main():
5       with open("actors.txt") as file:
6           for line in file:
7               first, middle, last = line.split()
8               print(last, ",", first)
9
10  main()
```

```
Wood , Evan
Kirk , James
Hoffman , Philip
Anthony , Susan
Jones , Tommy
```

与本章中之前的文件处理程序不同，我们不在此处对每行调用 rstrip。split 方法已经将该行中的任何空白字符（例如换行符）都处理掉了，因此这里不再需要 rstrip。

6.2.4　处理不同数量的标记

当你不知道一行中有多少单词或标记需要提取时，事情就变得更具挑战性。以下面记录演员姓名的文件 *actors2.txt* 为例，这其中一些演员的姓名是两个单词（只有名和姓），但其他人的姓名可能包含三个或者更多的单词：

```
Evan Rachel Wood
Will Smith
Oscar Isaac Hernandez Estrada
```

```
Sarah Jessica Parker
Margaret Mary Emily Anne Hyra
Jennifer Lawrence
```

如果修改前面的 *show_actors* 程序，然后从这个新文件读取文本，则它会在尝试拆分文件的第二行输入后发生错误：

```
Wood , Evan
Traceback (most recent call last):
  File "show_actors2.py", line 10, in <module>
    main()
  File "show_actors2.py", line 7, in main
    first, middle, last = line.split()
ValueError: not enough values to unpack (expected 3, got 2)
```

如果该行包含的标记数量与用于存储标记的变量数量不一致，我们之前写的拆分字符串并将其存储在多个变量中的语法将发生错误。在我们的例子中，代码将字符串"Will Smith"分成两个标记"Will"和"Smith"，因此无法将它们存储到三个变量中。

你可能认为可以快速解决这个问题，即更改代码来将行拆分为仅两个变量就可以了。但是同样的原因，如果有太多的标记存储到确定数量的变量中，也同样会导致程序出错：

```
# attempt to print last/first names
for line in file:
    first, last = line.split()
    print(last, first)
```

```
Traceback (most recent call last):
  File "show_actors2.py", line 10, in <module>
    main()
  File "show_actors2.py", line 7, in main
    first, last = line.split()
ValueError: too many values to unpack (expected 2)
```

拆分语法有一种变体，可以让我们优雅地拆分出不同数量的标记。你可以声明所需的最小变量数，然后声明一个以星号"*"开头的特殊附加变量。该特殊变量将用于存储未放入变量的任何额外标记。（在这种情况下，*被称为**收集运算符**，因为它将剩余的标记收集在一起。）一般语法如下：

name, *name*, ..., *name = *string*.split("*delimiter*")
语法模板：把一行拆分成任意数量的标记

以下代码在拆分行的时候，使用 * 运算符。代码不会产生错误，但其输出仍然不正确：

```
# second attempt to print last/first names
for line in file:
    first, last, *extra = line.split()
    print(last, first)
```

```
Rachel , Evan
Smith , Will
Isaac , Oscar
Jessica , Sarah
Mary , Margaret
Lawrence , Jennifer
```

代码中假设输入的第二个单词是演员的姓，然而在很多情况下这是演员的中间名。在这种情况下，我们真正想要做的是将第一个名和最后一个姓的标记分别捕获到变量 first 和 last 中，并将它们之间的所有单词作为额外的标记丢弃掉。

很幸运，* 收集运算符的语法允许我们通过将收集变量放在拆分语句的变量序列中的不同位置来实现这种操作。如果将 *extra 变量放在变量序列的末尾，如上面的代码，前两个标记之后的任何标记都将被认为是额外的，会被丢弃掉。如果将 *extra 变量放在变量序列的开头，那么除最后两个标记之外其他标记都将被视为额外的，会被丢弃掉。如果将 *extra 变量放在 first 和 last 之间，则第一个和最后一个标记之间的所有标记都将被视为额外标记而被丢掉，这正是我们想要的结果。表 6-4 总结了在代码中的不同点放置 *extra 的行为。

表 6-4　不同位置的 *extra 的效果

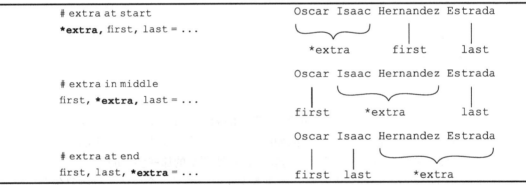

我们希望第一个标记用作名字，最后一个标记用作姓氏，中间所有其他标记都被视为"额外的"。当然，现实生活中的名字可能很复杂，不同的文化和家庭使用不同的命名习惯，并不是每个人都使用他们姓名的最后一个单词作为姓氏。出于本示例程序的目的，我们将忽略这些情况。以下代码根据需要处理文件中的所有姓名：

```
1  # This program reads names from a file
2  # in "first middle last" format.
3
4  def main():
5      with open("actors2.txt") as file:
6          for line in file:
7              first, *extra, last = line.split()
8              print(last, ",", first)
9
10  main()
```

```
Wood , Evan
Smith , Will
Estrada , Oscar
Parker , Sarah
Hyra , Margaret
Lawrence , Jennifer
```

与任何新的 Python 功能一样，你可以尝试在 Python Shell 中将字符串拆分为标记。以下几行交互尝试将字符串拆分为包含 *extra 的变量：

```
>>> "Oscar de la Hoya".split()
['Oscar', 'de', 'la', 'Hoya']
>>> first, last, *extra = "Oscar de la Hoya".split()
>>> first
'Oscar'
>>> last
'de'
>>> extra
['la', 'Hoya']
>>> first, *extra, last = "Oscar de la Hoya".split()
>>> first
'Oscar'
>>> extra
['de', 'la']
>>> last
'Hoya'
```

（上面的 Python Shell 输出是一个带有 [ ] 符号的**列表**结果，这将在下一章中详细介绍。列表是一个可以存储多个值的对象，在本例中，是一个从字符串中拆分出来的多个标记或单词的列表。主要结论是 *extra 变量存储了分割操作遗留下来的那些多余的单词。）

该程序的第二个版本健壮性更好些，但要考虑此输入的另一个变体。那些只包含一个单词的姓名，比如“Madonna”或“Adele”，叫作单名。下面是一个名为 *actors3.txt* 的新版本的输入文件，其中包含一些单名：

```
Evan Rachel Wood
Adele
Will Smith
Oscar Isaac Hernandez Estrada
Cher
Sarah Jessica Parker
Margaret Mary Emily Anne Hyra
Drake
Jennifer Lawrence
```

如果遇到包含单名的行，目前版本的程序将出错。尽管我们使用了有用的 *extra 语法，但仍然定义了两个变量 first 和 last，这意味着要求每行至少包含两个标记。

在这种情况下，处理带有单名的行的最简单方法是用 if/else 语句去检查代码中是否有这种单名行。单名只有一个单词标记，因此不需要拆分，可以直接打印出来。我们可以通过检查该行是否包含空格来判断一行是多字名还是单名。更改后的程序如下：

```
 1  # This program reads names from a file
 2  # in "first middle last" format.
 3
 4  def main():
 5      with open("actors3.txt") as file:
 6          for line in file:
 7              if " " in line:
 8                  # multi-word name
 9                  first, *extra, last = line.split()
10                  print(last, ",", first)
11              else:
12                  # mononym such as "Adele"
13                  print(line.rstrip())
14
15  main()
```

```
Wood , Evan
Adele
Smith , Will
Estrada , Oscar
Cher
Parker , Sarah
Hyra , Margaret
Drake
Lawrence , Jennifer
```

6.2.5 复杂的输入文件

我们学习了如何把字符串和数值作为标记获取，下面来看一个更复杂的例子：每行都包含不同类型的输入数据。以下输入文件 *hours.txt* 是某公司每位员工工作了多少小时的数据：

```
1234  Erica     7.5 8.5 10.25 8.0 8.5
5678  Erin      10.5 11.5 12.0 11.0 10.75
9012  Simone    8.0 8.0 8.0
3456  Ryan      6.5 8.0 9.25 8.0
7890  Kendall   2.5 3.0
```

假设你要编写一个程序来统计每个人的总工作小时数，以及员工平均每天的工作小时数。想要得到如下的输出：

```
Erica ID # 1234 : 42.8 hours, 8.6 / day
Erin ID # 5678 : 55.8 hours, 11.2 / day
Simone ID # 9012 : 24.0 hours, 8.0 / day
Ryan ID # 3456 : 31.8 hours, 7.9 / day
Kendall ID # 7890 : 5.5 hours, 2.8 / day
```

在这种情况下，数据是一系列的输入行，其中每一行是关于一个雇员的数据记录。每行以一个四位整数的员工 ID 号开头。跟着的是单个单词的员工名字，该行的其余部分是一系列的实数数值，表示员工每天工作的小时数。不同员工工作的天数不同，因此我们事先并不知道每行会显示多少个数值。所有这些标记被一个或多个空格隔开。

那么，如何处理每个人的数据？由于此问题较大，因此先编写要执行的步骤的伪代码会对编写整个代码有帮助。

```
For each employee line in the file:
    Split the line into an ID, name, and sequence of hours.
    For each token in the sequence of hours:
        Add that token to a sum.
        Count the number of tokens.
    Compute average hours per day by dividing sum by count.
    Print results for this employee.
```

当你开始编写更复杂的文件处理程序时，需要将程序划分为几个函数来写，这样就将代码分解为一些逻辑子任务。在这种情况下，可以在 main 中打开文件并编写独立的函数来处理输入文件中的每一行数据。

伪代码可以很好地映射到 Python 代码。你可以使用 * 语法拆分每一行并提取出不确定个数的 "hours" 标记。之所以称之为 *hours 而不是 *extra，就像我们在其他示例中所做的那样，使变量名称更具描述性：

```
name, id, *hours = line.split()
```

计算总工作小时数是一个相当简单的累计求知，如第 4 章所述。我们还将计算名为 total_days 的变量中的标记数：

```
total_hours = 0.0
total_days = 0
for hour in hours:
    total_hours += float(hour)
    total_days += 1
```

当将程序的各个部分放在一起时，最终得到以下完整的程序：

```
 1   # This program computes hours worked by
 2   # employees. Each line of input contains
 3   # the name, ID, and hours worked each day.
 4
 5   # Handles the data line for one employee.
 6   # Format: "name ID hours hours ... hours"
 7   def process_employee(line):
 8       id, name, *hours = line.split()
 9       total_hours = 0.0
10       total_days = 0
11       for hour in hours:
12           total_hours += float(hour)
13           total_days += 1
14       hours_per_day = total_hours / total_days
15
```

```
16      print(name, "ID #", id, ":", \
17          round(total_hours, 1), "hours,", \
18          round(hours_per_day, 1), "/ day")
19
20  def main():
21      with open("hours.txt") as file:
22          for line in file:
23              process_employee(line)
24
25  main()
```

```
Erica ID # 1234 : 42.8 hours, 8.6 / day
Erin ID # 5678 : 55.8 hours, 11.2 / day
Simone ID # 9012 : 24.0 hours, 8.0 / day
Ryan ID # 3456 : 31.8 hours, 7.9 / day
Kendall ID # 7890 : 5.5 hours, 2.8 / day
```

6.3　高级文件处理

在本节中，我们将深入探讨与文件处理相关的一些主题。特别是，我们将研究如何处理输入中的多行记录，我们还将学习如何将输出写入一个文件，以及如何从 Web 读取数据。

6.3.1　多行输入记录

到目前为止我们看到的例子都具有这样的特性：一行输入就代表了一段完整的数据。但在某些文件中，多行数据是相互关联的。文件上的标准 for 循环对于这种情况并不适用。在本节我们将看到处理文件的一些技术，其中包括同时检查文件中多行数据的技术。

考虑一个名为 *dictionary.txt* 的文件，其中每两行都是相关联的。前一行是一个字典单词，后一行是它的定义：

```
abate
to lessen; to subside
abeyance
suspended action
abjure
promise or swear; to give up
...
```

假设我们想写一个程序允许用户查询这个字典里的单词。用户需要先输入要查找的单词，然后运行我们的程序在字典文件中进行查找。一旦目标单词被找到，它的定义会被打印输出到控制台界面上。

要实现此功能，你应该从此文件中一次读取两行数据。Python 文件对象有一个 readline 方法，可以从文件中读取一行并返回它，并使输入光标跳过该行。如果你调用两次 readline 方法，则你读取了文件中的两个连续行。以下是用 Python Shell 中的交互来演示此功能：

```
>>> # reading individual lines from dictionary file
>>> file = open("dictionary.txt")
```

```
>>> file.readline()
'abate\n'
>>> file.readline()
'to lessen; to subside\n'
>>> file.readline()
'abeyance\n'
>>> file.readline()
'suspended action\n'
```

请注意，换行符 "\n" 依然出现在返回的字符串中，我们需要在代码中把它们从字符串中删除。读取文件以搜索目标单词的一般模式可以用下面的伪代码表示：

Ask the user for their target word.
While we have not reached the end of the file:
    Read a word line.
    Read a definition line.
    If this word is the target word:
        Print its definition.

把这段伪代码翻译成 Python 语言，最棘手的部分是循环测试部分。不像 for 循环遍历处理文件那样，当你用 while 和 readline 时，你必须要小心地检查是否在所读的文件中还有部分行没有读。Python 中可以通过让 readline 返回一个空字符串来表示已经到达文件的末尾。你可以将这种情况与 Python 遇到文件中的空行的情况相区分，因为在空行的情况下，readline 返回的是 "\ n" 而不是 ""。

读取文件直到结束是一个栅栏问题。在 while 循环头判断是否到达文件末尾（即空串）之前，至少要先读取两行，然后你需要每次在循环中读取下面两行字符串。下面的程序演示了正确的模式和一个执行的日志示例：

```
1   # This program looks up words in a dictionary.
2   # It is an example of multi-line input records.
3
4   def main():
5       target_word = input("Word to look up? ")
6       with open("dictionary.txt") as file:
7           word = file.readline()
8           defn = file.readline()
9           while word != "":
10              if word.strip() == target_word:
11                  print("Definition:", defn.strip())
12              word = file.readline()    # read next pair
13              defn = file.readline()
14
15  main()
```

```
Word to look up? predilection
Definition: special liking or mental preference
```

注意，代码在进行目标单词比较以及打印之前要调用 strip。这是因为如果没有去除换行符，你会将一个目标单词（如 "abate"）与一行（如 "abate\n"）进行比较。"abate\n" 只是我们想要找的那一行，但我们要匹配的是 "abate" 这个单词而已。所以会产生错误的结果。

该程序将受益于程序的分解。对于搜索给定值的数据集这样的任务，通常比较好的做法是把这部分的任务打包到一个函数中。下面这个字典查找程序的改进版本具有类似的行为，但是我们已将搜索功能提取到一个名为 find_match 的函数中，函数的参数为要查找的文件和目标单词，它会在文件中搜索给定的目标单词，然后返回该单词的定义。如果在字典中找不到该单词，我们返回一个空字符串 "" 来表明字典中无该单词。main 函数可以根据 find_match 函数的返回值来判断单词是否存在于字典中。

```python
1   # This program looks up words in a dictionary.
2   # It is an example of multi-line input records.
3   # This version is decomposed into functions.
4
5   # Searches for the definition of the given word
6   # in the dictionary and returns it.
7   # If not found, returns an empty string.
8   def find_match(file, target_word):
9       word = file.readline()
10      defn = file.readline()
11      while word != "":
12          if word.strip() == target_word:
13              return defn.strip()
14          word = file.readline()   # read next pair
15          defn = file.readline()
16      return ""    # not found
17
18  def main():
19      target_word = input("Word to look up? ")
20      with open("dictionary.txt") as file:
21          defn = find_match(file, target_word)
22      if defn == "":
23          print(target_word, "not found.")
24      else:
25          print("Definition:", defn)
26
27  main()
```

我们的示例演示了如何处理每两行构成一个完整数据记录的文件。但是你也可以将该方法推广到处理每个记录包含三行、四行或更多行的文件。

6.3.2　文件输出

到目前为止我们学过的所有程序都是通过调用 print 函数将其输出发送到控制台窗口。但就像你可以从文件中读取输入而不是从控制台读取输入一样，你可以将程序的输出写入文件，而不是将其写到控制台。

要编写输出文件，你需要做的第一件事就是先打开它用来写入。我们用于读取文件的 open 函数也可用于写入文件。通过将可选的第二个参数（称为**模式**）传递给 open 函数来打开用于写入的文件。模式用字符串标记。表 6-5 列出了访问文件的一些模式。

表 6-5　文件打开模式

模式	描述
"r"	读文件
"w"	写文件，擦除之前的所有内容
"a"	写文件，在以前所有内容后面附加新的文本
"x"	写文件，如果文件存在则产生一个错误
"b"	处理一个二进制文件

如果 open 函数的第二个参数没有给出，则缺省情况下，默认的打开模式为 "r"（只读模式）。但如果你想写入一个文件，则需要传递 "w"。下面是打开一个用于写入的文件的一般形式：

```
with open("filename", "w") as name):
    ...
```
语法模板：打开一个用于输出的文件

一旦你以"写入"模式打开一个文件，你就可以把输出写入指定的文件中。输出到文件有几种方法，最简单的方法是使用我们最熟悉的 print 语句。

默认情况下，print 语句将其输出发送到控制台。但是，你也可以指示 print 语句将其输出发送到其他地方。可以打开一个 Python 文件对象，然后将该文件对象作为可选的命名参数（名为 file）传递给 print。一般语法如下：

```
print("text", file=file_object)
```
语法模板：打印输出结果到文件

例如，把一行输出发送到一个名为 *results.txt* 的文件中，你可以这样写 print 语句：

```
with open("results.txt", "w") as outfile:
    print("Hello, world!", file=outfile)
```

如果这个文件不存在，则程序会自动创建一个。如果该文件存在，计算机会重写这个文件。这个文件最初是空的，它最终将包含 print 语句中指定的输出内容。

如果 Python 解释器无法按照要求创建指定的文件，那么以写入方式打开文件的那行代码就会报错。导致这种情况有很多原因，也许你无权对该目录下的文件进行写入操作，或者这个文件已经被其他程序锁定因为它正在被其他程序使用。

让我们来写一个完整的例子。在第 1 章中我们看到了那个简单的" hello world "程序，该程序有几行输出。现在我们把它的输出写到一个叫作 *hello.txt* 的文件中去。

```
1   # This program prints output to the console.
2
3   def main():
4       print("Hello, world!")
5       print()
6       print("This program produces four")
7       print("lines of output.")
```

```
 8
 9  main()

 1  # This program writes output to a file.
 2
 3  def main():
 4      with open("hello.txt", "w") as outfile:
 5          print("Hello, world!", file=outfile)
 6          print("", file=outfile)
 7          print("This program produces four", file=outfile)
 8          print("lines of output in a file.", file=outfile)
 9
10  main()
```

当你运行这个新版本的程序时，会发生一件奇怪的事情。这个程序好像什么都没做，控制台上没有任何输出。大家已经习惯了编写程序，然后将其输出发送到控制台，在控制台屏幕会有输出显示。然而这个程序却没有任何输出显示在屏幕上，这可能会让人感到困惑。这是因为输出被定向到了我们指定的文件 *hello.txt* 中。程序完成执行后，即可打开名为 *hello.txt* 的文件，你会发现它包含以下内容：

```
Hello, world!

This program produces four
lines of output in a file.
```

对于本章中的所有示例，我们使用 with 语句来打开我们的文件。这样我们完成后就不需要对文件调用 close 了。将数据写入文件时，with 语句尤为重要。如果你将数据写入文件然后忘记关闭它，程序可能在没有成功地将数据写入文件的情况下终止。这是由于文件库用于加速文件访问而使用的各种延迟和缓冲。所以一定要确保在 with 语句中包含所有的写文件代码，或者当你完成文本写入后，请一定确保调用 close。

版本 3 的 Python 语言在 print 语句的语法中引入了 file 参数。该语言的旧版本没有这种语法，但你仍然可以通过其他方式写入输出文件。例如，文件对象本身有一个 write 方法，该方法接收一个字符串参数，并将该字符串作为输出发送给文件。write 方法与 print 语句不完全相同，它只接收一个字符串参数，而不是任何类型的逗号分隔的参数列表。另外，write 在每次输出后不会自动附加换行符 \n，因此你需要在你的字符串中间手动插入换行符。以下是使用 write 方法的 *hello* 程序的等效版本：

```
 1  # This program writes output to a file.
 2  # This version uses the file object's write() method.
 3
 4  def main():
 5      with open("hello.txt", "w") as outfile:
 6          outfile.write("Hello, world!\n")
 7          outfile.write("\n")
 8          outfile.write("This program produces four\n")
 9          outfile.write("lines of output in a file.\n")
10
11  main()
```

6.3.3   从网页中读取数据

互联网中具有丰富的数据资源。网页中的许多数据存储在一个叫作 HTML 的格式中，但网页中也存储着纯文本文件和其他格式的数据。在本节中，我们将学习如何从网页中读取文本文件，并且在我们的 Python 程序中处理它们。

可以使用通用资源定位符或 URL 来访问 Web 上的资源。存储数据的网站称为服务器，连接到 Web 服务器并请求数据的计算机被称为客户端。向服务器请求数据称为**请求**，服务器发回数据称为**响应**。

让我们看一下 Web 上数据的具体示例。在本章中我们会用到一个包含真实数据的文件 *numbers.dat*。作者也把该文件放在了我们的 Web 服务器上，可以通过以下 URL 访问：http://www.buildingpythonprograms.com/input/numbers.dat。

```
308.2 14.9 7.4
2.8 81

5.0
3.9 4.7 67.0 -15.4
```

Python 包含一个名为 urllib 的内置库，可以让你轻松下载来自 Web URL 的数据并让你在程序中使用它。我们想要使用的具体模块是 urllib.request。要访问其功能，需要在程序的开头包含以下 import 语句：

```
import urllib.request
```

urllib.request 模块有一个 urlopen 函数，它接收一个 URL 字符串作为参数并连接到该 URL 以请求其数据。该函数返回一个响应对象，你可以用来访问该 URL 上的数据。Python 设计了响应对象，以便你可以像操作文件对象一样来操作它。这意味着你可以在一个 with 语句中通过对 urlopen 函数的调用来打开指定的 URL，允许你读取它，并在你读取完毕后自动关闭连接。它的一般语法形式如下：

```
with urllib.request.urlopen("url") as name:
    statement
    statement
    ...
    statement
```
语法模板：从 *URL* 读取数据

因为返回的响应对象与本地文件具有相同的功能和行为，你可以在代码中以同样的方式使用它。例如，你可以使用 for 循环迭代处理文件中的行。或者你可以调用 read 来读取整个 URL 的内容，并把它看作一个长字符串。以下完整的程序是从 Web 上读取 *numbers.dat* 的内容，并计算文件中数值的总和。为了程序的可读性我们将 URL 存储在一个变量中，并将这个变量传递给 urlopen 函数。

```
1  # This program adds numbers from a URL
2  # and reports the sum of all the numbers.
3
4  import urllib.request
5
```

```
6  def main():
7      URL = "http://buildingpythonprograms.com/input/numbers.dat"
8      sum = 0.0
9      with urllib.request.urlopen(URL) as url:
10         for n in url.read().split():
11             sum += float(n)
12     print("Sum is:", round(sum, 1))
13
14 main()
```

```
Sum is: 479.5
```

当运行这个程序时，会发现运行出来的结果跟读取本地文件的版本没有什么不同。但程序连接到 Internet 并下载该文件时，可能会有一点延迟。如果你使用的是网速较慢的计算机，延迟可能更明显。

如果你尝试连接到不存在的或无法读取的 URL，则 urlopen 函数调用将抛出类型为 urllib.error.HTTPError 的异常。例如，如果你拼错了 *numbers.dat* 文件的 URL，程序会产生如下的输出：

```
Traceback (most recent call last):
  File "compute_sum_url_error.py", line 15, in <module>
    main()
  File "compute_sum_url_error.py", line 8, in main
    with urllib.request.urlopen("http://buildingpythonprograms.com/
input/oops-not-found.dat") as url:
  ...
  File "/usr/lib/python3.5/urllib/request.py", line 590, in
http_error_default
    raise HTTPError(req.full_url, code, msg, hdrs, fp)
urllib.error.HTTPError: HTTP Error 404: Not Found
```

为了使程序能够抵御此类潜在错误，我们可以使用第 5 章所介绍的 try/except 语句。以下程序演示了无效 URL 的错误处理方法：

```
1  # This program adds numbers from a URL
2  # and reports the sum of all the numbers.
3  # This version handles errors if the URL is invalid.
4
5  import urllib.request
6
7  def main():
8      URL = "http://buildingpythonprograms.com/input/not-found.txt"
9      sum = 0.0
10     try:
11         with urllib.request.urlopen(URL) as url:
12             for n in url.read().split():
```

```
13                  sum += float(n)
14          except urllib.error.HTTPError:
15              print("Unable to open URL")
16      print("Sum is:", round(sum, 1))
17
18  main()
```

```
Unable to open URL
Sum is: 0.0
```

你可以从 Python 库文档中了解关于 urllib.request 和响应对象的更多信息:

- https://docs.python.org/3/library/urllib.request.html;
- https://docs.python.org/3/library/http.client.html。

6.4　案例研究: 邮政编码查询

计算两个位置之间的距离是非常有用和有价值的。例如, 许多流行的互联网约会网站和应用程序允许你根据目标位置去搜索约会对象。在像 OkCupid 或 Tinder 这样的约会应用上, 你可以搜索给定城市或邮政编码的特定半径 (5 英里, 10 英里, 15 英里, 25 英里, 等等) 内的潜在匹配 (1 英里 = 1609.344 米)。显然这是约会网站的一个重要的功能, 因为人们最感兴趣的是约会那些住在他们附近的人。

这种邻近搜索还有许多其他的应用。在 20 世纪 70 年代和 20 世纪 80 年代, 人们对所谓的直邮营销产生了浓厚的兴趣 (我们现在称之为垃圾邮件)。邻近搜索在直邮活动中非常重要。例如, 当地商店可能会决定邮寄一本小册子给住在距离商店 5 英里范围内的所有居民。政治候选人可能会给像塞拉俱乐部或全国步枪协会这样的会员组织付费以获取居住在距离某个城镇或市区一定范围内的所有成员的邮寄地址。

海量数据库会跟踪潜在客户和选民。直邮营销组织经常希望找到这些人和一些固定位置之间的距离。距离计算几乎完全用邮政编码计算完成。美国有超过 40 000 个五位数字的邮政编码。一些邮政编码会覆盖相当大的农村地区, 但更常见的是邮政编码可以确定你在一个城市或城镇一英里范围内的位置。如果你使用更具体的 ZIP+4 数据库, 你通常可以在几个城市街区内找到一个确切的位置。

如果你在网上搜索 "邮政编码数据库" 或 "邮政编码软件", 你将会发现有很多人在销售数据和解释数据的软件。虽然也有一些免费的数据库但数据不够准确。美国人口普查局是大部分免费数据的来源。

要探索此应用, 让我们编写一个程序来查找在一个邮政编码地区附近的所有邮政编码。像 OkCupid 这样的应用程序可以使用该程序的逻辑去查某个半径范围内的潜在约会对象。你只需要从感兴趣的邮政编码开始, 找到特定距离内的所有其他邮政编码, 然后就可以找到拥有这些邮政编码的所有客户。我们没有访问大型约会数据库的权限, 所以我们将只完成这项任务的第一部分, 找到指定距离内的邮政编码。

如前所述, 一些免费的邮政编码数据库可在线获取。我们的示例程序使用由软件开发人员 Schuyler Erle 编译的数据, 其数据是通过知识共享许可免费发放的。数据来自 boutell.com/zipcodes。

我们重新格式化了数据，从而能更方便地使用它（这个过程称为数据整理）。我们将使用名为 *zipcode.txt* 的文件，该文件包含一系列条目，其中每个邮政编码一行。行条目包含五位数的整型邮政编码，后跟两个数值，分别代表邮政编码的纬度和经度，再后跟城市和州。行上的这些标记用空格和冒号 ":" 分隔。例如，以下是本书其中一个作者的家庭邮政编码在文件中显示的条目：

```
98104 : 47.60252 : -122.32855 : Seattle, WA
```

总体任务是提示用户输入目标邮政编码和邻近范围，并显示出目标附近的所有邮政编码。对于整个任务，我们首先尝试给出伪代码：

```
Introduce program to user.
Prompt for target ZIP code and proximity.
Display matching ZIP codes from file.
```

这种方法并不太有用。要显示出匹配项，你必须将目标位置与数据文件中的每个不同的邮政编码进行比较。你需要纬度和经度信息才能进行此比较。但是当你提示用户时，你只需要一个邮政编码和接近度。你可以更改程序以提示用户输入经度和纬度，但这对用户来说不是一个非常友好的程序。想象一下，如果 OkCupid 或 Tinder 要求你知道你的纬度和经度，这样你才能搜索住在你附近的人。对用户来讲这将是一个多么糟糕的体验。

但是，你却可以使用邮政编码数据查找目标邮政编码的纬度和经度。因此，你必须两次搜索数据。第一次是寻找目标邮政编码，以便找到它的坐标。第二次是根据坐标信息显示在用户指定距离内的所有邮政编码。再来看一下改进后的伪代码：

```
Introduce program to user.
Prompt for target ZIP code and proximity.
Find coordinates for target ZIP code.
Display matching ZIP codes from file.
```

介绍程序并提示用户输入目标邮政编码和接近度非常简单，在此就不做详细说明了。该程序真正需要做的工作是解决该伪代码中的第三和第四步。这些步骤中的每一步都足够复杂，完全可以单独构成一个函数。

首先我们要考虑如何找到目标邮政编码的坐标。你需要打开文件并从中读取，然后你需要调用函数去执行搜索的功能。让我们给这个函数起名为 find_location。我们将 Python 文件对象作为参数传递给它，以便它可以搜索感兴趣的邮政编码。它还需要知道你要搜索的邮政编码，因此我们将其作为第二个参数传递过去。

但搜索功能应返回什么信息呢？你需要目标邮政编码的坐标（纬度和经度）。一旦你的函数找到匹配的邮政编码行，你就可以将这两个值作为浮点数返回。这意味着你的 main 函数将包括以下代码：

```
lat, lng = find_location(file, zip)
```

find_location 函数应逐行读取输入文件，搜索目标邮政编码。文件中的每个条目都包含四个以 ":" 分隔的字段。这与本章中讲过的以空格分隔的示例略有不同。以冒号作为分隔符的原因是城市名称中可以包含空格，例如"Carson City，NV"。要处理此输入，我们将在分割行字符串时将"："作为分隔符传递：

```
# Searches for the given string in the input file.
def find_location(file, target_zip):
    for line in file:
        zip, lat, lng, city = line.rstrip().split(" : ")
        ...
```

当你读取各个邮政编码条目时，你需要测试每个邮政编码条目以查看它是否与目标匹配。如果找到匹配项，则可以打印并返回坐标：

```
# Searches for the given string in the input file.
def find_location(file, target_zip):
    for line in file:
        zip, lat, lng, city = line.rstrip().split(" : ")
        if zip == target_zip:
            print(zip, city)
            return float(lat), float(lng)
    ...
```

请注意，我们将纬度和经度显式转换为 float 类型，但我们不会将邮政编码转换为 int 类型。一部分是因为我们希望确保能够正确读取邮政编码，有时它并不遵循典型的整数格式，例如包含前导零的邮政编码，或遵循 ZIP + 4 格式并在末尾添加了额外字符的邮政编码。

此函数仍未完成，因为你必须考虑目标邮政编码未出现在文件中的情况。在这种情况下，退出 for 循环而不返回值。程序可以在此处执行许多操作，例如打印错误消息或生成错误。为了简单起见，让我们返回一组假坐标。如果程序返回 (0,0)（纬度和经度）这个坐标，除非用户要求非常高的接近值（超过 4000 英里），否则将不会有任何匹配。

```
# Searches for the given string in the input file;
# if found, returns coordinates; else returns (0, 0).
def find_location(file, target_zip):
    for line in file:
        zip, lat, lng, city = line.rstrip().split(" : ")
        if zip == target_zip:
            print(zip, city)
            return float(lat), float(lng)

    # at this point we know the ZIP code isn't in the file
    return 0, 0
```

此函数完成两个文件处理任务中的第一个。在第二个任务中，你必须再次读取文件并搜索给定邻近区域内的邮政编码。但要编写此函数，你需要一种方法来计算哪些匹配在起始邮政编码的给定距离内。

为了解决这个问题，你可以编写一个名为 spherical_distance 的函数，该函数会根据纬度和经度计算地球上两个点之间的距离。数学上有点复杂，但有一个称为余弦的球面定律的公式可以计算球体上两点之间的距离。

设 $\varphi 1$，$\lambda 1$ 和 $\varphi 2$，$\lambda 2$ 分别为两点的纬度和经度。$\Delta \lambda$ 为纵向差值，$\Delta \varphi$ 为角度差 / 弧度距离，它们可以由余弦的球面定律确定：

$$\Delta \sigma = \arccos(\sin\varphi_1\sin\varphi_2 + \cos\varphi_1\cos\varphi_2\cos \Delta \lambda)$$

我们不会详述这里涉及的数学内容，但简短的解释可能会有所帮助。想象一下，通过将两个点连接到北极点来形成三角形。从两个纬度，你可以计算从每个点到北极的距离。两个经度之间的差异告诉你三角形这两条边形成的角度。如果你知道两条边和它们之间的角度，那么就可以计算出第三条边的。我们正在使用一个特殊版本的余弦定律，它适用于球体，可计算三角形第三边的长度（就是连接我们球体上两点的直线）。我们必须将度数转换为弧度，并且必须包括球体（在本例中为地球）的半径。结果计算包含在程序的最终版本中。如果你想了解更多关于球面距离公式的信息，你可以阅读维基百科或 Wolfram Math World 上有关该公式的文章。

现在我们来计算球面距离，我们可以编写一个名为 show_matches 的函数来搜索给定距离内的邮政编码。我们把输入文件、目的地的经度和纬度以及限定的英里数作为函数的参数。

请注意，find_location 函数中的 for 循环已经读取了整个文件，因此已将文件的光标移动到了输入数据的末尾。这就意味着，如果要再次循环遍历，则需要返回到文件的开头才可以。最简单的方法是用文件对象的 seek 方法定位到文件中为 0 的位置即文件的开头位置，因此，main 中的代码如下所示：

```
with open("zipcode.txt") as file:
    lat, lng = find_location(file, zip)
    file.seek(0)    # rewind file
    show_matches(file, lat, lng, miles)
```

那么，show_matches 函数的合理伪代码如下所示：

```
For each line in the file:
    Read line's lat/lng coordinates and other data.
    If this line's lat/lng are within the given proximity:
        Print the match.
```

查找匹配项的代码会包括类似文件处理的循环，该循环读取输入行并将其分割，然后在找到匹配项时将其打印输出。为了识别匹配项，我们将使用先前得到的球面距离函数 spherical_distance。

```
def show_matches(file, lat1, lng1, miles):
    print("ZIP codes within", miles, "miles:")
    for line in file:
        zip, lat2, lng2, city = line.rstrip().split(" : ")
        dist = spherical_distance(lat1, lng1, float(lat2), float(lng2))
        if dist <= miles:
            print(zip, city, round(dist, 2), "miles")
```

请注意，如果要对输入的标记（例如纬度和经度）进行数学计算，就必须把它们转换为浮点数。我们需要将 lat2 和 lng2 转换为 float，但对于 lat1 和 lng1 则不需要这样做，因为它们已经在程序的前面进行过转换。

把所有这些部分汇集起来，以下就是程序的完整版本，以及运行过程的示例：

```
1   # This program uses a file of ZIP code information
2   # to allow a user to find ZIP codes within a
3   # certain distance of another ZIP code.
4
5   import math
6
7   # constant for radius of sphere (Earth), in miles
8   RADIUS = 3956.6
9
10  # Introduces the program to the user.
11  def intro():
12      print("Welcome to the ZIP code database.")
13      print("Give me a 5-digit ZIP code and a")
14      print("proximity and I'll tell you where")
15      print("that ZIP code is located along")
16      print("with a list of other ZIP codes")
17      print("within the given proximity.")
18      print()
19
20  # Prompts the user and returns ZIP code and proximity.
21  def read_input():
22      zip = input("ZIP code of interest? ")
23      miles = float(input("Proximity in miles? "))
24      print()
25      return zip, miles
26
27
28  # Searches for the given string in the input file;
29  # if found, returns coordinates; else returns (0, 0).
30  def find_location(file, target_zip):
31      for line in file:
32          zip, lat, lng, city = line.rstrip().split(" : ")
33          if zip == target_zip:
34              print(zip, city)
35              return float(lat), float(lng)
36
37      # at this point we know the ZIP code isn't in the file
38      return 0, 0
39
40  # Shows all matches for given coords within given distance.
41  def show_matches(file, lat1, lng1, miles):
42      print("ZIP codes within", miles, "miles:")
43      for line in file:
44          zip, lat2, lng2, city = line.rstrip().split(" : ")
45          dist = spherical_distance(lat1, lng1, \
```

```
46                                 float(lat2), float(lng2))
47          if dist <= miles:
48                 print(zip, city, round(dist, 2), "miles")
49
50   # Returns spherical distance in miles given the latitude
51   # and longitude of two points (depends on constant RADIUS).
52   def spherical_distance(lat1, lng1, lat2, lng2):
53       lat1 = math.radians(lat1)
54       lng1 = math.radians(lng1)
55       lat2 = math.radians(lat2)
56       lng2 = math.radians(lng2)
57       the_cos = math.sin(lat1) * math.sin(lat2) \
58           + math.cos(lat1) * math.cos(lat2) * math.cos(lng1 - lng2)
59       arc_length = math.acos(the_cos)
60       return arc_length * RADIUS
61
62   def main():
63       intro()
64       zip, miles = read_input()
65       with open("zipcode.txt") as file:
66           lat, lng = find_location(file, zip)
67           file.seek(0)    # rewind file
68           show_matches(file, lat, lng, miles)
69
70   main()
```

```
Welcome to the ZIP code database.
Give me a 5-digit ZIP code and a
proximity and I'll tell you where
that ZIP code is located along
with a list of other ZIP codes
within the given proximity.

ZIP code of interest? 98104
Proximity in miles? 1

98104 Seattle, WA
ZIP codes within 1.0 miles:
98101 Seattle, WA 0.62 miles
98104 Seattle, WA 0.0 miles
98154 Seattle, WA 0.35 miles
98164 Seattle, WA 0.29 miles
98174 Seattle, WA 0.35 miles
```

有句老话说一分钱一分货，这些邮政编码数据也不例外。有几个网站列出了98104一英里范围内的邮政编码，其中包含许多没有包括在这里的邮政编码。这是因为免费的邮政编码信息并不完整。这些网站中的每一个都为你提供了以较低费用获得更好数据库的选择。

本章小结

- 程序可以从文件中读取数据。在 Python 中可以使用 open 函数访问文件。
- 文件名可以指定为相对路径，例如 *numbers.dat*，它指的是在当前目录中的一个文件。或者也可以指定绝对文件路径，例如 */home/ksmith12/data/numbers.dat*。
- Python 文件对象将输入文件中的文本视为一维数据并从头到尾按顺序读取。当你读取文件的数据时，称为光标的内部位置会跟踪文件中的当前位置，然后在读取输入行并返回到程序时跳过（"消耗"）读取过的输入行。
- 在许多文件中，输入由行构成，使用文件上的

for 循环逐行处理这些文件是有意义的。某些文件在每一行上都有复杂的标记组合，你可以通过拆分行字符串来分隔和检查这些标记。你可以使用嵌套循环来完成此任务：利用外循环迭代处理文件的每一行并利用内循环处理每行中的标记。

- 你可以通过以"w"模式打开文件来写入文件。你用将输出写到控制台的 print 函数也可以将输出写到文件。
- 其他数据源（如 Internet URL）也可以像访问文件一样访问。一旦在 Web 上建立了与数据源的连接后，你就可以像处理计算机上的本地文件一样处理它。

自测题

6.1 节：文件读取基础知识

1. 什么是文件？我们如何在 Python 中读取文件中的数据？

2. 试编写代码打开并读取文件 *input.txt*，该文件与程序存放在于同一文件夹中。

6.2 节：基于标记的处理

3. 给定以下输入行，调用 line.split() 将返回什么标记？

```
line = "welcome...to the matrix."
```

a. ["welcome", "to", "the", "matrix"]

b. ["welcome...to the matrix."]

c. ["welcome...to", "the", "matrix."]

d. ["welcome...", "to", "the matrix."]

e. ["welcome", "to the matrix"]

4. 给定以下输入行，调用 line.split() 将返回什么标记？

```
lines = "in fourteen-hundred 92\ncolumbus sailed the ocean blue :)"
```

a. ["in", "fourteen-hundred", "92"]

b. ["in","fourteen-hundred", "92", "columbus", "sailed", "the", "ocean", "blue", ":)"]

c. ["in", "fourteen", "hundred", "92", "columbus", "sailed", "the", "ocean", "blue"]

d. ["in", "fourteen-hundred", "92\ncolumbus", "sailed", "the", "ocean", "blue :)"]

e. ["in fourteen-hundred 92", "columbus sailed the ocean blue :)"]

5. 回答以下有关位于 Windows 计算机上的 *C:\Users\yana\Documents\programs* 文件夹中的 Python 程序的问题：

　a. 引用文件 *C:\Users\yana\Documents\programs\numbers.dat* 的两种合法方法是什么？

　b. 如何引用文件 *C:\Users\yana\Documents\programs\data\homework6\input.dat*？

c. 文件 *C:\Users\yana\Documents\homework\data.txt* 有几种合法的引用方式？

6. 回答以下有关位于 Linux 机器上的 */home/yana/Documents/hw6* 文件夹中的 Python 程序的问题：

   a. 你可以通过哪两种合法的方法引用文件 */home/yana/Documents/hw6/names.txt*？

   b. 如何引用文件 */home/yana/Documents/hw6/data/numbers.txt*？

   c. 引用文件 */home/yana/download/saved.html* 有几种合法的方法？

6.3 节：高级文件处理

7. 对于接下来的几个问题，请考虑一个名为 *readme.txt* 的文件，其中包含以下内容：

```
6.7        This file has several input lines.

10 20      30  40


test
```

以下代码的输出是什么？

```
with open("readme.txt") as file:
    count = 0
    for s in file:
        print("input:", s)
        count += 1
    print(count, "total")
```

8. 如果修改 for 循环让其包含一个 read 调用和一个 split 调用，那么上一个练习的代码的输出是什么？

```
for s in file.read().split():
    ...
```

9. 编写一个程序，将其自身作为输出打印到控制台。例如，如果程序存储在 *example.py* 中，它将打开文件 *example.py* 并将其内容打印到控制台。

10. 编写程序代码提示用户输入文件名，并将该文件的内容作为输出打印到控制台。假设文件存在。将此代码放入一个名为 print_entire_file 的函数中。

11. 编写一个程序，将以下文本行的文件作为输入：

```
This is some
text here.
```

程序应在方框内生成相同的文本输出，如下所示：

```
+-------------+
| This is some |
| text here.   |
+-------------+
```

你的程序必须假设一些最大行长度（例如，在这种情况下为 12）。

12. 编写代码，将以下文本行打印到名为 *message.txt* 的文件中：

```
Testing,

1, 2, 3.

This is my output file.
```

13. 编写反复提示用户输入文件名的代码，直到用户键入系统上存在的文件名。你可能希望将此代码放入一个名为 get_file_name 的函数中，该函数将该文件名作为字符串返回。

14. 在之前的一个问题中，你编写了一段代码，提示用户输入文件名并将该文件的内容打印到控制台。修改你的代码，以便它会反复提示用户输入文件名，直到用户键入系统上存在的文件名。

习题

1. 编写一个名为 boy_girl 的函数，该函数接受文件名作为参数。你的函数应该读取该文件的输入，该文件包含一系列后跟整数的名字。这些名字是男孩名字和女孩名字交替出现。你的函数应该计算男孩整数之和与女孩整数之和的绝对差值。输入可能以男孩或女孩结束，假设输入为奇数个名字。例如，如果输入文件包含以下文本：

```
Dan 3
Cordelia 7
Tanner 14
Mellany 13
Curtis 4
Amy 12
Nick 6
```

下面是函数的输出，因为男孩的整数和为 27，女孩的整数和为 32：

```
4 boys, 3 girls
Difference between boys' and girls' sums: 5
```

2. 编写一个名为 even_numbers 的函数，该函数接收文件名作为参数。你的函数应该从包含一系列整数的文件中读取输入。向控制台报告有关整数的各种统计信息。报告总个数，数值总和，偶数的数量和偶数的百分比。例如，如果输入文件包含以下文本：

```
5 7 2 8
9 10 12
98 7
14
20 22
```

函数将生成以下结果并输出到控制台：

```
12 numbers, sum = 214
8 evens (66.67%)
```

3. 编写一个名为 negative_sum 的函数，该函数接收文件名作为参数。输入文件包含一系列整数，并向控制台输出一条消息，指示从第一个数值开始的总和是否为负数。

如果可以达到负数，应该返回 True，否则返回 False。例如，假设该文件包含以下文本：

```
38 4 19 -27 -15 -3 4 19 38
```

你的函数只考虑一个数值（38），前两个数值的总和（38 + 4），前三个数值的总和（38 + 4 + 19），依此类推直到最后。这些数值总和都不是负数，因此该函数将产生以下输出并返回 False：

```
no negative sum
```

若文件中的数据如下：

```
14 7 -10 9 -18 -10 17 42 98
```

该函数发现在添加前六个数值后达到 -8 的总和（为负数）。那么它应该将以下内容输出到控制台并返回 True：

```
sum of -8 after 6 steps
```

4. 编写一个名为 count_coins 的函数，它接收一个文件名作为参数。文件的内容是一系列成对的标记，其中每一对以整数开头，后面是硬币类型，它将是"pennies"（每个 1 美分）、"nickels"（每个 5 美分）、"dimes"（每个 10 美分）或"quarters"（每个 25 美分），不区分大小写。统计所有硬币的现金值并打印总金额。例如，如果输入文件包含以下文本：

```
3 pennies 2 quarters 1 Pennies 23 NiCkeLs 4 DIMES
```

对于上面的输入，你的函数应该产生以下输出：

```
Total money: $2.09
```

5. 编写一个名为 collapse_spaces 的函数，该函数以文件名作为参数。你的函数应该读取该文件并将其输出，输出中所有单词由单个空格分隔，将多个空格的任意序列整合为单个空格。例如，请考虑以下文本：

```
    hello      world!
many      spaces   on    this     line.
```

函数应产生如下输出：

```
hello world!
many spaces on this line.
```

6. 编写一个名为 flip_lines 的函数，它接收一个文件名作为参数。函数的作用是读取该文件并向控制台写入文件的内容，每两行按顺序颠倒。

7. 编写一个名为 word_wrap 的函数，它接收一个输入文件名作为参数，并将文件的每一行输出到控制台，遇到超过 60 个字符的行会自动换行。例如，如果一行包含 112 个字符，则该函数应将其替换为两行：一行包含前 60 个字符，另一行包含最后 52 个字符。包含 217 个字符的行应折行成四行：前三行长度为 60，最后一行长度为 37。

8. 修改前面的 word_wrap 函数，使其将新折行的文本输出到原始文件中。（注意：在读取文件时不要输出到文件！）另外，修改它以使用常量来获取每行最大字符数而不是硬性规定为 60 个。

9. 修改前面的 word_wrap 函数，使其仅折行整个单词，而不将单词切成两半。假设一个单词是任何以空格分隔的标记，并且所有单词的长度都不超过 60 个字符。

10. 编写一个名为 coin_flip 的函数，该函数接收输入文件名作为参数。输入文件包含硬币的正面（H）或反面（T）的翻转。将每一行视为一组独立的硬币翻转，并输出该行中正面的数量和百分比。如果超过 50%，请打印"You win!"。考虑以下文件：

```
 H T H H T
 Tt    t Th  H
```

根据以上输入，通过函数得到的输出如下：

```
3 heads (60.0%)
You win!

2 heads (33.3%)
```

11. 编写一个名为 most_common_names 的函数，该函数接收文件名作为参数。该文件的每一行中包含由空格分隔的名字。某些名字在同一行上会连续出现多次。对于每一行，打印最常出现的名字。如果存在平局，请使用第一个多次出现的名字；如果所有名字都只有一个，则在该行上打印第一个名字。例如，如果文件具有此输入：

```
Sara Eric   Eric  Kim  Kim Kim Mariana Nancy Nancy  Paul  Paul
Melissa Jamie Jamie Alyssa Alyssa Helene  Helene Jessica Jessica
```

根据以上输入，通过函数得到的输出如下：

```
Most common: Kim
Most common: Jamie
```

12. 编写一个名为 plus_scores 的函数，它接收输入文件名作为参数。输入文件包含一系列代表学生记录的行。每个学生记录占用两行输入。第一行有学生的姓名，第二行有一系列加号和减号。下面是一个输入文件示例：

```
Kane, Erica
--+-+
Chandler, Adam
++-+
Martin, Jake
+++++++
```

对于每个学生，你应该生成一行输出，其中包含学生姓名，后跟冒号，再后跟加号字符的百分比。对于上面的输入，你的函数应该产生以下输出：

```
Kane, Erica: 40.0% plus
Chandler, Adam: 75.0% plus
Martin, Jake: 100.0% plus
```

13. 编写一个名为 leet_speak 的函数，它接收两个参数：输入文件名和输出文件名。将输入文件的文本转换为"暗语"，其中各种字母被其他字母/数值替换，并将新文本输出到给定的输出文件。将"o"替换为"0"，"l"（小写"L"）替换为"1"（数字 1），"e"替换为"3"，"a"替换为"4"，"t"替换为"7"，单词末尾的"s"替换为"Z"。

保留输入中的原始换行符。还要用括号把每个变换后的单词括起来。例如，如果输入文件包含如下文本：

```
four score and
seven years ago our
fathers brought forth on this continent
a new nation
```

根据以上输入，通过函数得到的输出如下：

```
(f0ur) (sc0r3) (4nd)
(s3v3n) (y34rZ) (4g0) (0ur)
(f47h3rZ) (br0ugh7) (f0r7h) (0n) (7hiZ) (c0n7in3n7)
(4) (n3w) (n47i0n)
```

编程项目

1. 学生经常被要求撰写包含一定数量单词的学期论文。计算长篇论文中的单词数是一项烦琐的工作，但计算机可以提供帮助。编写一个计算论文中的单词数、行数和总字符数（不包括空白）的程序，假设连续的单词由空格或行尾字符分隔。

2. 编写一个程序来比较两个文件并打印有关它们之间差异的信息。例如，考虑一个文件 data1.txt，其中包含以下内容：

```
This file has a great deal of
text in it that needs to

be processed.
```

另外一个文件 data2.txt 包含以下内容：

```
This file has a grate deal of
text in it that needs to

bee procesed.
```

当用户运行你的程序所进行的交互（提示与输出）如下所示：

```
Enter a first file name: data1.txt
Enter a second file name: data2.txt
Differences found:
Line 1:
< This file has a great deal of
> This file has a grate deal of

Line 4:
< be processed.
> bee procesed.
```

3. 编写一个程序，该程序读取包含有关各种婴儿名字随时间变化的流行数据的文件，并显示有关特定名字的数据。文件的每一行都存储一个名字，后跟一串整数，表示每十年中该名字的受欢迎程度（1900 年～ 2000 年之间每十年的数据）。排名从 1（最受欢迎）到 1000（最不受欢迎），以及 0 用来表示比第 1000 名还不受欢迎的名字。以下行是文件格式的示例：

```
Sally 0 0 0 0 0 0 0 0 0 0 886
Sam 58 69 99 131 168 236 278 380 467 408 466
Samantha 0 0 0 0 0 0 272 107 26 5 7
Samir 0 0 0 0 0 0 0 920 0 798
```

程序应该提示用户输入一个名字，然后查找文件中该名字的数据信息。如果名字被找到，程序应该显示如下信息在屏幕上：

```
This program allows you to search through the
data from the Social Security Administration
to see how popular a particular name has been
since 1900.

Name? Sam
Statistics on name "Sam"
1900: 58
1910: 69
1920: 99
1930: 131
...
```

如果你还在 DrawingPanel 上将名字的流行度绘制为折线图，则此程序更有趣且更具挑战性。在 x 轴上绘制每个十年，在 y 轴上绘制流行度。

4. 编写一个玩游戏的程序，要求玩家填写几乎完整的故事的各个单词而不能看到其余部分。然后向用户显示他的故事，这通常很有趣。程序的输入是一组故事文件，每个文件都包含由 < 和 > 包围的"占位符"单词，例如：

```
One of the most <adjective> characters in fiction is named
"Tarzan of the <plural-noun>." Tarzan was raised by a/an
<noun> and lives in the <adjective> jungle in the
heart of darkest <place>.
```

系统会提示用户填写故事中的每个占位符，然后在填充完占位符的情况下创建生成的输出文件。例如：

```
Input file name? story1.txt
Please enter an adjective: silly
Please enter a plural noun: socks
Please enter a noun: tree
Please enter an adjective: tiny
Please enter a place: Canada
```

根据用户的输入，输出的故事如下：

```
One of the most silly characters in fiction is named
"Tarzan of the socks." Tarzan was raised by a/an
tree and lives in the tiny jungle in the
heart of darkest Canada.
```

列　表

到目前为止，我们花了一些时间学习了文件，但只介绍了顺序算法：可以通过按顺序每次检查一个数据项来执行的算法。当你以任意顺序多次访问数据项时，可以执行完全不同类的算法。

本章介绍了一种称为列表的新类型，它提供了更灵活的访问。列表允许你将一系列值存储在一个变量中。本章首先对列表进行一般性的讨论，然后再讨论常见的列表操作以及高级列表技术。本章还将讨论适用于列表等对象的称为引用语义的一些特殊规则。

列表具有许多特点，新手可能需要一段时间才能掌握列表的所有不同用法。但是一旦你掌握了它们，你就会发现它们是 Python 编程中使用最多、功能最强大的结构之一。

7.1 列表基础知识

假设你要存储一些不同的温度数值。你可以将它们保存在一系列变量中，如下面的 shell 运行界面。图 7-1 显示了五个变量及其值。

```
>>> # defining 5 integer values
>>> temperature1 = 94
>>> temperature2 = 90
>>> temperature3 = 87
>>> temperature4 = 35
>>> temperature5 = 62
```

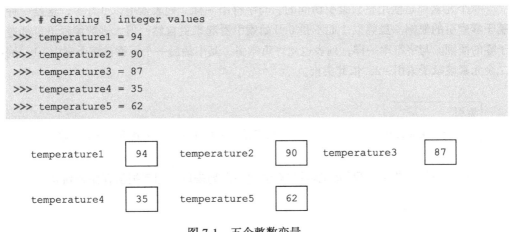

图 7-1　五个整数变量

如果只有几个温度，这是一个还不错的解决方案，但假设你需要存储大量温度数据，例如 3000 个。定义 3000 个变量来存储温度值将是烦冗的工作。拥有这么多变量，对任何一种解决方案来讲，将所有温度一起处理，都不是一件容易的事情，例如计算平均温度。

一个更好的解决方案是将所有温度都放在一个数据集中。图 7-2 描述了用单个变量存储五个整数值的概念。

但是，如果所有值都存储在具有单个名称的数据集合中，那么我们如何引用每个单独的温度？邮局就是具有这样数据集合的一

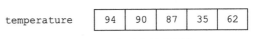

图 7-2　五个温度的数据集

个极好的例子。假如将邮局看作是一个编号的"邮政信箱"的数据集合。这些信箱用数值作为索引，因此就可以使用像"邮政信箱 884"这样的描述来引用一个信箱。

这种通过名称和数值引用数据的方法经常会出现在编程中。Python 有按顺序排列的数据类型，这些数据类型包含按数值访问的多个状态片段。其中一种类型是字符串，你可以看到通过数值索引根据字符串中的位置来访问字符。

回想一下诸如 s[4] 之类的表达式指的是字符串 s 中索引为 4 处的字符（第五个字符）。

列表是一种强大而有序的数据类型，其中单个变量可以存储许多值，每个值都可以由整数索引进行访问。

> **列表**
>
> 一个有序的值的集合，经常使用整数索引来访问它。

你可以将列表视为在单个变量中存储多个值的一种方式。存储在列表中的各个值称为其**元素**。

> **元素**
>
> 存储在列表中的单个变量。

每个元素都是使用整数**索引**访问的。与字符串一样，列表索引以 0 开头，这是一种称为**基于零索引**的惯例。虽然以 1 而不是 0 开始索引看起来更自然，但大多数编程语言都遵循基于零的惯例。与字符串一样，列表也允许负索引，其中最后一个元素被赋予索引 –1，倒数第二个元素被赋予索引 –2，依此类推。

> **索引**
>
> 一个表示在某数据结构中特定值的位置的变量。在 Python 中列表的索引从 0 开始。

在接下来的几节中，我们将学习怎么创建一个列表以及如何把值存储在列表中。

7.1.1 创建列表

一个列表是通过在方括号 [ ] 之间写出元素序列并用逗号分隔来定义的。定义列表时，通常将其存储在变量中。定义列表的一般语法如下：

```
name = [value, value, ..., value]
```
语法模板：用已知元素值来定义一个列表

下面的代码创建了一个名为 temperature 的拥有五个元素的列表，该列表存储的就是上一节中我们看到的五个整型温度值：

```
>>> # defining a list of 5 integer values
>>> temperature = [94, 90, 87, 35, 62]
```

定义列表时，Python 会创建一个按顺序存储这些值的结构。图 7-3 显示了上一个命令产生的结构。注意它有五个值，因为我们在写这个命令时就键入了五个值。与第 4 章中的字符串图一样，该图指示了正索引和负索引。

创建列表的另一种方法是使用 list 函数，它接收任何值的序列作为参数，并返回一个包含这些值的列表：

name = list(*sequence*)

语法模板：用给定的值的序列来定义一个列表

索引	0	1	2	3	4
temperature	94	90	87	35	62
索引	-5	-4	-3	-2	-1

图 7-3　温度列表

Python 中有许多种由值组成的序列。我们之前看到的两个例子是范围和字符串。范围是自第 2 章以来在循环中使用 range 函数生成的对象。如果将 range 函数调用的结果传递给 list 函数，它将用该范围里的数值生成一个列表。shell 交互演示如下：

```
>>> # making a list from a range of integers
>>> mylist = list(range(1, 11))
>>> mylist
[1, 2, 3, 4, 5, 6, 7, 8, 9, 10]
```

Python 提供了作用于列表的乘法运算符 * 的一个版本。你可以用一个常数去"乘"任何列表。虽然任何列表都可以相乘，但 Python 程序员最常使用此操作来创建单个值的多个副本。以下是一般语法：

name = [*value*] * *length*

语法模板：用给定值的多个副本来定义一个列表

你指定的值将成为列表中每个元素的值。length 指定该值将在列表中生成的副本个数。例如：以下交互显示了创建三个实数的列表，所有这些元素都存储值为 0.0 的实数。图 7-4 显示了该列表的初始状态。

```
>>> # using * operator to create list of a given length
>>> temperature = [0.0] * 3
>>> temperature
[0.0, 0.0, 0.0]
```

当然，如果列表仅存储单个值的副本，列表就不是很有用。在下一节中，我们将了解如何访问和修改每个元素的值。当你只有三个要存储的值时，列表也不是特别有用，但你可以请求更大的列表。例如，你可以通过编写以下代码行来请求生成一个 100 个温度值的列表：

索引	0	1	2
temperature	0.0	0.0	0.0
索引	-3	-2	-1

图 7-4　给定长度的实数列表

```
>>> temperature = [0.0] * 100
```

这几乎与你之前执行的代码行相同。唯一的区别在于创建列表时，你请求了 100 个元素而不是 3 个元素，这会创建一个更大的列表。图 7-5 显示了部分结果。请注意，由于是基于零的索引，最高索引为 99 而不是 100。

图 7-5   100 个实数的列表

获取列表的另一种方法是作为函数的返回值。有几个库函数的返回值就是列表。例如，当你使用文件对象的 readlines( ) 方法来读取文件的行时，返回的结果是一个字符串的列表。当你使用 split( ) 方法拆分一个字符串时，返回的结果是一个较小字符串的列表。以下代码演示了这些库函数返回的列表：

```
>>> # get a list from a string or file
>>> words = "to be or not to be".split()
>>> words
['to', 'be', 'or', 'not', 'to', 'be']
>>> lines = open("poem.txt").readlines()
>>> lines
['Roses are red\n', 'Violets are blue\n',
 'All my base\n', 'Are belong to you']
```

第 6 章中的大部分代码实际上是处理表示行和标记的字符串列表。为了便于我们可以专注于文件处理的概念，我们没有在上一章介绍列表。但正如你所看到的，我们使用的许多方法实际上都是返回列表的。

7.1.2   访问列表元素

创建列表后，通过在变量名称后的方括号内写入整数索引来访问该列表中的各个元素。第一个值我们用 0 作为索引，第二个值用 1 作为索引，依此类推。通过索引访问列表元素的一般语法如下：

list[index]
语法模板：通过索引来访问列表中的元素

以下代码使用索引访问列表中的多个值。请注意，索引也可以是任意的整数表达式，例如用 2 + 1 来查看列表中索引为 3 的元素。

```
>>> # accessing elements by index
>>> temperature = [94, 90, 87, 35, 62]
>>> temperature[0]
94
>>> temperature[2 + 1]    # access index 3
35
>>> temperature[4]
62
```

你可以通过编写赋值语句来修改给定索引处的值，该语句包含列表的名称和加中括号的整数索引，后跟一个 "=" 符号和要存储的值。一般语法如下：

```
list[index] = value
```
语法模板：通过索引来修改列表中的元素值

以下代码使用索引修改列表。索引和值可以是任意的整数表达式，例如 18 + 23，它产生值 41 以存储在最后一个索引处。

```
>>> # modifying elements by index
>>> temperature = [94, 90, 87, 35, 62]
>>> temperature[0] = 72
>>> temperature[1] = 54
>>> temperature[2 + 2] = 18 + 23
>>> temperature
[72, 54, 87, 35, 41]
```

你可能想要打印列表的各个元素。以下代码打印我们创建的列表中的第一个、中间的和最后一个温度：

```
# works only for a 5-element list
print("first  =", temperature[0])
print("middle =", temperature[2])
print("last   =", temperature[4])
```

前面的代码不够灵活，因为它只适用于长度为 5 的列表。更好的解决方案是使用列表的长度来计算适当的索引。字符串使用的 len 函数一样也适用于列表，返回值为传递给它的列表的长度。使用一半的 len 长度作为中间索引可以适用于任何大小的列表。并且，与字符串一样，列表允许用从 −1 开始的负索引访问列表最后的元素。所以下面的 print 语句更好，因为它们适用于任何大小的列表：

```
# works for a list of any length
print("first  =", temperature[0])
print("middle =", temperature[len(temperature) // 2])
print("last   =", temperature[-1])
```

在学习如何使用列表时，你会发现自己想知道可以对要访问的列表元素执行哪些类型的操作。例如，对于称为 temperature 的整数列表和索引 i，究竟可以用 temperature[i] 做什么？答案是你可以对 temperature[i] 做任何针对整数变量所做的操作。例如，如果你有一个名为 x 的变量来存储整数，则以下任一表达式都是有效的：

```
>>> # things you can do to an integer
>>> x = 3
>>> x += 1
>>> x *= 2
>>> x -= 1
```

这意味着列表中存储着整数的任何 temperature[i] 也适用于这些表达式，其中 i 是该列表中的某个索引：

```
>>> # things you can do to an integer element of a list
>>> i = 2
```

```
>>> temperature[i] = 3
>>> temperature[i] += 1
>>> temperature[i] *= 2
>>> temperature[i] -= 1
```

从 Python 的角度来看，因为 temperature 列表中包含数值，所以像 temperature[i] 这样的列表元素也是一个数值，可以这样操作。如果列表是使用 * 乘法运算符创建的，经常是在给定索引处对列表元素赋新值。如下面创建的列表包含三个初值为 0.0 的元素。一旦创建了给定长度的列表后，你就可以在特定索引处存储与问题相关的特定值。如让这三个元素分别为74.5、68.0、70.5。图 7-6 显示了修改元素后列表的内容。

```
>>> # using * operator then modifying element values
>>> temperature = [0.0] * 3
>>> temperature[0] = 74.5
>>> temperature[1] = 68.0
>>> temperature[2] = 70.5
>>> temperature
[74.5, 68.0, 70.5]
```

如果引用列表的是非法索引，在这种情况下，Python 会引发异常。例如，在前面的代码中，对于长度为 3 的列表，其合法索引是从 0 到 2，或 –1 到 –3。任何小于 –3 或大于 2 的数值都在列表的范围之外。当你使用此示例列表时，如果你尝试引用 temperature[–4] 或 temperature[3]，则是尝试访问不存在的列表元素。如果你的代码

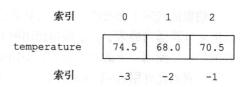

图 7-6　修改了元素之后的实数列表

存在非法引用，Python 将使用 IndexError 暂停你的程序。图 7-7 显示了长度为 3 的列表的合法索引范围。

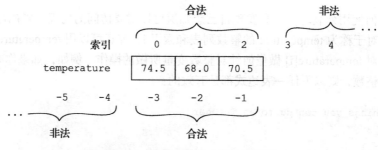

图 7-7　列表中合法 / 非法的索引

```
>>> # index that is out of bounds
>>> temperature = [0.0] * 3
>>> print(temperature[3])
Traceback (most recent call last):
  File "<stdin>", line 1, in <module>
IndexError: list index out of range
```

```
>>> print(temperature[-4])
Traceback (most recent call last):
  File "<stdin>", line 1, in <module>
IndexError: list index out of range
```

正如我们在第 3 章中看到的那样，你可以在方括号 [] 中提供多个整数来指定列表的索引范围，也称为切片。切片列表将返回仅包含指定索引子集的新列表。使用起始索引（要包含的第一个索引），终止索引（第一个不包含的索引）和可选步长（要包含在切片中的元素之间间隔的索引数，默认值为 1 是包括所有内容）来指定切片，全部用冒号：分隔。如果省略开始或终止索引，则切片将分别默认为列表的开头或结尾。切片列表的语法如下，与字符串相同：

list[*start*:*stop*]
list[*start*:*stop*:*step*]

语法模板：切片一个列表

以下 shell 交互演示了列表的各个切片：

```
>>> # slicing a list
>>> # index  0   1   2   3   4   5   6   7
>>> nums = [10, 20, 30, 40, 50, 60, 70, 80]
>>> nums[2:4]
[30, 40]
>>> nums[:4]
[10, 20, 30, 40]
>>> nums[4:]
[50, 60, 70, 80]
>>> nums[1:7:2]
[20, 40, 60]
>>> nums[::2]
[10, 30, 50, 70]
>>> nums[1::2]
[20, 40, 60, 80]
>>> nums[5:1:-1]
[60, 50, 40, 30]
>>> nums[::-1]
[80, 70, 60, 50, 40, 30, 20, 10]
```

你知道吗？

缓冲区溢出

计算机安全问题最早且最常见的来源之一是**缓冲区越界**（也称为**缓冲区溢出**）。缓冲区溢出类似于列表的 IndexError。当数据写入超出为该数据预留的缓冲区边界时，就会发生这种情况。

在较旧的编程语言中，当你想要将数据存储在内存中时，你必须准确指定为数据分配多少内存。在数据的生命周期内，内存量将保持固定为此数量。例如，假设你使用较旧的编程语言（如 C）进行编码，并且希望将字符串"James T Kirk"存储在变量中。该字符串长度为 12 个字符，包括空格，因此程序可能会分配 12 个字符的内存来存储它，如图 7-8 所示。（技术上，C 中的字符串在末尾包含一个特殊的 1 字节的"空终止符"，但这不是重点。）

假设你告诉计算机用字符串"Jean Luc Picard"覆盖此缓冲区。Picard 名称中有 15 个字母，因此如果你将所有这些字符写入与之前相同的缓冲区中，则会因为写入了三个额外字符而"溢出"，如图 7-9 所示。你可能想象程序会放大缓冲区以适应新内容，但在较旧的语言中，这不是自动完成的。

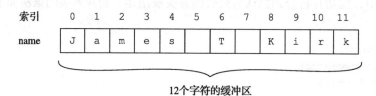

图 7-8　12 个字符的字符串缓冲区

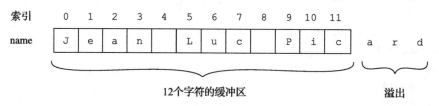

图 7-9　12 个字符的字符串缓冲区（有 3 个字符溢出）

Picard 名称的最后三个字母（"ard"）将被写入超出缓冲区末尾的内存部分。这是一种非常危险的情况，因为它会覆盖已存在的任何其他数据。就好像一个同学从你那里抓了三张纸，擦掉了你写在上面的任何东西。在那些纸上你可能已经写了有用的信息，所以越界可能会导致问题。

当意外发生缓冲区溢出时，程序通常会因某种错误情况而停止。但是，当恶意程序故意进行缓冲区溢出时，会特别危险。如果攻击者可以找出要覆盖的正确内存位置，攻击软件可以接管你的计算机并指示它执行你没有要求它执行的操作。

三种最著名的互联网蠕虫就是建立在缓冲区溢出的基础上：1988 年的 Morris 蠕虫，2001 年的 Code Red 蠕虫和 2003 年的 SQLSlammer 蠕虫。

如果计算机在你访问列表时检查边界，你可能想知道如何编写这样的恶意程序。答案是，当你访问数据结构时，较旧的编程语言（如 C 和 C++）在默认情况下不会检查索引边界。当 Python 在 20 世纪 90 年代初被设计时，缓冲区溢出的危险很明显，因此语言的设计者决定包含列表边界检查，以保证 Python 更安全。

7.1.3　遍历列表

通常，你会希望逐个对列表中的每个元素执行某些操作。按顺序访问每个列表元素的算法称为列表的**遍历**。

列表遍历

从第一个到最后一个顺序处理每个列表元素。

遍历列表元素的最简单方法是使用 for 循环。你已经看到了对范围和字符串使用的 for 循环，对列表使用 for 循环的语法也没有区别：

```
for name in list:
    statement
    statement
    ...
    statement
```

语法模板：使用for循环遍历列表元素

在我们探索常用列表算法时，我们将经常使用此遍历模式。以下 shell 交互演示了一个基本的 for 循环，它从上一节的整数温度列表中打印出每个列表元素。

```
>>> # for loop over list elements
>>> temperature = [94, 90, 87, 35, 62]
>>> for temp in temperature:
...     print(temp)
...
94
90
87
35
62
```

标准 for 循环对于访问每个元素很有用，但它有局限性。它只能按照迭代的顺序访问而不能给你任何选择：它总是从头到尾遍历元素。它对修改元素也没有帮助。学生有时会认为以下代码会将列表中的每个元素值增加 1，但它不起作用：

```
>>> # for loop to modify elements (does not work)
>>> temperature = [94, 90, 87, 35, 62]
>>> for temp in temperature:
...     temp += 1
...
>>> temperature
[94, 90, 87, 35, 62]
```

前面的代码不会修改列表，因为循环中的变量 temp 存储的是每个列表元素的副本。修改 temp 不会修改原始列表。如果你希望灵活地修改列表或以不同的顺序遍历它，则必须在列表的**索引**（从 0 到列表的长度减 1）而不是元素本身上编写循环。

我们可以用值 5 作为我们范围的最大值，因为列表中有 5 个元素。但是如果我们后来改变了列表元素的数量，则需要仔细更新循环以匹配。更好的解决方案是使用 len 函数作为索引范围的端点。for 循环的基于索引的版本具有以下一般语法：

```
for name in range(len(list)):
```

```
    # do something with list[i]
    statement
    statement
    ...
    statement
```
语法模板：使用基于索引的for循环遍历列表

以下 shell 交互循环遍历温度列表以将每个元素的值增加 1：

```
>>> # for loop to modify elements by index (works)
>>> temperature = [94, 90, 87, 35, 62]
>>> for i in range(len(temperature)):
...     temperature[i] += 1
...
>>> temperature
[95, 91, 88, 36, 63]
```

索引的 for 循环可用于在列表中设置初始值。当从另一个源读取数据并将其存储到列表中时，这非常有用。例如，假设你想要从用户读取一系列温度。你可以使用 input 函数读取每个值，并将其存储在列表中的某个索引处：

```
# read values from user input into a list
temperature = [0] * 10
for i in range(len(temperature)):
    temperature[i] = int(input("Type a number: "))
```

7.1.4   完整列表程序

让我们看一个程序，在该程序中，列表允许你解决以前无法解决的问题。如果你在晚上收听任何本地的新闻广播，你将听到当天的高温报告。它通常被报告为整数，如"今天达到 78 华氏度"。

假设你要检查一系列日常高温，计算平均高温，并计算高于该平均温度的天数。你一直在使用 input 来解决这类的问题，你也可以用该方法来解决这个问题。如果你只想知道平均值，可以使用 input 并编写累积求和与循环来求解。以下程序做得很好。下面是其代码以及执行示例：

```
 1  # Reads a series of high temperatures and reports the average.
 2
 3  def main():
 4      num_days = int(input("How many days' temperatures? "))
 5      total = 0
 6      for i in range(1, num_days + 1):
 7          next = int(input("Day " + str(i) + "'s high temp: "))
 8          total += next
 9
10      average = total / num_days
11      print()
12      print("Average =", average)
13
14  main()
```

```
How many days' temperatures? 5
Day 1's high temp: 78
Day 2's high temp: 81
Day 3's high temp: 75
Day 4's high temp: 79
Day 5's high temp: 71
Average = 76.8
```

但你如何计算有多少天高于平均温度？你可以尝试将比较与循环中的平均温度相结合，但这不起作用。问题是，在遍历所有数据之前，你无法计算平均值。这意味着你需要通过再次遍历数据来确定高于平均值的天数。你无法通过 input 执行此操作，因为每次调用 input 时都会提示输入新数据。你必须提示用户再次输入温度数据，这并不是一个好主意。

幸运的是，你可以使用列表解决此问题。当你读入数值并进行累积求和时，你可以填写一个存储温度的列表。你知道要使用的列表的长度，它应该等于用户输入温度的天数：

```
# define list for storing temperatures
num_days = int(input("How many days' temperatures? "))
temps = [0] * num_days
...
```

因为你正在使用列表，所以你需要更改输入循环以将每天的温度存储到列表中的相应索引处。此外，你不再需要变量 next，因为你将在列表中存储值。对 for 循环进行的一个重要更改是将其边界修改为从 0 而不是 1 开始。程序的先前版本是从 1 循环到 num_days，但由于列表从 0 开始索引，因此从 0 到 num_days – 1 循环遍历索引的所有范围对于我们的代码更好。但在程序中使用从 0 开始的索引并不意味着你必须询问"第 0 天的高温"而使用户感到困惑。你可以修改代码以提示输入为第（i + 1）天。所以循环代码变成：

```
for i in range(num_days):
    temps[i] = int(input("Day " + str(i + 1) + "'s high temp: "))
    total += temps[i]
```

执行此循环后，你可以像以前一样计算平均值。然后你编写一个新的循环，使用标准 for-each 循环计算有多少天超过平均值。这次你不需要在 for 循环中使用索引，因为你只需要使用温度值，这些元素的索引对于计算高于平均水平的天数并不重要，所以可以使用如下代码：

```
above = 0
for temp in temps:
    if temp > average:
        above += 1
```

如果将这些不同的代码片段放在一起并包含输出高于平均温度的天数的代码，则会得到以下完整的程序，代码之后是该程序生成的执行日志：

```
1   # Reads a series of high temperatures and reports the
2   # average and the number of days above average.
3
4   def main():
5       num_days = int(input("How many days' temperatures? "))
```

```
 6       temps = [0] * num_days
 7
 8       # record temperatures and find average
 9       total = 0
10       for i in range(num_days):
11           temps[i] = int(input("Day " + str(i + 1) + "'s high temp: "))
12           total += temps[i]
13
14       average = total / num_days
15
16       # count days above average
17       above = 0
18       for temp in temps:
19           if temp > average:
20               above += 1
21
22       # report results
23       print()
24       print("Average =", average)
25       print(above, "days above average")
26
27   main()
```

```
How many days' temperatures? 9
Day 1's high temp: 75
Day 2's high temp: 78
Day 3's high temp: 85
Day 4's high temp: 71
Day 5's high temp: 69
Day 6's high temp: 82
Day 7's high temp: 74
Day 8's high temp: 80
Day 9's high temp: 87

Average = 77.88888888888889
5 days above average
```

常见编程错误

差一错误

将温度程序转换为使用列表的程序时，使用从 0 开始的 for 循环来匹配列表中的索引范围。但代码从 1 开始打印每天的高温。因为输出从第 1 天开始，所以可能很容易用从 1 开始的循环编写相同的代码：

```
# wrong loop bounds
for i in range(1, num_days + 1):
    temps[i] = int(input("Day " + str(i) + "'s high temp: "))
    sums += temps[i]
```

运行程序时，此循环会引发错误。在循环的最后一次迭代中，代码尝试访问一个超出列表末尾的索引，这会引发 IndexError。这是一个执行示例：

```
How many days' temperatures? 5
Day 1's high temp: 82
Day 2's high temp: 80
Day 3's high temp: 79
Day 4's high temp: 71
Day 5's high temp: 75
Traceback (most recent call last):
  File "weather.py", line 5, in <module>
    temps[i] = int(input("Day " + str(i) + "'s high temp: "))
IndexError: list assignment index out of range
```

这是一个经典的差一错误。修复它的一种方法是更改循环体语句以引用 temps [i - 1]，因为循环范围现在是从 1 到 num_days。但作者通常发现将列表索引作为循环的焦点更容易，因此你知道变量 i 始终引用列表中的有效索引。更好的解决方法是使用从 0 开始的循环并修改输出以打印将索引加 1 后的值：

```
# correct loop bounds
for i in range(num_days):
    temps[i] = input("Day " + str(i + 1) + "'s high temp: ")
    sums += temps[i]
```

7.1.5　随机访问

到目前为止，我们看到的大多数算法都涉及**顺序访问**。顺序方法意味着从第一个到最后一个数据按顺序检查或操作每个数据。

> **顺序访问**
> 从头到尾以顺序方式处理数值。

我们编写了许多顺序算法来处理来自用户输入或文件输入的数据。这些算法在我们的程序中不需要任何列表或数据存储，因为我们只需要从第一个到最后一个按顺序访问数据。但是，正如我们所看到的，没有办法重新查看已经输入完毕的数据或轻松地回到起点。我们刚刚研究的温度程序示例使用一个列表来允许二次访问数据，但即使这样基本上也是一种顺序方法，因为它涉及两次前向遍历数据。

列表是一种强大的数据结构，允许更复杂的访问，称为**随机访问**。随机访问是指结构允许你以你喜欢的任何顺序查看其内容：从头到尾，或从尾到头，或跳转到任意数据。

> **随机访问**
> 以任何顺序处理数值以便快速访问每个值。

列表可以提供随机访问，因为它被分配为连续的内存块。计算机可以快速计算存储特定值的确切位置，因为它知道每个元素在内存中占用多少空间，并且它知道所有元素在列表中是连续分配的。

使用列表时，你可以在列表中跳转，而不必担心需要花费多长时间。例如，假设你已经创建了一个包含 10 000 个元素的温度读数列表，并且你发现自己想要使用以下代码打印特定的读数子集：

```
print("#1394 =", temps[1394])
print("#6793 =", temps[6793])
print("#72 =", temps[72])
```

即使你要访问的列表元素彼此相距很远，以上代码也会快速执行。请注意，你无须按顺序访问它们。你可以跳转到元素 1394，然后跳转到元素 6793，然后跳回元素 72。你可以按照你喜欢的任何顺序访问列表中的元素，并且能够快速访问。

在本章的后面，我们将探讨几种算法，这些算法在不能快速随机访问的情况下是难以实现的。

7.1.6 列表方法

除了本章前面列出的所有语法外，你还可以通过将其设置为 [] 来定义一个空列表。

```
data = []
```

此代码的作用是创建一个空列表。创建一个空列表似乎很奇怪，如果它不包含数据，那么为什么要创建一个列表？答案是这样的，数据可以在列表创建后再添加到列表当中。当将数据添加到列表或从中删除了数据时，列表的长度可以增长或缩小。列表是一个对象，提供许多方法，可以用来对列表进行添加、删除和搜索等操作。

创建列表后，可以通过调用其 append 方法将值添加到列表末尾：

```
>>> # adding element to end of list with append
>>> data = []
>>> len(data)
0
>>> data.append("Tool")
>>> data
['Tool']
>>> len(data)
1
>>> data.append("Phish")
>>> data.append("Muse")
>>> data
['Tool', 'Phish', 'Muse']
>>> len(data)
3
```

append 方法使列表将其长度增加 1 以容纳新添加的元素。在添加任何元素之前，空列表的长度为 0。当添加三个元素中的每一个时，长度将变为 1，然后是 2，然后是 3，上面是 len(data) 的调用结果。列表开始为空并随时间增长的这种类型的代码有时称为**累积列表算法**。图 7-10 显示了 append 方法调用之前和调用之后列表的状态。

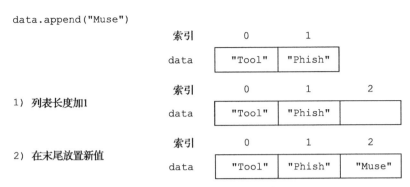

图 7-10　添加前 / 后的列表

前面的累积列表的代码有点类似于向使用 * 运算符生成的长度为 3 的列表中填充元素值的代码。两种方式之间的主要区别在于 * 的使用将创建长度为 3 的列表，然后填充每个元素。列表的长度不会改变，因为它将以初始长度 3 创建。当你提前知道列表的长度时，该方式可以说更好些。但是，当你不确定将向列表中添加多少元素时，本节中显示的创建方式则更有优势。总的来说，制作空列表并随时间添加元素的方式是更为常见的模式。

列表还有一个 insert 方法，用于在列表中的特定索引处添加元素。它保留了其他列表元素的顺序，将值向右移动为新值腾出空间。insert 方法有两个参数：索引值和要插入的值。新元素插入列表中该索引处的值之前。给定之前的列表，请考虑在索引 1 处插入一个值将会有什么影响？

```
>>> # adding element to a list with insert
>>> data
['Tool', 'Phish', 'Muse']
>>> data.insert(1, "U2")
>>> data
['Tool', 'U2', 'Phish', 'Muse']
```

对 insert 的调用让计算机在索引 1 处插入新字符串。因此，索引 1 处的旧值及其后面的所有内容都会向右移动。图 7-11 显示了插入调用之前和之后列表的状态。

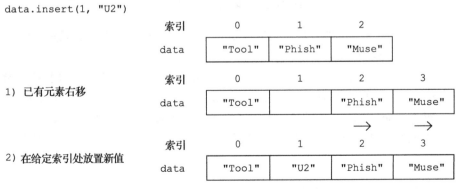

图 7-11　插入前 / 后的列表

Python 还提供了一种删除列表中特定索引处的值的方法。如果你使用 del 关键字（"delete" 的缩写），后跟列表名称和在中括号中的索引，则该索引处的值将从列表中删除。与 append 类似，del 操作通过向左移动值来填充任何空隙并保留列表的顺序。例如，如果我们删除位置 1 和位置 2 的值，请考虑前一个列表会发生什么：

```
>>> # removing elements from a list by index
>>> data
['Tool', 'U2', 'Phish', 'Muse']
>>> del data[1]
>>> del data[2]
>>> data
['Tool', 'Phish']
```

这个结果有点令人惊讶。我们要求列表删除索引 1 处的值，然后删除索引 2 处的值。你可能会想到这将删除字符串 "U2" 和 "Phish"，因为在此代码执行之前它们分别位于索引 1 和索引 2 处。但是，列表是一个动态结构，其值会移动并转换为新索引以响应你的命令。第一个 del 语句删除了字符串 "U2"，因为它是索引 1 处当前的值。但是一旦删除了该值，其他所有内容都会移位：字符串 "Phish" 向左移动到索引 1 处，"Muse" 向左移动到索引 2 处。因此，当对索引 2 执行第二个 del 时，Python 会从列表中删除 "Muse"，因为它是该时间点索引 2 处的值。图 7-12 说明了从列表中删除的结果。

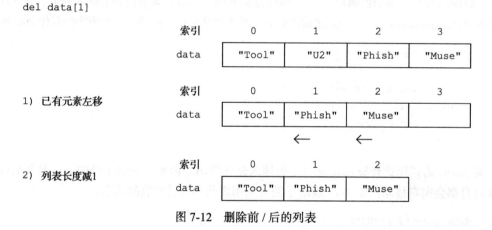

图 7-12　删除前 / 后的列表

列表还有一个名为 pop 的方法，类似于 del，但它可以返回已删除的元素。例如，data.pop(0) 的调用将从列表中删除并返回 "Tool"。

如果列表非常大，则 insert 和 del 在时间上的耗费可能很大，因为计算机必须移动值。例如，以下代码替换列表中的值是低效的。从 shell 中的输出看并不明显，但是在前面的交互中调用 del 和 insert 都需要做很多工作，将列表向左移动然后向右移动。如果你要做的只是替换值，则应使用本章前面所示的方括号表示法。后面的代码与前一个示例等效，但运行效率更高：

```
>>> # replace value at index 1 in a list (bad style)
>>> data
['Tool', 'U2', 'Phish', 'Muse']
>>> del data[1]
>>> data
```

```
['Tool', 'Phish', 'Muse']
>>> data.insert(1, "Drake")
>>> data
['Tool', 'Drake', 'Phish', 'Muse']
>>> # replace value at index 1 in a list (better style)
>>> data
['Tool', 'U2', 'Phish', 'Muse']
>>> data[1] = "Drake"
>>> data
['Tool', 'Drake', 'Phish', 'Muse']
```

如果你不知道要删除的元素的索引，则可以调用列表的 remove 方法，该方法接收要删除的值并在列表中搜索该值，删除第一次出现的那个值。与 del 类似，remove 方法将所有后续元素左移 1 位，并将列表的长度减 1。

```
>>> # removing elements from a list by value
>>> data
['Tool', 'U2', 'Phish', 'Muse']
>>> data.remove("U2")
>>> data
['Tool', 'Phish', 'Muse']
```

如前所述，你可以创建一个空列表。将值添加到列表后，可以一次删除一个。但是，如果要从列表中删除所有值，该怎么办？在这种情况下，你可以调用 clear 方法，该方法删除所有元素并将列表的大小设置为 0。

```
>>> # clear the elements from a list
>>> data
['Tool', 'Drake', 'Phish', 'Muse']
>>> data.clear()
>>> data
[]
>>> len(data)
0
```

列表支持将两个列表的元素连接成一个新列表的“+”运算符。还有一个类似于“+”的 extend 方法，它的作用是在原列表上进行修改，而“+”则是生成了一个新的单独列表。以下 shell 交互演示了这些操作：

```
>>> # use + operator and extend method
>>> data1 = ["Tool", "Phish", "Muse"]
>>> data2 = ["Drake", "Beyonce"]
>>> data3 = data1 + data2
>>> data3
['Tool', 'Phish', 'Muse', 'Drake', 'Beyonce']
>>> data1
```

```
['Tool', 'Phish', 'Muse']
>>> data1.extend(["U2", "KISS"])
>>> data1
['Tool', 'Phish', 'Muse', 'U2', 'KISS']
```

表 7-1 总结了本节介绍的列表方法及其操作以及其他有用操作。可以在在线 Python 文档中找到更完整的列表。

表 7-1　列表操作

操作	描述
list[index]	返回列表给定索引处的元素，如果超过边界则显示 IndexError
list[start:stop:step]	返回一个在给定的起始索引和终止索引之间的列表切片
list[index] = value	对给定索引处的列表元素进行赋值操作
del list[index]	在给定索引处删除一个列表元素或列表切片，之后的元素依次向左
del list[index:index]	移动
list1 + list2	连接两个列表的元素以生成新列表
value in list	如果该元素在列表中，则返回 True
value not in list	如果该元素不在列表中，则返回 True
list.append(value)	在列表的末尾增加新的项
list.clear()	清空列表
list.count(value)	返回该值在列表中出现的次数
list.extend(seq)	在列表末尾一次性追加另一个序列中的多个值
list.index(value)	从列表中找出某个值第一个匹配项的索引位置。如果该值不存在，则会引发错误，也可以选择使用开始和终止索引来指示要搜索列表的哪一部分
list.insert(index, value)	在给定的索引位置上插入一个值
list.pop(index)	删除指定索引处的值并返回它。如果没有指定索引，将删除列表中的最后一项并返回它
list.remove(value)	从列表中删除第一次出现的指定值。如果该值不存在，则会引发错误
list.reverse()	逆序排列列表中的元素
list.sort()	对列表中的元素进行排序
list.sort(reverse=True)	对列表中的元素进行排序。如果传递了 reverse=True，则对其逆序排序

还有一组全局函数接收列表作为参数并在该列表上执行各种操作。这些函数使用 function_name(list) 的一般语法，而不是列表方法 list.method_name() 的一般语法。len 函数是这种函数的一个例子。其他一些如 min 和 max 函数，它们分别返回列表中的最大值和最小值。另一个是 sum 函数，它的功能是计算列表中元素的累积总和并返回总数：

```
>>> # demonstrate global list functions
>>> nums = [3, 5, 2, 6, 7, 4]
>>> min(nums)
2
>>> max(nums)
7
>>> sum(nums)
27
```

其中一些函数与列表方法类似，只是它们创建一个新列表而不是修改现有列表。例如，列表具有 reverse 方法，该方法反转列表中元素的顺序。还有一个全局的 reversed 函数（注意末尾的"d"），它接收一个列表作为参数，并返回一个新列表，其中包含原始列表的元素，但顺序相反。全局 reversed 函数不会修改现有列表。

```
>>> # demonstrate reverse method and global reversed function
>>> nums = [3, 5, 2, 6, 7, 4]
>>> nums2 = reversed(nums)
>>> nums2
[4, 7, 6, 2, 5, 3]

>>> nums
[3, 5, 2, 6, 7, 4]
>>> nums.reverse()
>>> nums
[4, 7, 6, 2, 5, 3]
```

表 7-2 总结了对列表进行操作的内置全局函数。当我们讨论函数式编程时，我们将在第 12 章讨论其中的一些函数。

表 7-2　操作列表的全局函数

函数	描述
enumerate(list)	返回列表中每个元素的索引 / 值对的序列
filter(list, predicate)	根据某些条件返回列表的子集
len(list)	返回列表的长度即元素的个数
map(list, function)	将函数应用于列表的每个元素以创建新列表
max(list)	返回列表中的最大值
min(list)	返回列表中的最小值
reversed(list)	逆序排列列表中的元素以创建新列表
sorted(list)	对列表中的元素进行排序以创建新列表
str(list)	返回列表的字符串表示
sum(list)	返回列表中数值的总和

random 库还有一些与列表交互的函数。例如，random.shuffle 接收列表作为参数，random.choice 也是如此。这些没有显示在表中，但在你需要用到这些函数的时候，你可以查看它们的在线文档。

```
>>> # demonstrate random list functions
>>> import random
>>> nums = [3, 5, 2, 6, 7, 4]
>>> random.shuffle(nums)    # randomly rearrange elements
>>> nums
[5, 4, 3, 6, 7, 2]
>>> random.choice(nums)     # return a randomly chosen element
3
>>> random.choice(nums)
7
>>> random.choice(nums)
5
>>> nums
[5, 4, 3, 6, 7, 2]
```

7.2　列表遍历算法

到目前为止，在本章中我们已经提出了两种操作列表的标准模式。第一种是标准 for-each 循环，它在列表中为每个元素使用一个变量：

```
for name in list:
    statement
    statement
    ...
    statement
```

第二种用到索引的 for 循环，该循环用来对列表中的整数索引进行迭代：

```
for i in range(len(list)):
    # do something with list[i]
    statement
    statement
    ...
    statement
```

在本节中，我们将探讨可以使用这些模式实现的一些常用列表算法。当然，并非所有列表操作都可以用这种方式实现。本节将以一个需要对标准代码进行修改的示例作为结束。我们将为每个操作用一个函数来实现。

7.2.1　列表作为参数

在编写涉及列表的较大程序时，你需要将解决方案分解为几个函数。有时，这些函数应该接收列表作为参数或返回列表作为结果。将列表作为参数传递的语法与传递任何其他参数的语法相同。在编写接收列表参数的函数时，可以在函数头的括号中写入列表的名称。调用接收列表参数的函数时，在调用的括号内写入列表的名称，不带任何方括号 [ ]。（我们不会在这里显示语法模板，因为没有要显示的新语法。）

例如，假设你要计算数值列表中的算术平均值。它等于值的总和除以数值的个数。例如，值 1，7，3 和 9 的平均值是（1 + 7 + 3 + 9）/4 或 5。我们可以将其表示为函数：

```
# Computes the average of the numbers in the given list.
# Example: average([1, 6, 2]) returns 3.0.
def average(numbers):
    sum = 0
    count = 0
for n in numbers:
    sum += n
    count += 1
return sum / count
```

请注意，在前面的代码中，函数头没有特别的内容表明参数 numbers 是一个列表，因为所有类型的参数都使用相同的语法。函数的注释头是为了说明应该将哪种类型的值传递给它们，这个信息对于调用者尤其重要。

调用该函数的语法是在调用的括号中写入列表名。这里不包含任何方括号 []，因为我们传递的是整个列表，而不是某一个特定元素。例如，以下代码使用前面提到的四个值调用 average 函数，将返回的结果赋值给变量，并将平均值打印为输出：

```
# calling the average function
numbers = [1, 7, 3, 9]
avg = average(numbers)
print("average of", numbers, "is", avg)
```

```
average of [1, 7, 3, 9] is 5.0
```

类似地，返回列表的语法与返回任何其他类型的值相同。假设你需要函数来计算整数的平方并将它们存储在列表中。你可以编写一个名为 square 的函数来构建并返回这些整数的列表。这是本章前面讨论的累积列表算法的另一个示例。下面是函数的代码：

```
# Returns a list of the first N integers squared.
# Example: squares(4) returns [1, 4, 9, 16].
def squares(n):
    result = []
    for i in range(1, n + 1):
        result.append(i * i)
    return result
```

该函数与任何其他函数一样被调用。它返回的列表可以存储在变量中，并在程序的 main 部分中使用：

```
# calling the squares function
nums = squares(7)
print("result is", nums)
```

```
result is [1, 4, 9, 16, 25, 36, 49]
```

关于列表的一个有趣细节是，当你将它们作为参数传递给函数并且在该函数中修改列表内容，在 main 中（或调用函数的任何位置）也可以看到该修改。这与我们将在本章后面探讨的称为引用语义的概念有关。现在，在深入研究参数传递机制之前，我们将重点关注列表算法和遍历。

7.2.2 列表的查找

构建完列表后，你可能会在列表中搜索某个特定值。有几种方法。如果你只想知道列表中是否有某些内容，可以使用 in 运算符，它返回一个布尔值。

```
>>> # testing the 'in' keyword
>>> numbers = [8, 7, 19, 2, 82, 8, 7, 25, 8]
>>> 82 in numbers
True
>>> 7 in numbers
True
>>> 9999 in numbers
False
```

in 运算符（及其否定变体，not in）可用于过滤添加到列表中的元素。例如，假设你有一个包含重复姓名的输入文件，并且你想要删除重复项。该文件可能如下所示：

```
Maria Derek Erica
Derek Maria Livia Jack
Anita Ed Maria Livia Derek
Jack Erica
```

请注意，某些姓名在文件中出现了多次。你可以创建一个列表来保存这些姓名，并使用 in 运算符来确保没有重复项。我们将代码实现为一个名为 unique_words 的函数，它接收文件名作为参数，遍历文件的单词，并将不重复的单词添加到列表中然后由函数返回：

```
# Returns a list of the unique words in the given file,
# excluding any duplicate words.
def unique_words(filename):
    with open(filename) as file:
        words = []
        for word in file.read().split():
            if word not in words:
                words.append(word)
        return words
```

在前面的示例输入文件上运行时，此段代码返回以下列表：

```
>>> # testing the unique_words function
>>> unique_words("names.txt")
>>> ['Maria', 'Derek', 'Erica', 'Livia', 'Jack', 'Anita', 'Ed']
```

请注意，此列表中只包含原始的 13 个姓名中的 7 个，因为已删除了各种重复项。（Python 有一个不同的结构，称为集合，可以自动排除重复项，并且更适合这个任务。我们将在下一章中学习集合。）

有时仅知道列表中包含一个值是不够的。你可能想要确切知道它的位置。Python 列表包括一个 index 方法，该方法接收目标值作为参数，并返回该值在列表中出现的索引位置。如果该值在列表中多次出现，则 index 方法将返回第一个匹配项的索引。如果在列表中找不到该值，则 index 方法将抛出一个 ValueError。还有一个 index 的变体，它接收两个附加参数，一个开始索引和一个终止索引，并将在两个索引之间搜索第一个参数的值，搜索的区间包含第一个索引但不包含第二个索引。

```
>>> # index    0  1   2  3   4  5  6   7  8
>>> numbers = [8, 7, 19, 2, 82, 8, 7, 25, 8]
>>> numbers.index(82)
4
>>> numbers.index(7)
1
>>> numbers.index(7, 3, 8)    # search between indexes 3 and 8
6
>>> numbers.index(9999)
Traceback (most recent call last):
  File "<stdin>", line 1, in <module>
ValueError: 9999 is not in list
```

为了更好地理解 index 是如何实现的，让我们编写一个名为 last_index 的变体，它返回给定值最后一次出现的索引。请注意前面的 shell 代码中，numbers.index(7) 调用后的返回值是 1，因为这是第一次出现值 7 的索引。我们希望我们的函数返回 6，因为这是最后一次出现值 7 的索引。

查找给定值的最后一次出现位置的最佳方法是从列表的后面开始向前进行查找。因为你不知道你将在何处找到该值，所以你可以尝试使用 while 循环来实现此操作，参考下面的伪代码：

```
i = length of list - 1.
while we haven't found it yet:
    i -= 1
```

但是，有一种更简单的方法。因为你正在编写一个返回值的函数，所以你可以在找到匹配项后立即返回相应的索引。这意味着你可以使用索引的遍历循环来解决此问题。我们没有对循环进行像向上计数那样多的向下计数，但请记住，你可以将三个参数传递给 range：开始，停止和步长。如果我们传递 -1 的步长，则 range 将向下计数。由于 range 的 stop 参数是要排除的第一个索引，因此我们将 -1 作为终止索引。循环头如下：

```
# last_index loop heading
for i in range(len(list) - 1, -1, -1):
    ...
```

你应检查存储在每个索引处的值以查看它是否等于目标值，如果是，则应返回当前索引 i。请记住，return 语句会终止一个函数，因此一旦找到目标值，你就会突然退出循环。但如果找不到该值怎么办？如果你遍历整个列表都找不到匹配项怎么办？在这种情况下，for 循环将完成执行而不返回值。

如果找不到值，你可以执行许多操作。某些语言选择返回特殊值（如 -1）以指示该值不在列表中的任何位置。但 Python 允许负列表索引，因此 -1 将是一个令人困惑的返回结果。Python 的 index 方法通过引发 ValueError 来处理这种情况。我们可以通过在循环之后添加额外的 raise 语句来匹配此行为，该语句将仅在未找到目标值时执行。将所有这些放在一起，你将获得以下函数：

```
# Returns the index of the last occurrence of the given target
# value in the given list, or raises a ValueError if not found.
def last_index(list, target):
    for i in range(len(list) - 1, -1, -1):
        if list[i] == target:
            return i
    raise ValueError(str(target) + " is not in list")
```

以下示例调用测试了我们的新函数。请注意，我们使用 last_index(numbers，7) 而不是 numbers.last_index(7) 这样的语法来调用它，因为我们正在编写函数而不是方法。list.method_name() 语法仅用于 Python 列表的内置方法，而不是我们在自己的程序中编写的函数。

```
>>> # index     0  1   2  3   4  5  6   7  8
>>> numbers = [8, 7, 19, 2, 82, 8, 7, 25, 8]
>>> last_index(numbers, 7)
6
>>> last_index(numbers, 8)
8
```

```
>>> last_index(numbers, 9999)
Traceback (most recent call last):
  File "<stdin>", line 1, in <module>
  File "<stdin>", line 5, in last_index
ValueError: 9999 is not in list
```

作为最终的搜索练习，你可能希望计算特定值在列表中出现的次数。Python 列表实际上已经包含一个 count 方法，它接收一个值作为参数并返回该值的出现次数。例如，numbers. count(8) 的调用返回名为 numbers 的列表中值 8 的出现次数：

```
>>> # index    0  1  2   3  4   5  6  7   8
>>> numbers = [8, 7, 19, 2, 82, 8, 7, 25, 8]
>>> numbers.count(8)
3
```

让我们探讨如何通过编写一个名为 count_between 的 count 变体来实现搜索算法，该函数接收一个列表、一个最小值和一个最大值，并返回列表中最小值和最大值之间的值的数量。计算出现次数是一个相对简单的搜索任务：你只需循环遍历列表中的每个元素，并检查它是否与你要查找的条件匹配。你可以使用 for 循环完成此任务，该循环可以计算你要搜索的符合范围内的值的个数：

```
# Returns the number of elements in the given list whose values
# are between the given min and max, inclusive.
def count_between(list, min, max):
    occurrences = 0
    for n in list:
        if min <= n <= max:
            occurrences += 1
    return occurrences
```

以下示例调用计算列表中 1 到 10 之间的值的个数：

```
>>> numbers = [8, 7, 19, 2, 82, 8, 7, 25, 8]
>>> count_between(numbers, 1, 10)
6
```

正如我们在本节开头所述，我们的许多示例都涉及整数列表，但它们都可以应用于支持相同操作（如 <= 和 ==）的任何其他类型的列表。例如，我们可以在字符串列表上使用 last_index 和 count_between：

```
>>> # index    0    1    2    3    4    5
>>> letters = ["e", "v", "e", "l", "y", "n"]
>>> last_index(letters, "e")
2
>>> count_between(letters, "f", "w")
3
```

7.2.3 替换与删除值

通常，你会想要更改列表中的某些元素。例如，假设你要编写一个函数来将列表中第一个出现的值替换为另一个值。你可以使用方括号表示法来替换值，但你必须知道它在列表中的位置。你可以通过调用 index 方法找到列表中某值的位置，如前所述。

index 方法采用特定值并返回列表中该值第一次出现的索引。如果找不到该值，则会引发 ValueError。所以，你可以编写一个 replace 函数，如下所示：

```
# Replaces the first occurrence of the given target value
# with the given replacement value in the given list.
def replace(list, target, replacement):
    if target in list:
        index = list.index(target)
        list[index] = replacement
```

即使更改了列表的内容，此函数也不会返回任何内容。它会对传递给它的列表进行修改。正如我们稍后将详细探讨的那样，对列表进行操作的函数可以对传递给它们的列表进行更改。

以下代码测试了 replace 函数。请注意，第一次出现的"be"被更改为"beep"：

```
>>> words = ["to", "be", "or", "not", "to", "be"]
>>> replace(words, "be", "beep")
>>> words
['to', 'beep', 'or', 'not', 'to', 'be']
```

你可能还想编写一个 replace_all 函数，该函数用某个新值替换所有出现目标值的地方，而不是仅仅替换一个元素。对于这个函数，in 和 index 并不理想，因为我们想要找到所有索引而不只是一个索引。更好的策略是遍历列表以查找目标值，并用新值替换每次出现该目标值的元素。由于我们正在修改列表，因此必须使用索引的 for 循环：

```
# Replaces all occurrences of the given target value with the
# given replacement value in the given list.
def replace_all(list, target, replacement):
    for i in range(len(list)):
        if list[i] == target:
            list[i] = replacement
```

下面的调用示例测试了我们的 replace-all 函数：

```
>>> # testing the replace_all function
>>> words = ["to", "be", "or", "not", "to", "be"]
>>> replace_all(words, "be", "beep")
>>> words
['to', 'beep', 'or', 'not', 'to', 'beep']

>>> # index     0  1   2   3   4   5  6   7  8
>>> numbers = [8, 7, 19, 2, 82, 8, 7, 25, 8]
>>> replace_all(numbers, 8, -1)
>>> numbers
[-1, 7, 19, 2, 82, -1, 7, 25, -1]
```

7.2.4　列表的逆序

作为常见操作的另一个例子，让我们考虑反转存储在列表中的元素顺序的任务。Python 列表有一个 reverse 方法，可以反转列表元素的顺序。以下 shell 交互演示了此方法：

```
>>> # demonstrate reverse method
>>> numbers = [3, 8, 7, -2, 14, 78]
>>> numbers.reverse()
>>> numbers
[78, 14, -2, 7, 8, 3]
```

还有一个名为 reversed 的全局函数，它接收一个列表或其他数据集作为参数，并以相反的顺序返回一个新序列。reversed 和 reverse 之间存在一些差异。reversed 是一个全局函数，这意味着它使用语法 reversed(list) 而不是 list.reversed() 来调用。reverse 是方法，它修改给定列表，而全局的 reversed 函数返回一个与原始版本相反顺序的新序列而不是修改原始列表。奇怪的是，reversed 不返回一个列表，但它返回一个对象，该对象可以使用 for 循环进行检查或使用 list 函数转换为列表。以下 shell 交互演示了此函数：

```
>>> # demonstrate reversed function
>>> numbers = [3, 8, 7, -2, 14, 78]
>>> rev = list(reversed(numbers))
>>> rev
[78, 14, -2, 7, 8, 3]
>>> numbers
[3, 8, 7, -2, 14, 78]
```

逆序列表的算法很有意思，值得研究。如果没有 reverse 方法或 reversed 函数，我们该如何去反转列表呢？

一种方法是创建新列表并以相反顺序将第一个列表中的值存储到第二个列表中。虽然这种方法是合理的，但你应该能够在不创建第二个列表的情况下就地解决问题。这样做将涉及进行一系列交换。

如果我们在前一个 shell 交互中反转数值列表，则需要交换列表前面的值 3 和列表末尾的值 78。交换该对后，你可以交换下一对，即索引 1 和索引 4 处的值。最后，我们需要在索引 2 和索引 3 处进行交换。图 7-13 描述了用以反转列表的交换。

由于我们的反转依靠交换，让我们来考虑交换两个值的一般问题。假设你有两个整数变量 x 和 y，其值为 3 和 78。你将如何交换这些值？一

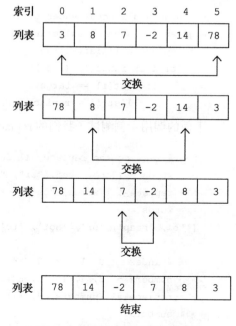

图 7-13　通过交换元素反转列表

种简单的方法是简单地将值分配给彼此，如下面的 shell 交互所示：

```
>>> # incorrect code to swap two integers
>>> x = 3
>>> y = 78

>>> x = y
>>> y = x
```

不幸的是，这不起作用。执行第一个赋值
语句时，将 y 的值复制到 x 中。你希望 x 最终
等于 78，但如果你尝试以这种方式解决问题，
则只要将 y 的值赋给 x，就会丢失旧的 x 值。
然后第二个赋值语句将 x 的新值 78 复制回 y，
这使得两个变量都等于 78。图 7-14 描述了这
个过程。

```
x = 3           x   3       y   78
y = 78

x = y           x   78      y   78

y = x           x   78      y   78
```

图 7-14　交换两个整数的错误代码

标准解决方案是引入一个临时变量，你可
以使用该变量存储 x 的旧值，同时为 x 赋予其新值。然后，你可以将 x 的旧值从临时变量复
制到 y 以完成交换：

```
>>> # correct code to swap two integers
>>> x = 3
>>> y = 78

>>> temp = x
>>> x = y
>>> y = temp
```

首先将 x 的旧值复制到 temp 中。接下来，将 x 的旧值从 temp 复制到 y。此时你已成功
交换了 x 和 y 的值，因此你不再需要 temp。图 7-15 描述了这个过程。

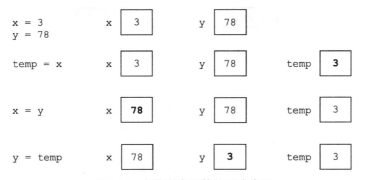

```
x = 3          x   3       y   78
y = 78

temp = x       x   3       y   78      temp   3

x = y          x   78      y   78      temp   3

y = temp       x   78      y   3       temp   3
```

图 7-15　交换两个整数的正确代码

有了这个交换代码，你可以很容易地编写一个反转函数。你只需要考虑要交换的值的组
合。首先交换第一个和最后一个。示例列表的长度为 6，这意味着你将在索引 0 和索引 5 处
交换值。但是你希望编写代码以使其适用于任何长度的列表。

通常，你要执行的第一个交换是将元素 0 与元素 len(list) − 1 交换。然后，你要将第二个

值与倒数第二个值交换，依此类推。长度为 6 的列表需要以下三个交换：

- 交换 list[0] 和 list[len(list) − 1]
- 交换 list[1] 和 list[len(list) − 2]
- 交换 list[2] 和 list[len(list) − 3]

这些交换有一种模式，你可以使用循环捕获。如果使用变量 i 作为调用 swap 的第一个参数，并引入一个局部变量 j 来存储第二个参数的表达式，则每个调用将采用以下形式：

```
# swap list[i] with list[j]
j = len(list) - i - 1
temp = list[i]
list[i] = list[j]
list[j] = temp
```

要实现反转，可以将函数放在索引的 for 循环中：

```
# doesn't quite work
for i in range(len(list)):
    # swap list[i] with list[j]
    j = len(list) - i - 1
    temp = list[i]
    list[i] = list[j]
    list[j] = temp
```

但是，如果你要测试这段代码，你会发现它似乎没有任何效果。执行此代码后该列表存储的值和初始值相同。问题在于这个循环做交换过头了。图 7-16 显示了对列表 [3, 8, 7, 22, 14, 78] 上执行的六次交换的跟踪，并指示了每个步骤的 i 和 j 的值。

i 和 j 的值在此过程的中途出现了交叉。结果，前三次交换后成功地反转了列表，然后后三次交换相当于撤销了前三次的工作。要解决此问题，你需要在整个过程的中途去停止它。通过更改循环范围可以轻松完成此任务：

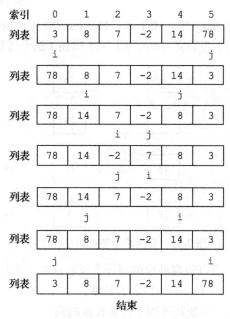

图 7-16 交换了太多元素

```
# this swap code works
for i in range(len(list) // 2):
    # swap list[i] with list[j]
    j = len(list) - i - 1
    temp = list[i]
    list[i] = list[j]
    list[j] = temp
```

在示例列表中，len(list) 是 6。其中一半是 3，这意味着此循环将执行三次。这就是你想要的（前三次对调），但你应该仔细考虑其他可能性。例如，如果 len(list) 是 7，该怎么办？由于截断除法，其中一半也是 3。奇数长度列表中交换的正确次数是 3 吗？答案是肯定的。如果存在奇数个元素，则不需要交换列表中间的值。因此，在这种情况下，简单地除以 2 是正确的方法。

将此代码包含在函数中，最终得到以下整体解决方案：

```
# Reverses the order of the elements in the given list.
def reverse(list):
    for i in range(len(list) // 2):
        # swap list[i] with list[j]
        j = len(list) - i - 1
        temp = list[i]
        list[i] = list[j]
        list[j] = temp
```

我们来看看这段反转代码的一些变体。有些学生发现 while 循环比我们前面例子中的 for 循环更直观。你可以将索引 i 和 j 初始化为列表两端的值并循环，直到它们出现相互交叉。代码如下，请注意，它在某些方面更符合我们对算法的描述和我们展示的图表。

```
# Reverses the order of the elements in the given list.
# This version uses a while loop.
def reverse(list):
    i = 0
    j = len(list) - 1
    while i < j:
        # swap list[i] with list[j]
        temp = list[i]
        list[i] = list[j]
        list[j] = temp
        i += 1
        j -= 1
```

回想一下，列表允许使用负数索引，例如 -1 表示最后一个元素，-2 表示倒数第二个，等等。你可以利用负索引来编写 reverse 函数。图 7-17 显示了标有负索引的列表。

以下代码实现了这个新算法。我们不是将变量 j 定义为接近列表长度的正索引，而是将其定

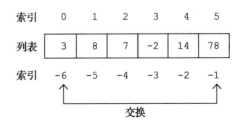

图 7-17 使用负索引交换元素

义为 -1, 并在每次循环时将其减小。请注意, 只要变量 i 没有超过列表的中点, 我们还需要更改循环测试以继续。

```
# Reverses the order of the elements in the given list.
# This version uses a while loop and negative indexing.
def reverse(list):
    i = 0
    j = -1
    while i < len(list) // 2:
        # swap list[i] with list[j]
        temp = list[i]
        list[i] = list[j]
        list[j] = temp

        i += 1
        j -= 1
```

7.2.5 列表中数据的移动

你通常希望在列表中移动一系列值。例如, 假设你有一个存储值序列 [3, 8, 9, 7, 5] 的整数列表, 并且你希望将列表前面的第一个值移到后面并保持其他值的顺序不变。也就是说, 你想将 3 移动到列表的后面, 产生列表 [8, 9, 7, 5, 3]。让我们探索如何编写代码来执行该操作。对于我们的示例, 假设有一个名为 data 的列表含有 5 个元素, 它存储值 [3, 8, 9, 7, 5], 如图 7-18 所示。

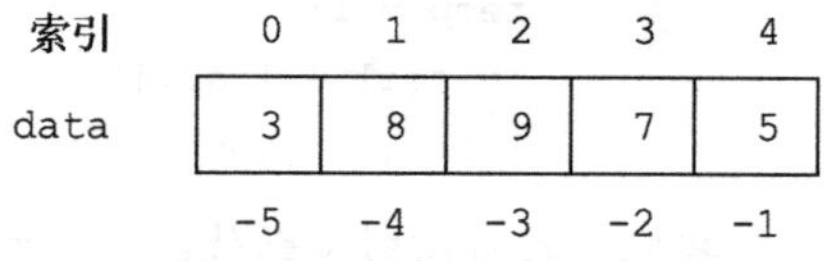

移位操作类似于上一节中讨论的交换操作, 你会发现在此处使用临时变量也很有用。列表前面的 3 应该移到列表的后面, 其他值应该向前移动。通过在局部变量中存储列表前面的值 (在本例中为 3) 可以使任务更容易:

```
first = data[0]
```

通过安全地存储该值后, 你现在必须将其他四个值向左移动一个位置。图 7-19 描述了需要发生的变化。

对于这个五元素的列表, 整个任务分为四个不同的移位操作, 每个操作都是一个简单的赋值语句:

```
data[0] = data[1]
data[1] = data[2]
data[2] = data[3]
data[3] = data[4]
```

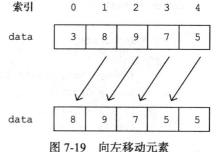

图 7-18 用于移动的列表

图 7-19 向左移动元素

显然你想把它写成一个循环而不是编写一系列单独的赋值语句。前面的每个语句都是以下形式:

```
data[i] = data[i + 1]
```

你将使用当前存储在列表元素 [i + 1] 中的值替换列表元素 [i], 将值向左移动。你可以将这行代码放在索引的 for 循环中:

```
# shift the rest of the list (does not work)
for i in range(len(list)):
    data[i] = data[i + 1]
```

这个循环几乎是正确的答案，但它有一个差一错误。此循环将对示例列表执行五次，但你只想移动四个值（你希望为 i 分配的值等于 0、1、2 和 3，但不等于 4）。所以，循环过多次了。在循环的最后一次迭代中，当 i 等于 4 时，循环执行以下代码行：

```
data[i] = data[i + 1]
```

这一行变成：

```
data[4] = data[5]
```

data[5] 没有值，因为列表只有五个元素，索引为 0 到 4。因此，此代码会生成异常。要解决此问题，请更改循环以使其早些停止（少做一次迭代）：

```
# shift the rest of the list
for i in range(len(data) - 1):
    data[i] = data[i + 1]
```

替代通常的 len(data)，使用 len(data) -1 作为循环边界。你可以将此表达式中的 -1 视为赋值语句中的 +1 的抵消。

当然，还有一个细节，你必须解决。将值移到左侧后，你已在列表末尾为以前位于列表前面的值（当前存储在名为 first 的局部变量中）留出空间。循环执行完毕后，必须将该值放到最后一个槽中，很容易用索引 -1 来表示：

```
# place former first element into last index
data[-1] = first
```

最终函数如下：

```
# Moves each element left by 1 index in the given list,
# wrapping the front element to the back of the list.
def rotate_left(data):
    first = data[0]
    for i in range(len(data) - 1):
        data[i] = data[i + 1]
    data[-1] = first
```

此函数的一个有趣变体是将值向右移动而不是向左移动。要执行此反向操作，你需要获取当前位于列表末尾的值并将其置于前面，将剩余值向右移动。因此，如果名为 data 的变量最初存储值 [3, 8, 9, 7, 5]，它应该将 5 移到前面并存储值 [5, 3, 8, 9, 7]。

首先将正在旋转的值隐藏到临时变量中：

```
last = data[-1]
```

然后将其他值向右移动。图 7-20 描述了需要发生的变化。

在这种情况下，四个单独的赋值语句如下：

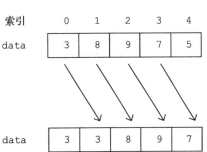

图 7-20　向右移动元素

```
data[1] = data[0]
data[2] = data[1]
data[3] = data[2]
data[4] = data[3]
```

下面用更通用的方法来写这段代码:

```
data[i] = data[i - 1]
```

如果你把这段代码放在标准的 for 循环中, 你会得到以下的代码:

```
# doesn't work
for i in range(len(data)):
    data[i] = data[i - 1]
```

这段代码有问题。第一次循环时, 它将 data[0] 的值赋值给 data [1], 如图 7-21 所示。
data[1] 中的数值 8 发生了什么变化? 它被数值 3 覆盖了。第二次循环, data[2] 被赋值
为 data[1] 中的值: 第一次循环后, 它已将 data[1] 赋值为 data[0] 中的值, 如图 7-22 所示。

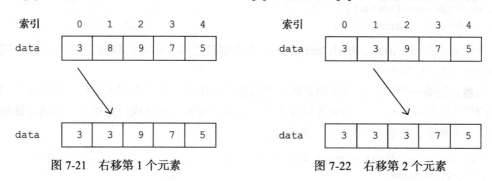

图 7-21 右移第 1 个元素 　　　　　　图 7-22 右移第 2 个元素

你可能会说:"等一下。data[1] 不是 3, 它是 8。"当你开始时它是 8, 但循环的第一次
迭代用 3 替换了 8, 现在 3 已被复制到 9 曾在的 data[2] 的位置了。循环以这种方式继续, 将
3 放入列表的每个元素中。显然, 这不是你想要的。

要使此代码有效, 你必须以相反的顺序从右到左运行循环而不是从左到右。我们将列表
的最后一个元素暂存到一个局部变量中。这释放了最后的一个元素的位置。现在, 将 data[4]
存储为 data[3] 中的内容, 如图 7-23 所示。

这覆盖了原列表中的末尾元素 5, 但该值已经安全地存储在局部变量中了。一旦你执行
了这个赋值语句, 就可以释放 data[3], 这意味着你现在可以将 data[3] 存储为当前 data[2] 中
的数据, 如图 7-24 所示。

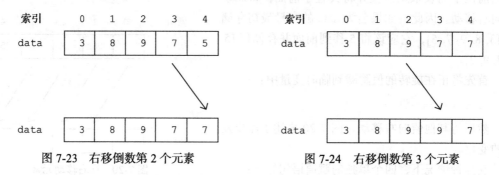

图 7-23 右移倒数第 2 个元素 　　　　图 7-24 右移倒数第 3 个元素

该过程以这种方式继续，将 8 从索引 1 复制到索引 2，并将 3 从索引 0 复制到索引 1，最后留下如图 7-25 所示的列表，这是循环后列表的状态。

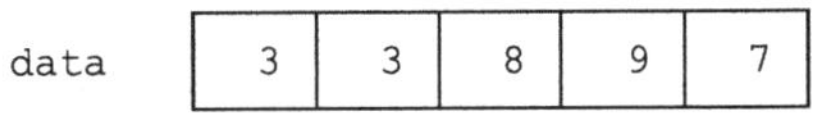

此时，唯一要做的就是将存储在局部变量中的 5 放在列表的前面。你可以通过将增量更改为 –1 并调整开始和终止来反转 for 循环。最终函数如下：

data	3	3	8	9	7

图 7-25　右移循环结束后的列表状态

```
# Moves each element right by 1 index in the given list,
# wrapping the last element to the front of the list.
def rotate_right(data):
    last = data[-1]
    for i in range(len(data) - 1, 0, -1):
        data[i] = data[i - 1]
    data[0] = last
```

以上的列表轮换函数都修改了列表。如果你想要创建一个轮换后的新列表，则可以执行这两个轮换操作，而根本不用执行任何循环。Python 列表具有切片操作，其中指定了索引的子范围并将该范围内的内容提取为新列表。通过对除第一个之外的所有索引进行切片得到一个子列表，然后将其与仅包含第一个元素的另一个列表连接起来，这样你就可以使用一行代码将列表的元素向左移动。你可以使用类似的逻辑来实现 rotate_right，对除最后一个索引之外的所有索引进行切片，并将最后一个元素包装到前面。以下 shell 交互演示了这些技术：

```
>>> nums = [3, 8, 9, 7, 5]
>>> rotl = nums[1:] + nums[:1]      # rotate left
>>> rotl
[8, 9, 7, 5, 3]

>>> rotr = nums[-1:] + nums[:-1]    # rotate right
>>> rotr
[5, 3, 8, 9, 7]
```

7.2.6　循环嵌套算法

我们看到的所有算法都是用一个循环编写的。但是许多计算需要嵌套循环。例如，假设你被要求打印整数列表中的所有倒置。倒置被定义为一对数值，其中第一个数值大于第二个数值。

在诸如 [1, 2, 3, 4] 的有序列表中，根本没有倒置，并且没有任何要打印的内容。但如果数值以相反的顺序出现，[4, 3, 2, 1]，则会有许多倒置要打印。我们希望输出如下：

(4, 3) (4, 2) (4, 1) (3, 2) (3, 1) (2, 1)

请注意，任何给定的数值（例如，上面列表中的 4）都可以产生几个不同的倒置，因为它可能后跟几个较小的数字（在示例中为 1、2 和 3）。对于部分有序的列表，如 [3, 1, 4, 2]，只有少数倒置，因此你将生成如下输出：

(3, 1) (3, 2) (4, 2)

单次遍历无法解决此问题，因为我们正在寻找所有可能成为倒置的数值对。该对中有许多可能的第一个值，并且该对中也有许多可能的第二个值。让我们使用伪代码来开发一个解决方案。

我们不能用单次循环生成所有对，但我们可以使用一个循环来查看所有可能的第一个值：

```
for every possible first value:
    Print all inversions that involve this first value.
```

现在我们只需要编写代码来查找给定第一个值的所有倒置。这需要我们编写第二个循环，嵌套的循环：

```
for every possible first value:
    for every possible second value:
        if first value > second value:
            print(first, second)
```

这个问题很容易变成 Python 代码，尽管循环边界变得有点棘手。现在，让我们为两个维度中的每一个使用索引的 for 循环。以下代码是不正确的初始尝试：

```
# look for inversions (initial incorrect attempt)
for i in range(len(data)):
    for j in range(len(data)):
        if data[i] > data[j]:
            print("(", data[i]), ", ", data[j], ")", sep="")
```

上面的代码不太正确。请记住，对于倒置，在列表中第二个值必须出现在第一个值之后。在这种情况下，我们计算第一个和第二个值的所有可能组合。要仅考虑在给定的第一个值之后的值，我们必须在 i + 1 处开始第二个循环而不是从 0 开始。我们还可以略微改进，因为倒置需要一对值，所以不应该考虑将列表的最后一个数值作为倒置的第一个数值。所以涉及 i 的外部循环可以更早地结束一次迭代：

```
for i in range(len(data) - 1):
    for j in range(i + 1, len(data)):
        if data[i] > data[j]:
            print("(", data[i], ", ", data[j], ")", sep="")
```

当你编写这样的嵌套循环时，对外部循环使用 i，对外部循环内部的循环使用 j，以及在 j 循环内部存在循环时使用 k 是一般的固定模式。

在处理多维列表时，嵌套循环也很常见，我们将在下一节中讨论。

7.2.7　列表推导

Python 提供了一个名为**列表推导**的构造，允许你基于现有列表或序列的元素生成新列表。列表推导指定一个表达式，该表达式是应用于序列的每个元素以生成新列表的模式。

> **列表推导**
> 通过将表达式应用于现有数据集合的每个元素来生成新列表的表达式。

其一般语法如下：

```
[expression for name in sequence]
```
语法模板：列表推导

例如，假设你有一个现有的整数列表，并且你希望生成这些整数的平方的列表。你可以使用累积列表算法构建此平方列表，从空列表开始并追加原始列表中每个元素的平方：

```
>>> # create list of squares of 1-5 using cumulative algorithm
>>> nums1 = [1, 2, 3, 4, 5]
>>> nums2 = []
>>> for n in nums1:
...     nums2.append(n * n)
...
>>> nums2
[1, 4, 9, 16, 25]
```

这种方法并不错，但使用列表推导可以更优雅地表达计算：

```
>>> # create list of the squares of 1-5 using list comprehension
>>> nums1 = [1, 2, 3, 4, 5]
>>> nums2 = [n * n for n in nums1]
>>> nums2
[1, 4, 9, 16, 25]
```

对于新程序员来讲，这样的语法可能有点简洁，难以理解。对于列表推导，例如 [n * n for n in nums1]，其含义是："创建一个新列表，对于 nums1 中值为 n 的每个元素，新列表将包含值 n * n 作为新列表的元素。"

一旦掌握了列表推导的要领，你就会发现它们可以用来替换许多循环和累积列表算法。列表推导提供了其他选项，例如末尾的可选 if 子句，用于过滤正在生成的列表的结果。我们不会探讨列表推导语法的所有方面，但是当我们探索函数式编程时，我们将在第 12 章重新讨论它们。

7.3　引用语义

自第 3 章以来我们一直在使用参数，但我们还没有讨论过参数如何在函数中传递值。列表参数在使用中看起来很简单，但它们的行为和语义与传递简单参数（如整数）是不同的。为了完全理解如何在函数之间传递列表，我们需要探索两种类型的参数传递行为：值语义和引用语义。

7.3.1　值与引用

使用整数变量时，你已经看到一个变量的值与任何其他变量的值无关。即使你将一个变量赋值给另一个变量，也是如此。诸如 a = b 的语句在赋值那一刻将值从 b 复制到 a，其他时刻 a 和 b 的值彼此无关。以下代码说明了这个想法。图 7-26 显示了两个整数变量在赋值时会发生什么。请注意，当 a 的值增加时，b 的值不会改变。

```
>>> # manipulating integer variables
>>> a = 3
>>> b = a
>>> a += 1
>>> a
4
>>> b
3
```

前面的代码不应该让你感到惊讶，可能你已经用这样的代码编写了几个程序。这种行为是如此普遍，并且估计你现在可能认为这是理所当然的。将一个变量赋给另一个变量时复制变量值并且这些副本是独立的，这种行为称为**值语义**。

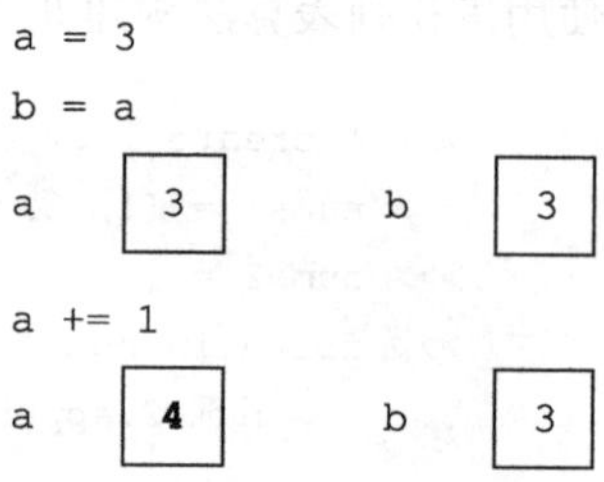

图 7-26　操作两个整数变量

值语义

分配或作为参数传递时复制值的行为。

当你与列表交互时，看到事情的工作方式不同，可能会感到惊讶。请参考以下两个列表进行交互的代码。此代码用于镜像前面的代码，使用了列表而不是整数变量。与前面的整数变量代码一样，我们分配第二个列表变量 b 来存储列表 a 中的数据。然后我们通过改变列表中一个元素的值来修改列表 a。当我们查询 a 和 b 的值时，我们看到两个列表都已更改！这里发生了什么？

```
>>> # manipulating list variables
>>> a = [1, 2, 3]
>>> b = a
>>> a[0] = 99
>>> a.append(4)
>>> a
[99, 2, 3, 4]
>>> b
[99, 2, 3, 4]
```

答案与 Python 存储列表和其他对象的方式有关。在 Python 和许多其他语言中，存储列表或其他对象的变量不直接存储该对象的数据。数据存储在内存位置，而变量存储该位置。因此，我们有两个不同的元素：变量和对象。

当我们按照以下语句创建列表时，我们最终会得到如图 7-27 所示的图片。图片有两个不同的组成部分：列表本身（显示在图的右侧）和一个名为 a 的变量。我们使用指向列表的箭头绘制变量 a，以指示此变量引用存储该列表的内存中的位置。我们说 a **引用**列表或变量是对列表的**引用**。

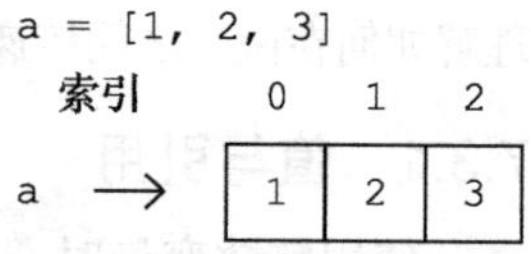

图 7-27　引用一个列表

变量和对象之间的这种分离有点像房屋和街道地址之间的差异。如果你在第五街 1234 号的地址看到一所房子，你可以在一张纸上写下这个地址并随身携带。你不是把那所房子放在口袋里，而是你带着有关房子位置的信息。类似地，当你有一个存储列表的变量时，该变量不直接存储列表中的数据，而是存储信息，告诉 Python 在内存中找到该列表的地址信息。

作为另一个类比，想想我们如何使用手机与人沟通。手机可以非常小巧，便于运输，因为手机号码不会占用太多空间。想象一下，你试图随身携带实际的人，而不是随身携带一组手机号码！随身携带电话号码是寻找或接触某人的一种方式。

这种方法非常普遍，计算机科学家有一个技术术语来描述它。它被称为**引用语义**。我们需要一段时间才能探索这个系统的所有含义。

引用语义

变量存储内存地址或对象位置的行为。

当引用被赋值或作为参数传递时，第二个副本将引用与第一个相同的对象。

当涉及多个变量时，这种引用列表的概念变得更有趣。考虑以下创建三个列表变量的代码行：

```
>>> # three variables for two lists
>>> list1 = [1, 3, 5, 7, 9]
>>> list2 = [1, 3, 5, 7, 9]
>>> list3 = list2
```

前两行代码分别创建一个新列表并将其存储到列表变量中。但是第三条呢？我们定义一个变量 list3 并将其值设置为 list2。这是一个与之前的两个完全不同的语句。它会创建一个新引用，但不会创建新列表。图 7-28 描述了计算机执行上述代码后的内存状态。

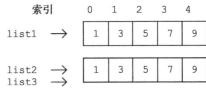

我们有三个变量但只有两个不同的值。变量 list2 和 list3 都引用相同的列表。就比如手机号码，你可以将其视为两个都知道同一个人的手机号码的人。这意味着他们中的任何一个都可以打电话给那个人。或者，另外一个例子，假设你和你的朋友都

图 7-28　引用两个列表的三个变量

知道如何在线访问你的银行信息。这意味着你们可以访问同一个账户，并且其中任何一方都可以对账户进行更改。

list2 和 list3 在某种意义上都同样能够修改它们所引用的列表。修改 list2 的一行代码将产生一个更改，该更改也可以在 list3 中看到，如下面的 shell 交互所示：

```
>>> # modify a list element
>>> list2[2] = 42
>>> list2
[1, 3, 42, 7, 9]
>>> list3
[1, 3, 42, 7, 9]
>>> list1
[1, 3, 5, 7, 9]
```

请注意，在设置 list2 的元素之后，我们还会看到 list3 已被更改。因为两个变量都引用相同的列表，你可以通过其中任何一个访问列表。在一个中做出的改变也会改变另一个。

我们需要一段时间才能探究这个过程的所有含义。要记住的关键是你总是使用数据引用而不是数据本身。这个过程可能看起来有点让人摸不着头脑。我们为什么不直接传递实际数据？主要有两个原因：

- **效率**。值可能很复杂，这意味着它们会在内存中占用大量空间。如果我们复制了这些值，我们很快就会耗尽内存。存储大量元素的列表可能会占用大量内存空间。但即使列表非常大，对它的引用也可能相当小，就像即使是大厦也有一个简单的街道地址一样。

● **共享**。通常，拥有某个东西的副本并不够好。假设你的老师告诉班上的每一个学生将他们的试卷放入一个盒子。想象一下，如果每个学生都做了这个盒子的一个副本，那将是多么没有意义和混乱啊。最简单的是，所有学生都使用同一个盒子。引用语义允许你对单个值进行多次引用，从而允许程序的不同部分共享特定值。

7.3.2   修改列表参数

假设我们有一个接收简单类型（例如整数）参数的函数。如果函数修改其参数传递的值，则修改不会传回到调用方。例如，以下函数接收整数参数并将其值增加 1：

```
# Increases the value of an integer by 1.
# This does not work.
def increment_number(n):
    n += 1
```

你将看到，当你调用此函数时，它不会更改你传递给它的变量的值。这是由于值语义，该参数存储的只是传递给它的值的副本。

```
>>> # test the increment_number function (it has no effect)
>>> num = 42
>>> increment_number(num)
>>> num
42
```

我们可以通过从 increment_number 函数返回 n 的新值并将其新值重新赋值给主调函数中的变量 num 来解决此问题。这个例子只是为了提醒我们在将整数变量作为参数传递时所看到的行为。

列表作为参数传递时会体现出不同的作用。由于引用语义，函数能够更改作为参数传递给它的列表里面的内容。例如，你可以编写一个函数，该函数接收列表作为参数，并将列表中每个元素的值加 1。在以下的代码中，我们通过索引循环遍历整个列表，在循环中可以通过复合运算符 += 将 data[i] 的数值加 1 再重新赋值给 data[i]：

```
# Increases the value of each element of the given list by 1.
def increment_all(data):
    for i in range(len(data)):
        data[i] += 1
```

以下 shell 交互显示了对此函数的调用及其结果。请注意，调用者看到其列表已更改：

```
>>> # test the increment_all function
>>> nums = [1, 3, 5, 7, 9]
>>> increment_all(nums)
>>> nums
[2, 4, 6, 8, 10]
```

调用函数时，我们复制变量 nums。但变量 nums 本身并不是列表，它只是存储对列表的引用。因此，当我们制作该引用的副本时，我们最终得到两个对相同值的引用，如图 7-29 所示。

因为 nums 和 data 都引用相同的列表，所以当我们通过 data[i] += 1 来改变数据时，我们最终会改变 nums 引用的值。这就是为什么在循环递增每个数据元素之后，我们最终得到如图 7-30 所示的状态。

图 7-29　列表作为参数　　　　　　　　图 7-30　修改的列表参数

从这个讨论中得出的关键教训是，当我们将列表作为参数传递给函数时，该函数可以更改列表的内容。结果证明这是有用的，因为我们可以专门编写函数来执行列表的各种有用操作。我们在本章前面编写了几个列表遍历算法，例如反转列表和替换列表中的值。这些函数利用引用来修改传递给它们的列表。

7.3.3　空值

在结束引用语义这个主题之前，我们应该更详细地描述特殊值 None 的概念。它是 Python 中一个特殊的全局常量，用于表示"无数值"

> **None**
> Python 表示没有值的一个常量。

你可以将任何变量设置为 None。这是告诉计算机你想要一个变量，但是你目前还没有找到它应该引用的值：

```
>>> # set variables to None (absence of a value)
>>> top_student = None
>>> account_list = None
>>> favorite = None
```

某些类型具有"空"或"默认"值的概念，例如 0 表示整数，"" 表示字符串，[] 表示列表。但是将变量设置为空 / 默认值与将其设置为 None 之间存在差异。空整数值 0 仍然是整数，你仍然可以使用它，使它参与相加或者相乘的运算，询问它是否大于或小于其他整数，等等。空字符串值 "" 仍然是一个字符串，你仍然可以打印它，询问它的长度（为 0），将它连接到其他字符串，等等。空列表值 [] 仍然是一个列表，你可以添加和删除它的值。

相比之下，None 仍然是一个值，但不是任何这些前面类型的值。None 实际上是一个名为 NoneType 的类型的特殊单例值，None 是该类型的唯一值。由于 None 不是整数，因此无法向其加 3。由于 None 不是字符串或列表，因此你无法询问其长度或向其添加元素。如果你尝试对已设置为 None 的变量执行这些类型的操作，Python 将引发错误，例如 TypeError 或 AttributeError：

```
>>> # try to perform operations on None (will not work)
>>> account_list = None
>>> account_list[0]
```

```
Traceback (most recent call last):
  File "<stdin>", line 1, in <module>
TypeError: 'NoneType' object is not subscriptable

>>> len(account_list)
Traceback (most recent call last):
  File "<stdin>", line 1, in <module>
TypeError: object of type 'NoneType' has no len()

>>> account_list.append(42)
Traceback (most recent call last):
  File "<stdin>", line 1, in <module>
AttributeError: 'NoneType' object has no attribute 'append'
```

任何不显式返回值的函数也会隐式返回值 None。例如，内置的 print 函数不返回任何值，因此如果你尝试在变量中捕获其返回的结果，该变量将存储 None：

```
>>> # functions that return None (nothing)
>>> result = print("Hello!")
Hello!
>>> print(result)
None
```

值 None 通常用于表示缺少结果或错误情况。例如，假设我们要编写一个名为 first_even 的函数，该函数返回列表中的第一个偶数。但如果列表中没有偶数，该怎么办？你可以返回默认值，例如 0 或 -1，但这可能会产生误导，因为这些不是列表中的数值。另一种选择是返回 None 以指示找不到合适的结果。函数的代码看起来像这样：

```
# Returns the first even number in the given list,
# or None if no such string is found.
def first_even(nums):
    for n in nums:
        if n % 2 == 0:
            return n
    return None        # no even numbers found
```

以下 shell 交互包含对此函数的两次调用。第一次调用传递一个列表，其中包含一些偶数，并返回第一个偶数值。第二次调用传递一个不包含任何偶数的列表，因此返回值 None。根据定义，我们没有什么太多可以用 None 做的，因为它没有真正的行为。你可以使用 is 关键字检查给定值是否等于 None。

```
>>> # call the first_even function
>>> numbers = [3, 19, 42, -1, 28, 0, 56]
>>> even = first_even(numbers)
>>> even
42
>>> numbers = [3, 19, 45, -1, 27, 51]
```

```
>>> even = first_even(numbers)
>>> even
>>> print(even)
None
>>> even is None
True
```

补充一点说明，first_even 函数的实现不需要包含 return None 语句。如果该语句缺失，函数将在到达其结束并且没有到达任何其他 return 语句时隐式返回 None。

7.3.4　可变性

在前面的部分中，我们讨论了由于引用语义，列表表现出不同的行为。实际上，Python 中的每种类型的值都是通过引用存储的，包括整数等基本类型。假设你定义以下两个变量。实际上，你已经创建了两个对值 42 的同一整数对象的引用，如图 7-31 所示。

```
>>> num1 = 42
>>> num2 = num1
```

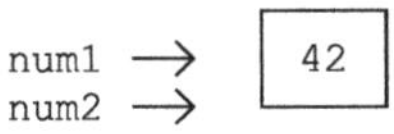

但是当你使用整数和字符串以及其他类型时，你会观察到值语义，而不是引用语义。当你将一个整数或字符串赋值给另一个整数或字符串，或者将整数或字符串作为参数传递，然后修改该参数时，你在主函

num1 $\rightarrow$ 42
num2 $\rightarrow$

图 7-31　对一个整数对象的两个引用

数或进行调用的任何函数中都不会看到更改。如果整数真的是通过引用来存储并传递的，为什么它们表现的是值语义？

答案是整数、实数、字符串和许多其他类型的值是**不可变的**。不可变类型是不能更改其值的类型。不可变类型不提供任何修改其对象状态的方法或操作。不可变对象的状态在对象创建时被设置，之后永远不会被修改。

> **不可变**
> 即无法更改。

到目前为止我们讨论过的大多数类型都是不可变的。整数、浮点数、字符串和布尔值都是不可变的。但这似乎与我们迄今所学到的内容相矛盾。你做了很多修改整数或字符串的操作，比如 n *= 2 或 s += "hi"。这些操作不会改变或修改值的状态吗？

不可变类型的行为存在细微差别。它们可能提供似乎会修改值的操作，但它们不是修改现有值，而是创建并返回一个全新的值。这意味着如果你尝试更改它们，则会创建一个新的。

Python 有一个名为 id 的有用的全局函数，可以帮助我们研究这种现象。id(obj) 的调用返回表示给定对象的整数 ID 号。Python 程序中的每个对象都有一个 ID 号，该 ID 号对于该对象是唯一的，并且不会被整个程序中的任何其他对象使用。让我们重新看一下声明两个整数变量的代码。请注意，当我们将 num2 赋值为 num1 时，它们使用相同的 ID 号。这是因为两个变量引用同一个对象。（如果你在自己的计算机上运行类似的代码，你可能会看到不同的 ID 号。数值本身无关紧要，关键在于两个给定的变量具有相同的 ID 还是不同的 ID。）

```
>>> # investigating object ID numbers
>>> num1 = 42
>>> id(num1)
10936800
>>> num2 = num1
>>> id(num2)
10936800
```

如果我们现在修改或重新分配其中一个值，Python 将使用新值创建一个新的整数对象，并指定相应的变量来引用它。请注意，在以下代码中，每次修改其中一个变量时，其 ID 号都会更改。图 7-32 显示了代码执行时的各种对象和变量。

```
>>> # investigating object ID numbers
>>> num1 = 42
>>> num2 = num1
>>> id(num1)
10936800
>>> num1 = 99
>>> num1
99
>>> num2
42
>>> id(num1)
10938624
>>> id(num2)
10936800
>>> num2 += 5
>>> num2
47
>>> id(num2)
10936962
```

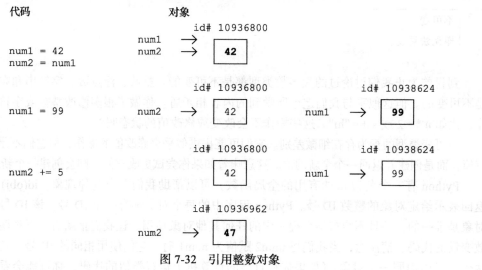

图 7-32　引用整数对象

使用字符串时，你已经看到过类似的操作。回想一下，诸如 upper 之类的字符串方法不会修改现有字符串，而是返回一个新字符串。你看到需要将返回的字符串重新分配给变量以查看更改，如以下代码所示。

```
>>> # converting a string to uppercase
>>> name = "Evelyn Rose"
>>> name.upper()              # does not modify name
'EVELYN ROSE'
>>> name
'Evelyn Rose'
>>> name = name.upper()       # does modify name
>>> name
'EVELYN ROSE'
```

在上面的代码中，在我们将其重新赋值给变量之前，name 的值没有改变。这是因为变量 name 引用一个不可变的字符串对象，它存储了无法修改的字符序列 " Evelyn Rose "。生成该字符串的大写版本的唯一方法是创建并返回一个全新的字符串对象，这是 upper 方法的作用。你可以通过在用大写改写字符串对象之前和之后询问字符串对象的 ID 来观察此情况，如以下 shell 交互中所示。请注意，在调用 upper 之后，id 函数会返回不同的答案：

```
>>> # converting a string to uppercase
>>> name = "Evelyn Rose"
>>> id(name)
140485929442288
>>> name.upper()              # does not modify name
'EVELYN ROSE'
>>> name
'Evelyn Rose'
>>> id(name)
140485929442288
>>> name = name.upper()       # does modify name
>>> id(name)
140485929442352
```

所有上述行为都是不可变类型值的典型行为。你无法在创建后修改其状态，只能创建具有不同状态的新对象。

列表是可变的，说明它们可以在创建后进行修改。这意味着你可以在现有列表上修改其状态。这也意味着列表方法可以修改列表而不是返回列表的新状态。以下代码演示了列表变量仍引用同一对象（具有相同的 ID 号），即使其状态正在被修改。

```
>>> # modifying a list
>>> nums = [2, 4, 6, 8]
>>> id(nums)
140485929417736
>>> nums[0] = 99          # modify existing list (same ID)
>>> nums.append(10)
>>> nums
[99, 4, 6, 8, 10]
```

```
>>> id(nums)
140485929417736
>>> nums.clear()          # clear existing list (still same ID)
>>> nums
[]
>>> id(nums)
140485929417736
>>> nums = [6, 7, 8]      # assign an entirely new list (new ID)
>>> id(nums)
140485943223240
```

可变性规则的一个例外是当你将变量赋值为一个全新的列表时。这将创建一个新的列表对象，并让变量引用该列表。这就是 ID 号在前面的代码末尾发生变化的原因。

在编写代码时，通常不需要担心可变性和不可变性。但是当你将值作为参数传递时，可变性很重要。如果传递可变类型的参数（例如列表），则该函数可以修改你的列表。如果传递的值的类型是不可变的，例如整数或字符串，则不必担心该函数会对对象进行任何修改。每当你了解一种新类型的对象时，找出该类型是可变的还是不可变的很有帮助，这样你就知道可以对它的使用方式做出什么样的假设了。

7.3.5　元组

列表是 Python **序列类型**的一个示例。序列是一个对象，它包含一个带索引的值的数据集合，并支持某些常见操作，例如索引和切片。Python 有其他序列类型，例如范围（range 函数返回的对象类型）。我们将在本节中探讨的另一种常见序列类型称为元组。

元组是一个简单的，不可变的固定长度的序列，它将多个值一起收集到一个结构中。（名称"元组"来自单词的后缀，例如"四元组""五元组""六元组"等等）。元组很有用，尤其是当你想要用一种简单的方法将少量值组合在一起而不用操作像列表那样复杂和大量的数据时。如果你不希望元组在作为参数传递时数据被修改，元组的不可变性质就显得非常重要了。当然元组也可用于各种库函数，因此学习它们的基础知识以便于调用这些库函数是很有用的。

> **元组**
> 在括号中声明的一个不可变值的序列。

创建元组的语法是用逗号分隔它的元素。通常，元素也被括号括起来，但在某些情况下，括号是可选的。（但当我们在示例中声明元组时，我们总是使用括号。）此语法与声明列表相同，只是我们使用 ( ) 而不是 [ ]。

name = (*value*, *value*, ..., *value*)

语法模板：定义一个元组

例如，以下代码定义了几个元组，一个用于以 (x, y) 的形式存储坐标，另一个用于以（年，月，日）的顺序存储日历日期。

```
>>> # define some tuples
>>> pt = (34, 7)
>>> date = (2019, 12, 25)
```

我们之前对列表的许多操作也适用于元组。你可以使用 len 函数查看元组的长度，可以使用 str 函数将它转换成一个字符串，可以使用 + 运算符连接元组并使用 * 运算符复制它们，并且你可以使用 [i] 方括号表示法访问元组中的各个元素。你甚至可以使用切片表示法来访问元组元素的子集。

```
>>> # interact with tuples: indexing, concatenation
>>> pt = (34, 7)
>>> pt
(34, 7)
>>> pt[0]
34
>>> pt[1]
7

>>> pt2 = (-3, 15)
>>> pt + pt2
(34, 7, -3, 15)
>>> pt * 3
(34, 7, 34, 7, 34, 7)
>>> date = (2019, 12, 25)
>>> len(date)
3
>>> date[1:3]
(12, 25)
```

你甚至可以创建零个元素或一个元素的元组。零元素元组只是一组空括号。单元素元组在括号中的单个元素值后面有一个尾随逗号。这些不太有用，而且通常不是必需的。为了完整起见，我们显示如下。

```
>>> # zero and one element tuples
>>> empty_tuple = ()
>>> one_element = (42,)
```

如前所述，元组是不可变的。这意味着元组具有固定长度，并且没有列表中的各种修改方法和操作，例如 append 或 insert 或 del。你也不能使用中括号 [] 来修改元组的元素。

```
>>> # try to modify a tuple
>>> pt = (34, 7)
>>> pt[0] = 15
Traceback (most recent call last):
  File "<stdin>", line 1, in <module>
TypeError: 'tuple' object does not support item assignment
>>> pt.append(45)
Traceback (most recent call last):
  File "<stdin>", line 1, in <module>
AttributeError: 'tuple' object has no attribute 'append'
```

你可以将任何值序列转换为元组，方法是将其传递给 tuple 函数，该函数返回新创建的元组。这类似于 list 函数，它将序列转换为列表。以下代码将月 / 日元组转换为列表，向其添加年，然后再将其转换回元组：

```
>>> # convert between tuple and list
>>> xmas = (12, 25)
>>> xmas_list = list(xmas)
>>> xmas_list
[12, 25]
>>> xmas_list.append(2019)
>>> xmas_list
[12, 25, 2019]
>>> xmas = tuple(xmas_list)
>>> xmas
(12, 25, 2019)
```

虽然你可以像前面显示的一样通过 [] 索引来访问元组的元素，但大多数时候我们不在元组中使用索引。更常见的模式是通过将数据存储到多个简单变量来**解包**元组。Python 有一个解包赋值语句，你可以在 = 号的左边写多个变量名，在右边写一个序列。序列的元素按相应的顺序分配给变量。解包赋值语句的语法如下：

name, name, ..., name = sequence
语法模板：解包赋值语句

例如，以下加黑的赋值语句是把先前定义的日期元组的各个元素提取出来并赋值。这使得在没有括号或索引的情况下更容易检查：

```
>>> # unpack a tuple
>>> date = (2019, 12, 25)
>>> year, month, day = date
>>> year
2019
>>> month
12
>>> day
25
```

在本章的前面，我们讲了如何编写代码来交换两个整数值。解包赋值语句可用作交换机制。以下代码交换两个整数的值（或任何类型的值）：

```
>>> # swap integers using unpacking assignment statement
>>> a = 35
>>> b = 17
>>> (a, b) = (b, a)
>>> a
17
>>> b
35
```

解包赋值语句可以与任何类型的序列一起使用，包括列表。实际上，在第 6 章中，当我们分割文件的行和标记并将它们存储到多个变量中时，我们使用了相同的解包语法。我们还没有讨论过列表，但是我们利用 Python 的语法可以将列表解包成各个值。

许多学生最初并不了解元组的动机。它们的功能是列表的一部分，那么为什么不使用列表呢？使用元组的主要原因如下：

- **不变性**。你可以将元组作为参数传递给任何函数，而不必担心函数会修改它。当选择可用时，相比于可变结构许多程序员更喜欢这种不可变结构。
- **简单**。元组具有简洁明了的语法。它们被很好地集成到语言中，并且比列表更易于整体的相互作用。
- **用于 Python 库**。一些 Python 库使用元组，因此你需要了解它们才能使用这些库。例如，我们自己的 DrawingPanel 中有一些方法可以将像素 R/G/B 数据作为三个整数的元组返回，所以如果你想操纵图像的像素，你需要对这个语言特征有一个基本的了解。（我们将在本章后面探讨带有像素的绘图。）

有时元组和列表一起使用。例如，我们的 DrawingPanel（第 3 章中首次出现）有几种可以与元组交互的方法。它的 draw_polygon 和 fill_polygon 方法可以接收表示点的两个整数 (x, y) 的元组的列表，并在这些点之间绘制一个多边形。下面的代码创建一个包含三个元组的三角形列表，并告诉绘图面板填充它。

```
1   # This program draws a triangle as a list of (x, y) tuples.
2   from DrawingPanel import *
3
4   def main():
5       panel = DrawingPanel(200, 100)
6       triangle = [(10, 10), (80, 10), (80, 80)]
7       panel.fill_polygon(triangle)
8
9   main()
```

有一些有趣的内置函数涉及元组。其中一个函数是 enumerate 函数，它接收一个列表参数并返回一个 (index，value) 元组序列。最常见的 enumerate 用法是将它与解包赋值运算符组合在一起，形成一个循环，提供列表的索引和值：

```
>>> # demonstrate the enumerate function
>>> pets = ["Abby", "Barney", "Clyde", "Mandy", "Rajah"]
>>> list(enumerate(pets))
[(0, 'Abby'), (1, 'Barney'), (2, 'Clyde'), (3, 'Mandy'), (4, 'Rajah')]
>>> for i, name in enumerate(pets):
...     print("element", i, "is", name)
...
element 0 is Abby
```

```
element 1 is Barney
element 2 is Clyde
element 3 is Mandy
element 4 is Rajah
```

另一个跟元组有关的函数是 zip。zip 函数接收两个值序列作为参数，并将它们组合成一个二元素元组的序列。例如，列表 [1, 2, 3] 和 [4, 5, 6] 组合成 [(1, 4)，(2, 5)，(3, 6)]。当列表以某种方式彼此对应时，例如名字列表和姓氏列表，这是最有用的。与 enumerate 一样，zip 的最常见用法是在 for-each 循环中解包组合的二元素元组的序列。以下代码演示了 zip 函数。你甚至可以将 zip 和 enumerate 结合起来，就像我们在代码中看到的那样。

```
>>> # demonstrate the zip function
>>> firsts = ["Allison", "Marty", "Stuart"]
>>> lasts  = ["Obourn",  "Stepp", "Reges"]
>>> list(zip(lasts, firsts))
[('Obourn', 'Allison'), ('Stepp', 'Marty'), ('Reges', 'Stuart')]

>>> for last, first in zip(lasts, firsts):
...     print("last name is", last, "and first name is", first)
...
last name is Obourn and first name is Allison
last name is Stepp and first name is Marty
last name is Reges and first name is Stuart
>>> for i, (last, first) in enumerate(zip(lasts, firsts)):
...     print(i, first, last)
...
0 Allison Obourn
1 Marty Stepp
2 Stuart Reges
```

另一个常见技巧是返回一个元组作为返回多个值的方法。在第 3 章中，我们讨论了从函数返回多个值。实际上，Python 函数最多只能返回一个值，但如果该值是一个元组，就可以绕过该限制。例如，以下函数接收两个整数参数，并返回它们相除的商和余数：

```
# Returns the quotient and remainder of dividing
# the given integer a by b as a (q, r) tuple.
def divmod(a, b):
    quotient = a // b
    remainder = a % b
    return (quotient, remainder)
```

以下代码调用该函数并将其元组返回值解包为两个整数变量：

```
>>> # demonstrate the zip function
>>> q, r = divmod(47, 5)
>>> q
9
>>> r
2
>>> 5 * q + r
47
```

7.4　多维列表

前面部分中的列表示例都是涉及所谓的一维列表（单行或单列数据）。通常，你需要以多维方式存储数据。例如，你可能希望存储具有行和列的二维数据网格。幸运的是，你可以形成任意多个维度的列表。多个维度的列表称为**多维列表**。

多维列表

列表的列表，其元素使用多个整数索引进行访问。

7.4.1　矩形列表

多维列表中最常见的是具有特定宽度和高度的二维列表。创建二维列表的语法涉及使用两个嵌套的 [] 括号集。与一维列表一样，你可以通过写下其元素或使用 * 运算符多次重复单个元素值来创建二维列表。

```
name = [[value, value, ..., value],
        [value, value, ..., value],
         ...,
        [value, value, ..., value]]
```
语法模板：使用给定元素值定义一个二维列表

```
name = [[value] * length,
        [value] * length,
         ...,
        [value] * length]
```
语法模板：定义一个给定宽度/高度的二维列表

例如，假设你在三个不同的日子里进行了一系列五个温度的读数。你可以定义具有三行五列的二维列表，如以下 shell 交互中所示。结果列表的外观如图 7-33 所示。

```
>>> # create a multi-dimensional list (first syntax)
>>> temps = [[0, 0, 0, 0, 0],
             [0, 0, 0, 0, 0],
             [0, 0, 0, 0, 0]]
>>>
>>> # create a multi-dimensional list (second syntax)
>>> temps = [[0] * 5, [0] * 5, [0] * 5]
```

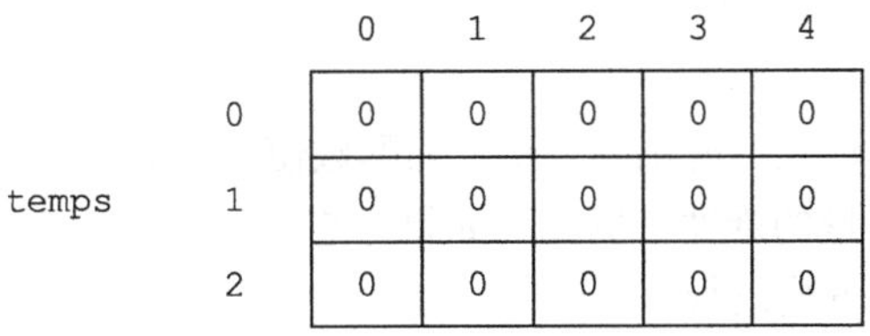

		0	1	2	3	4
	0	0	0	0	0	0
temps	1	0	0	0	0	0
	2	0	0	0	0	0

图 7-33　整数的多维列表

与一维列表一样，行和列的索引以 0 开头。创建此类列表后，你可以按顺序提供特定的行号和列号来引用各个元素。例如，要将第一行的第四个值设置为 87 并将第三行的第一个值设置为 99，你可以编写以下代码。程序执行这些代码行后，列表如图 7-34 所示。

```
>>> # get/set element values in a 2D list
>>> temps[0][0]
0
>>> temps[0][3] = 87     # set fourth value of first row
>>> temps[2][0] = 99     # set first value of third row
>>> temps[0][3]
87
```

考虑从列表名称开始逐步引用各个元素是有帮助的。例如，如果要引用图 7-34 中第三行的第一个值，可以通过以下步骤获取它：

- temps 是整个网格；
- temps [2] 是整个第三行；
- temps [2] [0] 是第三行的第一个元素。

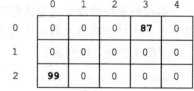

图 7-34   设置了某些值后的多维列表

关于二维列表的这种推理步骤对于帮助理解 len 函数的行为是有用的。在二维列表上使用 len 函数时，它返回列表中的行数。要了解列表中有多少列，请询问其中一行的长度，例如 len(temps [0])，如以下 shell 交互所示：

```
>>> # use the len function on a multidimensional list
>>> temps = [[0] * 5, [0] * 5, [0] * 5]
>>> len(temps)          # number of rows
3
>>> len(temps[0])       # length of first row
5
```

你可以将多维列表作为参数传递，就像传递一维列表一样。例如，这是一个在多行上打印网格的函数：

```
# Prints all elements of a 2D list, one row per line,
# with spaces between each pair of elements.
def print_grid(grid):
    for i in range(len(grid)):
        for j in range(len(grid[i])):
            print(grid[i][j], end=" ")
        print()
```

请注意，要查询行数使用 len(grid)，要查询列数使用 len(grid [i])。

列表可以包含任意数量的维度。例如，如果你想要一个初始化为 0 的三维 4 * 4 * 4 的整数立方体，你可以编写以下代码行：

```
# create a 3D list
outer = []
for i in range(4):
    # add a 2D list element to the outer 3D list
```

```
    inner = []
    for j in range(4):
        inner.append([0] * 4)
    outer.append(inner)
```

虽然只要代码编写一致，你就可以使用任何规则，但是对于值的顺序，常规约定是平面
编号、行号、列号。

7.4.2　锯齿状列表

前面的示例涉及具有固定行数和列数的矩形网格。还可以创建锯齿状列表，其中列数在
行与行之间发生变化。

创建锯齿状列表的一种方法是使用指定的所有行和列来定义它。第二种方法是将创建分
为两个步骤：首先创建用于保存行的列表，然后创建每个单独的行。例如，要创建在第一行
中包含两个元素，在第二行中包含四个元素，在第三行中包含三个元素的列表，则可以编写
以下代码行。结果如图 7-35 所示。

```
>>> # create a jagged multi-dimensional list (first syntax)
>>> jagged = [[0] * 2, [0] * 4, [0] * 3]
>>>

>>> # create a jagged multi-dimensional list (second syntax)
>>> jagged = []
>>> jagged.append([0] * 2)
>>> jagged.append([0] * 4)
>>> jagged.append([0] * 3)
```

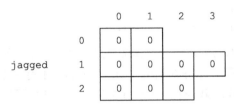

图 7-35　锯齿状多维列表

我们可以通过编写一个程序来探索这种技术，该程序产生被称为 Pascal 三角形（杨辉三
角形）的行。三角形中的数值具有许多有用的数学属性。例如，Pascal 三角形（杨辉三角形）
中的行 n 包含了扩展等式时所获得的一些系数：

$$(x + y)^n$$

这是 n 在 $0 \sim 4$ 之间的结果：

$$(x + y)^0 = 1$$
$$(x + y)^1 = x + y$$
$$(x + y)^2 = x^2 + 2xy + y^2$$
$$(x + y)^3 = x^3 + 3x^2y + 3xy^2 + y^3$$
$$(x + y)^4 = x^4 + 4x^3y + 6x^2y^2 + 4xy^3 + y^4$$

如果你只提取系数，则会得到以下值：

```
          1
        1   1
      1   2   1
    1   3   3   1
  1   4   6   4   1
```

这些数值行形成五行的 Pascal 三角形。该三角形的一个属性是，如果给定任意行，则可以使用它来计算下一行。例如，让我们从前面的三角形的最后一行开始：

```
1   4   6   4   1
```

我们可以通过将相邻的值对相加来计算下一行。因此，我们将第一对数值相加（1 + 4），第二对数值相加（4 + 6），依此类推：

```
(1 + 4)  (4 + 6)  (6 + 4)  (4 + 1)
   5        10       10       5
```

然后我们在这个数值列表的前面和后面各放一个 1，最后得到三角形的下一行：

```
            1
          1   1
        1   2   1
      1   3   3   1
    1   4   6   4   1
  1   5   10   10   5   1
```

Pascal 三角形（杨辉三角形）的这个属性提供了一种计算它的技术。我们可以逐行创建它，从上一行的值计算每个新行。换句话说，我们编写以下循环（假设我们有一个名为 triangle 的二维列表，用于存储答案）：

```
for i in range(len(triangle)):
    define triangle[i] using triangle[i - 1].
```

我们只需要充实有关如何创建新行的详细信息。这是一个锯齿状列表，因为每行都有不同数量的元素。查看三角形，你将看到第一行（第 0 行）中有一个值，第二行（第 1 行）中有两个值，依此类推。通常，第 i 行有 $(i + 1)$ 个值，因此我们可以按如下方式优化我们的伪代码：

```
for i in range(len(triangle)):
    triangle[i] = [0] * (i + 1)
    fill in triangle[i] using triangle[i - 1].
```

每行的第一个以及最后一个值都是 1：

```
for i in range(len(triangle)):
    triangle[i] = [0] * (i + 1)
    triangle[i][0] = 1
    triangle[i][i] = 1
    fill in the middle of triangle[i] using triangle[i - 1].
```

我们知道中间的值来自前一行。要弄清楚如何计算它们，请看一下图 7-36，它显示了我们正在尝试构建的列表。

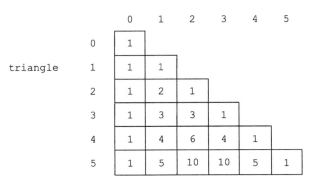

图 7-36　作为多维列表的 Pascal 三角形

我们已经编写了代码来填写每行开头和结尾的 1。我们现在需要编写代码来填充中间的值。请看第 5 行的示例。第 1 列中的值 5 是前一行中第 0 列的值 1 和第 1 列的值 4 之和。第 2 列中的值 10 是上一行中第 1 列和第 2 列中值的总和。一般地说，这些中间值中的每一个都是前一行中出现在其上方和左侧的两个值的总和。换句话说，对于列 j，值的计算方法如下：

triangle[i][j] = (value above and left) + (value above).

我们可以使用适当的列表索引将其转换为实际代码：

```
triangle[i][j] = triangle[i - 1][j - 1] + triangle[i - 1][j]
```

我们需要在 for 循环中包含此语句，以便它能分配所有中间值。for 循环是将我们的伪代码转换为实际代码的最后一步：

```
for i in range(len(triangle)):
    triangle[i] = [0] * (i + 1)
    triangle[i][0] = 1
    triangle[i][i] = 1
    for j in range(1, i):
        triangle[i][j] = triangle[i - 1][j - 1] + triangle[i - 1][j]
```

如果我们在函数中包含此代码并编写类似于前面描述的网格打印函数，我们最终会得到以下完整程序：

```
1   # This program creates a jagged two-dimensional list
2   # that stores Pascal's Triangle. It takes advantage of the
3   # fact that each value other than the 1s that appear at the
4   # beginning and end of each row is the sum of two values
5   # from the previous row.
6
7   # Fills Pascal's triangle into the given 2D list up to
8   # the size of that list.
9   def fill_in(triangle):
10      for i in range(len(triangle)):
11          triangle[i] = [0] * (i + 1)
12          triangle[i][0] = 1
13          triangle[i][i] = 1
14          for j in range(1, i):
```

```
15                    triangle[i][j] = triangle[i - 1][j - 1] \
16                                    + triangle[i - 1][j]
17
18   # Prints a 2D list with one row on each line
19   # with elements separated by spaces.
20   def print_nice(triangle):
21       for i in range(len(triangle)):
22           for j in range(len(triangle[i])):
23               print(triangle[i][j], end=" ")
24           print()
25
26   def main():
27       triangle = [0] * 11
28       fill_in(triangle)
29       print_nice(triangle)
30
31   main()
```

```
1
1 1
1 2 1
1 3 3 1
1 4 6 4 1
1 5 10 10 5 1
1 6 15 20 15 6 1
1 7 21 35 35 21 7 1
1 8 28 56 70 56 28 8 1
1 9 36 84 126 126 84 36 9 1
1 10 45 120 210 252 210 120 45 10 1
```

常见程序错误

内部列表的多个引用

你必须注意不要在二维（2D）列表中存储对同一行的多个引用。如果将列表存储在变量中并将该变量多次存储在二维列表中，则会发生这种情况。例如，以下代码错误地创建了一个 2D 列表，其中所有三行都引用相同的内部列表。修改任何一行将修改所有行。

```
>>> # create 2D list with multiple copies of row (incorrect)
>>> row = [0] * 3
>>> data = [row, row, row]
>>> data[2][2] = 42     # set third value of third row?
>>> data
[[0, 0, 42], [0, 0, 42], [0, 0, 42]]
```

为什么前面的代码失败了？答案与引用语义有关。如果创建列表，则该变量实际上是对内存中数据的引用。如果创建具有相同内部列表变量的多个副本的 2D 列表，则 2D 列表中的所有行都将引用内存中相同的基础行数据列表。图 7-37 显示了错误创建的列表的状态。

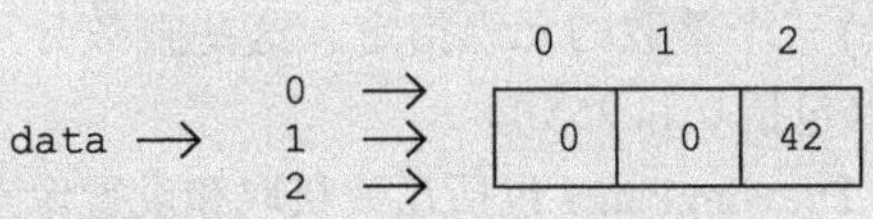

你可能不太可能像上面那样编写代码。但是这个错误的一个更常见的变体是尝试使用内部列表上的乘法创建多维列表，这属于相同的问题。例如，以下错误代码尝试使用 * 运算符创建列表的列表：

图 7-37　具有对相同行的多个引用的多维列表

```
>>> # create 2D list with * on inner lists (incorrect)
>>> data = [[0] * 3] * 3
>>> data
[[0, 0, 0], [0, 0, 0], [0, 0, 0]]
>>> data[2][2] = 42
>>> data
[[0, 0, 42], [0, 0, 42], [0, 0, 42]]
```

请注意，不仅 data[2][2] 增加了，data[0][2] 和 data[1][2] 也增加了。其原因归结为本章前面讨论的引用语义。当使用创建列表的乘法方法时，它将对相同值的引用复制到列表中的每个点。如果值是不可变的，这很好，因为当它被更改时，引用只是切换到指向一个新值。但是，当值是可变的时，如值是另一个列表的情况，这就会出问题。如果所有三个内部列表都是对同一列表的引用，那么如果其中一个更改，则其他列表内容也将更改。这就是我们增加一个位置的值并看到三个变化的原因。

我们可以通过在循环中创建内部列表而不是通过乘法来解决此问题。你会注意到我们仍然用乘法得到长度为 3 的内部列表。这很好，因为里面的值是不可变的。

```
>>> # create 2D list with loop (correct)
>>> data = []
>>> for i in range(3):
...     data.append([0] * 3)
...
>>> data
[[0, 0, 0], [0, 0, 0], [0, 0, 0]]
>>> data[2][2] = 42
>>> data
[[0, 0, 0], [0, 0, 0], [0, 0, 42]]
```

7.4.3　像素列表

回忆一下第 3 章，图像作为二维网格的彩色点（称为像素）存储在计算机上。二维列表的最常见应用之一是用于操纵图像的像素。Instagram 等热门应用程序通过将算法应用于像素来提供过滤器和修改图像的选项。例如，你可以将图像设置为黑白，锐化，增强颜色和对比度，或使其看起来像旧的褪色照片。图像用二维矩阵表示的特性使 2D 列表成为表示其像素数据的一种自然的方式。

第 3 章介绍了 DrawingPanel 类，我们用它来表示绘制 2D 形状和颜色的窗口。回想一下，图像由像素组成，这些像素的位置是由从图像的左上角 (0, 0) 开始的整数坐标指定的。面板的各种绘图命令，例如 draw_rect 和 fill_oval，改变像素区域的颜色。颜色可以由 (*r*, *g*, *b*) 三个整数的元组指定，这些整数分别表示每个像素的红色、绿色和蓝色成分，从 0 到 255（包括 0 和 255）。

DrawingPanel 包括几种获取和设置像素颜色的方法，见表 7-3。你可以与单个像素进行交互，也可以将图像的所有像素作为 2D 列表进行获取并操作整个列表。该列表按以 *x* 为主的顺序排列，也就是说，列表的第一个索引是 *x* 坐标，第二个索引是 *y* 坐标。例如，pixels [*x*] [*y*] 表示位置 (*x*, *y*) 处的像素。为了提高效率，建议使用基于列表的方法。当单个像素方法重复应用在大的图像的所有像素上时，运行会非常缓慢。

表 7-3　Drawing Panel 对像素的操作

方法 / 属性	描述
panel.get_pixel(x, y)	以 (*r*, *g*, *b*) 元组的形式返回单个像素的颜色
panel.get_pixel_color(x, y)	以十六进制字符串的形式返回单个像素的颜色，例如 " # ff00ff"
panel.pixels	返回图像的所有像素作为一个 (*r*, *g*, *b*) 元组的 [*x*][*y*] 二维列表
panel.pixel_colors	返回图像的所有像素作为一个十六进制字符串的 [*x*][*y*] 二维列表
panel.set_pixel(x, y, color)	将单个像素的颜色设置为由 (*r*, *g*, *b*) 元组或十六进制字符串指定的颜色

以下程序使用 pixels 属性以紫色填充面板的三角形区域。请注意，你必须在末尾设置 pixels 属性以查看更新的图像。在你通知面板使用列表的新内容更新自身之前，更改 2D 列表不会对屏幕产生任何影响。

```
1   # Draws a triangle using pixels.
2   from DrawingPanel import *
3
4   def main():
5       panel = DrawingPanel(300, 200)
6       px = panel.pixels
7       for x in range(50, 150):
8           for y in range(x, 150):
9               px[x][y] = (255, 0, 255)
10      panel.pixels = px
11
12  main()
```

你可以使用像素列表来绘制像紫色三角形一样的形状，但这些方法的更典型用法是获取面板的现有状态并以某种有趣的方式对其进行更改。以下程序有一个 mirror 函数，该函数接收 DrawingPanel 参数并水平翻转像素内容，将每个像素的颜色与相对水平位置的颜色交换。你既可以用 panel.width 和 panel.height 来查看面板的尺寸，也可以使用列表的大小。表达式

len(pixels) 返回面板的宽度，len(pixels [0]) 返回其高度（2D 列表的第一行的长度）。以下是完整程序及其调用 mirror 函数之前和之后的图形输出。

```
1   # This program contains a mirror method that flips the appearance
2   # of a DrawingPanel horizontally pixel-by-pixel.
3   from DrawingPanel import *
4
5   # Horizontally flips the pixels of the given drawing panel.
6   def mirror(panel):
7       px = panel.pixels
8       for x in range(panel.width // 2):
9           for y in range(panel.height):
10              # swap with pixel at "mirrored" location
11              opposite = panel.width - 1 - x
12              temp = px[x][y]
13              px[x][y] = px[opposite][y]
14              px[opposite][y] = temp
15      panel.pixels = px
16
17  def main():
18      panel = DrawingPanel(300, 200)
19      panel.fill_oval(20, 100, 30, 70)
20      panel.draw_rectangle(20, 50, 80, 30)
21      mirror(panel)
22
23  main()
```

通常，你会需要提取颜色中单独的红色、绿色和蓝色来操纵它们。每个像素的颜色表示为三个整数的元组，这些整数表示像素颜色从 0 到 255 这个范围内的红色、绿色和蓝色成分。你可以使用这些单独的成分创建不同颜色的像素或操纵现有图像的颜色。

以下代码显示了一种计算图像底片的方法，该方法可以通过获取每种颜色 RGB 值的相反值来找到。例如，（红色 = 255，绿色 = 100，蓝色 = 35）的相反值是（红色 = 0，绿色 = 155，蓝色 = 220）。计算底片的最简单方法是从最大颜色值 255 中减去像素的 RGB 值。

```
# Produces the negative of the given image by inverting
# the color values of all pixels in the panel.
```

```python
def negative(panel):
    px = panel.pixels
    for x in range(panel.width):
        for y in range(panel.height):
            # extract red/green/blue components from 0-255
            r, g, b = px[x][y]
            px[x][y] = (255 - r, 255 - g, 255 - b)
    panel.pixels = px
```

所有前面的示例都涉及对 2D 像素列表进行适当的更改。但有时你想要创建具有不同尺寸的图像，或者你希望根据周围像素的值设置每个像素，因此你需要创建一个新的像素列表。以下示例显示了一个 stretch 函数，它将 DrawingPanel 的内容扩展为其当前宽度的两倍。为此，它会创建一个名为 px2 的列表，其宽度是现有列表的两倍。（请记住，2D 列表的第一个索引是 x，第二个是 y，因此要扩大列表，在代码中必须加倍列表的第一个维度。）设置 pixels 属性时，如果需要，它将调整面板的大小以适应新的更大的像素列表。

填充新列表的循环将每个索引处的值设置为原始列表中 x 索引处的值的一半。因此，例如，新列表在 (52,34) 处的像素值来自原始列表的 (26,34) 处的像素值。由于整数除法，新列表在 (53,34)，(52,35) 和 (53,35) 处的像素值也来自原始列表的 (26,34) 处的像素值。请注意，我们需要在整个 2D 列表中创建内部列表。我们最初使用值 None 填充它们，但这会被像素值快速覆盖。以下是拉伸函数以及拉伸前后的图像。

```python
# Stretches the given panel to be twice as wide.
# Any shapes and colors drawn on the panel are stretched to fit.
def stretch(panel):
    px = panel.pixels
    px2 = [None] * (2 * panel.width)
    for x in range(len(px2)):
        px2[x] = [None] * panel.height
        for y in range(len(px2[0])):
            px2[x][y] = px[x // 2][y]
    panel.pixels = px2
```

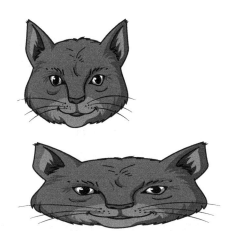

7.5　案例研究：本福德定律

让我们看一个涉及使用列表的更复杂的程序示例。当你研究真实世界的数据时，你会经常遇到一个奇怪的结果，这个结果被称为**本福德定律**，以一位名叫弗兰克·本福德的物理学家命名，他于 1938 年发现并陈述了该定律。

本福德定律涉及查看一系列数值的第一个数字。例如，假设你使用随机数生成器生成 100 到 999 范围内的整数，并且你查看了数值以 1 开始的频率，以 2 开始的频率，依此类推。任何正常的随机数生成器都会在九个不同的区域之间平均分配答案，所以我们期望看到每个数字大约有九分之一的出现频率（11.1%）。但是，通过大量的实际数据，我们看到了一个非常不同的分布。

当我们检查与本福德分布相匹配的数据时，我们看到第一个数字为 1 的频率超过 30%（几乎三分之一），而在另一个极端，第一个数字为 9 的频率只有约 4.6%（不到二十分之一）。表 7-4 显示了遵循本福特定律的数据的预期分布。

为什么会发生这样的事情？为什么出现这么多的 1？为什么出现这么少的 9？答案是指数序列具有与简单线性序列不同的特性。特别是，指数序列有更多以 1 开头的数值。

为了探索这种现象，让我们看看两个不同的数值序列：一个是线性增长的，一个是指数增长的。如果从数值 1 开始并反复添加 0.2，则会得到以下线性序列：

表 7-4　本福德定律下的预期分布

第一个数字	频率
1	30.1%
2	17.6%
3	12.5%
4	9.7%
5	7.9%
6	6.7%
7	5.8%
8	5.1%
9	4.6%

1, 1.2, 1.4, 1.6, 1.8, 2, 2.2, 2.4, 2.6, 2.8, 3, 3.2, 3.4, 3.6, 3.8, 4, 4.2, 4.4, 4.6, 4.8, 5, 5.2, 5.4, 5.6, 5.8, 6, 6.2, 6.4, 6.6, 6.8, 7, 7.2, 7.4, 7.6, 7.8, 8, 8.2, 8.4, 8.6, 8.8, 9, 9.2, 9.4, 9.6, 9.8, 10

在这个序列中，有五个以 1 开头的数值，五个以 2 开头的数值，五个以 3 开头的数值，依此类推。对于每个数字，有五个以该数字开头的数值。这就是我们期望看到的数据，每次都以恒定的数量增长。

但是考虑一下当我们把它变成指数序列时会发生什么。让我们再从 1 开始并继续直到到达 10，但这次让我们将每个连续数乘以 1.05（我们将自己限制为仅显示小数点后的两位数，但实际序列考虑了所有位数）：

1.00, 1.05, 1.10, 1.16, 1.22, 1.28, 1.34, 1.41, 1.48, 1.55, 1.63, 1.71, 1.80, 1.89, 1.98, 2.08, 2.18, 2.29, 2.41, 2.53, 2.65, 2.79, 2.93, 3.07, 3.23, 3.39, 3.56, 3.73, 3.92, 4.12, 4.32, 4.54, 4.76, 5.00, 5.25, 5.52, 5.79, 6.08, 6.39, 6.70, 7.04, 7.39, 7.76, 8.15, 8.56, 8.99, 9.43, 9.91, 10.40

在这个序列中，有 15 个数值以 1 开头（31.25%），8 个数值以 2 开头（16.7%），依此类推。只有 2 个数值以 9 开头（4.2%）。实际上，数字的分布几乎与你在本福德定律表中看到的一样。

有许多现实世界的现象具有指数特征。例如，在大多数地区，人口往往呈指数增长。还有许多其他数据集似乎也展示了本福德模式，包括太阳黑子、工资、投资、建筑物高度等等。根据以下理论，本福德定律试图检测会计欺诈：当有人编制数据时，他们可能会使用更随机的流程，而这种流程不会产生本福德式的分布。

出于我们的目的，让我们编写一个程序来读取整数文件并显示首个数字的分布。我们将从文件中读取数据，并在几个输入示例上运行它。首先，让我们考虑计数的一般问题。

7.5.1 统计值

在编程中，我们经常发现自己想要统计一些值的出现次数。例如，我们可能想知道有多少人在考试中获得 100 分，有多少人获得 99 分，有多少人获得 98 分，等等。或者我们可能想知道一个城市的温度在 100 华氏度以上的天数，这样的温度在 20 世纪 90 年代的天数，在 20 世纪 80 年代的天数，等等。对于这些计数任务中的每一个，计算方法都几乎相同。让我们来看一个小的统计任务，其中只有 5 个值来统计。

假设老师在 0 到 9 的等级上进行测验并且想知道测验分数的分布。换句话说，老师想知道有多少分数为 0，有多少分数为 1，有多少分数为 2，有多少分数为 3，依此类推。假设老师已将所有分数包含在名为 *tally.dat* 的数据文件中，格式如下：

```
1 7 1 0 7 2 1 9 2 0
8 0 2 3 0 4 6 6 4 1
2 4 7 3 1 6 3 3 7 8
2 3 3 8 1 4 4 1 9 1
```

老师可以手工统计分数，但使用计算机进行计数显然要容易得多。你怎么解决这个问题？首先，你必须认识到你正在执行 10 个单独的计数任务：你正在计算数字 0，数字 1，数字 2，数字 3 等的出现次数，最多为 9。你可以声明 10 个单独的计数器来解决这个问题，但利用长度为 10 的列表是存储数据的一个好方法。通常，每当你发现自己认为需要 n 个某种类型数据时，就应该考虑使用长度为 n 的列表。

由于你想执行 10 个数的统计任务，你需要一个长度为 10 的列表。用列表中初值为 0 的

10 个元素作为计数器，使用累积算法从文件中读取每个整数并递增这些计数器。下面的代码行创建了一个名为 tally 的列表，如图 7-38 所示。思路是 tally [0] 将存储 0 的计数，tally [1] 将存储 1 的计数，依此类推，直到 tally [9]，它存储 9 的计数。

```
# define a list of 10 counters
tally = [0] * 10
```

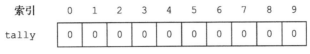

图 7-38　10 个计数器的列表

从文件中读取数值并进行计数。在读取每个数值时，应该在与该数值对应的索引处增加 tally 列表元素的值。例如，如果你读了 4，你应该增加 tally[4] 的值。

你从文件中读取数据，空格和换行符是无关紧要的。最简单的方法是使用 read 和 split 将输入分解为一个个标记并通过循环来统计结果。在进一步处理之前，你还应该将每个字符串标记转换为整数：

```
# initial loop code to read each number
with open("tally.dat") as file:
    for next in file.read().split():
        next = int(next)
        # process next
```

要完成此段代码，你需要弄清楚如何处理每个值。next 是 10 个不同的值之一：0，1，2，…，直到 9。如果为 0，则将计数器 0 加 1，即 count [0]+1；如果为 1，则将计数器 1 加 1，即 count [1]+1，依此类推。你可以使用嵌套的 if/else 语句解决类似这样的问题：

```
# increment the appropriate element of tally list
if next == 0:
    tally[0] += 1
elif next == 1:
    tally[1] += 1
elif next == 2:
    tally[2] += 1
...
```

但是通过列表，你可以更直接地解决此问题：

```
# increment the appropriate element of tally list
tally[next] += 1
```

与嵌套的 if/else 构造相比，这行代码是如此之短，以至于你最初可能没有意识到它会做同样的事情。让我们模拟从文件中读取各种值时发生的情况。创建列表时，所有计数器都初始化为 0。文件中的前几个数字是 1 7 1 0 7。你读取的第一个值是 1，因此程序将其存储到变量 next 中。然后它执行这行代码：

```
# increment the appropriate element of tally list
tally[next] += 1
```

因为 next 是 1，该行代码变成：

```
tally[1] += 1
```

因此索引 [1] 处的计数器递增。然后从输入文件中读取 7，这意味着 tally [7] 递增。接下来，你从输入文件中读取另一个 1，它再次增加 tally[1]。然后从输入文件中读取 0，该值使得 tally[0] 递增。然后你从输入文件中读取另一个 7，它再次增加 tally [7]。图 7-39 显示了从文件读取前几个值时列表的变化。

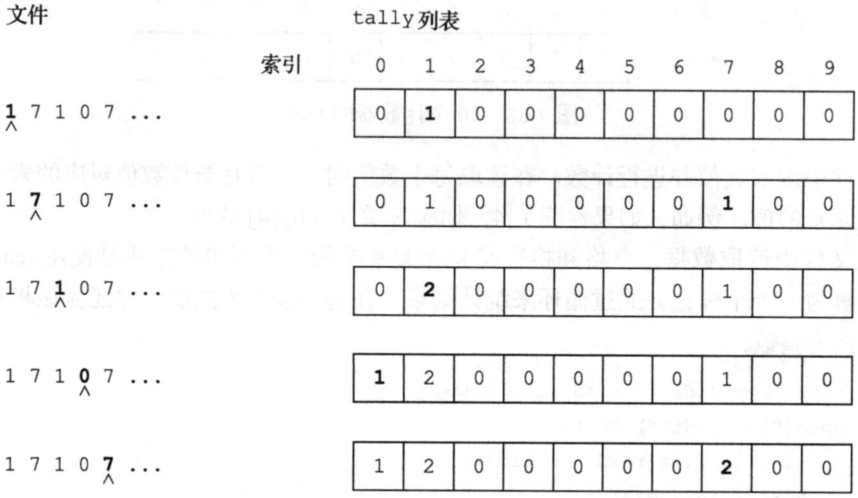

图 7-39　前 5 次递增后的 10 个计数器的列表

请注意，在这么短的数据集中，你已从索引 1 跳转到索引 7，然后返回索引 1，然后转到索引 0，然后返回到 7。程序继续以这种方式执行，当它从文件中读取值时，要从一个计数器跳到另一个计数器。这种在数据结构中随意跳转的能力就是随机访问的意义所在。

处理完所有数据后，列表最终得到的计数器值如图 7-40 所示。

索引	0	1	2	3	4	5	6	7	8	9
tally	4	8	5	6	5	0	3	4	3	2

图 7-40　所有递增后的 10 个计数器的列表

在此循环完成执行后，你可以通过使用带 print 的索引的 for 循环来报告每个分数的总计。添加上输出的头，以下是完整的程序和使用前面显示的输入数据的输出。

```
1  # Reads a series of values and reports the frequency of
2  # occurrence of each value.
3
4  def main():
5      with open("tally.dat") as file:
6          tally = [0] * 10
7          for next in file.read().split():
8              next = int(next)
9              tally[next] += 1
10
11      print("Value\tOccurrences")
```

```
12              for i in range(len(tally)):
13                  print(i, tally[i], sep="\t")
14
15  main()
```

```
Value     Occurrences
0         4
1         8
2         5
3         6
4         5
5         0
6         3
7         4
8         3
9         2
```

重要的是要认识到用列表编写的程序比用简单变量和 if/else 语句编写的程序灵活得多。例如，假设你希望调整此程序以处理考试分数范围为 0 到 100 的输入文件。你必须进行的唯一更改是分配更大的列表：

```
tally = [0] * 101
```

如果你使用 if/else 方法编写程序，则必须添加 96 个新分支以考虑新的值的范围。使用列表解决方案时，只需修改列表的总长度即可。请注意，列表长度比最高分多一（是 101 而不是 100），因为该列表是从 0 开始的，并且你可以在测试中获得 101 个不同的分数，包括 0 作为一种可能性。

7.5.2 完成程序

现在我们已经探索了统计的基本方法，我们可以相当容易地使其适用于分析数据文件的问题以找到开头数字的分布。正如我们之前所说，我们假设有一个整数文件。要统计开头数字，我们需要能够获得每个数值的开头数字。由于该功能的专注性及单一性，故可构建该功能的函数。

所以让我们先写一个名为 first_digit 的函数，它返回一个整数的第一个数字。如果数值只有一位数字，那么数值本身就是答案。如果数值不是一位数，那么我们可以砍掉它的最后一位数，因为我们不需要它。如果我们在循环中进行这种切割，那么最终我们将得到一个一位数值（第一个数字）。我们编写以下循环：

```
# get the first digit of an integer
while result >= 10:
    result = result // 10
```

我们不希望得到任何负数，所以我们要确保没有任何负数。对负数的处理也要放到函数中，这样我们得到以下代码：

```
# Returns the first digit of the given integer.
```

```
def first_digit(n):
    result = abs(n)
    while result >= 10:
        result = result // 10
    return result
```

在上一节中,我们探讨了统计的一般方法。在这种情况下,我们想要统计数字 0 到 9 的个数,所以我们需要一个长度为 10 的列表。解决方案几乎与我们在上一节中所做的相同。我们可以将计数代码放入一个创建列表并返回计数的函数中:

```
# Reads integers from input file, computing a list of tallies
# for the occurrences of each leading digit (0 - 9).
def count_digits(file):
    tally = [0] * 10
    for next in file.read().split():
        next = int(next)
        tally[first_digit(next)] += 1
    return tally
```

请注意,我们不是在循环体中统计 n,而是统计 first_digit(n) (只是第一个数字,而不是整个数值)。

值 0 对我们来说是一个潜在的问题。本福德定律适用于来自指数序列的数据。但即使你以指数方式增加,如果从 0 开始,你也永远不会超过 0。因此,最好从计算中消除 0 值。通常它们根本不会发生。

在输出结果时,让我们首先排除 0 (如果存在):

```
# report excluded zeros, if present
if tally[0] > 0:
    print("excluding", tally[0], "zeros")
```

对于其他数字,我们要输出每个数字的出现次数以及每个数字出现次数的百分比。要计算百分比,我们需要知道值的总和。Python 包含一个名为 sum 的全局函数,它接收一个列表参数并返回其元素的总和。我们可以通过调用该函数并减去 0 的数量来计算总次数:

```
# sum of all tallies, excluding 0
total = sum(tally) - tally[0]
```

一旦我们得到数字出现的总次数,就可以编写一个循环来输出每个数字出现次数所占的百分比。要计算百分比,我们将每个计数乘以 100 并除以总次数:

```
# report percentage of each tally, excluding 0
for i in range(1, len(count)):
    pct = count[i] * 100 / total
    print(i, count[i], pct)
```

请注意,循环从 1 开始而不是 0,因为我们已从报告中排除了 0。

将这些部分组合在一起,就组成了一个完整的程序。输出还包括表格的表头和最后的总数。

```
 1  # This program finds the distribution of leading digits in a set
 2  # of positive integers.  The program is useful for exploring the
 3  # phenomenon known as Benford's Law.
 4
 5  # Reads integers from input file, computing a list of tallies
 6  # for the occurrences of each leading digit (0 - 9).
 7  def count_digits(file):
 8      tally = [0] * 10
 9      for next in file.read().split():
10          next = int(next)
11          tally[first_digit(next)] += 1
12      return tally
13
14  # Reports percentages for each leading digit, excluding zeros.
15  def report_results(tally):
16      if tally[0] > 0:
17          print("excluding", tally[0], "zeros")
18
19      # sum of all tallies, excluding 0
20      total = sum(tally) - tally[0]
21
22      # report percentage of each tally, excluding 0
23      print("Digit\tCount\tPercent")
24      for i in range(1, len(tally)):
25          pct = tally[i] * 100 / total
26          print(i, tally[i], round(pct, 2), sep="\t")
27      print("Total", total, 100.0, sep="\t")
28
29  # Returns the first digit of the given integer.
30  def first_digit(n):
31      result = abs(n)
32      while result >= 10:
33          result = result // 10
34      return result
35
36  def main():
37      print("Let's count those leading digits...")
38      filename = input("input file name? ")
39      print()
40      with open(filename) as file:
41          tally = count_digits(file)
42          report_results(tally)
43
44  main()
```

现在我们有了一个完整的程序，让我们看看在分析各种数据集时得到的结果。本福德分布显示了人口数据，因为人口趋于指数增长。让我们使用网页 https://www.census.gov/ 中的数据，其中包含美国各个县的人口估计值。该数据集是在 2000 年人口普查年中统计的包含 3139 个不同县的信息，人口从 67 人到 900 多万人。这是我们使用这些数据的程序的输出示例：

```
Let's count those leading digits...
input file name? county.txt
Digit    Count    Percent
1        970      30.90
2        564      17.97
3        399      12.71
4        306      9.75
5        206      6.56
6        208      6.63
7        170      5.24
8        172      5.48
9        144      4.59
Total    3139     100.00
```

这些百分比几乎完全是本福德定律所预测的数值。遵守本福德定律的数据具有一个有趣的属性。就是用于数据的单位无关紧要。因此，如果你测量高度，无论你是以英尺、英寸、米还是弗隆来衡量都无关紧要。在我们的案例中，我们计算了美国每个县的人数。如果我们计算每个县的人手的数量，那么我们必须将每个数值加倍。查看上表，看看在每个数值加倍时是否可以预测结果。这是实际结果：

```
Let's count those leading digits...
input file name? county2.txt
Digit    Count    Percent
1        900      28.67
2        555      17.68
3        415      13.22
4        322      10.26
5        242      7.71
6        209      6.66
7        190      6.05
8        173      5.51
9        133      4.24
Total    3139     100.00
```

请注意，变化很小。加倍数值几乎没有影响，因为如果原始数据本质上是指数的，那么加倍的数值也是如此。这是另一个运行示例，它使县人口数量增至三倍：

```
Let's count those leading digits...
input file name? county3.txt
Digit    Count    Percent
1        926      29.50
2        549      17.49
```

```
3       385     12.27
4       327     10.42
5       258     8.22
6       228     7.26
7       193     6.15
8       143     4.56
9       130     4.14
Total   3139    100.00
```

另一个显示本福德特征的数据集是在任何一天发生的太阳黑子的数量。Robin McQuinn 在 http://sidc.oma.be/html/sunspot.html 上维护着一个网页，该网页每天都有太阳黑子的计数，可以追溯到 1818 年。以下是使用这些数据的执行示例：

```
Let's count those leading digits...
input file name? sunspot.txt
excluding 4144 zeros
Digit   Count   Percent
1       5405    31.24
2       1809    10.46
3       2127    12.29
4       1690    9.77
5       1702    9.84
6       1357    7.84
7       1364    7.88
8       966     5.58
9       882     5.10
Total   17302   100.00
```

请注意，在此执行过程中，程序会报告排除某些 0 值。

本章小结

- 列表将一个名称下的多个值组合在一起。使用整数索引访问每个单独的值（称为元素），索引的范围从 0 到列表长度减 1。

- 尝试用一个小于负的列表长度或者大于等于列表长度的索引来访问列表元素将导致程序因 IndexError 而崩溃。

- 列表经常使用循环遍历。可以使用列表元素上的标准 for 循环按顺序访问列表元素，也称为 for-each 循环。你还可以通过循环遍历从 0 到列表长度减 1 的索引来遍历列表。

- 通过遍历元素并检查或修改每个元素来实现几种常见的列表算法。

- Python 列表使用引用语义，这意味着变量存储对值的引用而不是实际值本身。这意味着两个列表变量可以引用相同的列表，如果修改了其中一个变量的列表元素，则修改也将在另一个变量中看到。

- 某些 Python 类型（如整数、实数、布尔值和字符串）是不可变的。这意味着他们无法改变。

- 其他 Python 类型（如列表）是可变的，可以更改。这意味着如果通过其中一个引用修改列表，则修改也将在另一个引用中看到。

- 元组是不可变的值的序列。元组与列表类似，但没有操作会使得数据集合发生变化。

- 多维列表是列表的列表。多维列表通常用于存储二维数据，例如行和列中的数据或二维空间中的 *x/y* 数据。多维列表也可用于表示图像的像素。

自测题

7.1 节：列表基础知识

1. 应该使用什么表达式来访问名为 numbers 的列表的第一个元素？假设 numbers 包含 10 个元素，应使用什么表达式来访问 numbers 的最后一个元素？什么表达式可用于访问列表的最后一个元素，无论其长度如何？

2. 编写代码，创建名为 data 的列表，其内容如图 7-41 所示。

索引	0	1	2	3	4
data	27	51	33	-1	101

图 7-41　数据元素的列表

3. 编写代码，使用循环将 –6 到 38 之间的所有奇数存储到列表中。并使列表的大小刚好够存储这些数值。然后，尝试扩展你的代码，使其适用于任何最小值和最大值，而不仅仅是 –6 和 38。

4. 执行以下代码后，numbers 列表包含哪些元素？

```
numbers = [0] * 8
numbers[1] = 4
numbers[4] = 99
numbers[7] = 2
x = numbers[1]
numbers[x] = 44
numbers[numbers[7]] = 11    # uses numbers[7] as index
```

5. 执行以下代码后，data 列表包含哪些元素？

```
data = [0] * 8
data[0] = 3
data[7] = -18
data[4] = 5
data[1] = data[0]


x = data[4]
data[4] = 6
data[x] = data[0] * data[1]
```

6. 编写一段代码，创建一个名为 data 的列表，其中包含元素 7、–1、13、24 和 6。只使用一个语句来初始化列表。

7. 根据以下列表，编写将产生以下结果的切片表达式：

```
# index    0    1    2    3    4    5    6
letters = ["a", "b", "c", "d", "e", "f", "g"]
```

a. ["a", "b"]

b. ["d"]

c. ["d", "e", "f", "g"]

d. ["g", "f", "e"]

e. ["b", "d", "f"]

8. 编写一段代码，检查整数列表并报告列表中的最大值。考虑将代码放入一个名为 maximum 的函数中，该函数接收列表作为参数并返回最大值。假设列表至少包含一个元素。（在此问题中不要使用 Python 内置的 max 函数。）

9. 编写代码，计算整数列表中所有元素的平均值（算术平均值）并返回答案。例如，如果传递的列表包含值 [1, –2, 4, –4, 9, –6, 16, –8, 25, –10]，则计算的平均值应为 2.5。你可能希望将此代码放入一个名为 average 的函数中，该函数接收一个整数列表作为其参数并返回平均值。

参考以下列表解决接下来的三个问题：

```
data = ["It", "was", "a", "stormy", "night"]
```

10. 编写代码，在列表中的适当位置插入两个附加元素 "dark" 和 "and"，以生成以下列表作为结果：

```
["It", "was", "a", "dark", "and", "stormy", "night"]
```

11. 编写代码，将第二个元素的值更改为 "IS"，生成以下列表作为结果：

```
["It", "IS", "a", "dark", "and", "stormy", "night"]
```

12. 编写代码，从列表中删除包含字母 "a" 的任何字符串。代码执行后，列表内容如下：

```
["It", "IS", "stormy", "night"]
```

7.2 节：列表遍历算法

13. 什么是列表的遍历？举一个可以通过遍历列表来解决的问题的例子。

14. 编写代码，使用 for 循环打印包含五个整数的 data 列表中的每个元素：

```
element [ 0 ] is 14
element [ 1 ] is 5
element [ 2 ] is 27
element [ 3 ] is -3
element [ 4 ] is 2598
```

考虑扩展你的代码，以便让它可以在任何大小的列表上工作。

15. 执行以下代码后，列表包含哪些元素？

```
data = [2, 18, 6, -4, 5, 1]
for i in range(len(data)):
    data[i] = data[i] + (data[i] // data[0])
```

16. 写出以下函数针对以下每个列表产生的输出：

```
def mystery(lis):
    for i in range(len(lis) - 1, 0, -1):
      if lis[i] < lis[i - 1]:
            element = lis[i]
            lis.pop(i)
            lis.insert(0, element)
    print(lis)
```

a. [2, 6, 1, 8]

b. [30, 20, 10, 60, 50, 40]

c. [-4, 16, 9, 1, 64, 25, 36, 4, 49]

17. 写出以下函数针对以下每个列表产生的输出：

```
def mystery(lis):
    for i in range(len(lis) - 1, -1, -1):
        if i % 2 == 0:
            lis.append(lis[i])
        else:
            lis.insert(0, lis[i])
    print(lis)
```

a. [10, 20, 30]

b. [8, 2, 9, 7, 4]

c. [-1, 3, 28, 17, 9, 33]

18. 编写一个名为 all_less 的函数，它接收两个整数列表，如果第一个列表中的每个元素小于第二个列表中相同索引处的元素，则返回 True。如果列表的长度不同，则你的函数应返回 False。

19. 执行以下代码后，numbers 列表中的元素值是多少？

```
numbers = [10, 20, 30, 40, 50, 60, 70, 80, 90, 100]
for i in range(9):
    numbers[i] = numbers[i + 1]
```

20. 执行以下代码后，numbers 列表中的元素值是多少？

```
numbers = [10, 20, 30, 40, 50, 60, 70, 80, 90, 100]
for i in range(1, 10):
    numbers[i] = numbers[i - 1]
```

21. 考虑以下函数 mystery：

```
def mystery(a, b):
    for i in range(len(a)):
        a[i] += b[len(b) - 1 - i]
```

执行以下代码后，a1 列表中的所有元素值是什么？

```
a1 = [1, 3, 5, 7, 9]
a2 = [1, 4, 9, 16, 25]
mystery(a1, a2)
```

22. 考虑以下函数 mystery2：

```
def mystery2(data, x, y):
    data[data[x]] = data[y]
    data[y] = x
```

执行以下代码后，numbers 列表中的元素值是多少？

```
numbers = [3, 7, 1, 0, 25, 4, 18, -1, 5]
mystery2(numbers, 3, 1)
mystery2(numbers, 5, 6)
mystery2(numbers, 8, 4)
```

23. 考虑以下函数：

```
def mystery3(lis):
    x = 0
```

```
    for i in range(1, len(lis)):
        y = lis[i] - lis[0]
        if y > x:
            x = y
    return x
```

传递以下各个列表时函数返回值是什么?

a. `[5]`

b. `[3, 12]`

c. `[4, 2, 10, 8]`

d. `[1, 9, 3, 5, 7]`

e. `[8, 2, 10, 4, 10, 9]`

24. 编写一段代码,计算字符串列表元素的平均字符串长度。例如,如果列表包含 ["belt", "hat", "jelly", "bubble gum"],平均长度为 5.5。

25. 编写代码,接收字符串列表作为参数,并指出该列表是否为回文。回文列表是向后读取与向前读取均相同的一种列表。例如,列表 ["alpha", "beta", "gamma", "delta", "gamma", "beta", "alpha"] 是一个回文。

26. 给定以下列表,编写列表推导以产生以下新列表:

```
# index      0       1      2       3
letters = ["apple", "ball", "car", "dog"]
```

a. `["A", "B", "C", "D"]`

b. `["appleapple", "ballball", "carcar", "dogdog"]`

c. `[("apple", "a"), ("ball", "b"), ("car", "c"), ("dog", "d")]`

7.3 节:引用语义

27. 以下程序的输出是什么?

```
def mystery(x, a):
    x = x + 1
    a[x] = a[x] + 1
    print(x, a)


def main():
    x = 0
    a = [0, 0, 0, 0]
    x = x + 1
    mystery(x, a)
    print(x, a)

    x = x + 1
    mystery(x, a)
    print(x, a)
main()
```

28. 以下程序的输出是什么?

```
def mystery(x, lis):
```

```
        lis[x] += 1
        x += 1
        print(x, lis)

def main():
    x = 1
    a = [0, 0]
    mystery(x, a)
    print(x, a)
    x -= 1
    a[1] = len(a)
    mystery(x, a)
    print(x, a)
main()
```

29. 编写一个名为 swap_pairs 的函数，它接收一个列表并交换相邻索引处的元素。也就是说，交换元素 0 和元素 1，交换元素 2 和元素 3，依此类推。如果列表具有奇数长度，则最后一个元素应保持不变。例如，在调用你的函数后，列表 [10, 20, 30, 40, 50] 应该变为 [20, 10, 40, 30, 50]。

30. 以下代码使用元组并包含四个错误。请指出它们都是什么？

```
# incorrect code that interacts with a tuple
t = (10, 20, 30)
t[0] += 1
if len(t) < 5:
    t.append(40)
    print("t is", t)
    t.reverse()
    print("t is", t)
else:
    t.clear()
```

31. 编写一个名为 nearest_points 的函数，该函数接收表示二维笛卡尔平面上的点的 (x, y) 元组的列表，并打印出哪两个点最接近。为了计算两点之间的距离，使用毕达哥拉斯定理，该定理指出两点之间的距离是两个维度中差异的平方和的平方根。你可以假设该列表至少包含两个点，并且可以找到唯一一对距离最近的点。

7.4 节：多维列表

32. 执行以下代码后，numbers 列表包含哪些元素？

```
numbers = [[0, 0, 0, 0],
           [0, 0, 0, 0],
           [0, 0, 0, 0]]
for r in range(len(numbers)):
    for c in range(len(numbers[0])):
        numbers[r][c] = r + c
```

33. 假设已经声明了具有四行七列的二维矩形整数列表 data。写一个循环来把 data 列表的第三行初始化成整数 1 到 7。

34. 编写一段代码，构造一个五行十列的二维整数列表。使用乘法表填充列表，以便每个列表元素 [i] [j]

存储值 i * j。用嵌套的 for 循环来构建列表。

35. 假设已经声明了具有六行八列的二维矩形整数列表 matrix。编写一个循环把第二列的内容复制到第五列。

36. 考虑以下函数：

```
def mystery2d(a):
    for r in range(len(a)):
        for c in range(len(a[0]) - 1):
            if a[r][c + 1] > a[r][c]:
                a[r][c] = a[r][c + 1]
```

如果初始化的二维列表 numbers 存储了以下整数，则当函数调用后该列表中的内容是什么？

```
numbers = [[3, 4, 5, 6],
           [4, 5, 6, 7],
           [5, 6, 7, 8]]
mystery2d(numbers)
```

37. 编写一段代码，构造一个锯齿状的二维整数列表：五行，每行增加一列，这样第一行有一列，第二行有两列，第三行有三列，以此类推。列表元素应该具有从上到下，从左到右顺序增加的值（也称为以行为主的顺序）。也就是说，列表的内容应该如下所示：

```
1
2, 3
4, 5, 6
7, 8, 9, 10
11, 12, 13, 14, 15
```

使用嵌套的 for 循环来构建列表。

38. 在查看 2D 像素列表时，如果无法访问 DrawingPanel 对象，如何去计算图像的宽度和高度？

39. 完成以下函数代码，将图像转换为红色通道。也就是说，从每个像素中删除任何绿色或蓝色，仅保留红色成分。

```
def to_red_channel(panel):
    px = panel.pixels
    for x in range(panel.width):
        for y in range(panel.height):
            # your code goes here

    panel.pixels = px
```

习题

1. 编写一个名为 list_range 的函数，它返回整数列表中的值的范围。范围定义为比列表中的最大值和最小值之间的差值多 1。例如，如果名为 lis 的列表包含值 [36, 12, 25, 19, 46, 31, 22]，则 list_range(lis) 的调用应返回 35。你可以假设该列表至少包含一个元素。

2. 编写一个名为 is_sorted 的函数，它接收一个数值列表作为参数，如果列表是按（非递减）顺序排序的则返回 True，否则返回 False。例如，如果名为 list1 和 list2 的列表分别存储 [16.1, 12.3, 22.2,

14.4] 和 [1.5, 4.3, 7.0, 19.5, 25.1, 46.2]，则调用 is_sorted(list1) 和 is_sorted(list2) 应分别返回 False 和 True。假设列表至少有一个元素，单元素列表被认为是有序的。

3. 编写一个名为 mode 的函数，它返回整数列表中最常出现的元素。假设列表至少有一个元素，并且列表中的每个元素都是 0 到 100 之间的值（包括 0 和 100）。若有并列，则选择索引较低的值。例如，如果传递的列表包含值 [27, 15, 15, 11, 27]，你的函数应该返回 15。（提示：请参照本章中的计数程序，考虑如何解决这个问题。）你能编写一个不依赖于 0 和 100 之间的值的函数版本吗？

4. 编写一个名为 median 的函数，它接收一个整数列表作为参数，并返回列表中数值的中位数。如果按顺序排列元素，则中位数是显示在列表中间的数值。假设列表具有奇数大小（使得唯一一个元素构成中值）并且列表中的数值在 0 和 99 之间（包括 0 和 99）。例如，[5, 2, 4, 17, 55, 4, 3, 26, 18, 2, 17] 的中位数为 5，[42, 37, 1, 97, 1, 2, 7, 42, 3, 25, 89, 15, 10, 29, 27] 的中位数是 25。（提示：可参照本章前面的计算方案。）

5. 编写一个名为 price_is_right 的函数，模仿游戏节目 "价格正确" 中的猜测规则。该函数接收表示参赛者出价的整数列表和表示正确价格的整数作为参数。该函数返回出价列表中与正确价格最接近的元素，但不大于该价格。例如，如果名为 bids 的列表存储值 [200, 300, 250, 1, 950, 40]，则 price_is_right(bids, 280) 的调用应返回 250，因为 250 是不超过 280 的最接近 280 的出价。如果所有出价都大于正确的价格，则你的函数应返回 –1。

6. 编写一个名为 contains 的函数，它接收两个整数列表 a1 和 a2 作为参数，并返回一个布尔值，表示 a2 中的元素序列是否出现在 a1 中（True 表示是，False 表示否）。序列必须连续出现并且顺序相同。例如，请考虑以下列表：

```
list1 = [1, 6, 2, 1, 4, 1, 2, 1, 8]
list2 = [1, 2, 1]
```

contains(list1，list2) 的调用应返回 True，因为 list2[1, 2, 1] 中的值序列包含在 list1 中的索引为 5 的位置，如果 list2 存储了值 [2, 1, 2]，则调用 contains(list1，list2) 将返回 False。具有相同元素的任何两个列表被认为彼此包含。每个列表都包含空列表，空列表不包含除空列表本身之外的任何列表。

7. 编写一个名为 collapse 的函数，它接收一个整数列表作为参数，并返回一个新的列表，其中包含用每对整数的总和替换该对的结果。例如，如果名为 lis 的列表存储值 [7, 2, 8, 9, 4, 13, 7, 1, 9, 10]，则调用 collapse(lis) 应返回新列表 [9, 17, 17, 8, 19]。原始列表中的第一对合成 9（7 + 2），第二对合并成 17（8 + 9），依此类推。如果列表存储奇数个元素，则最终元素不会合并。例如，如果列表是 [1, 2, 3, 4, 5]，那么调用将返回 [3, 7, 5]。你的函数不应更改作为参数传递的列表。

8. 编写一个名为 vowel_count 的函数，该函数接收一个字符串作为参数，生成并返回一个整数列表，表示字符串中每个元音的计数。你的函数返回的列表应该包含五个元素：第一个是 A 的计数，第二个是 E 的计数，第三个是 I，第四个是 O，第五个是 U。假设该字符串不包含大写字母。例如，调用 vowel_count("i think, therefore i am") 应该返回列表 [1, 3, 3, 1, 0]。

9. 编写一个名为 min_to_front 的函数，它接收一个整数列表作为参数，并将列表中的最小值移到前面，否则保留元素的顺序。例如，如果名为 lis 的变量存储 [3, 8, 92, 4, 2, 17, 9]，则值 2 是最小值，因此你的函数应修改列表以存储值 [2, 3, 8, 92, 4, 17, 9]。

10. 编写一个名为 remove_even_length 的函数，它接收一个字符串列表作为参数，并从列表中删除所有偶数长度的字符串。

11. 编写一个名为 double_list 的函数，它接收一个字符串列表作为参数，并用相同的两个字符串替换每个字符串。例如，如果列表在调用函数之前存储值 ["how", "are", "you? "]，函数调用后它应该存储值 ["how", "how", "are", "are", "you? ", "you? "]。

12. 编写一个名为 scale_by_k 的函数，它接收一个整数列表作为参数，并用值 k 的 k 个自身副本替换值 k。例如，如果列表在调用函数之前存储值 [4, 1, 2, 0, 3]，函数完成执行后它应该存储值 [4, 4, 4, 4, 1, 2, 2, 3, 3, 3]。应通过此函数从列表中删除零和负数。

13. 编写一个名为 remove_duplicates 的函数，它接收一个有序的字符串列表作为参数，并从列表中删除任何重复项。例如，如果列表在调用函数之前存储值 ["be", "be", "is", "not", "or", "question", "that", "the", "to", "to"]，它应该在函数完成执行后存储值 ["be", "is", "not", "or", "question", "that", "the", "to"]。由于值是有序的，因此所有重复项将组合在一起。假设列表仅包含字符串值，但请记住它可能为空。

14. 编写一个名为 matrix_add 的函数，它接收一对二维整数列表作为参数，将列表视为二维矩阵，并返回这一对二维列表的总和。两个矩阵 A 和 B 的和是矩阵 C，其中对于每行 i 和列 j，$C_{ij} = A_{ij} + B_{ij}$。你可以假设作为参数传递的列表具有相同的大小。

15. 编写一个名为 is_magic_square 的函数，它接收一个二维的整数列表作为参数，如果它是一个幻方，则返回 True。如果方形矩阵的所有行、列和对角线总和相等，则它是一个幻方。例如，[[2, 7, 6], [9, 5, 1], [4, 3, 8]] 是一个幻方，因为所有八个和恰好都是 15。

16. 编写一个名为 grayscale 的函数，它接收 DrawingPanel 作为参数，并将其像素转换为黑白。这是通过平均每个像素的红色、绿色和蓝色成分来完成的。例如，如果像素的 RGB 值为（红色 = 100，绿色 = 30，蓝色 = 80），则三个成分的平均值为 (100 + 30 + 80)/3 = 70，因此像素变为（红色 = 70，绿色 = 70，蓝色 = 70）。

17. 编写一个名为 transpose 的函数，它接收 DrawingPanel 作为参数，并对 x 和 y 轴翻转图像。你可以假设图像是正方形的，也就是说，它的宽度和高度相等。

18. 编写一个方法 zoom_in，它接收 DrawingPanel 作为参数，并将其转换为两个维度都两倍大的图像。来自原始图像的每个像素在新的缩放图像中变成 4 个像素（2 行和 2 列）的簇。

编程项目

1. 编写程序以反转文件的行，并反转文件每行中单词的顺序。使用列表来帮助你完成。

2. 使用列表编写一个 Hangman 游戏。允许用户猜测字母并用列表显示用户已猜过的字母。

3. 编写一个程序，与用户一起玩 Mastermind 游戏的变体。例如，程序可以使用伪随机数来生成一个四位数。应该允许用户进行猜测，直到他得到正确的数值。应该向用户提供线索，指出猜测的数值有多少位是正确的，以及有多少个数字是正确但位置错误的。

4. 编写家庭数据库程序。使用列表和元组来表示每个人并存储他的母亲、父亲以及他拥有的任何子女。读取姓名文件以初始化每个人的姓名和亲子关系。（你可能希望创建表示你自己的族谱的文件。）将整个人员列表存储在列表中。编写一个总体的主要用户界面，询问姓名并打印他的母系和父系家族。这是一个假设的程序执行，使用英国都铎王朝君主的行作为输入文件：

```
Person's name? Henry VIII
Maternal line:
Henry VIII
Elizabeth of York

Paternal line:
```

```
Henry VIII
Henry VII

Children:
Mary I
Elizabeth I
Edward VI
```

5. 编写一个程序，对可能重叠的矩形二维窗口区域列表进行建模，例如计算机上打开的程序窗口。列表中矩形的顺序表示它们在屏幕上显示的顺序（有时称为"z 顺序"），从底部的 0 到顶部的长度减 1。每个矩形存储其 (x, y) 位置，宽度和高度。你的矩形列表类应该具有以 (x, y) 坐标作为参数的函数，其行为就像用户单击屏幕上的点一样，并将该点接触的最顶部的矩形移动到列表的前面。

6. 编写一个程序，读取 DNA 数据文件并搜索蛋白质序列。DNA 数据由字母 A、C、G 和 T 的长串组成，对应于称为腺嘌呤、胞嘧啶、鸟嘌呤和胸腺嘧啶的化学核苷酸。可以通过寻找指示蛋白质范围的起始和终止的特定核苷酸三联体序列来鉴定蛋白质。在进行计算时将相关数据存储在列表中。

7. 编写一个玩 Tic-Tac-Toe 游戏的程序，使用二维列表来表示棋盘。

8. 使用类似于本章习题中描述的可用图像处理算法菜单，编写基本的受 Photoshop 或 Instagram 启发的程序。用户可以从文件加载图像，然后选择要执行的操作，例如灰度、缩放、旋转或模糊。

字典与集合

上一章我们学习了如何使用列表（list）。在 Python 语言中，列表只是多种数据存储机制中的一种。本章我们将学习 Python 语言的其他数据集合，包括字典（dictionary）和集合（set）。我们还将学习如何综合应用这些数据结构，以多种形式来处理和检查数据从而解决实际编程问题。

特别地，字典是 Python 程序中经常使用的一种数据结构。字典允许我们存储成对的数据值，然后再查找，这对于电话簿、同义词库或员工数据库等任务非常有用。我们还将讨论一种称为集合的数据集合，该集合不允许存在重复的元素，而且在集合中查找数据又快又容易。

与本书其他章节不同，本章的最后没有单独的案例研究。由于我们要分析不同数据集合的特点，所以本章用几个中等规模的示例程序来贯穿整个章节。

8.1 字典的基本概念

在第 7 章中，我们介绍了使用列表来存储数据的各种方法。理解数据的组织与构造对于我们解决复杂问题是很有帮助的。存储并管理数据的实体也称为**数据结构**（data structure）。在实现被称为**数据集合**（collection）的复杂数据存储对象时，数据结构是非常有用的。

数据集合

存储一组其他数据对象的数据对象。存储于其中的数据对象被称为数据集合中的元素（element）。

列表是数据集合的一个实例。数据集合是在内部使用某种数据结构（例如一个列表或一组相互引用的链接对象的集合）来存储它的元素。可以按存储元素的类型、可在元素上执行的操作以及这些操作的速度或效率来对数据集合进行分类。下面是数据集合的三个实例：

- **列表**：列表中的元素是有序排列的。通常用整数索引或迭代操作来访问。
- **集合**：集合中不允许存在重复的元素。
- **字典**：字典中的元素都是键 / 值对（key/value pair）。键 / 值对中的每个键都有一个相对应的值。

Python 语言提供了多种有用的数据集合，它们允许我们用不同方式来存储、访问、查找、排序和操纵数据集合中的数据。

下面我们来看一个编程实例。不过在这个例子中，用列表来存储数据并不是一个好的选择。考虑一个编写电话簿程序的任务，先让用户输入一个人的名字，然后查找该人的电话号码。假设该程序的数据来自下面这个名为 *phonenumbers.txt* 的文件：

```
Allison (520)555-6789
Comcast (800)266-2278
DirecTV (800)347-3288
```

```
Flowers (800)356-9377
Marty (650)555-1234
Stuart (206)555-6543
Yana (206)555-5683
```

存储上述数据有什么好的方法吗？可以读取这些数据并将其存储在一个列表中，其中每个名字后面都有此人的电话号码。另一种策略是把这些数据存储在两个列表中，一个列表用于存储人名，另一个列表用于存储电话号码，这样的列表被称为**平行列表**（parallel list）。无论哪种方法都不是最佳选择，原因我们稍后再解释。下面是按照这两种基于列表的策略编写的代码：

```python
# phone book as one list (not recommended)
phonelist = ["Allison", "(520)555-6789",
             "Comcast", "(800)266-2278",
             "DirecTV", "(800)347-3288",
             ...]
...

# look up phone number in list
for i in range(len(phonelist)):
    if phonelist[i] == "Comcast":
        print("Phone number is", phonelist[i + 1])

# phone book as two lists (not recommended)
namelist  = ["Allison", "Comcast", "DirecTV", ...]
phonelist = ["(520)555-6789",
             "(800)266-2278",
             "(800)347-3288",
             ...]
...

# look up phone number in pair of lists
for i in range(len(namelist)):
    if namelist[i] == "Comcast":
        print("Phone number is", phonelist[i])
```

使用单一列表时，若要查找一个电话号码，则需要遍历这个列表，查找用户输入的人名，找到人名后，再返回位于列表下一个索引位置上的电话号码。使用双列表时，搜索的策略则是先在第一个列表中查找人名，找到人名后，再到第二个列表中相同的索引位置上取出该人名对应的电话号码。例如，先在第一个列表中查找 "DirecTV"，发现它位于列表中索引 2 的位置。这时，再到第二个列表中索引 2 的位置上找到 DirecTV 的电话号码。还有其他一些基于列表的解决方案，例如建立一个由（人名，电话号码）元组（tuple）构成的列表。

尽管这些涉及列表的解决方案都是可行的，但是无论哪种方案，要找到一个电话号码都需要遍历整个列表，既费力又低效。如果存储的列表很大的话，那么找到正确的人名及其相应的电话号码可能要花费很长时间。这两种方法通常都被认为是解决这类问题的糟糕选择。

我们面临的核心问题是要在数据结构中实现信息的查找，这里所说的数据查找是广义的。例如你想在计算机系统中查找一个大学生的信息，那么可以通过输入学生的 ID 号或姓名来查找他的记录信息。或者，你可能想编写一个词汇库构建程序，在该程序中用户键入一个单词，程序查找这个单词的定义。查找的思路是我们已知所感兴趣事物的一部分信息（ID 号、人名等），然后想用已知的信息去查找该事物的其他相关信息（地址、课表、定义等）。我们已知的部分信息称为**键**（key），想要查找的与该键相关的信息就称为**值**（value）。

> **键**
> 用户想要查找的数据记录的唯一标识符。

> **值**
> 与给定键相关的数据集合中的信息。

针对基于键的查找，Python 语言提供了一个称为**字典**（dictionary）的数据集合类型。字典由数据对的集合构成，每个数据对包含两个元素：一个是**键**，一个是**值**。

字典存储从每个键到每个值的单向关联，这样以后只要提供相同的键，查找并返回的一定是该键所关联的值。字典有时也称为**关联数组**（associative array）、**哈希表**（hash）或者**映射**（map）。

> **字典（关联数组）**
> 存储键 / 值对的数据集合，以便可以用键高效地查找到其对应的值。

字典的实现方式使其能够在自身中添加、删除和搜索键 / 值对，且这些操作比列表的效率高很多。字典可用于解决像下面这样的涉及大规模数据的问题：

- 把聊天的用户与他们的朋友和同事关联在一起。
- 表示每个人与其父母关系的家族树。
- 将一本书中的所有单词按照长度进行分组，并报告每个长度都有多少个单词。
- 构建单词及其同义词的同义词库。
- 创建一个雇员管理系统。根据给定的雇员 ID 号就可以从中查询该雇员的工资和其他数据。

在我们的电话簿例子中，数据包含人名和电话号码。若将每个人名及其相应的电话号码存储在一起，就可以很容易地根据给定的人名找到电话号码。这说明，在字典中人名应该作为键，电话号码作为与这些键关联的值。

8.1.1　创建字典

创建字典的方法有很多。其中一种是先定义一个空的字典，然后再往里面添加键 / 值对。尽管可以编写 dict() 来创建一个空的字典，但是程序员更愿意用一对花括号 { } 来表示一个空的字典。

```
name = {}          # syntax 1 (preferred)
name = dict()      # syntax 2
```
语法模板：定义一个空字典

一旦创建好字典后，你就可以根据下列语法规则用方括号来往里面添加键 / 值对了。

name[*key*] = *value*
语法模板：往字典里添加键/值对

一旦字典里存储了键 / 值对，你就可以通过把键填入方括号内的方式，在字典中查找相应的值。基本的语法规则如下：

name[*key*]
语法模板：用键在字典里查找相应的值

例如，下面的语句展示了如何在 Python Shell 中创建一个字典，向字典中存入两个键 / 值对，以及通过提供键来查找每个键 / 值对的值。

```
>>> phonebook = {}                             # create empty dict
>>> phonebook["Allison"] = "(520)555-6789"     # store a pair
>>> phonebook["Marty"]   = "(650)555-1234"     # store another pair
>>> phonebook["Allison"]                       # look up number by name
'(520)555-6789'
>>> phonebook["Marty"]                          # look up number by name
'(650)555-1234'
```

字典可以被视为索引列表概念的一种推广。在上一章中，我们已经看到列表就是将从 0 开始的整数索引与值关联起来，如图 8-1 所示。除了关联值的"索引"不必是从 0 开始的整数外，字典与列表在结构上是相似的。如图 8-2 所示，字典的索引可以是字符串，也可以是不从 0 开始的整数，甚至可以是你想要的任何值。为了突出这个差别，我们称其为键，而不是索引。

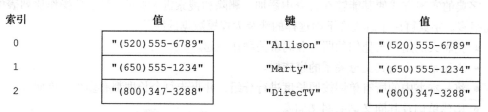

索引	值
0	"(520)555-6789"
1	"(650)555-1234"
2	"(800)347-3288"

图 8-1　存储电话号码的列表

键	值
"Allison"	"(520)555-6789"
"Marty"	"(650)555-1234"
"DirecTV"	"(800)347-3288"

图 8-2　存储电话号码的字典

```
>>> # creating/accessing a list
>>> mylist = [""] * 3
>>> mylist[0] = "(520)555-6789"
>>> mylist[1] = "(650)555-1234"
>>> mylist[2] = "(800)347-3288"
```

```
>>> # creating/accessing a dictionary
>>> mydict = {}
>>> mydict["Allison"] = "(520)555-6789"
>>> mydict["Marty"]   = "(650)555-1234"
>>> mydict["DirecTV"] = "(800)347-3288"
```

如果事先知道字典的初始数据，则可以在定义字典的同时提供相应的键 / 值对。根据语法要求，键 / 值对要顺序填写在花括号内，键与值之间要有一个冒号，键 / 值对之间用逗号分隔。

```
name = {key: value, key: value, ..., key: value}
```
语法模板：用初始数据来定义一个字典

例如，下面这条语句就可以完成刚才在 Python Shell 中输入的那三条语句的功能——创建一个带有两个键 / 值对的字典：

```
>>> # dictionary with initial data
>>> phonebook = {"Allison": "(520)555-6789", "Marty": "(650)555-1234"}
```

还有一种不太常用的字典创建方法，就是使用（键，值）元组的列表来创建。通常我们更愿意采用之前的字典定义方法，除非你已经有了一个现成的元组列表，现在想把这个列表当作字典来使用。

```
name = dict([(key, value), (key, value), ..., (key, value)])
```
语法模板：用以元组列表形式表示的数据来定义一个字典

若要查看字典的内容，可以在 Python Shell 中输入打印字典的命令或者直接输入字典名。

```
>>> # printing the contents of a dictionary
>>> print("Contacts:", phonebook)
Contacts: {'Allison': '(520)555-6789', 'Marty': '(650)555-1234'}
>>> phonebook
{'Allison': '(520)555-6789', 'Marty': '(650)555-1234'}
```

字典中的键必须是不同的，字典为每一个键仅保存一个值。如果你给一个键赋过一个值，之后再次对这个键执行赋值操作，那么新值将会取代该键的旧值。可以将下面的语句放在前面交互操作的语句之后输入 Python Shell 中。

```
>>> # replacing a value in a dictionary
>>> phonebook["Allison"]
'(520)555-6789'
>>> phonebook["Allison"] = "(444)555-8800"
>>> phonebook["Allison"]
'(444)555-8800'
```

虽然在字典的键 / 值对中不会存在相同的键，但是同一个值却可以与两个或多个键相关联。例如，下面交互操作中的代码就是让两个人共用同一个电话号码：

```
>>> # dictionary where two keys pair with the same value
>>> phonebook
{'Allison': '(520)555-6789', 'Marty': '(650)555-1234'}
>>> phonebook["Yana"] = "(650)555-1234"   # duplicate value
>>> phonebook["Marty"]
'(650)555-1234'
>>> phonebook["Yana"]
'(650)555-1234'
```

```
>>> phonebook
{'Allison': '(520)555-6789', 'Marty': '(650)555-1234',
 'Yana': '(650)555-1234'}
```

现在，我们再回到电话簿的例子，用字典来实现一个完整的程序。在这个例子中，数据来源于一个文件。所以，正确的方法是先创建一个空的字典来表示电话簿，然后遍历这个文件中的每一行，把每一行的内容作为一个键 / 值对存储到字典中。若要查询某个人的电话号码，则可以使用方括号运算符。下面就是完整的程序以及程序的一次执行示例：

```
1   # This program builds a phone book where the user can
2   # type a name and look up that person's phone number.
3   # The program stores the phone book as a dictionary.
4
5   def main():
6       # build phone book as list
7       phonebook = {}
8       with open("phonenumbers.txt") as file:
9           for line in file:
10              name, phone = line.split()
11              phonebook[name] = phone
12
13      # look up phone numbers
14      name = input("Name to look up? ")
15      while name != "":
16          print(name, "phone number is", phonebook[name])
17          name = input("Name to look up? ")
18      print("Have a nice day.")
19
20  main()
```

```
Name to look up? DirecTV
DirecTV phone number is (800)347-3288
Name to look up? Stuart
Stuart phone number is (206)555-6543
Name to look up?
Have a nice day.
```

8.1.2　字典操作

本节中我们将详细探讨字典支持的各种操作。字典提供了很多有用的方法和操作，表 8-1 是其中最常用的一些操作。

表 8-1　字典操作

操作	描述
dict[key]	返回与给定键关联的值。若没有找到，则提示 KeyError 错误
dict[key] = value	为给定键赋一个关联的值。若原已存在，则替换之

（续）

操作	描述
del dict[key]	删除给定键及与其对应的值。若没有找到，则提示 KeyError 错误
key in dict	若找到给定键，则返回 True
key not in dict	若找不到给定键，则返回 True
len(dict)	返回字典 dict 中键/值对的总数
str(dict)	以字符串形式返回字典 dict 的内容，例如 "{'a':1, 'b':2}"
dict.clear()	删除字典 dict 中的全部键/值对
dict.get(key, default)	返回与给定键关联的值。若没有找到，则返回 default
dict.items()	以 (key, value) 元组序列的形式，返回字典的内容
dict.keys()	以序列的形式返回字典中的所有键
dict.pop(key)	返回与给定键关联的值，然后删除该键/值对
dict.update(dict2)	将字典 dict2 的键/值对全部添加到当前字典 dict 中。如果存在相同的键，则替换之
dict.values()	以序列的形式返回字典中的所有值

我们之前的电话簿程序存在的一个问题是，若用户输入一个字典中并不存在的人名，将会导致程序崩溃：

```
Name to look up? Hermione
Traceback (most recent call last):
  File "phonebook.py", line 17, in <module>
    main()
  File "phonebook.py", line 15, in main
    print(name, "phone number is", phonebook[name])
KeyError: 'Hermione'
```

若找不到一个指定的键，则字典的 [ ] 查找运算将提示 KeyError 错误，从而导致程序崩溃。你可以通过在访问一个指定键之前先检查该键是否存在，来避免发生这个错误。下面就是用关键字 in 来实现这个策略。

```
if key in dict:
    statement
    statement
    ...
    statement
```

语法模板：在字典中检查是否存在一个键

下面的代码就是用来避免电话簿程序发生崩溃的：

```
name = input("Name to look up? ")
if name in phonebook:
    print(name, "phone number is", phonebook[name])
else:
    print(name, "not found.")
```

能够提供字符串和列表长度的 len 函数，同样也可应用于字典。当应用于字典时，len 返回的是字典中键/值对的总数。空字典的长度是 0。

```
>>> # adding a pair to a dictionary
>>> phonebook = {"Allison": "(520)555-6789",
                 "Marty": "(650)555-1234",
                 "Stuart": "(206)555-6543"}
>>> len(phonebook)
3
>>> phonebook["Yana"] = "(206)555-5683"
>>> len(phonebook)
4
```

关键字 del 用于从字典中删除一个键 / 值对。尽管在删除语句中仅有键名，但是实际效果是：键及其关联的值都被删除。如果没有找到给定的键，则系统提示 KeyError 错误。所以不要轻易删除一个键，除非你清楚地知道它在字典中存在。删除一个键 / 值对的一般语法格式如下：

```
del dict[key]
```

语法模板：从字典中删除一个键/值对

下列代码演示了如何从字典中删除一个键 / 值对：

```
>>> # deleting a pair from a dictionary
>>> phonebook
{'Stuart': '(206)555-6543', 'Yana': '(206)555-5683',
 'Marty': '(650)555-1234', 'Allison': '(520)555-6789'}
>>> del phonebook["Marty"]
>>> phonebook
{'Stuart': '(206)555-6543', 'Yana': '(206)555-5683',
 'Allison': '(520)555-6789'}
```

8.1.3 遍历字典

字典的本质特点决定了你不需要遍历它的全部内容。要想找到一个特定的键，你根本就不需要用一个循环来搜索字典中的全部内容，因为假如它们在字典中存在的话，那么使用关键字 in 和方括号 [ ] 就可以为你提取出该键及其关联的值。但有些情况下，你可能希望遍历字典，例如打印字典的所有元素。

有很多方法可以用来遍历字典中的内容。最简单的方法就是使用一个标准的 for 循环，此时循环变量是字典的键：

```
>>> # for loop over dictionary keys
>>> phonebook = {"Allison": "(520)555-6789",
                 "Marty": "(650)555-1234",
                 "Stuart": "(206)555-6543"}
>>> for name in phonebook:
...     print(name)
...
Stuart
Allison
Marty
```

如果你还想打印出字典中的值，那么可以在循环中使用带方括号 [ ] 的键变量来找出相应的值。

```
>>> # for loop over dictionary keys (and look up values)
>>> for name in phonebook:
...     print(name, "has phone number", phonebook[name])
...
Stuart has phone number (206)555-6543
Allison has phone number (520)555-6789
Marty has phone number (650)555-1234
```

字典还提供名为 keys、values 和 items 的方法，这些方法分别返回键、值、键值对的序列。这里所说的**序列**（sequence）是一个类似于列表的对象，你完全可以把它当作列表来处理。这些序列有时也称为字典的数据集合**视图**（view），因为每个视图都是字典中概念上存在的数据集合。也许最有用的数据集合视图是字典的 items 方法，该方法以 *(key, value)* 元组序列的形式返回字典的内容。你可以使用这个方法来循环遍历字典中的内容，而无须使用方括号 [ ] 来查找每个数据项。以我们的电话簿程序为例，借助该方法就可以轻松地打印出人名（键）和电话号码（值）：

```
>>> for (name, phone) in phonebook.items():
...     print(name, "has phone number", phone)
...
Stuart has phone number (206)555-6543
Allison has phone number (520)555-6789
Marty has phone number (650)555-1234
```

常见编程错误

对字典使用基于索引的 for 循环

对字典不能向对待字符串或列表那样使用基于索引的 for 循环。这是因为，与列表不同的是，字典并不是基于从 0 开始的整数索引来存储它的元素，而是基于键来存储它的元素。下面的循环无法实现程序员的意图，还会提示一个 KeyError 错误。

```
# trying to loop over a dictionary (this style does not work)
phonebook = {"Allison": "(520)555-6789",
             "Marty": "(650)555-1234",
             "Stuart": "(206)555-6543"}

for i in range(len(phonebook)):
    print(phonebook[i])
```

一些初级程序员常指责字典没有采用整数索引，但是不同的数据集合会在不同的编程环境下找到自己的用武之地。字典并不是要实现列表的所有功能，因为它是被设计用来在不同环境下使用的。如果你正在编写一个程序，该程序需要用编号的索引来存储信息，那么就请用列表；如果要关联成对的值并需要经常查询这些信息，那么就请用字典。

8.1.4 字典排序

　　如果仔细观察前面的示例在 Python Shell 下的输出结果，你可能已经发现键与值显示的顺序并不是定义它们的顺序。例如，下面的交互语句按照给定的顺序创建了一个包含人名和电话号码的字典，但是利用 for 循环打印出来的键 / 值对，与定义的顺序完全不同。

```
>>> # loop over a dictionary (keys out of order)
>>> phonebook = {"Comcast": "(800)266-2278",
                 "Marty": "(650)555-1234",
                 "Allison": "(520)555-6789",
                 "Stuart": "(206)555-6543"}
>>> for name in phonebook:
...     print(name)
...
Stuart
Comcast
Allison
Marty
```

　　这并不是编程错误或印刷错误，这是由字典的内部实现机制决定的。实现字典时，必须保证它能够快速地根据键对字典进行添加、删除或查找。为此，实现字典时使用了一个称为**哈希表**（hash table）的数据结构。所以，字典中的元素是按照不同的内部算法决定的顺序来存储的，而不是按照你往字典里添加数据项的顺序来存储的。在本书中，我们不打算深入探讨哈希表的细节，但是如果你感兴趣的话，可以上网搜索以了解更多关于哈希表的信息。目前我们希望聚焦在如何正确地使用字典上。基本思想是，在使用字典时，为了获得高速的查询能力，我们选择放弃了元素顺序的可预测性。

　　如果你的确想按照给定的顺序逐个遍历字典中的全部元素，那么可以使用循环。例如，你想按照字典序来逐个遍历电话簿中的人名，则可以将电话簿中键的列表（通过 keys 方法返回）传递给上一章介绍过的排序函数 sorted。

```
>>> # loop over a dictionary (keys in sorted order)
>>> for name in sorted(phonebook.keys()):
...     print(name)
...
Allison
Comcast
Marty
Stuart
```

　　这里还可以使用其他的序列排序函数，例如 reversed。

　　完全控制字典中元素的顺序是不可能的。Python 语言提供了一些类似字典的对象供你使用，以提高对元素排序的控制能力。有一个称为 OrderedDict 的数据集合，基本上可以提供与字典一样的功能，只是它可以按照你添加的顺序来存储键 / 值对。若要使用 OrderedDict，必须在程序的顶部增加下面这样的 import 语句：

```
from collections import OrderedDict
```

一旦导入了 OrderedDict 库,你就可以像下面这样创建一个有序的字典。创建好有序字典后,OrderedDict 支持表 8-1 所列出的、可对一个标准的字典实施的所有操作。下面的交互语句演示了如何创建一个有序的字典。请注意:我们并没有用花括号括起来的键 / 值对来定义有序字典,因为那是创建一个普通字典的语法。相反,我们把电话簿初始化为一个空的 OrderedDict,然后逐个添加键 / 值对。最后用循环来遍历这个有序字典时,人名出现的顺序刚好是我们添加它们的顺序。

```
>>> # use OrderedDict to store keys in sorted order
>>> from collections import OrderedDict
>>> phonebook = OrderedDict()
>>> phonebook["Comcast"] = "(800)266-2278"
>>> phonebook["Marty"] = "(650)555-1234"
>>> phonebook["Allison"] = "(520)555-6789"
>>> phonebook["Stuart"] = "(206)555-6543"
>>> for name in phonebook:
...     print(name)
...
Comcast
Marty
Allison
Stuart
```

OrderedDict 第一眼看上去可能要比标准字典更好,因为 OrderedDict 除了提供与标准字典同样的操作,还支持可预测的排序。但是程序员更愿意使用标准字典,这有很多原因。在绝大多数涉及字典的应用中,键 / 值对的顺序并不是用户所关注的。查询某个键时,用 in 和 [ ] 比用循环来遍历整个字典更常见,而且 OrderedDict 并不支持使用在花括号内放入一组给定的键 / 值对的相同语法形式来创建和初始化一个字典。此外,OrderedDict 占用的存储空间比标准字典要稍多一点,在像用给定键去查询值这样的典型应用中,OrderedDict 的速度比标准字典也要稍慢一点。综上所述,我们还是建议你选用标准字典,除非元素的排序对于你要解决的问题是非常关键的。

欲了解更多关于 OrderedDict 以及其他字典变体的信息,请查阅 Python 的官方在线文档:https://docs.python.org/3/library/collections.html#collections.OrderedDict。

8.2　字典的高级应用

在本节中,我们将学习字典的更多用法,你可以利用这些用法去解决一些新的编程问题。你已经看到了,对于完成各种各样的编程任务,字典是全能的、功能强大的。一旦你熟悉了字典,就会发现可以把它应用在很多程序中。

8.2.1　字典的统计

在很多计算任务中,都需要统计不同的信息出现的次数。上一章的案例研究就统计了不同数字出现的次数。在解决这类问题时,字典可以大显身手。例如,假设你想在一本大部头书籍中统计哪些单词是最常出现的。要想知道结果,需要先统计出书中每一个单词出现的次数,然后检查这些统计值,最后打印出最大值对应的那些单词。书籍的内容来自一个文件。假设文件中的前几个单词如下:

```
to be or not to be that is the question
```

编程的策略是一个累加算法，这个算法与你在其他计算问题中看到的算法类似。但是在这里，你要统计一些与众不同的信息。特别地，你需要统计出每一个单词出现的次数。只有读完文件中的每一个单词，你才能累计出单词出现的次数。

这个算法的执行过程是这样的：打开文件并遍历其中的每一个单词。在代码查看每个单词时，我们要为看到的每一个单词设置一个独立的计数器。当检查下一个单词时，如果之前没有遇到过这个单词，就要为它开启一个初值为 1 的新的计数器；如果之前看见过这个单词，则它肯定已经有一个计数器了，只需给相应的计数器增 1。这个算法的伪代码描述如下：

```
word_counts = Empty dictionary.
For each word in the file:
    If I have never seen this word before:
        Store a count of 1 for this word in the dictionary.
    Otherwise, if I have seen this word before:
        Increase this word's count by 1 in the dictionary.
```

算法的核心思路是用字典来存储键 / 值对 (*word, count*)，其中键就是文件中的单词，值就是迄今为止该单词出现的次数。

```
to be or not to be that is the question
  ^

counts: {'to': 1}
```

循环过程中，每遇到一个新单词，就将该单词与初值为 1 的计数器组成一个键 / 值对，存储到字典中。

```
to be or not to be that is the question
           ^

counts: {'to': 1, 'be': 1, 'or': 1, 'not': 1}
```

当代码遇到一个之前看见过的单词时，就将该单词的计数器增 1。

```
to be or not to be that is the question
              ^

counts: {'to': 2, 'be': 2, 'or': 1, 'not': 1}
```

前面我们说过，往字典中存入一个键 / 值对时，如果那个键已经存在于字典中，则旧的键 / 值对将会被替换。例如，如果已经存在键 / 值对 ("ocean", 25)，而又写入新的键 / 值对 ("ocean", 26)，则旧的键 / 值对就被替换了。在程序读完整个文件后，我们就可以打印出现次数超过 2000 的那些单词了。

下面是完整的程序。其中，我们引入了用于改善程序结构的函数以及一个常量，这个常量表示入选最常出现单词的最低出现次数。另外，在读入文件时，我们还把整个文件文本转化为小写字母，这样程序就可以不再区分大小写。针对小说《白鲸》(*Moby-Dick*) 程序产生如下输出。

```
1  # Uses a dictionary to implement a word count,
2  # so that the user can see which words
3  # occur the most in the book Moby-Dick.
4
```

```
 5  # minimum number of occurrences needed to be printed
 6  OCCURRENCES = 2000
 7
 8  def intro():
 9      print("This program displays the most")
10      print("frequently occurring words from")
11      print("the book Moby Dick.")
12      print()
13
14  # Reads book and returns a dictionary of (word, count) pairs.
15  def count_all_words(file):
16      # read the book into a dictionary
17      word_counts = {}
18      for word in file.read().lower().split():
19          if word in word_counts:
20              word_counts[word] += 1    # seen before
21          else:
22              word_counts[word] = 1     # never seen before
23      return word_counts
24
25  # Displays top words that occur in the dictionary
26  # at least OCCURRENCES number of times.
27  def print_results(word_counts):
28      for word, count in word_counts.items():
29          if count > OCCURRENCES:
30              print(word, "occurs", count, "times.")
31
32  def main():
33      intro()
34      with open("mobydick.txt") as file:
35          word_counts = count_all_words(file)
36          print_results(word_counts)
37
38  main()
```

```
This program displays the most
frequently occurring words from
the book Moby Dick.

to occurs 4448 times.
a occurs 4571 times.
that occurs 2729 times.
of occurs 6408 times.
the occurs 14092 times.
in occurs 3992 times.
and occurs 6182 times.
his occurs 2459 times.
```

　　如果觉得实现这个算法的代码有点长，你还可以改用字典的 get 方法。get 方法返回与某个给定键关联的值，或者在没有找到这个键时返回一个缺省值。这样我们就可以避免用 if 语句来测试某个给定键是否存在于字典中。如果这个给定键不存在的话，你得到的就是缺省值 0。

```
# read the book into a dictionary (using get method)
word_counts = {}
for word in file.read().lower().split():
    word_counts[word] = word_counts.get(word, 0) + 1
```

　　请注意上面的输出只显示了前面的单词，但是它们没有以特定的顺序来排列。如何按照一个较好的顺序来显示这些单词呢？一个简单的修改就是用函数 sorted 来处理字典，以便使它们可以按字典序显示出来。但是用户很可能更想看到这些最常出现的单词按照出现的次数由高到低降序排列输出。

　　由于字典内部排列顺序的不可预测性，导致很难打印出按出现词频排在最前面的单词。我们已经看到，字典按照一个特定的顺序来存储它的键 / 值对，这使得对处理结果进行排序是比较麻烦的。为此，解决办法是先把处理得出的键 / 值对存入一个列表中，然后对列表进行排序。我们先编写一个名为 most_common_words 的函数，该函数接收一个字典作为参数，返回一个 (*count, word*) 元组的列表，其中每个元组中的单词（word）的出现次数（count）至少为 2000 次。

```
# Returns a list of (count, word) tuples of all words in the
# given (word, count) dictionary that occur at least 2000 times.
def most_common_words(word_counts):
    most_common = []
    for (word, count) in word_counts.items():
        if count > OCCURRENCES:
            most_common.append((count, word))
    return most_common
```

　　如果生成一个由二元组组成的列表并对其进行排序，则它将根据每个元组的第一部分的大小按照升序排序，这样会断开其与每个元组第二部分的联系。因为我们想按照单词出现的次数排序，所以应按（*count, word*）顺序存储列表中的单词。在调用排序函数时，要声明是逆序的，这样才能得到按出现词频降序排列在最前面的单词。为了实现这个改变使用下面的语句替换掉原先程序中的 print_results 函数：

```
# Displays top words that occur most in the dictionary.
def print_results(word_counts):
    wordlist = most_common_words(word_counts)
    wordlist.sort(reverse = True)
    for count, word in wordlist:
        print(word, "occurs", count, "times.")
```

```
the occurs 14092 times.
of occurs 6408 times.
and occurs 6182 times.
a occurs 4571 times.
to occurs 4448 times.
in occurs 3992 times.
that occurs 2729 times.
his occurs 2459 times.
```

Python 语言在其内置的 collections 模块中，专门为统计类问题提供了一个名为 Counter 的特殊类型的字典。Counter 可以通过列表或序列来创建，提供像单词次数统计这样的功能。Counter 中键就是序列中的一个元素，值就是该元素在序列中出现的次数。创建 Counter 的语法如下：

```
from collections import Counter
...
name = Counter(sequence)
```
语法模板：创建一个 Counter

Counter 能够很好地完成前面那个程序所做的工作——统计一本书中单词出现的次数。若要使用 Counter，首先要创建一个由目标单词组成的列表。在这里，我们想统计文件中单词出现的次数，并且与大小写无关。我们通过调用函数 `file.read().lower().split()` 从文件中得到由全部是小写的所有单词组成的列表。

```
# list of all words in the file, in lowercase
words = file.read().lower().split()


# create a Counter to tally counts of all words
word_counts = Counter(words)
```

一旦创建好名为 word_counts 的 Counter 字典，就可以在程序的后续部分把它当作一个标准字典来使用。下面的程序实现了与之前的单词计数程序一模一样的输出结果：

```
 1  # Uses a Counter to implement a word count,
 2  # so that the user can see which words
 3  # occur the most in the book Moby-Dick.
 4
 5  from collections import Counter
 6
 7  # minimum number of occurrences needed to be printed
 8  OCCURRENCES = 2000
 9
10  def intro():
11      print("This program displays the most")
12      print("frequently occurring words from")
13      print("the book Moby Dick.")
14      print()
15
16  # Displays all words in the dictionary that occur
17  # at least OCCURRENCES number of times.
18  def print_results(word_counts):
19      for word, count in word_counts.items():
20          if count > OCCURRENCES:
21              print(word, "occurs", count, "times.")
22
23  def main():
24      intro()
25      with open("mobydick.txt") as file:
```

```
26              words = file.read().lower().split()
27              word_counts = Counter(words)
28          print_results(word_counts)
29
30  main()
```

在上面这种情况下，相比使用标准字典，使用 Counter 可使程序代码更加清晰、更加简单。不过，掌握用字典来实现计数和统计的原理仍然是很重要的，因为很多编程语言并不提供像 Counter 这样的数据结构，而且 Counter 也不像标准字典那样可以胜任所有的统计任务。

8.2.2　嵌套的数据集合

像列表和字典这样的基本数据集合本身就具有强大的功能，但是如果你把它们联合起来使用能解决更加有意义的问题。一个数据集合可以包含其他的数据集合。例如，可以定义一个列表的列表、一个字典的集合、一个由（字符串，集合）对组成的字典等。嵌套的深度可以是任意的，例如一个集合的列表的字典的集合的列表（哇！）。包含其他数据集合的数据集合称为**嵌套的数据集合**（nested collection）或**复合的数据集合**（compound collection）。

嵌套的数据集合（复合的数据集合）

一个在其内部又包含了其他数据集合的数据集合，例如一个集合的列表或者一个列表的字典。

对于嵌套的数据集合，并没有特殊的 Python 语法，只要把它们当作某种数据类型的数据集合即可。例如，下面 Python Shell 中的交互语句就创建了一个你在社交网络上见过的表示"好友列表"的字典，其中的键就是一个人的姓名，值就是这个人的好友列表。

```
>>> # creating a nested collection
>>> buddies = {}
>>> buddies["Arya"] = ["Bran", "Catelyn"]
>>> buddies["Dany"] = ["Jorah", "Greyworm", "Missandei"]
>>> buddies["Stannis"] = ["Davos"]
>>> buddies["Theon"] = []
>>> buddies
{'Arya': ['Bran', 'Catelyn'], 'Stannis': ['Davos'],
 'Theon': [], 'Dany': ['Jorah', 'Greyworm', 'Missandei']}
>>> buddies["Dany"]
['Jorah', 'Greyworm', 'Missandei']
>>> buddies["Dany"][0]
'Jorah'
>>> len(buddies["Arya"])
2
>>> buddies["Dany"].append("Barristan")
>>> buddies["Dany"]
['Jorah', 'Greyworm', 'Missandei', 'Barristan']
```

请注意在上面的交互中，每个键是一个字符串，每个值是一个字符串列表。如果你像 buddies["Dany"] 这样用键在字典中查询其对应的值，那么得到的将是一个完整的列表。如果只想得到列表中的单个元素，则要么把列表存入某个变量，然后用整数索引找到它，要么用另外一组方括号 [ ] 如像 buddies["Dany"][0] 这样来访问 Dany 的好友列表中的第 0 个元素。

上面 Python Shell 的交互语句中，每个键／值对都是单独创建的。但是如果你事先知道字典中的全部内容，那么可以像下面这样一次性地对整个嵌套的数据集合进行初始化：

```
>>> # creating a nested collection (quick initialization)
>>> buddies = {
...     "Arya"    : ["Bran", "Catelyn"],
...     "Dany"    : ["Jorah", "Greyworm", "Missandei"],
...     "Stannis" : ["Davos"],
...     "Theon"   : []
... }
...
>>> buddies
{'Arya': ['Bran', 'Catelyn'], 'Stannis': ['Davos'],
 'Theon': [], 'Dany': ['Jorah', 'Greyworm', 'Missandei']}
```

我们看一个涉及更大数据集的例子。假设下面的文件 *thesaurus.txt* 中包含了来自一个同义词词典的数据，即这个文件的内容是许多英文单词的同义词列表。文件的格式是每个记录包含四行信息：第一行是单词本身，第二行是像名词或形容词这样的说明，第三行是用字符"|"分隔的同义词序列，第四行是一个空行。下面就是文件的部分数据：

```
abate
verb
slake|slack|decrease|lessen|minify|let up|slack off|diminish

abeyance
noun
suspension|inaction|inactivity|inactiveness
...
```

假设我们现在要编写一个程序来提示用户输入一个单词，然后从同义词数据中查找并随机选择它的一个同义词。下面是该程序输入和输出的一个例子：

```
Word to look up (Enter to quit)? abate
A synonym for abate is decrease
```

程序应该允许用户根据需要查找尽可能多的单词，所以数据文件将会很大。每次用户输入一个单词，如果程序就在整个文件中查找的话，那么效率将会是很低的。因此，我们要把文件读到一个数据集合中，以便能够快速查找。在查找用户输入的单词时，由于我们不希望遍历整个数据集合，所以列表并不是一个好的选择，而把单词当作键的字典就要好得多。

由于字典只存储键／值对，所以每个单词键关联的值就是这个单词的同义词。对于一个给定的单词，可能存在很多同义词，所以这里正好是嵌套的数据集合施展才能的地方。因此本例中用字典存储键／值对的格式为（单词，同义词列表）。

程序的第一个主要任务就是读取输入文件并将读取的数据存储到字典中。具体来说，就是把文件内的所有数据行读到一个列表中，然后以列表的索引为循环变量、以 4 为步长遍历整个列表。四行数据为一组：第一行（索引 i）就是单词本身；第二行（索引 i+1）就是该单词的词性，本程序中我们将忽略它；第三行（索引 i+2）就是该单词的同义词序列。我们将第三行拆分成一个单词字符串的列表，然后组装成（单词，同义词列表）的键 / 值对存入字典中。

```python
# read thesaurus into a dictionary
thesaurus = {}
with open("thesaurus.txt") as file:
    lines = file.readlines()
    for i in range(0, len(lines) - 3, 4):
        word = lines[i].strip()
        synonyms = lines[i + 2].strip().split("|")
        thesaurus[word] = synonyms
```

　　一旦创建完表示同义词词典的嵌套字典，我们就可以提示用户输入想查询的单词了。在用户输入完想要查询的单词后，我们将以该单词为键，拉取出其关联的值，即单词的同义词列表。最后，我们还要从同义词列表中随机地选取一个打印出来给用户看，这时 random 模块中的 choice 函数就派上用场了。choice 函数接收一个值的列表或序列作为参数，随机地从这个列表中选择一个值作为函数值返回。

```python
word = input("Word to look up (Enter to quit)? ")
synonyms = thesaurus[word]      # a list of synonyms
syn = random.choice(synonyms)   # random element from that list
print("A synonym for", word, "is", syn)
```

　　下面就是完整的程序以及程序执行的一个示例。这个最终版本的程序由若干个分解出来的函数构成，并添加了一些代码来避免查询那些在字典中并不存在的单词。

```python
1   # This program reads an input file of thesaurus data
2   # and allows the user to look up synonyms for words.
3   # It stores words in a nested dictionary of lists,
4   # where each key is a word and its value is a list
5   # of synonyms of that word from the thesaurus file.
6
7   import random
8
9   # Reads the given input file and converts its data
10  # into a dictionary where each key is a word and each
11  # value is a list of synonyms for that word.
12  def read_thesaurus(filename):
13      thesaurus = {}
14      with open(filename) as file:
15          lines = file.readlines()
16          for i in range(0, len(lines) - 3, 4):
17              word = lines[i].strip()
18              synonyms = lines[i + 2].strip().split("|")
19              thesaurus[word] = synonyms
20      return thesaurus
21
22  # Looks up and prints a randomly chosen synonym
```

```
23   # for the given word in the given thesaurus.
24   # If the word is not found, prints an error message.
25   def find_random_synonym(thesaurus, word):
26       if word in thesaurus:
27           synonyms = thesaurus[word]
28           syn = random.choice(synonyms)
29           print("A synonym for", word, "is", syn)
30       else:
31           print(word, "not found.")
32
33   def main():
34       # introduction
35       print("This program looks up random synonyms")
36       print("for you from a thesaurus.")
37       print()
38
39       # read thesaurus into a dictionary
40       thesaurus = read_thesaurus("thesaurus.txt")
41
42       # look up random synonyms
43       word = input("Word to look up (Enter to quit)? ")
44       while word != "":
45           find_random_synonym(thesaurus, word)
46           word = input("Word to look up (Enter to quit)? ")
47
48       print("Goodbye.")
49
50   main()
```

```
This program looks up random synonyms
for you from a thesaurus.

Word to look up (Enter to quit)? abate
A synonym for abate is decrease
Word to look up (Enter to quit)? alloy
A synonym for alloy is fuse
Word to look up (Enter to quit)? vivacious
A synonym for vivacious is spirited
Word to look up (Enter to quit)? prevaricate
A synonym for prevaricate is misinform
Word to look up (Enter to quit)?
Goodbye.
```

8.2.3　字典推导

在前一章中，我们介绍了用以生成一个现有列表的变体列表的列表推导。Python 语言还有一个类似的针对字典的操作称为**字典推导**。字典推导指定一个键 / 值对模板，并用这个模板去修改一个现有字典的所有键 / 值对，从而得到一个新的字典。

> **字典推导**
>
> 基于一个现有的字典或其他值序列来指定一个新的字典及其元素的表达式。

字典推导的通用语法如下：

```
{key: value for pattern in sequence}
```
语法模板：字典推导

为了适应来自不同信息源的数据，字典推导的语法是很灵活的。例如，下面的交互语句将创建一个以整数为键、以该整数的平方为值的字典。这样，你就可以通过调用 squares[k] 来获得整数 *k* 的平方值。

```
>>> # dictionary comprehension based on a range of integers
>>> squares = {x: x*x for x in range(1, 7)}
>>> squares
{1: 1, 2: 4, 3: 9, 4: 16, 5: 25, 6: 36, 7: 49}
>>> squares[5]
25
```

而下面的交互语句创建的字典则是以某个字符串中的单词为键，以该单词的长度为值。

```
>>> # dictionary comprehension of words in a string
>>> text = "four score and 7 years"
>>> lengths = {s: len(s) for s in text.split()}
>>> lengths
{'four': 4, 'and': 3, '7': 1, 'years': 5, 'score': 5}
>>> lengths["and"]
3
```

字典推导是在一个现有字典的基础上进行的。以上一节我们建立的电话簿字典为例，如果你已经可以在电话簿或联系人列表中查询电话号码了，这时你很可能对电话簿有一个逆向的需求：未接的电话号码 (555)123-4567 是谁打来的？遗憾的是，绝大多数电话簿并不能帮到你。如果你知道人名，它可以帮你查出电话号码，但反过来不行。字典也有同样的局限性，它可以根据给定的键帮你找到值，但是很难根据给定的值找到相应的键。

现在好了，你可以用字典推导来创建一个反转版的电话簿。这表示我们将构建一个新的字典来将每个值作为一个键，而将每个键作为一个值。有时也称其为**反转**一个字典。下面 Python Shell 中的交互语句演示了如何反转前面的电话簿字典：

```
>>> # inverting a dictionary using a dictionary comprehension
>>> phonebook = {"Allison": "(520)555-6789",
                 "Marty": "(650)555-1234",
                 "Stuart": "(206)555-6543"}
>>> reversebook = {v: k for k, v in phonebook.items()}
```

```
>>> reversebook
{'(206)555-6543': 'Stuart', '(520)555-6789': 'Allison',
 '(650)555-1234': 'Marty'}
```

反转字典并不总是很简单的。我们之前强调过，字典中存储的任意两个键/值对不能具有相同的键，但是允许有相同的值。如果你试图反转的字典中存在具有相同值的键/值对，那么反转时这些值变为键后将会发生冲突，最终只能有一个保留下来。例如，下面具有相同号码的电话簿在反转过程中就丢失了一个记录。注意：由于与 "Yana" 的值相同，"Marty" 的记录在反转后就被覆盖了。

```
>>> # inverting a dictionary with duplicates
>>> phonebook = {"Allison": "(520)555-6789",
                 "Marty": "(650)555-1234",
                 "Stuart": "(206)555-6543",
                 "Yana": "(650)555-1234"}
>>> reversebook = {v: k for k, v in phonebook.items()}
>>> reversebook
{'(206)555-6543': 'Stuart', '(520)555-6789': 'Allison',
 '(650)555-1234': 'Yana'}
```

这个问题的一种解决方案是，创建一个嵌套的数据集合，其中每个电话号码与使用该号码的人名列表或集合进行配对。

8.3　集合

列表的主要不足就是查找起来需要花很长时间。通常，如果你想查找一个列表的话，必须顺序读出每一个元素，然后检查它是否是你要找的目标。对于一个很长的列表而言，这将花费很多时间。（在第 10 章，我们将更深入地介绍列表搜索。）

列表的另外一个不足就是难以防止列表中存储重复元素。在大多数情况下，这并不是问题，但是如果你要存储一本书中的不同单词数，你肯定不希望数据集合中存在重复的数据项。为了防止列表中存在重复元素，在每次加入新的元素前，必须顺序搜索整个列表。

当你想要维护一个既可以快速搜索又可以避免重复的元素集合时，最好使用另一种被称为**集合**（set）的数据集合。

> **集合**
> 不存在重复元素的易于搜索的数据集合。

集合这种数据结构与数学中的集合概念非常类似。尽管集合不支持可以在列表上执行的所有操作（即任何需要索引的操作），但是它的确能够提供快速搜索和轻松消除重复项的功能。集合的核心操作是元素的添加、删除和成员测试。一个好的集合应该能高效地实现这三种操作。

8.3.1　集合的基本概念

Python 包含一个名为 set 的内置数据集合，用于表示集合。你可以通过调用函数 set() 来创建一个空的集合，其基本语法如下：

```
name = set()
```
语法模板：定义一个空的集合

你还可以创建一个包含初始元素序列的集合。这种创建集合的语法就是将这些元素写在一对花括号 { } 内。这种创建集合的语法类似于创建字典的语法，只是不需要写冒号或键 / 值对，因为集合内都是单个的元素。

```
name = {expression, expression, ..., expression}
```
语法模板：用初始元素来定义一个集合

需要注意的是，不能用一对花括号 { } 来创建一个空的集合，因为 Python 语言已经把 { } 认定为一个空的字典了。

如果你想保存一个人名的集合，可以编写像下面这样的代码。代码执行后，集合将仅包含四个元素，因为只能将一个 "Moe" 放入集合中。

```
>>> # interacting with a set
>>> stooges = {"Larry", "Moe", "Curly"}
>>> stooges
{'Curly', 'Moe', 'Larry'}
>>> stooges.add("Shemp")          # add an element
>>> stooges
{'Shemp', 'Curly', 'Moe', 'Larry'}
>>> stooges.add("Moe")            # duplicate; won't be added
>>> stooges
{'Shemp', 'Larry', 'Moe', 'Curly'}
>>> stooges.remove("Curly")       # remove an element
>>> stooges
{'Shemp', 'Moe', 'Larry'}
```

你还可以通过调用函数 set，并向其传递一个列表、集合或其他数据序列，来创建一个新的集合。这个创建好的集合将以传递给它的序列中的值作为集合中的元素，但是重复出现的值仅保留一个。如果你传递的是一个字符串，那么集合的元素就是组成该字符串的不同字符。

```
>>> # creating sets from lists and strings
>>> word_list = ["to", "be", "or", "not", "to", "be"]
>>> word_set = set(word_list)
>>> word_set
{'or', 'not', 'to', 'be'}
>>> letters = set("mississippi")
>>> letters
{'i', 'm', 'p', 's'}
```

你可以用关键字 in 来测试一个给定的值是否存在于集合中。

```
>>> # testing for membership in a set
>>> stooges = {"Larry", "Moe", "Curly"}
>>> "Moe" in stooges
True
```

```
>>> "Donald" in stooges
False
>>> if "Curly" in stooges:
...     print("Woop woop woop!")
...
Woop woop woop!
```

常用的 len 函数可以返回集合中元素的个数。

```
>>> # interacting with a set
>>> stooges = {"Larry", "Moe", "Curly"}
>>> len(stooges)
3
```

第一眼看上去，集合与列表的差别并不大。你可以使用列表执行集合的所有操作。为防止列表中存在重复的数据，在向列表中添加值之前，需要添加一个 if 语句来检查这个值是否已经在列表中。而使用集合就不用担心会重复处理同一个值了，因为集合的一个主要好处就是它会确保其中不会存在重复的值。使用集合的另外一个好处就是在执行增加、删除或查找元素等核心操作时，集合的效率要比列表高得多，所以你可以创建一个很大的集合并反复执行查找操作，而不用担心性能太差。

集合允许你在忽略重复数据项的同时检查大量的数据。例如，如果你想知道小说《白鲸》（*Moby-Dick*）中有多少个不同的单词，那么可以编写下面这样的代码。在对《白鲸》（源于网站 gutenberg.org）进行文本处理后，该程序的输出结果如代码后面所示。

```
 1   # Uses a set to count words in Moby-Dick.
 2
 3   def main():
 4       words = set()
 5       with open("mobydick.txt") as file:
 6           for word in file.read().lower().split():
 7               words.add(word)
 8       print("Unique words =", len(words))
 9
10   main()
```

```
Unique words = 30368
```

如果采用集合的 update 方法，那么上面的程序还可以更加简洁。update 方法接收一个序列作为参数，然后将该序列中的所有元素添加到集合中，但是相同元素不会重复添加。上面程序中的 for 循环可以用下面的语句代替：

```
words.update(file.read().lower().split())
```

集合的一个不足是它不支持按索引存储元素。下面的循环在处理集合时就会引发错误，因为集合不支持 [ ] 整数索引。列表中涉及索引的所有方法对集合都是不适用的。下面代码不适用于集合。

```
# does not work; sets do not use integer indexes
stooges = {"Larry", "Moe", "Curly"}
for i in range(len(stooges)):
    print(stooges[i])    # error!
```

相反，你只能通过遍历整个集合的 for 循环来直接检查每一个元素。

```
# this code does work
stooges = {"Larry", "Moe", "Curly", "Shemp"}
for name in stooges:
    print(name)
```

```
Curly
Shemp
Larry
Moe
```

从上面的例子可以看出，打印出来的集合元素的排列顺序，与定义集合时书写它们的顺序是不同的。与字典一样，集合存储其元素的顺序是不可预测的。这是因为 Python 语言在实现集合和字典时，使用了相同的内部数据结构。

在学习字典时，我们介绍过 OrderedDict 可以用来表示能够记住其元素插入顺序的字典。不过，Python 语言并没有在其内置的类库中提供相应的 OrderedSet。尽管有些第三方类库提供了有序集合，但是在本书中我们不做介绍。因为若想得到一个按特定顺序存储单个元素的数据集合，可以采用列表而不是集合。如果需要按顺序处理集合中的所有元素，你可以像下面这样针对集合调用函数 sorted：

```
# loop over set in sorted order
stooges = {"Larry", "Moe", "Curly", "Shemp"}
for name in sorted(stooges):
    print(name)
```

```
Curly
Larry
Moe
Shemp
```

8.3.2　集合操作

本小节将详细介绍集合支持的各种操作。集合提供了很多有用的方法和操作，表 8-2 列出了其中最常用的部分。

表 8-2　集合操作

操作	描述
value in set	若在集合 set 中找到给定的值 value，则返回 True（真）
value not in set	若在集合 set 中找不到给定的值 value，则返回 True（真）
len(set)	返回集合 set 中元素的个数
str(set)	像 "{'a', 'b', 'c'}" 这样，把集合 set 中的元素以字符串形式返回

（续）

操作	描述
set.add(value)	如果给定的值 value 之前不存在的话，则将其加入集合 set 中
set.clear()	清除当前集合 set 中的所有元素
set.isdisjoint(set2)	如果当前集合 set 与集合 set2 之间没有相同的元素，则返回 True（真）
set.pop()	从当前集合 set 中删除一个元素，并将该元素返回
set.remove(value)	如果一个给定的值 value 存在于当前集合 set 中，则将其从集合中删除
set.update(sequence)	把序列 sequence 中的所有值加入当前集合 set 中，重复的值除外
set | set2 或 set.union(set2)	返回一个新的集合，新集合包含了 set 和 set2 中的所有元素
set & set2 或 set.intersection(set2)	返回一个新的集合，新集合仅包含同时存在于 set 和 set2 中的那些元素
set - set2 或 set.difference(set2)	返回一个新的集合，新集合仅包含存在于 set 而不存在于 set2 中的那些元素
set ^ set2 或 set.symmetric_difference(set2)	返回一个新的集合，新集合仅包含那些要么只存在于 set 要么只存在于 set2 中的元素
set < set2	如果集合 set 中的元素都存在于集合 set2 中且 set 的元素个数少于 set2 的元素个数，则返回 True（真）
set <= set2 或 set.issubset(set2)	如果集合 set 中的元素都存在于集合 set2 中，则返回 True（真）
set > set2	如果集合 set2 中的元素都存在于集合 set 中且 set 的元素个数多于 set2 的元素个数，则返回 True（真）
set >= set2 或 set.issuperset(set2)	如果集合 set2 中的元素都存在于集合 set 中，则返回 True（真）

我们已经讨论过像 add 和 in 这样的集合操作。还有一些集合操作是像 clear 和 remove 这样可以用于列表的操作。我们要讨论的集合操作中，最有趣的要数并集和交集这样典型的**集合操作**。在很多程序设计场合都会用到集合操作。例如，一个学校的注册系统可以用集合操作来查看哪些同学同时选修了两门课程。一个写作分析程序可以用集合操作来统计某个文档中的若干个字符串或不同单词中都出现过哪些不同的字母。一个纸牌或骰子程序可以用集合操作来根据玩家出牌的类型来统计玩家的分数。

请看一个基础的例子，计算两个给定的集合中有多少个不同的元素。这个问题的答案不能通过将两个集合的大小直接相加来得到，因为两个集合中有可能存在相同的元素，这样的元素不能重复统计。所以你应该先统计出第一个集合的元素个数，然后通过检查第二个集合中的元素是否已经存在于第一个集合中，来统计第二个集合中有多少个不同的元素：

```
# Returns the number of unique elements contained
# in either set1 or set2. Not a good model to follow.
def total_elements(set1, set2):
    count = len(set1)
    for element in set2:
        if element not in set1:
            count += 1
    return count
```

不过，更优雅的解决办法是通过计算两个集合的**并集**（union）来完成任务。集合 A 和 B 的并集是指包含了出现在 A 或 B 中所有元素的集合。并集是集合操作中的一种。还有一种集合操作是交集（由那些同时存在于 A 和 B 中的元素组成的集合）和差集（由那些只存在于 A 而不存在于 B 中的元素组成的集合）。在 Python 语言中，集合操作不会改变原有的集合，而是产生并返回一个新的集合来作为集合操作的结果。可以通过在两个集合上使用 union 方法来更优雅地对函数 total_elements 进行重写：

```python
# Returns the number of unique elements contained
# in either set1 or set2.
def total_elements(set1, set2):
    return len(set1.union(set2))
```

集合操作通常用一个被称为文氏图（Venn diagram）的图形来描述。在文氏图中，集合用圆圈来表示，集合操作用圆圈之间的阴影来表示。图 8-3 就是一些例子。

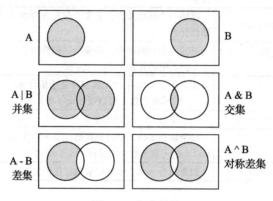

图 8-3　集合操作

集合操作太常用了，所以 Python 语言允许你使用一些运算符来调用集合操作，例如，| 表示求并集，而 & 表示求交集。下面 Python Shell 中的交互语句就展示了各种集合运算符的使用效果：

```python
>>> # set operators
>>> s1 = {1, 2, 5, 7, 9}
>>> s2 = {1, 4, 9, 16}
>>> s3 = {1, 5, 9}
>>> s4 = {1, 3, 4, 9, 16, 22}
>>> s1 | s2                    # union
{1, 2, 4, 5, 7, 9, 16}
>>> s1 & s2                    # intersection
{1, 9}
>>> s1 - s2                    # difference
{2, 5, 7}
>>> s1 ^ s2                    # symmetric difference
{2, 4, 5, 7, 16}
>>> s3 <= s1                   # subset
True
>>> s4 >= s2                   # superset
True
```

8.3.3　集合效率

使用集合的一个最重要的好处是它能够以难以置信的速度被搜索。在这里，我们不打算详细讨论算法和效率。第 10 章将详细地讨论程序的效率和运行时性能。但是我们要强调的是，即使是一个简单的程序，使用集合而不是列表，也会带来运行时性能的显著提高。

当你使用关键字 in 来检查列表中是否存在某个元素时，程序就必须顺序检查列表中的每一个元素直到找到目标值为止。如果列表很大的话，这个操作就要花费很长的时间。但是集合的内部实现采用了一种很巧妙的方法专门为快速搜索而进行了优化。集合内部使用了一种称为哈希表的特殊数据结构，哈希表为每个元素指定了一个专门的存储位置，以便能够很容易地实现集合元素的查找。这就意味着，对集合使用关键字 in 时，不需要检查每一个元素。作为使用者，你不需要知晓集合内部的实现细节。只要知道在集合中增加、删除或查找一个元素比在列表中完成相同的操作要快得多，这就足够了。

在上一节中，我们介绍了一小段程序，该程序段首先把像《白鲸》这样一本小说的文本文件中的内容读到一个集合中，然后统计文件中不同单词的个数。你可以很容易就编写出使用列表的程序代码，但是它运行起来可能很慢。这是因为，每次从文件中读出一个单词，程序就要检查整个列表以判断这个单词是否已经存在于列表中。在处理如此大的文件时，这些遍历和检查的开销累加起来可就不得了。

我们可以使用 Python 内置的 time 模块来测量一段给定的程序代码的运行时间。为了以秒为单位测量代码的运行时间，必须先导入 time 模块，然后才能调用它的 clock 函数。clock 函数返回一个以秒为单位的表示时间戳的浮点数。单个时间戳本身的用途并不大，但是你可以获取一段给定的程序代码在运行前和运行后的两个时间戳，然后比较它们的值就可以得出这段代码的运行时间。测量一段代码运行时间的基本语法如下：

```
import time
...

start = time.clock()


statement
statement
...
statement


end = time.clock()
```
语法模板：以秒为单位测量代码的运行时间

下面是分别使用列表和集合来统计《白鲸》中不同单词个数的两个程序及其测得的运行时间。这个结果是令人震惊的：基于列表的程序在作者的笔记本电脑上运行了 20 多秒，而基于集合的程序用了不到十分之一秒的时间就处理完整个文件。文件越大，两个程序运行时间的差距就越大。这个例子表明，求解一个给定的问题时，选择一个恰当的数据集合是多么重要！

```
1   # Uses a list to count words in Moby-Dick,
2   # and measures/prints the code's runtime.
3   import time
```

```
 4
 5  def main():
 6      # count the unique words in the file
 7      start = time.clock()
 8      words = []
 9      with open("mobydick.txt") as file:
10          for word in file.read().lower().split():
11              if word not in words:
12                  words.append(word)
13      end = time.clock()
14
15      # report results
16      print("Unique words =", len(words))
17      print("Runtime:", round(end - start, 2), "sec")
18
19  main()
```

```
Unique words = 30368
Runtime: 20.94 sec
```

```
 1  # Uses a set to count words in Moby-Dick,
 2  # and measures/prints the code's runtime.
 3  import time
 4
 5  def main():
 6      # count the unique words in the file
 7      start = time.clock()
 8      words = set()
 9      with open("mobydick.txt") as file:
10          for word in file.read().lower().split():
11              words.add(word)
12
13      end = time.clock()
14
15      # report results
16      print("Unique words =", len(words))
17      print("Runtime:", round(end - start, 2), "sec")
18
19  main()
```

```
Unique words = 30368
Runtime: 0.08 sec
```

对程序效率有深入的理解，同时能够对一个给定的程序或算法进行分析并可以推测出它的运行时性能，这些能力对于一个软件开发者而言是至关重要的。我们将在第 10 章中对算法的效率进行更深入的分析。

8.3.4　集合示例：彩票

　　请考虑编写一个模拟彩票游戏的程序。这个程序先随机地生成六个整数来代表中奖的彩票，然后提示玩家输入六个彩票号码，最后程序根据两组数据的匹配程度确定玩家获奖的金额。

　　对于存储中奖彩票号码和玩家输入的号码而言，集合是最佳的数据集合。集合既可以防止重复数据项的发生，又可以高效地检测一个集合中的数据是否也存在于另外一个集合中。集合的这些优点有助于我们统计玩家输入的号码中有几个中奖号码。

　　下面的代码用六个取值范围在 1 到 40 之间的随机数来初始化中奖号码集合 winning。你也许会采用循环六遍的 for 循环来产生中奖号码，但是产生的这六个随机数中存在重复的概率很大。所以我们的代码是采用 while 循环来不断地产生随机整数并将其加入集合中，直到集合的大小变为 6 为止。

```
# generate a set of 6 winning lottery numbers
winning = set()
while len(winning) < 6:
    num = random.randint(1, 40)
    winning.add(num)
```

　　接下来我们要把玩家的彩票号码读到第二个集合中。与生成中奖彩票号码的代码相同，这里的代码也是反复提示用户输入数字，直到他们输入六个不同的整数为止。

```
# read the player's lottery ticket from the console
ticket = set()
while len(ticket) < 6:
    num = int(input("next number? "))
    ticket.add(num)
```

　　为了确定玩家选中了几个中奖号码，我们可以用查找的方法看看中奖号码集合中包含了几个玩家号码。不过，更优雅的方法是求中奖号码集合 winning 与玩家输入号码集合 ticket 的交集，然后检测交集的大小即可。下面的代码通过复制集合 ticket 并删除掉其中不存在于集合 winning 的元素，从而得到 winning 与 ticket 的交集：

```
# find the winning numbers from the user's ticket
matches = ticket.intersect(winning)
```

　　交集的大小表明了玩家输入号码中有几个是中奖号码，然后我们就可以根据这个数值来计算玩家的获奖金额。（我们的规则是奖金从 $100 起步，每增加一个中奖号码，奖金翻倍。）

　　下面是模拟彩票游戏的完整程序代码以及一个运行输出示例。其中，我们创建了若干个函数来提高程序的结构化程度，同时还引入了几个常量来表示号码总数、最大号码和获奖金额。

```
1  # Plays a lottery game with the user, reading
2  # the user's numbers and printing how many matched.
3
4  import random
5
6  NUMBERS = 6
7  MAX_NUMBER = 40
8  PRIZE = 100
9
```

```
10   # Generates a set of the winning lotto numbers,
11   # which is returned as a set.
12   def create_winning_numbers():
13       winning = set()
14       while len(winning) < NUMBERS:
15           num = random.randint(1, MAX_NUMBER)
16           winning.add(num)
17       return winning
18
19   # Reads the player's lottery ticket from the console,
20   # which is returned as a set.
21   def read_ticket():
22       ticket = set()
23       print("Type your", NUMBERS, "lotto numbers: ")
24       while len(ticket) < NUMBERS:
25           num = int(input("next number? "))
26           ticket.add(num)
27       print()
28       return ticket
29
30   def main():
31       # get winning number and ticket sets
32       winning = create_winning_numbers()
33       ticket = read_ticket()
34
35       # print results
36       print("Your ticket was:", ticket)
37       print("Winning numbers:", winning)
38
39       # keep only winning numbers from ticket (intersect)
40       matches = ticket.intersect(winning)
41       if len(matches) > 0:
42           prize = 100 * 2 ** len(matches)
43           print("Matched numbers:", matches)
44           print("Your prize is $", prize)
45
46   main()
```

```
Type your 6 lotto numbers:
next number? 2
next number? 8
next number? 15
next number? 18
next number? 21
next number? 32

Your ticket was: {32, 2, 8, 15, 18, 21}
```

```
Winning numbers: {1, 3, 39, 15, 16, 18}
Matched numbers: {18, 15}
Your prize is $ 400
```

如果希望按升序来显示玩家输入的号码和中奖号码，你可以在打印之前把这两个集合分别传递给函数 sorted：

```
print("Your ticket was:", sorted(ticket))
print("Winning numbers:", sorted(winning))
print("Matched numbers:", sorted(matches))
```

```
Your ticket was: {2, 8, 15, 18, 21, 32}
Winning numbers: {1, 3, 15, 16, 18, 39}
Matched numbers: {15, 18}
```

本章小结

- 数据集合是存储一组其他类型对象的对象。常见的数据集合有列表、字典和集合。数据集合用于构造、组织以及查找数据。

- 字典是一种存储数据对的数据集合，每个数据对由一个键和一个值构成。字典用于在不同的数据块之间建立联系，例如一个人的姓名及其使用的电话号码。

- 数据对在字典中的存储顺序是不可预测的。OrderedDict 可以按照数据对被加入字典的顺序存储它们，不过它的性能有点慢。

- 数据集合可以嵌套，将一个数据集合存储在另一个数据集合中。例如，你可以创建一个键为人名、值为该人的朋友列表的字典。

- 集合是一种不允许存在重复数据的数据集合，集合可以很高效地进行搜索以判断出集合中是否包含一个特定的元素值。

- 集合支持很多常用的操作，例如并集、交集和差集。

自测题

8.1 节：字典的基本概念

1. 字典并不具备列表所具备的那些方法。那么，如何能够查看字典中的每个键和每个值呢？如何检查一个给定的键是否存在于一个字典中呢？

2. 如果你正在往一个字典中增加一个键/值对，而字典中已经存在了一个具有相同键的键/值对，这时会发生什么？如果字典中已经存在了一个具有相同值而不是相同键的键/值对，又会发生什么？

3. 键/值对在字典中的存储顺序是不可预测的。如何能做到按照键的顺序，循环遍历所有的键/值对？

4. 编写一段程序来声明一个将人名与其年龄关联在一起的字典。往字典里添加你自己以及一些朋友或亲戚的姓名与年龄。

5. 下面的代码执行后，字典 people 中包含哪些键和值？

```
people = {}
people[7] = "Marty"
people[34] = "Louann"
people[27] = "Donald"
people[15] = "Moshe"
people[84] = "Larry"
```

```
people[7] = "Ed"
people[2350] = "Orlando"
del people[7]
people[5] = "Moshe"
del people[84]
people[17] = "Steve"
```

6. 下面的代码执行后，字典 number_words 中包含哪些键和值？

```
number_words = {}
number_words[8] = "Eight"
number_words[41] = "FortyOne"
number_words[8] = "Ocho"
number_words[18] = "Eighteen"
number_words[50] = "Fifty"
number_words[132] = "OneThreeTwo"
number_words[28] = "TwentyEight"
number_words[79] = "SeventyNine"
del number_words[41]
del number_words[28]
if "Eight" in number_words:
    del number_words["Eight"]
number_words[50] = "FortyOne"
number_words[28] = "18"
del number_words[18]
```

7. 请写出下面的字典分别被传递给函数 mystery 后所产生的输出：

```
def mystery(dictionary):
    result = {}
    for key in dictionary:
        if key < dictionary[key]:
            result[key] = dictionary[key]
        else:
            result[dictionary[key]] = key
    print(result)
```

a. {"two": "deux", "five": "cinq", "one": "un",
   "three": "trois", "four": "quatre"}
b. {"skate": "board", "drive": "car",
   "program": "computer", "play": "computer"}
c. {"siskel": "ebert", "girl": "boy", "H": "T",
   "ready": "begin", "first": "last", "begin": "end"}
d. {"cotton": "shirt", "tree": "violin", "seed": "tree",
   "light": "tree", "rain": "cotton"}

8. 请写出下面的字典分别被传递给函数 mystery 后所返回的字典：

```
def mystery(dict1, dict2):
    result = {}
    for s in dict1:
        if dict1[s] in dict2:
```

```
            result[s] = dict2[dict1[s]]
        return result
```

  a. dict1 = {"bar": 1, "baz": 2, "foo": 3, "mumble": 4}
  dict2 = {1: "earth", 2: "wind", 3: "air", 4: "fire"}

  b. dict1 = {"five": 105, "four": 104, "one": 101, "six": 106,
            "three": 103, "two": 102}
  dict2 = {99: "uno", 101: "dos", 103: "tres", 105: "cuatro"}

  c. dict1 = {"a": 42, "b": 9, "c": 7, "d": 15,
            "e": 11, "f": 24, "g": 7}
  dict2 = {1: "four", 3: "score", 5: "and",
            7: "seven", 9: "years", 11: "ago"}

8.2 节：字典的高级应用

9. 请写出下面的数值列表分别被传递给函数 mystery 后所返回的字典：

```
def mystery(numbers):
    data = {}
    for el in numbers:
        if el in data:
            data[el].append(1)
        else:
            data[el] = []
    return data
```

  a. [1, 2, 34, 3, 4, 1, 2, 4, 2, 14]

  b. [1, 1, 1, 2, 2, 2, 1, 4, 4, 4]

  c. [45, 43, 44, 54, 45, 45, 54, 43]

10. 请写出下面的字典分别被传递给函数 mystery 后所返回的字典：

```
def mystery(dictionary):
    data = {}
    for (key, value) in dictionary.items():
        if value not in data:
            data[value] = set()
        data[value].add(key)
    return data
```

  a. {"hello": 4, "world", 4, "and": 3}

  b. {"banana": 1, "peach": 2, "nectarine": 3, "kiwi": 1, "apple": 3}

  c. {"the": "and", "and": "the", "is": "the",
    "has": "the", "and": "and"}

11. 假设已存在一个名为 file 的 Python 文件对象。请编写一段程序来读取这个文本文件，然后生成一个字典。该字典中的键是文件中单词的首字母，值是以相应字母开头的单词个数。首字母是从 A 到 Z，与大小写无关。

   例如，如果文件包含文本 "to be or not to be"，你的字典将存储 {"b": 2, "n": 1, "o": 1, "t": 2}。你可以假设从文件中取出的每一个单词都是以从 A 到 Z 的大写或小写字母开头的。

12. 已知下面的列表和字典，请编写能够产生下面新的数据集合的列表或字典推导：

```
# index     0      1      2      3
words = ["apple", "ball", "car", "dog"]
```

```
synonyms = {"hirsute" : "hairy",
            "erudite" : "learned",
            "abattoir": "slaughterhouse",
            "kwyjibo" : "ape"}
```

a. {"a": "apple", "b": "ball", "c": "car", "d": "dog"}
b. {"hairy": "hirsute", "learned": "erudite",
    "slaughterhouse": "abattoir", "ape": "kwyjibo"}
c. ["hirsute means hairy", "erudite means learned",
    "abattoir means slaughterhouse", "kwyjibo means ape"]

8.3 节：集合

13. 列表不仅拥有集合所拥有的所有功能，还有自己特有的功能。那么，你为何选用集合而不选用列表呢？

14. 集合不能像列表那样支持索引。那么，你如何访问集合中的每一个元素呢？

15. 如何判断一个集合中是否包含某个给定的值？如果你试图往集合中增加一个值，而这个值又已经存在于集合中。这时会发生什么？

16. 下面的代码执行后，集合 data 包含什么元素？

```
data = set()
data.add(74)
data.add(12)
data.add(18274)
data.add(9074)
data.add(43)
data.remove(74)
data.remove(43)
data.add(32)
data.add(18212)
data.add(9)
data.add(29999)
```

17. 下面的代码执行后，集合 set 包含什么元素？

```
set = set()
set.add(4)
set.add(15)
set.add(73)
set.add(84)
set.add(247)
set.remove(15)
set.add(42)
set.add(12)
set.remove(73)
set.add(94)
set.add(11)
```

18. 如何将两个集合的内容合并在一起？如何找出同时存在于两个不同集合中的元素？请给出不使用循环的解决办法。

19. 假设有名为 people（人）、male（男人）、female（女人）、young（年轻）、old（年老）、silly（糊涂）和 hungry（饥饿）的集合。每个集合分别包含表示具有相应特征的人员的姓名字符串：集合 people 包

含了所有人的姓名，集合 male 包含了所有男人的姓名，以此类推。假设你现在需要找出不觉得饿的
男人、年老或糊涂以及年老且糊涂的男人，请问你如何用集合操作来找到恰好表示相关人员的集合？

20. 请写出下面的人名列表分别被传递给函数 mystery 后所产生的输出：

```python
def mystery(names):
    result = set()
    for element in names:
        if element < names[0]:
            result.add(element)
        else:
            result.clear()
    print(result)
```

　a.["marty", "stuart", "helene", "jessica", "amanda"]
　　["sara", "allison", "janette", "zack", "riley"]
　b.["zorah", "alex", "tyler", "roy", "roy",
　　"charlie", "phil", "charlie", "tyler"]

习题

1. 请编写函数 is_unique。该函数接收一个键和值都是字符串的字典作为参数，然后判断字典的键 / 值对中是
否是每个键都对应不同的值。若是，则返回 True（如果有两个或者多个键对应同一个值，则返回 False）。
例如，如果字典中的键 / 值对如下，则函数返回 True。

```
{"Marty": "Stepp", "Stuart": "Reges", "Jessica": "Wolk",
 "Allison": "Obourn", "Hal": "Perkins"}
```

但是如果用下面的字典来调用函数，则返回 False，因为值 Perkins 和 Reges 都分别关联到两个键上。

```
{"Kendrick": "Perkins", "Stuart": "Reges", "Jessica": "Wolk",
 "Bruce": "Reges", "Hal": "Perkins"}
```

2. 请编写函数 intersect。该函数接收两个"键是字符串、而值是整数"的字典作为参数，然后返回一
个新字典。这个新字典仅包含同时存在于两个参数字典中的那些键 / 值对。也就是说，新字典中的
键要同时出现在两个参数字典中，而且在两个参数字典中该键关联的值也是一样的。例如，如果接
收到的是下面两个字典：

```
{"Janet": 87, "Logan": 62, "Whitaker": 46, "Alyssa": 100,
 "Stef": 80, "Jeff": 88, "Kim": 52, "Sylvia": 95}
{"Logan": 62, "Kim": 52, "Whitaker": 52, "Jeff": 88,
 "Stef": 80, "Brian": 60, "Lisa": 83, "Sylvia": 87}
```

则函数返回的新字典是（键 / 值对的排列顺序是无关的）：

```
{"Logan": 62, "Stef": 80, "Jeff": 88, "Kim": 52}
```

3. 请编写函数 max_occurrences。该函数接收一个整数列表作为参数，然后返回其中出现次数最多的那个整数
（即"众数"）出现的次数。求解这个问题可以考虑引入字典作为辅助存储。如果列表是空的，则返回 0。

4. 请编写函数 is_1_to_1。该函数接收一个键和值都是字符串的字典作为参数，然后判断字典的键 / 值
对中是否是每个键都对应不同的值。若是，则返回 True。例如，接收到如下字典，你的函数应返回
False，因为 "Hawking" 和 "Newton" 这两个键都对应到同一个值。

```
{"Marty": "206-9024", "Hawking": "123-4567",
 "Smith": "949-0504", "Newton": "123-4567"}
```

但是如果接收到的字典改为下面这个，你的函数应返回 True，因为每个键都对应不同的值。

```
{"Marty": "206-9024", "Hawking": "555-1234",
 "Smith": "949-0504", "Newton": "123-4567"}
```

空字典被认为是满足一一对应的，所以函数在接收到空字典后返回 True。

5. 请编写函数 reverse。该函数接收一个字典作为参数，然后返回一个新字典。这个新字典是参数字典的反转，即新字典中的键和值分别是原先字典的值和键。由于字典中的值不一定是唯一的，而键必须是唯一的，所以你必须让每一个值映射到一个键的集合中。例如，接收到如下字典：

```
{42: "Marty", 81: "Sue", 17: "Ed", 31: "Dave",
 56: "Ed", 3: "Marty", 29: "Ed"}
```

你应该将其反转成下面这个字典（键和值的排列顺序是无关的）：

```
{"Marty": [42, 3], "Sue": [81], "Ed": [17, 56, 29], "Dave": [31]}
```

6. 请编写函数 rarest。该函数接收一个键是字符串而值是整数的字典作为参数，然后返回字典中出现次数最少的那个整数值。如果出现并列的情况，则返回最小的那个整数。

7. 请编写函数 max_length。该函数接收一个字符串的集合作为参数，然后返回集合中最长字符串的长度。如果接收到的是一个空集，则返回 0。

8. 请编写函数 has_odd。该函数接收一个整数的集合作为参数，然后判断集合中是否包含奇数。若是，返回 True，否则返回 False。如果接收到的是一个空集，则返回 False。

9. 请编写函数 symmetric_set_difference。该函数接收两个集合作为参数，然后返回一个新的集合。这个新集合是两个参数集合的对称差集（即新集合中的元素没有那些同时存在于两个集合中的元素）。例如，集合 {1, 4, 7, 9} 和 {2, 4, 5, 6, 7} 的对称差集为 {1, 2, 5, 6, 9}。在你的函数中不得调用集合的 symmetric_difference 方法。

编程项目

1. 请编写一个程序来解决经典的"随机写手（random writer）"问题。先读入一些文本文件，然后计算其中不同字符出现的频率。根据这些频率，你可以随机生成一个与原始文本写作风格相匹配的输出。你链接到一起的链越长，生成的随机文本就越准确。例如，根据《汤姆·索亚历险记》生成的 4 级（4 个字母组成一个链）随机文本可能就像下面这样：

"en themself, Mr. Welshman, but him awoke, the balmy shore. I'll give him that he couple overy because in the slated snufflindeed structure's kind was rath. She said that the wound the door a fever eyes that WITH him."

根据同一个数据源生成的 10 级随机文本可能就像下面这样：

"you understanding that they don't come around in the cave should get the word beauteous was overfondled, and that together and decided that he might as we used to do--it's nobby fun. I'll learn you."

请到万维网上搜索"随机写手"或"random writer"来学习更多的相关知识，例如计算机科学家 Joseph Zachary 提出的详细定义。

2. 请编写一个程序来计算两个单词之间的编辑距离（由于是学者 Vladimir Levenshtein 最先提出的，所以也称为 Levenshtein 距离）。两个字符串之间的编辑距离是指将一个字符串转变成另外一个字符串所需完成的最少操作次数。在本程序中，操作就是单个字符的替换，例如把"brisk"变为"brick"。单词"dog"与"cat"之间的编辑距离是 3，因为从"dog"到"cat"的变换链是"dog"→"dot"→"cot"→"cat"。在计算两个单词之间的编辑距离时，每一个中间结果都必须是一个真实有效的单词。在像拼写检查器（spelling checker）这类需要判断两个字符串相似度的应用软件中，编辑距离是很有用的。

程序首先读取一个仅由单词组成的文本文件，然后创建一个字典，使其能够连接文件中每个单词和它的直接邻居。所谓单词的直接邻居是指与该单词的编辑距离是1的那些单词。字典建好后，你就可以通过查字典找出从一个单词到另外一个单词的变换路径。处理通往邻居路径的一个好方法就是使用一个单词的列表或集合，从像"dog"这样的起始单词开始进行访问。该算法不断地把列表前面的单词删掉并把该单词的邻居全部添加到列表的后面，直到找到结尾单词（例如"cat"）或者列表为空（表示两个单词之间不存在变换路径）才结束。

3. 请编写一个程序来解决经典的"稳定婚姻（stable marriage）"问题。该问题涉及一组男性和一组女性。程序将从两组人群中分别挑出一个进行配对，希望尽可能多地产生稳定的婚姻。当你发现一位男性和一位女性对他们的当前配偶不满意而想与对方结婚时，则说明这组婚姻是不稳定的（在这种情况下，两人将分别与其配偶离婚，然后再结婚）。

程序的输入文件先按每人一行的格式列出了所有男性，然后是一个空行，接着又是按每人一行的格式列出了所有女性。所有的男性和女性都按照他们在输入文件中的位置进行了编号（第一个男性是1号，第二个男性是2号，依此类推；第一个女性是1号，第二个女性是2号，依此类推）。每个输入行（除了分隔男性和女性的空行外）的格式首先是人名，接着是一个冒号，最后是一串整数。这些整数代表该人相中的婚姻对象。请看下面的例子，这是在男性区中的一个输入行：

```
Joe: 10 8 35 9 20 22 33 6 29 7 32 16 18 25
```

这行的内容表示名为"Joe"的男性首选的结婚对象是女性中的10号，其次是8号，等等。没有出现在列表中的女性就不在Joe的考虑范围内。

1962年，经济学家David Gale与Lloyd Shapley提出了一个发现稳定婚姻配对的算法。下面就是这个Gale-Shapley算法：

```
Assign each person to be free.
While some man M with a nonempty preference list is free:
    W = the first woman on M's list.

    If some man P is engaged to W:
        assign P to be free.

    Assign M and W to be engaged to each other.

    For each successor Q of M who is on W's list:
        Remove W from Q's preference list.
        Remove Q from W's preference list.
```

假设输入文件如下：

```
Man 1: 4 1 2 3
Man 2: 2 3 1 4
Man 3: 2 4 3 1
Man 4: 3 1 4 2
Woman 1: 4 1 3 2
Woman 2: 1 3 2 4
Woman 3: 1 2 3 4
Woman 4: 4 1 3 2
```

下面就是程序输出的稳定婚姻配对：

```
Man 1 and Woman 4
Man 3 and Woman 2
Man 2 and Woman 3
Man 4 and Woman 1
```

递　归

在本章中，我们将重点介绍一种称为递归的编程技术，它允许我们以优雅的方式解决某些复杂问题。我们首先将递归与已知的问题解决技术进行比较。然后我们讨论递归在 Python 中工作的底层机制。最后，我们研究很容易使用这种技术来表达的一些问题。

递归往往会有一些令人惊讶的有用应用程序，包括称为分形的递归图形。但递归编程也需要一些我们必须探讨的特殊技术。递归编程通常也需要不同的思维模式，因此本章探讨了大量的示例问题，以强化这种新的思维方式。

9.1　递归思维

目前我们使用到的问题求解技术都属于经典**迭代**的范畴，也称为**迭代方法**。

> **迭代**
>
> 使用循环描述重复操作的一种编程技术。

在本章中，我们将探索一种称为**递归**的新技术。递归是一种编程技术，我们将在其中编写调用自身的函数。

> **递归**
>
> 使用调用自身的函数来描述重复操作的一种编程技术。

你已经花了很多时间以迭代的思想编写解决方案，因此还需要一段时间才能习惯于递归地思考问题。本章将帮助你逐渐适应。

9.1.1　一个非编程的示例

如果你在排队，你可能想知道你在哪个位置。你排在第 10 位吗？第 20 位？你怎么知道的？

大多数人会通过计算队列中的人数来迭代地解决这个问题：1，2，3，等等。这种方法就像一个 while 循环，在还有更多的人需要计数时继续循环。迭代方法很自然，但它有一些局限性。例如，如果你前面的人比你高怎么办？你能绕过他去统计在他前面的所有人吗？如果这队伍绕过街区而你却无法看到拐角的人怎么办呢？

你能想出另一种确定你在队伍中位置的方法吗？要以递归的方式思考这个问题，你必须想象所有排队的人一起努力解决这个问题：不是让一个人做所有的计数，而是每个人负责一小部分。

一种合作的方法是问你前面的人你的位置是什么。那个人可能会问另一个人，这个人又可能会问另一个人。但这并没有多大帮助，因为它只是导致一群人说："这家伙想知道他排在什么位置。有谁知道？"有人可能最后开始数数并迭代地解决问题。

你必须使问题更简单。如图 9-1 所示，不要问你前面的人你的位置是什么，而是问那个人他的位置是什么。

我想知道我在队列中的位置，那么你在队列的什么位置呢？

让我试着来弄明白。

关键的区别在于你前面的人更接近队伍的队首。例如，假设你排在第 4 位。你前面的人排在第 3 位，更靠近队首。但请注意，你要求前面的人和你一样思考相同的问题：你们都试图弄清楚自己的位置。这就是递归的由来：问题之所以会递归，因为你们每个人都想回答同一个问题。

这个想法建立在人们的连锁反应之上，所有人都在问同一个问题。当有人询问排在第 1 位的人时，这个过程最终会结束。此时，你已达到有时被称为递归**底部**的地方。如图 9-2 所示。

图 9-1　询问队伍中的位置，第 1 部分

你在队列的什么位置呢？

你在队列的什么位置呢？

你在队列的什么位置呢？

我在队首，所以我是第1位。

图 9-2　询问队列中的位置，第 2 部分

你已经有很多人一起来解决问题，你终于到了可以开始汇总答案的时候。最前面的人处于位置 1。这意味着之前向他提问的人处于位置 2，而向位置 2 提问的人处于位置 3，依此类推。一旦到达递归的底部，就可以回溯以找出初始问题的答案。图 9-3 描述了这个过程。

为了简洁起见，这些图仅包括 4 个人，但即使队列中有 30 个甚至 300 个人，此过程仍然有效。

这里要注意的一个关键方面是递归涉及许多合作实体，每个实体都解决了问题的一小部分。与一个人完成所有的计数不同，每个人朝着队列中前面的方向问一个问题，然后再沿着队列回答问题并逐个返回。

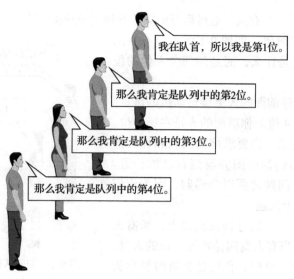

图 9-3　报告队列中位置

在编程中，让一个人做所有计数的迭代解决方案就像重复某些动作的循环。让许多人各自做工作的一小部分的递归解决方案则把问题转换成许多不同的函数调用，每个函数调用完成工作的一小部分。让我们看一个示例是如何将简单的迭代解决方案转变为递归解决方案的。

9.1.2　从迭代到递归

作为第一个例子，我们将探讨一个具有简单迭代解决方案的问题。它不会是一个非常令人印象深刻的递归使用，因为问题很容易通过迭代解决。但是，探讨具有直接迭代解决方案的问题可以让我们比较两种解决方案。

假设你要创建一个名为 print_stars 的函数，它将接收一个整数参数 n，并将打印一行输出，其上只有 n 个星号。你可以使用字符串乘法或 for 循环来解决此问题：

```
# version that uses string multiplication
def print_stars(n):
    print("*" * n)


# version that uses a for loop
def print_stars(n):
    for i in range(n):
        print("*", end="")
    print()
```

这里重复的动作是调用 print 打印星号。要递归地输出星号，让我们假设 Python 语言不包含任何字符串乘法运算符，并且不包含循环。如果没有这些功能，你将如何打印多个星号？

当编写递归代码时，需要考虑不同的情况。你可能会要求该函数生成一行包含 10 个星号、20 个星号或 50 个星号的输出。在你要求函数完成的所有可能的输出星号的任务中，哪个是最简单的？

学生们经常回答说打印一行只包含一个星号的任务很容易，他们说的对，这很容易。我们可以先编写代码来处理 n 为 1 的情况：

```
# version that handles a simple case (print 1 star)
def print_stars(n):
    if n == 1:
        print("*")
    else:
        ...
```

else 部分的代码中将处理具有多个星号的行。你的本能可能会用前面所示的循环来填补 else 部分。但你不得不违背使用原有方式解决整个问题的本能。要解决问题的第二部分，重要的是要考虑如何只做少量的工作来使你更接近解决方案。每个函数调用可以执行的少量工作是什么？每次调用打印一个星号是一个不错的选择。如果星号的数量大于 1，你知道必须打印至少一个星号，因此你可以将该操作添加到代码中：

```
# version with partial else case
def print_stars(n):
    if n == 1:
        print("*")
    else:
        # n > 1
        print("*", end="")
        # what is left to do?
        ...
```

在这个过程中，你必须实现信念的飞跃：你必须相信递归实际上是有效的。一旦你打印了一个星号，还剩下什么呢？答案是你还要输出（n–1）个星号。换句话说，在输出完一个星号后，剩下的任务就是输出一行（n–1）个星号。你可能会想，"如果我有一个可以产生（n–1）个星号的函数，我可以调用那个函数。"但你确实有这样一个函数：你正在编写的函数。因此，在你的函数输出一个星号之后，你可以调用 print_stars 函数本身来完成输出行：

```
# version with completed else case
def print_stars(n):
    if n == 1:
        print("*")
    else:
        # n > 1
        print("*", end="")
        print_stars(n - 1)
```

许多新手抱怨这似乎是作弊。你应该正在编写称为 print_stars 的函数，那么怎么能够在 print_stars 里面还调用 print_stars？欢迎来到递归的世界。

在前面的例子中，我们谈到了站在一个队列中并一起解决问题的人。要理解像 print_stars 这样的递归函数，可以想象每个函数调用就像队列中的人一样。关键是，不仅一个人可以执行 print_stars 任务，这里有一大群人，每个人都可以完成这个任务。

让我们思考一下当你调用函数并请求打印有 3 个星号的一行输出时会发生什么：

```
print_stars(3)
```

想象一下，你正在召唤来自 print_stars 部队中的第一个人说："我想要有 3 个星号的一行输出。"那个人看着函数中的代码，看到输出一行 3 个星号的方法是执行以下几行：

```
# expansion of print_stars(3) call
print("*", end="")
print_stars(2)
```

换句话说，部队的第一个成员输出了一个星号，并召集下一个部队成员输出有 2 个星号的一行，以此类推。就像在前面的例子中你有一帮人在一起找出他们的位置，现在你有一帮人每人打印 1 个星号，然后让别人输出剩余的星号。在队列的示例中，你最终到达了队列的队首。在这个例子中，你最终会到达输出 1 个星号的请求，这会让你进入 if 分支而不是 else 分支。此时，你可以通过简单打印 1 个星号来完成任务。图 9-4 显示了打印该行所需的调用轨迹。

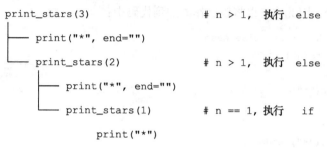

```
print_stars(3)                    # n > 1, 执行  else
    ├── print("*", end="")
    └── print_stars(2)            # n > 1, 执行  else
            ├── print("*", end="")
            └── print_stars(1)    # n == 1, 执行   if
                    print("*")
```

图 9-4　print_stars 的调用轨迹

在该函数上总共进行了三次不同的调用。沿用之前的比喻，你可以说三名部队成员被召集起来共同解决这项任务。每个人都解决了 1 个星号的输出任务，但任务略有不同（3 个星号，2 个星号，1 个星号）。这类似于队列中的各个人都在回答相同的问题，但解决了稍微不同的问题的例子，因为他们在队列中的位置不同。

先前的 print_stars 版本可以完成工作，但它不是最好的递归解决方案。我们发现最容易打印的星号数是 1，但是有一项任务更容易。打印 0 个星号几乎不需要任何工作。如果传递的 n 为 0，我们的代码应该能够正常工作。你可以通过调用不带参数的 print 打印空行来处理这种情况：

```
# initial version that handles the n = 0 case
def print_stars(n):
    if n == 0:
        print()
    elif n == 1:
        print("*")
    else:
        # n > 1
        print("*", end="")
        print_stars(n - 1)
```

一旦我们添加 n 为 0 的条件，我们就可以对代码做一个有趣的观察。如果你真的理解递归，你会注意到 n == 1 的情况不再需要。如果简单地删除这种情况，n == 1 的情况将会落入 else 的代码部分，打印 1 个星号，然后递归调用 print_stars(0)，这将结束输出行。这是正确的行为，因此 n == 1 的情况不再需要，应该删除。else 部分的代码中现在将处理有多于 0 个星号的行。以下是代码的改进版本：

```
# version that handles simplest case (print 0 stars)
def print_stars(n):
    if n == 0:
        print()
    else:
        # n > 0
        print("*", end="")
        print_stars(n - 1)
```

图 9-5 是 print_stars(3) 的调用轨迹的更新版本。请注意，代码现在会多发生一次 print_stars(0) 调用来完成其工作。这个额外的调用并不是坏事，最好拥有最优雅和最正确的函数版本。

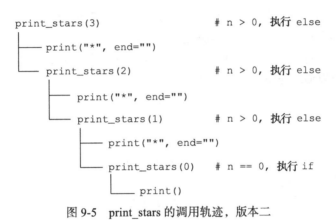

图 9-5　print_stars 的调用轨迹，版本二

9.1.3　递归解决方案的结构

编写递归解决方案需要有一定的信念飞跃，但是递归并没有什么神奇之处。让我们更仔细地看一下递归解决方案的结构。以下函数不是完成输出一行 n 个星号的任务的解决方案：

```
# does not work; infinite recursion
def print_stars(n):
    print_stars(n)
```

这个版本永远不会结束，这种现象称为**无限递归**。例如，如果你要求函数输出一行 10 个星号，它试图通过要求函数输出一行 10 个星号来完成它，接着又要求函数输出一行 10 个星号，接着又要求函数输出一行 10 个星号，依此类推。该解决方案是无限循环的递归等价物。

你编写的每个递归解决方案都有两个关键要素：**基本情况**和**递归情况**。基本情况是代码中的一条路径，该路径执行不涉及任何递归调用的简单解决方案，例如打印 1 个星号。递归情况是代码中的另一条路径，其中包括对同一函数的递归调用。

基本情况

递归解决方案中的一种情况，它非常简单无须递归调用即可直接求解。

> **递归情况**
>
> 递归解决方案中的一种情况，涉及将整体问题分解为可以通过递归调用解决的同类简单问题。

这里再看一下 print_stars 函数，它包含了指明基本情况和递归情况的注释：

```
def print_stars(n):
    if n == 0:
        # base case
        print()
    else:
        # recursive case
        print("*", end="")
        print_stars(n - 1)
```

　　基本情况是输出一行 0 个星号的任务。这项任务非常简单，可以立即完成。递归情况是输出一行 1 个或多个星号的任务。要解决递归情况，首先要输出 1 个星号，这样可以将剩余的任务减少为输出一行（$n - 1$）个星号。这是 print_stars 函数需要解决的任务，它比原始任务更简单，因此可以通过递归调用来解决它。

　　打个比方，假设你在有 n 个台阶的梯子顶部。如果你有办法从一个台阶到下面一个台阶，如果你能够知道何时到达地面，你就可以处理任何高度的梯子。从一个台阶到下面一个台阶就像递归情况，在这种情况下，你执行一些少量的工作，将问题简化为相同形式的更简单的问题（从（$n-1$）个台阶上下来而不是从 n 个台阶上下来）。知道何时到达地面就像是可以直接解决的基本情况（走出梯子）。

　　一些问题会涉及多个基本情况，一些问题会涉及多个递归情况，但在正确的递归解决方案中始终至少有一个基本情况和一个递归情况。如果你遗失了任何一个，就会遇到麻烦。如果没有从一个台阶下到下一个台阶的能力，你就会被困在梯子的顶端。如果没有感知何时到达地面的能力，即使梯子上已没有任何台阶，你也会继续尝试下到另一个台阶。

　　请记住，即使代码具有正确的递归情况，也可能无限递归。例如，考虑这个版本的 print_stars：

```
# does not work; infinite recursion
def print_stars(n):
    print("*", end="")
    print_stars(n - 1)
```

　　这个版本正确地从 n 的情况简化到 $n - 1$ 的情况，但它没有基本情况。结果，它无限地继续下去。它并没有在完成输出 0 个星号的任务时停止，而是递归地尝试输出 –1 个星号，然后是 –2 个星号，–3 个星号，依此类推。

　　因为递归解决方案包括基本情况和递归情况的某种组合，你会发现它们通常使用 if/else 语句、嵌套的 if 语句或其一些微小的变体。你还会发现递归编程通常涉及情况分析，在情况分析中，你可以将问题可能采用的形式分到不同的情况中，并为每种情况编写解决方案。

9.1.4　反转文件

　　使用递归解决 print_stars 任务可能是一个有趣的练习，但它不是一个非常引人注目的例子。让我们详细研究一个问题来看递归是如何简化工作的。

假设你正在读取输入文件，并且你希望以相反的顺序打印文件的所有行。例如，该文件可能包含以下四行文本：

```
this
is
fun
no?
```

以相反的顺序打印这些行会产生这样的输出：

```
no?
fun
is
this
```

要迭代地执行此任务，你可以使用一个数据集合存储所有文本行，例如使用列表。但是，递归允许你在不使用任何数据集合的情况下解决这个问题。

与许多递归问题一样，挑战在于每次调用只解决一小部分问题。你如何只采取一步而让你更接近完成任务？你可以从文件中读取一行文本：

```python
# initial version that reads one line
def reverse_file(file):
    line = file.readline()
    ...
```

请记住，递归编程需要考虑不同情况。什么是最简单的文件反转？单行文件很容易反转，但是反转空文件会更容易。因此，你可以按如下方式开始编写函数：

```python
# version with if/else to separate cases
def reverse_file(file):
    line = file.readline()
    if line == "":
        # base case (empty file)
        ...
    else:
        # recursive case (nonempty file)
        ...
```

在这个问题中，基本情况非常简单，不需要做任何事情。空文件没有要反转的行。因此，在这种情况下，转换 if/else 语句更有意义，以便测试递归情况。这样你就可以编写一个简单的 if 语句，隐含着"else 无事可做"的意思：

```python
# simpler version with a single case
def reverse_file(file):
    line = file.readline()
    if line != "":
        # recursive case (nonempty file)
        ...
```

对于示例文件，该代码会将"this"这一行读入到 line 变量，并留下以下三行等待读取：

```
is
fun
no?
```

回想一下，你的目标是产生以下输出：

```
no?
fun
is
this
```

你可能会问自己这样的问题："我应该读取输入的第二行来处理吗？"但是，这不是递归思维。如果你以递归的方式思考，那么你将会考虑对函数的调用会给你带来什么。由于文件对象位于"is""fun"和"no?"三行的前面，因此应该调用 reverse_file 读取这些行并生成期待的前三行输出。如果这样做，你只需要在后面写出"this"这一行来完成输出。

这就是信念的飞跃：你必须相信 reverse_file 函数确实有效。如果是，则可以按如下方式完成此代码：

```
def reverse_file(file):
    line = file.readline()
    if line != "":
        # recursive case (nonempty file)
        reverse_file(file)        # print rest of file, reversed
        print(line.rstrip())      # print my line (at end)
```

此代码确实有效。要反转一系列行，只需读取第一行，反转其他行，然后输出第一行即可。

9.1.5 递归调用堆栈

新手在了解更多有关递归工作的基础机制后，似乎能更好地理解递归。在本节中，我们将通过画图来表示相互调用的函数。我们首先看一个非递归程序，然后转向递归函数。

当一个函数调用另一个函数时，第一个函数等待第二个函数完成，然后继续执行。在程序的任何给定时间点，代码可能还在几个彼此等待的函数内。程序中当前活动的一组函数以及每个函数的状态称为**调用堆栈**。Python 解释器维护一个结构，该结构存储程序中在给定时间点当前调用堆栈的有关信息。如果你将调用堆栈设想为一堆文件，其中最近的调用函数位于最上面，你将非常清楚它是如何工作的。

调用堆栈

用于跟踪当前活动的函数序列的内部结构。

为了说明调用堆栈的机制，让我们首先考虑一个简单的非递归程序来打印由星号组成的三角形图形。main 函数调用 draw_two_triangles 函数，它反过来又调用另一个 draw_triangle 函数两次：

```
1  # A simple program that draws three triangles.
2  def draw_triangle():
3      print("  *")
```

```
4        print("  ***")
5        print("*****")
6        print()
7
8    def draw_two_triangles():
9        draw_triangle()
10       draw_triangle()
11
12   def main():
13       draw_triangle()
14       draw_two_triangles()
15
16   main()
```

想象一下，每个函数调用都写在一张不同的纸上。我们从 main 函数开始执行程序，因此首先要放下它对应的纸张。然后，我们从头至尾依次执行 main 函数中的每个语句。首先，我们将会执行 draw_triangle 调用，如图 9-6 所示。

我们知道，此时计算机停止执行 main 并将其注意力转向 draw_triangle 函数。这个步骤类似于拿起写着 draw_triangle 的一张纸，并将其放置在写着 main 的那张纸上，如图 9-7 所示。

现在我们从头至尾执行 draw_triangle 函数中的每个语句，然后返回 main，拿掉 draw_triangle 的纸张。当我们返回 main 时，我们就完成了对 draw_triangle 的调用，因此下一步是调用 draw_two_triangles，如图 9-8 所示。

所以我们拿起写着 draw_two_triangles 的那张纸，并将其放在写着 main 的纸上。在 draw_two_triangles 函数中，首先要做的是第一次调用 draw_triangle，如图 9-9 所示。

要执行此函数，我们取出写有 draw_triangle 的纸张并将其放在 draw_two_triangles 的纸上，如图 9-10 所示。

这个图清楚地表明我们从 main 函数开始，它调用了 draw_two_triangles 函数，draw_two_triangles 函数调用了 draw_triangle 函数。因此，此时三个不同的函数都是活跃的。最上面的是我们正在执行的那个函数。一旦完成它的调用，我们将回到它下面的那个函数，并且一旦完成这个函数，我们将回到 main。我们可

```
def main():
→   draw_triangle()
    draw_two_triangles()
```

图 9-6　main 函数的调用堆栈

```
def main():
    def draw_triangle():
        print("  *")
        print(" ***")
        print("*****")
        print()
```

图 9-7　draw_triangle 函数的调用堆栈

```
def main():
    draw_triangle()
→   draw_two_triangles()
```

图 9-8　main 函数的调用堆栈

```
def main():
    def draw_two_triangles():
→       draw_triangle()
        draw_triangle()
```

图 9-9　draw_two_triangles 函数的调用堆栈

```
def main():
    def draw_two_triangles():
        def draw_triangle():
            print("  *")
            print(" ***")
            print("*****")
            print()
```

图 9-10　深度为 3 的调用堆栈

以继续这个例子，但你现在可能已经明白了。

让我们使用调用堆栈的思想来理解递归的文件反转函数的工作原理。为了可视化调用堆栈，我们需要将函数定义写在一张纸上，如图 9-11 所示。

```
def reverse_file(file):
    line = file.readline()    # _____
    if line != "":
        reverse_file(file)
        print(line.rstrip())
```

图 9-11　reverse_file 1 的调用堆栈

请注意，这张纸包含一个空白格用来写局部变量 line 的值。这是一个重要的细节。假设我们使用前面的示例输入文件来调用此函数，该输入文件包含以下四行文本：

```
this
is
fun
no?
```

当我们调用该函数时，它将第一行文本读入到 line 变量，然后它递归调用 reverse_file，如图 9-12 所示。

```
def reverse_file(file):
    line = file.readline()    # _"this"_
    if line != "":
→       reverse_file(file)
        print(line.rstrip())
```

图 9-12　if 语句中的 reverse_file 的调用堆栈

那么会发生什么？在 draw_triangles 程序中，我们拿出了被调用函数的纸张，并将其放在当前纸张的上面。但在这里我们的 reverse_file 函数自己调用自己。要了解发生了什么，你必须意识到每个函数调用都独立于其他函数调用。我们不是只有一张纸上写有 reverse_file 函数，我们有尽可能多的副本。因此，我们可以获取同一函数定义的第二个副本，并将其置于当前纸张之上，如图 9-13 所示。

```
def reverse_file(file):                    1
    line = file.readline()    # _"this"_
    if line != "":
→   def reverse_file(file):                    2
        line = file.readline()    # _____
        if line != "":
            reverse_file(file)
            print(line.rstrip())
```

图 9-13　reverse_file 2 的调用堆栈

这个新副本的函数有一个自己的 line 变量，它可以存储一行文本。即使之前的副本（这个副本下面的副本）正处于执行阶段，这个新副本也处于执行的开始阶段。回想一下前面召集一大群人输出一系列星号的例子。正如你可以召集尽可能多的人来解决那个问题一样，你可以根据需要调出尽可能多的 reverse_file 函数副本来解决此问题。

对 reverse_file 的第二次调用读取另一行文本（第二行"is"）。程序读取第二行后，它会对 reverse_file 进行另一次递归调用，如图 9-14 所示。

所以 Python 也将此副本的函数放在一边并调出第三个副本。这个副本的函数也读入一行（第三行"fun"）并再次对 reverse_file 进行递归调用。这一次调用将调出该函数的第四个副本，它找到第四行输入（"no?"），因此它读取该输入并进入递归调用。这些调用如图 9-15 所示。

```
def reverse_file(file):                          1
    line = file.readline()    # _"this"_
    if line != "":
        def reverse_file(file):                      2
            line = file.readline()    # _"is"___
            if line != "":
                reverse_file(file)
                print(line.rstrip())
```

图 9-14　if 中的 reverse_file 2 的调用堆栈

```
def reverse_file(file):                              1
    line = file.readline()    # _"this"_
    if line != "":
        def reverse_file(file):                          2
            line = file.readline()    # _"is"___
            if line != "":
                def reverse_file(file):                      3
                    line = file.readline()    # _"fun"___
                    if line != "":
                        def reverse_file(file):                  4
                            line = file.readline()    # _"no?"___
                            if line != "":
                                reverse_file(file)
                                print(line.rstrip())
```

图 9-15　reverse_file 3 和 reverse_file 4 的调用堆栈

此调用将调出该函数的第五个副本，如图 9-16 所示。

```
def reverse_file(file):                              1
    line = file.readline()    # _"this"_
    if line != "":
        def reverse_file(file):                          2
            line = file.readline()    # _"is"___
            if line != "":
                def reverse_file(file):                      3
                    line = file.readline()    # _"fun"___
                    if line != "":
                        def reverse_file(file):                  4
                            line = file.readline()    # _"no?"___
                            if line != "":
                                def reverse_file(file):              5
                                    line = file.readline()    # _____
                                    if line != "":
                                        reverse_file(file)
                                        print(line.rstrip())
```

图 9-16　reverse_file 5 的调用堆栈

这个副本的结果很简单，就像最后一个被要求打印一行 0 个星号的人一样。此时文件里再没有数据可供读取（file.readline() 返回一个空行，" "）。该程序已达到非常重要的基本情况，可以阻止此过程无限地继续下去。此副本的函数识别出没有要反转的行，因此它就简单地终止。

然后怎样？完成第五次调用后，我们将其丢弃并返回到执行调用之前的位置，该调用位于第四个函数调用的主体中，如图 9-17 所示。

```
def reverse_file(file):                    1
    line = file.readline()    # _"this"_
    if line != "":
        def reverse_file(file):                2
            line = file.readline()    # _"is"___
            if line != "":
                def reverse_file(file):                3
                    line = file.readline()    # _"fun"__
                    if line != "":
                        def reverse_file(file):                4
                            line = file.readline()    # _"no?"__
                            if line != "":
                                reverse_file(file)
                                print(line.rstrip())
```

图 9-17　返回到副本 4 的 reverse_file 的调用堆栈

我们已经完成了对 reverse_file 的第五次调用，并且位于调用之后的 print 语句，所以我们打印 line 变量中的文本（"no?"）并终止。现在我们处在了什么位置？这个函数已经执行完成了，我们返回到之前的位置，它位于第三个函数调用的主体中，如图 9-18 所示。

```
def reverse_file(file):                    1
    line = file.readline()    # _"this"_
    if line != "":
        def reverse_file(file):                2
            line = file.readline()    # _"is"___
            if line != "":
                def reverse_file(file):                3
                    line = file.readline()    # _"fun"__
                    if line != "":
                        reverse_file(file)
                        print(line.rstrip())
```

图 9-18　返回到副本 3 的 reverse_file 的调用堆栈

然后我们打印当前的文本行，即"fun"，然后这个副本也执行完成了，让我们回到第二个函数调用的主体，它读取了"is"。打印该行，然后代码返回到第一个函数调用的主体，如图 9-19 所示。

```
def reverse_file(file):
    line = file.readline()    # _"this"_
    if line != "":
        reverse_file(file)
        print(line.rstrip())
```

图 9-19　返回到副本 1 的 reverse_file 的调用堆栈

请注意，到目前为止我们已经写出了三行文本：

```
no?
fun
is
```

我们的信念飞跃是合理的。对 reverse_file 的递归调用，读取了在第一行输入后面的三行文本，并以相反的顺序打印了它们。

我们最终通过打印第一行来产生整个输出：

```
no?
fun
is
this
```

然后这个副本的函数终止，程序已经执行完毕。

9.2　递归函数和数据

到目前为止，我们研究的两个递归示例都是面向动作的函数，它们不返回值。在本节中，我们将研究当你想要编写计算并返回结果的函数时出现的一些问题。这些函数类似于数学函数，因为它们接收一组输入值并产生一组可能的结果。我们还将探讨一个涉及操纵递归数据的示例。

9.2.1　整数的幂

Python 提供了一个名为 pow 的内置函数，允许计算幂。如果要计算 x^y 的值，你可以调用 pow(x, y)。还有幂运算符 **，x ** y。让我们考虑如何实现自己的 pow 函数。我们将我们的函数版本命名为 power，使其与内置的 pow 函数有所区分。

为了简单起见，我们局限于整数域上。但是因为局限于整数，我们必须认识到我们函数的一个重要前提条件：我们将无法计算负指数，因为结果不是整数。我们想要编写的函数看起来如下所示：

```
# pre : y >= 0
# post: returns x ** y
def power(x, y):
    ...
```

我们显然可以通过调用 pow 或使用 ** 来解决这个问题，或者我们可以写一个循环来累乘结果。但是我们想要探索如何递归地编写函数。我们应该首先考虑不同的情况。什么是最容易计算的指数？计算 x^1 是非常容易的，因此它是一个很好的选择。但是与之前的 print_stars 函数一样，还有一个更基本的情况：0。根据定义，0 的任何整数次幂都被认为是 1。所以我们可以用以下代码着手我们的解决方案：

```
# version with base case
def power(x, y):
    if y == 0:
        # base case: x to the 0th power
        return 1
    else:
        ...
```

在递归的情况下，我们知道 y 大于 0。换句话说，结果中至少有一个 x 因子。我们知道幂的数学定义如下：

$$x^y = x \cdot x^{y-1}$$

这个等式说明 x 的 y 次幂可以用 x 的更小次幂（$y-1$）来表示。因此，它可以作为我们的递归情况。我们所要做的就是将它等价地翻译成 Python：

```python
# complete recursive version
def power(x, y):
    if y == 0:
        # base case: x to the 0th power
        return 1
    else:
        # recursive case: y > 0
        return x * power(x, y - 1)
```

这是一个完整的递归解决方案。跟踪递归函数的执行比使用不返回值的函数要困难一些，因为我们必须跟踪每个递归调用返回的值。图 9-20 显示了我们计算 3^5 的执行轨迹。代码连续进行六次递归调用，直到计算 3 的 0 次幂的基本情况。该调用返回值 1，然后递归开始回溯，计算从每个函数调用返回的各种答案。

```
power(3, 5) = 3 * power(3, 4)
    power(3, 4) = 3 * power(3, 3)
        power(3, 3) = 3 * power(3, 2)
            power(3, 2) = 3 * power(3, 1)
                power(3, 1) = 3 * power(3, 0)
                    power(3, 0) = 1
                power(3, 1) = 3 * 1 = 3
            power(3, 2) = 3 * 3 = 9
        power(3, 3) = 3 * 9 = 27
    power(3, 4) = 3 * 27 = 81
power(3, 5) = 3 * 81 = 243
```

图 9-20　power(3, 5) 的调用轨迹

如果有人输入负指数违反了前提条件，那么考虑会发生什么是很有用的。例如，如果有人调用 power(3, -1) 怎么办？该函数将递归地调用 power(3, -2)，接着调用 power(3, -3)，又接着调用 power(3, -4)，依此类推。换句话说，它会导致无限递归。处理非法参数值的最常见方法是抛出异常。我们的解决方案是按照不同情况组织的，因此我们可以简单地为非法指数添加一种新情况。由于此错误涉及传递的参数（实参）数值不合适，因此引发错误的类型是 ValueError：

```python
# version that raises error on negative exponent
def power(x, y):
    if y < 0:
        raise ValueError("negative exponent: " + str(y))
    elif y == 0:
        # base case: x to the 0th power
        return 1
    else:
        # recursive case: y > 0
        return x * power(x, y - 1)
```

编写递归函数的一个优点是，如果我们能够识别其他情况，我们可以使函数变得更有效。例如，假设你想要计算 2^{16}。在当前形式中，该函数将 2 乘以 2 乘以 2……总计乘 16 次。但我们可以做得更好。如果 y 是一个偶数，则以下数学等式成立：

$$x^y = (x^2)^{y/2}$$

这样可以大大减少函数所需的递归调用次数。目前，我们的代码计算 2^{16}，可以通过计算 2^{15}，然后是 2^{14}，然后是 2^{13}，依此类推。如果我们采取上述思想的优点来修改我们的函数，我们计算 2^{16}，可以通过计算 4^8，然后是 16^4，然后是 256^2，以此类推。该算法效率更高。下面的代码将这种情况添加到我们的函数中：

```
# version that optimizes on even exponents
def power(x, y):
    if y < 0:
        raise ValueError("negative exponent: " + str(y))
    elif y == 0:
        # base case: x to the 0th power
        return 1
    elif y % 2 == 0:
        # recursive case 1: even exponent
        return x * x * power(x, y // 2)
    else:
        # recursive case 2: odd exponent
        return x * power(x, y - 1)
```

此版本的函数比原始版本更有效。图 9-21 显示了计算 2^{16} 的执行轨迹。

```
power(2, 16) = power(4, 8)
    power(4, 8) = power(16, 4)
        power(16, 4) = power(256, 2)
            power(256, 2) = power(65536, 1)
                power(65536, 1) = 65536 * power(65536, 0)
                    power(65536, 0) = 1
                power(65536, 1) = 65536 * 1 = 65536
            power(256, 2) = 65536
        power(16, 4) = 65536
    power(4, 8) = 65536
power(2, 16) = 65536
```

图 9-21　power(2, 16) 的调用轨迹

如果没有偶数指数的特殊情况，这个计算将需要 17 个不同的调用：16 个递归情况和 1 个基本情况。

9.2.2　最大公约数

在数学中，我们经常想知道可以整除两个不同的整数 a 和 b 的最大的整数，这被称为两个整数的**最大公约数**（GCD)。让我们来看看如何递归地编写 GCD 函数。现在，让我们不要考虑 a 和 b 是负数的情况。我们要编写以下函数：

```
# pre : a >= 0 and b >= 0
# post: returns the greatest common divisor of a and b
def gcd(a, b):
    ...
```

为了引入一些不同，让我们先试着找出递归情况然后再找出基本情况。例如，假设我们要求计算 20 和 132 的最大公约数。这个最大公约数是 4，因为 4 是可以整除这两个数字的最大整数。

计算两个数字的最大公约数的方法有很多种。其中一种最有效的算法至少可以追溯到欧几里得时代，甚至可能更远。该算法消除了较大整数中较小整数的任何倍数。在 20 和 132 的情况下，我们知道以下情况是正确的：

$$132 = 20 \times 6 + 12$$

132 包含 6 个 20，还余 12。欧几里得算法指出我们可以忽略 20 的 6 倍而只关注 12。换句话说，我们可以用 12 代替 132：

```
gcd(132, 20) = gcd(12, 20)
```

我们还没有弄清楚基本情况，但无论如何，基本情况肯定存在，如果我们使用欧几里得算法可以减小数字，我们就会越来越接近基本情况。当你处理非负整数时，你不能永远不停地减小它们。

这个证明超出了本文的范围，但这是基本思想。这个算法很容易用 Python 术语表达，因为当一个数字除以另一个数字时，mod 运算符给出了余数。我们知道当 $b > 0$ 时，以下描述是正确的：

GCD(a, b) = GCD(a % b, b)

同样，这个证明超出了本文的范围，但鉴于这个基本原则，我们可以得到这个问题的递归解决方案。我们可能会尝试编写如下函数：

```python
# version with recursive case
def gcd(a, b):
    if ...:
        # base case
    else:
        # recursive case
        return gcd(a % b, b)
```

作为第一次尝试，它还不赖，但它有一个问题：解决方案在数学上是不正确的。我们还需要递归解决方案不断地将整个问题化简为更简单的问题。如果我们从数字 132 和 20 开始，该函数在第一次调用时取得进展，但随后它开始不断重复自己：

```
gcd(132, 20) = gcd(12, 20)
    gcd(12, 20) = gcd(12, 20)
        gcd(12, 20) = gcd(12, 20)
            gcd(12, 20) = gcd(12, 20)
                ...
```

这种模式将导致无限递归。欧几里得方法在第一次有用，因为第一次调用中 a 大于 b（132 大于 20）。但只有当第一个数字大于第二个数字时，算法才能进行。以下是产生问题的代码行：

```
return gcd(a % b, b)
```

当我们计算 a % b 时，我们保证得到的结果小于 b。这意味着在递归调用中，第一个值将始终小于第二个值。为了使算法有效工作，我们需要调换一下。我们可以简单地通过调换参数的顺序来实现：

```
return gcd(b, a % b)
```

在这个调用中，我们保证第一个值大于第二个值。如果我们跟踪此版本的函数来计算 132 和 20 的最大公约数，我们会得到以下调用序列：

```
gcd(132, 20) = gcd(20, 12)
    gcd(20, 12) = gcd(12, 8)
        gcd(12, 8) = gcd(8, 4)
            gcd(8, 4) = gcd(4, 0)
                ...
```

此刻，我们必须决定 4 和 0 的最大公约数是什么。这可能看起来很奇怪，但答案是 4。通常，n 和 0 的最大公约数是 n。显然，最大公约数不能大于 n，并且 n 能够整除 n。而且 n 也能够整除 0，因为 0 可以写成 0 的 n 倍：$(0 * n) = 0$。

这个观察引导我们得到基本情况。如果 b 为 0，则最大公约数是 a：

```
# version with base case and recursive case
def gcd(a, b):
    if b == 0:
        # base case
        return a
    else:
        # recursive case
        return gcd(b, a % b)
```

该基本情况也解决了一个潜在的问题，即欧几里得公式依赖于 b 不为 0。但是，我们还必须考虑 a 和 b 其中的任一个或两个为负的情况。当发生这种情况时，我们可以维持前提条件并产生错误，但在数学中更常见的是返回两个值的绝对值的最大公约数。我们可以通过为负数设计一个额外的情况来实现这一点：

```
# version that handles negative values
def gcd(a, b):
    if a < 0 or b < 0:
        return gcd(abs(a), abs(b))
    elif b == 0:
        # base case
        return a
    else:
        # recursive case
        return gcd(b, a % b)
```

在 Python 标准库中确实有一个 gcd 函数。你需要从它所在的 fractions 模块中导入：

```
>>> from fractions import gcd
>>> gcd(132, 20)
12
```

你可以在 Python 标准库文档中阅读更多关于内置的 gcd 函数和其他 fractions 库函数的

信息：https://docs.python.org/3/library/fractions.html。

常见编程错误

无限递归

每个使用递归编写程序的人都会意外地编写一个导致无限递归的解决方案。例如，以下是有微小不同的 gcd 函数，它无法工作：

```
# version that handles negative values
def gcd(a, b):
    if a <= 0 or b <= 0:
        return gcd(abs(a), abs(b))
    elif b == 0:
        # base case
        return a
    else:
        # recursive case
        return gcd(b, a % b)
```

这个解决方案与我们之前写的那个略有不同。在负值测试中，此代码测试 a 和 b 是否小于或等于 0。

原始代码测试 a 和 b 是否严格小于 0。看起来这种变化似乎没有太大区别，但是它确实不同。如果我们执行这个版本的代码来解决求取 132 和 20 的最大公约数的原始问题，程序会生成许多输出行，如下所示：

```
    File "gcd.py", line 12, in gcd
      return gcd(a % b, b)
    File "gcd.py", line 12, in gcd
      return gcd(a % b, b)
    File "gcd.py", line 5, in gcd
      if a <= 0 or b <= 0:
RecursionError: maximum recursion depth exceeded in comparison
```

第一次看到这个时，你可能会认为计算机出了什么故障，因为你获得了如此多的输出。请注意，输出表明代码产生了 RecursionError。这有时被称为**堆栈溢出**。Python 让你知道你已经进行了太多的嵌套递归调用，并且调用堆栈已经变得太大了。为什么会这样？回忆一下这种情况的执行轨迹：

```
gcd(132, 20) = gcd(20, 12)
    gcd(20, 12) = gcd(12, 8)
        gcd(12, 8) = gcd(8, 4)
            gcd(8, 4) = gcd(4, 0)
                ...
```

考虑一下当我们调用 gcd(4, 0) 时会发生什么。b 的值是 0，这是我们的基本情况，所以通常我们希望函数返回 4 并终止。但该函数首先检查 a 或 b 是否小于或等于 0。由于 b 为 0，此测试的计算结果为 True，因此该函数使用 a 和 b 的绝对值进行递归调用。但是 4

和 0 的绝对值还是 4 和 0。所以函数决定 gcd(4, 0) 必须等于 gcd(4, 0)，它必须等于 gcd(4, 0)，依此类推：

```
gcd(132, 20) = gcd(20, 12)
    gcd(20, 12) = gcd(12, 8)
        gcd(12, 8) = gcd(8, 4)
            gcd(8, 4) = gcd(4, 0)
                gcd(4, 0) = gcd(4, 0)
                    gcd(4, 0) = gcd(4, 0)
                        gcd(4, 0) = gcd(4, 0)
                            gcd(4, 0) = gcd(4, 0)
                                ...
```

换句话说，这个版本生成了无限多的递归调用。Python 允许进行大量的递归调用，但最终会耗尽内存。当内存耗尽时，它会给你一个调用堆栈跟踪，让你知道是如何导致这种错误的。在这种情况下，堆栈跟踪不像通常那样有用，因为几乎所有的调用都涉及无限递归。

再一次将函数调用想象成一张张彼此叠放的纸堆。你最终得到一个包含数百张甚至数千张纸的纸堆，你必须回过来检查所有纸张才能找到问题所在。

要处理这些情况，你必须仔细查看行号来查看程序的哪一行生成了无限递归。在这个简单的例子中，我们知道它是对负数 a 和 b 的递归调用。仅这一点就足以让我们找出错误。但是，如果问题不那么明显，你可能需要借助 print 语句来确定发生了什么。例如，在这段代码中，我们可以在递归调用之前添加一个 print：

```
# version that handles negative values
def gcd(a, b):
    if a <= 0 or b <= 0:
        print("a is", a, "and b is", b)
        return gcd(abs(a), abs(b))
    elif b == 0:
        # base case
        return a
    else:
        # recursive case
        return gcd(a % b, b)
```

当我们运行带有该 print 语句的程序时，代码会生成很多行下面形式的输出：

```
x = 4 and y = 0
```

如果仔细检查这种情况，我们将看到并没有负值，并且会意识到必须修复正在使用的条件。

9.2.3　目录爬虫

递归在处理本身就是递归的数据时特别有用。例如，考虑文件是如何存储在计算机上的。每个文件都保存在文件夹或目录中。但是目录可以包含的不仅仅是文件：目录也可以包含其他目录，那些内部目录还可以包含目录，甚至那些目录也可以包含目录。目录可以嵌套到任意深度。存储系统就是一个**递归数据**的例子。

让我们编写一个程序，它将提示用户输入一个文件或目录的名称，并递归浏览从该起点可以到达的所有文件。如果用户提供的是文件名，程序应该只打印文件名称。但是，如果用户提供的是目录名称，程序应该打印目录名称并列出该目录中的所有目录和文件。

在第 6 章中，你已经学习了如何使用文件对象从计算机上存储的文件中读取数据。在这种情况下，我们不需要读取文件中的数据，我们只想要一个给定目录中所有文件名称的列表。Python 包含了两个名为 os 和 os.path 的模块，它们具有查询文件和目录属性的有用函数。表 9-1 显示了这两个模块的部分函数列表。

```
import os
import os.path
```

表 9-1　os 和 os.path 模块的函数

函数	说明
os.chdir("path")	更改程序的工作目录
os.chmod("path", mode)	更改文件 / 目录的权限
os.chown("path", user, group)	更改文件 / 目录的所有者
os.getcwd()	返回程序的工作目录
os.listdir("path")	返回目录中所有文件 / 目录的列表
os.mkdir("path")	创建一个新目录
os.makedirs("path")	创建一个新目录以及递归创建该目录的所有父目录
os.remove ("path")	删除一个文件
os.removedirs ("path")	递归删除一个目录
os.rename("src", "dst")	重命名一个文件或目录
os.rmdir("path")	删除一个目录
os.path.abspath("path")	返回相对路径对应的绝对路径
os.path.basename("path")	返回路径的文件名部分
os.path.dirname("path")	返回路径的目录部分
os.path.exists("path")	如果给定的文件 / 目录存在则返回 True
os.path.getmtime("path")	返回文件 / 目录的最后修改时间
os.path.getsize("path")	返回文件的大小（以字节为单位）
os.path.isdir("path")	如果给定的路径是一个目录则返回 True
os.path.isfile("path")	如果给定的路径是一个文件则返回 True

你可以在 Python 库文档中找到 os 和 os.path 模块中的函数完整列表：

- https://docs.python.org/3/library/os.html；
- https://docs.python.org/3/library/os.path.html。

返回到手头的任务。我们正在尝试编写一个递归的目录爬虫函数。该函数将文件或目录的名称作为参数传递。该函数应首先打印文件或目录的名称，而不要在前面有任何上级目录。os.path.basename 函数可以帮助我们做到这一点：

```
# Initial version that prints file name.
def crawl(path):
    print(os.path.basename(path))
    ...
```

如果给定的 path 代表一个简单文件，我们就完成了任务。但我们希望以不同于常规文件的方式处理目录。你可以分别使用 os.path.isfile 和 os.path.isdir 这两个函数来判断 path 是否代表文件或目录。

如果路径代表一个目录，我们要打印包含在目录中的所有文件的名称。我们可以使用 os.listdir 函数来完成这个任务，该函数返回表示目录内容的字符串列表。我们可以使用 for 循环来处理其中的每个文件。一种显而易见的方法是简单地打印目录中文件的名称：

```python
# Version that prints files inside a directory.
def crawl(path):
    print(os.path.basename(path))
    if os.path.isdir(path):
        # print each file in this directory
        for file in os.listdir(path):
            print(file)
```

此函数的作用是打印目录中文件的名称。但请记住，此目录中可能还有目录，因此这些目录中的一些文件实际上也是需要打印的。为此，我们可以尝试添加一个测试和另一个循环来修复我们的代码：

```python
# Version that prints files and directories inside a directory.
# (This code is getting worse, not better!)
def crawl(path):
    print(os.path.basename(path))
    if os.path.isdir(path):
        # print each file in this directory
        for file in os.listdir(path):
            if os.path.isdir(file):
                # print each file in this subdirectory
                for file2 in os.listdir(path + "/" + file):
                    print(file2)
```

但即使这样也行不通，因为这些内部目录中可能还有目录，并且这些目录中可能还有子目录，依此类推。没有简单的方法可以用标准迭代技术来解决这个问题。

解决方案是递归。你可能会设想许多不同的情况：文件，包含文件的目录，包含子目录的目录，包含子目录的子目录的目录，等等。但是，实际上只有两种情况需要考虑：每个对象是文件还是目录。如果它是一个文件，我们只需打印它的名称。如果它是一个目录，我们打印它的名称，然后打印它内部的每个文件和目录的信息。我们如何让代码以递归方式探索所有可能性？我们调用自己的 crawl 函数来处理目录中出现的任何内容：

```python
# Working recursive version
def crawl(path):
    print(os.path.basename(path))
    if os.path.isdir(path):
        for file in os.listdir(path):
            crawl(path + "/" + file)   # recursive call
```

这个版本的代码以递归方式探索整个结构。每次函数在目录中找到某个东西时，它都会进行递归调用来处理文件或目录。该递归调用可能会进行另一个递归调用来处理文件或目录，依此类推。如果我们运行这个版本的函数，我们将得到如下输出：

```
homework
assignments.doc
hw1
song.py
hw1notes.txt
hw2
rocket.py
needle.py
```

此输出的问题是它没有向我们展示结构。我们知道第一行输出是起始目录的名称 (homework)，后面的所有内容都在该目录中，但我们不能很容易地看到子结构。如果输出使用缩进来展示内部结构会更方便，如下例所示：

```
homework
    assignments.doc
    hw1
        song.py
        hw1notes.txt
    hw2
        rocket.py
        needle.py
```

在此输出中，我们可以更清楚地看到名为 homework 的目录中包含三个元素，其中两个是有自己文件的目录（hw1 和 hw2）。我们可以通过引入一个额外的参数来指示 crawl 函数需要缩进的级别从而得到这个输出。在 main 的初始调用中，我们可以将缩进值 0 传递给函数。在每次递归调用时，我们都可以传递一个比当前级别大 1 的值。然后我们可以使用该参数在行的开头打印一些额外的空格以生成缩进。

这是我们的完整程序，包括带缩进的 crawl 函数的新版本：

```
1   # This program contains a recursive directory crawler.
2   import os
3   import os.path
4
5   def crawl(path, indent = 0):
6       print("    " * indent, os.path.basename(path))
7       if os.path.isdir(path):
8           for subfile in sorted(os.listdir(path)):
9               crawl(path + "/" + subfile, indent + 1)
10
11  def main():
12      path = input("Directory to crawl? ")
13      crawl(path)
14
15  main()
```

```
Directory to crawl? /home/jsmith12/homework
homework
    assignments.doc
    hw1
        song.py
        hw1notes.txt
    hw2
        rocket.py
        needle.py
```

9.3 递归图形

在过去的 30 年里，人们对一个称为**分形几何**的新兴数学领域产生了浓厚的兴趣。**分形**是递归构造的或自相似的几何对象。分形形状包含自身的较小版本，因此它在所有放大倍数下看起来都很相似。

分形

可以递归绘制的自相似几何图形。

Benoit Mandelbrot 于 1975 年创建了分形领域，他的第一本出版物就是关于这些有趣的物体，特别是一种特定的分形，后来被称为 Mandelbrot 集。分形几何中最令人印象深刻的方面是可以用一套简单的规则来描述极其复杂的现象。当 Mandelbrot 和其他人开始绘制他们的分形图形时，他们迅速走红。

使用递归可以很容易地描述许多分形。在本节中，我们将编写程序来实现两个简单的分形：Cantor 集和 Sierpinski 三角形。这两种分形都使用简单形状的重复模式来产生更复杂的图形。

9.3.1 Cantor 集

我们研究的第一个分形称为 Cantor 集。这个分形由德国数学家 Georg Cantor 于 1883 年引入。Cantor 将该集描述为数值的数学范围，但它可以在屏幕上被绘制成一组线。

Cantor 集是水平线的图案。可以在各种**级别**上绘制该图案。1 级 Cantor 集只是给定长度的单条水平线。2 级 Cantor 集在第一条线下方还有两条线，每条线的长度是第一条线的三分之一。图 9-22 显示了 Cantor 集的前两个级别。

图 9-22　1 级和 2 级 Cantor 集

随着新级别的增加，该过程将以这种方式继续。图 9-23 显示了 3 级和 4 级的 Cantor 集。

图 9-23　3 级和 4 级 Cantor 集

由于它们的自相似重复性质，分形通常可以用递归函数来实现。让我们编写一个名为

cantor_set 的递归函数,并使用第 3 章中的 DrawingPanel 类来绘制这个图。我们将面板作为参数传递给函数,包括这条线的左边缘坐标 (x, y) 及其水平长度。我们还必须传递图形的级数来控制绘图。我们将每个级别的线垂直间隔 20 个像素。函数头如下所示:

```
# Draws a Cantor Set figure of the given level with its left
# endpoint at the given x/y coordinates and the given line length.
def cantor_set(panel, x, y, length, levels):
    ...
```

最初,我们是想绘制图形的简单情况。绘制的简单图形是 1 级图形,它只是一条给定长度的直线。我们可以使用 DrawingPanel 的 draw_line 方法,它接收 x/y(起点和终点的坐标)作为参数:

```
# initial version with base case
def cantor_set(panel, x, y, length, levels):
    if levels == 1:
        # base case: draw a single line
        panel.draw_line(x, y, x + length, y)
    else:
        ...
```

递归情况由许多较短的直线组成,但这并不意味着代码中的 else 分支中应该包含许多 draw_line 调用。在递归函数中,我们希望每次调用都能完成整个工作的一小部分。编写递归函数需要发现问题是如何自相似的,也就是说,同一问题的较小实例是如何重复出现的。对于刚接触递归的学生,很难看出像这样的分形中的自相似性。如果你仔细观察 4 级 Cantor集,你会发现它可以被描述为一条水平线,然后是两个低于它的 3 级 Cantor 集。图 9-24 显示了这种自相似性。

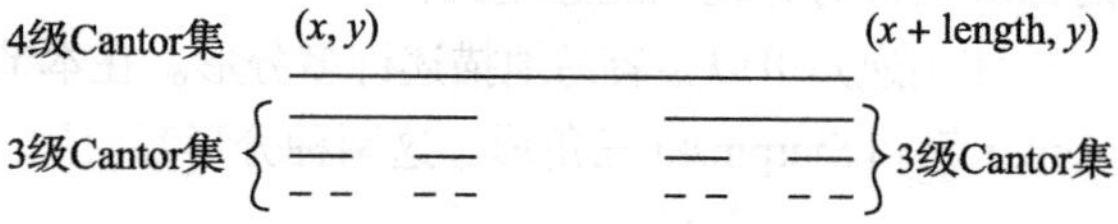

识别自相似性可以帮助我们在我们的函数中进行两次递归调用。第一次递归调用在左侧绘制较小的 Cantor 集。它从具有相同的 x 坐标以及向下移动

图 9-24　4 级 Cantor 集的自相似性

20 个像素的 y 坐标的位置开始。较小的 Cantor 集的长度是当前 Cantor 集的三分之一,并且少一个等级。右侧较小的 Cantor 集使用类似的参数,只是它的 x 坐标向右移动了当前图形长度的三分之二。递归代码如下:

```
# version with first attempt at recursive case
def cantor_set(panel, x, y, length, levels):
    if levels == 1:
        # base case: draw a single line
        panel.draw_line(x, y, x + length, y)
    else:
        # recursive case: draw line plus two smaller Cantor sets
        panel.draw_line(x, y, x + length, y)
        cantor_set(panel, x, y + 20, length // 3, levels - 1)      # L
        cantor_set(panel, x + 2 * length // 3, y + 20, \
                   length // 3, levels - 1)                        # R
```

如果仔细观察代码,你会发现,基本情况和递归情况都是从同一行开始绘制一条直线。因为这条直线在两种情况下都要绘制,我们可以将这个代码从 if/else 语句中提取出来。这个

函数更优雅的一个版本是将基本情况更改为 0 级分形，它不会产生任何输出。递归情况将绘制一条线，然后进行两次递归调用以绘制较小的子图。这仍然适用于 1 级的情况，因为其中的两个递归调用将是 0 级，不执行任何操作。以下是完整的程序：

```python
1   # This program draws the Cantor Set fractal.
2   from DrawingPanel import *
3
4   # Draws a Cantor Set figure of the given level with its left
5   # endpoint at the given x/y coordinates and the given line length.
6   def cantor_set(panel, x, y, length, level):
7       if level >= 1:
8           panel.draw_line(x, y, x + length, y)
9           cantor_set(panel, x, y + 20, length // 3, level - 1)
10          cantor_set(panel, x + 2 * length // 3, y + 20, \
11                      length // 3, level - 1)
12
13  def main():
14      panel = DrawingPanel(400, 200)
15      panel.color = "black"
16      panel.stroke = 3
17      cantor_set(panel, 50, 20, 300, 4)
18
19  main()
```

9.3.2　Sierpinski 三角形

作为第二个例子，我们将研究一个递归函数来绘制所谓的 Sierpinski 三角形。这个分形是一个无限重复由三角形及其内部的子三角形组成的图形。我们将编写一个产生各种级别分形的函数。

在 1 级，我们绘制一个等边三角形，如图 9-25 所示。继续到 2 级，我们绘制三个包含在原始三角形内的较小三角形。

我们以递归方式应用此原则。就像我们用三个内部三角形替换原始三角形一样，我们再分别用三个内部三角形替换这三个三角形中的每一个，从而获得图 9-26 中的 3 级九个三角形。这个过程无限地继续，在每个新级别上形成更复杂的图形。该图还显示了 6 级的结果。

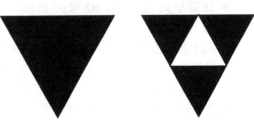

图 9-25　1 级和 2 级的 Sierpinski 三角形

与 Cantor 集一样，我们可以使用第 3 章中的 DrawingPanel 类来解决这个问题。我们将面板作为参数传递给绘制三角形的函数。该函数需要知道三角形的三个顶点。我们可以将它们作为六个整数传递，但是对于这个问题，将它们作为三个 (x, y) 坐标元组（我们称之为 p1，p2 和 p3）传递

图 9-26　3 级和 6 级的 Sierpinski 三角形

显得更为清晰。回忆一下第 7 章，元组只是在其中存储多个值的一个对象，例如在这个问题中每个元组有两个整数。

该函数还需要使用级别，可以将其作为整数进行传递。我们的函数将如下所示：

```
def sierpinski(panel, p1, p2, p3, level):
    ...
```

我们的基本情况是绘制 1 级的基本三角形。DrawingPanel 类具有填充矩形和椭圆的功能，但是不能填充三角形。幸运的是，DrawingPanel 类有一个 fill_polygon 方法，它接收任意数量的表示为两个整数元组的 (x, y) 点作为参数，并在这些端点之间绘制一个填充的多边形。传递代表三个点的三个元组将绘制一个三角形。因此我们的基本情况将如下所示：

```
# version with base case
def sierpinski(panel, p1, p2, p3, level):
    if level == 1:
        # base case: draw a single filled triangle
        panel.fill_polygon(p1, p2, p3)
    else:
        # recursive case
        ...
```

大部分工作都发生在递归的情况下。我们必须将三角形分成三个较小的三角形。我们将标记整个三角形的顶点。然后我们需要计算三个新点，这三个点是这个三角形三条边的中点。图 9-27 显示了这些标记点。从图中我们可以看到以下内容：

- p4 是 p1 和 p2 的中点。
- p5 是 p2 和 p3 的中点。
- p6 是 p1 和 p3 的中点。

一旦我们计算了这些点，我们就可以按如下方式描述较小的三角形：

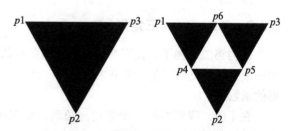

- 左上角是由 p1，p4 和 p6 形成的三角形。
- 底部中间是由 p4，p2 和 p5 形成的三角形。
- 右上角是由 p6，p5 和 p3 形成的三角形。

图 9-27　Sierpinski 三角形的端点和中点

这里涉及三个不同的中点计算，所以很明显，首先编写一个函数来计算给定两个端点的线段中点会有所帮助。计算中点涉及找到 x 值和 y 值的算术平均值（中间点）。我们将接收这两个点作为两个 (x, y) 元组并将结果作为另一个元组返回：

```
# Returns a point that is halfway between the given two points.
def midpoint(p1, p2):
    x1, y1 = p1
    x2, y2 = p2
    x = (x1 + x2) // 2
    y = (y1 + y2) // 2
    return (x, y)
```

给定这个函数，我们可以轻松计算 p4，p5 和 p6 这三个中点。我们必须考虑的最后一个细节是级别。如果你再看这个图形的 2 级版本，你会发现它由三个简单的三角形组成。换句话说，2级图形由三个1级图形组成。同样，3级图形由三个2级图形组成，每个2级图形又由三个1级图形组成。一般来说，如果要求我们绘制一个 N 级图形，我们可以通过绘制三个（$N-1$）级图形来实现。

我们可以将这些观察结果转换为代码来完成该递归函数。以下是完整的程序：

```
1   # This program draws the Sierpinski Triangle fractal.
2   from DrawingPanel import *
3
4   # Returns a point that is halfway between the given two points.
5   def midpoint(p1, p2):
6       x1, y1 = p1
7       x2, y2 = p2
8       x = (x1 + x2) // 2
9       y = (y1 + y2) // 2
10      return (x, y)
11
12  # Draws a Sierpinski Triangle figure of the given level with
13  # its endpoints at the three given x/y points.
14  def sierpinski(panel, p1, p2, p3, level):
15      if level == 1:
16          # base case: draw a single filled triangle
17          panel.fill_polygon(p1, p2, p3)
18      else:
19          # recursive case: split into 3 smaller triangles
20          p4 = midpoint(p1, p2)
21          p5 = midpoint(p2, p3)
22          p6 = midpoint(p1, p3)
23          sierpinski(panel, p1, p4, p6, level - 1)
24          sierpinski(panel, p4, p2, p5, level - 1)
25          sierpinski(panel, p6, p5, p3, level - 1)
26
27  def main():
28      panel = DrawingPanel(600, 400)
29      panel.fill_color = "black"
30      p1 = (100, 30)
31      p2 = (500, 30)
32      p3 = (300, 376)
33      level = 6
34      sierpinski(panel, p1, p2, p3, level)
35
36  main()
```

这里对我们可以进行绘制的级别数量有一个限制。DrawingPanel 具有有限的分辨率，因此在某些时候，我们不能一直细分我们的三角形。还要记住，在每个新级别，我们要绘制三倍于当前数量的三角形，这意味着三角形的数量随着级别呈指数增长。如果传递了较大的级别值，这可能导致程序运行非常缓慢。在作者的测试机器上，程序以可接受的速度运行，最高可达12级，这对我们来说已经足够了。

9.4　递归回溯

　　许多编程问题可以通过系统地搜索一组可能的解来解决。例如，如果想要找到从入口到出口的迷宫路径，你可以探索迷宫中所有可能的路径，直到找到有效路径。对于许多像 tic-tac-toe 这样的游戏，你可以探索所有可能的动作和对策，看看是否有一些动作可以保证你获胜。

　　许多这些穷尽的搜索问题都可以通过一种称为**回溯**的方法来解决。这是一种解决问题的特殊方法，可以使用递归很好地进行表达。因此，它有时也被称为**递归回溯**。

> **（递归）回溯**
>
> 一种通用算法，它通过探索可能的候选解来找到问题的最终解，一旦某个给定的候选解被认为不合适时就放弃（"回溯"）。

　　回溯涉及搜索所有可能性，因此它可能是一种昂贵的技术。但是许多问题在范围上足够小，因此可以通过回溯方法很好地解决。

9.4.1　向北 / 向东旅行

　　为了介绍回溯的基本概念和术语，让我们来探讨一个简单的例子。考虑具有 (x, y) 坐标的标准笛卡尔平面。假设你从原点（0，0）开始，可以重复进行以下三种移动：

　　你可以向北移动（缩写为"N"），这会使你的 y 坐标增加 1。

　　你可以向东移动（缩写为"E"），这会使你的 x 坐标增加 1。

　　你可以向东北移动（简称"NE"），这会使你的 x 坐标和 y 坐标同时增加 1。

　　从原点开始，这三个不同的动作将使你处于如图 9-28 所示的位置。我们可以将此视为一个旅行问题，即通过做出一系列移动，将我们从原点带到其他 (x, y) 点。例如，移动序列（N，NE，N）将使我们处于（1，3）。

　　每个回溯问题都涉及由需要探索的可能答案形成的**求解空间**。我们尝试将问题视为**一系列选择**，这使我们可以将求解空间视为**决策树**。对于

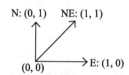

图 9-28　从原点向北、向东或向东北移动

我们的旅行问题，这些选择就是我们所做的一系列移动。图 9-29 显示了一个决策树，显示了进行两次移动的所有可能以及每个序列完成后我们所处的位置。即使对于像这样的小问题，这些决策树也可能非常大。

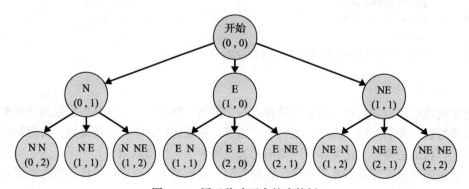

图 9-29　用于移动两次的决策树

考虑从原点移动到（1，2）的问题。什么样可能的移动序列会让你到那里？人们相当擅长解决这类问题，所以你可能很容易想出所有五种可能性：

- N，N，E
- N，E，N
- N，NE
- E，N，N
- NE，N

我们如何编写计算机程序来找到这些解决方案？对于这个简单的问题，我们可以设计一个考虑到这些路径属性的专用算法，但回溯提供了一种方便的方法来穷举搜索所有可能性。在编写函数来解决这样的问题时，我们几乎总是需要额外的参数来进行回溯。我们可以给它们默认值，这样初始调用就不需要传递它们。

回溯解决方案将采用的基本形式是以递归方式探索所有可能选择的一个函数：

```
def explore(a scenario):
    ...
```

因为使用递归，所以我们需要识别基本情况和递归情况。回溯解决方案通常涉及两种不同的基本情况。当找到解决方案时，你倾向于停止回溯，因此这将成为你的基本情况之一。通常，当找到解决方案时，你要做的是报告它：

```
def explore(a scenario):
    if this is a solution:
        report it.
    else:
        ...
```

我们不想永远搜索，所以我们也必须留意所谓的**死胡同**。我们可能会做出一系列选择，引导我们进入这样一种情况，即很明显这样的选择无法解决问题。我们在递归时将其作为一种基本情况，以便在到达死胡同时停止探索。在死胡同中停止是非常重要的，我们将在任何其他测试之前先检查它。

```
def explore(a scenario):
    if this is a dead-end:
        backtrack.
    else if this is a solution:
        report it.
    else:
        ...
```

如果我们的回溯搜索导致我们处于尚未解决问题并且还没有到达死胡同的情况下，那么我们想要探索我们可用的每种可能的选择。对于每种可能的选择，我们递归地探索做出该选择的场景：

```
def explore(a scenario):
    if this is a dead-end:
        backtrack.
    else if this is a solution:
        report it.
    else, use recursive calls to explore each available choice.
```

这段伪代码抓住了回溯方法的本质。并非所有的回溯解决方案都采用这种形式，但它们都有这些元素的一些变体。例如，回溯代码的另一个变体是将死胡同测试向下移动到用于探索的递归调用的代码之前。这更适合于某些问题。

```
def explore(a scenario):
    if this is a solution:
        report it.
    else if this is not a dead-end:
        use recursive calls to explore each available choice.
```

我们可以通过填写这个特定问题的一些细节来充实伪代码。我们正在考虑从当前位置移动到目标位置的问题，两者都由 (x, y) 坐标指定。我们从任何给定的位置有三个可用的移动：N，E 和 NE。

```
def explore(current (x, y) and target (x, y)):
    if this is a solution:
        report it
    elif this is not a dead-end:
        explore(moving N).
        explore(moving E).
        explore(moving NE).
```

通常，要确定传递给搜索函数的参数可能具有挑战性。在本例中，我们需要一个当前的 x 和 y 以及一个目标的 x 和 y（我们称之为 tx 和 ty）。我们还需要一些方法来跟踪我们所做的选择，以便于报告已经选择的路径。有很多方法可以做到这一点，但为了简单起见，让我们建立一个存储移动序列的字符串。这意味着我们的递归函数的函数头应该是：

```
# initial version of function header
def travel(tx, ty, x, y, path):
    ...
```

但是上述的函数头对于调用者来说是个麻烦，因为他们需要传递总共五个参数。让我们为所有参数（除了前两个参数之外）提供默认值。如果没有传递当前的 x 或 y 坐标，我们将默认为 $(0, 0)$。如果没有传递路径，我们将传递一个空字符串。

```
# function header with default parameter values
def travel(tx, ty, x = 0, y = 0, path = ""):
    ...
```

我们可以通过测试当前目标和目标坐标是否匹配来判断我们是否获得了解决方案。这可以构成我们的递归解决方案的基本情况：

```
# version with base case
def travel(tx, ty, x = 0, y = 0, path = ""):
    if x == tx and y == ty:
        print(path)
    ...
```

但是我们如何测试死胡同？在这个问题上，我们的 x 坐标和 y 坐标永远不会减少。因此，如果我们到达的点的 x 大于目标 x 或 y 大于目标 y，那么我们知道我们已经朝那个方向走得太远而且我们永远不会到达目标。

```
# version with start of recursive case
def travel(tx, ty, x = 0, y = 0, path = ""):
    if x == tx and y == ty:
        print(path)
    elif x <= tx and y <= ty:
        # haven't reached a dead-end yet
        ...
```

如果我们的代码没有到达死胡同，我们应该探索三个可能的方向，试图从当前 x/y 位置向 N、E 和 NE 方向移动。你可能认为代码需要在每个递归调用之前进行仔细检查，以确保它们在 x 或 y 方向上都没有走得太远。处理这个问题的风格欠佳的初始方法如下所示：

```
# Version with initial recursive code.
# Not a model to follow.
def travel(tx, ty, x = 0, y = 0, path = ""):
    if x == tx and y == ty:
        print(path)
    elif x <= tx and y <= ty:
        # haven't reached a dead-end yet
        if x <= tx and y + 1 <= ty:
            travel(tx, ty, x, y + 1, path + "N ")
        if x + 1 <= tx and y <= ty:
            travel(tx, ty, x + 1, y, path + "E ")
        if x + 1 <= tx and y + 1 <= ty:
            travel(tx, ty, x + 1, y + 1, path + "NE ")
```

古语说得好，"先看后跳"，这意味着如果没有预见到可能的负面后果，就不应采取行动。一般而言，这是好的生活建议，但对于试图编写递归代码的程序员来说，这可能是一个糟糕的建议。上述版本中的 travel 函数通过 if 语句检查 x 和 y 值以确保它们没有超过目标的 tx 和 ty 位置来实现"先看后跳"。这似乎是一件好事，因为我们不希望我们的代码在错误的方向上走得太远。

但是，如果你对递归有深刻的理解，那么你将看到上述 if 测试没有必要进行。如果我们只是在没有测试的情况下进行三次递归调用，那么任何将 x 或 y 移动太远的调用都会通过下一次调用中 elif 测试的失败来到达基本情况。这将导致错误的调用立即返回。没有 if 测试的简洁而优雅的代码要优于具有如此多额外 if 语句的版本。

在递归代码中编写不必要的 if 语句的不良做法有时被称为**臂长递归测试**。新手程序员经常会做臂长递归测试，他们仍然对递归不够了解并担心会进行"不好"或"无效"的递归调用。只要代码具有在传递无效参数值时退出的正确基本情况，具有无效值的调用就不是坏事，并且添加大量 if 语句以避免此类调用是不必要且不优雅的。

臂长递归测试

一种不鼓励的编程实践，其中递归代码在进行递归调用之前执行不必要的 if 测试。

修改我们的函数以避免臂长递归测试，我们最终得到以下程序，包括完整的 travel 函数和执行日志：

```
1  # This program recursively prints all paths
```

```
2   # to a given target (x, y) position.
3
4   # Prints all paths from (x, y) to target (tx, ty)
5   # that can be made by going N, E, or NE by one step.
6   def travel(tx, ty, x = 0, y = 0, path = ""):
7       if x == tx and y == ty:
8           print(path)
9       elif x <= tx and y <= ty:
10          travel(tx, ty, x, y + 1, path + "N ")
11          travel(tx, ty, x + 1, y, path + "E ")
12          travel(tx, ty, x + 1, y + 1, path + "NE ")
13
14  def main():
15      x = int(input("Target x? "))
16      y = int(input("Target y? "))
17      travel(x, y)
18
19  main()
```

```
Target x? 1
Target y? 2
N N E
N E N
N NE
E N N
NE N
```

图 9-30 显示了这个特定调用探索的完整决策树，其中有五个解决方案。请注意，这个树不包含三个移动方向的所有可能组合。那是因为当我们找到解决方案或到达死胡同（例如（2，1））时，就不再继续探索。

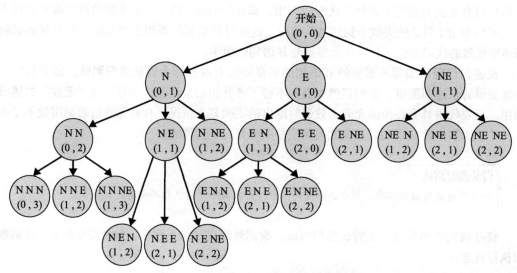

图 9-30　到（1，2）的路径的完整决策树

考虑递归函数搜索这些可能性的顺序会很有用。通常，与大多数递归解决方案一样，递归调用会进行深度优先遍历。从树顶部的起点开始，它首先考虑向北移动到（0，1）。在探索任何其他分支之前，将探索（0，1）下的整个分支。下一个调用考虑再向北移动到（0，2）。然后它再考虑继续向北移动到（0，3）。因此，初始的调用序列将先遍历三个节点中的最左边节点。这是一个死胡同，所以它停止探索。在那里，它返回到它最后有另一个可能的地方。所以它回到选择连续两次向北移动（N N）的地方，然后它考虑移动向东移动而不是向北移动。结果证明这是一个解（N N E），所以它报告成功。然后它再次回到它最后有另一个可能的地方，并考虑其余的可能性。

回到还有其他选择可以探索的地方，正是"回溯"这个术语的来源。当它找到解和死胡同时，它会回溯到它最后需要考虑其他移动的地方。它继续搜索，直到它耗尽了所有可能的选择序列。

9.4.2　八皇后问题

回溯解决的经典难题是找到一种方法将八个皇后放在国际象棋棋盘上，使得任意两个皇后不会相互威胁。皇后可以沿水平、垂直，或对角方向移动，所以它的挑战在于要找到一种方法，把八个不同的皇后放在棋盘上，使得没有两个皇后处于相同的行、列或对角线。图 9-31 显示了一个放置示例。

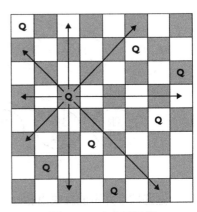

图 9-31　八皇后问题

要通过回溯来解决这个问题，我们必须将其考虑为一系列选择的结果。最简单的方法是考虑选择第一个皇后去哪里，然后选择第二个皇后去哪里，依此类推。因为国际象棋棋盘是一个 8×8 的棋盘，第一个皇后有 64 个地方可以放置。因此，在树的顶部，你可以有 64 种不同的选择来放置第一个皇后。然后，一旦你放置了一个皇后，第二个皇后就只剩下 63 个方格可供选择，第三个皇后只剩下 62 个方格，依此类推。

因为回溯需要搜索所有可能，所以执行可能需要很长时间。如果我们探索所有可能，我们需要查看 $64 \times 63 \times 62 \times \cdots$ 个状态，即使对于很快的计算机来说也太多了。因此，我们需要尽可能聪明地探索可能的解。在八皇后的情况下，相比于考虑 64 个选择，然后是 63 个选择，然后是 62 个选择，依此类推而言，我们可以做得更好。我们知道其中大部分都不值得探索。

一种方法是观察如果对这个问题有任何解，那么这个解将在每一行中只有一个皇后，每一列中只有一个皇后。因为你不能在同一行中有两个，也不能在同一列中有两个，还因为 8×8 的棋盘上需要放置八个皇后，所以如果我们逐行或逐列探索，我们可以进行更有效率的搜索。我们是选择逐行还是逐列无关紧要，让我们进行逐列探索。消除不需要探索的候选解也被称为**修剪**决策树。

修剪（决策树）

消除无法在回溯算法中寻找到解的调用分支。

在这种查看搜索空间的新方法中，第一个选择是第 1 列。我们可以在第 1 列的八个不同的行上放置一个皇后。在下一级中，我们考虑在第 2 列上放置皇后的所有位置。依此类推。图 9-32 显示了决策树的顶部。

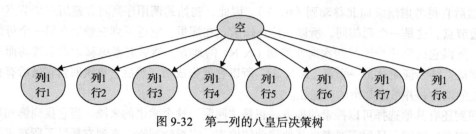

图 9-32   第一列的八皇后决策树

每列有八个不同的分支。在每个分支下，又有八个分支对应每个可能的行，用于在第 2 列中放置一个皇后。例如，如果我们考虑将第一个皇后放在第 1 列第 5 行，然后思考放置第二个皇后的所有方法，我们最终得到树的一个额外级别，如图 9-33 所示。

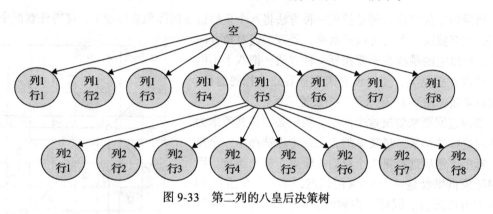

图 9-33   第二列的八皇后决策树

这些数字并不能反映出整个情况，因为这棵树太大了。顶部有八个分支。这八个分支中的每个分支又有八个子分支。每个子分支又有八个子子分支，并将一直延续到八级（棋盘的每一列对应一级）。

很明显，八个选择可以很好地使用 for 循环进行编码。如果行和列使用从 0 开始的索引进行编号，则可以从以下代码开始：

```
for row in range(8):
    ...
```

但我们需要回溯的东西更像是一个深度嵌套的 for 循环：

```
for row0 in range(8):           # explore column 0
    for row1 in range(8):       # explore column 1
        for row2 in range(8):   # explore column 2
            for row3 in range(8):   # explore column 3
                ...
```

虽然我们可以使用递归以更优雅的方式编写它，但这样思考回溯是怎么做的并不见得是件坏事。

在我们探讨回溯代码之前，我们需要考虑如何跟踪皇后放置在棋盘特定位置的细节。将这些细节拆分为单独的类是有用的。所以假设我们已经有一个 ChessBoard 对象来跟踪国际象棋棋盘的状态。

ChessBoard 对象用于存储一个皇后是否在 8×8（或 N×N）棋盘的一个方格里，它可以在一个给定的方格中放置和移除皇后。它还有一种方法，用于询问相对于棋盘上已有的其他皇后，将皇后放置在方格中是否安全，以及询问是否所有现有的皇后都放置在了有效位置上。表 9-2 列出了 ChessBoard 类的方法。

你可以从以下 URL 下载 ChessBoard 类的完整源代码：http://www.buildingpythonprograms. com/chapters/ch09-files/ChessBoard.py。

表 9-2 ChessBoard 类的方法

方法	描述
ChessBoard(size)	创建大小为 size × size 的棋盘
board.has_queen(row, col)	如果皇后在给定的方格内，返回 True
board.place(row, col)	在给定的方格内放置一个皇后
board.remove(row, col)	从给定的方格内移除一个皇后
board.safe(row, col)	如果可以将皇后放在给定的方格内，返回 True
board.valid()	如果棋盘上的皇后不能够攻击彼此，返回 True
board.size()	返回棋盘的大小

更有趣的代码是回溯代码，给定这个 ChessBoard，我们现在可以直截了当地编写程序。我们的 place_queens 递归函数将接收 ChessBoard 作为参数，它会递归执行回溯。

```
def place_queens(board):
    ...
```

回想一下，用于回溯求解的通用伪代码：

```
def explore(a scenario):
    if this is a dead-end:
        backtrack.
    else if this is a solution:
        report it.
    else:
        use recursive calls to explore each available choice.
```

八皇后回溯问题在几个重要方面与我们之前看到的简单回溯有所不同。让我们考虑一下每点不同，看看如何调整我们的伪代码。

在旅行问题中，我们只考虑了三种可能，因此编写三个递归调用来探索每种可能是没有问题的。八皇后问题有八种可能，如果棋盘大小为 N 而不是 8 的话，就有 N 种可能。因此在这种情况下，我们想要使用循环来考虑不同的可能。许多回溯问题需要使用循环而不是单独的调用，因此调整我们的伪代码以适应该方法是有用的。

```
def explore(a scenario):
    if this is a solution:
        report it.
    else if this is not a dead-end:
```

```
    for each available choice:
        use a recursive call to explore that choice.
```

我们还可以更具体地探讨每次选择的意义。在我们的简单示例中，我们构建了一个存储路径的字符串。这意味着我们不必撤销选择来继续下一个选择。更复杂的回溯问题需要清理步骤来撤销选择。八皇后就是如此。我们将在棋盘上放置一个皇后来探索那个分支，当我们从递归探索中返回时，我们将需要移除对应的皇后以准备探索下一个可能的选择。因此，伪代码可以扩展为包含做出选择的模式，递归地探索，然后撤销选择：

```
def explore(a scenario):
    if this is a dead-end:
        backtrack.
    else if this is a solution:
        report it.
    else, for each available choice:
        make the choice.
        recursively explore subsequent choices.
        undo the choice.
```

这样的伪代码就足够通用，可用于许多回溯问题。一些程序员将此称为"**选择，探索，撤销选择**"模式以进行回溯。

在八皇后的情况下，有许多解（超过 90 种不同的解）。目前为止我们开发的伪代码将显示所有这些解。当你想要穷尽地查找并显示问题的所有解时，这种伪代码也足够通用，可用来求解许多回溯问题。

我们可以通过填写细节来调整我们的伪代码以适应八皇后问题。需要哪些参数来具体化场景？它肯定需要 ChessBoard 作为参数。回想一下，决策树的每级都涉及棋盘的不同列。因此第一次调用将处理第 0 列，第二次将处理第 1 列，依此类推。因此除了棋盘之外，该函数还需要知道要处理的列。我们的 place_queens 函数将接收列作为参数。

我们怎么知道是否找到了解？这个回溯代码不会探索死胡同。因此，对于任何给定的调用，我们知道当前列之前的所有列必须是在安全位置放置了皇后的列。函数头如下所示：

```
# pre: queens have been safely placed in previous columns
def place_queens(board, col):
    ...
```

如果我们的列参数达到 8，那意味着所有八个皇后都已正确放置。为了使我们的代码适用于所有尺寸而不仅仅是 8，我们将检查列值是否达到了棋盘的大小。结果将证明我们是否找到了解决方案：

```
# pre: queens have been safely placed in previous columns
def place_queens(board, col):
    if col >= board.size():
        # base case: all queens are placed
        print(board)
    else:
        # recursive case: try to place one queen in this column
        ...
```

现在我们必须完善 for 循环中的细节来探索各种可能。我们有八种可能的探索方式（我们可能会放置一个皇后在一列的八行中）。for 循环可以很好地探索不同的行号。伪代码表明我们应该测试以确保它不是一个死胡同。我们可以通过确保在该行和该列中放置一个皇后是安全的来做到这一点：

```
# recursive case, partial (loop over columns)
for row in range(board.size()):
    if board.safe(row, col):
        ...
```

我们现在需要完善探索可能所涉及的三个步骤：做出选择，递归地探索后续选择，以及撤销选择。我们通过告诉棋盘在某行某列中放置一个皇后来做出选择：

```
# recursive case, partial (place a queen)
for row in range(board.size()):
    if board.safe(row, col):
        board.place(row, col)          # choose
        ...
```

然后我们递归地探索后续的选择（后面的列），这将打印通过那些后续选择找到的任何解：

```
# recursive case with recursive call
for row in range(board.size()):
    if board.safe(row, col):
        board.place(row, col)          # choose
        place_queens(board, col + 1)   # explore
        ...
```

最后，我们必须撤销我们的选择，以防万一是一个死胡同：

```
# recursive case with un-choosing
for row in range(board.size()):
    if board.safe(row, col):
        board.place(row, col)          # choose
        place_queens(board, col + 1)   # explore
        board.remove(row, col)         # un-choose
```

这段代码可以解决问题。我们开发的代码使用"先看后跳"方法，并且不进行递归调用，除非这样做是安全的。可以说，这是一种臂长递归测试的形式。我们可以重写此代码以尝试放置皇后，即使它是无效的，但如果放置无效，则立即从下一次调用中回溯。我们将一个皇后放下，然后在下一次调用使用棋盘的 valid 方法来查看所有的皇后是否在有效点，而不是在放置皇后之前就调用棋盘的 safe 方法。如果是不合法的，我们将使用 return 语句立即进行回溯。

总而言之，我们得到以下完整的程序。我们需要 main 中的一些代码来提示用户输入棋盘的大小，然后调用递归函数来打印所有解。程序显示在棋盘大小为 8 的执行日志中，可以得到许多解，因此我们仅显示前几个。

```
1   # This program solves the Eight Queens problem.
2   # This version prints all solutions.
3
4   from ChessBoard import *
```

```
5
6  # Places queens on the given board,
7  # starting with the given column.
8  def place_queens(board, col = 0):
9      if not board.valid():
10         return
11     elif col >= board.size():
12         print(board)
13     else:
14         for row in range(board.size()):
15             board.place(row, col)       # choose
16             place_queens(board, col + 1) # explore
17             board.remove(row, col)       # un-choose
18         return False
19
20 def main():
21     size = int(input("Board size? "))
22     board = ChessBoard(size)
23     print("Here are all solutions:")
24     place_queens(board)
25
26 main()
```

```
Board size? 8
Here are all solutions:
Q _ _ _ _ _ _ _
_ _ _ _ _ _ Q _
_ _ _ _ Q _ _ _
_ _ _ _ _ _ _ Q
_ Q _ _ _ _ _ _
_ _ _ Q _ _ _ _
_ _ _ _ _ Q _ _
_ _ Q _ _ _ _ _

Q _ _ _ _ _ _ _
_ _ _ _ _ _ Q _
_ _ _ Q _ _ _ _
_ _ _ _ _ Q _ _
_ _ _ _ _ _ _ Q
_ Q _ _ _ _ _ _
_ _ _ _ Q _ _ _
_ _ Q _ _ _ _ _
...
```

9.4.3 在找到解后停止

上一节的八皇后代码打印了棋盘的每一个解。但是，如果我们只想打印一个解呢？可以修改代码来完成此操作，但修改并不像最初看起来那么简单。在本节中，我们将讨论找到回溯问题的所有解的代码与仅找到一个解后就停止的代码之间的差异。

回想一下我们为探索所有解而编写的伪代码：

```
# General backtracking pseudocode to find all solutions
def explore(a scenario):
    if this is a dead-end:
        backtrack.
    else if this is a solution:
        report it.
    else, for each available choice:
        make the choice.
        recursively explore subsequent choices.
        undo the choice.
```

如果要探索所有可能，这是适当的代码。在八皇后的情况下，有太多的解（在大小为 8 的棋盘上有超过 90 种不同的解），我们可能不希望全部看到它们。如果我们很高兴只有一个解，我们必须编写一个在找到解时停止的版本。这意味着我们的递归函数需要有一种方法让我们知道某条路径是否成功或者它是否是一个死胡同。执行此操作的一种好方法是从函数返回一个布尔值：如果成功则返回 True；如果是一个死胡同则返回 False。以下伪代码是进行修改的不完整的尝试：

```
# General backtracking pseudocode to find a single solution.
# This version does not quite work.
def explore(a scenario):
    if this is a dead-end:
        return False.
    else if this is a solution:
        report it.
        return True.
    else, for each available choice:
        make the choice.
        recursively explore subsequent choices.
        undo the choice.
```

我们可以将这些想法融入上一节的八皇后代码中。我们有两种基本情况：一种是我们已经到达了一个无效的状态（死胡同），另一种是我们已经找到了棋盘的解。我们可以修改这两种情况来分别返回 False 和 True：

```
# Initial version with Boolean return values.
# This version does not quite work.
def place_queens(board, col):
    if not board.valid():
        return False
    elif col >= board.size():
        return True
    else:
        # recursive case: try to place one queen
        ...
```

你会发现如果运行这个包含上述修改的 place_queens 函数，它仍将打印所有解。这怎么可能，如果我们返回 True 与 False？代码可能无法返回到你认为的地方。return 语句不会让我们直接退回到 main，它只是让我们退回到调用堆栈中的上一级。像这样的递归函数，return 语句只会让我们返回到函数的先前调用。之前的调用没有对这些返回值做出反应，因此它不会停止探索其他解。

让我们考虑一下我们找到一个解并且代码返回 True 的情况。这将从对递归函数的第九次调用返回。返回的值 True 将被发送回起初进行第九次调用的第八次调用。第八次调用需要注意函数返回了 True 并对此做出反应。如果下一个调用返回 True，那么当前调用也是如此。

为了使代码在找到单个解后确实停止，每当我们进行递归调用时，我们必须检查从它返回的布尔结果。如果结果为 True，则意味着我们找到了解，因此我们应立即停止当前调用并从中返回 True。以下伪代码包含这项重要的修改：

```
# General backtracking pseudocode to find a single solution.
# This version does work properly.
def explore(a scenario):
    if this is a dead-end:
        return False.
    else if this is a solution:
        report it.
        return True.
    else, for each available choice:
        make the choice.
        result = recursively explore subsequent choices.
        if result is True:
            return True.
        undo the choice.
```

你可能想知道，伪代码是否需要一个 else 来对递归调用的 False 结果做出反应？答案是否定的，因为如果递归调用返回 False，则表示调用无法找到解。所以我们的调用应该继续查看并检查更多列以尝试找到解。你可以将"撤销选择"的代码放入 else 语句中，但现有版本已经有了，因此不再需要 else。

让我们将这些最新的更改纳入我们的八皇后代码中。我们添加一个 if 语句来检查递归调用是否返回 True，如果是，则停止该过程，因为它已找到了一个解：

```
# recursive case that checks Boolean value
for row in range(board.size()):
    board.place(row, col)
    if place_queens(board, col + 1):
        return True
    ...
```

以下是八皇后问题打印单个解的完整程序。该程序与两个执行日志一起显示，一个大小为 8（存在解），另一个大小为 2（没有解）：

```
1  # This program solves the Eight Queens problem.
2  # This version prints a single solution.
3
```

```
4  from ChessBoard import *
5
6  # Places queens on the given board,
7  # starting with the given column.
8  # Returns True if successful and False if no solution found.
9  def place_queens(board, col = 0):
10     if not board.valid():
11         return False
12     elif col >= board.size():
13         return True
14     else:
15         for row in range(board.size()):
16             board.place(row, col)            # choose
17             if place_queens(board, col + 1):  # explore
18                 return True
19             board.remove(row, col)            # un-choose
20         return False
21
22 def main():
23     size = int(input("Board size? "))
24     board = ChessBoard(size)
25     if place_queens(board):
26         print("One solution is as follows:")
27         print(board)
28     else:
29         print("No solution found.")
30
31 main()
```

```
Board size? 8
One solution is as follows:
Q _ _ _ _ _ _ _
_ _ _ _ _ Q _
_ _ _ Q _ _ _
_ _ _ _ _ _ Q
_ Q _ _ _ _ _
_ _ _ Q _ _ _ _
_ _ _ _ Q _ _
_ _ Q _ _ _ _ _

Board size? 2
No solution found.
```

9.5　案例研究：前缀计算器

在本节中，我们将探讨使用递归来计算复杂的算术表达式。首先，我们将研究用于描述算术表达式的不同约定，然后我们将看到递归如何使得实现其中一个标准约定变得相对容易。

9.5.1 中缀、前缀和后缀表示法

当我们在 Python 程序中编写算术表达式时，我们通常会在两个操作数之间放置算术运算符，如 + 和 *，如图 9-34 中的示例所示。将运算符放在操作数之间是一种称为**中缀表示法**的约定。

第二种约定是将运算符放在两个操作数的前面，如图 9-35 中的示例所示。将操作符放在操作数前面是一种称为**前缀表示法**的约定。

```
3.5 + 8.2
9.1 * 12.7
7.8 * (2.3 + 2.5)
```

图 9-34　中缀表示法的表达式

```
+ 3.5 8.2
* 9.1 12.7
* 7.8 + 2.3 2.5
```

图 9-35　前缀表示法的表达式

对于像 + 和 * 这样的符号，前缀表示法看起来很奇怪，但它类似于数学函数表示法，其中函数的名称放在前面。例如，如果我们调用函数而不是使用运算符，我们会写：

```
plus(3.5, 8.2)
times(9.1, 12.7)
times(7.8, plus(2.3, 2.5))
```

（实际上确实有执行基本算术的函数，位于 Python 的 operator 库中。目前，这些对我们来说不是很有用，但在第 12 章我们将讨论函数式编程，它使得函数变得更有用。）

第三种约定是运算符出现在两个操作数之后，如图 9-36 中的示例所示。此约定称为**后缀表示法**。它有时也被称为反向波兰表示法或 RPN。多年来，惠普公司一直在销售使用 RPN 而不是普通中缀表示法的科学计算器。

```
3.5 8.2 +
9.1 12.7 *
7.8 2.3 2.5 + *
```

图 9-36　后缀表示法的表达式

我们习惯于使用中缀表示法，并且需要一段时间才能适应其他两种表示方法。如果你花时间学习前缀和后缀约定，你将发现一个有趣的事实是，中缀是唯一需要括号的表示法。另外两种表示法是确定的。表 9-3 总结了三种表示法。

表 9-3　算术表示法

表示法	描述	示例
中缀	运算符位于操作数中间	2.3 + 4.7 2.6 * 3.7 (3.4 + 7.9) * 18.6 + 2.3 / 4.7
前缀	运算符位于操作数之前（函数表示法）	+ 2.3 4.7 * 2.6 3.7 + * + 3.4 7.9 18.6 / 2.3 4.7
后缀	运算符位于操作数之后（反向波兰表示法）	2.3 4.7 + 2.6 3.7 * 3.4 7.9 + 18.6 * 2.3 4.7 / +

9.5.2 计算前缀表达式

在三种标准表示法中，前缀表示法最容易通过递归来实现。在本节中，我们将编写一个

程序，从字符串中读取前缀表达式并计算其值。我们程序的核心是一个名为 evaluate 的递归函数，它接收需要计算的前缀表达式并返回其结果值。

在我们开始编写函数之前，我们必须考虑我们将要获得的输入类型。如前所示，我们将假设输入包含合法的前缀表达式。最简单的表达式是像 38.9 这样的一个数值。在这种情况下不需要太多计算：我们可以简单地读取并返回该数值。

更复杂的前缀表达式可以涉及一个或多个运算符。记住在前缀表达式中运算符位于操作数之前。

```
+ 2.6 3.7
* 4.1 + 1.5 2.2
```

由给定运算符表示的表达式本身可以是更大的表达式中的一个操作数。例如，我们可能会想知道以下表达式的结果：

```
* + 2.6 3.7 + 5.2 18.7
```

在最外层，我们有两个操作数的乘法运算符：

```
  *          + 2.6 3.7        + 5.2 18.7
  ↑          ‿‿‿‿‿‿‿          ‿‿‿‿‿‿‿‿
运算符       操作数#1          操作数#2
```

换句话说，这个表达式是计算两个求和结果的乘积。这是用更熟悉的中缀表示法表示的同一表达式：

```
(2.6 + 3.7) * (5.2 + 18.7)
```

这些表达式可以变得任意复杂。关键是它们都是从运算符开始的。换句话说，每个前缀表达式都是以下两种形式之一：

- 一个简单的数字；
- 一个运算符后跟两个操作数。

这个观察将成为我们递归解决方法的路线图。

由于我们需要分别处理输入的每个符号，我们让 main 将表达式拆分为字符串列表并将其作为参数传递给 evaluate。例如，如果表达式为 "*4.1 + 2.6 3.7"，我们将其以 5 个元素组成的列表 ["*", "4.1", "+", "2.6", "3.7"] 传递给我们的函数。我们的函数头如下所示：

```
# pre : tokens represent a legal prefix expression
# post: expression is evaluated and the result is returned
def evaluate(tokens):
    ...
```

在开始编写函数之前，我们必须考虑将得到的输入。如前所示，我们将假设符号列表表示了一个合法的前缀表达式。我们将编写函数，使其从列表的前面开始，从中获取一个符号并处理该符号。当代码读取并检查表达式的给定符号时，它将通过从列表的前面删除它来"消耗"它。如果我们正确地编写了函数，最终我们将消耗掉表达式的每个符号，因为我们的代码会检查并计算它们。从列表中获取和删除特定值的最好方法是调用其 pop 方法，该方法接收索引参数并从列表中删除并返回该索引处的值：

```
def evaluate(tokens):
    # extract first token
    first = tokens.pop(0)
    ...
```

第一个符号可能是什么样的值？最简单的前缀表达式将是一个数值，我们可以将它与其他情况区分开来，因为其他表达式都将以运算符开头。因此，我们可以通过检查表达式列表中的下一个符号是否为数值来开始递归。如果是，我们有一个简单情况，我们可以简单地读取并返回该数值。在第 5 章中，我们编写了一个谓词函数 is_float，它接收一个字符串参数并返回一个布尔值，指示该字符串是否可以安全地转换为 float。我们将在这里再次使用该函数来帮助我们实现算法的基本情况：

```
def evaluate(tokens):
    # extract first token
    first = tokens.pop(0)
    if is_float(first):
        # base case: a numeric token
        return float(first)
    else:
        ...
```

现在把我们的注意力转移到递归情况，我们知道输入的第一个符号必须是一个运算符，然后是两个操作数。此时我们需要做出一个关键的决定。我们的代码已经提取了运算符，并将其存储在 first 变量中。现在我们需要提取第一个操作数，然后提取第二个操作数。如果我们知道这些操作数是简单的数值，我们可以编写如下代码：

```
# not the right approach!
def evaluate(tokens):
    # extract first token
    first = tokens.pop(0)
    if is_float(first):
        # base case: a numeric token
        return float(first)
    else:
        # recursive case: operator and 2 operands
        left = float(tokens.pop(0))
        right = float(tokens.pop(0))
        ...
```

但我们无法保证这些操作数都只是简单数值。它们也可能是以运算符开头的复杂表达式。你的直觉可能是测试原始运算符后面是否跟着另一个运算符（换句话说，第一个操作数是否以运算符开头），但这种推理不会让你得到满意的结果。请记住，表达式可以是任意复杂的，因此任何一个操作数都可能包含许多要处理的运算符。

解决这个难题的方法需要使用递归。我们需要从列表中读取两个操作数，它们或许会非常复杂。但我们知道它们是前缀形式，也知道它们并不像我们需要进行计算的原始表达式那么复杂。关键是要递归地计算两个操作数中的每一个：

```
def evaluate(tokens):
    # extract first token
```

```
first = tokens.pop(0)
if is_float(first):
    # base case: a numeric token
    return float(first)
else:
    # recursive case: operator and 2 operands
    left  = evaluate(tokens)
    right = evaluate(tokens)
    ...
```

这才是正确的方法。当然，我们仍然有计算运算符的任务。在执行了两个递归调用之后，我们将有一个运算符和两个数值（例如，+，3.4 和 2.6）。如果我们可以编写如下语句那就再好不过了：

```
return operand1 operator operand2   # does not work
```

不幸的是，Python 不能那样工作。我们必须使用嵌套的 if/else 语句来测试我们有什么类型的运算符并返回一个合适的值：

```
if operator == "+":
    return operand1 + operand2
elif operator == "-":
    return operand1 - operand2
...
```

我们可以在自己的函数中包含这段称为 apply 的代码，使我们的递归函数保持简短：

```
# pre : input contains a legal prefix expression
# post: expression is evaluated and the result is returned
def evaluate(tokens):
    # extract first token
    first = tokens.pop(0)
    if is_float(first):
        # base case: a numeric token
        return float(first)
    else:
        # recursive case: an operator
        operand1 = evaluate(tokens)
        operand2 = evaluate(tokens)
        return apply(first, operand1, operand2)
```

9.5.3　完整程序

以下是前缀表达式计算器的完整版本。该代码包括之前讨论的 is_float 函数。main 的代码中介绍了程序，提示用户键入表达式，并将每个表达式拆分为由空格分隔的符号列表。main 函数调用了我们的 evaluate 递归函数，然后打印返回的结果值，并四舍五入至小数点后两位。当用户键入空字符串的表达式时，程序将退出。

```
1  # This program prompts for and evaluates a prefix expression.
2
3  # Returns True if the given string can be converted
```

```
 4   # into a float successfully, or False if not.
 5   def is_float(s):
 6       try:
 7           n = float(s)
 8           return True
 9       except ValueError:
10           return False
11
12   # pre : operator is one of +, -, *, /, or %
13   # post: returns the result of applying the given operator
14   #   to the given operands
15   def apply(operator, operand1, operand2):
16       if operator == "+":
17           return operand1 + operand2
18       elif operator == "-":
19           return operand1 - operand2
20       elif operator == "*":
21           return operand1 * operand2
22       elif operator == "/":
23           return operand1 / operand2
24       elif operator == "%":
25           return operand1 % operand2
26       else:
27           raise ValueError("bad operator: " + operator)
28
29   # pre : tokens represent a legal prefix expression
30   # post: expression is evaluated and the result is returned
31   def evaluate(tokens):
32       # extract first token
33       first = tokens.pop(0)
34       if is_float(first):
35           # base case: a numeric token
36           return float(first)
37       else:
38           # recursive case: an operator
39           operand1 = evaluate(tokens)
40           operand2 = evaluate(tokens)
41           return apply(first, operand1, operand2)
42
43   def main():
44       print("This program evaluates prefix expressions that")
45       print("include the operators +, -, *, /, and %.")
46       print()
47
48       expr = input("Expression? ")
49       while expr != "":
50           tokens = expr.split(" ")
```

```
51          value = evaluate(tokens)
52          print("value =", round(value, 2))
53          expr = input("Expression? ")
54
55      print("Exiting.")
56
57  main()
```

```
This program evaluates prefix expressions that
include the operators +, -, *, /, and %.
Expression? 38.9
value = 38.9
Expression? + 2.6 3.7
value = 6.3
Expression? * + 2.6 3.7 + 5.2 18.7
value = 150.57
Expression? / + * - 17.4 8.9 - 3.9 4.7 18.4 - 3.8 * 7.9 2.3
value = -0.81
Expression?
Exiting.
```

该程序可以处理简单的数值，如 38.9。它可以处理单个运算符的表达式，如 +2.6 3.7。它还可以处理我们考虑过的涉及两个求和结果的乘积的情况。实际上，它可以处理任意复杂的表达式，如示例日志中的最后一个表达式。在该示例中计算的前缀表达式等效于以下中缀表达式：

```
((17.4 - 8.9) * (3.9 - 4.7) + 18.4) / (3.8 - 7.9 * 2.3)
```

当你使用递归编程时，你会注意到两件事。首先，你编写的递归代码往往相当简短，即使它可能正在解决一个非常复杂的任务。其次，你的一些程序通常最终会支持执行低级别任务的递归代码。对于我们当前计算前缀表达式的任务而言，我们有一个简短而强大的前缀计算器，但我们需要包含一些支持代码：向用户解释程序，提示输入前缀表达式，并报告结果。我们还发现我们需要一个将运算符应用于两个操作数的函数。程序的非递归部分非常简单，因此无须详细讨论。

本章小结

- 递归是一种函数调用自身的算法技术。使用递归的函数称为递归函数。

- 递归函数包括两种情况：函数可以不递归而直接求解的基本情况，以及函数使用递归调用将问题简化为相同类型的更简单问题的递归情况。

- 递归函数调用以将有关每个调用的信息存储到称为调用堆栈的内部结构中的方式进行工作。

当函数调用自身时，有关调用的信息将放在堆栈顶部。当函数调用完成时，其信息将从堆栈中移除，程序将返回到下面的调用。

- 没有基本情况的递归函数，或者递归情况未正确转换为基本情况的递归函数，可能导致无限递归。

- 除了指定的参数外，递归函数通常还需要额外的参数。为此，一个好方法是使用默认值添加额外参数。

- 递归可用于绘制复杂模式的图形，包括分形图像。分形是递归自相似的图像，它们通常被称为"无限复杂"。

自测题

9.1 节：递归思维

1. 什么是递归？一个递归函数和标准的迭代函数之间的区别是什么？

2. 什么是基本情况和递归情况？为什么递归函数需要具备这两种情况？

3. 思考以下的函数：

```python
def mystery1(n):
    if n <= 1:
        print(n, end="")
    else:
        mystery1(n // 2)
        print(",", n, end="")
```

对于以下的每次调用，请指出函数产生的输出是什么：

a. mystery1(1)

b. mystery1(2)

c. mystery1(3)

d. mystery1(4)

e. mystery1(16)

f. mystery1(30)

g. mystery1(100)

4. 思考以下的函数：

```python
def mystery2(n):
    if n > 100:
        print(n, end="")
    else:
        mystery2(2 * n)
        print(",", n, end="")
```

对于以下的每次调用，请指出函数产生的输出是什么：

a. mystery2(113)

b. mystery2(70)

c. mystery2(42)

d. mystery2(30)

e. mystery2(10)

5. 思考以下的函数：

```python
def mystery_x_y(x, y):
    if y == 1:
        print(x, end="")
    else:
        print(x * y, ", ", sep="", end="")
        mystery_x_y(x, y - 1)
        print(",", x * y, end="")
```

对于以下的每次调用，请指出函数产生的输出是什么：

a. mystery_x_y(4, 1)

b. mystery_x_y(4, 2)

c. mystery_x_y(8, 2)

d. mystery_x_y(4, 3)

e. mystery_x_y(3, 4)

6. 请将下面的迭代函数转换为递归函数：

```
# Prints each character of the string reversed twice.
# double_reverse("hello") prints oolllleehh
def double_reverse(s):
    for i in range(len(s) - 1, -1, -1):
        print(s[i], end="")
        print(s[i], end="")
```

9.2 节：递归函数和数据

7. 以下代码试图编写一个递归的 power 函数来计算幂次。代码错在哪里？如何改正它？

```
def power(x, y):
    return x * power(x, y - 1)
```

8. 在本节中所示的两个版本的 power 函数的区别在哪里？第二个版本比第一个版本好在哪里？两个版本都是递归的吗？

9. 思考以下的函数：

```
def mystery4(x, y):
    if x < y:
        return x
    else:
        return mystery4(x - y, y)
```

对于以下的每次调用，请指出返回值是什么：

a. mystery4(6, 13)

b. mystery4(14, 10)

c. mystery4(37, 10)

d. mystery4(8, 2)

e. mystery4(50, 7)

10. 思考以下的函数：

```
def mystery5(x, y):
    if x < 0:
        return - mystery5(-x, y)
    elif y < 0:
        return - mystery5(x, -y)
    elif x == 0 and y == 0:
        return 0
    else:
        return 100 * mystery5(x // 10, y // 10) + 10 * (x % 10) + y % 10
```

对于以下的每次调用，请指出返回值是什么：

a. mystery5(5, 7)

b. mystery5(12, 9)

c. mystery5(-7, 4)

d. mystery5(-23, -48)

e. mystery5(128, 343)

11. 请将下面的迭代函数转换为递归函数：

```
# Returns n!, such as 5! = 1*2*3*4*5
def factorial(n):
    product = 1
    for i in range(1, n + 1):
        product *= i
    return product
```

12. 下面的函数中有一处 bug 会导致无限递归。如何改正代码？

```
# Adds the digits of the given number.
# Example: digit_sum(3456) returns 3+4+5+6 = 18
def digit_sum(n):
    if n > 10:
        # base case (small number)
        return n
    else:
        # recursive case (large number)
        return n % 10 + digit_sum(n // 10)
```

13. 有时客户要传递给函数的参数与最适合编写递归方案来解决问题的参数不匹配。程序员应该怎么解决这个问题？

14. **斐波那契序列**是一个数值序列，其中前两个数值是 1，后续每个数值是前两个斐波那契数值之和。这个序列是 1，1，2，3，5，8，13，21，34 等。以下是计算第 n 个斐波那契数的正确但低效的函数：

```
def fibonacci(n):
    if n <= 2:
        return 1
    else:
        return fibonacci(n - 1) + fibonacci(n - 2)
```

即使是相对较小的 n 值，所示代码的运行速度也会非常慢，甚至可以花费几分钟或几小时来计算第 40 个或第 50 个斐波那契数。代码效率低下是因为它会产生太多的递归调用。它终结于很多次重新计算每个斐波纳契数。编写此函数的新版本，保证仍然是递归的并且具有相同的函数头，但效率更高。通过创建一个辅助函数来做到这一点，该函数接收其他参数，例如先前的斐波那契数，你可以在每次递归调用期间使用和修改这些参数。

9.3 节：递归图形

15. 什么是分形图像？递归编程如何绘制分形？

16. 编写 Python 代码创建并绘制一个正六边形（一种多边形）。

9.4 节：递归回溯

17. 为什么递归是实现回溯算法的一种有效方式？

18. 什么是决策树？对于回溯而言，决策树有多重要？

19. 假设回溯方法在递归探索函数中首先探索 NE 而不是最后探索，请绘制产生图 9-30 的决策树。（提示：树的每个级别都会发生变化。）

20. 原始的北 / 东回溯解决方案按以下顺序打印了移动到（1，2）的方式。如果解决方案首先探索 NE 而不是最后探索，它们将按什么顺序打印？

```
moves: N N E
moves: N E N
moves: N NE
moves: E N N
moves: NE N
```

21. 图 9-29 只部分显示了决策树的上两级。完整决策树中的第二级有多少个条目？完整决策树中的第三级有多少个条目？

22. 如果我们的八皇后算法尝试在每个可能的方块放置每个皇后，那么在整个树的第 8 级和最后一级有多少个条目？我们的算法可以怎样做来避免探索这么多的可能？

23. 一旦找到问题的一个解，八皇后的 explore 函数就会停止。一旦找到一个解，代码的哪一部分会导致算法停止？如何修改代码以便找到并输出问题的每一个解？

习题

1. 编写一个名为 star_string 的递归函数，它接收一个整数作为参数，并向控制台打印一串 2^n（即 2 的 n 次幂）长的星号。如果传递的值小于 0，则该函数应抛出 ValueError。例如：

star_string(0) 应该打印 *（因为 $2^0 == 1$）

star_string(1) 应该打印 **（因为 $2^1 == 2$）

star_string(2) 应该打印 ****（因为 $2^2 == 4$）

star_string(3) 应该打印 ********（因为 $2^3 == 8$）

star_string(4) 应该打印 ****************（因为 $2^4 == 16$）

2. 编写一个名为 write_nums 的递归函数，它接收一个整数 n 作为参数，并从 1 开始按顺序将前 n 个整数打印到控制台，并以逗号分隔。如果传递的值小于 1，则该函数应抛出 ValueError。例如，请考虑以下调用：

```
write_nums(5)
print() # to complete the line of output
write_nums(12)
print() # to complete the line of output
```

这些调用应该产生如下输出：

```
1, 2, 3, 4, 5
1, 2, 3, 4, 5, 6, 7, 8, 9, 10, 11, 12
```

3. 编写一个名为 write_sequence 的递归函数，它接收一个整数 n 作为参数，并向控制台输出一个由 n 个数值组成的对称序列，该数值序列由以 1 结尾的递减整数序列，后跟以 1 开头的递增整数序列组成。下表显示了 n 的各种值生成的对应输出：

函数调用	产生输出
write_sequence(1)	1
write_sequence(2)	1 1
write_sequence(3)	2 1 2
write_sequence(4)	2 1 1 2
write_sequence(5)	3 2 1 2 3
write_sequence(6)	3 2 1 1 2 3
write_sequence(7)	4 3 2 1 2 3 4
write_sequence(8)	4 3 2 1 1 2 3 4
write_sequence(9)	5 4 3 2 1 2 3 4 5
write_sequence(10)	5 4 3 2 1 1 2 3 4 5

请注意，当 *n* 为奇数时，序列中间有一个 1，而对于偶数值，它在中间有两个 1。如果传递的值小于 1，则函数应抛出 ValueError。

4. 编写一个名为 double_digits 的递归函数，它接收一个整数 *n* 作为参数，并返回一个相应的整数，其中每位上的数字都用两个相同的数字来替换。例如，double_digits(348) 应该返回 334488。调用 double_digits(0) 应该返回 0。对负数调用 double_digits 应该返回相应正数调用 double_digits 所得到的结果对应的负数，例如，double_digits(-789) 应返回 -778899。

5. 编写一个名为 write_binary 的递归函数，它接收一个整数作为参数，并将其二进制表示输出到控制台。例如，write_binary(44) 应该打印 101100。

6. 编写一个名为 write_chars 的递归函数，它接收一个整数参数 *n*，并打印出总共 *n* 个字符。输出的中间字符应始终为星号（*）。如果要求输出偶数个字符，则中间会有两个星号（**）。在星号之前，应该输出小于字符（<）。在星号之后应该输出大于字符（>）。如果传递的值小于 1，则函数应该抛出 ValueError。例如，以下是各种调用产生的输出：

函数调用	产生输出
write_chars(1)	*
write_chars(2)	**
write_chars(3)	<*>
write_chars(4)	<**>
write_chars(5)	<<*>>
write_chars(6)	<<**>>
write_chars(7)	<<<*>>>
write_chars(8)	<<<**>>>

7. 编写一个名为 digit_match 的递归函数，它接收两个非负整数作为参数，并返回它们之间匹配的位数。两个数字匹配，意味着它们相等并且相对于末尾数字具有相同的位置（即，从个位数开始）。换句话说，该功能应该比较每个数值的最后一位，每个数值的倒数第二位，每个数值的倒数第三位，依此类推，计算匹配的数量。例如，对于 digit_match(1072503891, 62530841) 的调用，函数将进行如下比较并返回 4，因为其中有四对匹配（2-2，5-5，8-8 和 1-1）。

```
1 0 7 2 5 0 3 8 9 1
    | |   | |     | |
    6 2 5 3 0 8 4 1
```

8. 编写一个名为 is_reverse 的递归函数，它接收两个字符串作为参数，如果两个字符串包含相同的字符序列，但顺序相反（忽略大小写），则返回 True，否则返回 False。例如，is_reverse("hello",

"eLLoH")的调用将返回 True。空字符串以及任何单字母字符串被认为是它自己的反向字符串。

9. 编写一个名为 even_digits 的递归函数，它接收一个整数参数，并返回通过从中删除奇数的数字形成的整数。例如，even_digits(8342116) 返回 8426，even_digits(–34512) 返回 242。如果数值为 0 或没有偶数数字，例如 35159 或 7，则返回 0。所得结果应忽略前导零。

10. Sierpinski 地毯是一种分形，其定义如下：Sierpinski 地毯的构造以正方形开始。该正方形在 3×3 网格中被切割成 9 个相同的子正方形，中心的子正方形被移除。然后将相同的过程递归地应用于其他 8 个子正方形。图 9-37 显示了地毯的前几次迭代。编写程序以递归方式在 DrawingPanel 上绘制地毯。

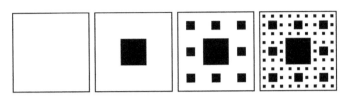

图 9-37　0 到 3 级的 Sierpinski 地毯

11. 编写一个名为 ways_to_climb 的递归函数，它接收一个表示楼梯级数的正整数值，并打印每个独特的方式来爬上给定高度的楼梯，一次一级或两级楼梯。不要使用任何循环。在单独的一行中输出每种爬楼梯的方式，使用 1 表示迈上 1 级楼梯，2 表示迈上 2 级楼梯。输出爬楼梯的可能方式的顺序并不重要，只要列出所有正确的方式即可。例如，调用 ways_to_climb(3) 应该产生以下输出：

```
[1, 1, 1]
[1, 2]
[2, 1]
```

调用 ways_to_climb(4) 应该产生以下输出：

```
[1, 1, 1, 1]
[1, 1, 2]
[1, 2, 1]
[2, 1, 1]
[2, 2]
```

12. 编写一个名为 count_binary 的递归函数，它接收一个整数 n 作为参数，并按升序打印所有包含 n 个数字的二进制数，每个占一行。应该显示所有数值的所有 n 位数，包括必要的前导零。假设 n 是非负的。如果 n 为 0，则应该生成空行。

13. 编写一个名为 subsets 的递归函数来查找给定列表的每个可能的子列表。列表 L 的子列表包含 0 个或多个 L 的元素。函数应接收字符串列表作为其参数，并打印可由该列表的元素创建的每个子列表，每行一个。例如，如果列表存储 ['Janet', 'Robert', 'Morgan', 'Char']，则函数的输出将为：

调用	输出
count_binary(1)	0
	1
count_binary(2)	00
	01
	10
	11
count_binary(3)	000
	001
	010
	011
	100
	101
	110
	111

```
['Janet', 'Robert', 'Morgan', 'Char']
['Janet', 'Robert', 'Morgan']
['Janet', 'Robert', 'Char']
['Janet', 'Robert']
['Janet', 'Morgan', 'Char']
['Janet', 'Morgan']
['Janet', 'Char']
['Janet']
['Robert', 'Morgan', 'Char']
['Robert', 'Morgan']
['Robert', 'Char']
['Robert']
['Morgan', 'Char']
['Morgan']
['Char']
[]
```

显示子列表的顺序无关紧要，每个子列表中的元素顺序也无关紧要。关键是你的函数应该生成正确的整个子列表集作为其输出。请注意，空列表将被视为这些子列表之一。你可以假设该列表不包含重复项。不要使用任何循环。

14. 编写一个名为 max_sum 的递归函数，它接收一个整数列表 L 和一个整数限制 n 作为参数，并使用回溯来找到可以通过将 L 中元素相加构成的不超过 n 的最大和。例如，如果给出列表 [7, 30, 8, 22, 6, 1, 14] 和限制 19，则可以生成的不超过限制的最大总和是 16，可以通过将 7、8 和 1 相加来实现。如果列表 L 为空，或者限制不是正整数，或者 L 中的所有值都超过限制，则返回 0。列表中每个索引对应的元素只能添加到总和中一次，但是相同的数值可能在列表中出现多次，在这种情况下，每次出现都可能会添加到总和中。例如，如果列表为 [6, 2, 1]，则总和中最多可使用一个 6，但如果列表为 [6, 2, 6, 1]，则最多可使用两个 6。

列表 L	限制 n	返回值
[7, 30, 8, 22, 6, 1, 14]	19	16
[5, 30, 15, 13, 8]	42	41
[30, 15, 20]	40	35
[10, 20, 30]	7	0
[10, 20, 30]	20	20
[]	10	0

你可以假设列表中的所有值都是非负数。你的函数可能会在执行时更改列表 L 的内容，但在函数返回之前，L 应恢复到其原始状态。不要使用任何循环。

编程项目

1. 编写一个递归程序来解决汉诺塔谜题。这个难题涉及操纵可以在三个不同塔之间移动的圆盘。你将获得一定数量的圆盘（在此示例中为四个），它们堆叠在三个塔中的一个上。圆盘的直径逐渐减小，顶部的圆盘最小，如图 9-38 所示。

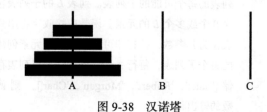

图 9-38　汉诺塔

这个难题的目标是将所有圆盘从一个塔移动到另一个塔（例如，从 A 到 B）。当你移动圆盘时，第三个塔作为临时存储空间使用。你一次只能移动一个圆盘，并且不允许将一个较大的圆盘放在较小的圆盘上（即直径较小的圆盘）。查看一个、两个和三个圆盘的简单解决方案，看看是否可以识别模式。然后编写一个程序，解决任意数量的圆盘的汉诺塔问题。（提示：移动四个圆盘很像移动三个圆盘，除了底部有一个额外的圆盘。）

2. 编写一个递归程序，从给定的 Backus-Naur 形式（"BNF"）语法生成随机句子。BNF 语法是一个递归定义的文件，它定义了用于从文本标记创建句子的规则。规则可以递归地自相似。以下语法可以生成句子，如 "Fred honored the green wonderful child"：

```
<s>::=<np> <vp>
<np>::=<dp> <adjp> <n>|<pn>
<dp>::=the|a
<adjp>::=<adj>|<adj> <adjp>
<adj>::=big|fat|green|wonderful|faulty|subliminal|pretentious
<n>::=dog|cat|man|university|father|mother|child|television
<pn>::=John|Jane|Sally|Spot|Fred|Elmo
<vp>::=<tv> <np>|<iv>
<tv>::=hit|honored|kissed|helped
<iv>::=died|collapsed|laughed|wept
```
[1]

3. 编写一个程序，使用递归回溯从用户键入的短语生成所有变位词。变位词是通过重新排列一个单词或短语的字母而生成的另一个单词或短语。例如，单词"midterm"和"trimmed"是变位词。如果忽略空格和大小写并允许多个单词，则多字短语可以是某个其他单词或短语的变位词。例如，短语"Clint Eastwood"和"old west action"是变位词。你的程序将读取单词的字典文件，并搜索可以使用用户短语中的字母形成的所有单词。使用回溯来选择每个单词，探索可以从剩余的字母中拼出什么，然后取消单词的选择。下面是一个可能的对话示例：

```
Phrase to search? barbara bush
Max words to use? 3
['abash', 'bar', 'rub']
['abash', 'rub', 'bar']
['bar', 'abash', 'rub']
['bar', 'rub', 'abash']
['rub', 'abash', 'bar']
['rub', 'bar', 'abash']
```

4. 编写一个使用递归回溯来玩 Boggle 游戏的程序。Boggle 是一个在 4×4 网格上进行的文字游戏，玩家试图通过跟踪棋盘上相邻字母之间的路径来找到所有有效的字典单词。路径中的每个链接可以是水平的，垂直的或对角线的。图 9-39 显示了形成单词"ensure"的示例路径。使用递归回溯来探索可以使用棋盘上的字母进行组合的每个可能的单词。你的算法应该选择一个起始方块，探索从那里可以做些什么，然后取消该方块的选择。（提示：你需要一种方法来"标记"方块被选中或未被选中。）

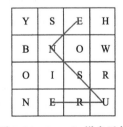

图 9-39　Boggle 棋盘示例

搜索和排序

当处理大量数据时，你通常需要在数据中搜索特定值。例如，你可能希望在 Internet 上搜索包含特定关键字的网页，或者你可能希望在电话簿中搜索某人的电话号码。

将数据集合重新按顺序排列会十分有用。例如，你可能希望按姓名、学生 ID 或成绩对学生的课程成绩数据列表进行排序。

在本章中，我们将介绍使用 Python 库对数据进行搜索和排序的方法，并练习实现一些搜索和排序算法，并更一般地讨论如何观察和分析算法的运行时间。

10.1 搜索和排序库

Python 列表包含了用于搜索元素值的若干功能。正如在第 7 章首次提到的，检查某个特定值是否在列表中的最简单方法是使用 in 关键字：

```
if value in collection:
    statements
```

语法模板：in 表达式

例如，你可以使用 in 表达式来查看给定的单词是否在列表中：

```
>>> # using the 'in' keyword to check for membership
>>> words = ["oh", "beautiful", "for", "spacious", "skies"]
>>> "skies" in words
True
>>> "banana" in words
False
```

（请注意，正如我们在第 8 章中看到的，如果你要创建一个大型数据集并计划测试许多值是否存在于该数据集中，则集合通常优于列表。集合具有比列表更快的查找效率，并且对于大型列表或执行多次搜索的程序而言差异尤其明显。）

有时知道一个单词存在于列表中是不够的，你还想知道它在列表中的位置。你可以使用列表的 index 方法来检查列表的每个元素，查找目标值。它返回列表中出现目标值的第一个索引位置。如果列表中不存在该值，则 index 会引发一个 ValueError 异常：

```
>>> # using the index function to search for words
>>> words = ["oh", "beautiful", "for", "spacious", "skies"]
>>> words.index("spacious")
3
>>> words.index("banana")
Traceback (most recent call last):
  File "<stdin>", line 1, in <module>
ValueError: 'banana' is not in list
```

index 函数执行所谓的**顺序搜索**，顺序检查列表中的每个元素，直到发现用户正在寻找的那个。当它在有 100 万个元素的列表中寻找一个索引位置在 675 000 的元素时，顺序搜索将必须检查所需元素之前的所有 675 000 个元素。如果它到达列表的末尾而没有找到相应的单词，则会引发 ValueError 异常。

> **顺序搜索**
>
> 从数据集的开头开始一次一个地检查数据集的每个元素，直到找到所需的值或检查了所有元素为止。

以下代码将一个大的文本文件读入一个列表，然后提示用户搜索单词并显示它们在文件中的索引位置：

```
1   # Searches a large file for words and displays
2   # the index at which each word is found.
3
4   def main():
5       words = open("mobydick.txt").read().split()
6       word = input("Word to search for? ")
7       while word != "":
8           try:
9               index = words.index(word)
10              print(word, "is found at index", index, "of", len(words))
11          except ValueError:
12              print(word, "is not found.")
13          word = input("Word to search for? ")
14
15  main()
```

```
Word to search for? the
the is found at index 46 of 208433
Word to search for? of
of is found at index 49 of 208433
Word to search for? end
end is found at index 4659 of 208433
Word to search for? direwolf
direwolf is not found.
Word to search for?
```

10.1.1　二分查找

有时，你需要在已排好序的列表元素中进行搜索。例如，如果你想知道"queasy"是否是真正的英语单词，你可以在按字母顺序排列的字典文件中进行搜索。同样地，你可能会发现自己正在一个按照作者姓氏排序的书籍列表中寻找由罗伯特·路易斯·史蒂文森写的一本书。如果字典很大或书籍列表很长，你可能不希望按照顺序依次检查其中的每一项。

有一种更好的算法称为**二分查找**，在已排序的数据上，它可以比顺序搜索更快。对一个百万元素列表的顺序查找可能必须检查所有元素，但二分查找只需要查看其中的大约 20 个元素。Python 的类库中有实现二分查找列表算法的函数。

二分查找

在已排序的列表中通过反复将查找空间折半的方式来查找值的算法。

二分查找算法首先检查位于列表中心位置的元素。如果中心元素小于你要查找的目标，则不需要检查中心左侧的任何元素（较小的索引位置）。如果中心元素大于你要查找的目标，则不需要检查中心右侧的任何元素（较大的索引位置）。算法的每次执行都会排除一半的查找空间，因此在大多数情况下，该算法可以比顺序查找更快地找到目标值。该算法可以很好地扩展到大量输入数据，并且比顺序查找整体快得多。

二分查找算法的逻辑类似于人们在猜大小游戏中使用的策略，在该游戏中计算机生成 1 到 100 之间的一个随机数并且让用户试图猜测它。在每次猜错之后，程序会提示用户的猜测是偏高还是偏低。这个游戏的一个糟糕算法是猜测 1，2，3，等等。一个更聪明的算法是猜测中间数，并根据猜测是高还是低来每次将范围减半。图 10-1 显示了它的工作原理。

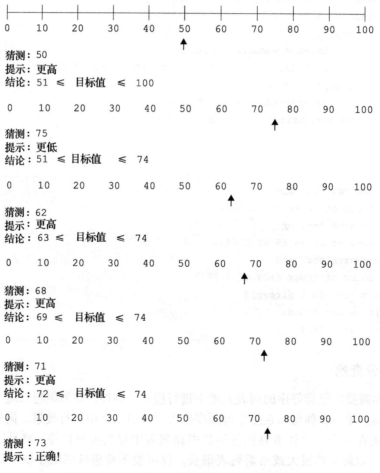

图 10-1　在 1 到 100 之间进行二分查找的过程

内置的 Python 库包含一个名为 bisect 的模块。该模块包含一个名为 bisect_left 的函数，该函数实现了二分查找算法。它接收任何合适类型的列表和目标值作为其参数，并返回目标元素所在位置的索引：

```
>>> # binary search on a list
>>> import bisect
>>>
>>> #            0  1  2   3   4   5   6   7   8   9   10
>>> numbers = [-3, 4, 9, 12, 17, 29, 39, 44, 44, 58, 79]
>>> bisect.bisect_left(numbers, 29)
5
>>> bisect.bisect_left(numbers, 9)
2
>>> bisect.bisect_left(numbers, 44)     # a duplicate value
7
>>> bisect.bisect_left(numbers, 31)     # a value that is not found
6
```

通过二分查找算法只需检查索引 4、6 和 5，便可以在索引 5 处找到目标值 29。顺序查找需要检查从 0 到 5 的所有索引位置才能找到相同的目标值。

如果目标值在列表中多次出现，则 bisect_left 返回它第一次出现的索引位置，如对于前面列表中的 44，将返回索引 7。

与列表 index 函数不同的是，bisect_left 在找不到相应元素时并不抛出异常，而是返回一个不寻常的结果：所返回的索引是，如果这个元素在列表中，那么它本该在的位置。在前面的例子中，搜索 31 返回 6。列表的索引位置 6 并不包含 31，它包含 39。但是如果我们要将 31 插入列表的索引位置 6 时，则该列表仍然保持有序。因此，如果你打算使用 bisect_left 搜索列表中的给定值，则必须检查一下该列表的索引位置，保证在那里找到了给定值。

有一个名为 bisect_right 的类似函数也使用二分查找算法，但它不返回给定值第一次出现的索引位置，而是返回它最后一次出现的索引位置之后的位置。因此，例如，bisect_right 在前一个示例中搜索 44 时将返回 9。当查找列表未找到相应值时，这两个函数的行为相同。bisect_right 如果在先前的列表中搜索值 31，则将返回 6。bisect 模块还有另一个名为 insort 的函数，该函数将新值插入已排好序的列表的正确位置并仍然保持有序。例如，调用 bisect.insort(numbers，31)，将在先前列表的索引位置 6 处插入 31。我们将不会进一步探讨 insort，因为本节我们专注于搜索。表 10-1 列出了 bisect 模块的函数。

表 10-1　bisect 模块的函数

函数	函数说明
bisect.bisect_left(seq,value)	返回给定值在已排序序列中第一次出现的索引。如果不存在，则返回插入点的索引，可以在该插入点添加值以维护排序顺序
bisect.bisect_right(seq,value) 或 bisect.bisect(seq,value)	返回给定值在已排序序列中最后一次出现时位置之后的索引。如果不存在，则返回插入点的索引，可以在该插入点添加值以维护排序顺序
bisect.insort(seq, value)	将值添加到已排序序列的适当位置以维护排序顺序

你提供给任何 bisect 函数的任何列表必须有序，因为这些函数使用的二分查找算法依赖于有序来快速查找目标值。如果在未排序的数据上调用 bisect_left，则结果是未定义的，并且算法不保证它将返回正确的答案。

如果你想了解有关 bisect 库的更多信息，请参阅官方 Python 在线文档：https://docs.python.org/3/library/bisect.html。

让我们来看一个受益于二分查找的简短程序。在拼字游戏中，玩家使用字母块在棋盘上形成单词以获得积分。有时候一个玩家试图拼写一个不是字典中的合法单词，所以另一个玩家会"挑战"这个单词。挑战者在字典中查找该单词，并且根据是否找到该单词，从棋盘上撤销该移动。以下程序通过对包含 172 823 个单词的拼字玩家字典文件中的单词执行二分查找来帮助解决拼字挑战。输入文件中的单词的出现顺序是有序的，因此可以恰当地使用 bisect_left 查找列表。

```python
1  # Searches a large file for words using a binary search,
2  # and displays the index at which each word is found.
3
4  import bisect
5
6  def main():
7      print("Welcome to Scrabble word challenge!")
8      words = open("scrabble-words.txt").read().split()
9      word = input("Word to challenge (Enter to quit)? ")
10     while word != "":
11         index = bisect.bisect_left(words, word)
12         if 0 <= index < len(words) and words[index] == word:
13             print(word, "is word", index, "of", len(words))
14         else:
15             print(word, "is not found.")
16         word = input("Word to challenge (Enter to quit)? ")
17
18 main()
```

```
Welcome to Scrabble word challenge!
Word to challenge (Enter to quit)? queazy
queazy is word 121788 of 172823
Word to challenge (Enter to quit)? kwyjibo
kwyjibo is not found
Word to challenge (Enter to quit)? building
building is word 18823 of 172823
Word to challenge (Enter to quit)? python
python is word 79156 of 172823
Word to challenge (Enter to quit)? programs
programs is word 118860 of 172823
Word to challenge (Enter to quit)?
```

在本节中，我们已经看到 bisect_left 和二分查找通常比顺序查找快得多。让我们通过运

行两个算法并记录运行时间来证明这一点。你可以通过调用 time 模块中的 time 函数来测量
给定代码段的运行时间，time 函数返回自 1970 年 1 月 1 日以来经过的秒数。如果你在运行
给定算法的前后调用 time，两次的时间差将告诉你给定代码运行了多长时间。以下程序在一
个大型列表中运行顺序查找（使用列表的 index 函数）来测量其运行时间。我们运行数百次
查找，这样程序将花费更长的时间来运行，这将使我们更好地了解整体查找运行时间。

```
1   # Searches a large file for various words and displays
2   # the index at which each word is found.
3
4   import time
5
6   def main():
7       words = open("words.txt").read().split()
8       targets = ["the", "of", "banana", "direwolf", "monkey"]
9       start_time = time.time()
10
11      # Search for a word's index many times
12      REPS = 500
13      for i in range(REPS):
14          for word in targets:
15              try:
16                  index = words.index(word)
17              except ValueError:
18                  pass
19
20      elapsed_time = time.time() - start_time
21      print("Performed", REPS * len(targets), "searches")
22      print("Took", elapsed_time, "sec")
23
24  main()
```

```
Performed 2500 searches
Took 4.316449403762817 sec
```

如果我们使用 bisect_left 运行相同的代码，这个程序要比顺序查找快得多。请注意，我
们可以在更短的时间内执行比顺序查找多几个数量级的查找。

```
1   # Searches a large file for various words and displays
2   # the index at which each word is found.
3
4   import bisect
5   import time
6
7   def main():
8       words = open("words.txt").read().split()
9       targets = ["the", "of", "banana", "direwolf", "monkey"]
```

```
10      start_time = time.time()
11
12      # Search for a word's index many times
13      REPS = 500000
14      for i in range(REPS):
15          for word in targets:
16              index = bisect.bisect(words, word)
17
18      elapsed_time = time.time() - start_time
19      print("Performed", REPS * len(targets), "searches")
20      print("Took", elapsed_time, "sec")
21
22  main()
```

```
Performed 2500000 searches
Took 2.2320826053619385 sec
```

10.1.2　排序

当人们使用计算机时，经常需要对数据进行排序。例如，当你浏览硬盘驱动器时，可以按文件名、扩展名和日期对文件进行排序。播放音乐时，你可以按艺术家、年份或流派对歌曲集合进行排序。你可能还希望对列表进行排序，以便可以使用二分查找法高效地搜索列表。

Python 列表有一个内置的 sort 函数，可以将列表的元素进行重组排序。列表的元素必须是可以比较的类型，例如整数（按数值排序）或字符串（按字母大小顺序排序）。以下是代码演示：

```
>>> # demonstrate the sort function
>>> letters = ["c", "b", "g", "h", "d", "f", "e", "a"]
>>> letters.sort()
>>> letters
['a', 'b', 'c', 'd', 'e', 'f', 'g', 'h']
```

还有一个称为 sorted 的全局函数，它接收列表或数据集合作为参数，并返回由已排好序的元素组成的新列表。sort 和 sorted 之间的差异是，sorted 会创建一个新列表，而不会修改现有列表。这在一些情况下很有用，例如当你想要在字典的键上进行迭代时：

```
>>> # demonstrate the sorted function
>>> letters = ["c", "b", "g", "h", "d", "f", "e", "a"]
>>> sorted(letters)
['a', 'b', 'c', 'd', 'e', 'f', 'g', 'h']
>>> letters    # should be unchanged
['c', 'b', 'g', 'h', 'd', 'f', 'e', 'a']
>>>
>>> # sort the keys of a dictionary
>>> phonebook = {"Stuart": "555-1234", "Marty": "123-4567",
                 "Yana": "999-9999", "Allison": "520-9876"}
>>> list(phonebook.keys())
```

```
['Stuart', 'Marty', 'Yana', 'Allison']
>>> sorted(phonebook.keys())
['Allison', 'Marty', 'Stuart', 'Yana']
```

这些排序函数内部使用一种名为 Timsort 的算法，该算法又基于一种称为归并排序的经典排序算法。我们将在本章后面详细讨论归并排序的实现。

10.1.3 洗牌

数据洗牌或将元素重新随机排列的任务正好是排序的逆过程。洗牌的一种应用是纸牌游戏程序。你可能将一副牌存储为纸牌列表。如果纸牌的顺序是可预测的，那将很无聊。你会进行洗牌，每次都将它们重新排列成随机顺序。这是一种乱序好于有序的情况。

另一种应用是你想要一个随机排列的数值列表。你可以得到从 1 到 5 的数值的随机排列，例如，通过将这些数值存储到列表中并对列表进行混洗。

random 库中有一个名为 shuffle 的函数，它接收一个数据集合作为其参数，并随机重新排列其元素。下面的例子创建了一副牌，将其洗牌，然后向玩家发出由牌盒中前五张牌组成的一手随机牌。该程序每次运行时都会随机生成不同的输出。

```
1   # Deals and displays a hand of 5 random playing cards.
2   import random
3
4   def main():
5       ranks = ["2", "3", "4", "5", "6", "7", "8", \
6               "9", "10", "Jack", "Queen", "King", "Ace"]
7       suits = ["Clubs", "Diamonds", "Hearts", "Spades"]
8
9       # build sorted deck
10      deck = []
11      for rank in ranks:
12          for suit in suits:
13              deck.append(rank + " of " + suit)
14
15      # generate random 5-card hard
16      random.shuffle(deck)
17      hand = sorted(deck[:5])
18
19      print("Your hand:")
20      for card in hand:
21          print(card)
22
23  main()
```

```
Your hand:
4 of Clubs
5 of Clubs
5 of Diamonds
Ace of Diamonds
King of Diamonds
```

10.2   程序复杂度

由于搜索和排序是重要的编程思想，因此了解它们是如何实现的是十分重要的。但在深入研究之前，让我们讨论一下如何分析代码效率的背景知识。

随着课程的进行，你正在编写越来越复杂的程序。你还看到可以解决同样问题的方法有许多。如何比较解决同样问题的不同方案，看看哪个更好？

我们希望算法能够快速或高效地解决问题。涉及算法运行时间的技术术语是**复杂度**。具有更高复杂度的算法使用更多时间或资源来解决问题。

> **复杂度**
>
> 对一段代码所使用计算资源的一种度量，例如时间、内存或磁盘空间。

通常当我们讨论程序的效率时，讨论的是程序运行时间或**时间复杂度**。程序的时间复杂度是否"足够快"取决于任务。如果在现代计算机上运行的程序需要五分钟才能找到字典中的某单词，这就太慢了。但在五分钟内渲染复杂的三维电影场景的算法就可能非常快。

确定算法的近似时间复杂度的一种方法是对其进行编程，运行该程序并测量运行所需的时间。这有时被称为算法的**实证分析**。例如，考虑两种算法来查找列表：一种是按顺序查找所需的目标元素，另一种是先对列表进行排序，然后对已排序的列表执行二分查找。你可以通过将两者编写为程序，在同一输入上运行它们并对它们进行计时来实证地分析算法。

但实证地分析算法并不是一个非常可靠的方法，因为在具有不同处理器速度和更多或更少内存的不同计算机上，程序可能不会花费相同的时间。此外，为了实证地测试算法，你必须编写程序并计算时间，这可能是一件苦差事。

衡量程序性能的一种更中立的方法是检查其代码或伪代码，并粗略计算执行的语句数。这是一种**算法分析**形式，应用技术来数学地逼近各种计算算法的复杂度和性能。算法分析是计算机科学中的一种重要工具。一般来说，科学的基本原则之一是我们可以使用形式化模型进行预测和假设，然后通过实验进行测试。

> **算法分析**
>
> 确定算法的计算复杂度的过程。

并非所有的语句都需要相同的时间来执行。例如，CPU 处理加法要比乘法更快，并且函数调用通常比 if/else 语句的布尔测试要花费更多时间。但是为了简化，我们假设以下操作需要相同且固定的时间来执行：

- 进行变量定义和赋值；
- 计算算术和逻辑表达式；
- 访问或修改列表中的单个元素；
- 打印值到控制台；
- 执行简单的函数调用（函数不执行循环）。

一种可能不能使用固定时间来初始化的变量是列表。构造列表时，Python 必须初始化每个列表元素，对于更长的列表则需要更长的时间。某些类型的对象也有冗长的内部代码，使得创建它们也需要更长的时间。

从前面的简单规则中，我们可以推断出更大和更复杂的代码片段的运行时间。例如，按顺序排列的一组语句的运行时间是各个语句的运行时间的总和：

```
statement1. ⎫
statement2. ⎬ 3
statement3. ⎭
```

循环的运行时间大致等于其内部循环体的运行时间乘以循环的迭代次数。例如，一个包含 K 个简单语句的循环体并且重复 N 次将具有大约 $(K * N)$ 的运行时间：

```
for i in range(N): ⎫
    statement1.    ⎪
    statement2.    ⎬ 3N
    statement3.    ⎭
```

顺序放置的多个循环（非嵌套）以及一些其他语句的运行时间是循环的运行时间和其他语句的运行时间的总和：

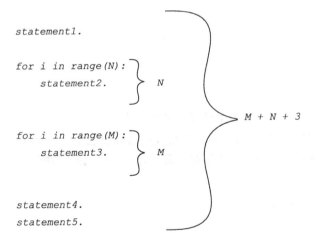

```
statement1.

for i in range(N):
    statement2.    N
                              M + N + 3
for i in range(M):
    statement3.    M

statement4.
statement5.
```

嵌套循环的运行时间大致等于内循环的运行时间乘以外循环的重复次数：

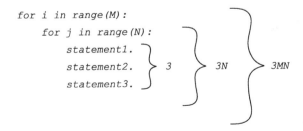

```
for i in range(M):
    for j in range(N):
        statement1. ⎫
        statement2. ⎬ 3   3N   3MN
        statement3. ⎭
```

通常，长时间运行的算法中的循环是在处理某种数据。如果输入数据集很小，许多算法运行得非常快，因此我们通常只关心在大型数据集上的性能。例如，考虑以下处理具有 N 个元素的列表的一组循环：

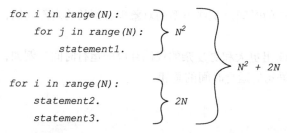

当分析这样的代码时，我们经常会考虑代码中执行得最频繁的语句行。在具有几个连续代码块的程序中，这些代码块都与某个公共值 N（例如输入数据集的大小）相关，具有 N 的最高次幂的代码块通常在整个运行时间上占主导地位。在前面的代码中，第一个 N^2 循环的执行次数远远超过第二个 N 循环的执行次数。例如，如果 N 是 1000，则 statement1 执行（1000×1000）或 1 000 000 次，而 statement2 和 statement3 每个只执行 1000 次。

当我们执行算法分析时，我们经常忽略除了执行最频繁的代码部分之外的所有部分，因为最频繁语句的运行时间将超过所有其他代码部分的运行时间。例如，我们可能会说前面的代码的时间复杂度"大约"为 N^2，而忽略了额外的 $2N$ 个语句。我们将在本章后面重新回顾这个思想。

在算法分析的简短讨论中得到的一个关键概念是在大型输入数据集上执行嵌套循环的成本是多么昂贵。在非常大的数据集上进行许多嵌套循环的算法往往表现不佳，因此提取出不需要循环处理数据的高效算法非常重要。

现在让我们看看实际的算法复杂度，观察一些实际算法的运行时间，这些算法可用于解决大型数据集上的编程问题。

10.2.1 实证分析

考虑计算列表中数值范围的任务。范围是列表中最低和最高数值之间的差异。这可以通过对列表调用内置的 max 和 min 函数来计算，但是暂时假设我们必须自己从头开始确定范围。初始解决方案可能使用嵌套循环来检查列表中的每对元素，计算它们的差异并记住找到的最大差异：

```
How to find the range of values in a list:
    max = 0.
    For each pair of indexes (i, j):
        If list elements [i] and [j] differ by more than max:
            Update max.
```

下面的代码实现了如上所述的范围函数：

```
# returns the range of numbers in the given list
def range_of_values(numbers):
    max_diff = 0
    for i in range(len(numbers)):
        for j in range(len(numbers)):
            diff = abs(numbers[j] - numbers[i])
            if diff > max_diff:
                max_diff = diff
    return max_diff
```

由于代码有两个嵌套的 for 循环，每个循环都处理整个列表，可以假设该算法大致执行 N^2 个语句或它的倍数。通过在各种列表上调用 range 并记录消耗的时间从而度量算法的速度（以毫秒为单位）。我们可以记录在大型列表上调用 range 函数之前和之后的时刻并用结束时间减去开始时间来计算消耗的时间。

正如你在下面代码的输出中看到的那样，当输入大小 N 加倍时，range_of_values 函数的运行时间大约为四倍。这与我们的假设一致。如果这个算法有 N^2 个运行语句并且我们将输入大小增加到 $2N$，则新的运行时间大致为 $(2N)^2$ 或 $4N^2$，是原始运行时间的四倍。

```
1   # Measures the runtime of an algorithm to find
2   # the range of values in a large list.
3   # First version.
4
5   import random
6   import time
7
8   # Returns the range of numbers in the given list.
9   def range_of_values(numbers):
10      max_diff = 0
11      for i in range(len(numbers)):
12          for j in range(len(numbers)):
13              diff = abs(numbers[j] - numbers[i])
14              if diff > max_diff:
15                  max_diff = diff
16      return max_diff
17
18  # Creates and returns a random list of integers of length N.
19  def create_random_list(N):
20      numbers = [0] * N
21      for i in range(N):
22          numbers[i] = random.randint(0, 999999999)
23      return numbers
24
25  def main():
26      # Search for a word's index many times
27      N = 500
28      MAX_N = 32000
29      print("N", "runtime (ms)", sep="\t")
30      while N <= MAX_N:
31          numbers = create_random_list(N)
32          start_time = time.time()
33          r = range_of_values(numbers)
34          elapsed_time = time.time() - start_time
35          print(N, round(elapsed_time * 1000), sep="\t")
36          N *= 2
37
38  main()
```

N	runtime
500	49
1000	188
2000	755
4000	3030
8000	11987
16000	48001
32000	192110

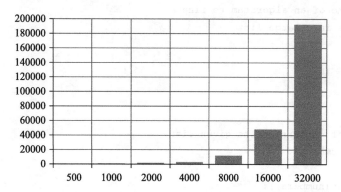

对于大型列表，我们的代码效率不高。在现代计算机上查看 32 000 个整数需要 12 秒以上。在实际的数据处理情况下，我们会看到比这更大的输入数据集，因此该运行时间在一般情况下难以接受。

研究一段代码并试图找到加快速度的方法可能看起来很困难。通过查看每行代码并尝试减少它执行的计算量来解决问题则很诱人。例如，你可能已经注意到我们的 range_of_numbers 函数实际上对列表中的每对元素检查了两次：对于唯一的整数 i 和 j，我们检查索引为 (i, j) 的元素对以及索引为 (j, i) 的元素对。

可以对 range 函数做一个小的修改，只在 i 比 j 小的时候启动内部循环，这样就不会检查任何 i 大于或等于 j 的元素对。像这样进行微小的修改有时被称为调整算法。以下代码实现了 range_of_numbers 算法的调整版本。由于大约一半的 i / j 元素对通过这个调整被排除了，我们希望代码运行速度能够加快两倍。下面的输出显示了其实际测量的运行时间：

```python
# Returns the range of numbers in the given list.
# Second version that examines j values where j > i only.
def range_of_values2(numbers):
    max_diff = 0
    for i in range(len(numbers)):
        for j in range(i + 1, len(numbers)):
            diff = abs(numbers[j] - numbers[i])
            if diff > max_diff:
                max_diff = diff
    return max_diff
```

N	runtime
500	24

1000	105
2000	382
4000	1505
8000	6022
16000	25455
32000	99626

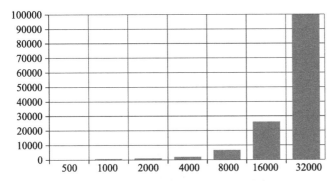

据我们估计，第二个版本的速度比第一个版本快两倍。当输入大小加倍时，算法任一版本的运行时间都大约为四倍。因此，无论我们使用哪个版本，如果输入列表非常大，则函数会变得很慢。

与其试图进一步调整我们的嵌套循环解决方案，不如试着想一个更有效的算法。如前所述，列表中值的范围是列表的最大和最小元素之间的差异。我们真的不需要检查所有值对来找到这个范围；而只需要发现代表最大和最小值的对。可以通过使用第 4 章中讨论的在列表上使用最小 / 最大单循环来发现这两个值。

由于此算法仅在列表上遍历一次，我们预计它的运行时间与列表长度成正比。如果列表长度加倍，则运行时间应该加倍，而不是四倍。以下新算法演示了这个想法并显示了其运行时间：

```python
# Returns the range of numbers in the given list.
# Third version that sweeps the list once to find its
# max/min element values and then subtracts them.
def range_of_values3(numbers):
    max_value = numbers[0]
    min_value = numbers[0]
    for i in range(1, len(numbers)):
        if numbers[i] > max_value:
            max_value = numbers[i]
        elif numbers[i] < min_value:
            min_value = numbers[i]
    return max_value - min_value
```

N	runtime
500	0
1000	0
2000	0
4000	0
8000	1

```
16000        2
32000        3
64000        6
128000      13
256000      25
512000      51
1024000     106
2048000     285
4096000     580
8192000     844
16384000    1774
```

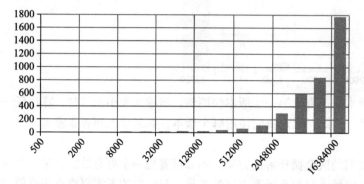

我们的运行时间预测大致是正确的。随着列表大小的翻倍，这个新 range 算法的运行时间也大约翻了一倍。这意味着该算法具有线性的运行复杂度或 O(N)，相应地，另外两个 range 算法的运行复杂度是 O(N²)。该算法的整体运行时间要好得多，我们可以在不到一秒的时间内查看超过一亿个整数。

以下输出并排显示了 range 算法的所有三个版本的运行时间。图 10-2 显示了这些运行时间的图表。（对于我们甚至懒得运行的给定算法的列，我们写的是 "?"，因为它太慢而无法实际测量。）运行时间的差异非常大，使得图表难以阅读。第三个（最快）算法的条形甚至在我们达到数千万个元素之后才会出现。运行时间这种惊人的差异展现了选择有效算法的重要性。

N	range1	range2	range3
1000	188	105	0
2000	755	382	0
4000	3030	1505	0
8000	11987	6022	1
16000	48001	25455	2
32000	192110	99626	3
64000	?	?	6
128000	?	?	13
256000	?	?	25
512000	?	?	51
1024000	?	?	106
2048000	?	?	285
4096000	?	?	580

8192000	?	?	844
16384000	?	?	1774
32768000	?	?	3458
65536000	?	?	6659
131072000	?	?	13370

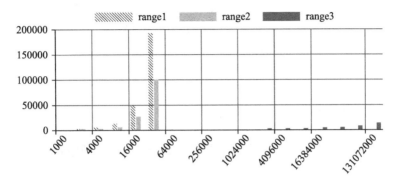

图 10-2　三种 range 算法的运行时间

从这个练习中可以得到一些重要的观察结果：

- 调整算法的代码通常不像找到更好的算法那样强大。
- 算法的增长率或其运行时间随输入数据集增长而增加的量是算法复杂度的标准度量。

你知道吗?

时间编码和纪元

Python 的 time 函数返回自 1970 年 1 月 1 日 12:00AM 以来经过的秒数。此函数可用于测量算法的运行时间。自指定时间以来已经过去超过十亿秒。以下代码行显示了如何对代码进行计时：

```
start_time = time.time()
code to be timed
end_time = time.time()
print("Elapsed time (ms):", (end_time - start_time))
```

1970 年 1 月 1 日作为系统时间参考点的选择是一个纪元的例子，或者被选为特定时间尺度起源的瞬间。之所以选择这个特殊纪元是因为它与许多流行操作系统（包括 Unix）的纪元相匹配。

基于历史原因，许多较旧的 Unix 操作系统将自纪元以来经过的时间存储为 32 位整数值。但是，当此数值超过其容量时可能会出现未知的问题，这不一定是罕见的事件。一些 Unix 系统的时钟将在 2038 年 1 月 19 日溢出，造成类似于著名的千禧年（Y2K）问题的 2038 年问题。

10.2.2　复杂度类

我们根据与输入数据大小 N 的比例对增长率进行分类。将这些类别称为**复杂度类**或**增**

长率。

> **复杂度类**
> 在输入数据大小和资源消耗之间具有相似关系的一组算法。

一段代码的复杂度类是通过查看最频繁执行的代码行并确定它的执行次数以及提取 N 的最高次幂来确定的。例如，如果最频繁的行执行 $(2N^3 - 4N)$ 次，则算法处于" N^3 "复杂度类，或简称 $O(N^3)$。大写 O 的简写符号称为大 O 表示法，通常用于算法分析。

> **大 O 表示法**
> 描述算法相对于其输入大小 N 的增长率的标准方法。

以下是一些最常见的复杂度类，按从最慢增长到最快增长的顺序列出（即从最低到最高的复杂度）：

- 常量级时间或 $O(1)$，算法的运行时间不依赖于输入大小。常量级时间算法的一些例子是将华氏温度转换为摄氏温度的代码或诸如 abs 的数值函数。
- 对数级或 $O(\log N)$，算法通常不断将问题空间分割成两半，直到问题得到解决。二分查找是对数级时间算法的示例。
- 线性级或 $O(N)$，算法运行时间的增长与 N 成正比（即当 N 加倍时，线性级算法的运行时间也加倍）。处理数据集的每个元素的许多算法都是线性级的，例如计算数值列表的个数、总和、平均值、最大值或范围的算法。
- 对数线性级或 $O(N\log N)$，算法通常执行对数级和线性级运算的组合，例如对大小为 N 的数据集的每个元素执行对数级算法。许多高效的排序算法，例如归并排序（在本章后面讨论），都是对数线性级的。
- 平方级或 $O(N^2)$，算法的运行时间与输入大小的平方成正比。这意味着当 N 加倍时，平方级算法的运行时间大约为四倍。上一节中开发的 range_of_numbers 算法的初始版本就是平方级算法。

表 10-2　算法运行时间比较表

输入大小 N	O(1)	O(logN)	O(N)	O(NlogN)	O(N²)	O(N³)	O(2^N)
100	100 毫秒	100 毫秒	100 毫秒	100 毫秒	100 毫秒	100 毫秒	100 毫秒
200	100 毫秒	115 毫秒	200 毫秒	240 毫秒	400 毫秒	800 毫秒	32.7 秒
400	100 毫秒	130 毫秒	400 毫秒	550 毫秒	1.6 秒	6.4 秒	12.4 天
800	100 毫秒	145 毫秒	800 毫秒	1.2 秒	6.4 秒	51.2 秒	$3.65 * 10^7$ 年
1600	100 毫秒	160 毫秒	1.6 秒	2.7 秒	25.6 秒	6.8 分	$4.21 * 10^{24}$ 年
3200	100 毫秒	175 毫秒	3.2 秒	6 秒	1.75 分	54.6 分	$5.6 * 10^{61}$ 年

- 立方级或 $O(N^3)$，算法的运行时间与输入大小的立方成正比。这种算法通常会对输入数据进行三次嵌套循环。用于计算两个 $N \times N$ 矩阵乘法或计算大型列表中共线三角点数的代码是立方级算法的示例。
- 指数级或 $O(2^N)$，算法的运行时间与 2 的输入大小次幂成比例。这意味着如果输入大

小仅增加一个，则算法将花费大约两倍的时间来执行。一个示例是用于打印数据集的"幂集"的代码，该幂集是数据集所有可能子集的集合。指数级算法非常慢，只能在非常小的输入数据集上执行。

表 10-2 给出了不同输入大小 N 的情况下不同算法的运行时间，其中假设每个算法需要 100 毫秒来处理 100 个元素。请注意，尽管它们对于较小的输入大小都运行相同的时间，但随着 N 的增大，更高复杂度类中的算法变得非常慢，以至于它们难以在实际中使用。

当你查看表 10-2 中的数值时，你可能想知道为什么有人会使用 $O(N^3)$ 或 $O(2^N)$，尤其当 $O(1)$ 和 $O(N)$ 算法快得多时。答案是并非所有问题都可以在 $O(1)$ 甚至 $O(N)$ 时间内解决。计算机科学家们多年来一直在研究经典问题，例如搜索和排序，试图找到最高效的算法。但是，可能永远不会有一个常量时间算法可以对 10 个元素和 1 000 000 个元素进行同样快速的排序。

对于大型数据集而言，选择最高效的算法非常重要（即复杂度最低的算法）。复杂度为 $O(N^2)$ 的算法或更差的算法在大型数据集上运行需要很长时间。记住这一点，我们现在将看一下用于搜索和排序数据的算法。

10.3　实现搜索和排序的算法

在本节中，我们将实现搜索和排序数据的函数。我们首先编写代码来搜索整数列表中的一个整数，然后返回它的索引位置。如果整数未出现在列表中，我们将返回一个负数。下面将研究两种主要的搜索算法，即顺序搜索和二分查找，并讨论它们之间的优缺点。

实际上可以对数据进行排序的算法有数百种，我们将在本章详细介绍两种。第一种，将在本节后面看到，是一种更直观的算法，尽管它在大型数据集上表现不佳。第二种，将作为下一节的案例研究，是目前在实践中使用的最快的通用排序算法之一。

10.3.1　顺序搜索

也许搜索列表的最简单方法是遍历列表中的元素并检查每个元素以查看它是否是目标数值。正如我们前面提到的，这称为顺序搜索，因为它会按顺序检查每个元素。我们在第 7 章讨论了遍历和搜索列表的算法。在这种情况下，代码使用 for 循环，其相对简单。如果循环完成而没有找到目标数值，则算法返回 -1：

```
# Sequential search algorithm.
# Returns the index at which the given target number first
# appears in the given input list, or -1 if it is not found.
def sequential_search(elements, target):
    for i in range(len(elements)):
        if elements[i] == target:
            return i
    return -1    # not found
```

使用上一节介绍的规则，我们预测顺序搜索算法是一种线性级 $O(N)$ 算法，因为它包含一个遍历列表中最多 N 个元素的循环。（我们说"最多"是因为如果算法找到目标元素，它会停止并立即返回索引。）接下来，我们将测量时间来验证我们的预测。

图 10-3 显示了在随机生成的整数列表上运行顺序搜索算法的实际结果。对在列表中的已知值和不在列表中的值进行搜索。

N	found	not-found
100000	3	7
200000	6	13
400000	14	26
800000	24	48
1600000	57	99
3200000	101	196
6400000	203	409
12800000	389	789
25600000	775	1576

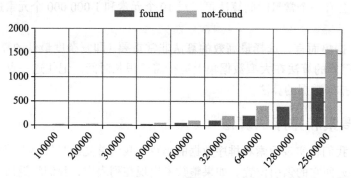

图 10-3　顺序搜索运行时间

当该算法搜索的整数不在列表中时，它运行的速度会慢一些，因为它无法通过找到目标提前退出循环。这种情况提出了一个问题，即我们是否应该通过最快或最慢的运行时间来判断算法的性能。通常最重要的是对于典型输入的预期行为，或者所有可能输入的运行时间的平均值。这称为平均案例分析。但在某些条件下，我们也关注最快的结果、最好的案例分析，或最慢的结果、最坏的案例分析。在本算法中，平均搜索需要查看大约一半的列表元素，即线性级或 O(N)。

10.3.2　二分查找

考虑搜索问题的修改版本，我们可以假设输入列表中的元素按有序方式排列。这种排序会影响我们的算法吗？我们现有的算法仍然可以正常工作，但现在我们知道，如果在没有找到目标的情况下得到大于目标的数字，我们就可以停止搜索。例如，如果我们在包含元素 [1, 4, 5, 7, 7, 9, 10, 12, 56] 的列表中搜索目标值 8，可以在看到 9 后停止搜索。

我们或许会认为对顺序搜索算法进行这样的修改会大大加快算法的速度，但实际上并没有太大的区别。可以显著加速算法的唯一情况是它在列表中搜索一个相对较小的值而且该值不在列表中。实际上，当修改的算法搜索一个较大值时，需要代码检查大多数或所有列表元素，算法实际上比原始算法执行得慢，因为它必须执行更多的布尔测试。最重要的是，算法仍然是 O(N)，这不是最优解。

再说一次，调整算法不会像找到另一种更高效的算法那样产生很大的差异。如果输入列表是有序的，则顺序搜索不是最佳选择。如果你必须指示机器人在电话簿中查找某人的电话号码，你是否会告诉机器人读取第一页上的所有条目，然后是第二页，以此类推，直到找到该人的姓名？不，除非你想折磨可怜的机器人。你知道条目按姓名排序，因此你要告诉机器人将书翻开到中间附近的某个位置，然后将搜索范围缩小到该人名的第一个字母。

本章前面讨论的二分查找算法利用了列表的顺序。二分查找跟踪正在检查的列表范围。（最初，此范围是整个列表。）算法重复检查列表的中心元素，并使用其值排除一半的检查范围。如果中心元素小于目标，则排除范围的下半部分；如果中心元素大于目标，则排除范围的上半部分。

随着算法的运行，我们必须跟踪三个索引：

- 最小索引（min）；
- 最大索引（max）；
- 中间索引，介于最小索引和最大索引中间，将在每次循环期间检查该索引（mid）。

该算法重复检查中间索引处的元素，并使用它将正在检查的索引范围减半。如果我们检查中间元素并发现它太小，我们将考虑排除 min 和 mid 之间的所有元素。如果中间元素太大，我们将考虑排除 mid 和 max 之间的所有元素。

请考虑图 10-4 中描绘的以下列表。

```
# index    0   1   2   3   4   5   6   7   8   9  10  11  12  13  14
numbers = [11, 18, 29, 37, 42, 49, 51, 63, 69, 72, 77, 82, 88, 91, 98]
```

0	1	2	3	4	5	6	7	8	9	10	11	12	13	14
11	18	29	37	42	49	51	63	69	72	77	82	88	91	98

图 10-4　要搜索的列表

让我们在列表上运行二分查找算法查找目标值 77。从中间元素开始，它位于索引（14 // 2）或 7 处。图 10-5 显示了算法每一步的 min、mid 和 max。

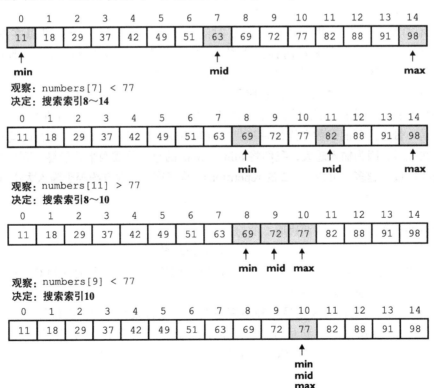

图 10-5　列表的二分查找

当我们搜索的元素在列表中找不到呢？假设我们正在搜索值78而不是77。算法的步骤将是相同的，除了在第四遍执行算法时将到达77而不是所需的值78。算法将淘汰整个范围且没有找到目标，并且知道它应该停止。描述该过程的另一种方式是算法循环到min和max相互交叉。

以下代码实现了二分查找算法。它循环重复直到找到目标或直到最小索引min和最大索引max交叉。它类似于bisect函数的实现，除了如果找不到元素它将返回−1。

```python
# Binary search algorithm.
# Returns an index at which the target appears
# in the given input list, or -1 if not found.
# Precondition: list is sorted.
def binary_search(numbers, target):
    start = 0
    end = len(numbers) - 1
    while start <= end:
        mid = (start + end) // 2

        if target == numbers[mid]:
            return mid          # found it!
        elif target < numbers[mid]:
            end = mid - 1       # go left
        else:
            start = mid + 1     # go right
    return -1                   # not found
```

我们不打算为二分查找算法显示运行时间的图表，因为没有什么可以在图表上绘制。该算法速度太快，计算机的时钟无法测量其运行时间。在现代计算机上，即使是超过100 000 000个元素的列表也会表现为用0毫秒完成了搜索。

虽然这个结果令人印象深刻，但它使我们更难以实证检查运行时间。二分查找算法的复杂度类是什么？它完成得如此之快的事实诱使我们得出结论，它是一个常量时间或O(1)的算法。但是，带有循环的函数在执行时花费的时间不变，这似乎又不对。运行时间和输入大小之间存在关系，因为输入越大，我们将min ~ max的范围分成两半并最终得到单个元素所需要的查找次数就越多。可以说，2的repetitions（重复次数）次方约等于输入大小N：

$$2^{\text{repetitions}} \approx N$$

使用一些代数方法对方程两边取2的对数，我们发现：

$$\text{repetitions} \approx \log_2 N$$

我们可以得出结论：二分查找算法在对数级复杂度类中，或运行时间为$O(\log_2 N)$。我们通常只写作$O(\log N)$而省略基数2。

二分查找算法的运行时间在最好和最坏情况之间没有太大差别。在最好的情况下，算法在第一次检查时在中间找到目标值。在最坏的情况下，代码必须执行全部($\log N$次)比较。但由于对数是小的数值($\log_2 1\,000\,000$大约是20)，在最坏的情况下性能仍然很好。

10.3.3　递归二分查找

在上一节中，我们使用带有for循环的迭代算法实现了二分查找。但是该算法也可以使用第 9 章介绍的递归概念来优雅地实现。递归版本的函数应该接收与标准二分查找相同的参数，但是这个函数头不会使得编写问题的递归解决方案变得容易。

```
# Recursive version of binary search.
def binary_search_r(numbers, target):
    ...
```

回想一下，递归解决方案的本质是将问题分解成更小的部分，然后解决子问题。在这个算法中，缩小问题的方法是检查列表中越来越小的部分，直到找到正确的索引。为此，我们可以更改函数以接收当前正在检查的索引范围（开始和结束）作为额外参数。我们可以为这些参数添加默认值，以便在不传递任何开始或结束索引值的情况下调用该函数。所需函数可以使用零和列表长度减一作为检查的开始和结束索引来启动递归：

```
# Recursive binary search algorithm.
# Returns an index at which the target appears
# in the given input list, or -1 if not found.
# Precondition: list is sorted.
def binary_search_r(numbers, target, start = 0, \
                    end = len(numbers) - 1):
    ...
```

在递归算法的每次执行中，代码检查中间元素。如果此元素太小，代码将递归检查列表的右半部分。如果中间元素太大，则代码递归检查左半部分。这个过程重复进行，递归地用不同的 min 和 max 值调用自己，直到找到目标或者直到整个列表被排除在考虑范围之外。以下代码实现了该算法：

```
# Recursive binary search algorithm.
# Returns an index at which the target appears
# in the given input list, or -1 if not found.
# Precondition: list is sorted.
def binary_search_r(numbers, target, start = 0, \
                    end = len(numbers) - 1):
    if start > end:
        return -1    # not found
    else:
        mid = (start + end) // 2
        if target == numbers[mid]:
            return mid        # found it!
        elif target < numbers[mid]:
            # too small; go left
            return binary_search_r(numbers, target, start, mid - 1)
        else:
            # too large; go right
            return binary_search_r(numbers, target, mid + 1, end)
```

有些教师不喜欢二分查找等函数的递归版本，因为非递归的解决方案很容易编写，也因为递归往往由于它生成的额外函数调用而运行性能较差。但是，这里不会造成问题。我们的二分查找函数的递归版本的运行时间仍然是 $O(\log N)$，因为它基本上执行相同的计算，它仍在每一步减少一半的输入。事实上，递归版本很快，以至于计算机仍然无法准确计时。即使在数百万个整数的列表上，它也只产生不到 10 毫秒的运行时间。

通常，分析递归算法的运行时间是棘手的。递归运行时间的分析通常需要一种称为递归关系的技术，它是根据自身描述算法运行时间的数学关系。这是一个复杂的问题，本书不涉及这个内容。

10.3.4 选择排序

选择排序是一种众所周知的排序算法，它通过在输入列表上进行多次遍历，以将其元素按顺序排列。每次循环运行时，它会选择最小值并将其放在靠近列表前面的适当位置。请考虑以下列表：

```
# index  0   1    2  3   4    5
nums = [12, 123, 1, 28, 183, 16]
```

如何将元素按从小到大的顺序排列呢？选择排序算法在概念上将列表分为两部分：前面是排好序的元素和末尾是未排序的元素。选择排序的第一步是，对列表进行遍历并找到最小的数值。在示例列表中，最小元素是 nums[2]（等于 1）。然后，算法将最小值与列表中第一个位置的值进行交换，以使最小值位于列表的最前面。在这种情况下，nums[0] 和 nums[2] 交换，如图 10-6 所示。

图 10-6　第一次交换后的选择排序

索引 0 处的元素现在具有正确的值，并且只有索引 1 到 5 的元素仍然未排序。该算法重复扫描列表的未排序部分并寻找最小元素。在第二遍，它扫描剩余的五个元素，并发现 nums[2]（等于 12）是最小元素。程序用该值交换 nums[1]。在此交换之后，列表的已排序区域包含其前两个索引，如图 10-7 所示。

图 10-7　第二次交换后的选择排序

现在 nums[0] 和 nums[1] 具有正确的值。算法的第三遍扫描剩余的四个未排序元素，并发现最小的一个是 nums[5]（等于 16）。该算法用这个元素交换 nums[2]，如图 10-8 所示。

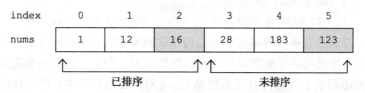

图 10-8　第三次交换后的选择排序

算法继续此过程，直到所有元素都具有适当的值。每次遍历都涉及扫描，然后是交换。扫描 / 交换总共发生了五次以处理六个元素。你不需要执行第六次扫描 / 交换，因为如果前五个元素具有正确的值，则第六个元素也将是正确的。

下面是对具有六个元素的列表 nums 执行选择排序算法的伪代码描述：

```
for each i from 0 to 4:
    scan nums[i] through nums[5] for the smallest value.
    swap nums[i] with the smallest element found in the scan.
```

可以为扫描编写如下的伪代码：

```
smallest = lowest list index of interest.
for each other index i of interest:
    if nums[i] < nums[smallest]:
        smallest = i.
```

然后可以将这个伪代码合并到你的伪代码中，如下所示：

```
for each i from 0 to 4:
    smallest = i.
    for each index j between (i + 1) and 5:
        if nums[j] < nums[smallest]:
            smallest = j.
    swap nums[i] with nums[smallest].
```

你几乎可以将此伪代码直接转换为 Python，但交换过程除外。为了在本章中实现排序算法，我们将使用一个 swap 函数，它接收一个列表和两个索引作为参数，并交换这些索引位置的值：

```
# Swaps list[i] with list[j].
def swap(list, i, j):
    temp = list[i]
    list[i] = list[j]
    list[j] = temp
```

还可以修改代码以适用于任何大小的列表。以下代码实现了完整的选择排序算法。我们的示例使用了整数列表，然而当前的选择排序代码可以对使用 < 运算符进行比较的任何类型的值的列表进行排序。

```
# Places the elements of the given list into sorted order
# using the selection sort algorithm.
# post: list is in sorted (nondecreasing) order
def selection_sort(lst):
    for i in range(len(lst)):
        smallest = i
        for j in range(i + 1, len(lst)):
            if lst[j] < lst[smallest]:
                smallest = j
        swap(lst, i, smallest)
```

```
N        runtime (ms)
500      10
1000     42
2000     160
4000     659
8000     2617
16000    10783
32000    45588
```

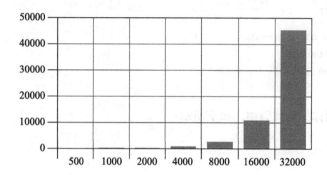

由于选择排序大致在 N 个元素的列表上进行 N 次遍历，其性能为 $O(N^2)$。从技术上讲，它检查 $N + (N - 1) + (N - 2) + \cdots + 3 + 2 + 1$ 个元素，因为每次遍历都是从上次的索引位置之后的新索引位置开始。有一个数学公式表明从 1 到任意最大值 N 的所有整数之和等于 $(N)(N + 1)/2$，刚好超过 $(1/2)N^2$。我们的输出支持这种分析，因为每次输入大小加倍时，运行时间都会翻两番，这是 N^2 算法的特征。一旦元素数量达到数万个，该算法会变得很慢，难以在实际中使用。

10.4 案例研究：实现归并排序

还有其他类似于选择排序的算法，可以在列表上进行多次扫描，并在每次扫描时交换各个元素。搜索反向元素对并以这种方式将它们按顺序交换的算法并不比 $O(N^2)$ 运行得更快。但是，有一种更好的算法突破了这个障碍。

归并排序算法的命名基于以下观察：如果你有两个有序的子列表，你可以轻松地将它们合并成一个单一的有序列表。例如，考虑以下列表：

```
nums = [14, 32, 67, 76, 23, 41, 58, 85]
```

你可以将其视为两个对半分的子列表，每个子列表（由于我们选择的元素值）恰好排好了顺序，如图 10-9 所示。

以下伪代码提供了归并排序算法的基本思想：

```
merge_sort(list):
    split the list into two halves.
    sort the left half.
    sort the right half.
    merge the two halves.
```

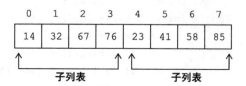

图 10-9 将一个列表视为两个有序的子列表

让我们先看看如何拆分列表并合并，然后我们将讨论如何对每一部分进行排序。

10.4.1　拆分和合并列表

将一个列表分成两半是相对简单的。我们将中间点设置为列表长度的一半，并将此中点之前的所有内容视为"左"半部分，将它之后的所有内容视为"右"半部分。我们可以使用标准的 [] 运算符将列表的一半提取为新列表。"左"半部分是从 0 到长度的一半的部分，"右"半部分是从长度的一半到全长的部分：

```
def merge_sort(lst):
    # split list into two halves
    mid = len(lst) // 2
    left  = lst[ : mid]
    right = lst[mid : ]
    ...
```

我们需要对这左 / 右两半部分进行排序，然后将它们合并为一个有序的整体。现在，让我们考虑如何合并两个有序的子列表。（我们将在稍后回过头来对它们进行排序。）假设你有两堆考试试卷，每堆试卷按名字的字母顺序排好了顺序，你需要将它们按名字排序合并成一堆试卷。最简单的算法是将两堆放在你的面前，查看每堆顶部的试卷，拾取名字最先出现在字母表中的试卷，然后将其面朝下放入第三堆中。然后重复此过程，比较每堆顶部的试卷，并将排序靠前的试卷面朝下放在合并堆上，直到两个原始堆中的一个为空。一旦有一堆空了，你只需抓起剩余堆并将其全部放在合并堆上。

合并两个有序列表背后的想法是类似的，除了不是从试卷堆（子列表）中物理移除试卷（整数），我们将为每个子列表保留一个索引，并在处理给定元素时递增该索引。下面是归并算法的伪代码描述：

```
merging sorted sublists 'left' and 'right' into 'list':
    i1 = 0.    # left index
    i2 = 0.    # right index
    for each element in entire list:
        if left value at i1 <= right value at i2:
            include value from left list in new list.
            increase i1 by 1.
        else:
            include value from right list in new list.
            increase i2 by 1.
```

图 10-10 显示了将两个子列表合并为一个有序列表的八个步骤。

下面的代码用于实现刚才描述的合并算法，虽然是不正确的尝试：

```
# initial incorrect attempt
def merge(result, left, right):
    i1 = 0   # index into left list
    i2 = 0   # index into right list
    for i in range(len(result)):
        if left[i1] <= right[i2]:
            result[i] = left[i1]    # take from left
```

```
        i1 += 1
    else:
        result[i] = right[i2]    # take from right
        i2 += 1
```

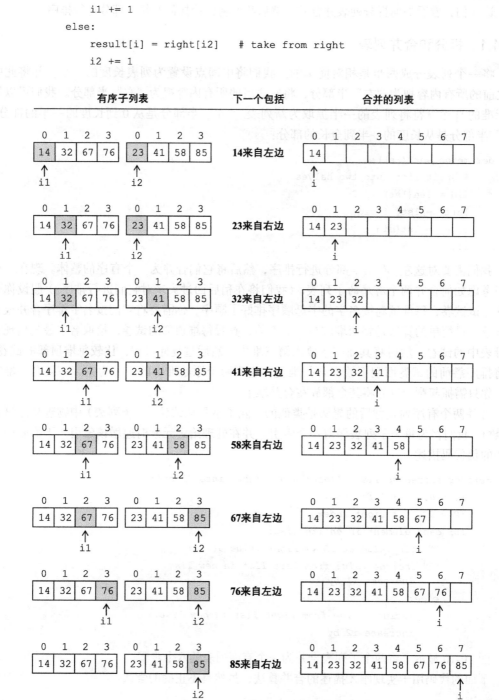

图 10-10　合并有序子列表

　　这段代码不正确，将导致越界异常。在程序完成上图的第七步后，左子列表中的所有元素都将已消耗，左索引 i1 位于左子列表的末尾。然后，当代码尝试访问元素 left[i1] 时，它将崩溃。如果右索引 i2 超出右子列表的边界，也会出现类似的问题。

　　我们需要修改代码以确保索引在列表的范围内。在程序尝试访问适当的元素之前，if/

else 逻辑需要确保索引 i1 或 i2 在列表边界内。需要扩展伪代码中的简单测试：

```
if i2 has passed the end of the right list,
or left value at i1 <= right value at i2:
    take from left.
else:
    take from right.
```

以下第二版代码正确实现了合并动作。函数的前置条件和后置条件都记录在注释中：

```
# Merges sorted left/right lists into given result list.
# pre:  left and right must be sorted
# post: result contains merged sorted results of left and right
def merge(result, left, right):
    i1 = 0    # index into left list
    i2 = 0    # index into right list
    for i in range(len(result)):
        if i2 >= len(right) or \
            i1 < len(left) and left[i1] <= right[i2]:
            result[i] = left[i1]    # take from left
            i1 += 1
        else:
            result[i] = right[i2]   # take from right
            i2 += 1
```

10.4.2 递归归并排序

我们编写了代码来将一个列表分成两半并将有序的每一部分合并为一个有序的整体。整个归并排序函数现在看起来像这样：

```
# Merge sort code so far (incomplete).
def merge_sort(lst):
    # split list into two halves
    mid = len(lst) // 2
    left  = lst[ : mid]
    right = lst[mid : ]

    # sort the two halves
    ...

    # merge the two sorted halves back into the original list
    merge(lst, left, right)
```

我们程序的最后一部分是对列表的每一部分进行排序的代码。我们怎样才能对每一半进行排序呢？我们可以在每一部分上调用本章前面创建的 selection_sort 函数。但在第 9 章中，我们讨论了递归的"信念的飞跃"，认为我们自己的函数能够恰当地解决相同问题的较小版本。在这种情况下，更好的方法是归并排序两个较小的部分。我们可以递归地在列表中调用我们自己的 merge_sort 函数。如果我们的函数写得正确，它会将每一部分都按顺序排列。我们的原始伪代码现在可以重写为以下形式：

```
merge_sort(list):
    split the list into two halves.
    merge sort the left half.
    merge sort the right half.
    merge the two halves.
```

如果我们想让归并排序算法递归地进行，则需要有一个基本情况和一个递归情况。前面的伪代码指定了递归情况，但对于基本情况，最简单的用于排序的列表是什么？没有元素或只有一个元素的列表根本不需要排序。必须至少存在两个元素才能使它们以错误的顺序出现，因此简单的情况是长度小于 2 的列表。这意味着我们的归并排序函数的最终伪代码如下：

```
merge_sort(list):
    if list length is 2 or more:
        split the list into two halves.
        merge sort the left half.
        merge sort the right half.
        merge the two halves.
```

对于基本情况，我们不需要任何明确的代码。我们只要检查列表长度是否至少为 2，而不需要 else 语句，因为如果列表长度为 0 或 1，我们不需要对列表做任何事情。该递归算法具有空的基本情况。以下函数实现了完整的归并排序算法：

```
# Places the elements of the given list into sorted order
# using the merge sort algorithm.
# post: list is in sorted (nondecreasing) order
def merge_sort(lst):
    if len(lst) >= 2:
        # recursive case: split list into two halves
        mid = len(lst) // 2
        left  = lst[ : mid]
        right = lst[mid : ]

        # (recursively) sort the two halves
        merge_sort(left)
        merge_sort(right)

        # merge the two sorted halves back into the original list
        merge(lst, left, right)
```

为了更好地了解算法的运行情况，我们将临时在代码中插入一些 print 语句，并在本节前面所示的含有 8 个元素的示例列表上运行该函数。我们将在 merge_sort 函数的开头插入以下 print 语句：

```
# at start of merge_sort function
print("sorting", lst)
```

我们还在 merge 函数的开头放置以下 print 语句：

```
# at start of merge function
print("merging", left, "and", right)
```

这是在示例列表上运行 merge_sort 的输出。虽然实际的控制台输出没有缩进，但我们缩进了输出行以帮助显示嵌套调用。请注意，每次调用都会导致三个整体步骤：排序左半部分，排序右半部分，合并两个部分。

```
sorting [14, 32, 67, 76, 23, 41, 58, 85]
    sorting [14, 32, 67, 76]
        sorting [14, 32]
            sorting [14]
            sorting [32]
            merging [14] and [32]
        sorting [67, 76]
            sorting [67]
            sorting [76]
            merging [67] and [76]
        merging [14, 32] and [67, 76]
    sorting [23, 41, 58, 85]
        sorting [23, 41]
            sorting [23]
            sorting [41]
            merging [23] and [41]
        sorting [58, 85]
            sorting [58]
            sorting [85]
            merging [58] and [85]
        merging [23, 41] and [58, 85]
    merging [14, 32, 67, 76] and [23, 41, 58, 85]
```

测试这段代码在不能划分为完全相同大小的子列表的列表（即列表总长度不是 2 的倍数）上的运行情况也十分重要。因为它采用整数除法，所以当大小为奇数时，我们的代码使左子列表比右子列表少一个元素。给定初始含有 5 个元素的列表 [14, 32, 67, 76, 23]，该算法打印以下输出，并使用缩进以显示嵌套调用：

```
sorting [14, 32, 67, 76, 23]
    sorting [14, 32]
        sorting [14]
        sorting [32]
        merging [14] and [32]
    sorting [67, 76, 23]
        sorting [67]
        sorting [76, 23]
            sorting [76]
            sorting [23]
            merging [76] and [23]
        merging [67] and [23, 76]
    merging [14, 32] and [23, 67, 76]
```

10.4.3　运行性能

以下是包含归并排序代码的完整程序以及它的控制台输出。程序的 main 函数构造了一个示例列表并使用该算法对其进行排序。

```
1   # This program implements merge sort for lists of integers.
2
3   # Places the elements of the given list into sorted order
4   # using the merge sort algorithm.
5   # post: list is in sorted (nondecreasing) order
6   def merge_sort(lst):
7       if len(lst) >= 2:
8           # recursive case: split list into two halves
9           mid = len(lst) // 2
10          left  = lst[ : mid]
11          right = lst[mid : ]
12
13          # (recursively) sort the two halves
14          merge_sort(left)
15          merge_sort(right)
16
17          # merge the two sorted halves back into the original list
18          merge(lst, left, right)
19
20  # Merges sorted left/right lists into given result list.
21  # pre:  left and right must be sorted
22  # post: result contains merged sorted results of left and right
23  def merge(result, left, right):
24      i1 = 0    # index into left list
25      i2 = 0    # index into right list
26      for i in range(len(result)):
27          if i2 >= len(right) or \
28              i1 < len(left) and left[i1] <= right[i2]:
29              result[i] = left[i1]    # take from left
30              i1 += 1
31          else:
32              result[i] = right[i2]    # take from right
33              i2 += 1
34
35  def main():
36      nums = [14, 32, 67, 76, 23, 41, 58, 85]
37      print("before:", nums)
38      merge_sort(nums)
39      print("after :", nums)
40
41  main()
```

```
before: [14, 32, 67, 76, 23, 41, 58, 85]
after : [14, 23, 32, 41, 58, 67, 76, 85]
```

图 10-11 展示了我们的归并排序算法的性能。归并排序算法的性能远优于选择排序算法。例如，我们的选择排序测试对 32 000 个元素进行排序需要运行超过 45 秒，而归并排序算法仅在 221 毫秒内就能处理完相同的任务。在同样的 45 秒内，归并排序可以处理大约四百万个元素。

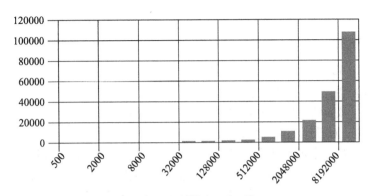

图 10-11　归并排序运行时间

```
N          runtime
500        2
1000       5
2000       12
4000       32
8000       49
16000      123
32000      221
64000      473
128000     1023
256000     2222
512000     4996
1024000    10745
2048000    21519
4096000    49435
8192000    108131
```

但是归并排序的复杂度类是什么？它看起来几乎就像一个 $O(N)$ 算法，因为当我们将列表大小加倍时，运行时间只会略多于两倍。但是，归并排序实际上是一种 $O(N\log N)$ 算法。

归并排序严格的复杂度证明超出了本文的范围，但是可以常识推理如下：我们必须重复地将列表分成两半，直到我们到达算法的基本情况，其中每个子列表包含 1 个元素。对于大小为 N 的列表，我们必须拆分列表 $\log_2 N$ 次。在每个这样的 $\log_2 N$ 步骤中，我们要做 N 级别的线性操作：合并排序后的两部分。将这些操作的运行时间相乘可以产生 $O(N\log N)$ 的整体运行时间。图 10-12 直观地显示了这一点。可以想象算法的运行时间为宽度为 N（列表长度）和高度为 $\log_2 N$（需要做递归调用的次数）构成的矩形面积。

上述算法运行时间的分析是非正式的，并不严谨。与其他递归算法一样，对归并排序性能的精确分析是复杂的，并且需要诸如递归关系之类的数学技术，这些不在本文的讨论范围之内。

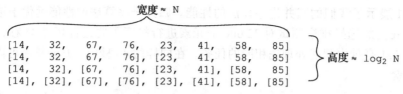

图 10-12   归并排序运行时间示意图

10.4.4   混合方法

Python 的 sort 和 sorted 函数实际使用的排序算法称为 Timsort。Timsort 于 2002 年由程序员 Tim Peters 发明，是一种混合排序算法，利用多种算法优化列表排序。在本节中，我们将实现一种算法，该算法使用 Timsort 的一些想法来提高性能。

Timsort 依赖于对排序的两个关键的观察结果。第一个观察结果是已经排序的数据区域不需要重新排序。第二个观察结果是当列表大小 N 很小时，函数调用开销会导致排序算法在技术上具有更高的复杂度，比如，归并排序比复杂度更高的排序算法（如选择排序）运行得更慢。Timsort 利用第一个观察结果，检查已排序和未排序区域的输入数据，分别标记未排序区域，对它们进行排序，然后合并这些区域。它利用第二个观察结果，根据给定的未排序区域的大小使用不同的排序算法：如果区域很大，则使用归并排序，但如果区域很小，则使用函数调用开销较少的算法，例如选择排序。（Timsort 实际上对小的未排序区域使用了一种称为插入排序的算法，但我们在本章中没有讨论插入排序。）

我们不会在本节中实现完整的 Timsort。但是我们可以使用本章中编写的排序算法来测试它的第二个假设，即使用选择排序而不是归并排序可以更高效地对小列表进行排序。如果列表中有 20 个元素或更少，我们将使用选择排序，如果列表长度大于 20，则使用归并排序。我们基于一些运行时间的测试而选择将 20 作为阈值（20 似乎比 10 或者 40 更好）。

```
# constant for minimum length before our hybrid sort switches algorithms
TIM_SORT_MIN_LENGTH = 20
```

以下是 hybrid_sort 函数的代码。混合排序是一种归并排序，除非列表长度小于我们的常量 20，此时它调用我们现有的 selection_sort 函数：

```
# Places the elements of the given list into sorted order
# using a hybrid sort based on the "TimSort" algorithm.
# This algorithm uses merge sort unless the list in question is
# very small, in which case it falls back to another algorithm
# such as insertion sort or selection sort.
# post: list is in sorted (nondecreasing) order
def hybrid_sort(lst):
    length = len(lst)
    if length < 2:
        # base case: already trivially sorted
        return
elif length < TIM_SORT_MIN_LENGTH:
        # base case: small list, sort with selection sort
        selection_sort(lst)
else:
        # recursive case: split list into two halves
```

```
mid = length // 2
left  = lst[ : mid]
right = lst[mid : ]
```

图 10-13 显示了 hybrid_sort 在不同大小的列表上的运行时间。为了进行比较，我们在输出中包含了原始 merge_sort 的运行时间。当输入大小超过 1 000 000 个元素时，混合方法的优势变得十分显著。在我们的测试中，混合排序似乎比原始归并排序节省了 15% 到 20% 的运行时间。

```
N         merge    hybrid
500       2        2
1000      5        4
2000      12       8
4000      32       19
8000      49       40
16000     123      89
32000     221      185
64000     473      418
128000    1023     956
256000    2222     2069
512000    4996     4284
1024000   10745    9002
2048000   21519    18952
4096000   49435    40196
8192000   108131   86854
```

图 10-13 所示的示例有助于说明要进行排序的工作比我们在本章中介绍的要多得多。还有许多其他排序算法使用巧妙的技巧和策略来更高效地对各种数据进行排序。尽管排序算法与计算本身一样古老，但排序方面仍在取得进展。排序的一个特定开展领域是开发排序算法来利用多个处理器或机器并行地对海量数据集进行排序。我们将在第 11 章结束时讨论并行编程的基础知识。

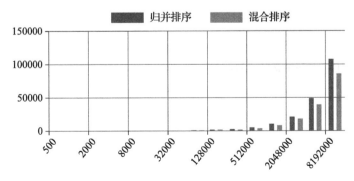

图 10-13　混合排序运行时间

本章小结

- 搜索是在数据集合或列表中尝试查找特定目标值的任务。

- 排序是将列表的元素排列为自然顺序的任务。

- Python 的类库包含了几个用于搜索和排序列表

的函数, 例如 index, bisect_left, sort 和 sorted。

- 实证分析是通过运行程序或算法来确定其运行时间的技术。算法分析是检查算法的代码或伪代码以推断其复杂度的技术。

- 算法可以分为复杂度类, 这些复杂度类通常使用大 O 表示法来描述, 例如线性级算法 $O(N)$。

- 顺序搜索是一种 $O(N)$ 的搜索算法, 它会查找列表中的每个元素, 直到找到目标值。

- 二分查找是一种 $O(\log_2 N)$ 的搜索算法, 它在已排序的数据集上进行操作, 并在找到目标元素之前连续排除一半数据。

- 选择排序是一种 $O(N^2)$ 的排序算法, 它重复查找列表中最小的未处理元素并将其移动到列表最前面的剩余位置。

- 归并排序是一种 $O(M\log N)$ 的排序算法, 通常以递归方式实现, 它将输入数据集连续分成两个部分, 递归地对两个部分进行排序, 然后将排序后的两个部分合并为一个有序整体。

- Python 的内置排序函数使用名为 Timsort 的混合排序算法, 该算法在较大的列表上执行归并排序, 在较小的列表上执行插入排序。

自测题

10.1 节: 搜索和排序库

1. 描述使用 Python 类库搜索未排序字符串列表的两种方法。

2. 如果在一百万个整数的列表上执行二分查找, 以下哪个最接近搜索算法需要检查的元素个数?

    a. 所有 1 000 000 个整数

    b. 大约 3/4 的 (750 000 个) 整数

    c. 大约一半的 (500 000 个) 整数

    d. 大约 1/10 (100 000)

    e. 不到 1% (10 000 或更多)

3. 你应该在字符串列表上使用顺序搜索呢, 还是二分查找, 为什么?

10.2 节: 程序复杂度

4. 根据 n, 估计下列代码片段的运行时间:

```
sum = 0
j = 1
while j <= n:
    sum += 1
    j *= 2
```

5. 根据 n, 估计下列代码片段的运行时间:

```
sum = 0
for j in range(1, n):
    sum += 1
    if j % 2 == 0:
        sum += 1
```

6. 根据 n, 估计下列代码片段的运行时间:

```
sum = 0
for i in range(1, n * 2 + 1):
    for j in range(1, n + 1):
        sum += 1
```

```
for j in range(1, 100):
    sum += 1
    sum += 1
```

7. 根据 n，估计下列代码片段的运行时间：

```
sum = 0
for i in range(1, n + 1):
    for j in range(1, i + 1, 2):
        sum += 4
for k in range(-50, -2):
    sum += 1
```

8. 确定可用于执行以下任务的算法复杂度：

    a. 求整数列表中数值的平均值

    b. 求列表中任意一对数值之间的最近距离

    c. 求实数列表中的最大值

    d. 计算列表中字符串的中位数长度

    e. 计算文件中的行数

    f. 确定代表年份的给定整数是否是闰年（可被 4 整除，但不能被 100 整除，除非也可被 400 整除）

9. 就输入大小 N 而言，假设算法为每个值精确获取给定数量的语句。给出每个算法的一个紧密的大 O 界限，表示基于该运行时间，它是该算法的最接近的复杂度类。

    a. $\frac{1}{2} N \log_2 N + \log_2 N$

    b. $N^2 - (N + N \log_2 N + 1000)$

    c. $N^2 \log_2 N + 2N$

    d. $\frac{1}{2}(3N + 5 + N)$

    e. $2N + 5 + N^4$

    f. $\log_2(2^N)$

    g. $N! + 2N$

10.3 节：实现搜索和排序的算法

10. 在未排序列表上顺序搜索的运行时间复杂度类是什么？在已排序列表上修改的顺序搜索的运行时间复杂度类是什么？

11. 为什么二分查找算法要求对输入进行排序？

12. 如果列表包含 60 个元素，二分查找会检查多少个元素（最多）？

13. 当通过二分查找在以下输入列表上搜索目标值 8 时，将检查哪些作为中间元素的索引？二分查找算法返回什么值？

    a. numbers = [1, 3, 6, 7, 8, 10, 15, 20, 30]

    b. numbers = [1, 2, 3, 4, 5, 7, 8, 9, 10]

    c. numbers = [1, 2, 3, 4, 5, 6, 7, 8, 9]

    d. numbers = [8, 9, 12, 14, 15, 17, 19, 25, 31]

14. 当通过二分查找在以下输入列表上搜索目标值 8 时，将检查哪些作为中间元素的索引？请注意，输入列表并不是排好序的。对二分查找算法的结果有什么看法？

    numbers = [6, 5, 8, 19, 7, 35, 22, 11, 9]

15. 考虑以下有序的整数列表。对此列表执行二分查找，对于以下每个整数值，哪些索引位置将会被顺序检查？返回什么结果值？

```
# index      0    1    2    3    4    5   6   7   8   9   10   11   12   13
numbers = [-30, -9, -6, -4, -2, -1,  0,  2,  4, 10, 12, 17, 22, 30]
```

   a. −5

   b. 0

   c. 11

   d. −100

16. 考虑以下列表：

```
numbers = [29, 17, 3, 94, 46, 8, -4, 12]
```

   在进行单次选择排序算法（单次交换）后，列表的状态将是什么？

   a. `[-4, 29, 17, 3, 94, 46, 8, 12]`

   b. `[29, 17, 3, 94, 46, 8, 12]`

   c. `[-4, 29, 17, 3, 94, 46, 8, -4, 12]`

   d. `[-4, 17, 3, 94, 46, 8, 29, 12]`

   e. `[3, 17, 29, 94, -4, 8, 46, 12]`

17. 在以下输入列表上运行时，跟踪本节所述的选择排序算法的执行。显示算法选择的每个元素以及它将移动到何处，直到列表完全排序。

   a. `[29, 17, 3, 94, 46, 8, -4, 12]`

   b. `[33, 14, 3, 95, 47, 9, -42, 13]`

   c. `[7, 1, 6, 12, -3, 8, 4, 21, 2, 30, -1, 9]`

   d. `[6, 7, 4, 8, 11, 1, 10, 3, 5, 9]`

10.4 节：实现归并排序

18. 对长度为 32 的列表进行排序调用，会调用多少次 merge_sort 函数？

19. 考虑以下列表的元素：

```
numbers = [7, 2, 8, 4, 1, 11, 9, 5, 3, 10]
```

   a. 显示在选择排序最外面的循环发生五次之后列表中元素的状态。

   b. 显示归并排序算法两级深度的运行轨迹。

   c. 显示整个列表的拆分，以及一级递归调用。

20. 考虑以下列表的元素：

```
numbers = [7, 1, 6, 12, -3, 8, 4, 21, 2, 30, -1, 9]
```

   a. 显示在选择排序最外面的循环发生五次之后列表中元素的状态。

   b. 显示归并排序算法两级深度的运行轨迹。显示整个列表的拆分，以及一级递归调用。

21. 关于排序和大 O 的下列哪一项陈述是正确的？

   a. 选择排序可以在 $O(N)$ 时间内对整数列表进行排序。

   b. 归并排序可以实现 $O(M\log N)$ 的运行时间，它在每一步中拆分列表，然后递归地排序，并将两个部分合并在一起。

   c. 归并排序比选择排序运行得更快，因为它是递归的，并且递归比循环更快。

   d. 如果列表已经有序的话，选择排序在 $O(N)$ 时间内完成，否则，是 $O(N^2)$。

e. 依赖于元素比较的排序算法只能与数值一起使用，因为其他类型的数据无法相互比较。

22. 跟踪归并排序算法在下面每个列表上的完整执行。显示由算法创建的子列表并将子列表合并为更大的排序列表。

    a. `[29, 17, 3, 94, 46, 8, -4, 12]`

    b. `[6, 5, 3, 7, 1, 8, 4, 2]`

    c. `[33, 14, 3, 95, 47, 9, -42, 13]`

习题

1. 假设已声明以下列表：

```
# index  0   1   2   3   4   5   6   7   8   9
lst  = [-2,  8, 13, 22, 25, 25, 38, 42, 51, 103]
```

通过对以下每个目标值进行二分查找，将检查哪些作为中间元素的索引？将返回什么值？

    a. 103

    b. 30

    c. 8

    d. −1

2. 假设已声明以下列表：

```
# index     0   1   2   3   4   5   6   7   8   9  10  11
numbers = [-1,  3,  5,  8, 15, 18, 22, 39, 40, 42, 50, 57]
```

通过对以下每个目标值进行二分查找，将检查哪些作为中间元素的索引？将返回什么值？

    a. 13

    b. 39

    c. 50

    d. 2

3. 以下算法属于哪种复杂度类？将 N 视为传递给函数的列表或数据集合的长度或大小，并给出你的解释。

```
def mystery1(lis):
    result = [0] * (2 * len(lis))
    for i in range(len(lis)):
        result[2 * i] = lis[i] // 2 + list[i] % 2
        result[2 * i + 1] = lis[i] // 2
    return result
```

4. 以下算法属于哪个复杂度类？

```
def mystery2(lis):
    for i in range(len(lis) // 2):
        j = len(lis) - 1 - i
        temp = list[i]
        list[i] = list[j]
        list[j] = temp
```

5. 以下算法属于哪个复杂度类？

```
def mystery3(lis):
```

```
    for i in range(len(lis) - 1, 2):
        first = list.pop(i)
        list.insert(i + 1, first)
```

6. 以下算法属于哪个复杂度类?

```
def mystery4(lis):
    for i in range(0, len(lis) - 1, 2):
        first = lis[i]
        lis[i] = lis[i + 1]
        list[i + 1] = first
```

7. 写出选择排序算法每次最外层循环发生后每个列表中元素的状态 (在每个元素被选择并移动到位置之后)。假设已经声明了以下列表:

```
numbers1 = [63, 9, 45, 72, 27, 18, 54, 36]
numbers2 = [37, 29, 19, 48, 23, 55, 74, 12]
```

8. 使用来自上一个问题的相同列表,跟踪归并排序算法在每个列表上的完整执行。显示算法创建的子列表,并显示将子列表合并为更大的有序列表的过程。

9. 写出选择排序算法每次最外层循环发生后每个列表中元素的状态 (在每个元素被选择并移动到位置之后)。

```
numbers3 = [8, 5, -9, 14, 0, -1, -7, 3]
numbers4 = [15, 56, 24, 5, 39, -4, 27, 10]
```

10. 使用来自上一个问题的相同列表,跟踪归并排序算法在每个列表上的完整执行。显示算法创建的子列表,并显示将子列表合并为更大的有序列表的过程。

11. 写出选择排序算法每次最外层循环发生后每个列表中元素的状态 (在每个元素被选择并移动到位置之后)。

```
numbers5 = [22, 44, 11, 88, 66, 33, 55, 77]
numbers6 = [-3, -6, -1, -5, 0, -2, -4, -7]
```

12. 使用来自上一个问题的相同列表,跟踪归并排序算法在每个列表上的完整执行。显示算法创建的子列表,并显示将子列表合并为更大的有序列表的过程。

a. 写出选择排序算法每次最外层循环发生后每个列表中元素的状态 (在每个元素被选择并移动到位置之后)。

b. 跟踪归并排序算法在每个列表上的完整执行。显示算法创建的子列表,并显示将子列表合并为更大的有序列表的过程。

13. 编写代码从文件中读取字典,然后提示用户输入两个单词并告诉用户在字典中有多少单词位于这两个单词之间。下面是程序的运行示例:

```
Type two words: goodbye hello
There are 4418 words between goodbye and hello
```

在你的解决方案中使用二分查找算法。

14. 编写选择排序算法的修改版本,每次选择最大元素并将其移动到列表末尾,而不是选择最小元素并将其移动到开头。这个算法会比标准选择排序更快吗? 它的复杂度类 (大 O) 是什么?

15. 编写选择排序算法的修改后的"双"版本，在每个过程中选择最大和最小元素，并将它们中的每一个移动到列表的适当位置。这个算法会比标准选择排序更快吗？你对其相对于归并排序算法的性能有何预测？它的复杂度类（大 O）是什么？

16. 实现一种算法来混洗数值或对象的列表。混洗算法应如下：

```
for each index i:
    choose a random index j where j >= i.
    swap the elements at indexes i and j.
```

（如果你希望你的混洗算法足够公平，关于 j 大于或等于 i 的约束实际上非常重要。为什么？）

17. 实现一个名为 bogo sort 的"伪造"排序算法，它使用你上一个练习的混洗算法对数值列表进行排序。bogo sort 算法如下：

```
while list is not sorted:
    shuffle list.
```

显然，这不是一个非常高效的排序算法，但如果让它运行得足够长，它最终会将列表按顺序排列。尝试在非常小的列表上运行它，例如 8 或 10 个元素，以检查其运行时间。你对这个愚蠢算法的复杂度类（大 O）有什么最好的猜测？

编程项目

1. 编写一个程序，读取一系列输入行并按字母顺序对它们进行排序，忽略单词的大小写。该程序应使用归并排序算法，以便它可以高效地对大型文件进行排序。

2. 在什么也不知道的情况下，执行"排序侦测"挑战来运行多个排序算法。尝试根据每种算法的运行时间和特征来确定用哪种排序算法。在网上搜索"sort detective"，了解有关此类项目的更多想法。

3. 编写一个程序，发现输入文件中列出的所有单词的所有变位词，这些单词存储在一个大字典中。一个单词的变位词是将其字母重新排列成一个新的合法单词。例如，"share"的变位词包括"shear""hears"和"hares"。假设你有一个可用的文件，其中列出了许多单词，每行一个。你的程序应首先在字典文件中读取单词并对其进行排序，但不是按字母顺序排序，而是根据每个单词的规范形式进行排序。单词的规范形式包含与原始单词相同的字母，但按顺序排列。因此，"computer"的规范形式是"cemoprtu"，"program"的规范形式是"agmoprr"。当你的字典文件排好序时，"program"这个词将放在"computer"这个词之前，因为它的规范形式按字母顺序排列出现在前面。编写代码来检索单词的规范形式。

类 与 对 象

现在你已经掌握了 Python 面向过程编程的基础知识。接下来我们将学习另一种编程范式：面向对象编程。本章介绍了面向对象的基本术语，并演示了如何用自定义的类来创建自己的对象。

对象是包含状态和行为的实体，它是构成大型程序或软件的基础。首先我们将学习抽象和封装的概念，它们允许你在不了解其内部细节的情况下使用高级别的对象。其次，还将学习设计新的对象、类和利用它们实现面向对象编程的思想。

11.1　面向对象编程

到目前为止，我们学习的编程方法大多数都是基于任务分解，即将复杂的任务分解为若干规模较小的子任务。这是最传统的编程方式，甚至在像 Python 这样的语言中，我们仍然使用过程式技术。但是 Python 也提供了另一种不同的编程方式，我们称之为**面向对象编程**。

> **面向对象编程**
> 将程序推理为一组对象而不是一组操作。

面向对象编程使用自己的特定术语为程序设计提供了另外一个视角。让我们先用非编程的示例来解释这些术语。首先来看看在前面第 3 章 DrawingPanel 交互这个例子中有哪些对象。更广泛地说，**对象**是程序中结合数据和代码的实体。一个**对象**封装一个状态，然后提供方法来操作该状态并与之交互。

> **对象**
> 包含状态（数据）和行为（方法）的编程实体。

要真正理解对象这个定义，必须先理解术语"状态"和"行为"。这些是面向对象编程中最基本的概念。

假设有个称之为 radio（收音机）的对象类。收音机可以处于不同的状态。它可以打开或关闭。它可以调制到许多不同的频道，它也可以调节音量大小。任何给定的收音机必须"知道"它处于什么状态，这意味着它必须跟踪这些内部信息。这些内部信息（内部值）的数据集合被称为对象的**状态**。

> **状态**
> 存储在对象中的一组值（内部数据）。

那收音机的行为是什么？最明显的行为是打开它并打开音量会产生声音。而这些行为会改变收音机的内部状态。还有打开或关闭收音机、改变电台或音量、查看收音机当前设置到哪个频道等操作，我们将这些操作构成的数据集合称为对象的**行为**。

> **行为**
> 对象可以执行的操作集合，通常是显示或修改它的内部状态。

对象本身并不是完整的程序，它们是赋予特定角色和责任的组件。对象被用作大型程序开发的一部分，创建和使用对象的代码称为**客户端**。

> **客户端（或客户端代码）**
> 与一个类或该类的多个对象交互的代码。

客户端程序通过发送消息给对象并请求对象执行操作来与对象进行交互。对象的好处之一是可复用性，它们提供的代码可以在许多客户端程序中重复使用。我们已经使用了几个有趣的对象，例如文件对象、DrawingPanel 对象和列表。换句话说，我们之前编写的程序就是这些对象的客户端。Python 提供的库包含成千上万现成的对象类。

然而你会发现当编写大型软件时，Python 现成的对象并不总能满足正在解决的问题。例如，如果编写日历应用程序，可能希望使用对象来表示日期、联系人和预约。如果要创建三维图形模拟，则可能希望对象表示三维点、向量和矩阵。如果编写财务程序，可能希望对象表示各种资产、交易和费用。在本章中，将学习如何创建可以由这样的客户端程序使用的自己的对象类。面向对象编程的高级内容，如多态性和继承等，将在下一章中讨论。

11.1.1　类和对象

类描述了同一类别的对象的共同特征。创建类时将定义存储在该类的每个对象中的状态，该类的每个对象可以执行的行为，以及如何创建该类的对象。

> **类**
> 描述某种类型的对象的状态和行为的蓝图。

一旦我们编写了适当的代码，就可以使用该类来创建该类型的对象。然后我们可以在客户端程序中使用这些对象。我们说创建的对象是类的实例，因为可以使用一个类来构造很多对象。这类似于蓝图的工作方式：一个蓝图可以用于创建许多类似的房屋，每个房屋都是蓝图的一个实例。

> **你知道吗?**
>
> **操作系统历史和对象**
>
> 　　1983 年，IBM PC 及其"克隆产品"主导了 PC 市场，大多数机器都运行一种名为 DOS 的操作系统。DOS 使用被称之为"命令行"的界面。用户在提示符下键入命令。控制台窗口是一个类似的交互界面。例如，在 DOS 系统中删除文件，将使用"del"命令

（为 "delete" 的缩写），后跟文件名：

```
del data.txt
```

这个命令行范式可以用简单的术语描述为 "动词名词" 结构。事实上，如果看一下DOS 手册，你会发现它充满了动词。这种结构与编程的过程式方法有相似之处。当我们想要完成某些任务时，发出一个命令（动词），后面接命令操作的对象（名词，想要影响的事物）。

1984 年，Apple Computer 发布了一款名为 Macintosh 的新电脑，它使用所谓的图形用户界面或 GUI。GUI 的另一个名字 "桌面系统" 更为众所周知。后来，微软将这项功能带到了装有 Windows 操作系统的 IBM 的 PC 上。

要删除 Macintosh 或 Windows 计算机上的文件，找到该文件图标并单击它。有几个操作选项，可以将其拖到垃圾桶/回收站中，或者可以从菜单中选择 "删除" 命令。无论哪种方式，都是从要删除的对象开始，然后执行删除的命令。这个是命令行范式的逆格式，在 GUI 中，它是 "名词动词" 结构。不同的交互形式是面向对象编程的核心。

大多数现代程序使用 GUI，因为人们发现以这种方式工作更自然。人们习惯于点击东西、拾取东西、抓住东西。从对象开始进行程序设计对我们来说非常自然。事实证明，这是一种有效的构建程序的方式，我们将程序分解成不同的对象，每个对象都可以完成某项任务，而不是将中心任务划分为子任务。

11.1.2　日期对象

为了了解对象，我们将实现一个名为 Date 的类。每个 Date 对象都会代表一年中的特定日期，例如 3 月 11 日或 11 月 29 日。月、日以整数形式存储在对象中。日期对象对于那些需要存储和操作日期的应用程序很有用，例如日历应用程序、预约安排程序或事件提醒程序。

虽然我们还没有编写 Date 类，但先要考虑客户端希望如何使用该类，它对设计 Date 类很有帮助。以下是假设使用 Date 类的客户端代码示例：

```
# desired usage of Date class
from Date import *

valentines = Date(2, 14)
print("v.day is on:", valentines)


today = Date(11, 29)
print("today's date is:", today)
print("the month is:", today.month)
print("the day is:", today.day)
...
```

```
v.day is on: 2/14
today's date is: 11/29
the month is: 11
the day is: 29
```

11.2　对象状态和行为

在接下来的几节中，将逐渐学习设计一个新类的方法。将编写刚刚描述的 Date 类。

以下是类的主要构成：

- 属性（存储在每个对象中的数据）；
- 构造函数（在创建对象时初始化对象的代码）；
- 方法（每个对象可以执行的行为）；
- 封装（保护对象的数据不受外部访问）。

将通过创建 Date 类的几个版本来逐渐扩展地学习这些概念。第一个版本将提供仅包含数据的 Date 对象。第二个版本会允许构建代表任何日历日期的 Date 对象。第三个版本将向 Date 对象添加行为。最终的代码将封装每个 Date 对象的内部数据，以保护它不被外部访问。

前面的类的版本不完整，通过一次增加一个类的概念，逐步地理解类的语法和特性。仅最终版本的 Date 类满足面向对象的风格。

11.2.1　数据属性

Date 类的第一个版本将是一个完全空的类。在客户端代码中将创建 Date 类的对象。通常，将每个类定义在 .py 文件中，其文件名称与类名一致。在 *Date.py* 文件中，以下代码编写了我们第一个版本的 Date 类。该类有一个空体，由 pass 关键字表示。Date 类型的每个对象一开始都不包含任何内容，但创建它之后客户端可以向其添加元素。

```
1  # A Date object represents a month and day such as 12/25.
2  # First version: a completely empty class.
3
4  class Date:
5      pass
```

Date 类本身不是可执行的 Python 程序，它只是定义了一个用于客户端程序的新对象的类。使用 Date 的客户端代码将是一个单独的类并存储在独立文件中。客户端程序需要导入 Date 类，才可以使用它。然后客户端程序可以通过类名 Date 后跟空括号来创建 Date 对象：

```
# client program that creates two Date objects
from Date import *

birthday = Date()
xmas = Date()
```

空对象是无意义的。但客户端可以往创建的对象中添加变量。对象中定义的特殊变量称为**数据属性**，或者简称**属性**。属性除了定义在一个对象内部，其他就像普通变量一样。对象也可以像列表或字典等数据结构一样存储多个数据。在其他编程语言和环境中"属性"也被称为"字段""实例变量"或"成员变量"。具有属性的对象有点像一个字典，其中属性的名称是键，属性的值是值。

数据属性（属性）

对象内部的变量，构成其内部状态的一部分。

对象添加属性（或修改现有属性值）的语法如下：

```
object.attribute = value
```
语法模板：添加或修改对象的属性

例如，以下客户端代码创建 Date 对象并添加两个整数属性（命名为 month 和 day）。通常将客户端代码放入另一个文件，而不是 *Date.py*。

```
# create a Date object and add attributes to it
xmas = Date()
xmas.month = 12
xmas.day   = 25
```

访问现有数据属性值的语法如下。如果该对象中不存在给定名称的属性，Python 将引发 AttributeError。

```
object.attribute
```
语法模板：访问对象的属性

需要强调的是每个 Date 对象都独立存储自己的属性数据，该属性数据与其他 Date 对象无关。以下 shell 交互演示了如何创建两个 Date 对象。请注意，每个对象都有自己的 month 和 day 属性：

```
>>> # create multiple Date objects
>>> from Date import *
>>> xmas = Date()
>>> xmas.month = 12
>>> xmas.day   = 25

>>> bday = Date()
>>> bday.month = 9
>>> bday.day   = 19

>>> bday.month
9
>>> xmas.month
12
```

在 shell 执行前面的代码行之后，两个对象的状态如图 11-1 所示。bday 和 xmas 每个变量都引用 Date 类的一个对象，并且每个都包含 month 和 day 属性。

以下是使用 Date 类的完整客户端程序。代码是保存在名为 *date_main.py* 的文件中，该文件应与 *Date.py* 在同一文件夹中以使程序成功运行。客户端程序不够优雅，当改进 Date 类时，将消除一些冗余部分。

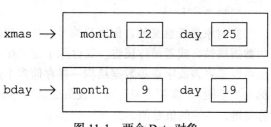

图 11-1　两个 Date 对象

```
1   # A client program that deals with dates.
2   # First version, to accompany Date class with state only.
3
4   from Date import *
```

```
 5
 6  def main():
 7      # create two Date objects
 8      d1 = Date()
 9      d1.month =  2
10      d1.day   = 14
11
12      d2 = Date()
13      d2.month =  9
14      d2.day   = 19
15
16      # print each date's state
17      print("d1 is", d1.month, "/", d1.day)
18      print("d2 is", d2.month, "/", d2.day)
19      print()
20
21      # change the state of each date
22      d1.month +=  2
23      d1.day   -= 13
24      d2.month +=  1
25      d2.day   += 12
26
27      # print the dates again
28      print("d1 is", d1.month, "/", d1.day)
29      print("d2 is", d2.month, "/", d2.day)
30
31  main()
```

```
d1 is 2 / 14
d2 is 9 / 19

d1 is 4 / 1
d2 is 10 / 31
```

初始的 Date 类主要用作将两个整数值组合成一个对象。这种技术对客户端程序有些用处。但客户端使用 Date 对象并不比使用 int 值好很多，因为我们的 Date 对象还没有任何行为。包含状态但没有行为的对象，有时像列表、元组或字典一样被称为记录或结构。在接下来的部分中，将把 Date 类从最小的实现扩展为适当的 Python 类。

11.2.2　初始化器

下面以笨拙的方法来实现客户端代码，它需要三行来创建和初始化一个 Date 对象的状态：

```
# client needs 3 statements to initialize one Date object (bad)
d1 = Date()
d1.month =  9
d1.day   = 19
```

通常，当创建对象时，在一个语句中就能够初始化对象的属性。例如，在创建 DrawingPanel 对象时，括号中写了两个整数值，它们分别表示窗口的宽度和高度（以像素为单位）。我们希望可以通过提供月份和日期的初始值来初始化 Date 对象，即创建对象时在括号中依次给出初始值：

```
# desired behavior; does not work yet
d1 = Date(9, 19)
```

但是，这样的语句对于 Date 类来说不会成功，因为没有编写任何代码来创建具有初始 month/day 状态的 Date 类。第二个版本的 Date 类将添加此功能。类可以包含为该类的对象提供行为的方法。对象的初始状态是通过编写一个称为**构造函数**的特殊方法来指定。有时构造函数也称为**对象初始化器**或**初始化方法**。

构造函数（初始化器）

一种特殊方法，用于在创建对象时初始化对象的状态。

构造函数是在客户端创建新对象时执行的特殊代码。构造函数头看起来像函数或方法头，但它必须具有 __init__ 的特殊名称，在单词 init 的两侧有两个下划线。编写构造函数时，要指定客户端创建类型对象时必须传递的参数，以及如何使用这些参数来初始化新创建的对象。构造函数还接收名为 self 的初始参数，它表示正在创建的对象。

构造函数的一般语法如下：

```
class ClassName:
    def __init__(self, name, parameters):
        statement
        statement
        ...
        statement
```

语法模板：构造函数

Date 类的构造函数将接收 month 和 day 作为参数并将它们存储为 Date 对象中的属性：

```
class Date:
    # Constructor initializes the state of new
    # Date objects as they are created by client code.
    def __init__(self, month, day):
        self.month = month
        self.day = day
```

__init__ 方法对于刚刚学习类的学生来说可能会让人感到困惑。如果你写了下面的代码行：

```
d1 = Date(9, 19)
```

执行该行代码时，Python 将完成以下所有操作：

1）在内存中创建一个新的 Date 对象。

2）执行 Date 类的 __init__ 方法，引用新创建的对象作为 self，并将 9 和 19 作为 month 和 day 参数值传递。

3）构造函数调用（隐式地）返回新创建的 Date 对象。

4）客户端代码将 Date 对象的引用存储在 d1 的变量中。

图 11-2 显示了执行构造函数代码时的步骤。在此图中客户端代码和透视图与 Date 类中运行的代码分开演示。Date 类创建对象和初始化属性，然后它将新对象发送回客户端使用。

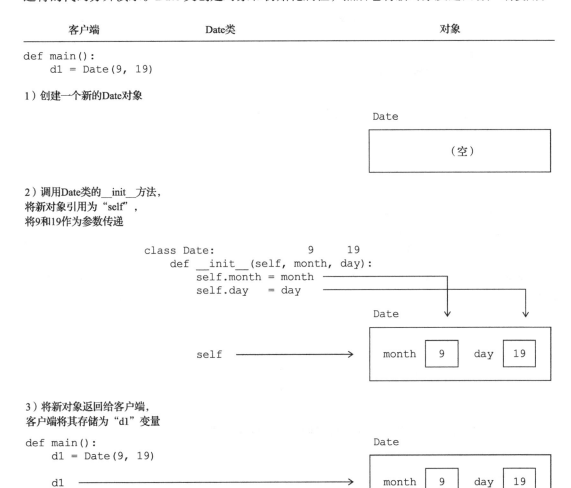

图 11-2　Date 构造函数的执行过程

构造函数不容易理解的地方在于初始化对象过程是在幕后隐式发生的。客户端代码没有显式调用 __init__ 方法，客户端代码 Date(...) 会隐式调用它。在 Date 类中定义的 __init__ 方法，即创建新 Date 对象并将该对象引用为 self，并未在代码中的任何位置明确声明，当客户端通过 Date(...) 调用构造函数时，它是隐式完成的。最后，__init__ 方法不显式返回已创建的 Date 对象，Python 隐式返回该对象的引用，客户端将该对象的引用存储在 d1 变量中。理解构造函数的工作过程，对学习如何定义对象的新类十分重要。

使用参数调用构造函数类似于从工厂订购汽车，可以指定一些对你来说重要的初始属性："我喜欢黄色的带有电动车窗和仪表板导航系统的车。"不需要指定汽车的每个细节，例如它应该具有的四个车轮和前大灯。

以下是包含构造函数的 Date 类的新版本的完整代码：

```
1   # A Date object represents a month and day such as 12/25.
2   # This version adds a constructor to initialize object state.
3
4   class Date:
5       # Constructor initializes the state of new
6       # Date objects as they are created by client code.
7       def __init__(self, month, day):
8           self.month = month
9           self.day = day
```

构造函数的参数通常与对象的属性具有相同的名称，但这不是必需的。一些程序员为避免歧义喜欢给它们不同的名字。例如，如果构造函数的形式参数为 m 和 d，则构造函数代码如下：

```
class Date:
    # constructor with shorter/different parameter names
    def __init__(self, m, d):
        self.month = m
        self.day = d
```

与函数一样，构造函数也可以使用默认参数值。默认参数允许使用显式设定的初始状态或默认状态来创建对象。对于 Date 类，可以将 month 和 day 参数设置为可选，如下所示：

```
class Date:
    # Constructs a date object representing the given month and day.
    # If no month and day are passed, initializes to January 1.
    def __init__(self, month = 1, day = 1):
        self.month = month
        self.day = day
```

客户端创建 Date 对象的代码现在可以使用以下任一形式：

```
# client code
def main():
    d1 = Date(9, 19)   # initial state of 9/19
    d2 = Date()        # default state of 1/1
    ...
```

11.2.3 方法

下一个 Date 类的版本将包含状态和行为。通过编写**方法**来实现对象的行为。方法就像一个独立存在于对象内部的函数。客户端通过方法与其对象的数据交互，以执行与该对象相关的有用行为。一些程序员将对象的方法称为发送给对象的"消息"。

> **方法**
> 一个可以对该对象进行操作的对象内部函数。

前面章节中介绍的对象都包含表示其行为的方法。例如，file 对象具有 read 方法，DrawingPanel 对象具有 draw_line 方法。这些方法存储在对象内部。它们使用不同于函数的调用语法：先是对象的名称，接着是点，然后是方法的名称和参数。每个对象的方法都能够与存储在该对象中的内部数据进行交互。

例如，假设要编写程序来计算给定月份包含的天数。由于 Date 对象存储了 month 属性，因此能够查询 Date 对象当月有多少天。

- 30 天的有九月、四月、六月和十一月。
- 二月有 28 天（非闰年）。
- 所有其他月份都有 31 天。

在客户端代码中编写一个常规函数，该函数接收 Date 对象作为参数并返回所需天数信息。（这不是表示此类逻辑的最佳方式，我们将在本节中看到。）该函数假定传递的 Date 具有 month 属性。它的代码如下所示。

```python
# A function to return days in a given month;
# not a good choice in this case.
def days_in_month(d):
    if d.month in {4, 6, 9, 11}:
        return 30
    elif d.month == 2:
        return 28
    else:
        return 31
```

对函数的调用看起来像客户端程序中的以下代码行：

```python
# client code to use the bad days_in_month function
d1 = Date(9, 19)
days = days_in_month(d1)
print("There are", days, "days in month #", d1.month)
```

```
There are 30 days in month # 9
```

但是，标准函数不是实现该行为的最佳方式。Date 类是可重用的，以便许多客户端程序都可以使用它。如果将 days_in_month 方法放入客户端程序 *date_main.py*，则其他客户端将无法在不冗余地复制和粘贴其代码的情况下使用它。此外，使用对象编程的最大好处之一是可以将相关数据和行为放在一起。因此每个 Date 对象查询当月天数的功能与该 Date 对象的 month 数据密切相关。最好在 Date 类中编写一个方法来完成此功能。从前面对象的使用经验中知道，可以使用"点符号"调用对象方法：

object.method(parameters)
语法模板：调用对象的方法

如果将 days_in_month 定义为对象方法，则客户端中对象方法的调用如下：

```python
days = d1.days_in_month()
```

客户端不会将 Date 对象作为参数传递，也不会传递 month 参数。首先指示客户端要与哪个 Date 对象（d1）进行交互，然后向 d1 引用的对象发送 days_in_month 消息。

再来看看 Date 类如何实现 days_in_month 方法。方法定义与标准函数具有相同的语法，但有两个不同之处：一是方法出现在类的内部，二是它接收一个名为 self 的初始参数，该参数引用调用该方法的对象。

```
class ClassName:
    def method_name(self, parameters):
        statement
        statement
        ...
        statement
```
语法模板：定义方法

在实现构造函数时看到了 self 参数，其含义与此类似。参数 self 指的是调用方法的对象。客户端代码调用 d1.days_in_month()，则在该调用期间 self 变量引用 d1。在类本身内部，相关对象被明确声明为方法的第一个参数。有时称为**对象参数**或**自引用**。

> **对象参数（自引用）**
> 引用被调用方法的对象的参数。在 Python 代码中通常命名为 self。

将此参数命名为 self 是一种惯例，但不是必需的。self 不是 Python 中的特殊关键字，但大多数程序员始终使用此名称，因此为了遵循惯例以保持一致性，官方 Python 文档推荐使用 self。

如图 11-3 所示，当在 Date 类中定义一个方法时，每个 Date 对象都有自己的该方法副本和自己的 month 与 day 属性。

对象的方法可以引用该对象的属性。对象的方法可以通过 self 参数来引用该对象的数据属性。例如，表达式 self.month 或 self.day 将引用被调用方法的 Date 对象中的任一属性。

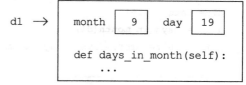

图 11-3　包含方法的 Date 对象

将 days_in_month 标准函数转换为 Date 类的方法，将参数 d 重命名为 self 并将方法的代码复制到 *Date.py* 中的 Date 类中。以下是代码的两个版本：

```
# A function to return days in a given month. (bad)
def days_in_month(d):
    if d.month in {4, 6, 9, 11}:
        return 30
    elif d.month == 2:
        return 28
    else:
        return 31


class Date:
    # A method to return days in a given month. (good)
    def days_in_month(self):
```

```
    if self.month in {4, 6, 9, 11}:
        return 30
    elif self.month == 2:
        return 28
    else:
        return 31
```

像 days_in_month 这样的方法非常有用，因为它们为对象提供了可以复用的行为。如果多个客户端使用 Date 类，则所有客户端程序都可以调用 days_in_month 方法而无须重写它，这使得客户端程序更具表现力也更简洁。

以下客户端代码创建了两个对象。对 days_in_month 方法的两次调用中，第一次调用是 d1.days_in_month()，这时 self 指的是 d1 对象，d1 对象的 month 属性值为 9，该方法返回 d1 对象 9 月份包含的天数 30。第二次调用是 d2.days_in_month()，这时 self 引用 d2 对象，其 month 值为 11，则返回值为 31（如图 11-4 所示）。

```
def main():
    d1 = Date(9, 19)
    d2 = Date(12, 24)
    print("days in Sep:", d1.days_in_month())
    print("days in Dec:", d2.days_in_month())
```

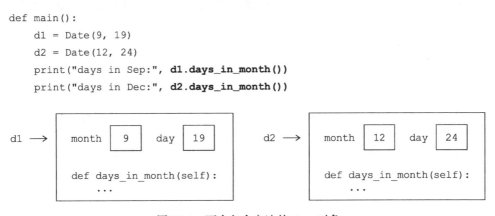

图 11-4　两个包含方法的 Date 对象

11.2.4　访问器和赋值器

days_in_month 方法是一类被称为访问器的方法的一个示例。**访问器**是一种客户端通过调用对象方法获得返回值来查询对象状态或可用信息的方法。比如，使用收音机返回当前的电台或音量就是一个访问器。在前面章节中也使用过访问器方法的示例，如文件对象的 tell 方法和 DrawingPanel 对象的 get_pixel_color 方法。

访问器

提供有关对象状态的信息而不进行状态修改的方法。

赋值器是另一种重要的对象方法，它是特指通过为对象一个或多个数据属性重新分配新值，来修改对象内部状态的方法。如果将对象视为收音机，则打开和关闭收音机的开关，更改电台或音量的旋钮都可以视为赋值器。

赋值器

修改对象内部状态的方法。

一些赋值器以"set"为开头，如 set_id 或 set_title。赋值器通常不返回值，只是接收指定对象新状态或修改对象当前状态所需的参数。可以将访问器视为只读操作，而将赋值器视为读 / 写操作。

接下来在 Date 类中编写一个赋值器，将日期推后一天。例如，9 月 19 日推后到 9 月 20 日，或者 10 月 31 日推后到 11 月 1 日。在 Date 类中定义一个名为 advance 的方法来实现该功能。它的头如下所示：

```
class Date:
    ...

    # Advances the Date's state to the next day.
    def advance(self):
        ...
```

与 days_in_month 方法一样，advance 可以通过 self 参数引用调用它的对象。本例中，将改变 self 的数据属性值来修改该对象状态。最简单的情况是将对象的 day 值增加 1：

```
# incomplete/partial version
def advance(self):
    self.day += 1
    ...
```

这段代码在当前日期在月中时可以正常工作，例如将 9 月 19 日推后到 9 月 20 日。但如果当前日期是该月的最后一天，它将失败。例如当前日期是 11 月 31 日，推后一天，则为 11 月 32 日，这是一个无效的日期。

实现月份转换的最简单方法是使用之前编写的 days_in_month 方法。self 允许调用对象的其他方法。将对象的日期推后一天，然后使用 days_in_month 来查看是否已超出该月最大天数。如果已超出，则将日期的状态调整到下一个月。如果推后到下一个月，则将 month 属性加 1，并将 day 属性设置回 1，以表示下个月的第一天：

```
# second version that wraps months
def advance(self):
    self.day += 1
    if self.day > self.days_in_month():
        # wrap to next month
        self.month += 1
        self.day = 1
```

这个版本几乎是正确的，但还有一种情况需要考虑。如果日期对象代表 12 月 31 日，一年中的最后一天，怎么办？从 12 月 31 日推后 1 天应该是 1 月 1 日。修改现有的代码来处理这种情况。

以下是包含完成的 advance 方法的 Date 类的完整版本：

```
1  # A Date object represents a month and day such as 12/25.
2  # This version adds behavior (methods).
3
4  class Date:
5      # Constructor initializes the state of new
6      # Date objects as they are created by client code.
7      def __init__(self, month, day):
```

```
 8            # set the attributes (the state in each Date object)
 9            self.month = month
10            self.day = day
11
12        # Advances the Date's state to the next day,
13        # wrapping into the next month/year as necessary.
14        def advance(self):
15            self.day += 1
16            if self.day > self.days_in_month():
17                # wrap to next month
18                self.month += 1
19                self.day = 1
20                if self.month > 12:
21                    # wrap to next year
22                    self.month = 1
23
24        # Returns the number of days in this Date's month.
25        def days_in_month(self):
26            if self.month in {4, 6, 9, 11}:
27                return 30
28            elif self.month == 2:
29                return 28
30            else:
31                return 31
```

客户端程序现在可以使用 Date 类的新行为和方法。我们测试了 advance 方法的所有三种情况：一个月中的日期，一个月末的日期和一个年末的日期。

```
 1  # A client program that deals with dates.
 2  # This version accompanies Date class with methods.
 3
 4  from Date import *
 5
 6  def main():
 7      # create three Date objects
 8      d1 = Date( 9, 19)
 9      d2 = Date( 7, 31)
10      d3 = Date(12, 31)
11
12      # advance each date and print its state
13      d1.advance()
14      print("d1 is", d1.month, "/", d1.day)
15      d2.advance()
16      print("d2 is", d2.month, "/", d2.day)
17      d3.advance()
18      print("d3 is", d3.month, "/", d3.day)
19
20  main()
```

```
d1 is 9 / 20
d2 is 8 / 1
d3 is 1 / 1
```

11.2.5 打印对象状态

Python 的设计者认为将多种数据类型的值以字符串形式打印到控制台是一种很好的交互方式。但是如果是用户自定义的类,默认情况下 Python 不知道如何打印类对象的状态。例如,以下代码尝试打印一个 Date 对象,但输出的是无用信息:

```
def main():
    d1 = Date(9, 19)
    print("d1 is", d1)
```

```
d1 is <Date.Date object at 0x7f1085d5e7b8>
```

当 Python 不知道如何打印给定类型的值时,它会显示一条默认消息,指示该值的类型以及它存储在计算机内存中的地址(十六进制整数)。但这不是有用信息,用户希望打印对象的状态为 9/19。

当 Python 程序打印一个对象或将其转换为一个字符串时,程序会调用对象内置的一个名为 __str__ 的特殊方法(命名约定 str 前后有两个下划线,类似于 __init__ 方法)。__str__ 方法不接收 self 以外的任何参数,并返回表示对象状态的字符串。其语法如下:

```
class ClassName:
    ...
    def __str__(self):
        code to produce and return the desired string
```
语法模板:__str__ 方法,用于将对象转换为字符串

以下代码为 Date 对象的 __str__ 方法的实现,它返回一个字符串,如 "9/19":

```
# returns a string representation of this date
def __str__(self):
    return str(self.month) + "/" + str(self.day)
```

Date 类定义了这个方法之后,前面的客户端代码将产生以下输出:

```
d1 is 9/19
```

请注意,客户端代码并未显式调用 __str__ 方法,Python 解释器是自动执行的因为要打印 Date 对象。当在对象上使用 str 转换函数时,也会调用 __str__ 方法,如下面的代码所示:

```
def main():
    d1 = Date(9, 19)
    s = str(d1)
    print("s is", s, "with length", len(s))
```

```
s is 9/19 with length 4
```

为了使这种隐式调用的行为正常工作,__str__ 方法的命名必须与本节中显示的命名完全匹配。任何更改(如使用单个下划线命名的方法 _str_,或使用大写 S 命名的 __Str__)都

将导致类生成旧的输出（如，"<Date.Date object at 0x7f1085d5e7b8>"）。

常见编程错误

在 __str__ 方法中使用 print 语句

由于 __str__ 方法与打印密切相关，因此有些学生错误地认为应将 print 语句放在 __str__ 方法中，如下例所示：

```
# this method is flawed;
# it should return the string rather than printing it
def __str__(self):
    print(str(self.month) + "/" + str(self.day))
```

__str__ 方法的关键在于它不直接打印任何东西，它只返回 Python 解释器或客户端可以在 print 语句中使用的字符串。

实际上，许多规范的类设计根本不包含任何打印语句。在类中使用 print 语句会将该类绑定到特定的输出样式。例如，上面的代码在单独一行上打印一个 Date 对象，这使得该类不适合想要在同一行上打印许多 Date 对象的客户端程序。

Python 设计者为什么选择使用 __str__ 方法，而不是将对象输出到控制台的 print_date 方法？原因是 __str__ 更通用，可以使用 __str__ 将对象输出到文件，在图形用户界面上显示，甚至通过网络发送文本。

11.2.6　对象相等与排序

在前面几章内容中，使用了 ==、< 等关系运算符来比较相等或排序的值。默认情况下，Python 不知道如何比较两个 Date 对象的相等性，在对象上使用这些运算符不会得到预期结果，如下所示：

```
>>> # try to compare Dates for equality
>>> d1 = Date(2, 14)
>>> d2 = Date(2, 14)
>>> d3 = Date(12, 31)
>>> d1 == d2
False
>>> d1 == d3
False
>>> d1 == d1
True
```

当两个具有相同状态的 Date 对象相比较（例如上例中的 d1 和 d2）时，结果出乎意料地为 False。这是因为 Python 不了解如何比较用户自定义类的对象，它只比较对象的引用值。默认情况下对象的引用值与其他对象的不同，即使另一个对象恰好具有相同的状态，对象的引用值也不相等。前面例子中为 True 的结果，是对象与自身进行比较。这好比你和你的朋友都购买了同款的鞋子，它们在某些方面是等价的，但你仍然认为它们是截然不同的。对象的 == 运算符的结果不符合预期，因为它只比较两个对象是否具有相同的引用值。== 运算符比较的是两个变量是否引用同一个对象，而不是两个不同的对象是否具有相同的状态。这涉及第 7 章中引用的概念。考虑以下三个变量定义：

```
d1 = Date(2, 14)
d2 = Date(2, 14)
d3 = d2
```

图 11-5 展示了这些对象的状态以及引用它们的变量。d3 不是对第三个对象的引用，而是 d2 引用的对象的副本。这意味着对 d2 的更改（例如调用其 advance 方法）也会反映在 d3 中。表达式 d1 == d2 将计算为 False，因为 d1 和 d2 不引用同一个对象。虽然 d1 引用的对象与 d2 的对象具有相同的状态，但这些对象具有不同的引用值。但是，表达式 d2 == d3 的逻辑值为 True，因为 d2 确实引用与 d3 相同的对象。这是 Python 在比较对象时的默认行为。

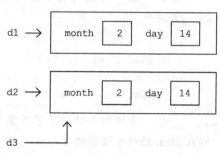

图 11-5　定义三个变量来引用两个对象

现实中，对于用户自定义类的对象，不希望比较对象的引用，而是比较两个对象是否具有相同的状态。下面的客户端代码检查两个 Date 对象，比较它们是否具有相同的 month 和 day 值：

```
# client code to compare Date object state (bad style)
if d1.month == d2.month and d1.day == d2.day:
    # the objects have equal state
    ...
```

上面代码可以得到正常结果，但比较逻辑实际上应该在 Date 类本身实现，而不是在客户端代码中实现。为了改变 == 和 != 运算符逻辑，以便它们基于对象状态进行比较。通常定义一个名为 __eq__（"equal" 的简称）的特殊谓词方法，该方法接收进行比较的对象作为参数并返回一个布尔值，表示是否两个对象状态是一样的。__eq__ 方法不是接收两个 Date 对象 d1 和 d2 作为参数，而是以 self 为第一个对象参数，另一个参数接收第二个对象。

__eq__ 方法执行两个对象的比较，如果二者状态相同则返回 True。这样上例中的 Date 对象的比较表达式 d1 == d2、d1 == d3 和 d2 == d3 全部都为 True，因为 Date 对象都具有相同的 month 和 day 值。

以下是 __eq__ 方法的正确实现以及客户端调用它的代码。可以通过布尔表达式而不是 if/else 语句来判断。

```
# Date class with equality method
class Date:
    ...

    # Compares Dates for equality.
    def __eq__(self, other):
        return self.month == other.month and self.day == other.day

# Date client that uses equality method
d1 = Date(2, 14)
d2 = Date(2, 14)
d3 = d2
```

```
if d1 == d2:
    print("The dates are the same!")
```

    __eq__ 方法修复了类关于 == 和 != 的逻辑。如果希望能够使用 < 和 > 之类的运算符进行排序，则可以编写名为 __lt__, __gt__ 和 __cmp__ 的类似方法。Python 有很多特殊方法，例如 __hash__，用于将对象存储为字典或集合中的键，这些方法不在本章的范围内，但读者可自行查阅有关类和特殊方法的官方 Python 文档以学习更多内容。

11.3　封装

    在接下来的 Date 类版本中，将使用封装技术对 Date 数据进行保护以阻止外部的非法访问。**封装**是一种对客户端代码隐藏类内部细节的程序设计方法。

> **封装**
>
> 对对象外部（客户端）隐藏对象内部的实现细节。

    仍然拿收音机的例子来理解封装概念。几乎每个人都知道如何使用收音机，但很少有人知道如何制作收音机或了解收音机内部的电路如何工作。收音机设计的好处是我们不需要知道它内部的工作原理、过程就可以使用它。对象就好比收音机，从外部看，我们只关注收音机的行为。从内部看，关注实现该行为的内部状态。专注于收音机的外部行为使我们能够轻松地使用它，而忽略了对我们来说不重要的内部工作细节。这是计算机学科的一个重要概念——**抽象化**。

> **抽象化**
>
> 专注于基本属性而非内在细节。

    图 11-6 显示了收音机的内外细节来理解抽象概念。事实上，收音机（像大多数其他电子设备一样）有一个容纳所有电子器件的外壳，这样我们就不会从外面看到它们。外壳上的旋钮、按钮和显示器使我们可以操纵收音机，而无须了解其内部工作的所有电路。

    在程序设计中对外部隐藏内部状态的概念称为封装。当对象被正确封装时，其客户端不能直接访问或修改其内部细节，也不需要这样做。

收音机，内部视角　　　收音机，外部视角

图 11-6　收音机的内部电路和外观

只有类的设计者需要了解这些细节。封装的对象比可直接访问的数据对象更抽象。

    在前面的章节中，已经使用过抽象化的封装对象。例如，使用 DrawingPanel 对象绘制图形，不必确切知道图形在屏幕上的绘制方式，使用文件对象从文件中读取数据，而不必详细了解计算机的文件系统。

    但到目前为止的 Date 类还没有封装，它的 month 和 day 属性还可以被外部访问。使用封装，将在 Date 对象周围放置一些"收音机外壳"，以便客户端只需要使用对象的方法，而不会直接访问其属性。

11.3.1 封装的目的

封装可以保护对象的状态免受不必要或无效的修改。将通过使用 Date 类来讨论对象无效状态的问题。

在 Date 类的限制下，有一组有限的合法值代表一年中的有效日期。例如，有效月份介于 1 和 12 之间，有效日期介于 1 和给定月份的包含天数之间。如果客户端赋值超出这些范围，该怎么办？以下代码演示了这种非法赋值：

```
>>> # create a Date with illegal values
>>> bogus1 = Date(13, 55)

>>> # create legal Date, but then change to invalid state
>>> bogus2 = Date(2, 17)
>>> bogus2.month = 13
>>> bogus2.day   = 55
```

如果 Date 对象的状态无效，则无法保证对象的各种方法和操作都能正常工作。例如，advance 和 days_in_month 方法隐式假设 Date 中的 month 和 day 值具有有效值。Date 类最好通过禁止客户设置无效 month 和 day 值来保护自己。

一旦正确地封装了类，恶意或错误的客户端将很难置一个对象于无效状态。

11.3.2 私有属性和属性方法

一些编程语言支持一种称为私有访问的概念，即外部代码无法直接访问对象的属性。

Python 不直接支持任何此类功能。Python 有某些约定名称的属性被认为是**私有属性**，这些属性不能被客户端代码直接访问或修改。

私有属性

不能被客户端代码修改的类属性。

某些语言支持严格私有访问的概念，如果任何客户端代码试图访问对象的私有属性，则不允许程序运行。Python 语言不强制实现属性的私有，但是所有 Python 程序员都不能以不恰当的方式直接访问这些属性。

定义此类属性的一般语法是在其名称前面加一个下划线。通过在构造函数中赋值来定义私有属性：

```
class ClassName:
    def __init__(self, parameters):
        self._name = value
```
语法模板：私有属性（带前导下划线）

Date 类的属性定义如下：

```
# Date class with private attributes
class Date:
    def __init__(self, month, day):
```

```
        self._month = month
        self._day   = day
    ...
```

声明私有属性来向客户端表明该类的设计者想要封装对象的状态，就像收音机的外壳使用户看不到其中的电线和电路一样。私有属性意味着可以被 Date 类中的所有代码（在 *Date. py* 文件中）访问或修改，但不能被其他任何地方的代码访问或修改。客户端不再需要直接引用 Date 对象的 _month 或 _day 属性。以下客户端代码仍然运行得很好，但它被认为是糟糕的风格。下划线对客户端开发者而言是一个私有属性的提示。

```
# client code that directly accesses private attributes
# (this is discouraged and considered poor style)
d1 = Date(9, 19)
print("d1 month is", d1._month)
print("d1 day is", d1._day)
```

如果使用两个前导下划线而不是一个下划线来命名属性，Python 会对其值提供进一步的保护。Python 解释器将在内部动态地重命名属性，使其具有像 _Date__month 这样的混乱（mangle）名称，使得客户端几乎不可能意外地访问或修改它们的值。但一般来说，Python 社区更喜欢单下划线样式。后一种双下划线样式在真正的 Python 代码库中并不常见。普遍的观点似乎是使用两个下划线的不便和丑陋不值得额外的保护。在本文的其余部分中将对私有属性使用单下划线命名约定。

现在 Date 类具有私有属性。但前面的限制有点过于严格，禁止所有外部代码访问 Date 的 month 和 day 似乎过头了。应该允许客户端查看 Date 的状态，也不介意客户端修改 Date 的状态，只要将它们设置为合法值即可。

为了允许客户端代码访问 Date 对象的属性值，可以向 Date 类添加一些新方法。如果一个方法，其唯一作用是返回日期的 _month 或 _day 值，则这相当于对该属性的只读访问，因为客户端可以看到其值的副本但不能直接更改它。在其他编程语言中，会使用 get_month 和 get_day 等名称编写方法来实现此功能，尽管这不是 Python 中的首选样式。Python 有一种更好的方法来提供对象属性的只读访问。Python 支持一种称为**属性**（property）的特殊方法，该方法被用作访问器来返回属性的值。属性方法的一个特殊方面是调用它的语法与直接访问数据属性的语法相同。

属性方法

用于访问或修改对象的数据属性的方法，调用它的语法与直接访问数据属性的语法相同。

在第 3 章中与 DrawingPanel 交互时已经使用过属性方法，如通过设置其 title 和 background 属性来改变 DrawingPanel 的标题文本和背景颜色：

```
# properties of a DrawingPanel object
panel = DrawingPanel(500, 300)
panel.title = "My window"
panel.background = "yellow"
...
```

现在我们已经学习了很多有关类和对象的内容，上面的代码看起来好像是在 DrawingPanel 中直接设置数据属性。但实际上是调用特殊属性方法来修改 DrawingPanel 的状态。属性方法将直接访问数据属性的简单客户端语法与调用方法的封装语义相结合。（当一种语言为这样的操作提供简洁明了的语法时，它有时被称为“语法糖”。）

通过定义属性方法可以在自己的类中提供相同类型的功能。除了前面有一个 @property 的修饰符之外，定义属性方法的语法与编写方法相同，如下：

```
class ClassName:
    @property
    def property_name(self):
        code to return the property's value
```
语法模板：定义属性方法

通常，将该属性方法命名为与之前公共属性一样的名称，例如 month 或 day。以下代码显示了对 Date 对象的 month 和 day 属性提供访问的属性方法：属性方法与其他访问器方法不同，因为客户端可以执行它们而无须在属性方法的名称后面加括号。这样做的好处是客户端可以使用更清晰的语法，更像是直接访问属性，同时确保访问权限是只读的。用于打印 Date 对象状态的客户端代码修改为：

```
# Date class with private attributes and properties (good style)
class Date:
    def __init__(self, month, day):
        self._month = month
        self._day   = day


    @property
    def month(self):
        return self._month


    @property
    def day(self):
        return self._day

    ...



# Date client using properties (good style)
d1 = Date(9, 19)
print("d1 month is ", d1.month)
print("d1 day is ", d1.day)
```

授予对 Date 对象的 month 和 day 属性的访问权限似乎很奇怪，但是定义属性方法实际上并不违反对象的封装。这些属性方法只是将属性值的副本返回给客户端，以便客户端可以查看 month 或 day 值，但不能更改它们。换句话说，这些属性方法为客户端提供了对对象状态的只读访问权限。如果客户端尝试直接设置 Date 的 month 或 day，解释器将引发 AttributeError 并中止程序：

```
# client of Date class trying to set a read-only property
```

```
d1 = Date(9, 19)
d1.month = 13
print("d1 month is ", d1.month)
```

```
Traceback (most recent call last):
  File "date_main.py", line 25, in <module>
    main()
  File "date_main.py", line 16, in main
    d1.month = 13
AttributeError: can't set attribute
```

使用属性方法封装 Date 状态的一个缺点是客户端代码不再容易将 Date 设置为新的月份或日期。这样设计的目的是阻止客户端将 Date 的状态设置为有效范围之外的值。在大多数其他编程语言中，此问题的解决方法是为每个属性编写一个赋值 (mutator) 方法，其名称类似于 set_month 和 set_day。Python 提供了一种更好的机制，称为**属性赋值器**，允许在设置和访问属性的值时使用属性方法的语法。

```
class ClassName:
    @property_name.setter
    def property_name(self, parameter):
        code to set the property's value
```
语法模板：属性赋值器

最简单的属性赋值器接收新属性值作为参数，并将该值存储到对象的数据属性中。例如，下面显示了 Date 对象的 month 属性赋值器以及调用它的客户端代码。客户端调用属性赋值器的语法与设置公共属性的语法相同，省略了括号。当客户端写入 d1.month = 11 时，它会调用 month 属性赋值器，其中 self 设置为 d1，值设置为 11。

```
# Date class with basic property setter
class Date:
    ...

    # The month property allows get/set access
    # to the Date's month value.
    @property
    def month(self):
        return self._month

    @month.setter
    def month(self, value):
        self._month = value
# Date client using property setter
d1 = Date(9, 19)
d1.month = 11    # use property setter
print("d1 month is ", d1.month)
```

前面的赋值器允许客户端将 month 或 day 设置为任何值，这是不合适的。每个属性访问器的代码都相当简单，只返回相应属性的值。属性赋值器的代码通常更复杂，需要包括对其属性值强制实施的约束。

对于 Date 类，month 属性的有效值在 1 到 12 之间。如果客户端传递的值超出此范围，则不应将其存储在对象的属性中。可以通过打印错误消息或将属性的值设置为其他任意值来解决问题。在这种情况下，非法值通常是由于客户端对类的错误理解产生的。处理此类错误的最佳方法是引发异常，以便客户端知道传递的参数值是非法的。所以当客户端传递非法值时这里会抛出一个异常（ValueError）。以下是 month 属性赋值器的改进版本：

```python
# Date class with better month property setter
class Date:

    ...

    # The month property allows get/set access to the Date's month value.
    # The month must be between 1-12 inclusive, else a ValueError is
    raised.
    @property
    def month(self):
        return self._month

@month.setter
def month(self, value):
    if value >= 1 and value <= 12:
        self._month = value
    else:
        raise ValueError("Invalid month: " + str(value))
```

同理，可以编写一个具有约束的 day 属性赋值器。然而 day 属性的有效值范围不如 month 明显。最小日期值为 1，最大日期值取决于当月所包含的天数。这时，可以重用该类其他部分的逻辑。day 属性赋值器可以调用 Date 对象本身的 days_in_month 方法来查找当月最大日期值：

```python
# Date class with day property setter
class Date:

    ...

    # The day property allows get/set access to the Date's day value.
    # Must be between 1 and # of days in the month, inclusive.
    @property
    def day(self):
        return self._day


@day.setter
def day(self, value):
    if value >= 1 and value <= self.days_in_month():
        self._day = value
    else:
        raise ValueError("Invalid day: " + str(value))
```

11.3.3 类不变性

在上一节中，属性方法和属性赋值器阻止了客户端将 Date 对象设置为非法状态。在属性赋值器中编写客户端直接修改月份或日期时的约束代码，以保证每个 Date 对象只存储 1 到 12 之间的有效月份，并且只存储 1 到指定月份内的有效天数。但是属性赋值器中的检查是不够的，因为客户端仍然可以通过构造函数将非法值传递给 Date 对象：

```
# client code constructing invalid date
d1 = Date(13, 55)    # oops!
```

这个代码是错误的，因为日前 Date 构造函数不检查传递的参数的合法性：

```
class Date:
    ...

    # This constructor doesn't check for valid parameters.
    def __init__(self, month, day):
        self._month = month
        self._day = day
```

希望确保每个 Date 对象的状态在其整个生命周期内都有效，而不仅仅是在修改其属性时。对类的每个对象始终如此的情况称为**类不变性**。

> **类不变性**
> 在对象的生命周期内皆为真的对象状态的断言。

通常，在类的顶部注释头中声明该类具有不变性，以便让使用该类的客户端知道。在 Date 类的注释头中，声明在每个 Date 对象的状态上强制执行不变性，如以下代码所示：

```
# A Date object represents a month and day such as 12/25.
# Invariant: Every Date's month value is from 1-12 inclusive,
# and its day value is from 1 to # of days in its month inclusive.
class Date:
    ...
```

既然已经声明了 Date 类的不变性，那么必须在整个类代码中强制执行该声明。类不变性与前置条件、后置条件和断言相关，如第 4 章和第 5 章中所述。不允许以无效的初始状态创建任何对象。我们也不能允许任何访问器或赋值器改变不变性。类不变性被视为类中每个方法和赋值器的隐式后置条件。强制执行不变性需要向类的构造函数，赋值方法和属性赋值器添加前置条件和合法性检验。

可以在修改 Date 对象的每个地方插入检查属性非法值的新的代码。但是，避免对象无效状态的最佳方法是将所有非法检查统一集中到一段代码中。因此，添加一个名为 set_date 的赋值方法，该方法接收 month 和 day 作为参数，并将 Date 的内部状态设置为这些值。如果任一值非法，该方法将抛出 ValueError：

```
class Date:
    ...
    # Modifies the date's month and day state.
```

```
    # Raises a ValueError if values are out of range.
    def set_date(self, month, day):
        if month >= 1 and month <= 12:
            self._month = month
        else:
            raise ValueError("Invalid month: " + str(month))
        if day >= 1 and day <= self.days_in_month():
            self._day = day
        else:
            raise ValueError("Invalid day: " + str(day))
```

客户端代码可以使用 set_date 方法，如下所示：

```
# Date client using set_date method
d1 = Date(9, 19)
print("d1 is", d1)
d1.set_date(11, 30)    # change to Nov 30
print("d1 is", d1)
```

现在有了 set_date 方法，类的其他部分代码每次都会调用 set_date 来修改对象的状态，包括构造函数、month 和 day 的属性赋值器。类中唯一例外的是 advance 方法，它将日期后推一天。但因为 advance 方法正确地将 month 和 day 值封装在有效值范围内，代码已经遵守了类的不变性。如果类中要定义其他赋值方法或赋值器，需要确保它们不违反类不变性。以下是 Date 类的第四个完整版本，包括封装的属性和属性方法。在整个代码中声明并且实现了类不变性：

```
 1  # A Date object represents a month and day such as 12/25.
 2  # This version adds private attributes and properties.
 3  #
 4  # Invariant: Every Date's month value is from 1-12 inclusive,
 5  # and its day value is from 1 to # of days in its month inclusive.
 6
 7  class Date:
 8      # Constructor initializes the state of new
 9      # Date objects as they are created by client code.
10      # Raises a ValueError if values are out of range.
11      def __init__(self, month, day):
12          self.set_date(month, day)
13
14      # Returns a string representation of a Date, such as "9/19".
15      def __str__(self):
16          return str(self._month) + "/" + str(self._day)
17
18      # month property allows get/set access to Date's month value
19      # must be between 1-12 inclusive, else a ValueError is raised
20      @property
21      def month(self):
22          return self._month
23
```

```
24          @month.setter
25          def month(self, value):
26              self.set_date(value, self._day)
27
28          # day property allows get/set access to Date's day value
29          # must be between 1 - # of days in month, inclusive
30          @property
31          def day(self):
32              return self._day
33
34          @day.setter
35          def day(self, value):
36              self.set_date(self._month, value)
37
38          # Advances the Date's state to the next day,
39          # wrapping into the next month/year as necessary.
40          def advance(self):
41              self._day += 1
42              if self._day > self.days_in_month():
43                  # wrap to next month
44                  self._month += 1
45                  self._day = 1
46                  if self._month > 12:
47                      # wrap to next year
48                      self._month = 1
49
50          # Returns the number of days in this Date's month.
51          def days_in_month(self):
52              if self._month in {4, 6, 9, 11}:
53                  return 30
54              elif self._month == 2:
55                  return 28
56              else:
57                  return 31
58
59          # Modifies the date's month and day state.
60          # Raises a ValueError if values are out of range.
61          def set_date(self, month, day):
62              if month >= 1 and month <= 12:
63                  self._month = month
64              else:
65                  raise ValueError("Invalid month: " + str(month))
66              if day >= 1 and day <= self.days_in_month():
67                  self._day = day
68              else:
69                  raise ValueError("Invalid day: " + str(day))
```

类不变性揭示了适当封装的重要性。如果 Date 类没有封装，将无法保证不变性。即使构造函数和方法仔细检验了有效值，错误或恶意的客户端也可以通过直接设置其属性值来使 Date 对象的状态无效。当类被封装时，它可以更好地控制客户端如何使用其对象，从而使错误的客户端程序无法违反类不变性。

11.4　案例研究：股票类设计

前面学习了类的基本知识，但是还没有涉及如何设计类，如何将编程问题分解为类。在本节中，将设计一个更大的程序，创建一个名为 Stock 的类和一个客户端程序，用于比较用户购买的股票的性价比。

编写一个财务程序，记录两只股票的购买情况并分析投资利润。投资者可能在不同时间以不同价格多次购买了相同的股票，与程序的交互如下所示：

```
First stock's symbol? AMZN
How many purchases? 2
1: How many shares? 50
   Price per share? 35.06
2: How many shares? 25
   Price per share? 38.52
Today's price per share? 37.29
Net profit/loss: $ 80.75


Second stock's symbol? INTC
How many purchases? 3
1: How many shares? 15
   Price per share? 16.55
2: How many shares? 10
   Price per share? 18.09
3: How many shares? 20
   Price per share? 17.15
Today's price per share? 17.82
Net profit/loss: $ 29.75


AMZN was more profitable than INTC
```

程序必须执行多个操作：提示用户输入，计算每次购买股票所花费的金额，报告利润等。客户端程序可以执行所有这些操作，并使用基本数据类型（如实数和字符串）跟踪财务数据。但是，回想一下本章开始时讨论的面向对象推理。在设计复杂程序时，根据待解决问题的相关对象来思考问题，而不是将所有行为都放在客户端程序中。在这个特定的程序中，必须执行几个涉及跟踪特定股票的购买情况的计算，因此将购买信息存储在对象中会很有用。

一种可能的设计是创建一个 Purchase 类，记录有关单次购买特定股票的信息。例如，如果用户指定了三次购买，则程序应构造三个 Purchase 对象。然而，这里更有用的抽象概念是保存关于一只股票的所有购买信息。投资者可以多次购买相同的股票，因此希望有一种简单的方法将这些股票及其总成本累积到一个对象中。

编写一个 Stock 类，而不是 Purchase 类。每个股票对象将跟踪投资者的一只股票的累积份额，并可以提供利润/损失信息。Stock 类保存到名为 *Stock.py* 的文件中，客户端程序保存

到名为 *stock_main.py* 的文件中，两个文件在同一文件夹下。

11.4.1　面向对象设计启发式

现在首要任务是确定 Stock 类的内容。如何选择好的类和对象来解决复杂的编程问题可能很棘手。在第 4 章的案例研究中介绍了一套过程设计**启发式**，或良好设计的指导原则，以便有效地将问题分解。类似的指导原则可以有效地将大型程序分解为若干类和对象。接下来将讨论在计算机科学家亚瑟·瑞尔（Arthur Riel）的有影响力的书籍《面向对象设计启发式》（*Object-Oriented Design Heuristics*）中列出的那些启发式方法。

首先，让我们看一下整体任务，为了解决整个问题一个类必须知道或做的事情：

- 提示用户输入每只股票的符号并将信息保存。
- 提示用户输入购买每只股票的数量。
- 从控制台读取每次购买的信息（股票数量和每股价格）并将信息保存。
- 计算每只股票的总利润 / 亏损。
- 将每只股票的总利润 / 亏损打印到控制台。
- 比较两只股票的总利润 / 亏损，并向控制台打印一条消息，显示哪只股票表现更好。

可以将 Stock 类设计为完成上述全部或大部分任务。使 Stock 对象存储这两只股票的所有购买行为，从控制台提示信息，打印结果，等等。但是在设计类时，一个关键的设计启发式是类应该具有**聚合力**。

聚合力

类的代码表示单个抽象的程度。

将所有任务放在 Stock 类中将不允许该类表示单个明确的抽象。事实上，我们希望 Stock 类是单只股票的累计购买的抽象表示。

生成控制台输入和输出是 Stock 对象不应处理的任务。提示用户输入信息和打印消息，应该放到当前的客户端程序中。对象是可重复使用的程序，其他程序可能希望跟踪股票购买而不使用这些确切的消息或提示。如果 Stock 类处理提示和打印，它将与此客户端程序严重交织在一起，并且不会被其他客户端轻松重用。

面向对象程序中类之间的依赖关系称为**耦合**，它反映程序的一部分依赖于另一部分的程度。通常，应减少类之间不必要的依赖关系。

面向对象编程中的第二条设计启发式是避免不必要的耦合，即松耦合。

根据前面的设计启发式，让我们来重新划分任务。由于客户端程序将执行控制台 I/O，因此它应该处理以下职责：

- 提示输入每只股票的符号。
- 提示输入每只股票的购买数量。
- 从控制台读取每次购买的信息（数量和每股价格）。
- 打印每只股票的总利润 / 亏损。
- 比较两只股票的总利润 / 亏损并打印哪只股票产生更高利润的信息。

由于客户端程序将执行控制台 I/O，因此它似乎也可以存储有关每次购买股票的信息（即股票数量和支付的价格）。但是 Stock 对象应该包含计算股票总利润或亏损的功能，并且需要有关所有购买的数据。因此，第三条设计启发式是相关数据和行为应该在同一个地方。考虑到这一点，Stock 类的任务如下：

- 存储股票的符号。
- 存储有关投资者购买股票的累计信息。
- 记录一次股票购买。
- 计算股票的总利润 / 亏损。

当设计大型面向对象程序时，许多软件工程师会像我们这样编写类的有关信息。集体讨论类的设计思路。常用方式是在被称为 **CRC 卡**的每张卡片上列出**类**、其**任务**以及**协作者**（耦合的其他类）。本节中涉及的设计启发式总结如下：

1）一个类只代表一个单一抽象，类内部应该聚合。

2）类之间应避免不必要的耦合。

3）相关数据和行为应属于同一类。

与前面开发 Date 类不同，在 Stock 类的设计中是通过梳理类的任务来开始设计，而不是像 Date 类那样通过指定属性来开始设计。因为与日期相关的数据比与股票购买相关的数据更简单，更直接一些。但是在许多大型问题中，从任务和行为的角度进行逆向设计是一种更好的选择。

11.4.2　Stock 属性和方法头

在本节中，将讨论 Stock 类中的方法及其实现的行为。将使用此设计来确定实现该行为所需的属性。

Stock 对象应该允许客户记录购买并计算总利润或损失。这些任务中的每一个都可以表示为一个方法。购买的记录可以表示为 purchase 购买方法。总利润或损失的计算可以表示为 profit 利润方法。

purchase 购买方法记录有关单次购买的信息。包括用户购买的股票数量（假设为整数）和每股价格（包括美元和美分的实数）。purchase 购买方法应该接收两个参数：整数的购买数量和实数的每股价格。该方法不需要返回任何值，它的方法头如下所示：

```
class Stock:
    # Records a purchase of the given number of shares
    # at the given price per share.
    def purchase(self, shares, price_per_share):
        ...
```

profit 利润方法将返回用户在该股票的所有累计购买中赚取或损失的金额。假设投资者已经进行了以下三次购买：

1）20 股 × 每股 10 美元 = 200 美元

2）20 股 × 每股 30 美元 = 600 美元

3）10 股 × 每股 20 美元 = 200 美元

这些购买总共 50 股，总本金为 1000 美元。如果今天的每股价格是 22 美元，那么投资者的 50 股的当前市场价格是 1100 美元，由于投资者为股票支付了 1000 美元本金，现在利润为（\$1100 - \$1000） = \$100。利润的一般公式如下：

$$利润 = ((总持股数) \times (当前股价)) - (总成本)$$

此计算所需的总持股数和总成本是所有已购买此股票的累计信息。这意味着在 purchase

购买方法的每次调用期间都需要存储信息，以便稍后在 profit 方法中使用。事实上，不需要每次存储购买的股票数量、每股价格和成本。只需要存储累计购买的股票总数以及这些股票花费的总金额。

计算利润所需的第三个值是当前股价。也可以选择在 Stock 类中创建一个当前股价的属性，但它是一个定期更改的动态值。调用 profit 方法时使用这个属性，但下一次调用时每股价格可能已经发生变化。

这个问题引出了另一条设计启发式：属性应该表示对象的核心重要性和在多个方法中使用的值。添加太多属性会使类设计混乱，并且可能使其代码更难以阅读和理解。如果是仅在类的一个方法中使用的值，则最好将其作为该方法的参数而不是属性。因此，将当前股价作为 profit 方法的一个参数。

```python
# Computes and returns the profit on all purchases
# of stock, given the current price per share.
def profit(self, current_price):
    ...
```

这里还有一个属性是每只股票的符号，如"AMZN"。将符号存储为每个 Stock 对象中的字符串属性。综上，Stock 对象包括以下三条信息，每条信息都应表示为私有数据属性：

1）股票的符号（字符串）。

2）股份总数（整数）。

3）购买所有这些股票的总成本（实数）。

这里需要编写一个构造函数（__init__ 方法）来设置这三个数据属性的状态。符号是客户端应传递给 Stock 对象的构造函数的东西。编写一个接收三个参数的构造函数可能很诱人：符号、购买的股份总数和总成本。因为 Stock 对象是购买的累加，所以构造函数创建新的 Stock 对象能够表示初始购买状态即可。因此购买的股份总数和总成本属性的初始值应为0，无须要求客户端将其传递给构造函数。综上，构造函数可以将 self 和符号作为它的两个参数，并将其他属性初始化为 0。Stock 类的框架如下：

```python
# incomplete Stock class
class Stock:
    # Initializes a new Stock object for the given symbol,
    # with 0 shares purchased.
    def __init__(self, symbol):
        self._symbol = symbol
        self._total_shares = 0
        self._total_cost = 0.0

    # Computes and returns the profit on all purchases
    # of stock, given the current price per share.
    def profit(self, current_price):
        ...

    # Records a purchase of the given number of shares
    # at the given price per share.
    def purchase(self, shares, price_per_share):
        ...
```

11.4.3　Stock 方法和属性方法实现

现在考虑如何实现 Stock 类的状态和行为。首先，purchase 方法的任务包括将新的股票数量添加到股票总数中，将这些股票的支付价格添加到总成本中。支付的价格等于股票数量乘以每股价格。以下是实现 purchase 方法的代码：

```
# Records purchase of the given shares at the given price.
def purchase(self, shares, price_per_share):
    self._total_shares += shares
    self._total_cost += shares * price_per_share
```

在前面小节我们学习了类不变性。在 Stock 类中不能购买负数的股票，也不能以负的每股价格购买。要在 purchase 方法的开头插入合法性检验代码，如下所示：

```
# Records purchase of the given shares at the given price.
# pre: shares >= 0 && price_per_share >= 0.0
def purchase(self, shares, price_per_share):
    if shares < 0 or price_per_share < 0.0:
        raise ValueError("Shares/price cannot be negative")
    self._total_shares += shares
    self._total_cost += shares * price_per_share
```

接下来，编写 profit 方法。如前所述，利润等于其当前市场价值减去为其支付的金额：

$$利润 = ((总持股数) \times (当前股价)) - (总成本)$$

可以使用 _total_shares 和 _total_cost 属性以及 current_price 参数以直接的方式实现此公式：

```
# Returns the total profit or loss earned on this stock,
# based on the given price per share.
def profit(self, current_price):
    return self._total_shares * current_price - self._total_cost
```

上面代码中不需要括号，因为乘法的优先级高于减法。如 purchase 方法所做的那样，应该加入合法性检验，不允许每股当前价格为负。因此可以在 profit 方法的开头添加以下代码：

```
# Returns the total profit or loss earned on this stock,
# based on the given price per share.
# pre: current_price >= 0.0
def profit(self, current_price):
    if current_price < 0.0:
        raise ValueError("Current price cannot be negative")
    return self._total_shares * current_price - self._total_cost
```

最后一步，为 Stock 类定义只读属性，以便客户可以查看股票的符号、股票总份额和总成本。编写的客户端程序可能不需要所有这些属性，但将有用的对象状态显示给客户端是习惯做法。

编写完 Stock 的所有属性、构造函数，方法和属性之后，该类代码如下所示：

```
1  # A Stock object represents purchases of shares of a stock.
2  class Stock:
3      # Initializes a new Stock with no shares purchased.
4      def __init__(self, symbol):
```

```
 5          self._symbol = symbol       # stock symbol, e.g. "YHOO"
 6          self._total_shares = 0      # total shares purchased
 7          self._total_cost = 0.0      # total cost for all shares
 8
 9      # Read-only properties to access Stock's state.
10      @property
11      def symbol(self):
12          return self._symbol
13
14      @property
15      def total_cost(self):
16          return self._total_cost
17
18      @property
19      def total_shares(self):
20          return self._total_shares
21
22      # Returns the total profit or loss earned on this stock,
23      # based on the given price per share.
24      # pre: current_price >= 0.0
25      def profit(self, current_price):
26          if current_price < 0.0:
27              raise ValueError("Current price cannot be negative")
28          return self._total_shares * current_price - self._total_cost
29
30      # Records purchase of the given shares at the given price.
31      # pre: shares >= 0 && price_per_share >= 0.0
32      def purchase(self, shares, price_per_share):
33          if shares < 0 or price_per_share < 0.0:
34              raise ValueError("Shares/price cannot be negative")
35          self._total_shares += shares
36          self._total_cost += shares * price_per_share
```

以下是 Stock 类的客户端代码。它将生成本案例研究开始时列出的执行日志示例:

```
 1  # This client program tracks a user's purchases of two stocks,
 2  # computing and reporting which stock was more profitable.
 3  # It makes use of the Stock class, representing the user's
 4  # purchases of each unique stock as a Stock object.
 5
 6  from Stock import *
 7
 8  def main():
 9      # create first stock
10      symbol1 = input("First stock's symbol? ")
11      stock1 = Stock(symbol1)
12      profit1 = make_purchases(stock1)
13
```

```
14        # create second stock
15        symbol2 = input("Second stock's symbol? ")
16        stock2 = Stock(symbol2)
17        profit2 = make_purchases(stock2)
18
19        # report which stock made more money
20        if profit1 > profit2:
21            print(symbol1, "was more profitable than", symbol2)
22        elif profit2 > profit1:
23            print(symbol2, "was more profitable than", symbol1)
24        else:
25            print(symbol1, "and", symbol2, "are equally profitable")
26
27   # make purchases of stock and return the profit
28   def make_purchases(stock):
29        num_purchases = int(input("How many purchases? "))
30
31        # ask about each purchase
32        for i in range(num_purchases):
33            shares = int(input(str(i + 1) + ": How many shares? "))
34            price = float(input("    Price per share? "))
35
36            # ask the Stock object to record this purchase
37            stock.purchase(shares, price)
38
39        # use the Stock object to compute profit
40        current_price = float(input("Today's price per share? "))
41        profit = stock.profit(current_price)
42
43        print("Net profit/loss: $", profit)
44        print()
45        return profit
46
47   main()
```

在 Stock 类中还可以添加其他方法。例如，实现 __str__ 方法以轻松打印 Stock 对象。甚至可以为构造函数添加可选参数，以获得初始股票数量和成本。这些功能留待读者自己完成。

本章小结

- 面向对象编程是一种不同的编程哲学，它关注程序中的名词或实体，而不是程序中的动词或动作。在面向对象编程中，状态和行为被组合在一起成为对象，对象彼此可以通信。

- 类用作新类型对象的蓝图，它具体描述了对象的数据和行为。可以使用类构造许多该类型的

- 对象（也称为"实例"）。

- 每个对象的数据是通过称为数据属性的特殊变量指定的。

- 类可以定义称为构造函数的特殊代码（记为 __init__ 的方法），在创建新对象时初始化它们的状态。当客户端代码创建类的新对象时，将

隐式调用构造函数。

- 通过在类中定义方法来实现每个对象的行为。方法存在于对象内部，可以访问该对象的内部状态。
- 要使对象可以在控制台打印，需要在类中定义一个返回对象文本表示的 __str__ 方法。
- 对象可以保护其内部数据免受不必要的外部修改，这种行为称为封装。封装提供抽象，以便客户端可以在不知道其内部实现的情况下使用对象。封装还有助于类保持对象状态始终有效。Python 中的封装并未严格执行，而是通过使用前导下划线命名对象属性的非正式约定来表示。
- 类仅为具有相关数据和行为的一个抽象，其代码应独立于其客户端。

自测题

11.1 节：面向对象编程

1. 请说明面向对象编程和面向过程编程之间的区别。

2. 什么是对象？对象与类有何不同？

3. 以下程序的输出结果是什么？

```
def main():
    a = 7
    b = 9
    p1 = Date(2, 2)
    p2 = Date(2, 2)
    add_to_month_twice(a, p1)
    print(a, b, p1.month, p2.month)
    add_to_month_twice(b, p2)
    print(a, b, p1.month, p2.month)

def add_to_month_twice(a, p1):
    a = a + a
    p1.month = a
    print(a, p1.month)

main()
```

4. 假设要设计一个名为 Calculator 的类。Calculator 对象可以用来实现简单的计算器功能。Calculator 对象可能具有什么状态？它的行为可能是什么？

11.2 节：对象状态和行为

5. 解释属性和参数之间的区别。它们的语法有什么不同？它们的作用范围和使用方式有何不同？

6. 创建一个名为 Name 的类，它表示一个人的姓名。该类应具有表示该人的名字、姓氏和中间名首字母的属性。

7. 访问器和赋值器之间有什么区别？访问器和赋值器使用了哪些命名约定？

8. 假设编写了一个名为 BankAccount 的类，其中包含一个方法，其定义为：

```
def compute_interest(self, rate)
```

如果客户端代码定义了一个名为 acct 的 BankAccount 变量，以下哪个是对上述方法的有效调用？

a. result = compute_interest(acct, 42)

b. acct.compute_interest(42.0, 15)

```
c. result = BankAccount.compute_interest(42)
d. result = acct.compute_interest(42)
e. BankAccount(42).compute_interest()
```

9. 在 Name 类中添加两个新方法（在回答此问题之前，必须先完成第 6 题）：

```
def normal_order(self)
```

此方法返回正常顺序的人名，即名字、中间名首字母和姓氏。例如，如果名字是"John"，中间名首字母是"Q"，姓氏是"Public"，则该方法返回"John Q. Public"。

```
def reverse_order(self)
```

此方法以相反的顺序返回人名，即姓氏在名字和中间名首字母之前。例如，如果名字是"John"，中间名首字母是"Q"，姓氏是"Public"，则该方法返回"Public，John Q"。

10. 如何编写一个可以在控制台上打印对象的类？

11. 以下 print 语句（整行）相当于以下哪一项？

```
d1 = Date()
...
print(d1)
```

a. print(__str__(d1))
b. d1.__str__()
c. print(d1.__str__())
d. print(Date.__str__())

12. 为 Name 类写一个 __str__ 方法，返回一个字符串，例如"John Q. Public"（在回答此问题之前，必须先完成第 6 题）。

11.3 节：封装

13. 什么是抽象？对象如何提供抽象？

14. 当属性变为私有时，客户端程序不应直接访问它们。如何允许类访问来读取这些属性的值而不让客户端破坏对象的封装？

15. 封装 Name 类。通过使用适当的名称来表示该属性是私有的，并添加可用于客户端在类外部访问它们的属性方法（在回答此问题之前，必须先完成第 6 题）。

16. 将属性赋值器添加到 Name 类，以便客户端可以设置名字、中间名和姓氏的值（在回答此问题之前，必须先完成上一个问题）。

17. 封装如何使得更改类的内部实现变得更容易？

11.4 节：股票类设计

18. 什么是聚合？如何判断一个类是否聚合？

19. 为什么不将控制台 I/O 代码放入 Stock 类的定义中？

20. 将属性赋值器添加到 Stock 类，允许客户端修改股票的符号、总股票份额和总股票成本。（合理价格是多少？应拒绝哪些价格？）

习题

1. 将以下访问器方法添加到本章的 Date 类中：

```
def absolute_day(self)
```

该方法返回给定日期是一年中的第几天（从 1 到 365）。例如，1 月 1 日是第 1 天，1 月 2 日是第 2 天，1 月 31 日是第 31 天，2 月 1 日是第 32 天，2 月 2 日是第 33 天，等等，直到 12 月 31 日，是第 365 天。

2. 将以下赋值器方法添加到本章的 Date 类中：

```
def from_absolute_day(self, absday)
```

该方法应该接收一个整数参数，表示一年中第几天（1 ～ 365）。修改 Date 对象的状态，以表示与该日期相对应的月份和日期。例如，如果客户端调用该方法时的参数值为 33，则应将 Date 日期设置为 2 月 2 日。

3. 将以下赋值方法添加到本章的 Date 类中：

```
def shift(self, days)
```

该方法根据给定的天数向前或向后移动日期，并根据需要转换相应的月份。例如，9 月 19 日推后 7 天是 9 月 26 日，9 月 30 日推后 1 天是 10 月 1 日。也可以处理负数，9 月 19 日推后 –7 天是 9 月 12 日，9 月 12 日推后 –15 天是 8 月 28 日。

4. 将 year 属性添加到 Date 类，使其不仅代表月份和日期，还代表特定年份。

添加一个方法 is_leap_year，如果给定的年份是闰年，则返回 True。闰年是可以被 4 整除的年份，能被 100 整除但不能被 400 整除的年份除外。例如，1996 年是闰年，2000 年也是。1997 年、1979 年、1700 年、1800 年和 1900 年都不是。根据需要修改任何其他方法以适应 year 属性状态。例如，如果从 12 月 31 日到 1 月 1 日，需要修改 advance 方法以正确推进年份，并修改 __str__ 方法以在返回的字符串末尾包括年份，例如 "9/19/1979"。

5. 将以下赋值方法添加到本章的 Stock 类中：

```
def clear(self)
```

该方法应将 stock 对象中的购买股数和总成本重置为 0。

6. 以下是基于 BankAccount 类的几个练习：

```python
# Each BankAccount object represents one user's account
# information including name and balance of money.
class BankAccount:
    def __init__(self, name):
        self.name = name
        self.balance = 0.0

    def deposit(self, amount):
        self.balance += amount

    def withdraw(self, amount):
        self.balance -= amount
```

请注意，该类未封装。修改它以使用私有数据属性和代表 name 和 balance 的只读属性来进行封装。

7. 修改 BankAccount 类以强制执行账户余额不会变为负数的不变性。禁止负存款，并禁止超过账户余额的提款。

8. 在 BankAccount 类中添加一个 transaction_fee 属性，表示每次用户提取资金时要扣除的金额。默认值为 0.00，但客户端可以更改该值。在每次取款时扣除交易手续费（但存款不扣）。确保在提款期间余额不会为负。如果提款（金额加交易费）会导致余额变为负数，则不要修改余额。

9. 将 __str__ 方法添加到 BankAccount 类中。该方法返回一个字符串，其中包含由逗号和空格分隔的姓名和余额。例如，如果名为 yana 的账户余额为 3.03，则调用 str(yana) 应返回字符串 "Yana, $ 3.03"。

10. 添加一个 transfer 方法到 BankAccount 类中。该方法将资金从当前银行账户转移到另一个账户。除了 self 之外，该方法还接收两个参数：接收转账的 BankAccount 账户，以及转账金额。转账手续费为 5 美元，因此必须在转账前从当前账户的余额中扣除。该方法应修改两个 BankAccount 对象，当前对象的余额要减去转账金额以及 5 美元的手续费，另一个账户的余额要加上转账金额。如果这个账户对象没有足够的钱进行全额转账，则在扣除 5 美元的费用后将剩余的钱全部转出，如果该账户的金额低于 5 美元，则不应进行转账，也不修改账户的状态。以下是对该方法的一些调用示例：

```
# client code using the BankAccount class
ben = BankAccount("Ben")
ben.deposit(80.00)
hal = BankAccount("Hal")
hal.deposit(20.00)
ben.transfer(hal, 20.00)    # ben $55, hal $40   (ben -$25, hal +$20)
ben.transfer(hal, 10.00)    # ben $40, hal $50   (ben -$15, hal +$10)
hal.transfer(ben, 60.00)    # ben $85, hal $ 0   (ben +$45, hal -$50)
```

11. 以下是基于 Rectangle 类的几个练习。编写一个表示二维矩形区域的 Rectangle 类。Rectangle 对象应具有以下方法：

方法	功能描述
def __init__(self, x, y, w, h)	初始化一个新的 Rectangle，其左上角由给定的 (x, y) 坐标来指定，宽度和高度分别为 w 和 h。在负宽度或负高度的情况下引发 ValueError
def height(self)	表示矩形高度的属性方法
def width(self)	表示矩形宽度的属性方法
def x(self)	表示矩形 x 坐标的属性方法
def y(self)	表示矩形 y 坐标的属性方法
def __str__(self)	返回此 Rectangle 的字符串表示，例如 "Rectangle [x = 1, y = 2, width = 3, height = 4]"

12. 将以下访问器方法添加到 Rectangle 类中：

```
def contains(self, x, y)
```

如果给定的坐标位于此 Rectangle 的边界内，则该方法返回 True。

13. 将以下方法添加到 Rectangle 类中：

```
def union(self, rect)
```

该方法接收另一个 Rectangle 对象作为参数，并返回一个新的 Rectangle，它表示包含当前矩形（self）和其他矩形的最紧边界框所占用的区域。

14. 将以下方法添加到 Rectangle 类中：

```
def intersection(self, rect)
```

该方法接收另一个 Rectangle 对象作为参数，并返回一个新的 Rectangle 对象，它表示当前矩形

（self）和其他矩形交叠的最大矩形区域。如果矩形根本不相交，则返回一个 Rectangle，其宽度和高度都等于 0。

15. 将以下方法添加到 Rectangle 类中：

```
def __eq__(self, rect)
```

该方法接收另一个 Rectangle 对象作为参数，如果两个矩形具有完全相同的状态（包括它们的 x、y、width 和 height 值），则返回 True。

编程项目

1. 编写一个 RationalNumber 类，它表示具有整数分子和分母的分数。RationalNumber 对象表示比率（分子 / 分母）。分母不能为 0，因此如果传递的参数值为 0 则引发 ValueError。

方法	功能描述
def __init__(self)	初始化一个新的有理数以表示比率 0/1
def denominator(self)	表示有理数的分母值的属性。例如，如果比率为 3/5，则返回 5
def numerator(self)	表示有理数的分子值的属性。例如，如果比率为 3/5，则返回 3
def __str__(self)	返回有理数的字符串表示，例如 "3/5" 省略为 1 的分母，例如，返回 "4" 而不是 "4/1"
def __eq__(self, other)	如果当前有理数等于 other 有理数的值，则返回 True

另一个挑战是化简 RationalNumber 对象，例如 3/6 变为 1/2，或 2/–3 变为 –2/3。另一个额外功能是加、减、乘和除两个有理数的方法。

2. 编写一个 GroceryList 类，表示购物清单，以及另一个名为 GroceryItemOrder 的类，表示需要购买特定商品的数量（例如：四盒饼干）。GroceryList 类应使用列表属性来存储货物项目并跟踪其大小（到目前为止列表中的货物项目数）。GroceryList 对象应具有以下方法：

方法	功能描述
def __init__(self)	初始化一个新的空购物清单
def add(self, item)	将给定的货物项目订单添加到此购物清单中
def total_cost(self)	返回购物清单中所有商品的总价格

GroceryItemOrder 类应存储货物项目数量和每单位价格。GroceryItemOrder 对象应具有以下方法：

方法	功能描述
def __init__(self, name, quantity, price_per_unit)	初始化一个货物订单，表示以给定的数量和给定的单价购买给定名称的项目
def cost(self, item)	返回货物项目的总成本。例如，每盒售价为 2.30 的四盒饼干，总成本为 9.20
def quantity(self) def quantity(self, quantity)	返回货物项目数量，并使用赋值器将数量更改为给定值

函数式编程

本章介绍一种称为函数式编程的编程范式。函数式编程涉及使用函数来解决复杂问题。在这种范式中，程序由一组嵌套的函数调用构成。在本书中将程序分解为若干函数，但纯函数式编程方法将进一步。函数式编程是一种将函数视为程序组成的基本单元的方法。

在函数式编程中函数被视为"一等公民"。函数可以赋值给变量，作为另一个函数的参数，或应用于数据集合（如列表）以直接处理其数据。函数式编程与可变状态和范围等编程语言概念相关，在具有最小可变状态的程序中函数式编程最有效。

函数式编程也是一种适用于并发的方法，对于包含多个内核和处理器的新计算机，函数式编程对于提升高性能计算能力非常重要。本章末尾将学习基于多个处理器的并发函数式编程的技术。

12.1 函数式编程的概念

每个计算机科学专业本科生都应该学习各种编程范式的具体概念。面向过程和面向对象的编程范式是需要重点学习的两种范式，在本书中已对这些范式进行了详尽的讨论。Python是一种支持这两种方法的混合语言。在本书前面章节中通过静态函数学习面向过程编程，以将大型程序分解为面向过程的函数组合。从第 11 章开始，开始学习面向对象编程，大型程序被分解为可交互对象的集合，每个对象都由类来定义它们的状态和行为。在本章中，将学习第三种编程方法——**函数式编程**。

函数式编程

一种利用函数组合来解决复杂任务分解的编程方式。

新课程指南列出了本科生应该学习的与函数式编程有关的五个具体内容：

1）副作用和无副作用编程；

2）通过函数处理结构化数据；

3）一等函数；

4）函数闭包；

5）数据集合上的高阶函数操作。

前三个为 Core Tier-1 内容，而第 4 和第 5 项归类为 Core Tier-2 内容。正如指南所解释的那样，"计算机科学课程应该涵盖所有 Core Tier-1 内容"和"全部或部分 Core Tier-2 内容。"每一项内容都在本章中有所涉猎，在本章最后将扩展 Core Tier-1 内容，以一个简短的案例学习如何使用并发来加速复杂计算的执行。现在普通 PC 都有多个处理器（有时称为"多核处理"），函数式编程方法特别适用于安全可靠的并发编程，这在现代计算中变得越来越重要。函数式编程的术语有时可能令人费解，但当使用 Python 语言学习这些概念时相对会容易些。

12.1.1　副作用

请比较以下两行代码。第一行代码分两次调用函数并将计算结果相加。第二行代码只调用相同的函数一次，但将返回结果乘以 2。

```
>>> # call function twice
>>> result = f(x) + f(x)
>>> # call function once and double result
>>> result = 2 * f(x)
```

由这两行代码，似乎可得到完全相同的运行结果。实际上，有时两者是等价的，有时可能不是。需要考虑的问题是该函数是否产生**副作用**。

副作用

由函数调用（即函数）产生的对象或程序变量的状态的改变。

例如，请考虑以下程序：

```
1   # This program demonstrates a function with a side effect.
2   # Each time f is called, the variable x's value changes.
3
4   x = 5
5
6   def f(n):
7       global x
8       x = x * 2
9       return x + n
10
11  def main():
12      global x
13      x = 5
14      result = f(x) + f(x)
15      print("result is", result)
16      print("x is", x)
17
18  main()
```

```
result is 45
x is 20
```

这个令人困惑的程序从声明一个全局变量 x 开始，变量 x 的作用域是整个程序。这些变量称为**全局变量**。不鼓励程序使用全局变量，因为它们会导致程序产生不可预知的结果。

上面的程序首先将全局变量 x 初始化为值 5。然后在第 14 行，程序调用函数 f 两次，每次都传递 x 的值。f 在返回作为参数传递的值与 x 的和之前会将全局变量 x 的值加倍。这种编程风格非常糟糕。

在第一次调用 f 时，变量 x 的值为 5。main 函数传递 x 的值给函数 f 的参数 n。在函数 f

内部，首先 x 加倍，再赋值给 x，则 x 为 10。函数然后返回 x 和 n 的总和。现在 x 是 10，n 是 5，所以第一次调用函数 f 时返回 15。第二次调用时，将 x 的当前值 10 传递给函数 f，并使用它将 n 初始化为 10。然后将 x 从 10 增加到 20，并返回 x 和 n 的总和（分别为 20 和 10）。所以它在第二次调用时返回值 30。变量 result 设置为这两个返回值的总和，即 15 加 30（为 45）。

如果用下面的代码替换第 14 行会怎样？

```
result = 2 * f(x)
```

对函数的第一次调用就像以前一样，返回值 15。将它加倍到 30 并将 result 设置为 30。因此，我们得到具有不同行为的程序，因为函数 f 有副作用。

由于函数式编程主要关注单个函数，因此函数式编程应尽可能避免副作用，从而实现所谓的**无副作用函数**。

无副作用函数

不产生副作用的函数，被调用时不会改变对象或程序状态。

面向对象编程对具有副作用的函数不太关注。面向对象编程的一个中心思想是，对象的状态随着函数的调用而变化。对象的访问器方法被认为是访问对象状态的只读操作，而赋值器方法被认为是改变对象状态的读 / 写操作。使用函数式编程中的术语，可以说访问器通常是无副作用函数，而赋值器是具有副作用的函数。即使是访问器也可能有副作用，因为它们可能会改变其他对象的状态。

最简单和最普遍的副作用来源之一是打印值。继续前面可能被调用一次或两次的函数 f 的例子，如果函数包含一个 print 调用，那么当调用两次时它将比调用一次时产生更多的输出。因此，即使示例中的变量结果可能设置为相同的值，仍然可能会产生副作用。

在本章末尾的案例研究中可以看到函数打印产生的副作用。编写无副作用的代码有很大的优势。使用这样的代码更容易利用并发性，也更容易证明使用无副作用方法编写的程序的形式属性。

12.1.2　一等函数

当学习任何编程语言时，首先应该掌握该程序设计语言的基本元素。每种编程语言都允许将数值作为基本元素。可以在变量中存储数值，可以将数值作为参数传递，可以使用各种函数来操作数值，也可以从函数调用中返回一个数值。字符串也是 Python 的基本元素，因为它们易于声明、存储和传递为参数。

并非每种数据类型都是每种程序设计语言的"一等公民"。例如 C 编程语言没有布尔数据类型，程序员使用整数值 1 和 0 来表示 True 和 False。一些像 Python 这样的编程语言把列表和映射等数据集合也当作"一等公民"，并提供了声明和操作它们的特殊语法。

"一等公民"

编程语言中与语言紧密结合并支持语言中其他实体通常可用的所有操作的基本元素。

函数成为"一等公民"意味着什么？这意味着函数可以存储在变量中，可作为参数传递，可存入列表或其他数据集合中，可对语言中的大多数数据类型执行任何操作。函数是

Python 中的 "一等公民"。例如，假设有三个函数 large、add 和 multiply，如下所示：

```
# Returns the larger of two numbers passed.
def larger(a, b):
    if a > b:
        return a
    else:
        return b

# Returns the sum of the given two numbers.
def add(a, b):
    return a + b

# Returns the product of the given two numbers.
def multiply(a, b):
    return a * b
```

由于函数是 Python 中的 "一等公民"，因此可以创建一个引用函数的变量。通过变量名以及括号和参数来调用它引用的函数，如下所示：

```
>>> # store a function in a variable
>>> f = larger
>>> f
<function larger at 0x7fede3e0dae8>
>>> f(3, 4)
4
```

请注意 f = larger 这条语句不能包含任何括号。因为在函数名后面加括号时，Python 立即调用该函数。当这条语句使用没有括号的函数名时，它将为该函数提供一个名为 f 的别名，以便以后可以调用它。

函数甚至可以存储到列表中，然后将所有这些函数作用于给定的值对。注意，下面的代码将打印 4、7 和 12，分别是对值 3 和 4 调用 large、add 和 multiply 的运行结果。

```
>>> # store several functions in a list
>>> funcs = [larger, add, multiply]
>>> for f in funcs:
...     print("the result is", f(3, 4))
...
the result is 4
the result is 7
the result is 12
```

以这种方式使用、存储和操作函数提供了一种强大的程序设计方法。通过提供在各种条件下执行的函数来优雅地编写各种程序。

12.1.3　高阶函数

在函数是 "一等公民" 的语言中，接收另一个函数作为参数的函数，被称为**高阶函数**。

高阶函数

接收另一个函数作为参数的函数。

在本节中，以"算术测验"为例来学习高阶函数的作用和优势。下面编写一个"算术测验"的程序，程序随机生成 1 到 12 之间的两个数值组成算术练习题，让用户练习作答，然后跟踪用户正确的答案数量，如下所示：

```
10 + 6 = 16
you got it right
9 + 6 = 15
you got it right
3 + 7 = 9
incorrect...the answer was 10
12 + 10 = 22
you got it right
9 + 12 = 20
incorrect...the answer was 21
3 of 5 correct
```

假设一个名为 quiz_problems 的函数实现了前面的测验功能，出题数量作为参数传递给该函数，如：

```
# ask user to solve 5 math problems
quiz_problems(5)
```

基于第 1 章到第 5 章的学习内容，完成了如下函数：

```python
# Asks the user to solve the given number of addition problems.
def quiz_problems(num_problems):
    correct = 0
for i in range(num_problems):
    x = random.randint(1, 13)
    y = random.randint(1, 13)
    answer = x + y
    response = int(input(str(x) + " + " + str(y) + " = "))
    if response == answer:
        print("you got it right")
        correct += 1
    else:
        print("incorrect...the answer was", answer)
print(correct, "of", num_problems, "correct")
```

现在这个函数，允许用户练习加法运算。如果用户想要练习乘法运算怎么办？大多数代码都保持不变，下面代码中添加了两行语句以实现乘法运算：

```python
# version that performs addition
answer = x + y
response = int(input(str(x) + " + " + str(y) + " = "))
```

```
# version that performs multiplication
answer = x * y
response = int(input(str(x) + " * " + str(y) + " = "))
```

在这种情况下，如果希望代码同时适用于加法和乘法，则第一行代码更容易泛化。唯一需要更改的部分是打印输出的文本。使用字符串将文本作为 Python 的基本元素进行操作。可以更改函数头以接收指定要打印的文本作为参数：

```
def quiz_problems(num_problems, operator):
    ...
    response = int(input(str(x) + operator + str(y) + " = "))
    ...
```

然后对函数进行两次调用，第一次使用加号，第二次使用星号：

```
quiz_problems(5, "+")
quiz_problems(5, "*")
```

但是现在的问题是，即使当星号作为文本参数传递时，仍然计算两个数字的和作为正确的答案。这将在第二次调用时造成令人沮丧的体验，此时控制台会向用户指出问题是乘法问题。

如果在 `answer = x operator y` 的表达式中，Python 能以某种方式适当地填充 "+" 或 "*"，然后根据运算符进行相应的计算，那么就可以解决这个问题。但 Python 不会这样工作。通常在 Python 中解决这个问题的方法是引入一个 if/else 结构来判断字符串是加号还是星号。但是代码只适用于那两个运算符，并且必须在代码中添加其他分支以使其支持减法和其他运算。

本练习中真正想要做的是能够将要执行的运算作为参数传递，"第一次传递加法运算，第二次传递乘法运算。"函数式编程将函数作为参数传递给 quiz_problems 函数，quiz_problems 成为一个高阶函数。这里函数变成程序设计语言中的 "一等公民"，一个基本元素。在 quiz_problems 函数中添加第三个参数，该参数指定执行运算的函数。可以用高阶函数编写完整的算术测验程序。但在此前，先学习一下 Python 中 lambda 表达式的语法，这样可以更容易地调用高阶函数。

12.1.4　lambda 表达式

在上一节中，我们需要将函数作为参数传递给 quiz_problems 函数。当然可以通过编写标准函数并将其名称作为参数传递来实现。但 Python 提供了一种更好的机制，可以轻松创建和传递一个作为高阶函数的参数的小函数，即编写一个名为 lambda 表达式的简短匿名函数。

> **lambda 表达式（lambda）**
> 通过指定函数的参数和返回值来描述函数的表达式。

术语 "lambda" 是由一位名叫 Alonzo Church 的逻辑学家在 20 世纪 30 年代创造的。在许多编程语言中都使用该术语。Python 使用 lambda 作为关键字来定义这种类型的匿名函数。

在 Python 中 lambda 表达式由以下部分组成：lambda，然后是函数参数，后跟一个冒号，再后表示函数返回值的表达式：

```
lambda parameter_name, parameter_name, ..., parameter_name: expression
```
语法模板：*lambda表达式*

例如，可以使用以下 lambda 表达式来表示将两个参数相加的函数：

```
lambda x, y: x + y
```

对于这个表达式，通常将其解释为"给定参数 x 和 y，返回 x + y 的值"。它等价于具有显式名称的函数，如：

```
def sum(x, y):
    return x + y
```

通过上面代码可以看出 lambda 表达式如何从函数头中获取参数列表，并从 return 语句中获取返回值表达式以形成一个简单的表达式。一旦习惯了使用 lambda 表达式，你就会发现 lambda 语句是一种简洁、高效的方法，可用于了解和推断正在执行的基础计算。

根据前面的示例代码，可以用 lambda 表达式来实现乘法：

```
lambda x, y: x * y
```

基于 lambda 表达式，可以按如下方式重写客户端代码，以实现三个加法和三个乘法的练习。

```
quiz_problems(3, "+", lambda x, y: x + y)
quiz_problems(3, "*", lambda x, y: x * y)
```

下面是使用 lambda 表达式的完整的算术测验程序，以及一个执行日志示例：

```
1   # This program presents random addition or multiplication
2   # problems to the user using numbers from 1-12.
3   # The correct answers are calculated using lambda expressions.
4
5   import random
6
7   # Asks the user to solve the given number of problems.
8   # 'operator' is a lambda function to calculate the right answer.
9   # 'text' is a string to represent the operator, like "*".
10  def quiz_problems(num_problems, text, operator):
11      correct = 0
12      for i in range(num_problems):
13          x = random.randint(1, 13)
14          y = random.randint(1, 13)
15          answer = operator(x, y)
16          response = int(input(str(x) + text + str(y) + " = "))
17          if response == answer:
18              print("you got it right")
19              correct += 1
20          else:
21              print("incorrect...the answer was", answer)
22      print(correct, "of", num_problems, "correct")
23      print()
24
25  def main():
26      quiz_problems(3, " + ", lambda x, y: x + y)
```

```
27        quiz_problems(3, " * ", lambda x, y: x * y)
28
29   main()
```

```
9 + 1 = 10
you got it right
4 + 4 = 8
you got it right
6 + 2 = 9
incorrect...the answer was 8
2 of 3 correct

10 * 11 = 110
you got it right
9 * 6 = 64
incorrect...the answer was 54
5 * 7 = 45
incorrect...the answer was 35
1 of 3 correct
```

lambda 最常以内联方式使用而没有显式的命名。但也可以像标准函数一样给一个 lambda 函数命名并使用它：

```
>>> f = lambda x, y: x + y
>>> f(1, 1)
2
>>> f(3, 5)
8
```

将 lambda 表达式作为参数传递的能力显示了将函数作为程序设计语言一等元素的好处。还可以在程序中添加不同的运算题，也可以提供不同的函数来进行相应运算。这种使用函数的简单定义并且将函数存储在函数的参数中的方式是一种更灵活的方法，而不必编写冗长的 if/else 结构。

lambda 并不总是适合这项工作，它们不能取代使用函数的每种情况，例如，lambda 不能包含多个语句，只能包含基于其参数的单个表达式。如果要将使用多个语句来计算其结果的函数作为参数传递，则可以使用常规 def 函数声明语法。在算术测验程序中，可以实现一个更复杂的运算，如下所示：

```
def doublepow(x, y):
    z = x ** y
    return z + z

...
def main():
    quiz_problems(3, " doublepow ", doublepow)
```

Python 有一个名为 operator 的模块，它包含几个等价于各种运算符的函数。例如，operator 模块的 add 函数接收两个参数并返回它们的总和。类似地，sub 和 mul 分别执行减法和乘法。如果已经在程序中导入了 operator 模块，可以按如下方式编写 main：

```
def main():
    quiz_problems(3, " + ", operator.add)
    quiz_problems(3, " * ", operator.mul)
```

12.2　数据集合的函数操作

在本节中，将学习应用于数据集合（如列表）的几种常见函数操作。这些操作是 Python 提供的函数式编程中最常用的操作。

具体来说，我们将学习 map、filter 和 reduce 这三个高阶函数。每个函数都接收一个可迭代的数据集合（例如列表）和要应用的函数作为参数。高阶函数将该函数应用于数据集合的元素以产生结果。

在以函数式方式处理数据集合之前，先看下面的示例。假设要计算从 1 到 5（包括 1 和 5）的整数的平方和。编写一个标准的累积求和循环程序来完成这个任务：

```
>>> # sum the squares of integers 1-5
>>> total = 0
>>> for i in range(1, 6):
...     total += i * i
...
>>> total
55
```

这段代码明确地指定了如何执行此计算，使用名为 i 的循环变量（该变量从 1 到 5 变化），并将计算的值累积到名为 total 的变量。也可以使用列表以及内置函数 sum 来完成此计算，sum 函数接收一组数值并返回它们的总和：

```
>>> # sum the squares of integers 1-5 using lists
>>> nums1 = [1, 2, 3, 4, 5]
>>> nums2 = []
>>> for i in nums1:
...     nums2.append(i * i)
...
>>> nums2
[1, 4, 9, 16, 25]
>>> total = sum(nums2)
55
```

也可以用函数式的方式在列表上执行这样的计算。你会发现当我们使用函数式编程时，描述的是想要计算什么内容，而不是如何实现计算。这可以使编码本身更简单，它使计算机更灵活地实现计算。

表 12-1 列出了接下来要详细学习的三个高阶函数式操作：map、filter 和 reduce。

表 12-1　数据集合的函数式操作

函数名	功能描述
map(f, seq)	将给定的函数 f 应用于 seq 中的每个值，产生新的结果序列
filter(f, seq)	将给定的谓词函数 f 应用于 seq 中的每个值，当 f 返回值为真时保留该值，产生新的结果序列（序列长度可能变短）
reduce(f, seq)	将给定函数 f 应用于 seq 中的每个邻近值对，产生一个统一的值作为结果

12.2.1　map 函数

Python 有一个名为 map 的高阶函数，它将一个函数应用于列表或数据集合的每个元素以生成新的数据集合。它需要两个参数：应用于每个元素的函数和元素的数据集合。应用于每个元素的函数应接收单个参数并返回值。它返回一个代表已修改元素的新的可迭代的数据集合。

> **map**
>
> 将函数应用于数据集合的每个元素并生成新的数据集合的函数式操作。

使用 map 可以大大简化之前计算整数 1 到 5 的平方和的例子。在整数列表上调用 map，不用循环创建一个平方列表然后调用 sum 或手动累积循环求和，而只用传递一个求平方的 lambda 即可。前面的代码可以改成：

```
>>> # sum the squares of integers 1-5 using map
>>> nums1 = [1, 2, 3, 4, 5]
>>> total = sum(map(lambda n: n * n, nums1))
>>> total
55
```

map 返回的值是可迭代的值的数据集合，但它不是列表。如果要将 map 的生成结果变成名为 nums2 的新列表，可以按如下方式执行此操作。如果需要还可以循环遍历 map 结果中的每一个值：

```
>>> # create list of the squares of integers 1-5
>>> nums1 = [1, 2, 3, 4, 5]
>>> nums2 = list(map(lambda n: n * n, nums1))
>>> nums2
[1, 4, 9, 16, 25]
>>> sum(nums2)
55
>>> for i in map(lambda n: n * n, nums1):
...     print(i)
...
1
4
9
16
25
```

图 12-1 显示了 map 操作的处理过程。lambda 表达式应用于列表的每个元素，其结果将成为新数据集合的一部分。map 不会修改传递给它的列表，它将返回一个新的数据集合。

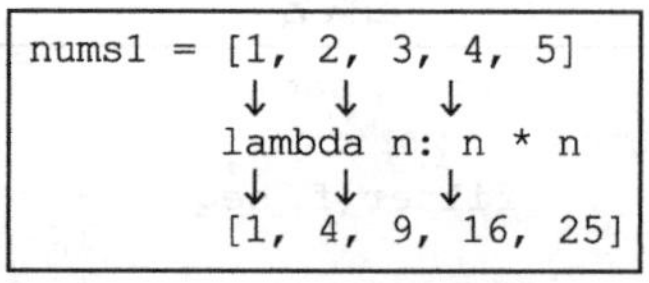

```
nums1 = [1, 2, 3, 4, 5]
         ↓   ↓   ↓
        lambda n: n * n
         ↓   ↓   ↓
        [1, 4, 9, 16, 25]
```

图 12-1　map 函数应用示例

map 函数可以处理任何类型的数据。以下是处理字符串列表的示例：

```
>>> # using map with strings
>>> words = ["so", "long", "and", "thanks", "for", "all", "the", "fish"]
>>> list(map(lambda s: s.upper() + "!", words))
['SO!', 'LONG!', 'AND!', 'THANKS!', 'FOR!', 'ALL!', 'THE!', 'FISH!']
```

由于 map 将相同的函数应用于传递给它的数据集合中每个元素，因此它返回的数据集合与传递的数据集合具有相同数量的元素。在下一节中，将学习如何生成具有不同数量元素的结果数据集合。

12.2.2　filter 函数

使用与以前相同的代码，作用于由 pi 的前十位数字构成的列表，可产生如下结果：

```
>>> # sum squares of the digits of pi
>>> pi_digits = [3, 1, 4, 1, 5, 9, 2, 6, 5, 3]
>>> total = sum(map(lambda n: n * n, pi_digits))
>>> total
207
```

假设我们只对 pi 的奇数数字感兴趣。可以改写 map 中使用的 lambda 函数，遇到偶数返回 0，遇到奇数返回数值的平方。但这里有个更灵活的方法。

Python 有一个名为 filter 的函数，它作用于数据集合，将新数据集合限制为通过了某些判别的值。map 产生与原始数据集合长度相同的新数据集合，而 filter 产生未更改值的新数据集合，但不一定具有相同的长度，因为并非数据集合中所有值都可以通过给定的判别。filter 函数有两个参数：一个是函数（通常是一个 lambda 表达式），它接收一个值并返回一个布尔值，表示它是否通过判别而应该保存在新数据集合中；另一个是要过滤的数据集合。

> **filter**
>
> 将布尔函数应用于数据集合中每个元素的函数式操作，保留函数返回值为 True 的元素并放弃返回值为 False 的元素。

在本例中，对 pi 前十位数字中奇数值求和，过滤条件为数值除以 2 时余数不为 0。

```
>>> # sum squares of the odd digits of pi
>>> pi_digits = [3, 1, 4, 1, 5, 9, 2, 6, 5, 3]
>>> total = sum(filter(lambda n: n % 2 != 0, pi_digits))
>>> total
27
```

为了理解 filter 函数返回的内容，我们将其返回的结果变成列表并显示在 shell 命令行中：

```
>>> # sum squares of the odd digits of pi
>>> pi_digits = [3, 1, 4, 1, 5, 9, 2, 6, 5, 3]
>>> odd_digits = list(filter(lambda n: n % 2 != 0, pi_digits))
>>> odd_digits
[3, 1, 1, 5, 9, 5, 3]
>>> sum(odd_digits)
27
```

图 12-2 显示了 filter 操作的处理过程。lambda 被应用于列表的每个元素，如果返回 True，则保留元素，新筛选的数据集合作为过滤结果返回。

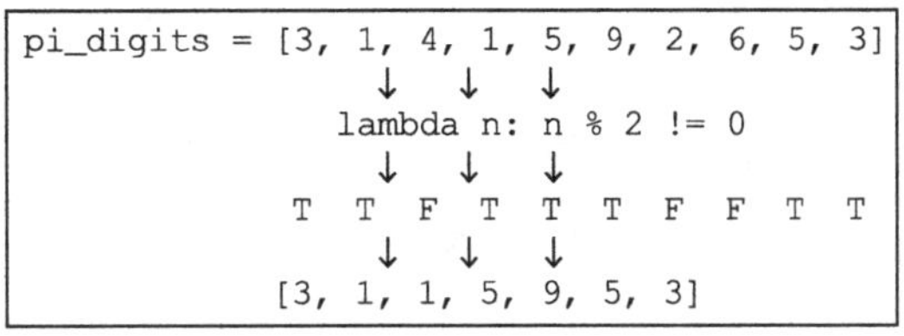

假设我们想要编写一个函数来测试数值 n 是否为素数。根据素数定义，它是一个仅可以被 1 和自身整除的数值。另一种定义是素数仅有两个因子。所以可以通过生成 1 到 n 的列表，然后过滤它们得到因子数量，如果恰好只有两个则保留它：

```
pi_digits = [3, 1, 4, 1, 5, 9, 2, 6, 5, 3]
                ↓     ↓     ↓
            lambda n: n % 2 != 0
                ↓     ↓     ↓
          T  T  F  T  T  T  F  F  T  T
                ↓     ↓     ↓
            [3,  1,  1,  5,  9,  5,  3]
```

图 12-2　filter 函数应用示例

```
# Returns True if the given integer n is prime,
# meaning that its only factors are 1 and itself.
def is_prime(n):
    nums = range(1, n + 1)
    factors = filter(lambda x: n % x == 0, nums)
    return len(list(factors)) == 2
```

请注意 range 函数的第二个参数 n + 1，则生成的序列从 1 一直到 n 并包括 n。考虑 1 的特殊情况。该函数表示它不是素数，因为 1 和 1 之间只有一个可被 1 整除的值。这是正确的，因为值 1 不被认为是素数。这种计算方法效率很低，因为它不需要计算到 n，而只需要计算到 n 的平方根即可，这个放到本章末尾的案例研究中继续讨论。

12.2.3　reduce 函数

假设要实现一个计算整数 n 的阶乘的任务，n 阶乘为整数 1 到 n 的乘积。使用循环实现这个任务相当简单：

```
# Iterative function to compute n!, which is
# defined as the product of the integers 1-n.
def factorial(n):
    result = 1
    for i in range(1, n + 1):
        result *= i
    return result
```

如何使用函数式方法计算阶乘。这是一个稍微不同的任务，需要稍微不同的策略。在这种情况下，我们希望获取范围中的所有整数，并使用乘法将它们组合成一个整数。这个任务无法单独使用 map 函数或 filter 函数来解决。map 函数对数据集合的每个元素执行操作以生成相同长度的新数据集合，而 filter 函数会判别数据集合中的每个元素，保留结果为 True 的元素并丢弃其他元素。这些不是求阶乘所需要的功能，我们希望处理数据集合中的元素并将它们组合成单一结果。在函数式编程中，这种任务将数据集合的值减少为单一结果。

在 Python 的 functools 模块中有一个名为 reduce 的函数，它将数据集合中的元素组合成单一结果。reduce 函数接收两个参数：一个应用于一对元素的函数（通常是一个 lambda）以及一个待处理的数据集合。每对元素都传递给 lambda 函数，该函数应返回单个值。该函数执行的最终结果是将数据集合合并（减少）成一个结果。map，filter 和 reduce 函数被认为是函数式编程所必需的三个核心操作。

reduce

应用于集合的每个相邻元素对，并将它们组合成单一结果的函数式操作。

下面是一个使用 reduce 计算阶乘的程序：

```
from functools import reduce

# Functional function to compute n!, which is
# defined as the product of the integers 1-n.
def factorial(n):
    return reduce(lambda a, b: a * b, range(1, n + 1))
```

图 12-3 显示了 reduce 函数作用于 1 到 4 的列表时的结果。lambda 应用于列表的每对元素，并将其单一结果传递给下一个 lambda 使用。例如，如果列表包含 [*a*, *b*, *c*]，lambda 应用于 (*a*, *b*)，产生结果 *d*，然后将 lambda 应用于 (*d*, *c*)。单一结果值作为 reduce 的结果返回。

当尝试使用值 0 调用 factorial 时会发生一个有趣的特殊情况。列表中没有元素，reduce 函数没有任何要合并的值，因此不知道要返回什么，如下所示：

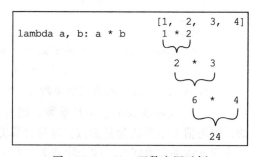

图 12-3 reduce 函数应用示例

```
>>> factorial(0)
Traceback (most recent call last):
  File "<stdin>", line 1, in <module>
  File "<stdin>", line 2, in factorial
TypeError: reduce() of empty sequence with no initial value
```

为了防范这种状况，可以传递给 reduce 函数第三个参数，作为起始值。此起始值隐式地预先添加到传递给 reduce 的列表中。在计算阶乘的情况下，使用的最佳起始值为 1，因为乘以 1 不会改变整体结果：

```
# Version of factorial with an initial value to reduce.
# This makes the function work correctly when 0 is passed.
def factorial(n):
    return reduce(lambda a, b: a * b, range(1, n + 1), 1)
```

当 n 值为 5 时，reduce 函数将列表变为 [1, 1, 2, 3, 4, 5]。对于 n 值为 0，reduce 函数将列表变为 [1]，值 1 来自传递给 reduce 函数的第三个参数。当列表仅包含单个元素时，reduce 将返回该元素而不应用 lambda。

修改后的代码允许表达式保证即使范围为空也返回值。这意味着 0! 现在可以得到正确结果 1。

```
>>> factorial(0)
1
```

新版本的代码在传递负整数时也返回 1，这在理论上是不正确的，因为对于负数未定义阶乘。可以通过在这种情况下抛出异常来解决这个问题。

再举一个例子，假设要找出列表中最长单词的长度。reduce 函数可以帮助解决这个问题。通过编写 lambda 函数将每个字符串转换为其长度。将每个字符串映射到它的长度，就可以使用 reduce 操作找到最大的字符串，该操作使用另一个 lambda 来获取每对值的最大值：

```
>>> # find length of longest word (first attempt)
>>> words = ["so", "long", "and", "thanks", "for", "all", "the", "fish"]
>>> list(map(lambda s: len(s), words))
[2, 4, 3, 6, 3, 3, 3, 4]
>>> reduce(lambda a, b: max(a, b), map(lambda s: len(s), words))
6
```

这段代码是正确的，但不必要这么复杂。在这种情况下，lambda 是不必要的。传递给 map 的 lambda 函数与 len 本身完全相同：接收一个字符串参数并返回其长度。可以直接传递 len 函数，而不是将其包装在不必要的 lambda 中。在 reduce 调用中包含内置函数 max 的 lambda 也是如此，可以直接传递 max，因为除了将参数转发到 max 之外，lambda 什么都不做。以下是改进的代码：

```
>>> # find length of longest word (improved)
>>> words = ["so", "long", "and", "thanks", "for", "all", "the", "fish"]
>>> reduce(max, map(len, words))
6
```

如果我们需要的是最长的单词字符串，而不是它的长度怎么办？可以通过以不同方式对列表进行 reduce 操作来实现这一目标。编写一个检查每对字符串并返回两者中较长字符串的函数，而不是将单词映射到它们的长度。以这种方式合并整个列表将留下唯一的字符串作为所求的最长词。但是从 lambda 返回较长的字符串将需要 if/else 语句，而 lambda 函数不能包含整个语句。可以编写一个非 lambda 的标准函数，但有一种更好的方法。Python 有一种称为**条件表达式**的语法（有时称为三元表达式），它根据判定条件在两个值之间进行选择。其一般语法如下：

```
expression1 if test else expression2
```
语法模板：条件表达式（三元表达式）

看起来很像普通的 if/else 语句，但有一些区别。主要的行为区别在于，只能在两个值之间进行选择，而不能在两个语句块之间进行选择。条件表达式可以用作 lambda 函数的返回表达式来查找列表中最长的单词：

```
>>> # find the longest word as a string
>>> words = ["so", "long", "and", "thanks", "for", "all", "the", "fish"]
>>> reduce(lambda s1, s2: s1 if len(s1) > len(s2) else s2, words)
'thanks'
```

12.2.4　列表推导

　　Python 具有一个名为**列表推导**的语法，它与 map 函数大致相当。在第 7 章中简要介绍了列表推导，在函数式编程中再来加深一下。列表推导是将表达式应用于数据集合的每个元素以生成新列表的表达式。

列表推导

通过将表达式应用于现有数据集合的每个元素来生成新列表的表达式。

　　回顾之前使用 map 函数生成整数 1 到 5 的平方值列表的代码：

```
>>> # create list of the squares of integers 1-5, using map
>>> nums1 = [1, 2, 3, 4, 5]
>>> nums2 = list(map(lambda n: n * n, nums1))
>>> nums2
[1, 4, 9, 16, 25]
```

可以使用列表推导来优雅地实现相同的任务。

```
>>> # create list of squares of integers 1-5, using list comprehension
>>> nums1 = [1, 2, 3, 4, 5]
>>> nums2 = [n * n for n in nums1]
>>> nums2
[1, 4, 9, 16, 25]
```

　　这个列表推导的含义是："创建一个新列表，对于 num1 中值为 n 的每个元素计算 $n * n$ 的值并加入新列表中。"如第 7 章所述，列表推导的一般语法如下：

[*expression for name in collection*]
　语法模板：列表推导

　　大部分列表推导都可以转化成等价的 map 函数调用。列表推导的另一个好处是它们本身就会产生列表作为结果，而 map 的结果只产生了一个映射结构，必须通过用 list(...) 包装它来显式转换为列表。

　　列表推导可以在末尾包含一个可选的 if 子句，它相当于 filter 函数。带有 if 过滤器的列表推导的一般语法如下：

[*expression for name in collection if test*]
　语法模板：使用 if 过滤器的列表推导

在前一节中，使用了 filter 和 sum 来计算 pi 前十位奇数数字的总和：

```
>>> # sum squares of the odd digits of pi, using filter
>>> pi_digits = [3, 1, 4, 1, 5, 9, 2, 6, 5, 3]
>>> list(filter(lambda n: n % 2 != 0, pi_digits))
[3, 1, 1, 5, 9, 5, 3]
>>> total = sum(filter(lambda n: n % 2 != 0, pi_digits))
>>> total
27
```

可以使用带有 if 子句的列表推导来判断奇数，从而完成相同的任务：

```
>>> # sum squares of the odd digits of pi, using filter
>>> pi_digits = [3, 1, 4, 1, 5, 9, 2, 6, 5, 3]
>>> [n for n in pi_digits if n % 2 != 0]
[3, 1, 1, 5, 9, 5, 3]
>>> total = sum([n for n in pi_digits if n % 2 != 0])
>>> total
27
```

列表推导在很大程度上取代了 Python 中大多数的 map 和 filter，但它没有与 reduce 函数等效的语法。Python 中还包含使用类似语法的字典和集合推导，只是被 {} 括号包围。第 8 章简要介绍了字典推导。这些超出了本章的范围，读者可以在 Python 在线语言文档中了解相关内容：https://docs.python.org/3/tutorial/datastructures.html。

12.3　函数闭包

Python 中关于变量的作用域有详细的规则，这些规则保证每个变量能被正确地引用。下面的程序计算 10 有多少个因子：

```
1   # Attempts to count the factors of 10.
2   # Raises an error; not an example to follow.
3
4   # Returns true if n is a multiple of (is divisible by) x.
5   def is_multiple(x):
6       return n % x == 0
7
8   def main():
9       n = 10
10      count = 0
11      for i in range(1, n + 1):
12          if is_multiple(i):
13              count += 1
14      print("count =", count)
15
16  main()
```

```
Traceback (most recent call last):
  File "bad_scope.py", line 15, in <module>
    main()
  File "bad_scope.py", line 11, in main
    if is_multiple(i):
  File "bad_scope.py", line 5, in is_multiple
    return n % x == 0
NameError: name 'n' is not defined
```

此程序无法正常运行。Python 解释器引发一个异常，即 is_multiple 函数中变量 n 未定义。你可能会认为 n 已经在 main 函数中定义了，并且在调用函数之前已经设置了。但正如我们所看到的，Python 对变量作用域有严格的规则，变量 n 在函数作用域或外部程序作用域内可访问，在不同函数作用域内不可访问。

通常的解决方法是将 n 作为参数传递给 is_multiple 函数：

```
 1  # Counts the factors of 10.
 2
 3  # Returns true if n is a multiple of (is divisible by) x.
 4  def is_multiple(x, n):
 5      return n % x == 0
 6
 7  def main():
 8      n = 10
 9      count = 0
10      for i in range(1, n + 1):
11          if is_multiple(i, n):
12              count += 1
13      print("count =", count)
14
15  main()
```

```
count = 4
```

现在该程序可以正确运行，显示 10 有四个因子（1、2、5 和 10）。还可以采用函数式编程使用 filter 和 len 来计算因子，如下所示：

```
>>> n = 10
>>> count = len(list(filter(lambda x: n % x == 0, range(1, n + 1))))
>>> count
4
```

这段代码也能正确执行，显示 10 有四个因子。在上一节中 is_prime 函数使用了下面类似的代码。但作为 filter 函数参数传递的 lambda 表达式是如何工作的？

```
lambda x: n % x == 0
```

这段代码看起来很像 *bad_scope.py* 程序中的 is_multiple 函数。它有一个名为 x 的参数，根据变量 n 是否可被 x 整除而返回一个布尔值。变量 x 是它可以访问的，因为是它的参数，但 lambda 表达式如何访问变量 n 呢？

你可能会说在此 lambda 表达式位于变量 n 的作用域内。这么理解是对的，但这是特殊用法。lambda 函数正被传递给将执行的 filter 函数。该 filter 函数位于不同作用域，无法访问变量 n。那么 n 的值是如何与 lambda 函数一起传递的呢？

当形成 lambda 表达式时，某些变量作为参数包含在函数中。我们将这些变量称为**绑定变量**，因为它们都是 lambda 表达式的参数。任何不属于 lambda 表达式的参数的变量被认为是一个**自由变量**。变量不可能没有定义，否则它们会引发未定义错误。但是因为 lambda 表达式定义在某个变量的作用域中，所以 lambda 表达式可以引用在其外部作用域中定义的自由变量。

绑定 / 自由变量

在 lambda 表达式中，参数是绑定变量，而外部包含范围中的变量是自由变量。

在上例中 lambda 表达式的外部定义了一个名为 n 的局部变量，这意味着在 lambda 表达式中可以引用变量 n 的值。这种包含此变量定义以及相关代码的操作是由 Python 幕后执行的。我们将这种组合称为闭包。

函数闭包

函数以及在包含范围内的任何自由变量的定义的代码块。

让我们使用另一个例子来说明函数闭包。假设有一个名为 compute 的函数，它的参数是包括两个参数的函数。（注意：compute 不接收两个参数，它接收一个函数作为参数，computer 的函数参数必须接收两个参数。）可以如下定义 compute：

```
compute(lambda x, y: x + y)
```

这个 lambda 表达式引用 x 和 y，它们都是表达式的参数，这意味着它们是绑定的。此表达式中没有自由变量。假设另有代码：

```
a = 10
b = 50
mult = 3
compute(lambda x, y: max(x, a) * max(y, b) * mult)
```

这个 lambda 表达式引用了 x 和 y，就像前面表达式一样它们也是表达式的参数是绑定变量。但 lambda 表达式又引用了名为 a、b 和 mult 的三个变量，它们不是 lambda 表达式的参数，这意味着它们是自由变量。Python 必须在代码中包含这个 lambda 表达式以及三个自由变量的定义才能实现计算任务。由 lambda 表达式的代码、其参数的定义以及这三个自由变量的定义构成了闭包，如图 12-4 所示。

这个闭包包含代码和代码发生的相关上下文（包含自由变量 a，b 和 mult），以便代码可以执行。

"闭包"这个词来自数学（如传递闭包）。自由变量对 lambda 表达式

```
参数      : (x, y)
自由变量 : a = 10, b = 50, mult = 3
代码      : max(x, a) * max(y, b) * mult
```

图 12-4　函数闭包示意图

是松散，无法在表达式中约束它。在包含表达式的闭包中，将这些松散的自由变量与表达式联系起来，以便表达式没有未定的变量。一旦形成这样一个上下文联系，则称形成一个闭包。但这里存在一个潜在问题，如果闭包中包含的任何自由变量值发生变化，这意味着整体改变了 map 或 filter 等函数的运行结果。这涉及本章前面所述的无副作用概念，需要编写无副作用的函数范式。

12.3.1　生成器函数

到目前为止，我们学习的大多数函数式编程都是在列表上操作。但这有一个缺点：列表上的函数式算法必须创建整个列表并在程序运行时将其存储在内存中。如果列表非常大，这可能会导致问题。

第 4 章中介绍了冰雹序列的例子。这是与整数值 n 有关的数学函数，如果 n 是奇数则将 n 变为 $3n + 1$，如果 n 是偶数则将 n 变为 $n / 2$，直到 n 到达 1 为止。

编写一个函数来生成冰雹序列中的所有值，从作为参数传递的给定值 n 开始，返回包含所有中间值的列表。程序代码如下：

```
1   # This program implements the hailstone sequence
2   # as a procedural algorithm.
3
4   # Returns a list of all integers in a hailstone
5   # sequence starting with n until n reaches 1.
6   def hailstone_sequence(n):
7       result = [n]
8       while n != 1:
9           if n % 2 == 0:
10              n = n // 2
11          else:
12              n = 3 * n + 1
13          result.append(n)
14      return result
15
16  def main():
17      n = int(input("Value of N? "))
18      values = hailstone_sequence(n)
19      print("Hailstone sequence starting with", n, ":")
20      for k in values:
21          print(k, end=" ")
22      print()
23
24  main()
```

```
Value of N? 17
Hailstone sequence starting with 17 :
17 52 26 13 40 20 10 5 16 8 4 2 1
```

某些整数的冰雹序列可能会很长。一般认为，对于每个整数值 n，每个冰雹序列最终都会到达 1（未经证实）。一次性处理完列表中所有迭代元素，创建一个如此大的列表将是个艰巨的任务。

为了处理这些情况，Python 提供了一个称为生成器的语言特性。**生成器**是一个函数，它一次返回一个值的序列，每次调用时从序列中产生一个值。

> **生成器**
>
> 一次产生（"生成"）一个值序列以便可以对它们进行迭代的函数，例如 for-each 循环或高阶函数。

生成器的代码有效地构建并返回值列表，它不需要函数作者来创建或填充整个列表。这些值作为可迭代序列对象提供给函数的调用者，可以通过 for-each 循环或高阶函数（如 map）来处理。但不必一次在内存中全部构建和存储整个值序列。因此，生成器对于提高内存使用和函数式编程代码的性能非常重要。编写生成器函数与标准函数的语法基本相同，一个重要区别在于该函数使用 yield 语句，而不是使用 return 或 print 语句来发出结果值。yield 语句的语法如下：

```
yield expression
```
语法模板：*yield语句*

yield 语句的含义类似于 return 语句。但是，return 语句完全退出函数并丢弃任何局部状态，而 yield 语句退出函数并发出给定值，但会记忆该函数关闭时的所有局部状态。如果再次调用该函数以请求另一个值，则该函数将从 yield 的点恢复。为了进行比较，以下是一个以列表形式返回冰雹序列的函数：

```
# Returns a list of all integers in a hailstone
# sequence starting with n until n reaches 1.
def hailstone_sequence(n):
    result = [n]
    while n != 1:
        if n % 2 == 0:
            n = n // 2
        else:
            n = 3 * n + 1
        result.append(n)
    return result
```

返回整个冰雹序列的生成器具有以下代码：

```
# Generates all integers in a hailstone sequence
# starting with n until n reaches 1.
def hailstone_sequence(n):
    yield n
    while n != 1:
        if n % 2 == 0:
            n = n // 2
        else:
            n = 3 * n + 1
        yield n
```

上面代码中 result.append(n) 语句的地方改成了 yield n 语句。这意味着生成器返回值的总体结果与过程式函数返回的列表内容相同。

当客户端代码调用生成器时，返回的值称为**生成器对象**。生成器对象包含函数的记忆状态。生成器对象的最常见用法是使用 **for-each** 循环遍历其元素：

```
>>> # using a generator object
>>> values = hailstone_sequence(17)
>>> values
<generator object hailstone_sequence at 0x7eff52436f10>
>>> for k in values:
...     print(k, end=" ")
...
17 52 26 13 40 20 10 5 16 8 4 2 1
```

请注意，生成器对象上循环生成的列表与过程式函数返回的列表相同。通过将生成器传递给 list 函数，可以将生成器对象的值序列转换为列表，但我们不希望这样做。

生成器与函数闭包的概念密切相关。当生成器函数产生一个值时，它必须在内部跟踪函数的闭包，包括函数在该点使用的任何自由变量和绑定变量的值。yield 语句是一个非常强大的工具，可以用来记住这种状态，而不需要函数作者做任何工作。

生成器对象在函数式编程中非常有用，因为可以将一个生成器对象作为一个值序列传递给一个高阶函数。例如，hailstone_sequence 的结果可以传递给 map、filter 或 reduce：

```
>>> # compute sum of squares of hailstone sequence
>>> sum(map(lambda x: x*x, hailstone_sequence(17)))
6304
```

生成器的一个有趣地方是，一旦循环遍历了生成器对象的内容，它们就会被"用完"，并且不再提供任何方法来再次访问这些值。如果想再次遍历序列，必须再次调用 hailstone_sequence 来获取一个新的生成器对象：

```
>>> # trying to iterate over a generator twice
>>> values = hailstone_sequence(17)
>>> values
<generator object hailstone_sequence at 0x7eff52436f10>
>>> for k in values: print(k, end=" ")
...
17 52 26 13 40 20 10 5 16 8 4 2 1
>>> # second time (no output is printed)
>>> for k in values: print(k, end=" ")
...
>>> # re-initialize generator and try again
>>> values = hailstone_sequence(17)
>>> for k in values: print(k, end=" ")
...
17 52 26 13 40 20 10 5 16 8 4 2 1
```

12.3.2 惰性求值

生成器对象不会计算和产生所有结果，除非客户端代码请求这些结果。如果客户端停止遍历序列中的值，则 hailstone_sequence 生成器函数将不会完成其整个 while 循环。例如，假设客户端想要循环直到找到某个值，可以通过提前退出循环来实现：

```
>>> # use partial results from a generator (lazy evaluation)
>>> values = hailstone_sequence(17)
>>> for k in values:
...     print(k, end=" ")
...     if k >= 40: break
...
17 52 26 13 40
```

冰雹序列的其余元素 20、10、5、16、8、4、2 和 1 永远不会被上面的代码计算、打印或存储。这种函数式编程中不计算不需要的结果的情况，被称为**惰性求值**。

> **惰性求值**
>
> 除非客户端代码需要，否则不计算结果的过程（或调用）。

有时在意想不到的地方会看到惰性求值的例子。例如，假设使用 map 函数打印列表的每个元素。由于 print 是一个函数，而不循环遍历列表，这样做实际上不产生任何打印结果，如下所示：

```
>>> # map the print function over a list? (attempt #1)
>>> nums = [10, 20, 30, 40]
>>> map(print, nums)
<map object at 0x7f62c3bc3b00>
```

为什么不直接调用列表上的 map 并将 print 传递给它呢？这是因为 map 是惰性求值的。它实际上并不将函数（在本例中为 print）应用于序列的元素，除非客户端以某种方式实际处理这些元素，例如遍历 map 返回的对象。如果将 map 的结果转换成列表，就会出现打印输出。

这是因为 list 转换需要遍历 map 结果，强制它自行求值，这会调用每个元素上的 print。list 调用返回四个为 None 的奇怪结果。这是因为 print 不返回值，将 print 映射到序列的结果用 None 替换了每个值，并产生将值打印到控制台的副作用：

```
>>> # map the print function over a list? (attempt #2)
>>> nums = [10, 20, 30, 40]
>>> list(map(print, nums))
10
20
30
40
[None, None, None, None]
```

惰性求值使得编写生成无限值序列的生成器函数成为可能。以下生成器在给定范围内生成无限的随机数序列。客户端通常不会直接对 inf_rand_seq 调用的结果执行 for-each 循环，也不会将这样的结果传递给 map 或 filter，因为循环永远不会终止。但是可以通过将序列传递给全局函数 next 来从序列中提取单个值：

```
# A generator that produces an infinite sequence.
def inf_rand_seq(min, max):
    while True:
        yield random.randint(min, max)
```

```
>>> r = inf_rand_seq(1, 10)
>>> next(r)
5
>>> next(r)
1
>>> next(r)
2
>>> next(r)
8
>>> next(r)
5
```

惰性求值功能强大，因为可以创建一个潜在地包含或计算大量值或无限值的生成器对象，但客户端代码除了实际使用的值之外，不需要为此类对象消耗计算资源。

12.3.3 可迭代对象

调用生成器函数返回的生成器对象是 Python 中称为**可迭代对象**的示例。可迭代对象是可以用 for-each 循环生成值序列的任何对象。在 Python 中已经看到的几个函数，例如 range，map 和 filter，都返回可迭代对象。如果调用此类函数并尝试直接打印其结果，你可能希望结果为列表，但你会发现它们返回的是对象类型。

```
>>> # examining return values from various functions
>>> r = range(1, 10)
>>> r
range(1, 10)
>>> m = map(lambda x: x*x, r)
>>> m
<map object at 0x7eff5243cb70>
>>> f = filter(lambda x: x % 2 == 0, r)
>>> f
<filter object at 0x7eff5243cc18>
```

range、map 和 filter 返回的可迭代对象与生成器对象类似，也是被惰性求值的，并且不会将所有包含的值收集到数据集中。它们会在循环遍历时计算并产生下一个值。这有助于在函数式编程中使用较少的内存并提高计算性能。一般来说 range、map 和 filter 等函数都可视为生成器函数，这些函数都延迟生成值序列结果。

可以使用生成器函数的语法来编写自己版本的 map、filter 和 reduce 等高阶函数。让我们重新实现 map 和 filter。每个函数都接收两个参数：一个应用于每个元素的函数，以及一个元素序列。map 和 filter 的代码基本上等价于以下代码：

```
# Our own version of map and filter,
# written as generator functions.

def my_map(f, seq):
    for value in seq:
        yield f(value)

def my_filter(f, seq):
    for value in seq:
        if f(value):
            yield value
```

```
>>> # using my_map and my_filter
>>> # (they behave the same as the built-in ones)
>>> result = my_map(lambda x: x * x, range(10))
>>> for k in result: print(k, end=" ")
...
0 1 4 9 16 25 36 49 64 81
>>> result = my_filter(lambda x: x % 2 == 0, range(10))
>>> for k in result: print(k, end=" ")
0 2 4 6 8
```

可以以类似的方式重新实现其他函数，例如 range 和 reduce 等。当然现有函数已经很好了，这样做没有必要。这只是说明了生成器函数在函数式编程中的实用性。

12.3.4   生成器表达式

在本章前面看到，列表推导是 map 和 filter 函数的一种优雅的替换语法。但通过本节的学习我们知道列表推导会创建实际列表并将所有结果值存储在数据集合中，这导致以前所提到的内存占用过多、计算性能下降等问题。例如，计算整数的平方和程序，它创建了两个不必要的列表：初始列表 nums1 和由列表推导生成的 nums2，如下所示：

```
>>> # sum squares of integers 1-5, using list comprehension
>>> nums1 = [1, 2, 3, 4, 5]
>>> nums2 = [n * n for n in nums1]
>>> nums2
[1, 4, 9, 16, 25]
>>> total = sum(nums2)
>>> total
55
```

在示例中创建列表和列表推导的唯一原因是可以迭代遍历元素或使用 sum 之类的函数来处理它们。对于这种情况，Python 有一个称为**生成器表达式**的方法，用于创建惰性求值的可迭代生成器对象。除了是用 () 括号而不是 [] 方括号，生成器表达式使用的语法与列表推导

的语法基本相同。这种表达式的运行结果等价于列表推导的结果，但它是一个惰性求值的可
迭代对象而不是列表。

> **生成器表达式**
>
> 类似于列表推导的 Python 表达式，它基于对其他序列的每个元素应用操作而生成惰性求值
> 的可迭代对象。

生成器表达式的一般语法如下：

```
(expression for name in sequence)
(expression for name in sequence if test)
```
语法模板：生成器表达式（带和不带过滤器）

就像列表推导一样，生成器表达式也可以在其末尾包含可选的 if 过滤器。下面的客户端
代码采用生成器表达式来避免创建任何列表。调用 range 来获取整数 1 到 5 的初始序列，因
为 range 生成一个惰性求值的可迭代对象，因此无须创建整个列表。

```
>>> # sum squares of integers 1-5, using generator expressions
>>> nums1 = range(1, 6)
>>> nums2 = (n * n for n in nums1)
>>> total = sum(nums2)
>>> total
55
```

有经验的函数式程序员更有可能将它们组合成如下的单条语句。在理论上 sum 调用不需
要使用额外的括号，但为了清楚起见，下面的代码将生成器表达式单独括在括号内：

```
>>> # sum squares of integers 1-5 (shorter)
>>> total = sum((n * n for n in range(1, 6)))
>>> total
55
```

如果创建列表的目的是迭代遍历其中的元素，则建议使用生成器表达式而不是列
表推导。如果确实需要将数据存储为列表或多次迭代遍历，那么列表推导可能是更好的
选择。

12.4　案例研究：完美数值

为了巩固对函数式编程的理解，将从数学问题中寻找一个经典问题，其解决方案需要大
量的计算资源。编写一个寻找完美数值的程序。完美数值定义为等于除其自身之外的因子之
和的数值。例如，6 的因子是 [1, 2, 3, 6]。如果排除 6，则其他因子加起来为 6（1 + 2 + 3）。
事实上，6 是最小的完美数值。下一个完美数值是 28，其因子为 [1, 2, 4, 7, 14, 28]。

如果在网络浏览器中搜索"完美数值"，你会发现大量的相关研究。一些古希腊人认为
世界是在 6 天内创造的，因为 6 是第一个完美的数值。圣奥古斯丁在他的著作中重复了这一
主张。古希腊人还认为月球每 28 天完成绕地一周，因为 28 是第二个完美数值。前四个完
美数值自古以来就被广泛认知，但第五个完美数值最早可以追溯到 15 世纪（根据维基百科，

在 1456 年到 1461 年之间）。在本节中，将编写一个程序来查找第五个完美数值。通过这个程序，我们将能够理解函数式编程的最大好处之一：加速执行需要大量计算能力的程序。

12.4.1　求和

求和与数学中的许多问题一样，这个问题自然适用于函数式方法。在第一个版本中，编写一个程序来计算不包括数值本身的数值因子之和。

可以使用 range 来生成整数的数据集合，并使用可除性测试对其进行过滤，然后计算因子总和。在 n 的因子上产生一个生成器表达式，然后在这个生成器上调用 sum 来添加因子。让我们将它放入一个函数中，以便可以轻松地调用它：

```
# returns the sum of the proper divisors of n
def sum_divisors(n):
    return sum((k for k in range(1, n) if n % k == 0))
```

通常为了包含 n，将 range 增加到 n + 1，但在本例中，n 不在考虑范围之内，因为要寻找除数值本身之外的因子之和。

在 main 函数中，可以计算前 10 个整数的因子总和，并使用 range 调用和 map 调用打印运行结果。以下是相关代码及其输出：

```
def main():
    for i in range(1, 11):
        print("sum of divisors of", i, "=", sum_divisors(i))
```

```
sum of divisors of 1 = 0
sum of divisors of 2 = 1
sum of divisors of 3 = 1
sum of divisors of 4 = 3
sum of divisors of 5 = 1
sum of divisors of 6 = 6
sum of divisors of 7 = 1
sum of divisors of 8 = 7
sum of divisors of 9 = 4
sum of divisors of 10 = 8
```

此输出表示 1 的因子之和为 0，2 的因子之和为 1，3 的因子之和为 1，依此类推。这看起来不对，但不要忘了，这是将数值 n 本身排除后的因子之和。例如，8 的正确因子是 1、2 和 4，总共得到 7。

修改 main 以便它能查看很多整数（比如说，1 000 000）并筛选出等于它们的因子之和的整数。为了衡量程序的性能，使用第 10 章介绍的 time 模块中的 time 函数来跟踪计算结果所花费的时间。由于运行函数并计时的任务比较频繁，因此编写一个名为 measure_runtime 的高阶函数，它接收另一个函数作为参数，运行该函数并返回执行该函数所需的时间。以下是相关代码及其输出：

```
# Runs the given function f, measuring how long it took to run.
# Returns the elapsed runtime at the end of the call.
def measure_runtime(f):
```

```
    start_time = time.time()
    f()
    elapsed_time = time.time() - start_time
    return elapsed_time

# Finds and prints all perfect numbers from 1-1000000.
def find_perfect_numbers():
    print("Searching for perfect numbers:")
    perfects = filter(lambda n: n == sum_divisors(n), \
                      range(1, 1000001))
    for p in perfects:
        print(p)

def main():
    runtime = measure_runtime(find_perfect_numbers)
    print("time =", runtime, "sec")
```

```
6
28
496
8128
time = 2261.290875628907 sec
```

在某个服务器上运行此程序需要超过 2260 秒才能完成，超过 37 分钟。它输出了前四个完美数值，但没有找到第五个。可以继续增加搜索范围，但是这个算法不会在合理的时间内找到第五个，需要提高计算效率。

值得注意的是小于数值平方根的每个因子都与一个大于平方根的因子配对。例如，100 的因子中，我们会发现因子 1 与 100 配对，因子 2 与 50 配对，因子 4 与 25 配对，依此类推。因此，我们不用一直找到 n 来找到每个因子，而是通过计算平方根来找到成对的因子。如果以这种方式搜索因子，对于找到的每个因子 k，也就找到了它的配对值，其值为 n // k。所以修改 sum_divisors 函数，将每个因子对中的值加到总和中。

从总和中排除数值 n 本身，它总是与 1 配对，所以从 2 而不是 1 开始搜索因子。但是，如果我们这样做，那么必须记住要在最终结果中加 1，因为 1 应该包括在总和中。以下代码尝试实施此策略：

```
# returns the sum of the proper divisors of n
# (optimized version that computes up to square root only)
def sum_divisors(n):
    root = int(math.sqrt(n))
    return sum((k + n // k for k in range(2, root + 1) if n % k == 0)) + 1
```

使用前面的旧客户端代码，打印数值 1 到 10 的输出，现在产生以下输出：

```
sum of divisors of 1 = 0
sum of divisors of 2 = 1
sum of divisors of 3 = 1
sum of divisors of 4 = 5
```

```
sum of divisors of 5 = 1
sum of divisors of 6 = 6
sum of divisors of 7 = 1
sum of divisors of 8 = 7
sum of divisors of 9 = 7
sum of divisors of 10 = 8
```

新函数的计算特别是对于 4 和 9 的计算出现了一些错误。问题出在完全平方数，该整数是另一个整数的平方。严格小于数值平方根的每个因子都有一个不同的严格大于平方根的因子与之配对。但对于是某数平方的数值，它们的平方根不与另一个因子配对。让我们看看 4，除了它本身的因子是 1 和 2，所以加起来应该是 3。但得到的答案是 5。这是因为 4 有一对因子 2 和 2，这些与因子 1 相加，使得总数为 5。可以使用以下代码来检查平方数值，然后从总和中处理掉这种特殊值：

```
if n == root * root:
    result -= root
```

以下是完整程序。这个版本在服务器上运行只需要大约 42 秒，这比 37 分钟提高了很多。

```
1   # Searches for perfect numbers among the integers 1 - 1,000,000.
2   # This version has an optimization to compute the sum of
3   # n's factors more quickly by examining only up to sqrt(n).
4
5   import math   # for sqrt
6   import time
7
8   # returns the sum of the proper divisors of n
9   def sum_divisors(n):
10      root = int(math.sqrt(n))
11      result = sum((k + n // k for k in \
12              range(2, root + 1) if n % k == 0)) + 1
13      if n == root * root:
14          result -= root
15      return result
16
17  # Runs the given function f, measuring how long it took to run.
18  # Returns the elapsed runtime at the end of the call.
19  def measure_runtime(f):
20      start_time = time.time()
21      f()
22      elapsed_time = time.time() - start_time
23      return elapsed_time
24
25  # Finds and prints all perfect numbers from 1-1000000.
26  def find_perfect_numbers():
27      print("Searching for perfect numbers:")
28      perfects = filter(lambda n: n == sum_divisors(n), \
29                        range(1, 1000001))
```

```
30      for p in perfects:
31          print(p)
32
33  def main():
34      runtime = measure_runtime(find_perfect_numbers)
35      print("time =", runtime, "sec")
36
37  main()
```

```
6
28
496
8128
time = 41.983463287353516 sec
```

12.4.2 第五个完美数值

能否找到第五个完美数值？之前计算了一百万以内的整数，但没有找到它。可以尝试一千万或一亿或其他一些大数值。但这样设定范围并不理想，因为不知道要停止的最大整数上限是多少。幸运的是 Python 提供了一个不错的选择。

Python 有一个名为 itertools 的库，它包含一个名为 count 的函数。此函数从给定值开始生成无限可迭代的整数序列。count 函数将起始整数值作为参数并生成从该值开始的可迭代整数序列。（count 的实现本质上是一个生成器函数，它维护一个计数器整数，并且反复递增。）因此，在代码中添加以下调用。

```
itertools.count(1)
```

这可能是一个无限的数值范围，因为它从 1 开始但没有说何时停止。可以假想使用 count 函数的客户端代码，如下所示：

```
# find all the perfect numbers?
perfects = filter(lambda n: n == sum_divisors(n), itertools.count(1))
...
```

但是前面的代码永远不会停止，甚至它找到了难以捉摸的第五个完美数值也不能。使用这样的可迭代序列时，必须限制要生成的值的数量。在 Python 中，可以使用 itertools 的函数 islice 来实现这一点，它接收两个参数：可迭代序列，以及表示希望从序列中获得多少项的整数 k。itertools.islice 返回一个新的可迭代序列，只有前 k 个值。改进此代码的同时，我们会将对 filter 的调用改为生成器表达式。下面的代码打印前五个等于它们的因子之和的整数（换句话说，前五个完美数值）：

```
perfects = (n for n in itertools.count(1) if n == sum_divisors(n))
for k in itertools.islice(perfects, 5):
    print(k)
```

这里需要注意一下执行顺序和惰性求值。如果你认为生成器表达式立即生成所有结果，那么代码将永远不会完成运行。生成器表达式仅在需要时计算值。具有第二个参数 5 的 itertools.islice 调用请求生成器的前 5 个值，这使得生成器在需要时才查找整数，并且找到五个完美数值后不再进行下一步。

作者在自己的服务器上运行了这个版本的程序，花了五个多小时还是没有找到第五个完美数值，所以我们需要更好的方法。

12.4.3 利用并发

程序完成了，但实际上执行起来太慢了。计算机科学家已经意识到提高单个处理器的速度是无法无限期地实现的，最终必须利用并发的力量。现在台式机、笔记本甚至移动设备通常包含多个处理器，且每个处理器具有双核、四核或其他形式的多核。但是利用多个处理器并不容易。

这些问题超出了本书的范围。但可以用一些生活中的例子来理解，就像在餐馆准备一顿饭那样。很容易看出一位厨师做了哪些事情来完成任务。如果能以某种方式划分任务，添加额外的厨师可能会更有帮助。例如，一个厨师准备开胃菜，而另一个厨师准备主菜，第三个厨师准备甜点。即使在这种任务分解的情况下，时间也很重要，因为如果甜点快速完成，但主菜延误，因为顾客在用餐结束前不想吃甜食，那么甜点可能会变质。如果试图让十几位厨师在这顿饭上一起工作，通常会遇到众所周知的"一个厨房里有太多厨师"的灾难。

在多处理器编程中，可以让两个不同但相关的任务并行。**并发**计算是可以按任何顺序发生的计算。例如，如果程序需要下载大量文件，那么你可能不关心首先下载哪个文件，只要它们最终都下载完成即可。**并行**计算是同时发生的计算。如果计算被认为是并发的，则可以安全地并行执行它们而不改变程序的功能。

> **并发**
> 在不影响最终结果的情况下无序执行各部分算法的能力。

> **并行**
> 同时执行多个计算任务。

当谷歌在大型数据库上执行大规模计算时，它很快就转向使用多台计算机进行并发计算以加快执行速度。谷歌程序员认为许多计算可以分解为 map 操作和 reduce 操作，类似于在本章中描述的方法。例如，如果想要统计有多少网页包含特定的搜索短语，可以在网页上映射函数以返回 0 或 1，这具体取决于搜索项是否出现在该特定页面中，然后可以通过简单相加归约所有这些 0 和 1 以得到搜索结果。谷歌的计算机科学家建立了一个名为 MapReduce 的系统，它使用了这种方法。典型的计算使用数百个处理器以处理每个问题。Hadoop 是谷歌的系统的开源版本，并且在将并发性应用于大规模计算方面也很受欢迎。

并发性日益增加的重要性使许多人意识到函数式编程是利用并行计算的有效方法。强调无副作用编程使我们能够避免在多个处理器上运行代码的许多常见缺陷。使用 map、filter 和 reduce 的模型自然地适用于并发解决方案，因为通常这些操作可以并行执行而不影响整体结果。许多人喜欢函数式编程，因为他们喜欢以函数的方式表达问题。他们欣赏这样一个事实：可以编写具有一定优雅性的短代码，因为复杂的计算可以非常简洁地表达。但是在现代计算领域，学习函数式编程的真正令人信服的理由是它为利用并发性问题提供了实用的解决方案。换句话说，并发性是函数式编程的"杀手级应用程序"，它使 ACM/IEEE 联合工作组相信，每个计算机科学专业的本科生都必须理解函数式编程的基础知识。如果你对计算机上可用的处理器或内核数量感到好奇，可以导入 os 库并调用其 cpu_count 函数：

```
>>> # how many CPU cores does my machine have?
>>> import os
>>> os.cpu_count()
8
```

要在 Python 中执行并行算法，需要导入 multiprocessing 库中一个名为 Pool 的类：

```
from multiprocessing import Pool
```

可以构造一个 Pool 对象并调用它的 imap 方法，该方法需要传递两个参数：待调用的函数和待处理的序列。imap 方法是"iterable map"的简称，返回惰性求值得到的可迭代的结果对象（该 Pool 也有一个 map 方法，但该方法不会进行惰性求值，因此它不满足要求）。对于我们的代码，想同时执行的大量计算是每个整数的因子之和：

```
pool = Pool()
divisors = pool.imap(sum_divisors, nums)
...
```

这与 map 调用基本相同，不同是当前机器上的所有处理器并行执行计算。Python 可以使用尽可能多的厨师来分别处理单个任务。想象一下，使用一千个不同的处理器来计算这个问题。"1 号处理器计算 1 是否是一个完美的数值，2 号处理器计算 2 是否是一个完美的数值，3 号处理器计算 3 是否是一个完美的数值，等等。"这显然会大幅提高计算效率。

不幸的是 Pool 和 imap 在执行映射时不能使用生成器表达式语法。换句话说不能在末尾包含 if 子句来执行过滤。可以编写一个小的 lambda 函数来过滤数值，但是 Pool 库也不能使用 lambda 表达式。（因为 Pool 执行过程中需要"序列化"，其中多进程函数由它们的名称来存储和加载，这不适用于匿名的 lambda。）这些内容超出了本章的范围。但足以说明，这里必须引入一个新函数来执行过滤：

```
# returns n if n is a perfect number, else None
def is_perfect_number(n):
    if n == sum_divisors(n):
        return n
```

将使用新的 is_perfect_number 函数作为 imap 的参数。这将导致 imap 的可迭代结果包含完美数值和 None。可以使用生成器表达式进行过滤，如下面的代码所示：

```
results = pool.imap(is_perfect_number, itertools.count(1))
perfects = (n for n in results if n is not None)
first_five = itertools.islice(perfects, 5)
```

这段代码在同一台服务器上运行时，会产生以下输出。总运行时间约为 4497 秒，大约 75 分钟。该服务器有八个不同的处理器。如果让先前非并行化版本的程序完成运行，那么它的运行时间可能不会超过这个时间的八倍。因为并非所有程序都是并行运行的，并且生成进程、合并运行结果会产生资源开销。以下是最终程序，输出的第五个完美数值是33 550 336：

```python
1   # Searches for the first five perfect numbers.
2   # This version uses a multi-process pool for concurrency.
3
4   import itertools
5   import math    # for sqrt
6   import os
7   import time
8   from multiprocessing import Pool
9
10  # returns the sum of the proper divisors of n
11  def sum_divisors(n):
12      root = int(math.sqrt(n))
13      result = sum((k + n // k for k in \
14              range(2, root + 1) if n % k == 0)) + 1
15      if n == root * root:
16          result -= root
17      return result
18
19  # returns n if n is a perfect number, else None
20  def is_perfect_number(n):
21      if n == sum_divisors(n):
22          return n
23
24  # Runs the given function f, measuring how long it took to run.
25  # Returns the elapsed runtime at the end of the call.
26  def measure_runtime(f):
27      start_time = time.time()
28      f()
29      elapsed_time = time.time() - start_time
30      return elapsed_time
31
32  # Finds and prints the first 5 perfect numbers.
33  def find_perfect_numbers():
34      print("Searching for perfect numbers on", \
35              os.cpu_count(), "CPUs:")
36      pool = Pool()
37      results = pool.imap(is_perfect_number, itertools.count(1))
38      perfects = (n for n in results if n is not None)
39      first_five = itertools.islice(perfects, 5)
40      for k in first_five:
41          print(k)
42
43  def main():
44      runtime = measure_runtime(find_perfect_numbers)
45      print("time =", runtime, "sec")
46
47  main()
```

```
Searching for perfect numbers on 8 CPUs:
6
28
496
8128
33550336
time = 4496.814912080765 sec
```

本章小结

- 函数式编程是一种强调使用函数来分解问题的编程风格。Python 语言增加了新的结构以支持函数式编程。

- 副作用是在调用函数时发生的程序状态的更改，如修改全局变量或打印输出。函数式编程应尽量避免副作用。

- 一等函数是被视为基本数据类型的函数，可作为参数传递或与其他函数组合。

- 高阶函数是接收另一个函数作为参数的函数。

- Python 提供了一种定义匿名函数的缩略语法，称为 lambda 表达式或 lambda。

- 数据集合上执行的典型函数式操作有 map（对每个元素应用操作）、filter（基于一些判别式保留或删除某些元素）、reduce（归并多个元素成一个元素）。

- 列表推导类似于 map 或 filter 操作，基于对值序列的每个元素应用转换或测试来生成列表。

- 闭包是指函数定义以及该函数使用的定义在函数之外的变量（"自由变量"）的定义。

- 生成器函数是一次生成一个值序列的函数，其值序列结果可以传递给如 map 或 reduce 等函数式操作使用。

- 并行算法是在多个 CPU 或内核上同时进行计算的算法。函数式编程可以更容易地编写高效的并行代码，大大加快计算速度。

自测题

12.1 节：函数式编程的概念

1. 为什么程序员想要避免函数副作用？

2. 为什么 print 调用被视为副作用？这是否意味着调用 print 是一件坏事？

3. 以下函数有什么副作用？如何改写以避免副作用？

```
# Doubles the values of all elements in a list.
def double_all(a):
    for i in range(len(a)):
        a[i] = 2 * a[i]
```

4. 编写一个 lambda 表达式将整数转换为该整数的平方。例如，4 将变为 16。

5. 编写一个 lambda 表达式，接收两个整数作为参数并选择两个中较大的一个。例如，如果给定 4 和 11，它将返回 11。

6. 编写一个 lambda 表达式，接收表示名字和姓氏的两个字符串并将它们连接起来变成"姓氏，名字"格式的字符串。例如，传递 "Cynthia" 和 "Lee"，它将返回 "Lee, Cynthia"。

12.2 节：数据集合的函数操作

7. 以下代码的运行结果是什么？

```
lis = [10, -28, 33, 28, -49, 56, 49]
```

```
lis = list(map(lambda num: abs(num), lis))
print(lis)
```

8. 假设有一个名为 numbers 的整数列表。编写一段代码，使用函数式编程方法创建新列表 positives，仅存储 numbers 中的正整数。

9. 假设有一个如下的字符串列表。编写一段代码，使用函数式编程方法提取列表中所有三个或四个字母的单词。

```
words = ["four", "score", "and", "seven", "years", "ago"]
```

10. 编写一段代码，使用函数式编程方法打印文件 *notes.txt* 中所有至少包含 40 个字符的行。

12.3 节：函数闭包

11. 自由变量和绑定变量之间有什么区别？

12. 以下代码的 lambda 函数中，自由变量和绑定变量分别是什么？

```
a = 1
b = 2
lambda b, c: c + b - a
```

习题

本章中的习题，请以函数式编程方式（如使用 map、filter 和 reduce 这样的函数式操作或列表推导）来完成。

1. 编写一个名为 double 的函数，它以列表作为参数，返回将初始列表中的元素加倍后的整数列表。例如，如果初始列表是 [2, −1, 4, 16]，则新列表应为 [4, −2, 8, 32]。

2. 编写一个名为 abs_sum 的函数，它以列表作为参数，并返回列表元素绝对值的总和。例如，[−1, 2, −4, 6, −9] 的绝对值总和为 22。

3. 编写一个名为 largest_even 的函数，该函数以列表作为参数并返回整数列表中最大的偶数。偶数是可被 2 整除的数。例如，如果列表是 [5, −1, 12, 10, 2, 8]，则函数应该返回 12。注：假设列表至少包含一个偶数。

4. 编写一个名为 total_circle_area 的函数，该函数以实数圆的半径列表作为参数并返回列表中所有圆的面积总和，四舍五入到面积总和最接近的整数。如列表为 [3.0, 1.0, 7.2, 5.5]，则返回 289.0。半径为 r 的圆的面积计算公式是 πr^2。

5. 编写一个名为 count_negatives 的函数，该函数以整数列表作为参数并返回列表中负数的数目。如 [5, −1, −3, 20, 47, −10, −8, −4, 0, −6, −6]，该函数应返回 7。

6. 编写一个函数 pig_latin，它接收一个字符串参数并将字符串转换为"Pig Latin"形式。使用 Pig Latin 的简单定义将第一个字母移到单词最后，然后加上后缀 "ay"。如传递的字符串是 "go seattle mariners"，则返回 "o-gay eattle-say ariners-may"。

7. 编写一个函数 count_vowels，使用函数式编程来计算给定字符串中元音的数量。元音是 A，E，I，O 或 U，不区分大小写。如果字符串是 "SOO beautiful"，则有 7 个元音。

8. 编写一个函数 glue_reverse，它接收一个字符串列表作为参数，并使用函数式编程返回一个字符串，该字符串由逆序连接在一起的列表元素组成。如列表存储 ["the", "quick", "brown", "fox"]，该函数应返回 "foxbrownquickthe"。

9. 编写一个函数 the_lines，它接收一个文件名作为参数，并使用函数式编程返回文件中以单词"The"开头的行数，不区分大小写。

10. 编写一个函数 four_letter_words，它接收一个文件名作为参数，并返回文件中只有四个字母长的行数。

11. 编写一个函数 odds，生成 0 到 20 之间所有奇数的列表。

编程项目

1. 编写一个文件搜索程序，该程序使用函数式编程在一组文件中搜索指定子字符串。编写两个版本的代码，一个用 read 读取每个文件并检查每一行，查看它是否包含子字符串，另一个使用函数式编程打开所有文件并使用多个并行进程搜索行。最高效的方法是并行打开所有文件。

在大规模文件集合上运行这两个版本的代码，比较 read 文件和函数式编程读文件的运行时间，以及打印如下运行结果：

```
Searching 15 files for "the" using read:
there were 84530 total matching lines.
Took 546 ms.

Searching 15 files for "the" using functional programming:
there were 84530 total matching lines.
Took 160 ms.
```

2. 编写一个程序，提示用户输入一个整数值 n 并求前 n 个素数的总和，如果用户输入的值小于 1，则输出的素数总和为 0。使用和案例研究相似的程序结构，使用生成器产生序列 1，2，3，…，并使用 is_prime 函数进行过滤。增加计时代码并打印计算总和所需的时间。当这个程序可以执行后，使用相当大的 n 值（如 10 000）来尝试如下改进并注意运行时间如何变化：

修改 is_prime 以仅检查到平方根（记住 1 不是素数）。

修改迭代函数以仅检查奇数，并手动将 2 加到总和中（因为 2 是唯一的偶数素数）。

Python 摘要

A.1 关键字和运算符

表 A-1　关键字

and	as	assert	break	class
continue	def	del	elif	else
except	False	finally	for	from
global	if	import	in	is
lambda	None	nonlocal	not	or
pass	raise	return	True	try
while	with	yield		

表 A-2　常用数据类型

类型	描述	示例
int	整数	42, 3, 18, 20493, 0
float	实数	7.35, 14.9, 19.83423, 6.022e23
str	文本字符序列（字符串）	"hello", 'X', "abc 1 2 3!", ""
bool	逻辑值	True, False

表 A-3　算术运算符

运算符	含义	示例	结果
+	加法	2 + 2	4
−	减法	53 − 18	35
*	乘法	3 * 8	24
/	除法	9 / 2	4.5
//	整数除法	9 // 2	4
%	模运算	19 % 5	4
**	幂运算	3 ** 4	81

表 A-4　关系运算符

运算符	含义	示例	值
==	等于	2 + 2 == 4	True
!=	不等于	3.2 != 4.1	True
<	小于	4 < 3	False
>	大于	4 > 3	True
<=	小于或等于	2 <= 0	False
>=	大于或等于	2.4 >= 1.6	True

表 A-5   逻辑运算符

运算符	含义	示例	值
and	与	(2 == 2) and (3 < 4)	True
or	或	(1 < 2) or (2 == 3)	True
not	非	not (2 == 2)	False

表 A-6   运算符优先级

描述	运算符
求幂	**
一元运算符	+, -
乘法类运算符	*, /, //, %
加法类运算符	+, -
关系运算符	<, >, <=, >=
等于运算符	==, !=
逻辑非	not
逻辑与	and
逻辑或	or
赋值运算符	=, +=, -=, *=, /=, %=

A.2   语法模板

控制语句

```
for name in range(max):
    statement
    statement
    ...
    statement
```
语法模板：*for循环遍历整数范围*

```
if test1:
    statement1
elif test2:
    statement2
else:
    statement3
```
语法模板：*以else结尾的嵌套的if语句*

```
raise ExceptionType("error message")
```
语法模板：*抛出异常并显示错误消息*

```
while test:
    statement
    statement
    ...
    statement
```
语法模板：*while循环*

```
try:
```

```
    # statements that might raise an error
    statement
    statement
    ...
    statement
except ExceptionType:
    # statements to handle error if it occurs
    statement
    statement
    ...
    statement
```
语法模板：*try/except* 语句

输入和输出

```
print(expression, expression, ..., expression)
```
语法模板：打印多个值
```
variable_name = input("message ")
```
语法模板：将用户输入读取为字符串
```
type(expression)
```
语法模板：类型转换
```
with open("filename") as name:
    statement
    statement
    ...
    statement
```
语法模板：打开一个用于输入的文件
```
with open("filename", "w") as name):
    ...
```
语法模板：打开一个用于输出的文件
```
for name in file.read().split():
    statement
    statement
    ...
    statement
```
语法模板：以标记的形式来读取整个文件
```
name, name, ..., *name = string.split("delimiter")
```
语法模板：把一行拆分成任意数量的标记
```
print("text", file=file_object)
```
语法模板：打印输出结果到文件
```
import urllib.request

with urllib.request.urlopen("url") as name:
    statement
    statement
    ...
    statement
```
语法模板：从 *URL* 读取数据

函数

```
def name():
    ...

def name(parameter_name, parameter_name, ..., parameter_name):
    ...
```
语法模板：带/不带参数的函数定义
```
return expression
```
语法模板：返回语句
```
name()
name(expression, expression, ..., expression)
variable = name(expression, expression, ..., expression)
```
语法模板：带/不带参数的函数调用，带返回值

库

```
import module
```
语法模板：import语句
```
from module import *
```
语法模板：import*语句
```
module.function_name(parameters)
```
语法模板：调用库中的函数

数据集合

```
name = [value, value, ..., value]
name = [value] * length
```
语法模板：定义一个列表
```
list[index] = value
```
语法模板：通过索引来修改列表中的元素值
```
list[start:stop]
list[start:stop:step]
```
语法模板：切片一个列表
```
for name in list:
    statement
    statement
    ...
    statement
```
语法模板：使用for循环遍历列表元素
```
for name in range(len(list)):
    statement
    statement
    ...
    statement
```
语法模板：使用基于索引的for循环遍历列表
```
[expression for name in sequence]
```

```
[expression for name in sequence if test]
```

语法模板：列表推导

```
name = (value, value, ..., value)
```

语法模板：定义一个元组

```
name, name, ..., name = sequence
```

语法模板：解包赋值语句

```
name = [[value, value, ..., value],
        [value, value, ..., value],
         ...,
        [value, value, ..., value]]
```

语法模板：使用给定元素值定义一个二维列表

```
name = {key: value, key: value, ..., key: value}
name = {}
```

语法模板：定义一个字典

```
name[key] = value
```

语法模板：往字典里添加键/值对

```
{key: value for pattern in sequence}
```

语法模板：字典推导

```
name = {expression, expression, ..., expression}
name = set()
```

语法模板：定义一个集合

类

```
class ClassName:
    # constructor
    def __init__(self, parameters):
        self.attribute = value
        self.attribute = value
        ...


    @property
    def property_name(self):
        code to return the property's value


    @property_name.setter
    def property_name(self, parameter):
        code to set the property's value


    # method
    def method_name(self, parameters):
        statement
        statement
        ...
        statement


    # str method
```

```
    def __str__(self):
        code to produce and return the desired string
```

语法模板：类

object.property = value

语法模板：修改对象的属性

object.method(parameters)

语法模板：调用对象的方法

A.3 有用的函数和方法

表 A-7 内置的全局函数

函数	描述	示例	结果
abs(n)	绝对值	abs(-308)	308
chr(n)	返回包含给定数值表示的字符的字符串	chr(65)	'A'
max(a, b)			
max(a, b, c, ..., n)	两个或多个值中的最大值	max(11, 8)	11
max(sequence)			
min(a, b)			
min(a, b, c, ..., n)	两个或多个值中的最小值	min(7, 2, 4, 3)	2
min(sequence)			
ord(str)	返回与给定字符等价的数值	ord('A')	65
pow(base, exp)	求幂（与 ** 运算符等效）	pow(3, 4)	81
round(n)		round(3.647)	4
round(n, digits)	四舍五入到给定的小数位	round(3.647, 1)	3.7

表 A-8 字典操作

操作	描述
dict[key]	返回与给定键关联的值。若没有找到，则提示 KeyError 错误
dict[key] = value	为给定键赋一个关联的值。若原已存在，则替换之
del dict[key]	删除给定键及其对应的值。若没有找到，则提示 KeyError 错误
key in dict	若找到给定键，则返回 True
key not in dict	若找不到给定键，则返回 True
len(dict)	返回字典 dict 中键 / 值对的总数
str(dict)	以字符串形式返回字典 dict 的内容，例如 "{'a': 1, 'b': 2}"
dict.clear()	删除字典 dict 中的全部键 / 值对
dict.get(key, default)	返回与给定键关联的值。若没有找到，则返回 default
dict.items()	以（key, value）元组序列的形式，返回字典的内容
dict.keys()	以序列的形式返回字典中的所有键
dict.pop(key)	返回与给定键关联的值，然后删除该键 / 值对
dict.update(dict2)	将字典 dict2 的键 / 值对全部添加到当前字典 dict 中。如果存在相同的键，则替换之
dict.values()	以序列的形式返回字典中的所有值

表 A-9   DrawingPanel 方法和属性

方法 / 属性	描述
panel = DrawingPanel(width, height)	创建并返回一个给定大小的新窗口
panel.background	面板绘制画布的背景颜色
panel.clear()	擦除所有绘制的形状并将画布重置为初始状态
panel.close()	隐藏并关闭窗口
panel.color	用于未来形状的轮廓颜色
panel.draw_arc(x, y, w, h, angle, extent)	在给定的角度范围内画出弧线（部分椭圆形）
panel.draw_image("filename", x, y)	在左上角 (x, y) 处绘制来自文件的图像
panel.draw_line(x1, y1, x2, y2)	绘制从 $(x1, y1)$ 到 $(x2, y2)$ 的线段
panel.draw_oval(x, y, w, h)	绘制边界框从左上角 (x, y) 开始的给定宽度和高度的椭圆
panel.draw_polyline(x1, y1, x2, y2, ...)	画出给定端点之间的多个线段
panel.draw_polygon(x1, y1, x2, y2, ...)	画出给定端点的多边形
panel.draw_rect(x, y, w, h)	从左上角 (x, y) 开始按照给定的宽度和高度绘制矩形
panel.draw_string("text", x, y)	从左上角 (x, y) 开始输出给定的文本
panel.fill_arc(x, y, w, h, angle, extent)	填充给定角度范围内的弧（部分椭圆形）
panel.fill_color	用于未来形状的填充颜色
panel.fill_oval(x, y, w, h)	填充边界框从左上角 (x, y) 开始的给定宽度和高度的椭圆
panel.fill_polygon(x1, y1, x2, y2, ...)	填充给定端点的多边形
panel.fill_rect(x, y, w, h)	填充从左上角 (x, y) 开始的给定宽度和高度的矩形
panel.font	用于未来文本的字体
panel.get_pixel_color(x, y)	以十六进制字符串的形式返回位置 (x, y) 处的像素颜色值
panel.get_pixel_color_rgb(x, y)	将位置 (x, y) 处的像素颜色作为三个整数值返回
panel.get_pixel(x, y)	获取单个像素的颜色作为 (r, g, b) 元组
panel.height	画板画布的高度（以像素为单位）
panel.location	面板窗口在屏幕上的位置坐标
panel.pixels	将图像的所有像素作为 (r, g, b) 元组的二维列表
panel.pixel_colors	将图像的所有像素作为十六进制字符串的二维列表
panel.set_pixel(x, y, color)	将单个像素的颜色设置为由 (r, g, b) 元组或十六进制字符串指定的颜色
panel.size	面板画布的宽度和高度（以像素为单位）
panel.sleep(ms)	按照给定的毫秒数暂停程序
panel.stroke	形状轮廓的粗细（以像素为单位）
panel.title	字符串形式的窗口标题
panel.width	面板画布的宽度（以像素为单位）
panel.x	绘图面板窗口在屏幕上的 x 坐标
panel.y	绘图面板窗口在屏幕上的 y 坐标

表 A-10   异常类型

异常类型	描述
ArithmeticError	无效的数学运算，例如除以零
AttributeError	尝试访问对象内的无效数据
ImportError	无法加载库或模块
IndexError	尝试访问序列（例如字符串）的非法索引

（续）

异常类型	描述
IOError	无法对文件执行输入或输出（I/O）操作
KeyError	在字典中查找无效键值
RecursionError	函数递归调用的次数太多
RuntimeError	运行时错误（不属于任何其他类别的一般错误）
SyntaxError	Python 代码中的无效语法
SystemError	操作系统或 Python 解释器中的问题
TypeError	操作应用于错误类型的值
ValueError	操作应用于不合适的值

表 A-11　文件对象的方法

方法名	描述
file.close()	表示完成了文件的读或写
file.flush()	把缓存中的数据写入一个打开的输出文件中
file.read()	把整个文件作为一个字符串来读取和返回
file.readable()	若该文件可读，则返回 True
file.readline()	把文件的一行作为一个字符串来读取和返回
file.readlines()	把整个文件作为一个行字符串列表来读取和返回
file.seek(position)	设置文件当前的输入光标位置
file.tell()	返回文件当前的输入光标位置
file.writable()	若该文件可写，则返回 True
file.write("text")	把引号内的文本内容写到输出文件中
file.writelines(lines)	把行的列表写到输出文件中

表 A-12　os.path 库函数

函数	描述
os.path.abspath("path")	返回给定文件的绝对路径字符串
os.path.basename("path")	返回给定文件的文件名（不含目录）
os.path.dirname("path")	返回给定文件的目录
os.path.exists("path")	如果给 pgh 文件或目录存在，则返回 True
os.path.getmtime("path")	返回给定文件最后一次修订的时间
os.path.getsize("path")	返回给定文件的文件大小（以字节为单位）
os.path.isfile("path")	如果给定文件存在，则返回 True
os.path.isdir("path")	如果给定目录存在，则返回 True

表 A-13　列表操作

操作	描述
list[index]	返回列表给定索引处的元素，如果超过边界则显示 IndexError
list[start:stop:step]	返回一个在给定的起始索引和终止索引之间的列表切片
list[index] = value	对给定索引处的列表元素进行赋值操作
del list[index]	在给定索引处删除一个列表元素或列表切片，之后的元素依次向左
del list[index:index]	移动
list1 + list2	连接两个列表的元素以生成新列表
list*n	将给定列表重复 n 次生成一个新列表
value in list	如果该元素在列表中，则返回 True
value not in list	如果该元素 i 在列表中，则返回 True
list.append(value)	在列表的末尾增加新的项

（续）

操作	描述
list.clear()	清空列表
list.count(value)	返回该值在列表中出现的次数
list.extend(seq)	在列表末尾一次性追加另一个序列中的多个值
list.index(value)	从列表中找出某个值第一个匹配项的索引位置。如果该值不存在，则会引发错误，也可以选择使用开始和终止索引来指示要搜索列表的哪一部分
list.insert(index, value)	在给定的索引位置上插入一个值
list.pop(index)	删除指定索引处的值并返回它。如果没有指定索引，将删除列表中的最后一项并返回它
list.remove(value)	从列表中删除第一次出现的指定值。如果该值不存在，则会引发错误
list.reverse()	逆序排列列表中的元素
list.sort()	对列表中的元素进行排序
list.sort(reverse=True)	对列表中的元素进行排序。如果传递了 reverse=True，则对其逆序排序

表 A-14　操作列表的全局函数

函数	描述
enumerate(seq)	返回列表中每个元素的索引 / 值对的序列
filter(seq, predicate)	根据某些条件返回列表的子集
len(seq)	返回列表的长度即元素的个数
map(seq, function)	将函数应用于列表的每个元素以创建新列表
max(seq)	返回列表中的最大值
min(seq)	返回列表中的最小值
reversed(seq)	逆序排列列表中的元素以创建新列表
sorted(seq)	对列表中的元素进行排序以创建新列表
str(seq)	返回列表的字符串表示
sum(seq)	返回列表中数值的总和

表 A-15　数学常量

常量名	描述	值
e	用于自然对数的底	2.718281828459045
inf	表示无穷大的特殊浮点值	∞
nan	"不是一个数值"，表示无效数学操作的结果	nan
pi	π，圆周长与直径的比例	3.141592653589793
tau	τ，pi 的两倍	6.283185307179586

表 A-16　math 模块中的函数

函数名	描述	示例	结果
ceil	向上取整	math.ceil(2.13)	3.0
cos	cos 函数（弧度）	math.cos(math.pi)	-1.0
degrees	弧度转换成度	math.degrees(math.pi)	180.0
exp	以 e 为底的指数	math.exp(1)	2.7182818284590455
factorial	阶乘	math.factorial(5)	120
floor	向下取整	math.floor(2.93)	2.0
gcd	最大公约数	math.gcd(24, 36)	12
log	对数（默认以 e 为底），把底作为可选的第二个参数	math.log(math.e)	1.0
		math.log(8, 2)	3.0

（续）

函数名	描述	示例	结果
log10	以 10 为底的对数	math.log10(1000)	3.0
pow	幂运算	math.pow(3, 4)	81.0
radians	度转换成弧度	math.radians(270.0)	4.71238898038469
sin	sin 函数（弧度）	math.sin(3 * math.pi / 2)	-1.0
sqrt	平方根	math.sqrt(2)	1.4142135623730951

表 A-17　random 模块中的函数

函数名	描述	示例
choice, choices, shuffle	从列表和序列中选择随机元素	random.choice([10, 20, 30])
randrange	范围内的整数（开始，结束、步长）	random.randrange(1, 100, 3)
randint	[min, max] 中的整数	random.randint(1, 10)
random	[0.0, 1.0) 中的实数	random.random()
seed	设置影响生成的数字序列的值	random.seed(42)
uniform	[min, max] 中的实数	random.uniform(2.5, 10.75)

表 A-18　集合操作

操作	描述
value in set	若在集合 set 中找到给定的值 value，则返回 True（真）
value not in set	若在集合 set 中找不到给定的值 value，则返回 True（真）
len(set)	返回集合 set 中元素的个数
str(set)	像 "{'a','b','c'}" 这样，把集合 set 中的元素以字符串形式返回
set.add(value)	如果给定的值 value 之前不存在的话，则将其加入集合 set 中
set.clear()	清除当前集合 set 中的所有元素
set.isdisjoint(set2)	如果当前集合 set 与集合 set2 之间没有相同的元素，则返回 True（真）
set.pop()	从当前集合 set 中删除一个元素，并将该元素返回
set.remove(value)	如果一个给定的值 value 存在于当前集合 set 中，则将其从集合中删除
set.update(sequence)	把序列 sequence 中的所有值加入当前集合 set 中，重复的值除外
set | set2 或 set.union(set2)	返回一个新的集合，新集合包含了 set 和 set2 中的所有元素
set & set2 或 set.intersection(set2)	返回一个新的集合，新集合仅包含同时存在于 set 和 set2 中的那些元素
set - set2 或 set.difference(set2)	返回一个新的集合，新集合仅包含存在于 set 而不存在于 set2 中的那些元素
set ^ set2 或 set.symmetric_difference(set2)	返回一个新的集合，新集合仅包含那些要么只存在于 set 要么只存在于 set2 中的元素
set < set2	如果集合 set 中的元素都存在于集合 set2 中且 set 的元素个数少于 set2 的元素个数，则返回 True（真）
set <= set2 或 set.issubset(set2)	如果集合 set 中的元素都存在于集合 set2 中，则返回 True（真）
set > set2	如果集合 set2 中的元素都存在于集合 set 中且 set 的元素个数多于 set2 的元素个数，则返回 True（真）
set >= set2 或 set.issuperset(set2)	如果集合 set2 中的元素都存在于集合 set 中，则返回 True（真）

表 A-19　字符串方法

方法	描述	示例	返回值
str.capitalize()	字符串首字母大写，其他小写	"hi".capitalize()	"Hi"
str.count(text)	统计 text 文本在字符串中非交叠出现的次数	"banana".count("an")	2
str.endswith (text)	字符串是否以 text 文本结束	"world".endswith("hi")	False
str.find(text)	首次出现 text 文本的字符串索引位置（没有出现返回 –1）	"banana".find("n")	2
str.format(args)	提供字符串格式化操作	"{0} is {1}".format ("Bob", 42)	"Bob is 42"
str.join(list)	使用 str 为间隔符连接多个字符串	"-".join([1, 2, 3])	"1-2-3"
len(str)	字符串长度	len("Hi there!")	9
str.lower()	字符串中所有字符都小写	"HeLLO".lower()	"hello"
str.lstrip()	消除字符串的前导空格	" hello".lstrip()	"hello"
str.replace (old, new)	每一个 old 字符串都用 new 字符串代替	"seen".replace("e", "o")	"soon"
str.rfind(text)	字符串 str 中最后出现 text 的索引位置（没有出现返回 –1）	"banana".rfind("n")	4
str.rstrip()	消除字符串的结尾空格	" hello ".rstrip()	" hello"
str.split(sep)	字符串被 sep 分隔为列表	"1:2:3:4".split(":")	["1", "2", "3", "4"]
str.splitlines()	字符串被换行符分隔为列表	"1\na\nbcd".splitlines()	["1", "a", "bcd"]
str.startswith (text)	字符串是否以 text 文本开始	"hello".startswith("he")	True
str.strip()	消除字符串首尾两端空格	" hello ".strip()	"hello"
str.swapcase()	字符串小写变大写，大写变小写	"HellO".swapcase()	"hELLo"
str.title()	字符串中每个单词都首字母大写，其他小写	"HellO world".title()	"Hello World"
str.upper()	字符串中所有字符都大写	"hello".upper()	"HELLO"

推荐阅读

Python语言程序设计

作者：王恺 王志 李涛 朱洪文 编著　ISBN：978-7-111-62012-9 定价：49.00元

本书基于作者多年来的程序设计课程教学经验和利用Python进行项目开发的工程经验编写而成，面向程序设计的初学者，使其具备利用Python解决本领域实际问题的思维和能力。高校计算机、大数据、人工智能及其他相关专业均可使用本书作为Python课程教材。

本书主要特色：

◎ 强调问题导向，培养读者通过编程解决实际问题的能力和对程序设计本质的认识，并掌握Python编程的相关方法。

◎ 合理地分解知识点，并将每一个编程知识点和实例结合，实例的规模循序渐进，逐步提升读者用Python解决问题的能力。

◎ 通过大量"提示"和"注意"等环节，向读者强调并详细说明不容易理解或实际开发中容易出现差错的知识点。

◎ 多数章节提供了课后习题，供读者检验自己的学习情况，并为教师提供较为丰富的教学资源。

推荐阅读

Python程序设计（原书第2版）

作者：Cay Horstmann等 ISBN：978-7-111-61147-9 定价：119.00元

本书由经典畅销书籍《Java核心技术》的作者Cay Horstmann撰写，非常适合Python初学者和爱好者阅读，不仅能够帮助新手快速入门，掌握基础知识，更有益于培养解决实际问题的思维和能力。书中将解决方案分解为详尽的步骤，循序渐进地引导读者利用学到的概念解决有趣的问题。从算法设计到流程图、测试用例、逐步提炼、修改算法等，提供明确的问题解决策略。

程序设计基础：跨学科方法（Java语言描述·英文版）

作者：Robert Sedgewick等 ISBN：978-7-111-59908-1 定价：99.00元

本书源于普林斯顿大学自1992年开始为大一学生开设的计算机科学入门课程，经过20多年的发展和完善，形成了独到的跨学科方法，并配有丰富的教辅资源。本书适用于各类理工科专业，特别关注编程在科学和工程中的应用，涵盖材料科学、基因组学、天体物理和网络系统等不同领域的实例，在讲授编程方法的同时注重培养计算思维，为专业领域的深入学习奠定基础。

推荐阅读

程序设计基础（原书第3版）

书号：978-7-111-59680-6　定价：79.00元

作者：[美] 托尼·加迪斯（Tony Gaddis）著　王立柱 刘俊飞 译

　　本书是一本独立于语言的编程入门书，面向零基础的学生介绍编程概念和逻辑。书中使用易于理解的伪代码、流程图和其他工具辅助教学，规避了语法的困扰；通过清晰易懂的语言、大量的程序设计实例和细致入微的解释，让读者轻松地掌握核心概念和编程技巧。